Pearson

Jetzt registrieren & besser lernen

Mit Pearson MyLab zu mehr Lernerfolg

Die interaktive eLearning-Plattform Pearson MyLab erweitert unsere Lehrbücher um die digitale Welt. Selbst komplexe Inhalte werden so anschaulicher und leichter verständlich. Über die Theorie hinaus können Sie das Erlernte praktisch anwenden und unmittelbar erleben.

- **Lernen wo und wann immer Sie wollen**

  mit Ihrem persönlichen Lehrbuch als kommentierbaren eText.

- **Prüfungen effizient vorbereiten**

  mit vielzähligen Übungsaufgaben inklusive Lösungshinweisen und sofortigem Feedback.

- **Komplexe Inhalte leichter verstehen**

  dank interaktiver Zusätze wie z.B. Videos, interaktive Grafiken o.ä.

- **Sie sind Dozent*in**

  und möchten Zugang zu exklusiven Dozent*innenmaterialien bzw. MyLab in Ihrem Kurs einsetzen? Wenden Sie sich bitte an Ihren Dozentenberater und fordern Sie Ihren persönlichen Zug
  https://www.pearson-studium.de/dozenten

Zugangscode

Nutzungsdauer 24 Monate

WP917BG2

Zugangscode einlösbar bis 30.06.2025

https://www.pearson-studium.de/mylab/experimentalphysik2

Experimentalphysik 2

Felder und Wellen

Martin Erdmann
Günter Flügge
Markus Risse

Pearson

Bibliografische Information der Deutschen Nationalbibliothek

Die Deutsche Nationalbibliothek verzeichnet diese Publikation in der Deutschen Nationalbibliografie; detaillierte bibliografische Daten sind im Internet über *http://dnb.dnb.de* abrufbar.

10 9 8 7 6 5 4 3 2 1

24 23 22 21

ISBN 978-3-86894-418-1 (Buch)
ISBN 978-3-86326-313-3 (E-Book)

St. Martin-Straße 82, D-81541 München/Germany

www.pearson.de
A part of Pearson plc worldwide

Programmleitung: Birger Peil, bpeil@pearson.de
Korrektorat: Micaela Krieger-Hauwede, micaela.krieger@online.de
Coverabbildung: © Sergey Nivens, Shutterstock
Satz: Micaela Krieger-Hauwede, Leipzig
Druck und Verarbeitung: Drukkerij Wilco, Amersfoort

Printed in the Netherlands

Inhaltsverzeichnis

Physik Denken

Im Physikstudium eignen Sie sich Fähigkeiten und Methoden an, um Naturvorgänge beschreiben zu können. Professionelles Arbeiten in der Physik erfordert fundierte Kenntnisse über experimentelle Methoden und theoretische Konzepte, die auf mathematischer Basis entwickelt werden. Mit unserem Lehrkonzept **Physik Denken** realisieren wir ein integratives Konzept, das Sie an das moderne Physikverständnis heranführt.

Die dreibändige Lehrbuchreihe zur Experimentalphysik orientiert sich an den Anforderungen des Bachelorstudiums Physik. Unterteilt in **Mechanik und Wärme, Felder und Wellen, Atome und Kerne**, vermittelt Ihnen diese Reihe die Themenbereiche, die in Lehrveranstaltungen präsentiert und in Prüfungen abgefragt werden.

Jedes dieser Lehrbücher unterstützt Sie im Studium mit einem breit angelegten Instrumentarium:

- Passende Lernstoffportionen helfen, Ihren Lernfortschritt zu strukturieren.
- Das Lehrbuch gibt Ihnen ausführliche Berechnungen an die Hand, wie sie zum Verständnis der physikalischen Zusammenhänge erforderlich sind und in Übungsaufgaben und Klausuren gefordert werden.
- Zahlreiche präzise Abbildungen unterstützen Ihren Verständnisprozess.
- Das Buch hält mehrere hilfreiche Kästen für Sie bereit: In den Kästen **Beispiele** werden Anwendungen physikalischer Konzepte vorgestellt, und in den Kästen **Experimente** werden Demonstrationsversuche beschrieben und ausgewertet. Kurze **mathematische Einschübe** erklären mathematische Symbole und ihre Bedeutung.
- Die Abschnitte **Das Wichtigste zum Mitnehmen** geben in Kurzform die wesentlichen Konzepte jedes Kapitels für die Vorbereitung von Klausuren und mündlichen Prüfungen wieder.

Gespräche über themenübergreifende Fragestellungen sind erfahrungsgemäß für den Lernfortschritt besonders wichtig und sollten frühzeitig mit Studienpartnern begonnen und praktiziert werden. In mündlichen Prüfungen sind sie der Gradmesser für den Wissensstand über physikalische Methoden und Konzepte:

- Damit Sie Ihren Lernfortschritt überprüfen können, geben wir Ihnen in den Kapiteln **Gemeinsam verstehen** Aufgabenstellungen für Partnerarbeit. Im (online) Ressourcenbereich von **MyLab | Physik** finden Sie Skizzen möglicher Gesprächsverläufe.
- Außerdem haben wir für Selbsttests passende **Aufgaben** zusammengestellt, deren Lösungen Sie sämtlich ebenfalls im (online) Ressourcenbereich von **MyLab | Physik** finden.
- Darüber hinaus haben Sie Zugriff auf zahlreiche weitere Onlineaufgaben in **MyLab | Physik** des Pearson Verlags.

Der vorliegende Band **Felder und Wellen** vermittelt Ihnen Phänomene zu den Bereichen Elektrizität und Magnetismus (Teil I), Elektromagnetische Wellen (Teil II), Optische Systeme (Teil III) und Interferenz (Teil IV). Die Beobachtungen zu Elektrizität und Magnetismus lassen sich in den vier Maxwell-Gleichungen zusammenfassen, die ein Leitfaden für diesen Band sind. Der Abschnitt über die optischen Systeme (Teil III) ist ein eigenständiges Lernthema und kann auch ohne das Detailwissen der vorherigen Teile sofort gelesen werden.

Wir danken dem Pearson Verlag für die hervorragende Unterstützung und Gestaltung dieses Lehrbuchs, insbesondere dem Lektor Herrn Birger Peil und der LaTeX-Setzerin Frau Micaela Krieger-Hauwede. Für die Unterstützung bei den zahlreichen Abbildungen danken wir Frau Christine Falter.

Schließlich wenden wir uns an unsere Leserinnen und Leser mit der Bitte um Ihre Nachricht (erdmann@physik.rwth-aachen.de), sollten trotz der großen Sorgfalt bei der Erstellung des Lehrbuchs noch Unstimmigkeiten auffallen.

Aachen, Siegen 2020

Univ.-Prof. Dr. rer. nat. Martin Erdmann
Univ.-Prof. Dr. rer. nat. Günter Flügge
Univ.-Prof. Dr. rer. nat. Markus Risse

MyLab | Experimentalhysik 2 – Learn a little...do a little

Zugangscode vorne im Buch

Ebenfalls enthalten, wie im Klassiker Giancoli Physik, ist die Umsetzung des bei Studierenden bewährten didaktischen Konzepts der digitalen Arbeitsblätter *Learn a little...do a little*. Hier werden mit Ihnen im zum Buch gehörigen **MyLab | Experimentalhysik 2** interaktive Aufgaben in Schritt-für-Schritt-Lösungen mit Zwischenergebnissen und Herleitungen durchgearbeitet. Sie können diese Aufgaben solange üben und mit neuen Zahlenwerten wiederholen, bis es wirklich sitzt. Knapp **200 Aufgaben** unterschiedlicher Schwierigkeitsgrade helfen Ihnen dabei, sich am Verständnis der Physik zu erfreuen.

Ebenso in **MyLab | Experimentalhysik 2** enthalten ist ein Klausurtrainer, mit dem Sie sich Aufgaben als Übungsklausur generieren lassen können und der Ihnen als Auswertung Empfehlungen zur Wiederholung von Kapiteln des Lehrbuchs gibt.

Das *Gradebook* in **MyLab | Experimentalhysik 2** gibt Ihnen eine Übersicht der Aufgaben, die sie absolviert haben, sodass Sie stets das Gelernte im Überblick haben. Eine detaillierte Anleitung finden Sie auf der Startseite zum **MyLab | Experimentalhysik 2**.

MyLab | Experimentalhysik 2 – Learning to go

In **MyLab | Experimentalhysik 2** kann Mensch sich mit jedem Browser einloggen, der JavaScript aktiviert hat. Wir empfehlen ein Laptop oder Tablet. Zusätzlich können Sie das Lehrbuch als E-Book zum Lesen überall mitnehmen.

Nutzen Sie diese einzigartige Möglichkeit zur Wiederholung des Stoffs und zur (Klausur-) Vorbereitung. Lernen Sie damit im Team, an der Uni oder im Rahmen des Selbststudiums. Fordern Sie bei Fragen die Unterstützung der Tutoren ein, sie helfen Ihnen gern. Lassen Sie sich nicht durch kleine Rückschläge entmutigen, sondern bleiben Sie dran. Dafür haben wir das **MyLab | Experimentalhysik 2** entwickelt, das Ihnen in kleinen *Learn a little...do a little*-Schritten zur Seite steht.

Bei technischen Fragen zu **MyLab | Experimentalhysik 2** können Sie sich jederzeit an unseren Support wenden.

Wir wünschen Ihnen viel Erfolg.

Ihr Pearson Team

Buchempfehlung: Statistische Methoden in der Experimentalphysik

Dieses Lehrbuch startet mit den elementaren Konzepten der Statistik, zeigt die wichtigsten Wahrscheinlichkeitsverteilungen und erklärt die Datenanalysemethoden für Experimente der Laborpraktika. Darüber hinaus werden Konzepte moderner wissenschaftlicher Datenanalysen von der Computersimulation bis zur Klassifizierung mit neuronalen Netzwerken vorgestellt.

Bestellbar unter www.Pearson-Studium.de
Printversion: ISBN 978-3-8689-4391-7
E-Book ISBN: 978-3-8632-6888-6

Elektrizität – Magnetismus

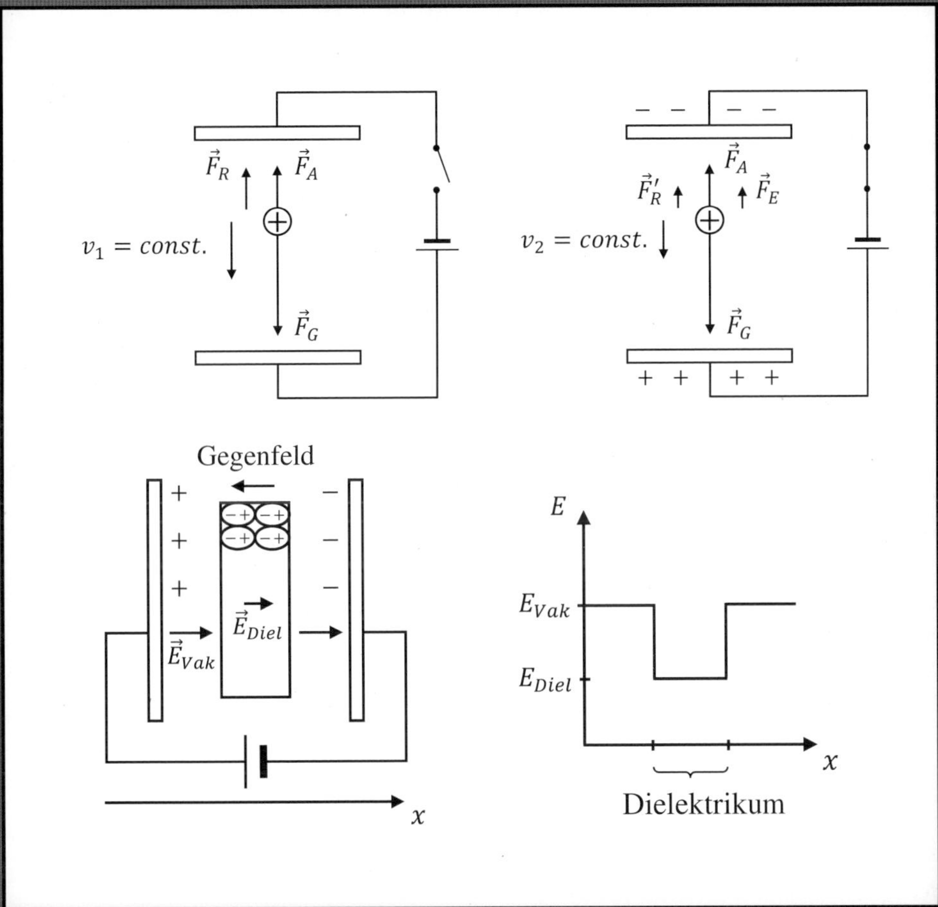

Teil I

Die Maxwell-Gleichungen

1

Die Maxwell-Gleichungen bilden gemeinsam mit der Lorentzkraft die zentralen Gleichungen der Elektrodynamik. Wir stellen diese Konzepte zunächst in Kurzform vor und werden sie dann im Laufe der nächsten Kapitel nach und nach anhand von Experimenten und Überlegungen erarbeiten.

Auf eine elektrische Ladung Q wirkt in einem elektrischen Feld $\vec{E}$ eine **Kraft** (Gleichung (2.11)):

$$\vec{F} = Q\,\vec{E} \tag{1.1}$$

Wird die Ladung mit der Geschwindigkeit $\vec{v}$ in einem Magnetfeld $\vec{B}$ bewegt, so wirkt die sogenannte **Lorentzkraft** (Gleichung (5.51))

$$\vec{F}_L = Q\vec{v} \times \vec{B}\,. \tag{1.2}$$

Aus dem Kreuzprodukt »×« folgt, dass die Lorentzkraft sowohl zur Geschwindigkeit $\vec{v}$ als auch zum Magnetfeld $\vec{B}$ senkrecht steht.

Insgesamt vier **Maxwell-Gleichungen** beschreiben die Entstehung und Eigenschaften der elektrischen und magnetischen Felder.

1 Ein sich zeitlich änderndes Magnetfeld $\vec{B}(t)$ verursacht ein elektrisches Feld $\vec{E}$ (Gleichung (6.27)):

$$\operatorname{rot}\vec{E} = -\frac{\partial\vec{B}}{\partial t} \tag{1.3}$$

Diese Gleichung entspricht dem Faraday'schen Induktionsgesetz. Aus der Ableitungsvorschrift »**rot**« (Rotation, Gleichung (5.25)) für die Raumkomponenten folgt, dass die vektoriellen Komponenten des elektrischen Felds $\vec{E}$ jeweils senkrecht auf den Komponenten des Magnetfelds $\vec{B}$ stehen und eine kreisförmige Anordnung aufweisen.

2 Ein Magnetfeld $\vec{B}$ wird durch einen elektrischen Strom I oder durch ein sich zeitlich änderndes elektrisches Feld $\vec{E}(t)$ verursacht. Für die Darstellung der Maxwell-Gleichung verwenden wir hier alternative Größen. Wir bezeichnen die magnetische Erregung mit $\vec{H}$ und die sogenannte dielektrische Verschiebungsdichte mit $\vec{D}$. Im Vakuum gelten für die Felder die linearen Zusammenhänge

$$\vec{D} = \epsilon_\circ\,\vec{E} \tag{1.4}$$

$$\vec{B} = \mu_\circ\,\vec{H} \tag{1.5}$$

mit der Dielektrizitätskonstanten $\epsilon_\circ$ und der Permeabilitätskonstanten $\mu_\circ$ (Gleichungen (3.43, 5.3)). Anstelle des Stroms I verwenden wir die Stromdichte $\vec{j} = \int I\,d\vec{A}$ durch eine Fläche A mit dem Flächennormalenvektor $d\vec{A}$. Die Erzeugung eines Magnetfelds ist damit in der folgenden Maxwell-Gleichung formuliert, die einer allgemeinen Form des Ampère-Gesetzes entspricht (Gleichung (6.14)):

$$\operatorname{rot}\vec{H} = \vec{j} + \frac{\partial\vec{D}}{\partial t} \tag{1.6}$$

3 Elektrische Ladungen Q sind Quellen für elektrische Felder $\vec{E}$. Wir bezeichnen hier die räumliche Dichte der Ladungen mit $\rho = Q/V$, wobei V das die Ladungen enthaltende Volumen bezeichnet. Die Ableitungsvorschrift »**div**« (Divergenz oder auch Quellstärke, Gleichung (2.86)) wirkt auf die vektoriellen Komponenten der dielektrischen Verschiebungsdichte $\vec{D}$ (Gleichung (3.37)):

$$\operatorname{div} \vec{D} = \rho \tag{1.7}$$

4 Anders als bei elektrischen Feldern kennen wir keine freien Punktquellen (Monopole) für Magnetfelder $\vec{B}$ (Gleichung (5.8)):

$$\operatorname{div} \vec{B} = 0 \tag{1.8}$$

Diese vier Maxwell-Gleichungen bilden ein System gekoppelter Differentialgleichungen für das magnetische und das elektrische Feld.

Das Ziel der nächsten Kapitel ist es, uns für alle genannten physikalischen Größen ein grundlegendes Verständnis zu erarbeiten und ihr Zusammenwirken in den Maxwell-Gleichungen zu verstehen.

Weiterhin werden wir durch Transformation zwischen Bezugssystemen zeigen, dass elektrische und magnetische Felder untrennbar miteinander verbunden sind.

Elektrostatik im Vakuum

2

ÜBERBLICK

» In diesem Kapitel führen wir die wichtigen Grundbegriffe für das Verständnis elektrischer Phänomene bei ruhenden Ladungen ein.

Wir zeigen zunächst die Coulomb-Kraft, die zwischen zwei punktförmigen elektrischen Ladungen wirkt. Anschließend stellen wir das elektrische Feld und seine Feldstärke vor.

Wir werden das elektrische Potential sowie die Spannung einführen und dann über die sogenannte Poisson-Gleichung in der Lage sein, Felder beliebiger Ladungsverteilungen zu berechnen.

Mit der Einführung des elektrischen Flusses werden wir schließlich eine erste Formulierung für eine der Maxwell-Gleichungen liefern. «

2.1 Ladung

Die elektrische Ladung ist eine Eigenschaft von Elementarteilchen wie z. B. Elektronen und Protonen. Beide tragen jeweils eine **Elementarladung** Q_e mit dem Absolutwert

$$Q_e = 1{,}602176634 \cdot 10^{-19}\,\mathrm{C}\,. \tag{2.1}$$

Dabei bezeichnet C die Einheit »Coulomb«.

Jede Maßeinheit benötigt einen Vergleichsmaßstab. In dem seit Mai 2019 gültigen SI-Einheitensystem (Système international d'unitś [3]) werden sieben fundamentale Konstanten mit ihren numerischen Werten und ihren Einheiten festgelegt. Alle weiteren SI-Einheiten ergeben sich aus diesen Festlegungen. Eine der exakt festgelegten Konstanten ist die Elementarladung (2.1). Über [10] sind die fundamentalen Konstanten, die Einheiten und weitere wichtige Konstanten zugänglich.

Eine Messapparatur für die Elementarladung, wie wir sie im Millikan-Experiment in Abschnitt 2.3 vorstellen, kann anhand der im SI-System festgelegten Elementarladung geeicht werden.

Wegen ihrer gegenseitig anziehenden oder abstoßenden Wechselwirkung (Abschnitt 2.2) unterscheidet man »positive« und »negative« elektrische Ladungen, dementsprechend bezeichnen wir sie mit »$+$« und »$-$«. Die Konvention für das Vorzeichen der Ladung ist

für ein Elektron $\quad Q(e) = -Q_e,$
für ein Proton $\quad Q(p) = +Q_e.$

Genaue Untersuchungen zeigen, dass das Proton aus Quarks besteht, die drittelzahlige Ladungen $-1/3\,Q_e$, $+2/3\,Q_e$ tragen. Quarks sind durch starke Kräfte mit anderen Quarks oder Antiquarks verbunden und können nicht als freie Teilchen wie Elektronen oder Protonen beobachtet werden.

Die Ladung von freien Teilchen, egal ob sie elementar sind oder aus Quarks bestehen, ist immer ein ganzzahliges Vielfaches der kleinsten Ladungseinheit, der Elementarladung Q_e.

2.2 Coulomb-Kraft

In unserer Umwelt sind Objekte typischerweise elektrisch neutral, die Ladungen gleichen sich gegenseitig aus. Atome sind nach außen elektrisch neutral, da sich die positiven Ladungen der Protonen im Kern und die negativen Ladungen der Elektronen in der Atomhülle ausgleichen.

Wenn wir elektrische Ladungen voneinander trennen, treten Kräfte auf:

- Anziehungskräfte zwischen entgegengesetzt geladenen Objekten $(+,-)$,
- Abstoßungskräfte zwischen gleich geladenen Objekten $(+,+)$, $(-,-)$.

Experiment: Coulomb-Waage

An einem Faden ist horizontal ein Stab aus einem nichtleitenden Material aufgehängt. An seinem Ende ist eine Metallkugel montiert, deren Gewicht auf der Gegenseite ausgeglichen wird (►Abbildung 2.1).

Wir produzieren an einem weiteren aus Plastik gefertigten Stab durch Reibung mit einem geeigneten Tuch elektrische Ladungen und streifen mit dem Stab die Kugel. Dabei werden elektrische Ladungen an die Metallkugel abgegeben.

Wir bringen eine zweite Metallkugel, die wir ebenfalls durch Reibungselektrizität geladen haben, in die Nähe der ersten Kugel. Die Abstoßung der Ladungen mit gleichem Vorzeichen verursacht eine Kraft, die wir in Form eines Drehmoments als Verdrehung des Fadens bestimmen können:

$$\vec{M} = \vec{l} \times \vec{F} \tag{2.2}$$

Der Aufbau ist ähnlich dem Experiment mit der Gravitationswaage zur Bestimmung der Gravitationskonstanten.

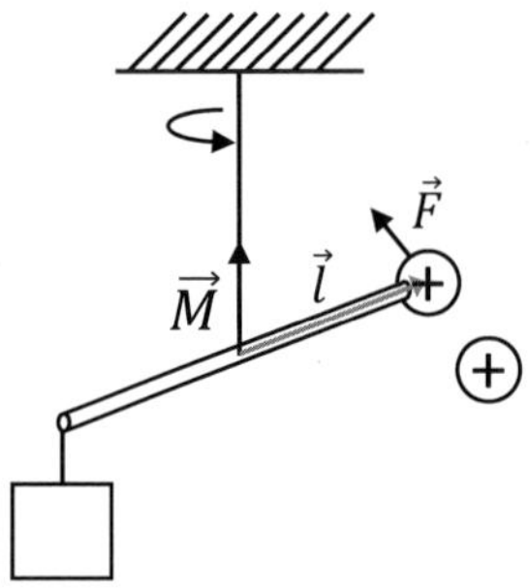

Abbildung 2.1 Schematische Darstellung der Coulomb-Waage

Experiment: Messung der Coulomb-Kraft

Wir nehmen zwei baugleiche, metallbeschichtete Kugeln mit Radius $R \approx 2\,\text{cm}$ und montieren die eine Kugel auf einem Schlitten. Die zweite Kugel verbinden wir mit einem Kraftmesser, der in ► Abbildung 2.2 durch eine Feder symbolisiert ist.

Auf einem Plastikstab produzieren wir durch Reibung mit einem geeigneten Tuch elektrische Ladungen und streifen die Ladungen an einer der Kugeln ab. Dann verteilen wir die Ladungen durch eine kurze Berührung der beiden Kugeln. Anschließend messen wir die Abstandsabhängigkeit r der Kraft F (► Abbildung 2.3).

In der logarithmischen Auftragung vergleichen wir die Messpunkte mit der Geraden $\lg(F/\text{mN}) = -2\,\lg(r/\text{cm}) + const.$ Im Fernbereich ist die Messung mit einer $1/r^2$-Abhängigkeit kompatibel. Im Nahbereich erkennen wir Abweichungen durch die räumliche Ausdehnung der geladenen Kugeln. Die Eichgröße $F_\circ$ der Kraftmessung wurde so justiert, dass die Kraft für große Entfernungen verschwindet: $F(r \to \infty) = 0$.

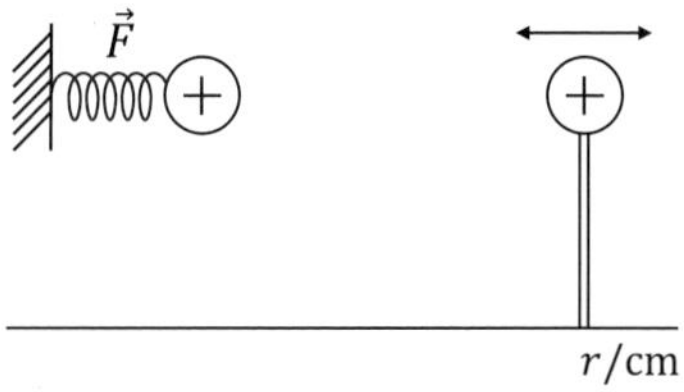

Abbildung 2.2 Versuchsanordnung zur Messung der Coulomb-Kraft

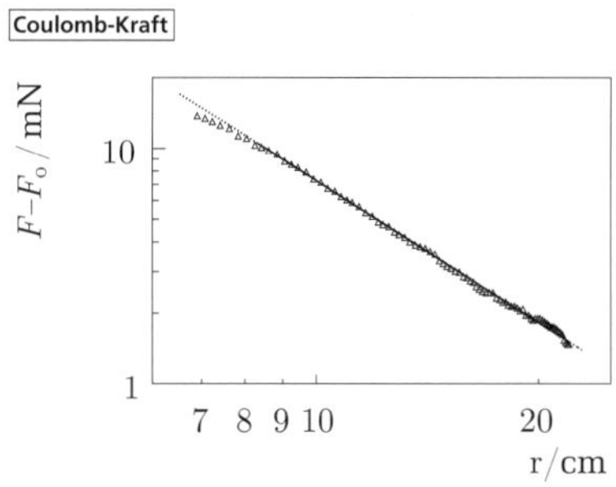

Abbildung 2.3 Gemessene Coulombkraft $F - F_0$ in Abhängigkeit vom Abstand r der Kugeln. Die Eichgröße $F_\circ$ bewirkt $F(r \to \infty) = 0$.

Genauere quantitative Untersuchungen ergeben: Die Kraft $\vec{F}$ zwischen zwei punktförmigen Ladungen Q_1 und Q_2

- wirkt entlang der Verbindungsachse $\vec{e}_r$ zwischen Q_1 und Q_2,
- ist proportional zur Größe (Menge) der Ladungen Q_1 und Q_2
- und ist proportional zum inversen Abstandsquadrat $1/r^2$, wie wir in dem obigen Experiment gesehen haben.

Die $1/r^2$-Abhängigkeit lässt sich geometrisch interpretieren. Die Quellstärke der Ladung Q_1, die wir im Abstand r pro Einheitsfläche messen, nimmt mit der Kugeloberfläche $4\,\pi\,r^2$ ab, ist also proportional zu $1/r^2$ (► Abbildung 2.4).

Die Kraft ist damit

$$\vec{F} = f \cdot \frac{Q_1 \cdot Q_2}{r^2}\,\vec{e}_r\,. \tag{2.3}$$

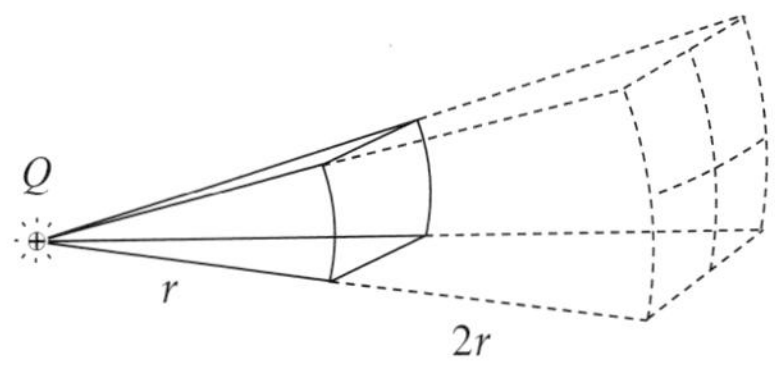

Abbildung 2.4 Geometrische Interpretation der $1/r^2$-Abhängigkeit

Der Proportionalitätsfaktor f kann experimentell bestimmt werden: Zwischen zwei Ladungen von $Q_1 = Q_2 = 10^{-4}$C im Abstand von 1m wird eine Kraft von $F = 89{,}9\,\mathrm{N}$ gemessen, woraus der Wert von f bestimmt werden kann.

Da die Wechselwirkung zwischen elektrischen Ladungen in verschiedenen Zusammenhängen benötigt wird, führt man folgende Konvention ein:

$$f \equiv \frac{1}{4\,\pi\,\epsilon_\circ} \tag{2.4}$$

Hier bezeichnet $\epsilon_\circ$ die **Dielektrizitätskonstante**

$$\epsilon_\circ = 8{,}8541878128(13) \cdot 10^{-12}\,\frac{\mathrm{As}}{\mathrm{Vm}}\,. \tag{2.5}$$

Die Klammer (13) zeigt die Ungenauigkeit in den letzten beiden Stellen in der üblichen Schreibweise. Sie entspricht einem relativen Fehler von ca. $1{,}5 \cdot 10^{-10}$. Wir werden im Rahmen der elektromagnetischen Wellen sehen, dass $\epsilon_\circ$ mit der Lichtgeschwindigkeit c im Vakuum und der sogenannten magnetischen Permeabilitätskonstanten $\mu_\circ$ über $\epsilon_\circ \cdot \mu_\circ = c^{-2}$ (11.11) verknüpft ist. Die Lichtgeschwindigkeit c gehört zu den festgelegten Konstanten der SI-Einheiten, sodass $\epsilon_\circ$ und $\mu_\circ$ fehlerbehaftet sind.

Die **Coulomb-Kraft** zwischen zwei punktförmigen Ladungen lautet damit

$$\vec{F} = \frac{1}{4\,\pi\,\epsilon_\circ} \cdot \frac{Q_1 \cdot Q_2}{r^2}\,\vec{e}_r\,. \tag{2.6}$$

Experiment: Elektroskop

Wir erzeugen mit einem Tuch Reibungselektrizität an einem Plastikstab und streifen die Ladungen an einem Becherelektroskop ab (►Abbildung 2.5).

Dieses Elektroskop besteht aus einem Metallbecher, an dessen Boden eine Metallstange montiert ist. An ihr ist ein beweglicher Metallzeiger angebracht, der leitend mit der Stange verbunden ist. Der Schwerpunkt des Zeigers liegt unterhalb seines Drehpunkts.

Wenn Stange und Zeiger elektrische Ladungen mit gleichem Vorzeichen tragen, stoßen sie sich gegenseitig mit der Coulomb-Kraft ab. Es kommt zu einem Ausschlag des Zeigers, der mit zunehmender Ladung größer, aber durch die Gravitationskraft auf den Zeiger beschränkt wird.

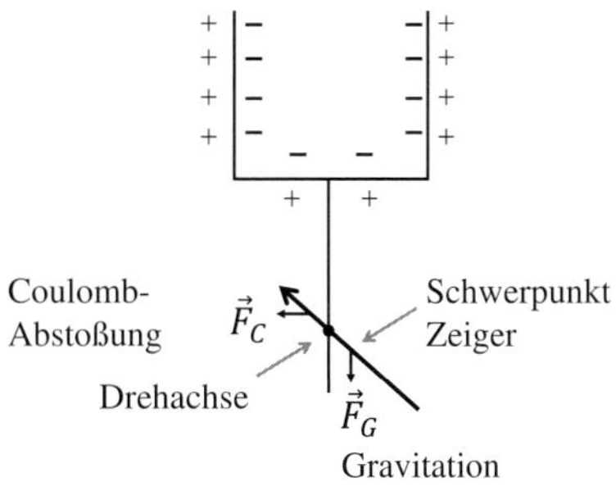

Abbildung 2.5 Schematische Darstellung eines Becherelektroskops

2.2.1 Coulomb-Kraft einer Ladungsverteilung

Häufig untersuchen wir die Wirkung von mehreren Ladungen, die über ein Volumen V verteilt sind. Für eine solche Ladungsverteilung definieren wir die **Ladungsdichte** durch die Ladungsmenge ΔQ, die sich im Volumen ΔV am Endpunkt des Ortsvektors $\vec{r}$ befindet:

$$\rho(\vec{r}) = \frac{\Delta Q}{\Delta V} \tag{2.7}$$

Für eine kontinuierliche Ladungsverteilung heißt das

$$\rho(\vec{r}) = \frac{dQ}{dV} . \tag{2.8}$$

Die **Gesamtladung** erhalten wir durch Integration über das Volumen, in dem sich die Ladungen befinden:

$$Q = \int \rho(\vec{r})\, dV \tag{2.9}$$

Die Kraft auf eine Probeladung q außerhalb des Volumens ist davon abhängig, welchen Abstand die Probeladung von den Ladungen im Volumen hat:

$$\vec{F}(\vec{R}) = \frac{q}{4\,\pi\,\epsilon_0} \cdot \int \frac{\vec{R} - \vec{r}}{|\vec{R} - \vec{r}|^3} \cdot \rho(\vec{r})\, dV \tag{2.10}$$

Mit dem Begriff Probeladung q wird eine idealisierte Ladung bezeichnet, die Einfluss durch andere Ladungen erfährt ohne aber selbst die anderen Ladungen zu beeinflussen.

Legen wir den Ursprung des Koordinatensystems in den Bereich der Ladungsverteilung (►Abbildung 2.6), so ergibt sich für Entfernungen $|\vec{R}|$, die groß im Vergleich zur Ausdehnung $|\vec{r}|$ der Ladungsverteilung ($|\vec{R}| \gg |\vec{r}|$) sind, die Coulomb-Kraft (2.6) mit $Q = \int \rho\, dV$ als gute Näherung.

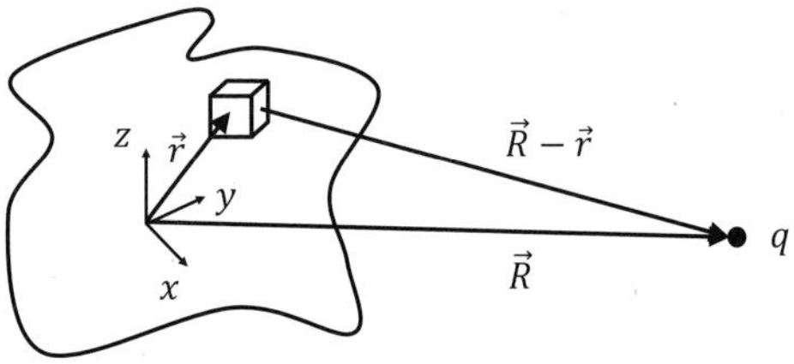

Abbildung 2.6 Zur Berechnung der Kraft $\vec{F}$ einer ausgedehnten Ladungsverteilung auf eine Probeladung q

2.3 Feld

Eine elektrische Ladung Q erzeugt ein elektrisches Feld. Um die Existenz des Felds nachzuweisen, verwenden wir eine Probeladung q und messen die Kraft, die das Feld der Ladung Q auf unsere Probeladung ausübt. In diesem Sinn definieren wir die **elektrische Feldstärke** $\vec{E}$ durch ihre Kraft pro Probeladung q:

$$\vec{E} \equiv \frac{\vec{F}}{q} \tag{2.11}$$

Elektrisches Feld einer Punktladung

Die elektrische Feldstärke einer punktförmigen Ladung Q steht mit der Coulomb-Kraft (2.6) in folgender Beziehung:

$$\vec{E}(\vec{r}) = \frac{1}{q} \cdot \vec{F} \tag{2.12}$$

$$= \frac{1}{4\,\pi\,\epsilon_0}\,\frac{Q}{r^2}\,\vec{e}_r \tag{2.13}$$

Zur Visualisierung des elektrischen Felds zeichnet man **Feldlinien**, deren Richtungen nach Konvention von einer positiven Ladung weg zeigen bzw. zu einer negativen Ladung hin zeigen (►Abbildung 2.7). Die Dichte der gezeichneten Feldlinien ist dabei ein Maß für die elektrische Feldstärke. Die Feldlinien schneiden sich nicht.

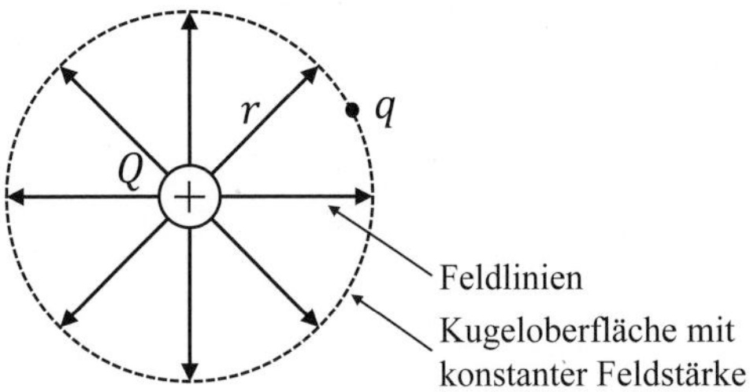

Abbildung 2.7 Elektrische Feldlinien zeigen von einer positiven Ladung Q weg. Die Probeladung q ist eine idealisierte Ladung, die die Kraft des elektrischen Felds erfährt, ohne dabei selbst das Feld zu beeinflussen.

Aufgabe 1: Elektrisches Feld

Zwei positive elektrische Punktladungen Q_e sitzen an folgenden Positionen im Koordinatensystem (►Abbildung 2.8):

1. Ladung Q_e bei $\begin{pmatrix}0\\1\end{pmatrix}$ und 2. Ladung Q_e bei $\begin{pmatrix}1\\0\end{pmatrix}$

Gesucht sind der Betrag und die Richtung des elektrischen Felds $\vec{E}$ in den Punkten

a P_1 bei $\begin{pmatrix}1\\1\end{pmatrix}$, **b** P_2 bei $\begin{pmatrix}0{,}5\\0{,}5\end{pmatrix}$.

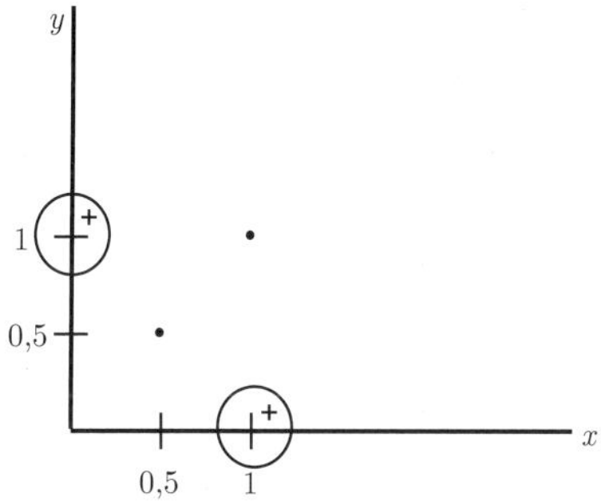

Abbildung 2.8 Elektrisches Feld zweier Punktladungen

Elektrisches Feld einer unendlich ausgedehnten Leiterplatte

Bislang haben wir das elektrische Feld von punktförmigen Ladungen untersucht (2.13). Im Folgenden berechnen wir das elektrische Feld einer ebenen Ladungsverteilung (►Abbildung 2.9).

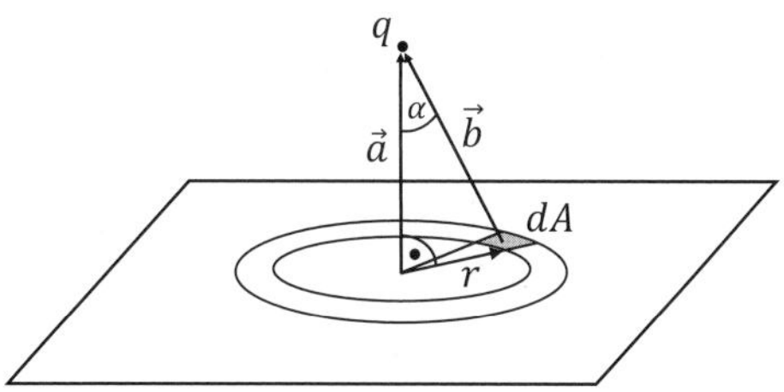

Abbildung 2.9 Zur Berechnung des elektrischen Felds einer ebenen Ladungsverteilung am Punkt der Probeladung q

Die Dichte σ der Ladungen dQ, die sich auf einer Plattenfläche der Größe dA befinden, bezeichnen wir als **Flächenladungsdichte**

$$\sigma = \frac{dQ}{dA}. \tag{2.14}$$

Die Leiterplatte soll homogen geladen sein, d. h. $\sigma = const.$ Die Ladung $dQ = \sigma\, dA$ übt auf die Probeladung q im Abstand $|\vec{b}|$ folgende Coulomb-Kraft (2.6) aus:

$$d\vec{F} = \frac{q}{4\,\pi\,\epsilon_0} \cdot \sigma \cdot dA \cdot \frac{\vec{b}}{b^3} \tag{2.15}$$

Die Kraftkomponente parallel zur Leiterplatte ist

$$dF_{\|} = |d\vec{F}| \cdot \sin\alpha\,. \tag{2.16}$$

Aufgrund der Symmetrie heben sich die zur Platte parallelen Kraftkomponenten gegenseitig auf:

$$F_{\|} = 0 \tag{2.17}$$

Die Komponente der Kraft senkrecht zur Plattenoberfläche ist

$$dF_{\perp} = |d\vec{F}| \cdot \cos\alpha\,. \tag{2.18}$$

Mit Gleichung (2.15) und dem Flächenelement $dA = r\,dr\,d\varphi$ eines Kreisrings auf der Platte ist die Gesamtkraft aller Ladungen der Platte auf die Probeladung q

$$F_{\perp} = \int |d\vec{F}| \cdot \cos\alpha \tag{2.19}$$

$$= \frac{q\,\sigma}{4\,\pi\,\epsilon_0} \int_{r=0}^{\infty} \int_{\varphi=0}^{2\pi} \cos\alpha\, \frac{1}{b^2}\, r\,dr\,d\varphi\,. \tag{2.20}$$

Das Integral über den Azimutwinkel können wir sofort ausführen $\int_{\varphi=0}^{2\pi} d\varphi = 2\pi$.

Die Integration über r lässt sich auf eine Integration über den Winkel α zurückführen (►Abbildung 2.10).

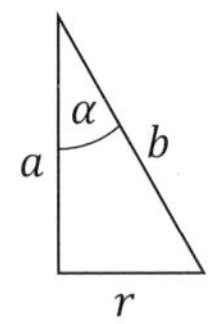

Abbildung 2.10 Geometrischer Zusammenhang zwischen Abstand r und Winkel α

Mithilfe des Zusammenhangs $r/a = \tan\alpha$ ist

$$\frac{dr}{d\alpha} = a \cdot \frac{d\tan\alpha}{d\alpha} = a\frac{1}{\cos^2\alpha}\,.$$

Mit zusätzlich

$$\frac{a}{b} = \cos\alpha$$

vereinfacht sich der verbleibende Integrand von Gleichung (2.20) zu

$$\begin{aligned}\cos\alpha \cdot \frac{1}{b^2} \cdot r \cdot dr &= \cos\alpha \cdot \frac{\cos^2\alpha}{a^2} \cdot a\tan\alpha \cdot a\frac{1}{\cos^2\alpha}\,d\alpha \\ &= \sin\alpha\,d\alpha \\ &= -d\cos\alpha\,.\end{aligned}$$

Die Integrationsgrenze für den minimalen Abstand zwischen der Platte und der Probeladung ist $\cos(\alpha = 0)$ und für einen unendlich weit entfernten Punkt $\cos(\alpha = \pi/2)$. Damit ergibt sich als Gesamtkraft der Platte auf die Probeladung

$$F_\perp = \frac{q\,\sigma}{4\,\pi\,\epsilon_0} \cdot 2\pi \cdot \int_{\cos(0)}^{\cos(\frac{\pi}{2})} (-d\cos\alpha) \tag{2.21}$$

$$= \frac{q\,\sigma}{2\,\epsilon_0}(-(0-1))$$

$$= \frac{q\,\sigma}{2\,\epsilon_0} \,. \tag{2.22}$$

Die Kraft ist konstant und unabhängig vom Abstand a der Probeladung q von der Platte. Das elektrische Feld $E = F/q$ (2.11) ist dementsprechend ebenfalls konstant:

$$E = \frac{\sigma}{2\,\epsilon_0} \tag{2.23}$$

Bei einem Kondensator verwendet man zwei entgegengesetzt gleich geladene Platten, sodass die Kraft auf eine Probeladung zwischen den Platten doppelt so groß ist:

$$E = \frac{\sigma}{\epsilon_0} \tag{2.24}$$

Experiment: Millikan-Versuch zur Bestimmung der Elementarladung

Eine wichtige Anwendung des elektrischen Felds ist der Versuch von R. A. Millikan zum Nachweis und zur Messung der elektrischen Elementarladung (1910, Nobelpreis 1923). Öltröpfchen werden mit einem Zerstäuber z. B. positiv aufgeladen und in einen Kondensator gebracht (▶ Abbildung 2.11, links).

Bei ausgeschaltetem elektrischen Feld fallen die Tröpfchen durch die Gewichtskraft $\vec{F}_G = \rho_{Öl} \cdot (4/3)\,\pi\,r^3 \cdot \vec{g}$ mit der Geschwindigkeit $\vec{v}(t)$ nach unten, wobei sie durch den Auftrieb $\vec{F}_A = -\rho_{\text{Luft}} \cdot (4/3)\,\pi\,r^3 \cdot \vec{g}$ und die Stokes'sche Reibung $\vec{F}_R = -6\,\pi\,\eta\,r\,\vec{v}$ gebremst werden. Hier bezeichnen r den Tröpfchenradius, ρ_i die Dichten von Öl und Luft, η die Viskosität der Luft und $\vec{g}$ die Erdbeschleunigung. Die Gesamtkraft $\vec{F}$ auf ein Öltröpfchen beträgt

$$\vec{F} = \vec{F}_G + \vec{F}_A + \vec{F}_R$$

$$= (\rho_{\text{Öl}} - \rho_{\text{Luft}})\,\frac{4}{3}\,\pi\,r^3\,\vec{g} - 6\,\pi\,\eta\,r\,\vec{v}_1 \,.$$

Da $\vec{F}_R$ mit der Geschwindigkeit anwächst, stellt sich nach kurzer Zeit ein Kräftegleichgewicht und damit eine konstante Geschwindigkeit $\vec{v}_1$ ein, d. h. $\vec{F} = 0$. Damit können wir zunächst den Radius des Öltröpfchens bestimmen:

$$r = 3 \cdot \sqrt{\frac{\eta\,v_1}{2\,(\rho_{\text{Öl}} - \rho_{\text{Luft}})\,g}}$$

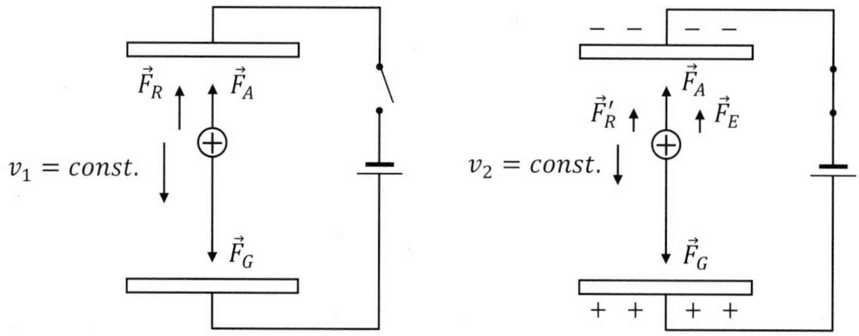

Abbildung 2.11 Schema des Millikan-Versuchs bei ausgeschaltetem (links) und eingeschaltetem (rechts) elektrischen Feld

Experiment: Fortsetzung Millikan

Durch Einschalten des elektrischen Felds kommt die Kraft $\vec{F}_E = Q\,\vec{E}$ (2.11) hinzu:

$$\vec{F} = \vec{F}_G + \vec{F}_A + \vec{F}'_R + \vec{F}_E$$

(►Abbildung 2.11, rechts) und es stellt sich eine neue konstante Geschwindigkeit $\vec{v}_2$ und damit wieder $\vec{F} = 0$ ein. Da $\vec{F}_G$ und $\vec{F}_A$ unverändert bleiben, entspricht die Kraft durch das elektrische Feld der Differenz der Reibungskräfte

$$\vec{F}_E = \vec{F}_R - \vec{F}'_R\,.$$

Durch Einsetzen erhalten wir für die elektrische Ladung des Öltröpfchens

$$Q = (v_1 - v_2)\,\frac{6\,\pi\,\eta\,r}{E}\,.$$

Man kann also durch Messung der beiden Geschwindigkeiten die Ladung der Öltröpfchen bestimmen. Der Versuch zeigt, dass nur Vielfache der Elementarladung (2.1) auftreten.

2.3.1 Influenz

Bringt man ein leitendes Material in ein elektrisches Feld, so werden frei bewegliche Ladungsträger durch die Kraft $\vec{F} = Q \cdot \vec{E}$ (2.11) verschoben und erzeugen im Leiter ein Gegenfeld (►Abbildung 2.12). Dadurch sammeln sich die Ladungen an den Oberflächen und das Leiterinnere wird feldfrei. Diese Ladungsverschiebung heißt **Influenz**.

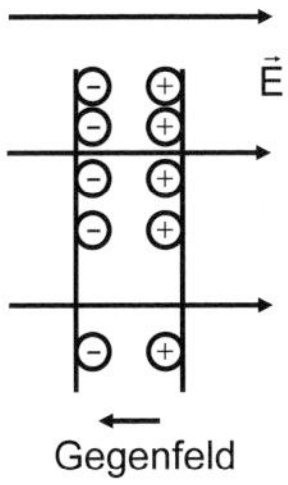

Abbildung 2.12 Ladungstrennung durch Influenz

Experiment: Ladungstrennung

Wir bringen zwei aneinanderliegende Metallplatten in das elektrische Feld eines Plattenkondensators. Durch Influenz sammeln sich an den äußeren Flächen die Ladungen Q und $-Q$. Trennen wir nun die Platten, so bleiben die Ladungen auf den Leitern erhalten, auch wenn wir diese aus dem Feld entfernen. Die Ladungen können wir mit einem Elektroskop nachweisen (►Abbildung 2.13).

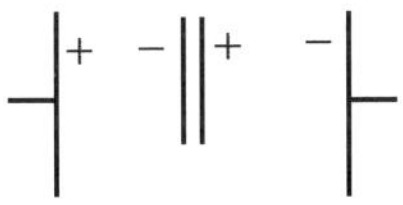

Abbildung 2.13 Ladungstrennung und -sammlung durch Influenz

Experiment: Tischtennisball

Zwischen den zwei großen Metallplatten eines Kondensators hängt an einem Faden ein mit Graphit beschichteter Tischtennisball (►Abbildung 2.14).

Wir erzeugen z. B. positive Reibungselektrizität mit einem Tuch auf einem Plastikstab und geben die elektrischen Ladungen an eine der Kondensatorplatten ab.

Durch Influenz werden dadurch die Ladungen auf der Oberfläche des Tischtennisballs getrennt. Der Tischtennisball wird durch die Coulombkraft von der geladenen Platte angezogen.

Ist der Kondensator genügend stark geladen, wird die Coulomb-Kraft so groß, dass sich Ball und Platte berühren. Dann wird der Ball positive elektrische Ladungen aufnehmen und entsprechend von der positiv geladenen Kondensatorplatte abgestoßen. Auf der gegenüberliegenden Kondensatorplatte wird der Tischtennisball wieder entladen. Es kommt zu einer periodischen Bewegung, die akustisch als Trommeln gut zu hören ist.

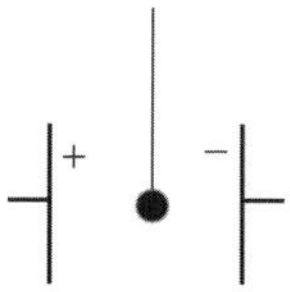

Abbildung 2.14 Influenz lässt den Tischtennisball zwischen den Platten oszillieren.

2.4 Potential

Wir bewegen eine Probeladung q im elektrischen Feld einer ortsfesten Ladung Q von r_1 nach $r_2 > r_1$ (►Abbildung 2.15).

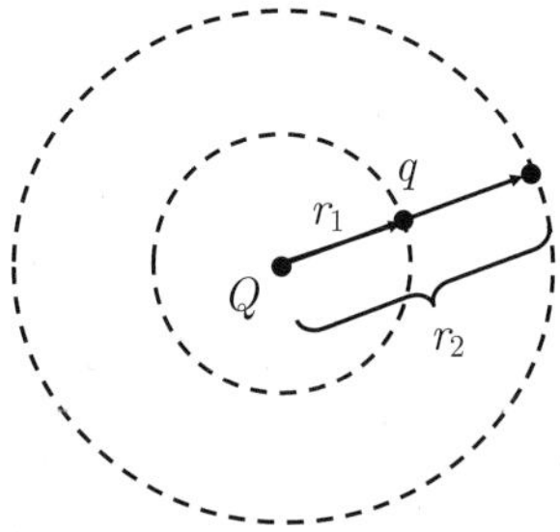

Abbildung 2.15 Das Potential einer Ladung Q wird durch Verschieben einer Probeladung q von r_1 nach r_2 bestimmt.

Die Coulomb-Kraft ist wie die Gravitationskraft eine Zentralkraft und konservativ. In der ►Abbildung 2.15 ist aus der Kugelflächensymmetrie des elektrischen Felds der im Zentrum sitzenden Ladung ersichtlich, dass die Arbeit für das Verschieben der Probeladung unabhängig vom exakten Verlauf des Wegs ist.

1 Haben beide Ladungen q und Q das gleiche Ladungsvorzeichen, so leistet das System Arbeit und verliert dabei potentielle Energie.

2 Bei entgegengesetzten Ladungsvorzeichen von q und Q müssen wir Arbeit am System leisten. Das System gewinnt dabei potentielle Energie.

Wir konzentrieren uns im Folgenden auf den zweiten Fall und berechnen ihn ähnlich wie die Verschiebung eines massebehafteten Probekörpers von einer erdnahen zu einer erdfernen Position. Diese Berechnung wird in der Mechanik von Band 1 vorgestellt. Beide Kräfte haben die Abstandsabhängigkeit $1/r^2$ und in diesem Fall ein negatives Vorzeichen für anziehende Kräfte, was bei der Coulomb-Kraft in den Ladungsvorzeichen enthalten ist.

Beim Verschieben einer positiven Probeladung $q = |q|$ im Feld der negativen Ladung $Q = -|Q|$ vom Abstand r_1 nach $r_2 > r_1$ leisten wir Arbeit an der Probeladung, die wir laut Vorzeichenkonvention negativ zählen (siehe Band 1):

$$W = -\int_{r_1}^{r_2} \vec{F}\, d\vec{r} \tag{2.25}$$

$$= -\int_{r_1}^{r_2} \frac{1}{4\,\pi\,\epsilon_\circ} \frac{Q\,q}{r^2}\, dr$$

$$= -\frac{-|Q|\cdot|q|}{4\,\pi\,\epsilon_\circ} \int_{r_1}^{r_2} \frac{1}{r^2}\, dr$$

$$= \frac{|Q|\cdot|q|}{4\,\pi\,\epsilon_\circ} \left(\frac{1}{r_1} - \frac{1}{r_2}\right) > 0 \tag{2.26}$$

Wie bei der Gravitation definieren wir nun das elektrostatische Potential Φ über die Änderung der potentiellen Energie ΔW_{pot}. Als Referenzwert setzen wir nach der üblichen Konvention bei unendlichem Abstand $W_{pot}(r = \infty) = 0$. Entfernen wir die positive Probeladung q von der negativen Ladung Q vom Abstand r zum Abstand $r \to \infty$, so leisten wir nach (2.26) die Arbeit

$$W = \frac{|Q|\cdot|q|}{4\,\pi\,\epsilon_\circ} \left(\frac{1}{r} - \frac{1}{\infty}\right) \tag{2.27}$$

$$= \frac{|Q|}{4\,\pi\,\epsilon_\circ\, r} \cdot |q|\,. \tag{2.28}$$

Gleichzeitig erhöhen wir die potentielle Energie der positiven Probeladung q von

$$W_{pot}(r) = \underbrace{-\frac{|Q|}{4\,\pi\,\epsilon_\circ\, r}}_{\equiv\Phi} \cdot |q| \tag{2.29}$$

auf den der Konvention entsprechenden Wert von

$$W_{pot}(\infty) = 0\,. \tag{2.30}$$

Als Differenz der potentiellen Energien ergibt sich konsistent der positive Wert

$$\Delta W_{pot} = W_{pot}(\infty) - W_{pot}(r) \tag{2.31}$$

$$= \frac{|Q|}{4\,\pi\,\epsilon_\circ\, r} \cdot |q|\,. \tag{2.32}$$

Den ersten Term auf der rechten Seite von Gleichung (2.29) bezeichnen wir als das elektrostatische Potential der negativen Ladung Q:

$$\Phi = -\frac{|Q|}{4\,\pi\,\epsilon_\circ} \frac{1}{r} \tag{2.33}$$

Allgemein erhalten wir dann für eine beliebige **Punktladung Q das elektrostatische Potential** Φ mit

$$\Phi = \frac{Q}{4\,\pi\,\epsilon_\circ} \frac{1}{r}\,. \tag{2.34}$$

Mathematischer Einschub: Gradient

Der Gradient bezeichnet eine Vorschrift für die Richtungsableitungen einer Funktion Φ, deren Ergebnis ein Vektor ist. Für kartesische Koordinaten gilt

$$\operatorname{grad}\Phi = \begin{pmatrix} \frac{\partial \Phi}{\partial x} \\ \frac{\partial \Phi}{\partial y} \\ \frac{\partial \Phi}{\partial z} \end{pmatrix} . \tag{2.35}$$

Für Kugelkoordinaten ist

$$\operatorname{grad}\Phi = \begin{pmatrix} \frac{\partial \Phi}{\partial r} \\ \frac{1}{r}\frac{\partial \Phi}{\partial \vartheta} \\ \frac{1}{r\sin\vartheta}\frac{\partial \Phi}{\partial \varphi} \end{pmatrix} . \tag{2.36}$$

Mit dem Gradienten in Kugelkoordinaten erhalten wir den bereits aus der Gravitation bekannten Zusammenhang zwischen der Kraft und dem Potential:

$$\operatorname{grad}\Phi = -\frac{|Q|}{4\,\pi\,\epsilon_\circ}\left(\frac{\partial}{\partial r}\frac{1}{r}\right)\vec{e}_r \tag{2.37}$$

$$= \frac{|Q|}{4\,\pi\,\epsilon_\circ}\,\frac{1}{r^2}\,\vec{e}_r$$

$$= -\frac{\vec{F}}{|q|} \tag{2.38}$$

Das Minuszeichen im letzten Schritt ist durch die anfangs vereinbarten verschiedenen Ladungsvorzeichen von q und Q begründet.

Mit dieser Gleichung und der Definition (2.11) der elektrischen Feldstärke $\vec{E}$ formulieren wir einen Zusammenhang zwischen dem elektrischen Feld und dem Potential:

$$\operatorname{grad}\Phi = -\vec{E} \tag{2.39}$$

Umgekehrt ergibt sich in allgemeiner Form das elektrostatische Potential aus der elektrischen Feldstärke anhand des Integrals

$$\Phi(r) = -\int \vec{E}\,d\vec{r} \tag{2.40}$$

In ►Abbildung 2.16 sind die Zusammenhänge zwischen Potential und Feld noch einmal zusammengefasst.

Potential Φ		Feld $\vec{E}$
	Integration	
	$\Leftarrow$	
Φ	$=$	$-\int \vec{E}\, d\vec{r}$
	Differentiation	
	$\Rightarrow$	
$\operatorname{grad}\Phi$	$=$	$-\vec{E}$

Abbildung 2.16 Der Zusammenhang zwischen elektrischem Potential Φ und elektrischem Feld $\vec{E}$

Konkret berechnen wir z. B. für $r_2 \to \infty$ wegen $\Phi(\infty) = 0$:

$$\Phi(r_2) - \Phi(r_1) = -\int_{r_1}^{r_2} \vec{E}\, d\vec{r} \tag{2.41}$$

$$\Phi(r_1) = \int_{r_1}^{\infty} \vec{E}\, d\vec{r} \tag{2.42}$$

2.4.1 Potential einer Ladungsverteilung

Das elektrostatische Potential einer kontinuierlichen Ladungsverteilung berechnen wir mit den Gleichungen (2.10) und (2.42):

$$\Phi(\vec{R}) = \int_R^{\infty} \frac{\vec{F}(\vec{R})}{q}\, d\vec{R} \tag{2.43}$$

$$= \frac{1}{4\pi\epsilon_0} \int_R^{\infty} \int_V \frac{\vec{R}-\vec{r}}{\left|\vec{R}-\vec{r}\right|^3}\, \rho(\vec{r})\, dV\, d\vec{R}$$

$$= \frac{1}{4\pi\epsilon_0} \int_V \left[\int_R^{\infty} \frac{\vec{R}-\vec{r}}{\left|\vec{R}-\vec{r}\right|^3}\, d\vec{R} \right] \rho(\vec{r})\, dV \tag{2.44}$$

Die Integrale können vertauscht werden, da $dV(\vec{r})$ sich auf die Ladungsverteilung bezieht und $d\vec{R}$ auf den Abstand zum Beobachtungspunkt.

Für den eindimensionalen Fall ist das innenliegende Integral durch Substitution von $z \equiv R - r$ und $dz = dR$ einfach zu lösen:

$$\int_R^{\infty} \frac{R-r}{|R-r|^3}\, dR = \int_z^{\infty} \frac{1}{z^2}\, dz \tag{2.45}$$

$$= \frac{1}{z}$$

$$= \frac{1}{R-r} \tag{2.46}$$

Das legt die Form der Gleichung für das **elektrische Potential Φ einer dreidimensionalen Ladungsverteilung** ρ nahe (hier ohne Herleitung):

$$\Phi(\vec{R}) = \frac{1}{4\,\pi\,\epsilon_\circ} \int_V \frac{\rho(\vec{r})}{\left|\vec{R} - \vec{r}\right|}\, dV \tag{2.47}$$

Beispiel: Potential einer diskreten Ladungsverteilung

Um das Potential und das elektrische Feld von N diskreten Ladungen zu berechnen, die im Raum verteilt sind (►Abbildung 2.17), ersetzen wir in Gleichung (2.47) die Integration über das Volumen durch die Summe über alle Ladungen Q_i:

$$\Phi(\vec{R}) = \frac{1}{4\,\pi\,\epsilon_\circ} \sum_{i=1}^{N} \frac{Q_i}{|\vec{R} - \vec{r}_i|} \tag{2.48}$$

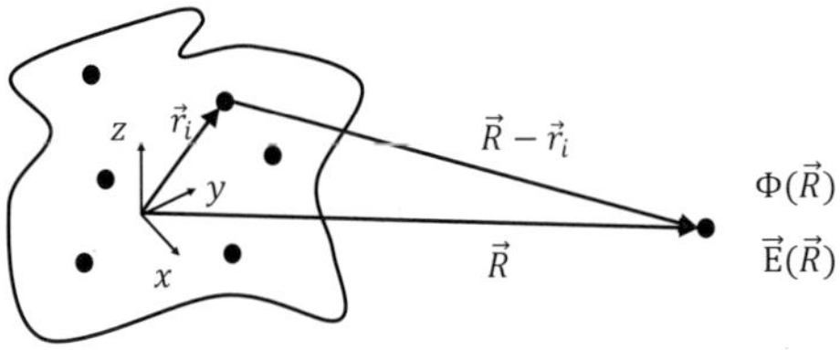

Abbildung 2.17 Zur Bestimmung des elektrischen Felds $\vec{E}$ und des Potentials Φ einer diskreten Ladungsverteilung

Für eine Punktladung Q erhalten wir damit in der Näherung $|\vec{r}| \ll |\vec{R}|$ wie in (2.34)

$$\Phi(\vec{R}) = \frac{1}{4\,\pi\,\epsilon_\circ} \cdot \frac{Q}{R}\,. \tag{2.49}$$

Anordnungen von mehreren Ladungen werden **Multipole** genannt. Die einfache Überlagerung (Superposition) der einzelnen Potentiale ist deswegen möglich, weil alle Terme in (2.48) nur linear vorkommen.

Beispiel: Multipole

Beispiele für Multipole sind der

- Dipol: Zwei entgegengesetzte Ladungen im Abstand d
- Quadrupol: Zwei positive und zwei negative Ladungen

Es gibt außerdem den Sextupol, den Oktupol und so weiter. Der sogenannte Monopol trägt nur eine Ladung.

2.5 Dipolmoment

Zwei gleich große elektrische Ladungen mit unterschiedlichem Ladungsvorzeichen befinden sich im Abstand d voneinander. Diese Anordnung bezeichnen wir als Dipol (►Abbildung 2.18).

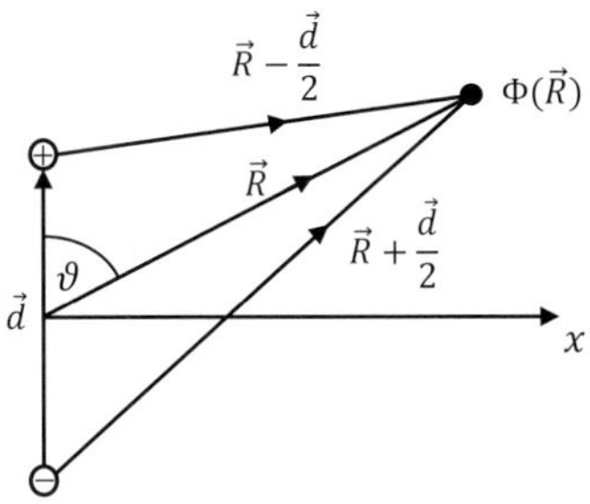

Abbildung 2.18 Zur Berechnung des Potentials Φ eines Dipols der Ladungen $+Q$ und $-Q$ im Abstand d

Nach Gleichung (2.48) lautet das Potential Φ des Dipols am Ort $\vec{R}$

$$\Phi(\vec{R}) = \frac{1}{4\pi\epsilon_0}\left(\frac{Q}{|\vec{R}-\frac{\vec{d}}{2}|} - \frac{Q}{|\vec{R}+\frac{\vec{d}}{2}|}\right). \tag{2.50}$$

Unser Ziel ist, aus dem Potential das elektrische Feld des Dipols zu berechnen.

Für genügend große Entfernungen ($R \gg d$) können wir das Potential in einer Taylorentwicklung $f(d) \approx f(0) + f'(0) \cdot d$ um $d = 0$ nähern. Dazu berechnen wir

$$\begin{aligned}
f(d) &\equiv \frac{1}{|\vec{R} \pm \frac{\vec{d}}{2}|} = \frac{1}{\sqrt{R_x^2 + (R_z \pm \frac{d}{2})^2}} = \left(R_x^2 + \left(R_z \pm \frac{d}{2}\right)^2\right)^{-1/2}, \\
f(0) &= \frac{1}{R}, \qquad (2.51)\\
f'(d) &= -\frac{1}{2}\cdot\left(R_x^2 + \left(R_z \pm \frac{d}{2}\right)^2\right)^{-3/2} \cdot \left(2\cdot\left(R_z \pm \frac{d}{2}\right)\right)\cdot\left(\pm\frac{1}{2}\right) \\
&= \mp\frac{1}{2}\cdot\left(R_z \pm \frac{d}{2}\right)\cdot\left(R^2 \pm R_z d + \left(\frac{d}{2}\right)^2\right)^{-3/2}, \\
f'(0) &= \mp\frac{1}{2}\frac{R_z}{R^3}. \qquad (2.52)
\end{aligned}$$

In dieser Näherung ist der Abstandsterm unter Verwendung von $R_z = R\cos\vartheta$

$$\begin{aligned}
\frac{1}{|\vec{R}-\frac{\vec{d}}{2}|} - \frac{1}{|\vec{R}+\frac{\vec{d}}{2}|} &\approx \left(\frac{1}{R} + \frac{R_z}{2R^3}\cdot d\right) - \left(\frac{1}{R} - \frac{R_z}{2R^3}\cdot d\right) \\
&= \frac{R_z \cdot d}{R^3} = \frac{R\cdot d\cdot\cos\vartheta}{R^3} = d\cdot\frac{\cos\vartheta}{R^2}. \qquad (2.53)
\end{aligned}$$

Das Dipolpotential lautet damit

$$\Phi(\vec{R}) = \frac{1}{4\,\pi\,\epsilon_\circ}\,\underbrace{Q\cdot d}_{\equiv p}\,\frac{\cos\vartheta}{R^2}\,. \tag{2.54}$$

Wir definieren das **elektrische Dipolmoment** $\vec{p}$ durch

$$\vec{p} \equiv Q\cdot\vec{d}\,. \tag{2.55}$$

Dabei ist $\vec{d}$ der Vektor, der von der negativen zur positiven Ladung zeigt (►Abbildung 2.18).

Als Dipolpotential erhalten wir mit dem Betrag des Dipolmoments $p = |\vec{p}|$:

$$\Phi(\vec{R}) = \frac{1}{4\,\pi\,\epsilon_\circ}\,\frac{p\,\cos\vartheta}{R^2} \tag{2.56}$$

Das elektrische Feld $\vec{E}$ des Dipols berechnen wir nach Gleichung (2.39) durch den Gradienten des Potentials:

$$\operatorname{grad}\Phi = -\vec{E}$$

Das Potential liegt bereits in Kugelkoordinaten r, ϑ, φ vor (►Abbildung 2.19).

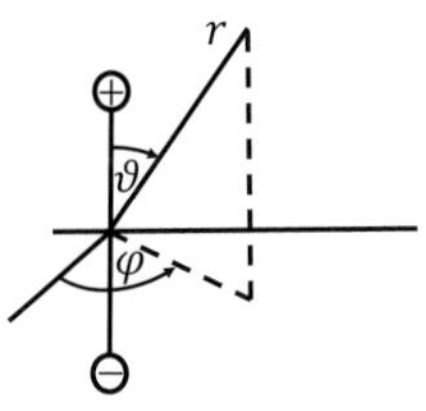

Abbildung 2.19 Dipol mit Kugelkoordinaten

Mit dem Gradienten (2.36) ergeben sich die folgenden Komponenten für das elektrische Dipolfeld. Für die radiale Komponente erhalten wir aus $E_r = -\partial\Phi/\partial R$

$$E_r = \frac{2}{4\,\pi\,\epsilon_\circ}\,\frac{p\,\cos\vartheta}{R^3}\,. \tag{2.57}$$

Für die polare Komponente erhalten wir mit $E_\vartheta = -(1/R)\,\partial\Phi/\partial\vartheta$

$$E_\vartheta = \frac{1}{4\,\pi\,\epsilon_\circ}\,\frac{p\,\sin\vartheta}{R^3}\,. \tag{2.58}$$

Die azimutale Ableitung $E_\varphi = -1/(R\,\sin\vartheta)\,\partial\Phi/\partial\varphi$ liefert keinen Beitrag, da das Potential keine explizite Abhängigkeit von φ besitzt:

$$E_\varphi = 0 \tag{2.59}$$

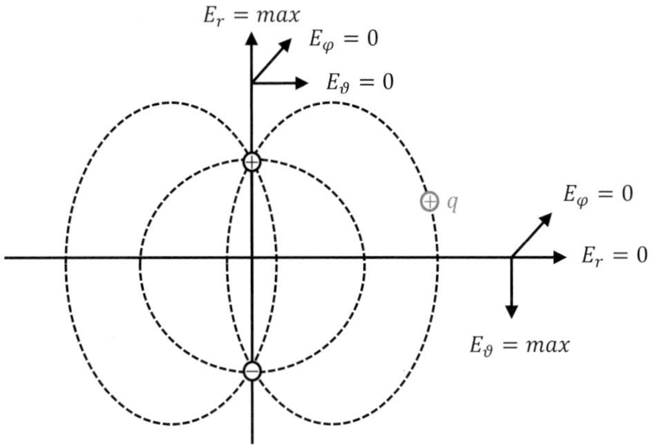

Abbildung 2.20 Elektrische Feldlinien eines Dipols. Das Dreibein der Kugelkoordinaten ist an die Dipolachse und eine dazu senkrechte Richtung angehängt. Eine Probeladung q würde sich entlang der Feldlinien bewegen.

Die letzte Gleichung impliziert die Rotationssymmetrie des elektrischen Felds um die Achse des Dipols.

Für die anderen Koordinatenrichtungen denken wir uns das orthogonale Dreibein der Kugelkoordinaten an die jeweilige Raumrichtung angeheftet (►Abbildung 2.20).

Bei der Beobachtung des Felds in der Richtung der Dipolachse ist $\vartheta = 0$ und damit $\sin\vartheta = 0$ und $\cos\vartheta = 1$. Hier ist die radiale Komponente des Felds E_r maximal, während das Feld E_ϑ in der Richtung des Polarwinkelvektors $\vec{e}_\vartheta$ Null ist.

Beobachten wir das Feld aus einer zur Dipolachse senkrechten Richtung, ist $\vartheta = 90°$ und damit $\sin\vartheta = 1$ und $\cos\vartheta = 0$. Hier ist die radiale Komponente des Felds $E_r = 0$, während das Feld E_ϑ in der Richtung des Polarwinkelvektors $\vec{e}_\vartheta$ maximal ist: Das elektrische Feld steht parallel zur Dipolachse.

Die eingezeichnete positive Probeladung würde also entlang der Feldlinie nach unten wandern.

2.6 Spannung

Die Potentialdifferenz zwischen zwei Punkten $\vec{r}_1$, $\vec{r}_2$ heißt **elektrische Spannung** U:

$$U = \Phi(\vec{r}_2) - \Phi(\vec{r}_1) \tag{2.60}$$

Die Einheit der elektrischen Spannung U ist **Volt** V, wobei sich der Zusammenhang mit bekannten Einheiten aus der Definitionsgleichung für das elektrische Potential (2.38) ergibt:

$$1\,\mathrm{V} = 1\,\frac{\mathrm{N\,m}}{\mathrm{C}} = 1\,\frac{\mathrm{N\,m}}{\mathrm{A\,s}} \tag{2.61}$$

Hier wird bereits auf die Verbindung zur Einheit Ampère A hingewiesen, die später eingeführt wird (Gleichung (4.2)).

Anstelle des Potentials können wir auch das elektrische Feld zur Bestimmung der Spannung verwenden. Nach Gleichung (2.41) erhalten wir die Spannung über das Wegintegral im elektrischen Feld $\vec{E}$

$$U = \int \vec{E}\, d\vec{s}\,. \tag{2.62}$$

2.6.1 Statische Anwendung

Experiment: Potentialdifferenz

Durch Reibungselektrizität bringen wir Ladungen Q auf eine der Kondensatorplatten und messen die Spannung U zwischen den Platten mit einem Voltmeter (die Funktionsweise eines Voltmeters erklären wir in Abschnitt 5.7.1). Je mehr Ladungen wir aufbringen, desto größer ist die gemessene Spannung (►Abbildung 2.21).

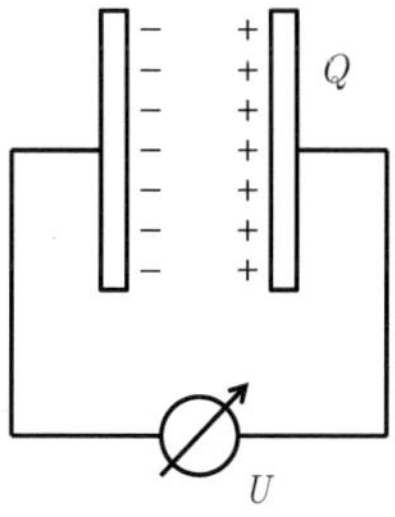

Abbildung 2.21 Die Spannung U steigt mit der Ladung Q auf den Kondensatorplatten.

Beim Aufbringen der Ladungen auf die Kondensatorplatten entsteht ein elektrisches Feld im Kondensator, das wir für große Plattenflächen A nach den Gleichungen (2.14) und (2.24) näherungsweise durch

$$E = \frac{\sigma}{\epsilon_0} \tag{2.63}$$

$$\approx \frac{Q}{A\,\epsilon_0} \tag{2.64}$$

beschreiben können. Die Feldstärke E ist also proportional zur aufgebrachten Ladung Q:

$$|\vec{E}| \propto Q \tag{2.65}$$

Die gemessene Spannung U zwischen den beiden Leiterplatten beträgt nach Integration von Gleichung (2.62) über den Abstand d der Kondensatorplatten

$$U = \int_0^d \vec{E}\, d\vec{r} \tag{2.66}$$

$$U = E\, d \tag{2.67}$$

Gleichungen (2.65) und (2.67) implizieren, dass die Spannung zwischen den Kondensatorplatten proportional zur Ladung Q im Kondensator ist:

$$U \propto Q \tag{2.68}$$

Umgekehrt können wir den Kondensator auch mithilfe einer Gleichspannungsquelle laden. Je höher wir die Spannung U wählen, desto mehr Ladungsträger Q sammeln sich auf den Kondensatorplatten.

2.6.2 Dynamische Anwendung

Die Bedeutung einer Potentialdifferenz können wir auch bei der Bewegung von geladenen Teilchen im folgenden Beispiel verstehen. Wird eine negative Probeladung $q = -|q|$ im Feld der positiven Ladung Q vom Abstand $r_2 > r_1$ nach r_1 bewegt, so verliert die Probeladung q potentielle Energie W_{pot}.

Wir haben diese Energie W_{pot} bereits in (2.26) berechnet und den Zusammenhang mit dem Potential hergestellt (2.34):

$$\Delta W_{pot} = -\frac{|Q| \cdot |q|}{4\,\pi\,\epsilon_0} \cdot \left(\frac{1}{r_2} - \frac{1}{r_1}\right) \tag{2.69}$$

$$= q\,(\Phi(r_2) - \Phi(r_1)) \tag{2.70}$$

$$= q\,U \tag{2.71}$$

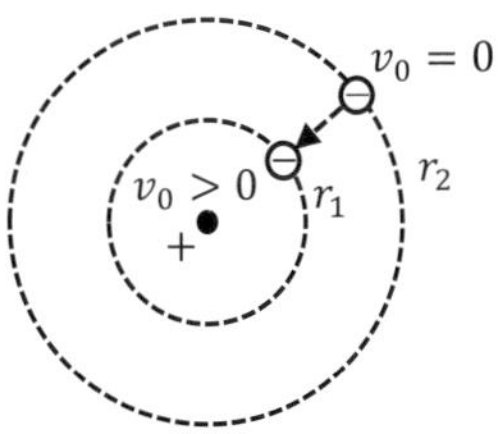

Abbildung 2.22 Die Probeladung wird im Feld einer positiven Punktladung beschleunigt.

Da die Gesamtenergie W des Systems aus beiden Ladungen eine Erhaltungsgröße ist, gewinnt vom Bezugssystem der Ladung Q aus gesehen die anfangs ruhende Probeladung q die kinetische Energie

$$W(r_2) = W(r_1) \tag{2.72}$$

$$W_{kin}(r_2) + W_{pot}(r_2) = W_{kin}(r_1) + W_{pot}(r_1)$$

$$W_{kin}(r_1) - \underbrace{W_{kin}(r_2)}_{=0} = W_{pot}(r_2) - W_{pot}(r_1)$$

$$W_{kin}(r_1) = \Delta W_{pot}\,. \tag{2.73}$$

Mit Gleichung (2.71) erhalten wir

$$W_{kin} = q \cdot U\,. \tag{2.74}$$

Dieser Zusammenhang zwischen Energie, Ladung und Spannung motiviert eine Energieeinheit für Teilchen, das sogenannte **Elektronenvolt** eV [10]:

$$1\,\mathrm{eV} = 1{,}602176634 \cdot 10^{-19}\,\mathrm{C\,V} = 1{,}602176634 \cdot 10^{-19}\,\mathrm{J} \tag{2.75}$$

Durchläuft ein Elektron eine Potentialdifferenz von 1 V, so erfährt es eine Energieänderung von 1 eV.

Aufgabe 2: Elektronenbeschleunigung

Ein zunächst ruhendes Elektron mit Ladung Q wird im elektrischen Feld $\vec{E}$ zweier Leiterplatten auf die Endgeschwindigkeit v beschleunigt (►Abbildung 2.23).

Gegeben:

- Zwischen den beiden Leiterplatten ist eine Spannung von $U = 1\,\mathrm{V}$ angelegt.
- Elektronenmasse $m = 10^{-30}\,\mathrm{kg}$,
- Elektronenladung $Q = 1{,}6 \cdot 10^{-19}\,\mathrm{C}$,
- Lichtgeschwindigkeit $c = 3 \cdot 10^{8}\,\frac{\mathrm{m}}{\mathrm{s}}$.

Gesucht:

$\beta = v/c$ des Elektrons bei der positiv geladenen Elektrode (Anode).

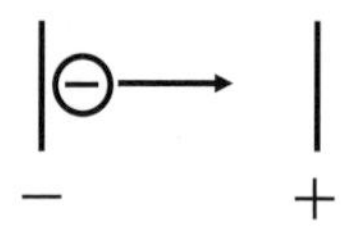

Abbildung 2.23 Beschleunigung eines Elektrons im elektrischen Feld eines Kondensators

2.6.3 Erzeugung hoher Spannungen

Bringt man Ladungen auf die Innenseite eines Metallbechers, so werden diese auf die Außenseite des Bechers verschoben, da sie sich gegenseitig abstoßen. Ein vertieftes Verständnis hierfür wird im nächsten Kapitel erreicht. Damit lässt sich der Becher sehr hoch aufladen. Grenzen hierfür werden aber durch die Isolation der Komponenten gegeben.

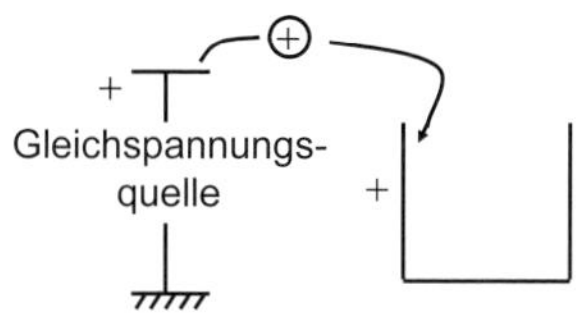

Abbildung 2.24 Aufladen eines Metallbechers

Experiment: Band-Generator

Beim **Van-De-Graaff-Generator** rotiert ein Band aus nichtleitendem Material über zwei Achsen (►Abbildung 2.25). Auf der einen Seite wird es mit positiven Ladungen besprüht, die auf der anderen Seite auf einer Metall-Hohlkugel gesammelt werden.

Bringen wir ein Metallstück an einem isolierten Griff in die Nähe der Kugel, kommt es zu sichtbaren Überschlägen.

Alternativ stecken wir vor dem Laden ein Büschel aus Papierfäden an die Kugel: Beim Laden richten sich die Fäden durch ihre elektrische Abstoßung auf.

Bei diesem Experiment müssen die Sicherheitsvorschriften unbedingt eingehalten werden.

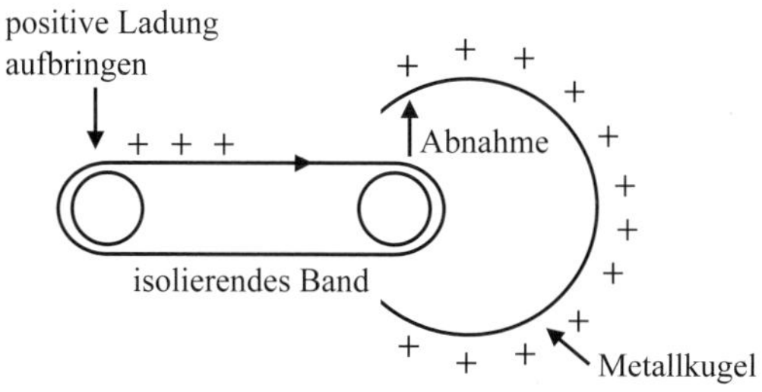

Abbildung 2.25 Schema eines Van-de-Graaff-Generators

Mit Bandgeneratoren können elektrische Spannungen von einigen Megavolt (MV) erzeugt werden. Sie werden z. B. zur Beschleunigung von Teilchen verwendet.

Der Innenbereich der Kugel bleibt feldfrei ($\vec{E} = 0$). Damit wird ein Schutzraum vor hohen Spannungen ermöglicht, der sogenannte **Faraday-Käfig**. Er schützt vor elektrischen Feldern, beispielsweise bei Blitzschlägen. Im nächsten Abschnitt werden wir diese Eigenschaft von Leitern weiter untersuchen.

2.7 Fluss

Der elektrische Fluss Φ_{el} beschreibt, wie ein elektrisches Feld $\vec{E}$ eine Oberfläche A durchdringt:

$$\Phi_{el} = \int_A \vec{E} \cdot d\vec{A} \tag{2.76}$$

Stellen wir uns die Feldlinien vor, die die Oberfläche A durchdringen, so gibt der elektrische Fluss ein Maß für die Zahl der Feldlinien durch A. Das Skalarprodukt in dieser Definitionsgleichung sorgt dafür, dass nur die elektrische Feldkomponente parallel zum Normalenvektor $d\vec{A}$ der Oberfläche gewertet wird. Das Integral erstreckt sich über die gesamte betrachtete Oberfläche.

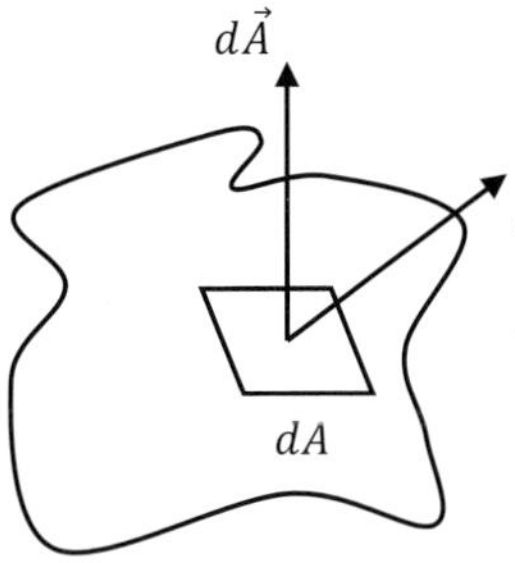

Abbildung 2.26 Zur Definition des Normalenvektors $d\vec{A}$ eines Flächenelements dA, das von einem elektrischen Feld $\vec{E}$ durchdrungen wird.

Beispiel: Fluss einer Punktladung durch eine Kugeloberfläche

Die Kugeloberfläche habe den Radius R. Das Oberflächenelement der Kugel ist $dA = R^2 \sin\vartheta \, d\vartheta \, d\varphi$. Einsetzen des elektrischen Felds der Punktladung nach Gleichung (2.13) in (2.84) ergibt den Fluss

$$\Phi_{el} = \int_{\varphi=0}^{2\pi} \int_{\vartheta=0}^{\pi} \frac{1}{4\pi\epsilon_0} \frac{Q}{R^2} \cdot R^2 \, d\varphi \, \sin\vartheta \, d\vartheta \tag{2.77}$$

$$= \frac{1}{4\pi\epsilon_0} Q \cdot \int_0^{2\pi} d\varphi \int_0^{\pi} \sin\vartheta \, d\vartheta \tag{2.78}$$

$$= \frac{1}{4\pi\epsilon_0} Q \cdot 4\pi \tag{2.79}$$

$$= \frac{Q}{\epsilon_0} . \tag{2.80}$$

In der Anschauung des elektrischen Felds der Punktladung durchquert dieselbe Anzahl von Feldlinien verschieden große Kugeloberflächen um eine Ladung (►Abbildung 2.7), selbst wenn die Ladung nicht im Kugelmittelpunkt liegt. Durch Hinzufügen weiterer Ladungen innerhalb einer solchen Kugel steigt der Fluss Φ_{el} (2.84) linear, weil das elektrische Feld $\vec{E}$ linear von der Ladung Q abhängt (2.13).

Mathematischer Einschub: Geschlossene Integrale

Integrale über geschlossene Kurven oder Flächen werden üblicherweise dargestellt durch das Symbol

$$\oint .$$

Dasselbe Resultat wie für die Punktladung erhalten wir für eine Ladungsverteilung, die sich vollständig innerhalb einer solchen Kugel mit Radius R befindet. Mit der Gesamtladung $Q = \int \rho \, dV$ erhalten wir für den elektrischen Fluss Φ_{el} durch die Oberfläche der Kugel ebenfalls

$$\Phi_{el} = \oint_A \vec{E} \, d\vec{A} \tag{2.81}$$

$$= \frac{1}{\epsilon_0} \int \rho \, dV \tag{2.82}$$

$$= \frac{Q}{\epsilon_0} . \tag{2.83}$$

Es lässt sich zeigen, dass dieser Zusammenhang allgemein für beliebige geschlossene Oberflächen A gilt. Dies ist der sogenannte **Gauß'sche Satz der Elektrostatik**:

$$\oint_A \vec{E} \, d\vec{A} = \frac{Q}{\epsilon_0} \tag{2.84}$$

Der elektrische Fluss durch eine geschlossene Oberfläche A ist proportional zu der von A eingeschlossenen Gesamtladung Q.

Im Folgenden werden wir den Gauß'schen Satz (2.84) in differentielle Form umschreiben und damit eine erste Formulierung der Maxwell-Gleichung (1.7) erhalten.

Mathematischer Einschub: Divergenz

Die Divergenz eines Vektorfelds bezeichnet eine Ableitungsvorschrift, die die Richtungsableitungen in einer skalaren Größe zusammenfasst:

$$\operatorname{div} \vec{E} = \begin{pmatrix} \frac{\partial}{\partial x} \\ \frac{\partial}{\partial y} \\ \frac{\partial}{\partial z} \end{pmatrix} \cdot \begin{pmatrix} E_x \\ E_y \\ E_z \end{pmatrix} \tag{2.85}$$

$$= \frac{\partial E_x}{\partial x} + \frac{\partial E_y}{\partial y} + \frac{\partial E_z}{\partial z} \tag{2.86}$$

Für das elektrische Feld ist $\operatorname{div} \vec{E}$ ein Maß für die **Quellstärke** des elektrischen Felds.

Mathematischer Einschub: Gauß'scher Satz der Mathematik

Nach dem Gauß'schen Satz der Mathematik gilt für eine geschlossene Oberfläche

$$\oint_A \vec{E}\, d\vec{A} = \int_V \operatorname{div} \vec{E}\, dV\,. \tag{2.87}$$

Dabei bezeichnet V das von der Fläche A eingeschlossene Volumen.

Um den Fluss der Ladungsverteilung mit der Dichte ρ zu erhalten, setzen wir (2.82) auf der linken Seite der Definitionsgleichung (2.84) ein und ersetzen die rechte Seite nach dem Gauß'schen Satz (2.87):

$$\Phi_{el} = \oint \vec{E}\, d\vec{A} \tag{2.88}$$

$$\int \frac{\rho}{\epsilon_0}\, dV = \int \operatorname{div} \vec{E}\, dV \tag{2.89}$$

Vergleichen wir die Integranden dieser Gleichung, erhalten wir

$$\operatorname{div} \vec{E} = \frac{\rho}{\epsilon_0}\,. \tag{2.90}$$

Diese Gleichung ist die differentielle Form des Gauß'schen Satzes der Elektrostatik und entspricht der **Maxwell-Gleichung** (1.7) im Vakuum. Ihre Bedeutung ist:

Die elektrischen Ladungen sind die Quellen ($\rho > 0$) beziehungsweise Senken ($\rho < 0$) des elektrischen Felds.

Beispiel: Eigenschaften von Leitern

Mit dem Gauß'schen Satz können wir folgende Schlussfolgerungen über die Eigenschaften von Leitern, in denen sich frei bewegliche Ladungsträger befinden, im elektrostatischen Gleichgewicht ziehen:

- Im elektrostatischen Gleichgewicht ruhen alle Ladungen.
- Im Inneren des Leiters kann es kein elektrisches Feld $\vec{E}$ geben, sonst würden die Ladungen eine Kraft $\vec{F} = Q\,\vec{E}$ erfahren und sich bewegen. Für $\vec{E} = 0$ implizieren die Gleichungen (2.84) bzw. (2.90), dass sich im Inneren des Leiters keine Ladungen befinden.
- Auf der Oberfläche des Leiters kann es keine Tangentialkomponente des elektrischen Felds geben, sonst würden sich die Ladungen auch hier bewegen.

Als Konsequenz sitzen alle Ladungen auf der Oberfläche des Leiters, und das elektrische Feld steht senkrecht zur Leiteroberfläche.

2.8 Poisson-Gleichung

Mithilfe der Maxwell-Gleichung (2.90) können wir folgenden Zusammenhang zwischen der elektrischen Ladung und dem Potential Φ formulieren. Das elektrische Feld $\vec{E}$ erhalten wir nach (2.39) durch Bildung des Gradienten:

$$-\operatorname{grad}\Phi = \vec{E}$$

Bilden wir die Divergenz auf beiden Seiten dieser Gleichung, können wir die rechte Seite durch die Maxwell-Gleichung (2.90) ersetzen:

$$-\operatorname{div}\operatorname{grad}\Phi = \operatorname{div}\vec{E} \tag{2.91}$$

$$= \frac{\rho}{\epsilon_0} \tag{2.92}$$

Mathematischer Einschub: Laplace-Operator

Die Kombination aus Divergenz und Gradient wird im Laplace-Operator zusammengefasst:

$$\triangle = \operatorname{div}\operatorname{grad} \tag{2.93}$$

$$= \frac{\partial^2}{\partial x^2} + \frac{\partial^2}{\partial y^2} + \frac{\partial^2}{\partial z^2} \tag{2.94}$$

Mit dem Laplace-Operator erhalten wir die sogenannte **Poisson-Gleichung**

$$\triangle\Phi = -\frac{\rho}{\epsilon_0}\,. \tag{2.95}$$

Ihre Bedeutung besteht darin, dass wir aus einer bekannten Ladungsverteilung durch Lösen einer Differentialgleichung das Potential und anschließend die elektrische Feldstärke berechnen können.

Das zugehörige allgemeine Lösungsintegral hatten wir bereits in Gleichung (2.47) kennengelernt:

$$\Phi(\vec{R}) = \frac{1}{4\,\pi\,\epsilon_0}\int_V \frac{\rho(\vec{r})}{\left|\vec{R}-\vec{r}\right|}\,dV \tag{2.96}$$

2.8.1 Laplace-Gleichung

Im Folgenden werden wir das Potential und das elektrische Feld zwischen zwei geladenen Platten (Kondensator) untersuchen (►Abbildung 2.27).

Zwischen den Platten befinde sich keine Ladung, d. h. $\rho = 0$. Damit vereinfacht sich die Poisson-Gleichung (2.95) zu

$$\triangle\Phi = 0\,. \tag{2.97}$$

Dieser Spezialfall der Poisson-Gleichung wird auch **Laplace-Gleichung** genannt.

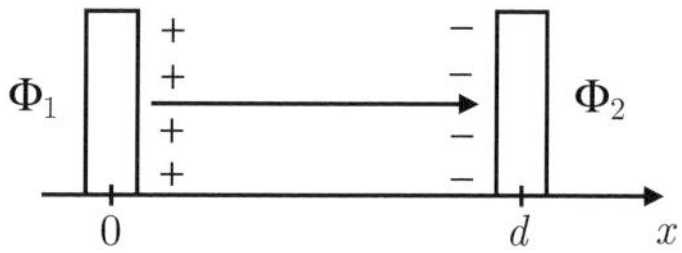

Abbildung 2.27 Zur Berechnung des Potentials eines Plattenkondensators

Beispiel: Laplace-Gleichung

Die Koordinate x bezeichne den Abstand zur ersten Kondensatorplatte. Der 1-dimensionale Laplace-Operator lautet in kartesischen Koordinaten

$$\frac{d^2\Phi}{dx^2} = 0\,. \tag{2.98}$$

Durch zweifache Integration erhalten wir

$$\Phi(x) = g \cdot x + h\,. \tag{2.99}$$

Für die Potentiale auf den Leiterplatten heißt das

$$\Phi_1 = \Phi(x = 0) = h\,, \tag{2.100}$$
$$\Phi_2 = \Phi(x = d) = g \cdot d + h\,. \tag{2.101}$$

Damit ist die Spannung (2.60)

$$U = \Phi_1 - \Phi_2 = -g \cdot d\,. \tag{2.102}$$

In das Potential (2.99) als Funktion des Abstands x setzen wir (2.102) und (2.100) ein. Demnach sinkt das Potential im Kondensator mit steigendem Abstand von der Platte:

$$\Phi(x) = -\frac{U}{d} \cdot x + \Phi_1 \tag{2.103}$$

Das elektrische Feld ist dementsprechend konstant:

$$\vec{E} = -\,\mathrm{grad}\,\Phi = \frac{U}{d}\,\vec{e}_x \tag{2.104}$$

Das Feld im Kondensator ist also homogen $|\vec{E}| = const.$ und senkrecht zur Plattenoberfläche gerichtet. Es lässt sich aus der angelegten Spannung U und dem Plattenabstand d direkt bestimmen (vergleiche (2.67)).

2.8.2 Kondensatorkapazität

Die Konstanz des elektrischen Felds zwischen zwei Leiterplatten hatten wir bei der Berechnung der Kraft auf eine Probeladung kennengelernt und die Feldstärke auf die

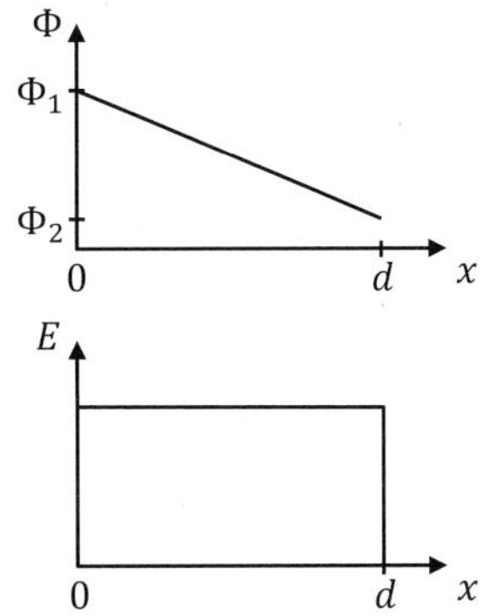

Abbildung 2.28 Lineares Potential Φ und zugehöriges E-Feld

Flächenladungsdichte $\sigma = Q/A$ in den Platten zurückgeführt. Für einen Kondensator mit zwei endlich großen Leiterplatten der Fläche A und ihrer jeweiligen Ladung Q können wir näherungsweise schreiben (2.24):

$$E = \frac{Q}{A\,\epsilon_0} \tag{2.105}$$

Mit den Gleichungen für die elektrische Feldstärke (2.104) und (2.105) erhalten wir einen linearen Zusammenhang zwischen der Ladung Q, die auf den Kondensatorplatten gespeichert ist, und der Spannung, die an den Platten anliegt:

$$\frac{U}{d} = \frac{Q}{A\,\epsilon_0} \tag{2.106}$$

$$Q = \underbrace{\frac{A\,\epsilon_0}{d}}_{\equiv C} U \tag{2.107}$$

Je größer die Spannung ist, die an den Leiterplatten anliegt, desto mehr Ladung befindet sich im Kondensator:

$$Q = C\,U \tag{2.108}$$

Die Proportionalitätskonstante C heißt **Kapazität**. Die Einheit der Kapazität C ist **Farad** F:

$$1\,\mathrm{F} = 1\,\frac{\mathrm{C}}{\mathrm{V}} \tag{2.109}$$

Beispiel: Kapazitäten von Kondensatoren

Typische Größenordnungen von Kapazitäten in der Elektronik sind

$$1\,\mathrm{pF} = 10^{-12}\,\mathrm{F}\,,$$
$$1\,\mu\mathrm{F} = 10^{-6}\,\mathrm{F}\,.$$

Nach Gleichung (2.107) beträgt die Kapazität eines Plattenkondensators

$$C = \frac{A\,\epsilon_0}{d}\,. \tag{2.110}$$

Sie enthält die geometrischen Kenngrößen des Kondensators (►Abbildung 2.29). Je größer die Plattenfläche A bzw. je kleiner der Abstand d der beiden Platten ist, desto mehr Ladung Q lässt sich bei konstanter angelegter Spannung im Kondensator speichern.

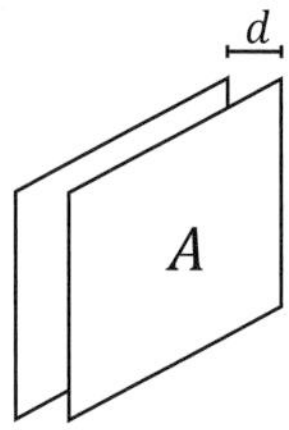

Abbildung 2.29 Plattenkondensator mit Plattengröße A und -abstand d

> **Aufgabe 3: Kapazität eines Plattenkondensators**
>
> Berechnen Sie mithilfe des Gauß'schen Satzes (2.84) die Kapazität C eines Plattenkondensators mit den obigen Abmessungen Fläche A und Plattenabstand d unter der Annahme, dass die Fläche so groß ist, dass das Feld als homogen und senkrecht auf den Platten angenommen werden kann.

2.9 Feldenergie

Wir vergrößern die Ladung Q eines Kondensators mit dem Plattenabstand d. Dafür bringen wir eine Ladungsmenge dQ von der einen Platte zur anderen Platte, wobei dQ und die Zielplatte dasselbe Ladungsvorzeichen haben und die Ladung dQ somit abgestoßen wird. Daher müssen wir für den Ladungstransport Arbeit $\int \vec{F}\, d\vec{r}$ gegen das elektrische Feld $\vec{E}$ verrichten.

Um die Arbeit für das Laden des Kondensators zu berechnen, orientieren wir uns an dem Zusammenhang (2.71) zwischen dem potentiellen Energieunterschied ΔW_{pot} einer Ladungsmenge dQ bei einer Potentialdifferenz $U = \Phi_2 - \Phi_1$:

$$dW = (\Phi_2 - \Phi_1)\, dQ \tag{2.111}$$

$$= U\, dQ \tag{2.112}$$

Außerdem beachten wir, dass mit erhöhter Ladung die Spannung im Kondensator steigt $Q = C \cdot U$ (2.108):

$$dW = \frac{Q}{C}\, dQ \tag{2.113}$$

Die gesamte Energiezunahme im Kondensator erhalten wir durch Integration:

$$W = \frac{1}{C} \int_0^Q Q \, dQ \tag{2.114}$$

$$= \frac{1}{2C} Q^2 \tag{2.115}$$

Mit $Q = C\,U$ (2.108) ist die **Gesamtenergie im Kondensator**

$$W = \frac{1}{2} C\, U^2 . \tag{2.116}$$

Im Plattenkondensator gilt mit den Gleichungen (2.110) und (2.104)

$$W = \frac{1}{2} \epsilon_0 \frac{A}{d} U^2 \tag{2.117}$$

$$= \frac{1}{2} \epsilon_0 \underbrace{d \cdot A}_{=V} E^2 . \tag{2.118}$$

Die **Energiedichte ω des elektrischen Felds** beträgt demnach mit $\omega = W/V$

$$\omega = \frac{1}{2} \epsilon_0 E^2 . \tag{2.119}$$

Diese Energiedichte gilt nicht nur für Plattenkondensatoren, sondern allgemein für elektrische Felder im Vakuum.

Das Wichtigste zum Mitnehmen

Zum Mitnehmen: Elektrostatik im Vakuum 1

- Freie Teilchen tragen eine **Elementarladung** Q_e mit dem Absolutwert

$$Q_e = 1{,}602176634 \cdot 10^{-19}\,\mathrm{C}\,, \tag{2.1}$$

wobei C die Einheit »Coulomb« bezeichnet. Man unterscheidet »positive« und »negative« elektrische Ladungen mit der Konvention:

für ein Elektron $Q(e) = -Q_e$,
für ein Proton $Q(p) = +Q_e$.

- Zwischen zwei punktförmigen Ladungen Q_1 und Q_2 im Abstand r gilt für die **Coulomb-Kraft**

$$\vec{F} = \frac{1}{4\pi\epsilon_0} \cdot \frac{Q_1 \cdot Q_2}{r^2}\,\vec{e}_r\,. \tag{2.6}$$

Für eine kontinuierliche räumliche **Ladungsverteilung**

$$\rho(\vec{r}) = \frac{dQ}{dV} \tag{2.8}$$

ergibt sich die Kraft auf eine Probeladung q außerhalb des Ladungsvolumens als

$$\vec{F}(\vec{R}) = \frac{q}{4\pi\epsilon_0} \cdot \int \frac{\vec{R} - \vec{r}}{|\vec{R} - \vec{r}|^3} \cdot \rho(\vec{r})\,dV\,. \tag{2.10}$$

- Die **elektrische Feldstärke** $\vec{E}$ wird über eine Probeladung q definiert:

$$\vec{E} = \frac{\vec{F}}{q} \tag{2.11}$$

Damit ergibt sich für die elektrische Feldstärke einer Punktladung Q

$$\vec{E}(\vec{r}) = \frac{1}{4\pi\epsilon_0}\,\frac{Q}{r^2}\,\vec{e}_r \tag{2.13}$$

Zum Mitnehmen: Elektrostatik im Vakuum 2

- Mit der **Flächenladungsdichte**

$$\sigma = \frac{dQ}{dA} \qquad (2.14)$$

beträgt das elektrische Feld einer sehr großen Leiterplatte

$$E = \frac{\sigma}{2\,\epsilon_0} \qquad (2.23)$$

Bei einem Kondensator mit zwei entgegengesetzt gleich geladenen Platten ist

$$E = \frac{\sigma}{\epsilon_0}\,. \qquad (2.24)$$

- Das **elektrostatische Potential** Φ hängt mit dem elektrischen Feld über den Gradienten zusammen:

$$\mathrm{grad}\,\Phi = -\vec{E} \qquad (2.39)$$

Umgekehrt ergibt sich das elektrostatische Potential aus der elektrischen Feldstärke anhand des Integrals

$$\Phi(r) = -\int \vec{E}\,d\vec{r}\,. \qquad (2.40)$$

- Für das elektrostatische Potential einer punktförmigen Ladung Q ergibt sich

$$\Phi = \frac{Q}{4\,\pi\,\epsilon_0}\,\frac{1}{r} \qquad (2.34)$$

und für eine kontinuierliche räumliche Ladungsverteilung

$$\Phi(\vec{R}) = \frac{1}{4\,\pi\,\epsilon_0}\int_V \frac{\rho(\vec{r})}{\left|\vec{R}-\vec{r}\right|}\,dV\,. \qquad (2.47)$$

Zum Mitnehmen: Elektrostatik im Vakuum 3

- Mit dem **elektrischen Dipolmoment** $\vec{p}$ zweier entgegengesetzt geladener Punktladungen Q im Abstand d

$$\vec{p} = Q \cdot \vec{d} \tag{2.55}$$

gilt für das **Dipolpotential**

$$\Phi(\vec{R}) = \frac{1}{4\pi\epsilon_0}\frac{p\cos\vartheta}{R^2}\,. \tag{2.56}$$

Daraus ergeben sich die folgenden Komponenten für das **elektrische Dipolfeld**:

$$E_r = \frac{2}{4\pi\epsilon_0}\frac{p\cos\vartheta}{R^3} \tag{2.57}$$

$$E_\vartheta = \frac{1}{4\pi\epsilon_0}\frac{p\sin\vartheta}{R^3} \tag{2.58}$$

$$E_\varphi = 0 \tag{2.59}$$

- Die Potentialdifferenz zwischen zwei Punkten $\vec{r}_1$, $\vec{r}_2$ heißt **elektrische Spannung** U:

$$U = \Phi(\vec{r}_2) - \Phi(\vec{r}_1) \tag{2.60}$$

Für die Einheit **Volt** V ergibt sich wegen (2.38) $1\,\mathrm{V} = 1\,\mathrm{N\,m/A\,s}$.

Für den Zusammenhang mit dem elektrischen Feld gilt

$$U = \int \vec{E}\,d\vec{s}\,, \tag{2.62}$$

für ein konstantes Feld wie beim Plattenkondensator ist

$$U = E\,d\,. \tag{2.67}$$

- Für die Bewegung einer Ladung Q im elektrischen Feld ist die Arbeit $dW = \Delta\Phi\,dQ$ insgesamt

$$\Delta W_{pot} = W_{kin} = Q \cdot U\,. \tag{2.74}$$

Häufig wird die Energieeinheit **Elektronenvolt** eV benutzt:

$$1\,\mathrm{eV} = 1{,}602176634 \cdot 10^{-19}\,\mathrm{J}$$

Zum Mitnehmen: Elektrostatik im Vakuum 4

- Mit dem **elektrischen Fluss** Φ_{el} eines elektrischen Felds $\vec{E}$ durch eine Oberfläche A

$$\Phi_{el} = \int_A \vec{E} \cdot d\vec{A}$$

  gilt der wichtige **Gauß'sche Satz der Elektrostatik**:

$$\oint_A \vec{E}\, d\vec{A} = \frac{Q}{\epsilon_0} \tag{2.84}$$

  Der elektrische Fluss durch eine geschlossene Oberfläche A ist proportional zu der von A eingeschlossenen Gesamtladung Q.

- Mit dem Gauß'schen Satz der Mathematik für ein von der Fläche A eingeschlossenes Volumen V

$$\oint_A \vec{E}\, d\vec{A} = \int_V \operatorname{div} \vec{E}\, dV \tag{2.87}$$

  ergibt sich die differentielle Form des Gauß'schen Satzes der Elektrostatik

$$\operatorname{div} \vec{E} = \frac{\rho}{\epsilon_0} \tag{2.90}$$

  Diese Gleichung entspricht der **Maxwell-Gleichung** (1.7) im Vakuum:

  Die elektrischen Ladungen sind die Quellen ($\rho > 0$) beziehungsweise Senken ($\rho < 0$) des elektrischen Felds.

- Aus der Maxwell-Gleichung (2.90) lässt sich mit (2.39) ein Zusammenhang zwischen der elektrischen Ladung und dem Potential Φ formulieren:

$$\triangle \Phi = -\frac{\rho}{\epsilon_0} \tag{2.95}$$

  In dieser **Poisson-Gleichung** verwenden wir den **Laplace-Operator** $\triangle = \operatorname{div} \operatorname{grad}$.

Zum Mitnehmen: Elektrostatik im Vakuum 5

- Aus den Gleichungen (2.24) und (2.62) ergibt sich für die Spannung U und die Ladung Q eines Kondensators

$$Q = C\,U\,. \tag{2.108}$$

Die Proportionalitätskonstante C heißt **Kapazität**. Die Einheit der Kapazität C ist **Farad** F:

$$1\,\mathrm{F} = 1\,\frac{\mathrm{C}}{\mathrm{V}}$$

Für den Plattenkondensator beträgt die Kapazität

$$C = \frac{A\,\epsilon_\circ}{d}\,. \tag{2.110}$$

Sie enthält die Plattenfläche A und den Abstand d der beiden Platten. Die im **Kondensator gespeicherte Energie** ist

$$W = \frac{1}{2}\,C\,U^2\,. \tag{2.116}$$

- Die **Energiedichte** ω **des elektrischen Felds** $\omega = W/V$

$$\omega = \frac{1}{2}\,\epsilon_\circ\,E^2 \tag{2.119}$$

gilt allgemein für elektrische Felder im Vakuum.

Elektrostatik in Materie

3

ÜBERBLICK

» In diesem Kapitel werden wir Materie in elektrische Felder einbringen und den Einfluss dieser sogenannten Dielektrika untersuchen.

Wir werden dabei Polarisationsphänomene kennenlernen und die dielektrische Verschiebungsdichte definieren. Mit ihr werden wir die Bedeutung der anfangs erwähnten dritten Maxwell-Gleichung (1.7) verstehen. «

3.1 Polarisation

Elektrisch leitendes Material wie z. B. ein Metalldraht besitzt frei bewegliche Ladungen. Diese als Leiter bezeichnete Materialien werden wir in Kapitel 4 vorstellen.

Hier interessieren wir uns für elektrisch *nicht leitendes* oder nur sehr schwach leitendes Material, das wir in ein elektrisches Feld einbringen. Wir bezeichnen es als **Dielektrikum**. Im folgenden Experiment untersuchen wir den Einfluss von Dielektrika auf das elektrische Feld in einem Kondensator.

Experiment: Kondensator mit Dielektrikum

Wir laden einen Plattenkondensator (►Abbildung 2.29) mit der Ladungsmenge Q und messen die Potentialdifferenz bzw. Spannung U zwischen den beiden Platten.

Nun füllen wir den Zwischenraum zwischen den Platten vollständig mit einem Isolatormaterial. Dabei sinkt die Spannung U zwischen den Platten. Nach Gleichung (2.108)

$$Q = C_{Diel} \cdot U \tag{3.1}$$

steigt also bei konstanter Ladung im Kondensator $Q = const.$ die Kapazität C_{Diel} des Kondensators durch das Dielektrikum.

Der Isolator im elektrischen Feld des Kondensators wird »polarisiert«. Mikroskopisch bedeutet das, dass die positiven und negativen Ladungsschwerpunkte der einzelnen Moleküle gegeneinander verschoben werden. Die Moleküle bilden Dipole (►Abbildung 3.1).

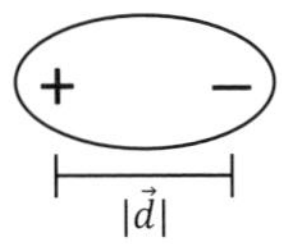

Abbildung 3.1 Molekularer Dipol durch Abstand $|\vec{d}|$ der Ladungsschwerpunkte

Wir bezeichnen mit Q die Ladung eines Elektrons und mit Z die Anzahl der Elektronen des Moleküls. Der Vektor $\vec{d}$ ist ein Maß für den Abstand zwischen den Ladungsschwerpunkten (Abschnitt 2.5). Das Dipolmoment $\vec{p} = Q\,\vec{d}$ der Moleküle beträgt damit

$$\vec{p} = Z\,Q\,\vec{d}. \tag{3.2}$$

Man nennt die Summe aller Dipolmomente pro Volumeneinheit **Polarisation**:

$$\vec{P} = \frac{1}{V}\sum_{i=1}^{N} \vec{p}_i \tag{3.3}$$

Dabei ist V das Volumen des Dielektrikums, in dem die N Moleküle enthalten sind. Polarisation ist das Analogon zur Influenz bei Leitern (Abschnitt 2.3.1).

Das elektrische Feld im Kondensator wird durch das Dielektrikum abgeschwächt, da die Polarisation gegen die elektrische Feldrichtung zeigt (►Abbildung 3.2).

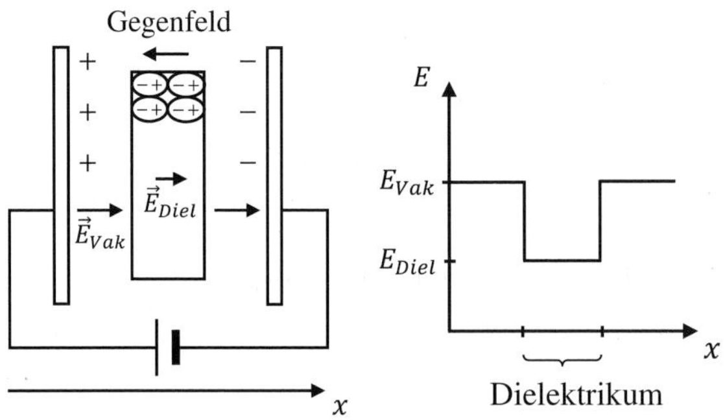

Abbildung 3.2 Links: Plattenkondensator mit Dielektrikum. Rechts: Verlauf des elektrischen Feldes E. E_{Diel} wird durch das Dipol-Gegenfeld geschwächt.

Wie stark die Polarisation des Dielektrikums ist, hängt vom jeweiligen Material ab. Als charakteristische Größe definiert man die **relative Dielektrizitätszahl** ϵ_r als das Verhältnis der elektrischen Feldstärke E_{Vak} im Vakuum und der Feldstärke E_{Diel} im Dielektrikum:

$$\epsilon_r \equiv \frac{E_{Vak}}{E_{Diel}} \tag{3.4}$$

Dabei ist $\epsilon_r \geq 1$. Im folgenden Beispiel sind die relativen Dielektrizitätszahlen verschiedener Stoffe aufgeführt.

Beispiel: Relative Dielektrizitätszahl

Vakuum	$\epsilon_r = 1$	
Luft	$\epsilon_r = 1{,}000589(86)$	bei Temperatur $0\,°\mathrm{C}$, Luftdruck 10^5 Pa
Wasser	$\epsilon_r = 81$	
Keramiken	$\epsilon_r \approx 6 - 3000$	

In unserem Kondensatorexperiment mit den verschiedenen Dielektrika können wir die relative Dielektrizitätszahl bei konstanter Ladung Q aus dem Vergleich der Spannungen mit und ohne Dielektrikum ablesen. Mit Gleichung (2.104) ist bei festem Plattenabstand d

$$\epsilon_r = \frac{E_{Vak}}{E_{Diel}} \tag{3.5}$$

$$= \frac{U_{Vak}}{U_{Diel}} \tag{3.6}$$

Die Kapazität des Kondensators erhöht sich durch das Dielektrikum wegen Gleichung (3.1) um ϵ_r:

$$C_{Diel} = \epsilon_r\, C_{Vak} \tag{3.7}$$

3.1.1 Polarisationsladungen

An den Grenzflächen des Dielektrikums entsteht ein Ladungsüberschuss. Diese an den Außenseiten auftretenden Ladungen nennt man **Polarisationsladungen** Q_{Pol}. Die innerhalb des Dielektrikums auftretenden Ladungen heben sich gegenseitig auf (►Abbildung 3.3).

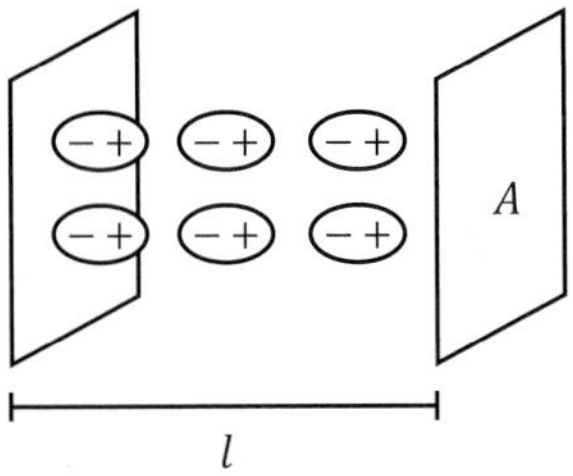

Abbildung 3.3 Auf den Frontflächen A des Dielektrikums entstehen Polarisationsladungen Q_{Pol} im Abstand l.

Das Gesamtdipolmoment $\vec{G}$ des Dielektrikums ergibt sich einerseits als

$$|\vec{G}| = Q_{Pol} \cdot l \,, \tag{3.8}$$

wobei l der Abstand der Polarisationsladungen Q_{Pol} ist. Andererseits können wir mit der Definition der Polarisation (3.3) und dem Volumen $V = A\,l$ des Dielektrikums

$$\begin{aligned} |\vec{G}| &= \left|\sum_{i=1}^{N} \vec{p}_i\right| && (3.9)\\ &= |\vec{P}| \cdot V && (3.10)\\ &= \underbrace{|\vec{P}| \cdot A}_{=Q_{Pol}} \cdot l && (3.11) \end{aligned}$$

schreiben, wobei sich im letzten Schritt

$$Q_{Pol} = |\vec{P}| \cdot A \tag{3.12}$$

durch Vergleich mit (3.8) ergibt.

Wir identifizieren demnach die Flächenladungsdichte $\sigma_{Pol} = Q_{Pol}/A$ auf der Außenseite des Dielektrikums mit dem Betrag der Polarisation $\vec{P}$.

Damit in der üblichen Konvention der Polarisationsvektor $\vec{P}$ die gleiche Richtung wie die anderen Feldgrößen der Elektrizitätslehre hat, zeigt er von der negativen zur positiven Polarisationsladung (vergleiche mit dem Dipol in ►Abbildung 2.18):

$$\begin{aligned} \sigma_{Pol} &= \frac{Q_{Pol}}{A} && (3.13)\\ &= -P && (3.14) \end{aligned}$$

Die gesamte Polarisationsladung Q_{Pol} können wir einerseits über die Flächenladungsdichte σ_{Pol} ausdrücken oder alternativ durch die auf die Volumen bezogene Polarisationsladungsdichte ρ_{Pol}. Mit Gleichung (3.14) und Anwenden des Gauß'schen Satzes (2.87) erhalten wir

$$Q_{Pol} = \int_V \rho_{Pol}\, dV \tag{3.15}$$

$$= \oint_A \sigma_{Pol}\, dA = -\oint_A \vec{P}\, d\vec{A} = -\int_V \operatorname{div} \vec{P}\, dV\,. \tag{3.16}$$

Aus dem Vergleich der Integranden der Zeilen (3.15) und (3.16) erhalten wir einen ähnlichen Zusammenhang wie in der Maxwell-Gleichung (2.90):

$$\operatorname{div} \vec{P} = -\rho_{Pol} \tag{3.17}$$

Die Bedeutung dieser Gleichung ist:

Die durch das äußere Feld erzeugten negativen Polarisationsladungen sind die Quellen, die positiven die Senken der Polarisation.

3.2 Feld im Dielektrikum

Die elektrische Feldstärke im Kondensator hatten wir für den Fall ohne Material im Kondensator in Gleichung (2.24) berechnet. Für den Fall des mit einem Dielektrikum gefüllten Kondensators müssen wir die Flächenladungsdichte σ modifizieren:

$$E_{Diel} = \frac{\sigma}{\epsilon_0} \tag{3.18}$$

Das Feld wird in diesem Fall durch die frei beweglichen Ladungsträger mit Ladung Q in den Leiterplatten und durch die Polarisationsladungen Q_{Pol} bestimmt.

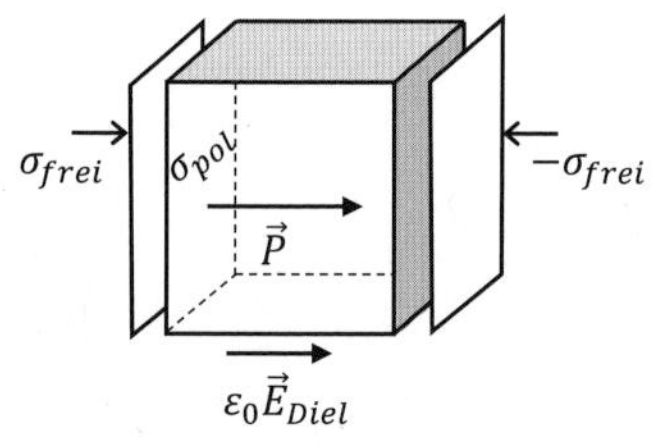

Abbildung 3.4 Die Polarisationsladungsdichte σ_{Pol} kompensiert teilweise die Oberflächenladungsdichte σ_{frei} (hier positiv) des Kondensators. Das erhöht seine Kapazität.

Die Flächenladungsdichte σ an der linken Grenzschicht in ►Abbildung 3.4 setzt sich aus der Ladungsdichte σ_{frei} der freien Ladungsträger (hier positiv angenommen) und der Ladungsdichte σ_{Pol} der Polarisationsladungen zusammen, die entgegengesetzte Ladungsvorzeichen tragen:

$$\sigma = \sigma_{frei} + \sigma_{Pol} = \sigma_{frei} - |\sigma_{Pol}| \tag{3.19}$$

Auf der Grenzfläche der rechten Seite ergibt sich im Betrag dieselbe Ladungsdichte, aber mit entgegengesetztem Ladungsvorzeichen.

Das elektrische Feld im Kondensator beträgt unter Berücksichtigung von Gleichung (3.14)

$$E_{Diel} = \frac{\sigma}{\epsilon_\circ} \tag{3.20}$$

$$= \frac{1}{\epsilon_\circ}(\sigma_{frei} + \sigma_{Pol}) \tag{3.21}$$

$$= \frac{1}{\epsilon_\circ}(\sigma_{frei} - P)\,. \tag{3.22}$$

Die verringerte Feldstärke im Dielektrikum lässt sich also direkt auf die Polarisation zurückführen.

Diese Gleichung können wir so umschreiben, dass wir die Polarisation P über die Materialeigenschaften (relative Dielektrizitätszahl ϵ_r) direkt aus der Feldstärke E_{Diel} berechnen können. Dazu verwenden wir die Zusammenhänge $\epsilon_r = E_{Vak}/E_{Diel}$ (3.4) und $E_{Vak} = \sigma_{frei}/\epsilon_\circ$ (2.24):

$$P = \sigma_{frei} - \epsilon_\circ\, E_{Diel} \tag{3.23}$$

$$= \epsilon_\circ\, E_{Vak} - \epsilon_\circ\, E_{Diel} \tag{3.24}$$

$$= \epsilon_\circ\, (\epsilon_r\, E_{Diel} - E_{Diel}) \tag{3.25}$$

Für ein elektrisches Feld im Medium mit relativer Dielektrizitätszahl ϵ_r erhalten wir die Polarisation durch

$$\vec{P} = \epsilon_\circ\, (\epsilon_r - 1)\, \vec{E}_{Diel} = \epsilon_\circ\, \chi_e\, \vec{E}_{Diel}\,. \tag{3.26}$$

Die Größe

$$\chi_e = \epsilon_r - 1 \tag{3.27}$$

wird **elektrische Suszeptibilität** genannt. Konsistent entsteht nur dann eine Polarisation $\vec{P}$, wenn ein Medium mit $\epsilon_r > 1$ oder $\chi_e > 0$ vorliegt.

Die Maxwell-Gleichung für das elektrische Feld in Materie lautet in Analogie zu Gleichung (2.90)

$$\operatorname{div} \vec{E}_{Diel} = \frac{\rho_{Gesamt}}{\epsilon_\circ}\,, \tag{3.28}$$

wobei die Ladungsdichte ρ_{Gesamt} sich aus der Dichte ρ_{frei} der freien Ladungsträger und der Dichte ρ_{Pol} der entgegengesetzt geladenen Polarisationsladungen zusammensetzt:

$$\rho_{Gesamt} = \rho_{frei} + \rho_{Pol} \tag{3.29}$$

$$|\rho_{Gesamt}| = |\rho_{frei}| - |\rho_{Pol}| \tag{3.30}$$

In vielen Fällen ist auch die integrale Form von Gleichung (3.28) wichtig:

$$\oint_A \vec{E}_{Diel}\, d\vec{A} = \frac{Q_{Gesamt}}{\epsilon_\circ} \tag{3.31}$$

Sie lässt sich mit Gleichung (2.87) aus (3.28) herleiten und gilt für beliebige geschlossene Oberflächen A, wobei Q_{Gesamt} die von A eingeschlossenen Gesamtladungen sind.

Wir verwenden die Gleichungen (3.17), (3.28) und (3.29), um die Auswirkung der freien elektrischen Ladungen auf das elektrische Feld im Dielektrikum und die Polarisation zu verstehen:

$$\operatorname{div} \vec{E}_{Diel} = \frac{\rho_{frei} + \rho_{Pol}}{\epsilon_\circ} \tag{3.32}$$

$$\epsilon_\circ \operatorname{div} \vec{E}_{Diel} = \rho_{frei} - \operatorname{div} \vec{P}$$

$$\operatorname{div} \left(\epsilon_\circ \vec{E}_{Diel} + \vec{P} \right) = \rho_{frei} \tag{3.33}$$

Die freien Ladungsträger sind also die Quellen bzw. Senken des elektrischen Felds im Dielektrikum und der Polarisation.

Auch dieser Zusammenhang lässt sich bei bekannter relativer Dielektrizitätszahl des Mediums wegen Gleichung (3.26) vereinfacht schreiben:

$$\operatorname{div} \left(\epsilon_\circ \vec{E}_{Diel} + \vec{P} \right) = \rho_{frei} \tag{3.34}$$

$$\operatorname{div} \left(\epsilon_\circ \vec{E}_{Diel} + \epsilon_\circ (\epsilon_r - 1) E_{Diel} \right) = \rho_{frei}$$

$$\operatorname{div} \left(\epsilon_\circ \epsilon_r \vec{E}_{Diel} \right) = \rho_{frei}$$

$$\operatorname{div} \vec{E}_{Diel} = \frac{\rho_{frei}}{\epsilon_\circ \epsilon_r} \tag{3.35}$$

3.3 Dielektrische Verschiebungsdichte

Wir kombinieren die Vektoren der Gleichung (3.33) und definieren die sogenannte **dielektrische Verschiebungsdichte** (►Abbildung 3.5)

$$\vec{D} \equiv \epsilon_\circ \vec{E}_{Diel} + \vec{P} \,. \tag{3.36}$$

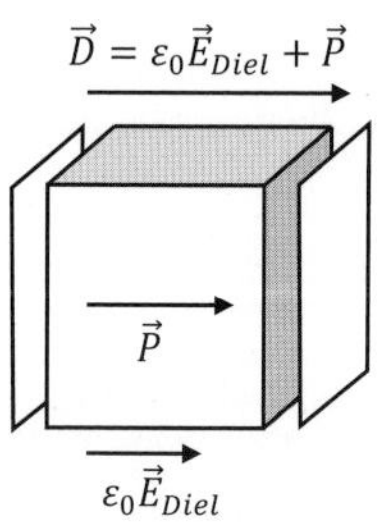

Abbildung 3.5 Dielektrische Verschiebungsdichte beim Kondensator

Mit dieser Definition ist Gleichung (3.33) die **Maxwell-Gleichung** (1.7):

$$\operatorname{div} \vec{D} = \rho_{frei} \tag{3.37}$$

Die freien Ladungsträger ρ_{frei} sind demnach die Quellen bzw. Senken der dielektrischen Verschiebungsdichte.

In vielen Fällen ist auch die integrale Form dieser Gleichung wichtig:

$$\oint_A \vec{D}\, d\vec{A} = Q_{frei} \tag{3.38}$$

Sie gilt wieder für beliebige geschlossene Oberflächen A, wobei Q_{frei} die von A eingeschlossenen Gesamtladungen sind.

Wir lösen Gleichung (3.22) für das elektrische Feld im Dielektrikum nach der Dichte σ_{frei} der freien Ladungsträger auf:

$$\sigma_{frei} = \epsilon_0\, E_{Diel} + P \tag{3.39}$$

Im Vergleich zu (3.38) sehen wir, dass die Komponente der dielektrischen Verschiebungsdichte $\vec{D}$ senkrecht zur Leiteroberfläche am Dielektrikum der Oberflächenladungsdichte im Leiter (3.39) entspricht.

Einen direkten Zusammenhang zwischen der dielektrischen Verschiebungsdichte $\vec{D}$ und der Feldstärke $\vec{E}_{Diel}$ in Materie können wir wieder mithilfe der relativen Dielektrizitätszahl ϵ_r über Gleichung (3.26) formulieren:

$$\vec{D} = \epsilon_0\, \vec{E}_{Diel} + \vec{P} \tag{3.40}$$

$$= \epsilon_0\, \vec{E}_{Diel} + \epsilon_0\, (\epsilon_r - 1)\, \vec{E}_{Diel} \tag{3.41}$$

Damit erhalten wir

$$\vec{D} = \epsilon_0 \epsilon_r \vec{E}_{Diel}\,. \tag{3.42}$$

Im Vakuum gilt $\epsilon_r = 1$, also

$$\vec{D} = \epsilon_0 \vec{E}\,. \tag{3.43}$$

3.4 Feldenergie im Dielektrikum

Die Energie im Plattenkondensator beträgt in Analogie zu Gleichung (2.116)

$$W = \frac{1}{2} C_{Diel} U^2\,. \tag{3.44}$$

Für einen Plattenkondensator mit Dielektrikum ist die Kapazität des Kondensators (2.110) entsprechend der relativen Dielektrizitätszahl ϵ_r verändert (3.7):

$$C_{Diel} = \epsilon_r \cdot C \tag{3.45}$$

und mit (2.110)

$$C_{Diel} = \epsilon_r \epsilon_0 \cdot \frac{A}{d} \tag{3.46}$$

Um die Dichte der elektrischen Feldenergie im Dielektrikum zu erhalten, verwenden wir entsprechend Gleichung (2.104) den Zusammenhang

$$E_{Diel} = \frac{U}{d} \tag{3.47}$$

sowie $D = \epsilon_\circ \epsilon_r E_{Diel}$ (3.42) und erhalten damit für die Energie im Kondensator (3.44)

$$\begin{aligned} W &= \frac{1}{2}\,\epsilon_r \epsilon_\circ \frac{A}{d}\,U^2 && (3.48) \\ &= \frac{1}{2}\,\epsilon_r \epsilon_\circ \frac{A}{d} d^2 E_{Diel}^2 \\ &= \frac{1}{2}\,\epsilon_r \epsilon_\circ V E_{Diel}\,\frac{D}{\epsilon_r \epsilon_\circ} \\ &= \frac{1}{2} E_{Diel}\,D \cdot V\,. && (3.49) \end{aligned}$$

Die Energiedichte im Dielektrikum ergibt sich somit aus der elektrischen Feldstärke und der dielektrischen Verschiebungsdichte:

$$\omega = \frac{1}{2}\,E_{Diel}\,D = \frac{1}{2}\epsilon_\circ \epsilon_r\,E_{Diel}^2 \tag{3.50}$$

Im Vakuum ($\epsilon_r = 1$) erhalten wir mit $E_{Diel} = E_{Vak} = E$ und $D = \epsilon_\circ E$ die bereits bekannte Gleichung (2.119):

$$\omega = \frac{1}{2}\,\epsilon_\circ\,E^2 \tag{3.51}$$

Das Wichtigste zum Mitnehmen

Zum Mitnehmen: Elektrostatik in Materie 1

- Ein elektrisch nicht oder nur sehr schwach leitendes **Dielektrikum** wird im elektrischen Feld polarisiert. Die **Polarisation**

$$\vec{P} = \frac{1}{V}\sum_{i=1}^{N}\vec{p}_i \tag{3.3}$$

eines Dielektrikums mit N Molekülen im Volumen V schwächt das elektrische Feld.

- Die Flächenladungsdichte σ_{Pol} auf der Außenseite des Dielektrikums lässt sich mit der Polarisation $\vec{P}$ ausdrücken:

$$\sigma_{Pol} = \frac{Q_{Pol}}{A} = -P\,, \tag{3.14}$$

und für die Ladungsdichte ρ_{Pol} erhalten wir einen ähnlichen Zusammenhang wie in der Maxwell-Gleichung (2.90):

$$\operatorname{div}\vec{P} = -\rho_{Pol} \tag{3.17}$$

Die durch das äußere Feld erzeugten negativen Polarisationsladungen sind die Quellen der Polarisation.

- Die Flächenladungsdichte σ an den Platten eines vollständig mit Dielektrikum gefüllten Kondensators setzt sich aus der Ladungsdichte σ_{frei} der freien Ladungsträger auf den Kondensatorplatten und der Ladungsdichte σ_{Pol} der entgegengesetzt geladenen Polarisationsladungen zusammen:

$$\sigma = \sigma_{frei} + \sigma_{Pol}\,, \qquad |\sigma| = |\sigma_{frei}| - |\sigma_{Pol}| \tag{3.19}$$

Das elektrische Feld im Kondensator beträgt unter Berücksichtigung von (3.14)

$$E_{Diel} = \frac{\sigma}{\epsilon_0} = \frac{1}{\epsilon_0}(\sigma_{frei} - P)\,. \tag{3.22}$$

- Allgemein gilt mit der Ladungsdichte ρ_{Gesamt} die Maxwell-Gleichung für das elektrische Feld in Materie:

$$\operatorname{div}\vec{E}_{Diel} = \frac{\rho_{Gesamt}}{\epsilon_0} \tag{3.28}$$

In vielen Fällen ist auch die integrale Form von Gleichung (3.28) wichtig:

$$\oint_A \vec{E}_{Diel}\,d\vec{A} = \frac{Q_{Gesamt}}{\epsilon_0} \tag{3.31}$$

Zum Mitnehmen: Elektrostatik in Materie 2

- Mit der **dielektrischen Verschiebungsdichte**

$$\vec{D} \equiv \epsilon_\circ \vec{E}_{Diel} + \vec{P} \tag{3.36}$$

erhält man die **Maxwell-Gleichung** (1.7)

$$\text{div}\,\vec{D} = \rho_{frei}\,. \tag{3.37}$$

Die freien Ladungsträger ρ_{frei} sind die Quellen bzw. Senken der dielektrischen Verschiebungsdichte.

In vielen Fällen ist auch die integrale Form dieser Gleichung wichtig:

$$\oint_A \vec{D}\,d\vec{A} = Q_{frei} \tag{3.38}$$

- Als charakteristische Größe definiert man die **relative Dielektrizitätszahl** ϵ_r durch das Verhältnis der elektrischen Feldstärken E_{Vak} im Vakuum und E_{Diel} im Dielektrikum:

$$\epsilon_r = \frac{E_{Vak}}{E_{Diel}} \tag{3.4}$$

Dabei ist $\epsilon_r \geq 1$.

Damit erhalten wir

$$\vec{D} = \epsilon_\circ \epsilon_r \vec{E}_{Diel}\,. \tag{3.42}$$

- Für einen Plattenkondensator mit Dielektrikum ist die Kapazität des Kondensators (2.110) entsprechend der relativen Dielektrizitätszahl ϵ_r verändert

$$C_{Diel} = \epsilon_r \cdot C\,, \tag{3.7}$$

und mit (2.110) gilt

$$C_{Diel} = \epsilon_r\,\epsilon_\circ \cdot \frac{A}{d}\,. \tag{3.46}$$

- Die Energiedichte im Dielektrikum ergibt sich aus der elektrischen Feldstärke und der dielektrischen Verschiebungsdichte:

$$\omega = \frac{1}{2}\,E_{Diel}D = \frac{1}{2}\epsilon_\circ\epsilon_r\,E_{Diel}^2 \tag{3.50}$$

Elektrischer Strom

4

ÜBERBLICK

» In diesem Kapitel werden wir den elektrischen Strom untersuchen und dabei verschiedene Leiter für den Transport von Ladungen kennenlernen. Ebenso werden wir das Prinzip einfacher Spannungsquellen vorstellen.

Wir werden elektrische Widerstände erklären und einerseits deren Temperaturverhalten, andererseits ihre Wärmeproduktion untersuchen.

Anschließend werden wir Stromkreise mit Widerständen und Kondensatoren aufbauen und ihre Eigenschaften mit den Konzepten der Energieerhaltung und der Ladungserhaltung verstehen. «

4.1 Ladungstransport

Zunächst einige Feststellungen:

- Die transportierten Ladungen in **elektronischen Leitern** (wie Metallen und Halbleitern) sind Elektronen.
- In **Ionenleitern** (wie Säuren und Laugen) werden positiv oder negativ geladene Ionen transportiert.
- **Gemischte Leiter** transportieren Elektronen und Ionen. Dies ist beispielsweise in Gasentladungen der Fall.

Die **Stromstärke** ist durch den Transport von elektrischen Ladungen pro Zeit definiert:

$$I \equiv \frac{dQ}{dt} \tag{4.1}$$

Sie hat die Einheit Ampère A oder Coulomb pro Sekunde:

$$1\,\mathrm{A} = 1\,\frac{\mathrm{C}}{\mathrm{s}} \tag{4.2}$$

Nach der aktuellen Definition der SI-Einheiten (Abschnitt 2.1) wird die Einheit Ampère durch den Fluss von Elektronen pro Sekunde definiert. Wegen der kleinen Elementarladung (2.1) müssen selbst für einen geringen Strom von z. B. $1\,\mathrm{pA} = 10^{-12}\,\mathrm{A}$ bereits mehr als 6 Millionen Elektronen abgezählt werden:

$$1\,\mathrm{A} = \frac{\mathrm{C}}{1{,}602176634 \cdot 10^{-19}}\,\frac{1}{\mathrm{s}} \tag{4.3}$$

Die Zählung einzelner Elektronen kann mit sogenannten Einzelelektronenpumpen realisiert werden (z. B. [9]).

Die **technische Stromrichtung** verläuft (historisch bedingt) »**von Plus nach Minus**«, entgegengesetzt der physikalischen Stromrichtung von Elektronen.

Beispiel: Elektronentransport im Metall

Im Metall wandern Elektronen aufgrund der angelegten Spannung »von Minus nach Plus«, also entsprechend der physikalischen und entgegen der technischen Stromrichtung (►Abbildung 4.1).

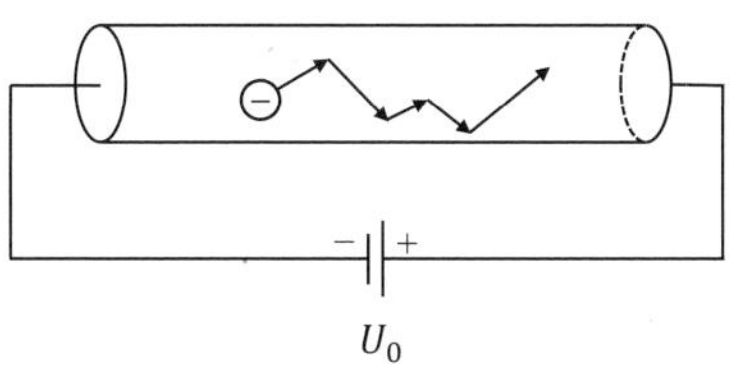

Abbildung 4.1 Elektronenwanderung im Metall

Beispiel: Ionenleitung in Flüssigkeiten

Ohne von außen angelegte Spannung entstehen in einer Kupfersulfatlösung $CuSO_4$ die Ionen Cu^{++} und SO_4^{--} (►Abbildung 4.2).

Bei einer von außen angelegten Spannung bewegen sich die Kupferionen Cu^{++} zur Kathode. Dort nehmen sie zwei Elektronen auf und lagern sich an der Kathode ab: $Cu^{++} + 2e^- \rightarrow Cu$.

Die SO_4^{--} Ionen bewegen sich zur Anode und geben dort zwei Elektronen ab: $SO_4^{--} - 2e^-$. Dabei reagieren sie mit Wasser H_2O, und es entsteht Schwefelsäure: $2\ SO_4 + 2\ H_2O \rightarrow 2\ H_2SO_4 + O_2$.

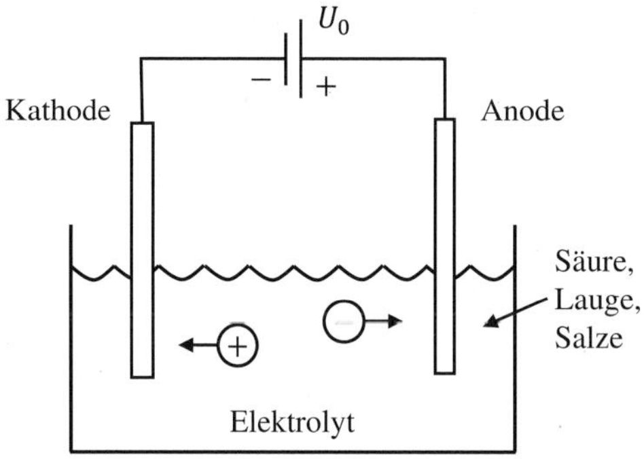

Abbildung 4.2 Ionenleitung in einem Elektrolyten

Beispiel: Gemischte Leiter

In einer mit Gas gefüllten Röhre mit zwei Elektroden werden Gasatome zum Beispiel durch radioaktive Strahlung ionisiert (►Abbildung 4.3). Die Röhre wird so zum gemischten Leiter: Die negativ geladenen Elektronen wandern zur Anode, die positiv geladenen Ionen zur Kathode. Beide werden aufgrund der elektrischen Energie $W = Q \cdot U$ beschleunigt, verlieren aber nach kurzer Wegstrecke durch Stöße mit weiteren Gasatomen einen Teil ihrer kinetischen Energie.

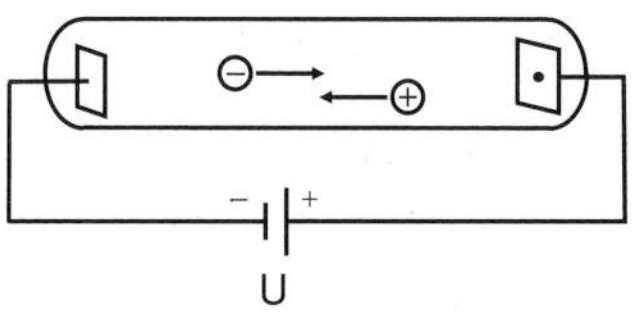

Abbildung 4.3 Elektronen- und Ionenwanderung

Beispiel: Gasverstärkung

Elektronen mit hinreichend hoher kinetischer Energie W_{kin} können aus Atomen beziehungsweise Molekülen ein Elektron aus ihrer Hülle herausschlagen (►Abbildung 4.4):

$$e^- + A \quad \rightarrow \quad A^+ + e^- + e^- \tag{4.4}$$

Wir bezeichnen mit Λ die mittlere freie Weglänge, auf der die Elektronen im elektrischen Feld $\vec{E}$ ungestört beschleunigt werden. Die Elektronen können weitere Gasatome ionisieren, falls ihre kinetische Energie (2.74) größer als die Ionisationsenergie W_{Ion} der Atome ist:

$$W_{kin} = Q\,U = Q \cdot E \cdot \Lambda \geq W_{Ion} \tag{4.5}$$

Ein anfänglicher Strom I (4.1) von $N_\circ$ Elektronen mit Ladung Q

$$I = \frac{N_\circ \cdot Q}{t} \tag{4.6}$$

erzeugt neue Ladungsträger dN nach der Beschleunigungsstrecke dx im elektrischen Feld. Dabei ist die Erzeugungsrate neuer Ionen- und Elektronenpaare proportional zur Anzahl N der aktuell vorhandenen Elektronen:

$$\frac{dN}{dx} = \gamma\,N \tag{4.7}$$

Durch Trennung der Variablen und Integration erhalten wir die Elektronenanzahl nach der Strecke d:

$$\int_{N_\circ}^{N} \frac{dN}{N} = \gamma \int_0^d dx\,, \qquad \ln\frac{N}{N_\circ} = \gamma \cdot d\,, \qquad N = N_\circ \cdot e^{\gamma\, d} \tag{4.8}$$

Der Strom $I = (N \cdot Q)/t$ steigt exponentiell. Dieser Effekt wird zum Nachweis von Teilchen genutzt, z. B. beim Geiger-Müller-Zählrohr.

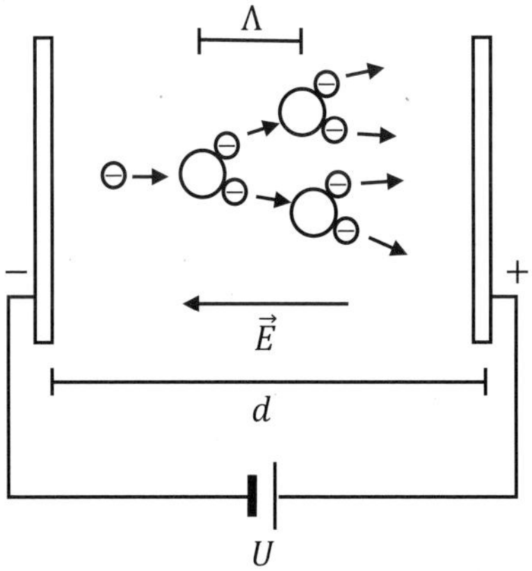

Abbildung 4.4 Ladungsverstärkung durch Elektronenstöße

4.2 Galvanische Elemente

Taucht man zwei Elektroden aus verschiedenen Metallen in eine Elektrolytflüssigkeit, so kann man zwischen ihnen eine elektrische Spannung messen (►Abbildung 4.5).

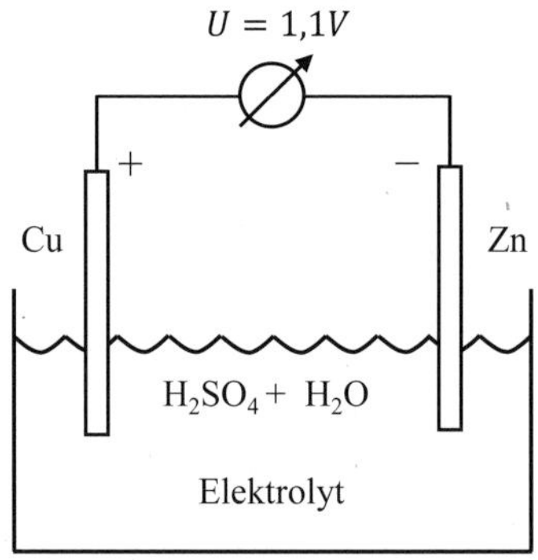

Abbildung 4.5 Zwischen zwei Elektroden aus verschiedenen Metallen in einem Elektrolyten entsteht eine elektrische Spannung.

4.2.1 Bindungen

Die Bindungsenergie der Metallionen im Metall beträgt

$$W_m = Q \cdot \Phi_m \tag{4.9}$$

und ist in der Elektrolytflüssigkeit mit

$$W_e = Q \cdot \Phi_e \tag{4.10}$$

geringer:

$$|W_e| < |W_m| \tag{4.11}$$

Das Bindungspotential in der Elektrolytflüssigkeit resultiert aus dem Dipolmoment der Wassermoleküle. Es entsteht aus der Geometrie des Wassermoleküls, dessen Ladungsschwerpunkte der positiven und negativen Ladungen gegeneinander verschoben sind (►Abbildung 4.6).

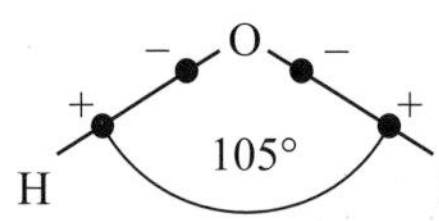

Abbildung 4.6 Die Molekülstruktur von Wasser H_2O

Die Dipole umgeben die Ionen und richten sich entsprechend aus (►Abbildung 4.7).

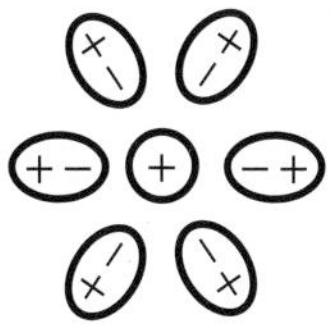

Abbildung 4.7 Dipole richten sich an einer Ladung aus.

4.2.2 Diffusion

Im Allgemeinen ist zwar die Bindungsenergie im Metall viel größer als in der Flüssigkeit, aber durch Diffusionsprozesse ist den Metallionen dennoch der Übergang in die Flüssigkeit möglich (►Abbildung 4.8).

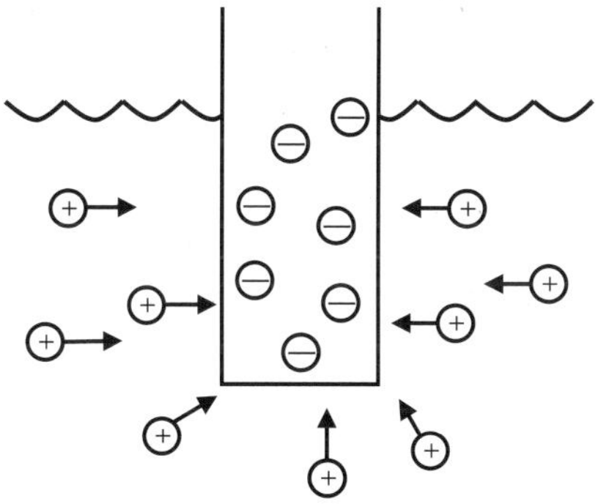

Abbildung 4.8 Ionenwanderung in den Elektrolyten führt zu Elektronenüberschuss in der Elektrode, der je nach Metall unterschiedlich stark ist.

Die Elektrode erfährt dabei einen Überschuss an negativen Ladungen, und der umgebende Elektrolyt wird positiv geladen.

4.2.3 Potentialdifferenz

Die Ladungsmenge im umgebenden Elektrolyt ist abhängig vom Metall. Durch Verwendung zweier verschiedener Metalle als Elektroden ergibt sich eine Potentialdifferenz: Damit erhalten wir eine Spannungsquelle (►Abbildung 4.5).

Beispiel: Spannungsquelle

Als Beispiel verwenden wir hier eine Kupfer-Elektrode und eine Zink-Elektrode (►Abbildung 4.9).

1 Durch die Potentialdifferenz (Spannung U) zwischen den beiden Elektroden in der Elektrolytflüssigkeit wandern die Elektronen durch den Verbraucher R_a von der Zink- zur Kupfer-Elektrode.

2 Die Zink-Ionen Zn^{++} wandern von der Zink- zur Kupfer-Elektrode durch die Elektrolytflüssigkeit. Mit R_i wird der sogenannte Innenwiderstand der Spannungsquelle bezeichnet.

3 Die Zn^{++}-Ionen lagern sich an der Kupferelektrode ab und werden durch zwei Elektronen neutralisiert.

4 Wenn die Kupfer-Elektrode vollständig mit Zink überzogen ist, sind die Potentiale an den beiden Elektroden in der Elektrolytflüssigkeit gleich groß. Damit verschwindet die Spannung $U = 0$.

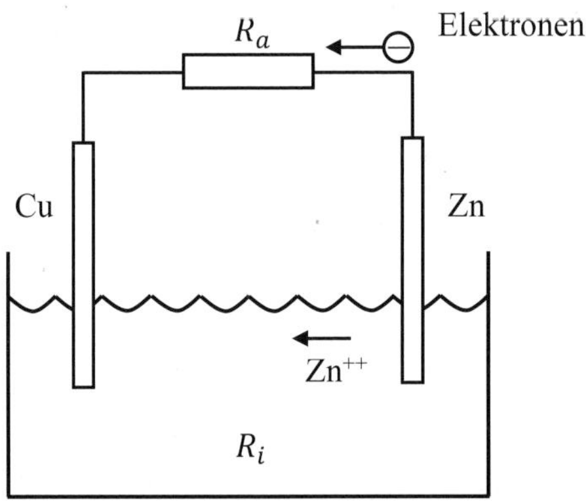

Abbildung 4.9 Schema einer Spannungsquelle mit Kupfer- und Zink-Elektroden

4.3 Stromdichte

In einem geraden Leiter fließe die Ladung ΔQ, die das Volumen $\Delta V = A\,\Delta x$ einnimmt, durch die Querschnittsfläche A (►Abbildung 4.10). Die Ladungsdichte beträgt demnach

$$\rho = \frac{\Delta Q}{\Delta V}\,. \tag{4.12}$$

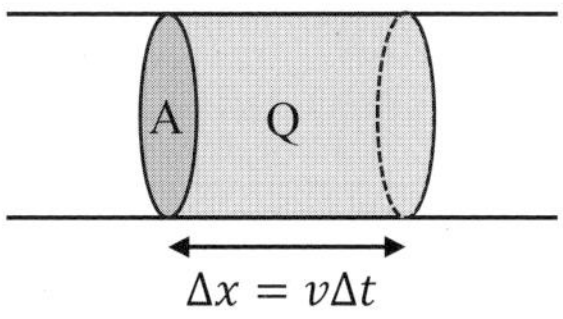

Abbildung 4.10 Zur Berechnung der Stromdichte eines geraden Leiters

Die Stromstärke (4.1) können wir über die Ladungsdichte ausdrücken:

$$I = \frac{\Delta Q}{\Delta t} \tag{4.13}$$

$$= \frac{\rho\,\Delta V}{\Delta t} \tag{4.14}$$

Das Volumen können wir mithilfe der Geschwindigkeit v der fließenden Ladungen umschreiben, also

$$\Delta V = A \cdot \Delta x$$

$$= A \cdot v\,\Delta t\,, \tag{4.15}$$

sodass wir für den Strom

$$I = \underbrace{\rho v}_{\equiv j}\ A \tag{4.16}$$

erhalten. Wir definieren als **Stromdichte** $\vec{j}$ den Vektor

$$\vec{j} = \rho \vec{v} \tag{4.17}$$

aus der Ladungsdichte ρ und dem Geschwindigkeitsvektor $\vec{v}$ der Ladungen.

In metallischen Leitern sind die Ladungsträger Elektronen mit der negativen Ladungsdichte $\rho < 0$. Die Elektronen bewegen sich »von Minus nach Plus« entgegengesetzt der technischen Stromrichtung. Die Richtung der Stromdichte $\vec{j}$ entspricht also insgesamt der technischen Stromrichtung (»von Plus nach Minus«).

Werden positive Ladungen ($\rho > 0$) als Ladungsträger z. B. bei Ionenleitung verwendet, bewegen sie sich »von Plus nach Minus«, sodass hier ebenfalls die Richtung der Stromdichte $\vec{j}$ mit der technischen Stromrichtung übereinstimmt.

Für den allgemeinen Fall, dass die Stromdichte nicht senkrecht durch eine Querschnittsfläche verläuft, ist der Gesamtstrom

$$I = \int_A \vec{j}\, d\vec{A}\,. \tag{4.18}$$

Dabei bezeichnet $d\vec{A}$ den Flächennormalenvektor eines Flächenelements dA (►Abbildung 4.11). Durch das Skalarprodukt $\vec{j}\, d\vec{A}$ wird nur die Komponente des Stroms senkrecht zur Fläche berücksichtigt.

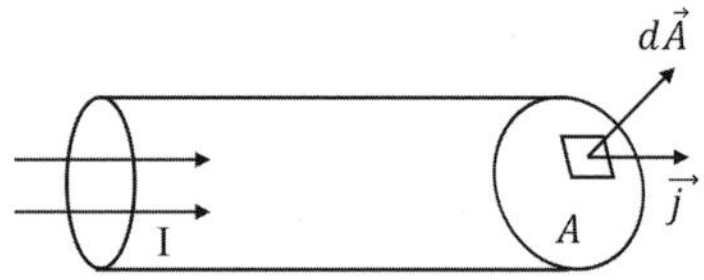

Abbildung 4.11 Zur Berechnung des Stroms I aus der Stromdichte $\vec{j}$ und dem Flächennormalenvektor $d\vec{A}$

4.4 Ohm'sches Gesetz

Der Weg eines Elektrons im Metall ohne ein elektrisches oder magnetisches Feld ist chaotisch und geprägt von häufigen Stößen mit den Atomen im Gitter (►Abbildung 4.12).

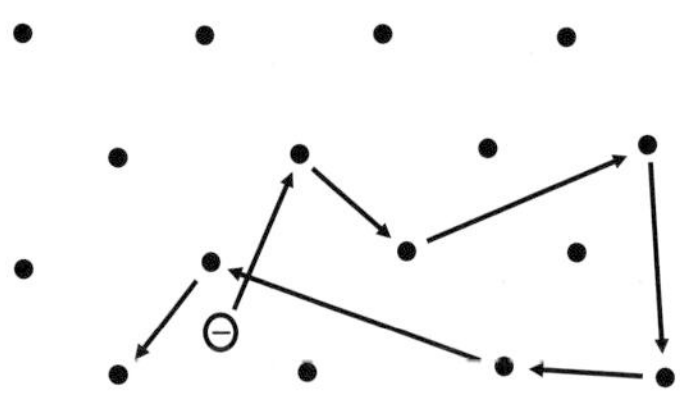

Abbildung 4.12 Elektronenwanderung in einem feldfreien metallischen Leiter

Die folgenden Größen sind dabei von Bedeutung:

1 Mittlere Zeit zwischen zwei Stößen $\overline{\Delta t}$

2 Mittlere Anzahl der Stöße pro Sekunde $\overline{\nu}$

3 Mittlere freie Weglänge Λ

4 Mittlere Geschwindigkeit $\overline{v}$

Zwischen 1 und 2 besteht der Zusammenhang

$$\overline{\nu} = \frac{1}{\overline{\Delta t}} . \tag{4.19}$$

Aus 1 und 3 folgt für die mittlere Geschwindigkeit 4

$$\overline{v} = \frac{\Lambda}{\overline{\Delta t}} . \tag{4.20}$$

Mit diesen beiden Gleichungen können wir die mittlere Anzahl $\overline{\nu}$ der Stöße pro Zeit über die Materialgrößen mittlere Geschwindigkeit $\overline{v}$ und mittlere freie Weglänge Λ ausdrücken:

$$\overline{\nu} = \frac{\overline{v}}{\Lambda} \tag{4.21}$$

Beispiel: Stoßrate der Elektronen in Kupfer

In Kupfer betragen die mittlere freie Weglänge und die mittlere Geschwindigkeit bei Raumtemperatur ($T = 300\,\mathrm{K}$)

$$\Lambda = 4 \cdot 10^{-8}\,\mathrm{m} \quad \text{und} \quad \overline{v} = 1{,}5 \cdot 10^{6}\,\frac{\mathrm{m}}{\mathrm{s}}\,.$$

Daraus folgt für die mittlere Anzahl $\overline{\nu}$ der Stöße pro Sekunde

$$\overline{\nu} = \frac{1{,}5 \cdot 10^{6}\,\frac{\mathrm{m}}{\mathrm{s}}}{4 \cdot 10^{-8}\,\mathrm{m}} \approx 4 \cdot 10^{13}\,\frac{1}{\mathrm{s}}\,.$$

Ohne elektrisches Feld ist die Gesamtbewegung der Elektronen im Metall im Mittel gleich null. Also gilt für den Gesamtimpuls

$$\sum_i \vec{p}_i = 0\,. \tag{4.22}$$

Mit einem elektrischen Feld $\vec{E}$ ergibt sich eine Kraft $\vec{F}$ auf die Ladungsträger Q von (2.11):

$$\vec{F} = Q \cdot \vec{E} \tag{4.23}$$

Diese Kraft bewirkt eine zusätzliche Geschwindigkeitskomponente in Richtung des Felds $\vec{E}$. Nach dem 2. Newtonschen Gesetz $m\vec{a} = \vec{F}$ ergibt sich

$$\begin{aligned}\Delta v &= \int_0^{\Delta t} a\, dt \\ &= \int_0^{\Delta t} \frac{F}{m}\, dt \\ &= \frac{Q}{m} \cdot E \cdot \Delta t\,.\end{aligned} \tag{4.24}$$

Das Elektron erfährt wiederholt Stoßprozesse und wird dadurch immer wieder abgebremst. Bei einem mittleren Zeitintervall $\overline{\Delta t}$ zwischen den Stößen bildet sich insgesamt eine mittlere Geschwindigkeitskomponente $\overline{\Delta v}$ des Elektrons in Richtung des $\vec{E}$-Felds heraus.

Die mittlere Geschwindigkeit der Ladungen in Richtung (beziehungsweise Gegenrichtung) zum elektrischen Feld heißt **Driftgeschwindigkeit**

$$v_D = \overline{\Delta v}\,. \tag{4.25}$$

Die Stromdichte (4.17) beträgt demnach

$$\vec{j} = \rho\, \vec{v}_D \tag{4.26}$$

$$\begin{aligned} &= \rho\, \frac{Q}{m}\, \overline{\Delta t} \cdot \vec{E} \\ &= \underbrace{\frac{N\, Q^2\, \overline{\Delta t}}{V\, m}}_{\equiv \sigma_{el}} \cdot \vec{E}\,.\end{aligned} \tag{4.27}$$

Dabei bezeichnet N die Anzahl der Ladungsträger mit der jeweiligen Ladung Q im Volumen V. Der gesamte Vorfaktor des elektrischen Felds $\vec{E}$ ist die **elektrische Leitfähigkeit** und wird mit σ_{el} bezeichnet.

Gleichung (4.27) ist das **Ohm'sche Gesetz**

$$\vec{j} = \sigma_{el} \cdot \vec{E} \,. \tag{4.28}$$

Aus den Einheiten von $\vec{j}$ und $\vec{E}$ ergibt sich die Einheit von σ_{el} zu A/(V m).

Für den Gesamtstrom ergibt sich aus dem Ohm'schen Gesetz

$$I = \int \vec{j}\, d\vec{A} \tag{4.29}$$

$$= \int \sigma_{el}\, \vec{E}\, d\vec{A} \,. \tag{4.30}$$

Im Fall eines geraden Leiters der Länge L steht das elektrische Feld senkrecht zur Querschnittsfläche (bzw. parallel zum Flächennormalenvektor $d\vec{A}$). Außerdem können wir das elektrische Feld über die Potentialdifferenz $\Delta\Phi = U$ an den Leiterenden ausdrücken:

$$E = \frac{U}{L} \tag{4.31}$$

Damit ist dann der Strom (4.30)

$$I = \sigma_{el}\, E\, A \tag{4.32}$$

$$= \underbrace{\sigma_{el} \frac{A}{L}}_{\equiv 1/R} U \,. \tag{4.33}$$

Man nennt R den **elektrischen Widerstand**. Seine Einheit ist **Ohm** $\Omega = V/A$.

Für elektrische Schaltungen wird die folgende Form des Ohm'schen Gesetzes verwendet:

$$U = R \cdot I \tag{4.34}$$

Die inverse Größe der elektrischen Leitfähigkeit

$$\rho_S = \frac{1}{\sigma_{el}} = R \cdot \frac{A}{L} \tag{4.35}$$

bezeichnet man als **spezifischen Widerstand**.

Beispiel: Spezifische Widerstände

ρ_S (Konstantan)	$= 49 \cdot 10^{-8}\, \Omega \cdot \mathrm{m}$
ρ_S (Kupfer)	$= 1{,}7 \cdot 10^{-8}\, \Omega \cdot \mathrm{m}$
ρ_S (Porzellan)	$= 3 \cdot 10^{16}\, \Omega \cdot \mathrm{m}$

Tabelle 4.1 Spezifische Widerstände verschiedener Materialien

Experiment: Ohm'sches Gesetz

Wir spannen einen Konstantandraht mit spezifischem Widerstand ρ_S und der Länge $L = 1\,\text{m}$ zwischen zwei Halterungen ein (►Abbildung 4.13) und lassen durch ihn bei einer Spannung von $U_\circ = 0{,}65\,\text{V}$ einen Strom von $I = 1\,\text{A}$ fließen. Zunächst verwenden wir einen Draht mit $d = 1\,\text{mm}$ Durchmesser.

Wir messen die Spannung zwischen dem linken Drahtende und verschiedenen Positionen x auf dem Draht (►Abbildung 4.14 linkes Diagramm). Wegen $I = \sigma_{el}(A/x)U$ nach (4.33) und $\rho_S = 1/\sigma_{el}$ (4.35) erwarten wir bei konstantem Strom den linearen Zusammenhang

$$U = \rho_S\, I\, \frac{1}{A}\, x\,. \tag{4.36}$$

Anschließend messen wir die Abhängigkeit der Spannung in der Mittelposition des Drahts für verschiedene Drahtquerschnitte $A = \pi\,(d/2)^2$ (►Abbildung 4.14 rechtes Diagramm). Auch hier erwarten wir einen linearen Zusammenhang (4.36).

Als spezifischen Widerstand für Konstantan erhalten wir aus (4.36) durch Einsetzen der gemessenen Steigung $U/x = 0{,}626\,\text{V/m}$

$$\rho_S = \frac{U}{x}\cdot A\cdot\frac{1}{I} \tag{4.37}$$

$$= 0{,}626\,\frac{\text{V}}{\text{m}}\cdot\pi\left(\frac{10^{-3}\,\text{m}}{2}\right)^2\cdot\frac{1}{1\,\text{A}} = 49\cdot 10^{-8}\,\Omega\,\text{m}\,. \tag{4.38}$$

Die Messung der Steigung hat einen Fehler von 2 % und stimmt mit unserer Erwartung gut überein (►Tabelle 4.1).

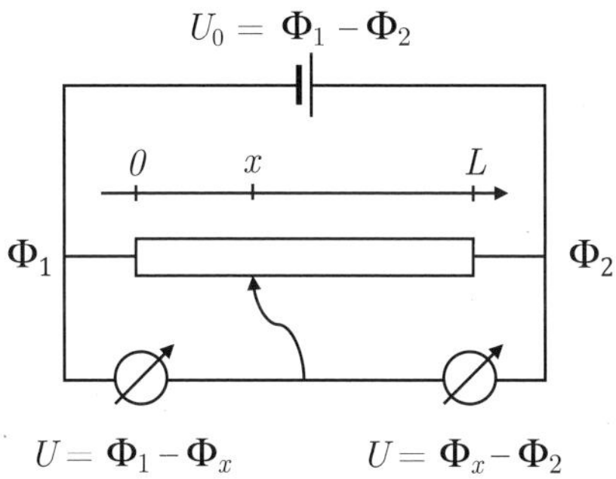

Abbildung 4.13 Spannungsmessung an einem Draht

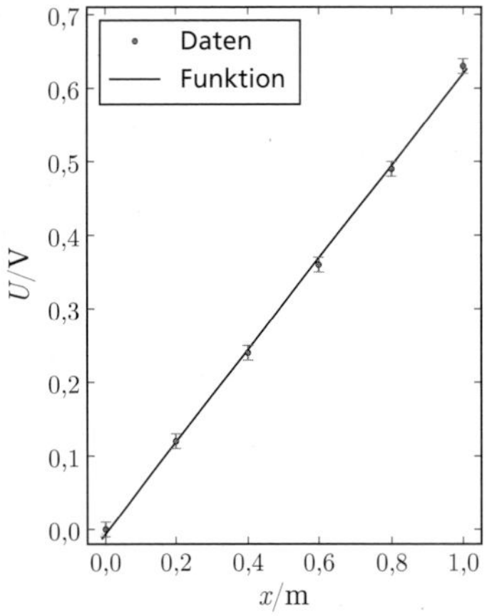

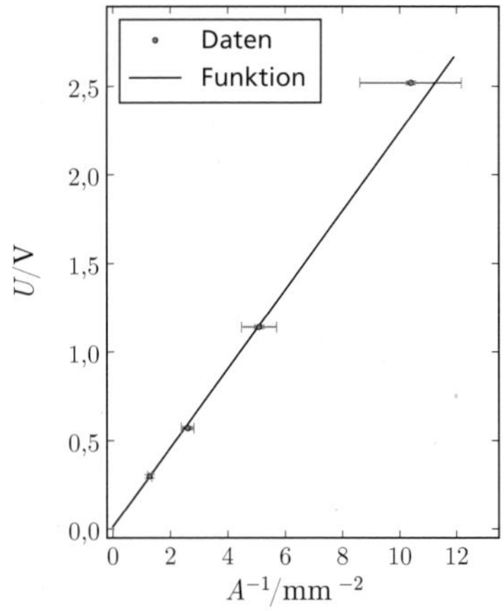

Abbildung 4.14 Der Widerstand eines Konstantandrahtes (gemessen über die Spannung U) hängt linear von der Drahtlänge (links) und dem Kehrwert des Drahtquerschnitts (rechts) ab.

Aufgabe 4: Driftgeschwindigkeit in einer Kupferleitung

Eine Kupferleitung habe die Querschnittsfläche $A = 1\,\text{cm}^2$ und die Länge $L = 1\,\text{m}$ (►Abbildung 4.15).

Die elektrische Leitfähigkeit beträgt

$$\sigma_{el} = 6 \cdot 10^7\,\frac{\text{A}}{\text{V m}}\,,$$

und die Ladungsdichte ist

$$\rho = \frac{N}{V} \cdot Q = 8{,}4 \cdot 10^{28}\,\frac{1}{\text{m}^3} \cdot 1{,}6 \cdot 10^{-19}\,\text{C} \approx 1{,}344 \cdot 10^{10}\,\frac{\text{C}}{\text{m}^3}\,.$$

An den Leiterenden ist eine Spannung von $U = 0,1\,\text{V}$ angelegt.

1 Berechnen Sie die Driftgeschwindigkeit v_D.

2 Vergleichen Sie die Driftgeschwindigkeit v_D mit der mittleren Elektronengeschwindigkeit $\overline{v} = 1{,}5 \cdot 10^6\,\text{m/s}$.

3 Berechnen Sie die Stromstärke I.

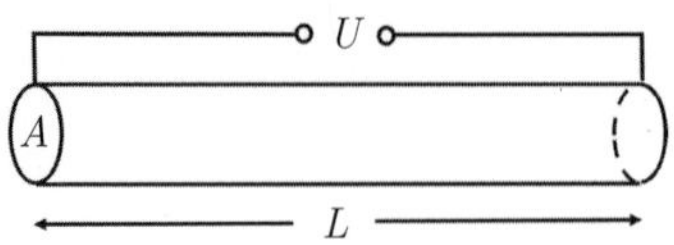

Abbildung 4.15 Spannung U am Kupferdraht der Länge L mit Querschnitt A

4.5 Stromkreise

Aus elektrischen Leitern und Bauteilen können wir Stromkreise aufbauen. Zur Strukturierung von Stromkreisen verwenden wir **Knoten**, **Zweige** und **Maschen**.

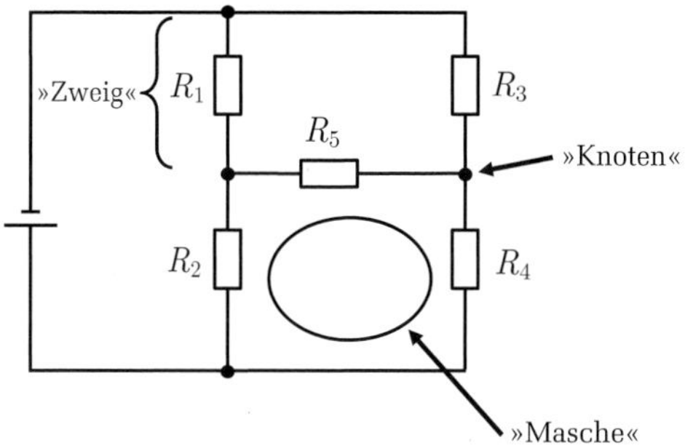

Abbildung 4.16 Zur Definition der Begriffe »Masche«, »Knoten« und »Zweig« im elektrischen Stromkreis

Knoten: Verbindung von ≥ 3 Zuleitungen
Zweig: Zusammenschaltung von Bauelementen zwischen 2 Knoten
Masche: Geschlossene Kette von Zweigen

4.5.1 Kontinuitätsgleichung

Die **Erhaltung der elektrischen Ladung** ist ein experimentell sehr gut gesicherter Erfahrungssatz.

> **Experiment: Gedankenexperiment Kontinuitätsgleichung**
>
> Wir laden eine Kondensatorplatte und beobachten anschließend den Entladevorgang der rechten Kondensatorplatte mithilfe eines Strommessgeräts (►Abbildung 4.17).

Der Strom I entspricht dem Verlust der Ladungen auf der Kondensatorplatte pro Zeiteinheit. Wegen der Reduktion der Ladungen verwenden wir das Minuszeichen:

$$I = -\frac{dQ}{dt} \tag{4.39}$$

Die Ladungen können wir alternativ über die Ladungsdichte im Volumen $Q = \int \rho \, dV$ ausdrücken und die zeitliche Ableitung vor der räumlichen Integration durchführen:

$$I = -\frac{d}{dt} \int \rho \, dV \tag{4.40}$$

$$= -\int_V \frac{\partial \rho}{\partial t} \, dV \tag{4.41}$$

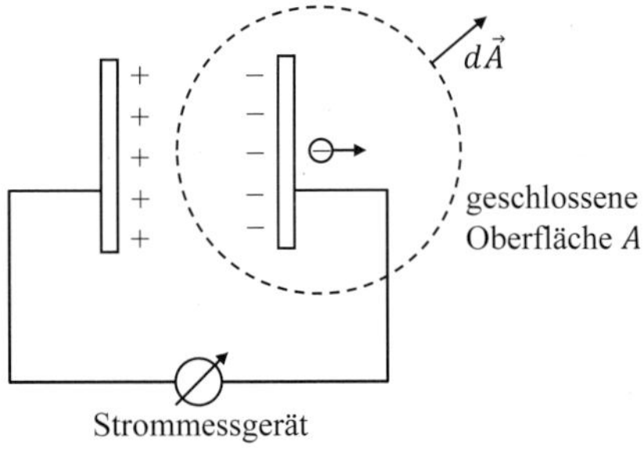

Abbildung 4.17 Der Entladevorgang am Kondensator

Andererseits können wir den Strom durch die Stromdichte (4.18) beschreiben und über den Gauß'schen Satz (2.87) als Volumenintegral formulieren:

$$I = \int_A \vec{j}\, d\vec{A} \tag{4.42}$$

$$= \int_V \operatorname{div} \vec{j}\, dV \tag{4.43}$$

Der Vergleich dieses Integranden mit dem Integranden in (4.41) ergibt die **Kontinuitätsgleichung** für elektrische Ladungen:

$$\operatorname{div} \vec{j} = -\frac{\partial \rho}{\partial t} \tag{4.44}$$

Sie beschreibt die Erhaltung der elektrischen Ladung: **Die zeitliche Abnahme der Ladungsdichte entspricht der Quellstärke der Stromdichte.** Die Struktur dieser Kontinuitätsgleichung ist analog zur Kontinuitätsgleichung in der Hydrodynamik, in der die Erhaltung der Masse formuliert wird.

4.5.2 Knotenregel

Aufgrund der Ladungserhaltung können wir für die Knoten von Stromkreisen eine wichtige Regel aufstellen (►Abbildung 4.18).

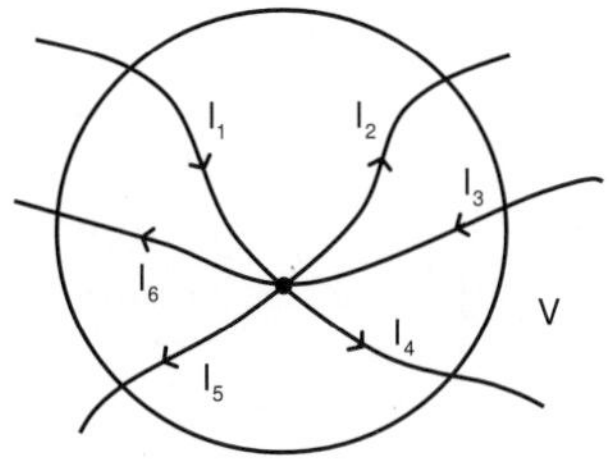

Abbildung 4.18 Zur Knotenregel: Ein- und auslaufende Ströme gleichen sich im Knoten aus.

Falls sich im Volumen V, das den Knoten umgibt, keine Ladungsquelle befindet, bleibt die Ladungsdichte ρ in V unverändert. Damit ist die rechte Seite der Kontinuitätsgleichung (4.44) gleich null:

$$\operatorname{div}\vec{j} = 0 \tag{4.45}$$

Der Gesamtstrom aus allen zu- und abfließenden Strömen ist deshalb ebenfalls null (Gleichungen (4.42), (4.43)):

$$\sum_{k=1}^{n} I_k = \int_A \vec{j}\, d\vec{A} \tag{4.46}$$

$$= \int \operatorname{div}\vec{j}\, dV \tag{4.47}$$

$$= 0 \tag{4.48}$$

Verzweigen sich also mehrere Leiter in einem Punkt, so muss die Summe der einlaufenden Ströme der Summe der auslaufenden Ströme entsprechen. Diese Regel ist das **1. Kirchhoff'sche Gesetz** und wird auch die »**Knotenregel**« genannt:

$$\sum_{k=1}^{n} I_k = 0 \tag{4.49}$$

4.5.3 Maschenregel

Wir verschieben in einem Stromkreis eine Probeladung q von einem Punkt A zu einem anderen Punkt B. Die Potentiale Φ_A und Φ_B sind im Allgemeinen an diesen Stellen unterschiedlich groß, sodass je nach Vorzeichen der Potentialdifferenz $U_{A,B} = \Phi_A - \Phi_B$ Arbeit an der Probeladung oder durch die Probeladung geleistet werden muss. Mit der Spannung $U_{A,B}$ zwischen den beiden Punkten beträgt diese Arbeit

$$W_{A,B} = q\,(\Phi_A - \Phi_B) \tag{4.50}$$

$$= q\,U_{A,B}\,. \tag{4.51}$$

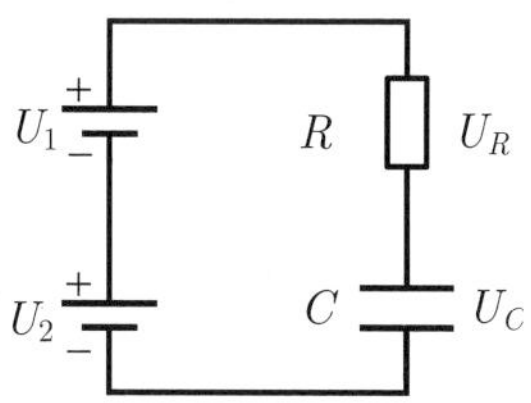

Abbildung 4.19 Zur Maschenregel: Alle Spannungen über eine geschlossene Masche heben sich auf.

Durchläuft die Probeladung einen geschlossenen Weg mit $A = B$, so ist die Summe der geleisteten Arbeiten

$$W = \sum_{i=1}^{n} W_i \tag{4.52}$$

$$= q \sum_{i=1}^{n} U_i \tag{4.53}$$

$$= 0\,. \tag{4.54}$$

Die Energie der Probeladung bleibt erhalten: Sie hat nach dem zurückgelegten Weg dieselbe potentielle Energie wie am Beginn bzw. erfährt nach ihrem Weg das identische Potential Φ_A.

Die Summe der Potentialdifferenzen oder Spannungen aller Teilstücke in einer Masche müssen deshalb insgesamt verschwinden:

$$\sum_{i=1}^{n} U_i = 0 \tag{4.55}$$

Diese Regel ist das **2. Kirchhoff'sche Gesetz** und wird auch die »**Maschenregel**« genannt.

Liegt in einer Masche nur eine Generatorspannung $U_\circ$ vor, trägt sie im Vergleich zu den anderen Potentialdifferenzen das umgekehrte Vorzeichen. Deswegen wird die Maschenregel häufig alternativ formuliert: In jedem geschlossenen Stromkreis ist die Summe aller Verbrauchsspannungen gleich der Generatorspannung:

$$U_\circ = \sum_{i=1}^{n} U_i \tag{4.56}$$

4.5.4 Aufladen eines Kondensators

Experiment: Aufladen eines Kondensators

Schließen wir den Schalter in der Schaltung aus ►Abbildung 4.20, so wird der Kondensator der Kapazität $C = 2200\,\mu\text{F}$ über den Widerstand $R = 470\,\Omega$ geladen.

Der gemessene Ladestrom ist anfangs hoch und fällt im Verlauf des Ladevorgangs stark ab. Den Stromverlauf können wir durch eine Exponentialfunktion (4.65) $I = I_\circ \exp(-t/\tau_\circ)$ mit der Zeitkonstanten

$$\tau_\circ = 1{,}14\,\text{s} \tag{4.57}$$

beschreiben (►Abbildung 4.21 durchgezogene Kurve, Parameter p_1).

Die Spannung, die an den Enden des Kondensators gemessen wird, steigt mit derselben Zeitkonstanten:

$$U = U_\circ\,(1 - \exp(-t/\tau_\circ)) \tag{4.58}$$

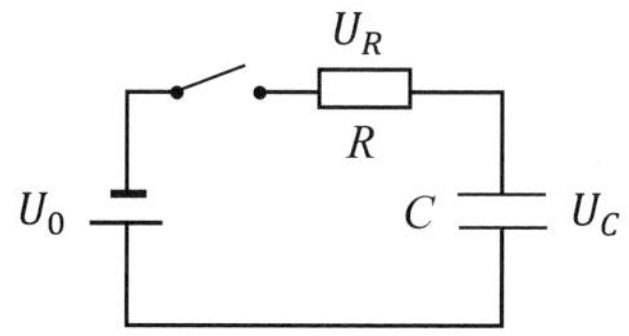

Abbildung 4.20 Ein Kondensator (C) wird über einen Widerstand (R) aufgeladen.

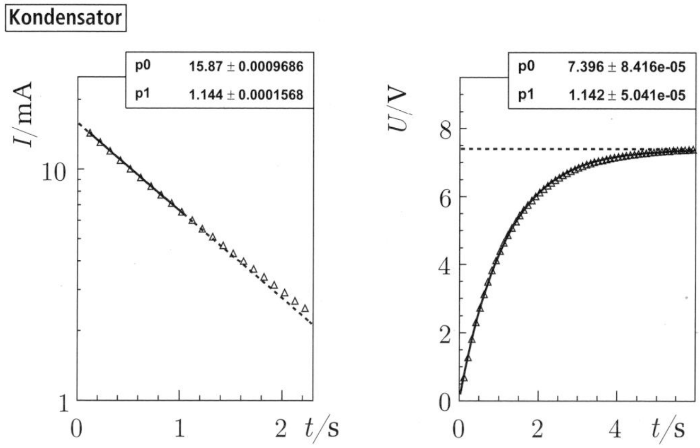

Abbildung 4.21 Der Ladestrom I nimmt exponentiell auf 0 ab (links). Die Spannung U am Kondensator nähert sich exponentiell dem Grenzwert U_0 der Spannungsquelle (rechts).

Die Spannungen U, die an den Enden der einzelnen Bauteile gemessen werden können, stehen im Zusammenhang mit dem elektrischen Strom I. Wir verwenden nach (4.1) für die Ladung $Q = \int I\,dt$ und erhalten damit die am Kondensator anliegende Spannung

$$U_C(t) = \frac{Q}{C} \tag{4.59}$$

$$= \frac{1}{C} \int I(t)\,dt\,. \tag{4.60}$$

Die Spannung an den Enden des Widerstands erhalten wir über das Ohm'sche Gesetz (4.34):

$$U_R(t) = R \cdot I(t) \tag{4.61}$$

Nach der Maschenregel (4.56) entspricht die Summe der Verbraucherspannungen der Generatorspannung:

$$U_\circ = U_C + U_R \tag{4.62}$$

$$= \frac{1}{C} \int I(t)\,dt + R \cdot I(t) \tag{4.63}$$

Um den Strom I in Abhängigkeit von der Zeit t zu erhalten, differenzieren wir zunächst nach t. Da die Generatorspannung $U_\circ = const.$ ist, können wir die Differentialgleichung durch Trennung der Variablen und anschließende Integration lösen:

$$\underbrace{\frac{dU_\circ}{dt}}_{=0} = \frac{1}{C} I(t) + R \cdot \frac{dI}{dt} \tag{4.64}$$

$$\frac{dI}{dt} = -\frac{1}{RC} I$$

$$\int_{I_\circ}^{I} \frac{dI}{I} = -\frac{1}{RC} \int_0^t dt$$

$$\ln \frac{I}{I_\circ} = -\frac{1}{RC} t$$

$$I = I_\circ \, e^{-\frac{1}{RC} t} \tag{4.65}$$

Der Ladestrom fällt wie aus der Messung erwartet exponentiell ab. Als Zeitkonstante erwarten wir mit den Werten der Bauelemente aus dem Experiment

$$\tau_\circ = R \cdot C \tag{4.66}$$

$$= 470\,\Omega \cdot 2200\,\mu\mathrm{F} = 1{,}03\,\mathrm{s}\,. \tag{4.67}$$

Dieser Wert stimmt mit unserer Messung (4.57) nur auf ca. 10 % überein, was durch die Produktionsungenauigkeit der Bauelemente erklärt werden kann.

4.5.5 Schaltungen mit mehreren Widerständen

Experiment: Schaltungen mit Widerständen

Wir betrachten verschiedene Stromkreise, in denen wir die Generatorspannung $U_\circ = 24\,\mathrm{V}$ und Widerstände mit $R_1 = 100\,\Omega$, $R_2 = 220\,\Omega$ und $R_3 = 330\,\Omega$ verwenden.

A 1 Widerstand: Zunächst messen wir den Strom I an jedem einzelnen Widerstand R_i und tragen den inversen Messwert $1/I$ als Funktion von R_i auf (►Abbildung 4.23 linkes Diagramm). Die Gerade ist eine Anpassung nach dem Ohm'schen Gesetz $I^{-1} = R\,U_\circ^{-1}$ (4.34).

B Reihenschaltung mit R_1: Im mittleren Histogramm der ►Abbildung 4.23 sind Messungen mit hintereinander geschalteten Widerständen gezeigt, sogenannte Reihenschaltungen (►Abbildung 4.22): (R_1, R_1), (R_1, R_1, R_1). Zusätzlich ist die Gerade aus der Anpassung der Messungen im linken Diagramm eingezeichnet. Auch Reihenschaltungen erfüllen das Ohm'sche Gesetz mit der Summe der jeweiligen Widerstände.

C Parallelschaltung zweier Widerstände: Im rechten Histogramm der ►Abbildung 4.23 sind parallele Schaltungen von Widerständen gemessen: (R_1, R_3) und (R_2, R_2). Die Parallelschaltungen der Widerstände erfüllen das Ohm'sche Gesetz mit geringeren Widerstandswerten als die Ausgangswiderstände. Die Gesamtwiderstände folgen einer inversen Summenregel, wie wir im Folgenden berechnen werden.

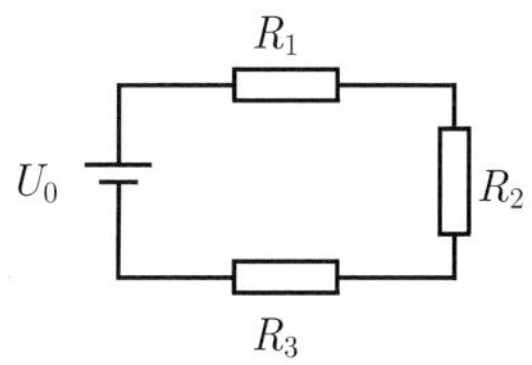

Abbildung 4.22 Reihenschaltung von Widerständen R_i

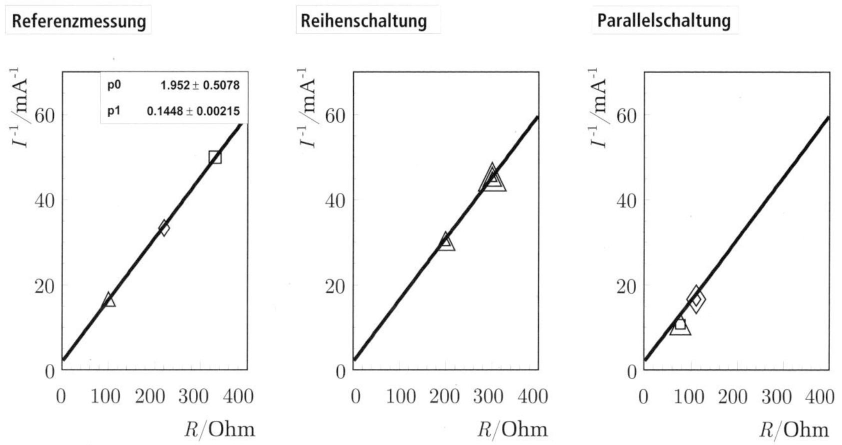

Abbildung 4.23 Der lineare Zusammenhang $1/I \propto R$ des Ohm'schen Gesetzes wird für Einzelwiderstände (links), Reihenschaltungen (Mitte) und Parallelschaltungen (rechts) bestätigt.

Reihenschaltung von Widerständen

In einer einfachen Masche wie in ►Abbildung 4.22 fließt der gleiche Strom durch alle Bauteile ($I_1 = I_2 = I_3 = I$):

$$U_\circ = \sum_{i=1}^{3} U_i \tag{4.68}$$

$$= \sum_{i=1}^{3} R_i \; I_i \tag{4.69}$$

$$= \underbrace{\sum_{i=1}^{3} R_i}_{\equiv R_{ges}} \cdot I \tag{4.70}$$

Somit ist der Gesamtwiderstand R_{ges} der Reihenschaltung von n Widerständen

$$R_{ges} = \sum_{i=1}^{n} R_i \, . \tag{4.71}$$

Parallelschaltung von Widerständen

In der Schaltung aus ►Abbildung 4.24 teilt sich der Strom I in die Ströme I_1 und I_2 auf.

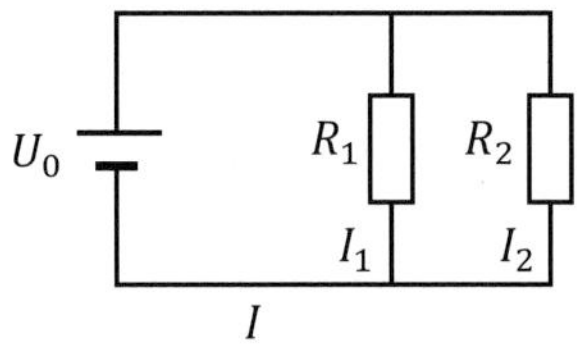

Abbildung 4.24 Parallelschaltung von Widerständen R_i

Die Spannung $U_\circ$, die an beiden Widerständen anliegt, ist identisch. Durch Anwenden des Ohm'schen Gesetzes (4.34) erhalten wir

$$I = I_1 + I_2 \,, \tag{4.72}$$

$$\frac{U_\circ}{R_{ges}} = \frac{U_\circ}{R_1} + \frac{U_\circ}{R_2} \,. \tag{4.73}$$

Für den Gesamtwiderstand R_{ges} gilt somit

$$\frac{1}{R_{ges}} = \sum_{i=1}^{n} \frac{1}{R_i} \,. \tag{4.74}$$

4.5.6 Schaltungen mit mehreren Kondensatoren

Reihenschaltung von Kondensatoren

Hier schalten wir mehrere Kondensatoren in Reihe (►Abbildung 4.25).

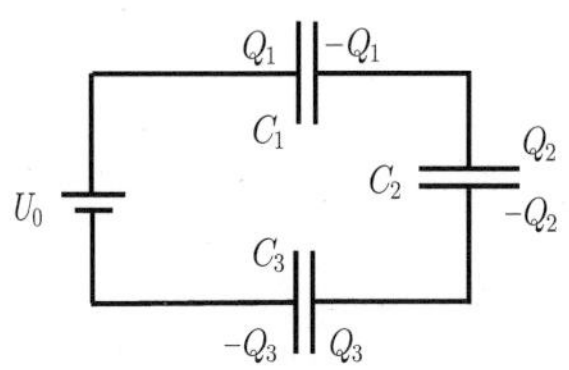

Abbildung 4.25 Reihenschaltung von Kondensatoren mit Kapazitäten C_i

Durch Influenz (Abschnitt 2.3.1) werden die Ladungen Q_i auf allen Leiterplatten gleich groß. Mit der Maschenregel (4.56) erhalten wir

$$U_\circ = \sum_{i=1}^{3} U_i \tag{4.75}$$

$$= \sum_{i=1}^{3} \frac{Q_i}{C_i} \tag{4.76}$$

$$= \underbrace{\sum_{i=1}^{3} \frac{1}{C_i}}_{\equiv 1/C_{ges}} \cdot Q\,. \tag{4.77}$$

Die Gesamtkapazität C_{ges} beträgt somit

$$\frac{1}{C_{ges}} = \sum_{i=1}^{n} \frac{1}{C_i}\,. \tag{4.78}$$

Parallelschaltung von Kondensatoren

Im Aufbau aus ►Abbildung 4.26 schalten wir zwei Kondensatoren parallel.

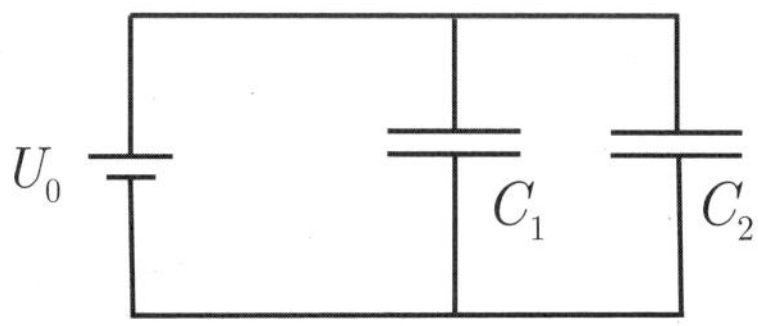

Abbildung 4.26 Parallelschaltung von Kondensatoren mit Kapazitäten C_i

Die speichernden Kondensatorflächen addieren sich:

$$C_{ges} = \sum_{i=1}^{n} C_i \tag{4.79}$$

4.5.7 Schaltungen mit Spannungsquellen

Bei einer Ladungstrennung von positiven und negativen Ladungsträgern wird Arbeit gegen die anziehende elektrische Kraft geleistet. Diese Arbeit wird durch mechanische, chemische, Licht- oder Kernenergie aufgebracht. Durch die Ladungstrennung ergibt sich eine als Spannung messbare Potentialdifferenz zwischen zwei Polen.

Ladungsträger stoßen auf dem Weg zur Ausgangsklemme mit Atomen des Leitermaterials zusammen. Dadurch hat jede Spannungsquelle einen **Innenwiderstand** R_i.

Die Spannung der unbelasteten Spannungsquelle $U_\circ$ verringert sich, wenn ein äußerer Widerstand R_a hinzugefügt wird, d. h. die Spannungsquelle belastet wird. Als Klemmenspannung U_K bezeichnet man die Spannung, die am Verbraucher anliegt. Sie kann mit einem Voltmeter mit hohem Innenwiderstand $R_V \gg R_a$ gemessen werden. Häufig verwendet man ein sogenanntes Ersatzschaltbild für die Spannungsquelle, das wie in ►Abbildung 4.27 aussieht.

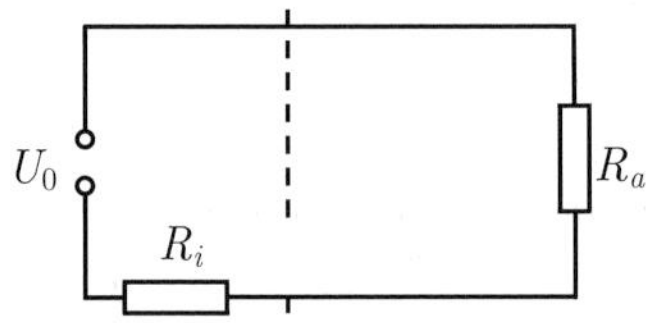

Abbildung 4.27 Zu den Begriffen »Innenwiderstand« R_i und »Klemmenspannung«

Die Klemmenspannung U_K entspricht also der Spannung am äußeren Widerstand:

$$U_K = U_a \tag{4.80}$$

Wir berechnen die Klemmenspannung mit dem zweiten Kirchhoff'schen Gesetz (4.56) und dem Ohm'schen Gesetz (4.34) unter Berücksichtigung von $R_{ges} = R_i + R_a$ (4.71):

$$U_\circ = U_i + U_a \tag{4.81}$$

$$\begin{aligned} U_K &= U_\circ - U_i \\ &= U_\circ - R_i\, I \\ &= U_\circ - R_i\, \frac{U_\circ}{R_{ges}} \\ &= U_\circ \cdot (1 - \frac{R_i}{R_i + R_a}) \\ &= U_\circ \cdot \frac{R_a}{R_i + R_a} \end{aligned} \tag{4.82}$$

Die Klemmenspannung U_K ist demnach kleiner als die Spannung $U_\circ$ der unbelasteten Spannungsquelle.

4.6 Leistung

Um eine Ladung Q von einem Ort mit Potential Φ_A zu einem anderen Ort mit Potential Φ_B zu bringen, muss Arbeit W aufgewendet werden (2.71):

$$W = Q(\Phi_A - \Phi_B) \tag{4.83}$$

$$= Q\,U \tag{4.84}$$

Die **elektrische Leistung** P ist die geleistete elektrische Arbeit pro Zeiteinheit:

$$P = \frac{dW}{dt} \tag{4.85}$$

Bei einer konstanten Spannung $U = const.$ ist wegen (4.84)

$$P = \frac{dQ}{dt} \cdot U \,. \tag{4.86}$$

Zusammen mit der Stromdefinition $I = dQ/dt$ erhalten wir

$$P = I \cdot U \,. \tag{4.87}$$

Die Einheit der Leistung P ist **Watt** $\mathrm{W} = \mathrm{V} \cdot \mathrm{A}$.

Beispiel: Energieversorger

Die Energieversorger berechnen den Energieverbrauch in Einheiten $\mathrm{kW} \cdot \mathrm{h}$. Die beanspruchte elektrische Leistung z. B. einer Heizplatte mit $P = 1000\,\mathrm{W}$ wird über die Anschaltzeit der Platte integriert $W = \int P\,dt$ und so die geleistete Arbeit W ermittelt.

4.7 Joule'sche Wärme

In einer evakuierten Röhre wird die elektrische Energie $W = Q \cdot U$ vollständig in Bewegungsenergie des Elektrons umgesetzt (►Abbildung 4.28).

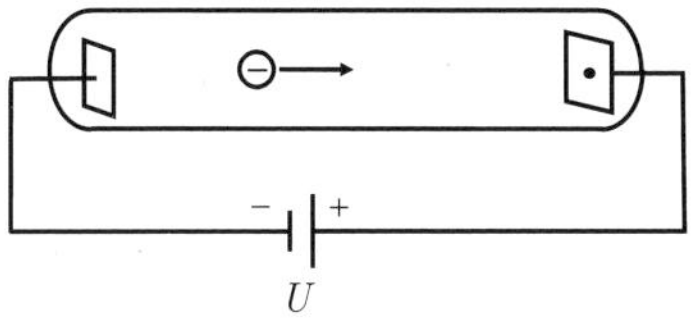

Abbildung 4.28 Elektronenbewegung im Vakuum

In einem Leiter mit Widerstand R regen die häufigen Stöße mit den Festkörperatomen diese zu Schwingungen an (►Abbildung 4.29). Der Leiter erhitzt sich und nimmt die Wärmemenge Q_w auf.

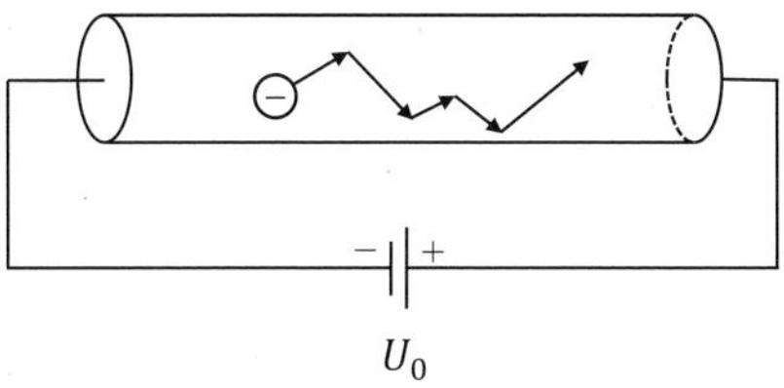

Abbildung 4.29 Elektronenbewegung im Festkörper

Wir berechnen die vom Leiter aufgenommene Wärmemenge für den Fall konstanter Spannung $U = const.$ und konstanten Stroms $I = const.$:

$$Q_w = W \tag{4.88}$$
$$= \int P\,dt \tag{4.89}$$
$$= U \cdot I \cdot t \tag{4.90}$$

Zusammen mit dem Ohm'schen Gesetz ergibt sich daraus die folgende Gleichung für die sogenannte **Joule'sche Wärme**:

$$Q_w = \frac{U^2}{R} \cdot t \tag{4.91}$$

4.8 Temperaturabhängige Leitfähigkeit

4.8.1 Wiedemann-Franz'sches Gesetz

Die elektrische Leitfähigkeit von Metallen ist temperaturabhängig, denn mit steigender Temperatur nimmt die freie Weglänge Λ und damit auch die mittlere Zeit zwischen Stößen $\overline{\Delta t}$ und nach (4.27) die elektrische Leitfähigkeit σ_{el} ab. Experimentell zeigt sich, dass σ_{el} näherungsweise mit dem Kehrwert der Temperatur sinkt. Dieses Verhalten wird im **Wiedemann-Franz'schen Gesetz** formuliert:

$$\sigma_{el} = \lambda_W \, \frac{1}{a} \, \frac{1}{T} \tag{4.92}$$

Hierbei sind λ_W die Wärmeleitfähigkeit und T die Temperatur. Die Konstante ist näherungsweise $a \approx 3\,(k/Q_e)^2$ mit der Boltzmann-Konstante k und der Elementarladung Q_e.

Dann ist mit (4.35)

$$R \propto \frac{1}{\sigma_{el}} \propto T\,. \tag{4.93}$$

Der Widerstand steigt also linear mit der Temperatur an.

Weiterhin zeigt (4.92) einen linearen Zusammenhang zwischen der elektrischen Leitfähigkeit σ_{el} und der Wärmeleitfähigkeit λ_W. Ein Material mit größerem σ_{el}-Wert hat auch einen größeren λ_W-Wert. Da die Elektronen die Ladungsträger für elektrische Ströme in metallischen Leitern sind, impliziert das Wiedemann-Franz'sche Gesetz, dass die Elektronen auch zur Wärmeleitfähigkeit des Metalls beitragen.

4.8.2 Supraleitung

Für extrem niedrige Temperaturen verschwindet der Widerstand einiger Materialien unterhalb einer kritischen Temperatur T_c. Der Strom wird dann verlustfrei geleitet! Dieses Phänomen heißt **Supraleitung**. Die kritische Temperatur wird auch **Sprungtemperatur** genannt (►Abbildung 4.30).

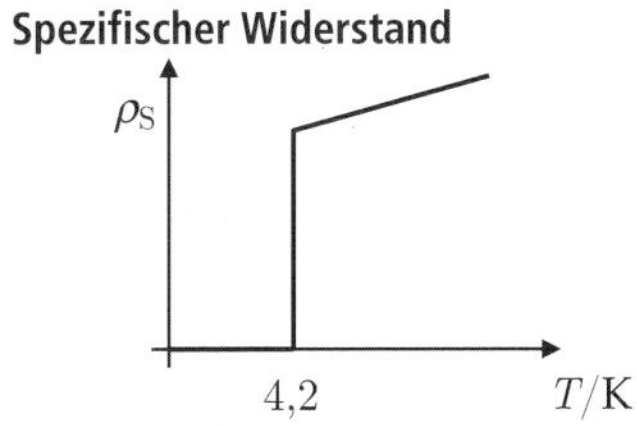

Abbildung 4.30 Spezifischer Widerstand in einem Supraleiter nahe der Sprungtemperatur

Experimentell wurde die Supraleitung 1911 von H. Kamerlingh Onnes entdeckt. Eine funktionierende Theorie (»BCS-Theorie«) für die Supraleitung haben 1957 Bardeen, Cooper und Schriefer aufgestellt. Sie wird im Rahmen der Festkörperphysik erklärt.

Eine Obergrenze für den Widerstand eines Supraleiters von $R < 10^{-18}\,\Omega$ wurde experimentell auf folgende Weise ermittelt: Zunächst wurde durch Induktion (Abschnitt 6.2) ein Kreisstrom in einem Supraleiter angeregt. Das resultierende Magnetfeld wurde über 90 Tage gemessen, wobei keine Änderung beobachtet wurde.

Inzwischen wurden auch supraleitende Materialien mit recht hohen Sprungtemperaturen entdeckt, die vergleichsweise kostengünstig mit flüssigem Stickstoff erreicht werden können.

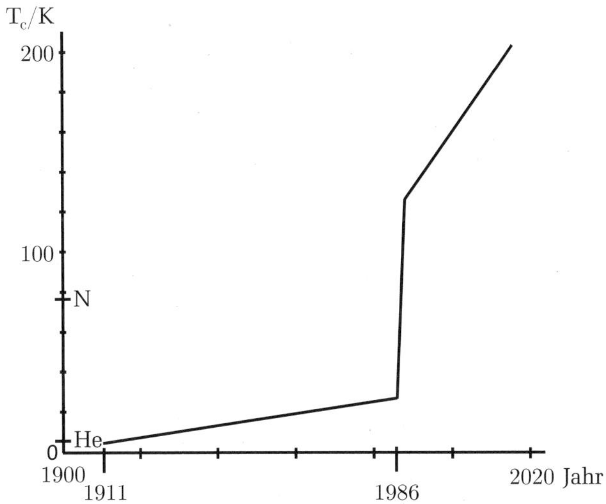

Abbildung 4.31 Historische Entwicklung der Suche nach Supraleitern mit höheren kritischen Temperaturen T_c

Die kritische Temperatur T_c hängt mit dem umgebenden Magnetfeld B zusammen. Oberhalb eines kritischen Magnetfelds B_c bricht die Supraleitung zusammen. Die Sprungtemperatur T_c sinkt mit steigendem Magnetfeld.

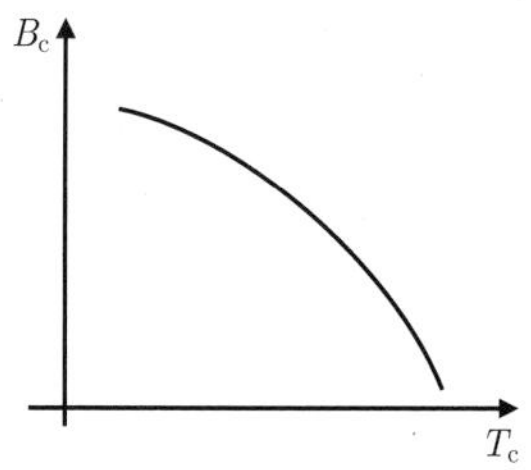

Abbildung 4.32 Abhängigkeit zwischen kritischer Temperatur T_c und kritischem Magnetfeld B_c. Bei $B_c(T_c)$ bricht die Supraleitung zusammen.

Beispiel: Supraleitender Magnet

Eine wichtige Anwendung von Supraleitern sind supraleitende Magnete. Für eine Feldstärke von 15 T benötigt ein klassischer Elektromagnet (Kupferspule, Innenvolumen 200 cm^3) eine Leistung von 5 MW (für die Einheit T = Tesla siehe Kapitel 5). Bei supraleitendem Material benötigt man für dieselbe Feldstärke nur die Kälteleistung des Kryostaten, die im Kilowattbereich liegt.

Das Wichtigste zum Mitnehmen

Zum Mitnehmen: Elektrischer Strom 1

- Die **Stromstärke**

$$I = \frac{dQ}{dt} \tag{4.1}$$

  mit der **Einheit Ampère** A hat (historisch bedingt) die **technische Stromrichtung** »**von Plus nach Minus**«, entgegengesetzt der physikalischen Stromrichtung von Elektronen. Man unterscheidet nach Trägern der bewegten Ladungen:

  - **Elektronen- oder elektronische Leiter** (Metalle und Halbleiter)
  - **Ionenleiter** (**Elektrolyte** wie Säuren und Laugen)

    Taucht man zwei verschiedene Metallelektroden in eine Elektrolytflüssigkeit, so entsteht ein **Galvanisches Element** mit einer elektrischen Spannung zwischen den Elektroden.

  - **Gemischte Leiter** (Elektronen und Ionen, z. B. in Gasentladungen).

    Eine besondere Rolle spielt hier die **Gasverstärkung** durch Elektronenstöße mit einem exponentiellen Anstieg der Elektronenanzahl.

- Als **Stromdichte** bezeichnet man den Vektor

$$\vec{j} = \rho \vec{v} \tag{4.17}$$

  aus der Ladungsdichte ρ und dem Geschwindigkeitsvektor $\vec{v}$ der Ladungen. Damit ergibt sich der Gesamtstrom

$$I = \int_A \vec{j}\, d\vec{A}\,, \tag{4.18}$$

  wobei nur die Komponente des Stroms senkrecht zur Fläche berücksichtigt wird.

- Im elektrischen Feld bewegen sich die Ladungsträger bei einer mittleren Zeit zwischen den Stößen $\overline{\Delta t}$ mit einer **Driftgeschwindigkeit** v_D:

$$v_D = \overline{\Delta v} = \frac{Q}{m}\,\overline{\Delta t} \cdot \vec{E}$$

Zum Mitnehmen: Elektrischer Strom 2

- Mit der **elektrischen Leitfähigkeit** σ_{el} mit der Einheit A/(V m)

$$\sigma_{el} = \rho \frac{Q}{m} \overline{\Delta t} \qquad (4.27)$$

ergibt sich das **Ohm'sche Gesetz**:

$$\vec{j} = \sigma_{el} \cdot \vec{E} \qquad (4.28)$$

- Für elektrische Schaltungen wird die folgende Form des Ohm'schen Gesetzes mit dem **elektrischen Widerstand** R mit der Einheit **Ohm** $\Omega = V/A$ verwendet:

$$U = R \cdot I \qquad (4.34)$$

Der **spezifische Widerstand** pro Leiterquerschnitt A und -länge L

$$\rho_S = \frac{1}{\sigma_{el}} = R \cdot \frac{A}{L} \qquad (4.35)$$

entspricht dem Kehrwert der elektrischen Leitfähigkeit.

- An einem Kondensator der Kapazität C, der über einen Widerstand R mit einer Spannung U_0 aufgeladen wird, steigt der Ladestrom

$$I = I_\circ \, e^{-\frac{1}{RC} t} \qquad (4.65)$$

mit der **Zeitkonstanten**

$$\tau_\circ = R \cdot C \qquad (4.66)$$

an. Die Spannung U am Kondensator nähert sich mit der gleichen Zeitkonstante dem Wert U_0:

$$U = U_\circ \left(1 - \exp\left(-t/\tau_\circ\right)\right) \qquad (4.58)$$

- Die **Kontinuitätsgleichung** für elektrische Ladungen

$$\operatorname{div} \vec{j} = -\frac{\partial \rho}{\partial t} \qquad (4.44)$$

beschreibt die Erhaltung der elektrischen Ladung.

Zum Mitnehmen: Elektrischer Strom 3

- Verzweigen sich mehrere Leiter in einem Punkt, so muss die Summe der einlaufenden Ströme der Summe der auslaufenden Ströme entsprechen. Dieses **1. Kirchhoff'sche Gesetz** wird auch die »**Knotenregel**« genannt:

$$\sum_{k=1}^{n} I_k = 0 \tag{4.49}$$

- Nach dem **2. Kirchhoff'schen Gesetz** (»**Maschenregel**«) verschwindet die Summe aller Potentialdifferenzen (Spannungen) in einer Masche:

$$\sum_{i=1}^{n} U_i = 0 \tag{4.55}$$

- Reihenschaltung von n Widerständen R_i:

$$R_{ges} = \sum_{i=1}^{n} R_i \tag{4.71}$$

Parallelschaltung von n Widerständen R_i:

$$\frac{1}{R_{ges}} = \sum_{i=1}^{n} \frac{1}{R_i} \tag{4.74}$$

Reihenschaltung von n Kondensatoren mit Kapazität C_i:

$$\frac{1}{C_{ges}} = \sum_{i=1}^{n} \frac{1}{C_i} \tag{4.78}$$

Parallelschaltung von n Kondensatoren mit Kapazität C_i:

$$C_{ges} = \sum_{i=1}^{n} C_i \tag{4.79}$$

- Die **Klemmenspannung** U_K

$$U_K = U_\circ \cdot \frac{R_a}{R_i + R_a} \tag{4.82}$$

ist kleiner als die Spannung $U_\circ$ einer unbelasteten Spannungsquelle mit dem **Innenwiderstand** R_i.

Zum Mitnehmen: Elektrischer Strom 4

- Im Vakuum wird die elektrische Energie $W = Q \cdot U$ vollständig in Bewegungsenergie des Elektrons umgesetzt, während sie in einem Festkörper mit Widerstand R in **Joule'sche Wärme**

$$Q_w = \frac{U^2}{R} \cdot t \tag{4.91}$$

umgewandelt wird.

- Nach dem **Wiedemann-Franz'schen Gesetz** nimmt die elektrische Leitfähigkeit von Metallen mit dem Kehrwert der Temperatur T zu:

$$\sigma_{el} = \lambda_W \, \frac{1}{a} \frac{1}{T} \tag{4.92}$$

(Wärmeleitfähigkeit λ_W und $a \approx 3\,(k/Q_e)^2$ mit der Boltzmann-Konstante k und der Elementarladung Q_e).

- In sog. **Supraleitern** verschwindet der elektrische Widerstand unterhalb einer kritischen Temperatur T_c (auch **Sprungtemperatur** genannt).

Statische Magnetfelder

5

ÜBERBLICK

» In diesem Kapitel werden wir grundlegende Eigenschaften von Magnetfeldern vorstellen und die Begriffe der magnetischen Erregung und des magnetischen Flusses einführen.

Die Erzeugung von Magnetfeldern durch elektrische Ströme werden wir mit dem Ampère-Gesetz verstehen.

Schließlich werden wir die Magnetisierung in Materie untersuchen und die magnetischen Eigenschaften verschiedener Materialien klassifizieren. «

5.1 Pole

Magnetfelder werden von Strömen erzeugt oder von Permanentmagneten. Wir werden uns in diesem Band auf die Ströme konzentrieren und im Rahmen der Magnetisierung von Stoffen eine erste Klassifizierung von magnetischen Materialeigenschaften vornehmen. Ein detailliertes Verständnis dieser Materialien, z. B. von Ferromagneten, ist erst in der Festkörperphysik möglich.

Permanentmagnete besitzen zwei **magnetische Pole**: Nord und Süd. Sie bilden ein **magnetisches Dipolfeld**. Die **Magnetfeldlinien** zeigen der Konvention nach von Norden nach Süden.

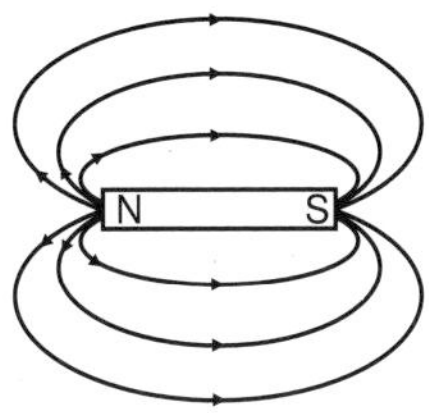

Abbildung 5.1 Feldlinien vom Nord- zum Südpol

In Experimenten zeigt sich, dass

gleiche Pole sich abstoßen	N N, S S
und verschiedene Pole sich anziehen	N S, S N .

Es gibt keine freien, isolierten Pole (»Monopole«), sondern immer nur Nord- und Südpol zusammen. Mit sehr langen Stabmagneten kann man jedoch einzelne Pole näherungsweise darstellen.

Für die Kraft zwischen solchen Polen können wir analog zur Elektrostatik ein Kraftgesetz formulieren:

$$\vec{F} \propto \frac{p_1 \cdot p_2}{r^2}\, \vec{e}_r \tag{5.1}$$

Dabei bezeichnet p_i die magnetische Polstärke, r den Abstand der Pole. Zwar sind unter bestimmten Umgebungsbedingungen magnetische Monopole in Festkörpern nachgewiesen worden [11], freie Monopole wurden bislang nicht gefunden [1].

In der Praxis ist daher (5.1) für quantitative Untersuchungen ungeeignet. Anders als beim Coulomb-Gesetz muss man insbesondere für die Bestimmung von Feldstärken anders vorgehen.

5.2 Feldstärken

Für eine präzise Definition magnetischer Feldstärken benötigen wir Kenntnisse, die wir erst in den folgenden Abschnitten erarbeiten können. Wir geben hier ein Startwissen und empfehlen, nach der Zusammenfassung über statische Magnetfelder zu diesem Einführungskapitel zurückzukehren und die Begriffe noch einmal für sich zu ordnen.

Wir erinnern zuerst an das *elektrische Feld*: Die Maxwell-Gleichung div $\vec{D} = \rho_{frei}$ (1.7) zeigt, dass elektrische Ladungen Quellen des Felds sind, das wir über die Kraft auf eine Probeladung q nachweisen können. Wir argumentieren hier allgemein mit der Verschiebungsdichte $\vec{D}$, weil sie auch bei dielektrischem Medium auf die freien Ladungsträger $Q_{frei} = \rho_{frei} V$ zurückgreift. Die integrale Form der Maxwell-Gleichung besagt umgekehrt, dass das Integral von $\vec{D}$ über eine Oberfläche A die freien Ladungen Q_{frei} anzeigt:

$$\oint_A \vec{D}\, d\vec{A} = Q_{frei} \tag{3.38}$$

Für Magnetfelder starten wir von der Beobachtung, dass elektrische Ströme Magnetfelder produzieren. Die Formulierung des Zusammenhangs zwischen Strom und Magnetfeld durch Ampere ((5.9) und (5.10) in Abschnitt 5.4) enthält die **magnetische Feldstärke**, die häufig auch als **magnetische Erregung** $\vec{H}$ bezeichnet wird:

$$\oint \vec{H}\, d\vec{s} = I_{frei} \tag{5.10}$$

Auch hier verwenden wir als Strom I_{frei}, der durch die Bewegung freier Ladungsträger Q_{frei} erzeugt wird. Das Integral über $\vec{H}$ entlang eines Wegs $d\vec{s}$, der den Strom umkreist, entspricht dem Strom I_{frei}. Umgekehrt erzeugt der Strom I_{frei} das Magnetfeld $\vec{H}$.

Die **Einheit von H als A/m** wird in (5.10) ersichtlich. Besonders einleuchtend wird es beim Beispiel einer Spule mit N Windungen auf einer Spulenlänge s, deren Magnetfeld sich als $H = N/s \cdot I$ (5.20) ergibt. Daher wird als Einheit manchmal auch $\mathrm{A} \cdot$ Windungen/m verwendet.

Noch einmal explizit: So wie $\vec{D}$ über **freie** elektrische Ladungen definiert ist, bezieht sich $\vec{H}$ auf **freie** elektrische Ströme.

Die elektrischen Feldgrößen der Verschiebungsdichte $\vec{D}$ und der Feldstärke $\vec{E}$ haben in einem Medium den Zusammenhang

$$\vec{D} = \epsilon_0\, \epsilon_r\, \vec{E}\,. \tag{3.42}$$

Während sich $\vec{D}$ auf die freien Ladungen bezieht, wird die elektrische Feldstärke $\vec{E}$ durch Polarisationsladungen im Medium reduziert, was hier über die relative Dielektrizitätszahl ϵ_r eingeht. Im Vakuum vereinfacht sich der Zusammenhang wegen $\epsilon_r = 1$.

Auch bei Magnetfeldern gibt es zwei Feldgrößen $\vec{H}$ und $\vec{B}$, die aus ganz unterschiedlichen Beobachtungen entstehen. Die Feldgröße $\vec{B}$ ist mit der Erzeugung elektrischer Spannung U verbunden. Für den *elektrostatischen Fall* hatten wir Spannung durch ein Wegintegral im elektrischen Feld $\vec{E}$ definiert:

$$U = \int \vec{E}\, d\vec{s} \tag{2.62}$$

Auch eine *dynamische Erzeugung* von Spannung U_{ind} ist möglich, und zwar durch Magnetfelder. In diesem Zusammenhang bezeichnen wir $\vec{B}$ als **magnetische Flussdichte** $\vec{B}$ (häufig auch **magnetische Induktion** oder **Magnetfeld** genannt):

$$U_{ind} = -\frac{d}{dt}\int \vec{B}\, d\vec{A} \tag{6.17}$$

Dieses von Faraday formulierte Induktionsgesetz werden wir in Abschnitt 6.2 kennenlernen. Es beruht auf der zeitlichen Änderung der magnetischer Flussdichte $\vec{B}$ durch eine Oberfläche $d\vec{A}$ und ist die integrale Form der Maxwell-Gleichung (1.3). Die **Einheit von** B **als Tesla** $\mathrm{T} = \mathrm{V\,s/m^2}$ lässt sich aus dem Induktionsgesetz (6.17) ablesen.

Wie im elektrischen Fall können die Feldgrößen $\vec{H}$ und $\vec{B}$ leicht ineinander überführt werden:

$$\vec{B} = \mu_\circ\, \mu_r \cdot \vec{H} \tag{5.91}$$

Dabei ist $\mu_\circ$ die **magnetische Permeabilitätskonstante** oder **magnetische Feldkonstante** mit dem Wert

$$\mu_\circ = 1{,}25663706212(19)\, 10^{-6}\, \frac{\mathrm{V\,s}}{\mathrm{A\,m}} \tag{5.2}$$

Während die magnetische Erregung $\vec{H}$ sich immer auf freie Ströme bezieht, beschreibt die relative Permeabilität μ_r den Effekt eines Mediums auf die Feldgröße $\vec{B}$. Ähnlich wie $\vec{E}$ alle Ladungen einschließt, berücksichtigt $\vec{B}$ alle Ströme, auch die gebundenen in Materie (Abschnitt 5.8). Im Vakuum gilt vereinfacht $\mu_r = 1$:

$$\vec{B} = \mu_\circ \cdot \vec{H} \tag{5.3}$$

Die Permeabilitätskonstante $\mu_\circ$ hat wie die Dielektrizitätskonstate $\epsilon_\circ$ die relative Unsicherheit $1{,}5 \cdot 10^{-10}$. Das liegt daran, dass in beiden Größen die Genauigkeit des Wertes durch die Messung der sogenannten Feinstrukturkonstanten α aus der Atomphysik eingeht. Die Einheit von $\mu_\circ$ ergibt sich aus den Einheiten von H und B, der Anschluss an die mechanischen Einheiten geschieht über die Beziehung $1\,\mathrm{N} = 1\,\mathrm{AVs/m}$.

Zwei Anmerkungen brauchen wir zur Klarstellung: In den beiden Gleichungen (3.42) und (5.91) tauschen die analogen Größen $\vec{B}$ und $\vec{E}$ sowie $\vec{H}$ und $\vec{D}$ die Seiten. Weiterhin ist die Namensgebung für die magnetischen Größen $\vec{B}$ und $\vec{H}$ leider nicht eindeutig und von Buch zu Buch verschieden. Da die physikalische Bedeutung von $\vec{B}$ und $\vec{H}$ jedoch eindeutig ist, spricht man häufig auch einfach von $\vec{B}$- und $\vec{H}$-Feldern.

Wir werden im Folgenden überwiegend das $\vec{B}$-Feld verwenden.

Beispiel: Magnetfeldstärken

- In Mitteleuropa ist die Stärke des Erdmagnetfelds $B \approx 50\,\mu\mathrm{T}$.
- Der Magnet des CMS-Experiments am CERN hat ein Magnetfeld von $B = 4\,\mathrm{T}$.

5.3 Fluss

Der **magnetische Fluss** ist als das Oberflächenintegral über die magnetische Flussdichte definiert:

$$\Phi_m = \int_A \vec{B}\, d\vec{A} \tag{5.4}$$

Der Fluss Φ_m ist ein Maß für die Anzahl der Feldlinien durch die Oberfläche A.

Die Feldlinien eines Magneten verlaufen zwischen dem Nord- und Südpol und sind stets geschlossene Kurven. Denken wir uns eine geschlossene Oberfläche um den Magneten herum, so verlassen genauso viele Feldlinien die Oberfläche, wie auch in sie hineintreten. Daher verschwindet der magnetische Fluss durch eine geschlossene Oberfläche:

$$\Phi_m = \oint_A \vec{B}\, d\vec{A} \tag{5.5}$$

$$= 0 \tag{5.6}$$

Mithilfe des Gauß'schen Satzes (2.87) schreiben wir Gleichung (5.5) als

$$\Phi_m = \int_V \operatorname{div} \vec{B}\, dV \tag{5.7}$$

und erhalten die Maxwell-Gleichung (1.8):

$$\operatorname{div} \vec{B} = 0 \tag{5.8}$$

Diese Gleichung zeigt, dass es keine freien magnetischen Monopole gibt. Quellen und Senken des magnetischen Felds kommen nur gemeinsam vor.

5.4 Ampère-Gesetz

Während der Magnetismus zunächst als eigenständiges Phänomen angesehen wurde, experimentierte H. C. Oerstedt 1819/20 mit galvanischen Strömen und Magneten und fand dabei während einer Vorlesung (!) erstmals einen Zusammenhang zwischen beiden Erscheinungen. Kurze Zeit später erkannte A.-M. Ampère, dass zwischen elektrischen Strömen eine Kraft wirkt und M. Faraday entdeckte schließlich 1832 die magnetische Induktion.

Der Zusammenhang zwischen einem Strom I und dem von ihm erzeugten Magnetfeld wird heute im sogenannten **Ampère-Gesetz** formuliert:

$$\oint \vec{B}\, d\vec{s} = \mu_\circ I \tag{5.9}$$

Mit dem $\vec{H}$-Feld, das nur die freien Ströme berücksichtigt, also keine Materie-Effekte einbezieht, heißt es:

$$\oint \vec{H}\, d\vec{s} = I_{frei} \tag{5.10}$$

Der Integrationsweg umschließt dabei eine Fläche, die von dem Strom I durchflossen wird.

Beispiel: Stromdurchflossener Draht

Der Strom I fließe aus der Bildebene von ►Abbildung 5.2 heraus.

Zunächst berechnen wir das Integral auf der linken Seite des Ampère-Gesetzes (5.9) und verwenden dabei Polarkoordinaten:

$$\oint \vec{B}\, d\vec{s} = \int_0^{2\pi} B\, r\, d\varphi \tag{5.11}$$

Aus Symmetriegründen gehen wir davon aus, dass bei festem Abstand $r = const.$ vom Draht das Magnetfeld überall gleich groß ist, d. h. $B(r = const.) = const.$ Das Integral können wir dann sofort ausführen:

$$\oint \vec{B}\, d\vec{s} = B\, r\, 2\pi \tag{5.12}$$

Durch Einsetzen in das Ampère-Gesetz und Umformen erhalten wir das Magnetfeld als Funktion des Stroms I:

$$B\, r\, 2\pi = \mu_\circ\, I \tag{5.13}$$

$$B(r) = \frac{\mu_\circ}{2\pi} \cdot \frac{I}{r} \tag{5.14}$$

Die magnetische Feldstärke B steigt linear mit dem Strom I und nimmt bei zunehmendem Abstand vom Draht mit r^{-1} ab.

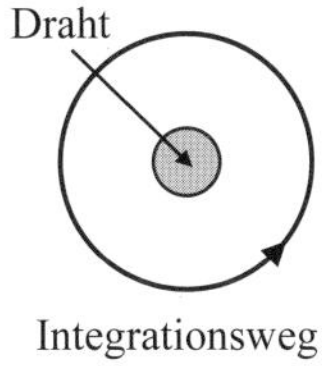

Abbildung 5.2 Zur Berechnung der magnetischen Feldstärke eines stromdurchflossenen Drahts

Aufgabe 5: Supraleitung im Bleidraht

Wir betrachten einen dünnen Bleidraht mit dem Radius $r = 0{,}5\,\text{mm}$ bei der Temperatur $T = 4{,}2\,\text{K}$. Die kritische Feldstärke für die Supraleitung des Drahts beträgt bei dieser Temperatur $H_c \approx 45 \cdot 10^3\,\frac{\text{A}}{\text{m}}$.

Wie groß ist der maximal mögliche Strom I_{max} unter Supraleitung?

Beispiel: Magnetfeld einer Spule

Innerhalb einer langen Spule verlaufen die Magnetfeldlinien parallel zur Spulenachse und schließen sich außerhalb der Spule (►Abbildung 5.3).

►Abbildung 5.4 zeigt die zweidimensionale Projektion mit einem geschlossenen Integrationsweg, auf dem wir das Ampère-Gesetz (5.9) anwenden wollen.

Für eine sehr lange Spule können wir die linke Seite des Ampère-Gesetzes folgendermaßen annähern:

$$\oint \vec{B}\,d\vec{s} = \underbrace{\int_a^b \vec{B}\,d\vec{s}}_{\text{Außenraum } \vec{B}\approx 0} + \underbrace{\int_b^c \vec{B}\,d\vec{s}}_{\vec{B}\perp d\vec{s}\Rightarrow\approx 0} + \int_c^d \vec{B}\,d\vec{s} + \underbrace{\int_d^a \vec{B}\,d\vec{s}}_{\vec{B}\perp d\vec{s}\Rightarrow\approx 0} \tag{5.15}$$

Aufgrund des Skalarprodukts ergibt sich kein Beitrag aus Termen, bei denen der Integrationspfad $\vec{s}$ und das Magnetfeld $\vec{B}$ senkrecht aufeinander stehen. Im Außenraum ist das Magnetfeld auf große Raumbereiche verteilt, sodass der Beitrag entlang des Wegs $a \to b$ vergleichsweise gering ist. Der Weg $c \to d$ verläuft näherungsweise parallel zu den Magnetfeldlinien, sodass wir als wesentlichen Beitrag erhalten:

$$\oint \vec{B}\,d\vec{s} \approx B \cdot s \tag{5.16}$$

Nach dem Ampère-Gesetz ergibt sich dann mit dem durch die N Windungen vervielfachten Strom I innerhalb des Integrationswegs

$$B \cdot s = \mu_0 \cdot N \cdot I\,. \tag{5.17}$$

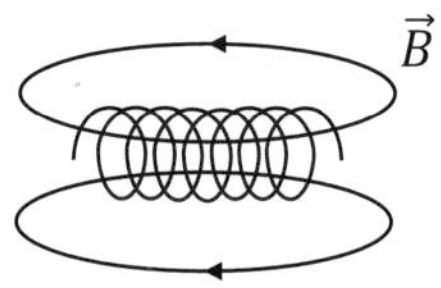

Abbildung 5.3 Magnetfeld einer Spule

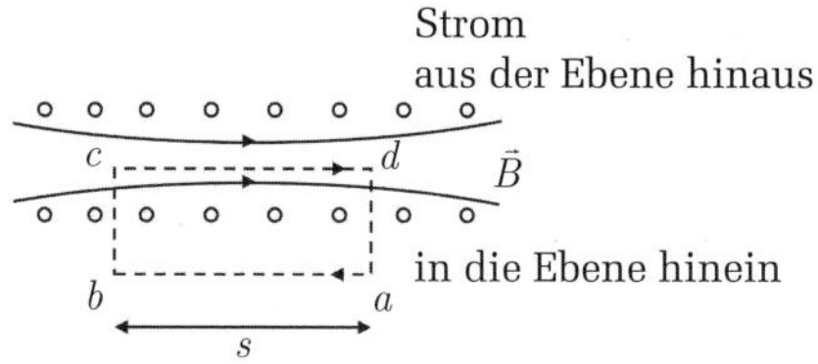

Abbildung 5.4 Integrationsweg (gestrichelt) zur Berechnung des Felds

Beispiel: Magneteld einer Spule 2

Wir definieren für die Anzahl der Windungen pro Länge der Spule

$$n \equiv \frac{N}{s} \tag{5.18}$$

und erhalten damit das Magnetfeld innerhalb einer langen Spule

$$B = \mu_\circ \cdot n \cdot I\,. \tag{5.19}$$

Wegen des Zusammenhangs $B = \mu_\circ H$ (5.3) gilt ebenso

$$H = n \cdot I\,. \tag{5.20}$$

Aus der Gleichung (5.20) können wir jetzt leicht die **Einheit A/m für die magnetische Feldstärke $\vec{H}$** ablesen.

Mathematischer Einschub: Nabla-Operator

Häufig wird der sogenannte Nabla-Operator als Symbol für Richtungsableitungen verwendet:

$$\vec{\nabla} = \begin{pmatrix} \frac{\partial}{\partial x} \\ \frac{\partial}{\partial y} \\ \frac{\partial}{\partial z} \end{pmatrix} \tag{5.21}$$

Zum Beispiel gebrauchen wir als Kurzschreibweise für den Gradienten (2.35) einer skalaren Funktion Φ

$$\operatorname{grad} \Phi = \vec{\nabla}\,\Phi\,. \tag{5.22}$$

Bei der Divergenz (2.86) eines Vektorfelds $\vec{E}$ verwenden wir den Nabla-Operator wie in einem Skalarprodukt:

$$\operatorname{div} \vec{E} = \vec{\nabla} \cdot \vec{E} \tag{5.23}$$

Die Anwendung des Laplace-Operators (2.93) auf eine skalare Funktion Φ ist eine Kurzschreibweise für zwei Nabla-Operatoren:

$$\triangle\,\Phi = (\vec{\nabla} \cdot \vec{\nabla})\,\Phi = \operatorname{div} \operatorname{grad}\,\Phi \tag{5.24}$$

Mathematischer Einschub: Rotation

Die Rotation des Vektorfelds $\vec{B}$ definiert eine Richtungsableitung, deren Ergebnisvektoren senkrecht auf dem Vektorfeld $\vec{B}$ stehen. Hier kann man sich die Schreibweise mit dem Nabla-Operator über das Kreuzprodukt gut merken:

$$\operatorname{rot}\vec{B} = \vec{\nabla} \times \vec{B} \tag{5.25}$$

$$(\vec{\nabla} \times \vec{B})_x = \frac{\partial B_z}{\partial y} - \frac{\partial B_y}{\partial z} \tag{5.26}$$

$$(\vec{\nabla} \times \vec{B})_y = \frac{\partial B_x}{\partial z} - \frac{\partial B_z}{\partial x} \tag{5.27}$$

$$(\vec{\nabla} \times \vec{B})_z = \frac{\partial B_y}{\partial x} - \frac{\partial B_x}{\partial y} \tag{5.28}$$

Mathematischer Einschub: Stokes'scher Satz

Für ein Vektorfeld $\vec{B}$ und eine Fläche A gilt folgender Satz aus der Mathematik:

$$\oint \vec{B}\,d\vec{s} = \int \operatorname{rot}\vec{B}\,d\vec{A} \tag{5.29}$$

Dabei ist s die Randkurve der Fläche A.

Eine alternative Formulierung des Ampère-Gesetzes (5.9) erhalten wir, indem wir auf der linken Seite der Gleichung den Stokes'schen Satz (5.29) anwenden und auf der rechten Seite die Stromdichte über $I = \int \vec{j}\,d\vec{A}$ (4.18) einführen:

$$\oint \vec{B}\,d\vec{s} = \mu_\circ\, I \tag{5.9}$$

$$\int \operatorname{rot}\vec{B}\,d\vec{A} = \mu_\circ \int \vec{j}\,d\vec{A} \tag{5.30}$$

Durch den Vergleich der Integranden erhalten wir die (noch unfertige) **Maxwell-Gleichung** (1.6):

$$\operatorname{rot}\vec{B} = \mu_\circ\,\vec{j} \tag{5.31}$$

5.5 Biot-Savart-Gesetz

Die Magnetfeldstärke eines beliebig geformten stromdurchflossenen Leiters lässt sich mit dem **Biot-Savart-Gesetz** berechnen, das eine Umformulierung des Ampère-Gesetzes (5.9) ist:

$$\vec{B} = \frac{\mu_\circ}{4\,\pi} \int I \cdot \frac{d\vec{s} \times \vec{e}_r}{r^2} \tag{5.32}$$

Für die Magnetfeldstärke B im Beobachtungspunkt $\vec{r}$ enthält das Biot-Savart-Gesetz folgende Abhängigkeiten vom Strom im Leiterstück $\Delta\vec{s}$, vom inversen Abstandsquadrat und vom Öffnungswinkel β zwischen Leiterstück und Beobachtungspunkt (►Abbildung 5.5):

$$B \propto I \tag{5.33}$$

$$\propto \frac{1}{r^2} \tag{5.34}$$

$$\propto \sin\beta \tag{5.35}$$

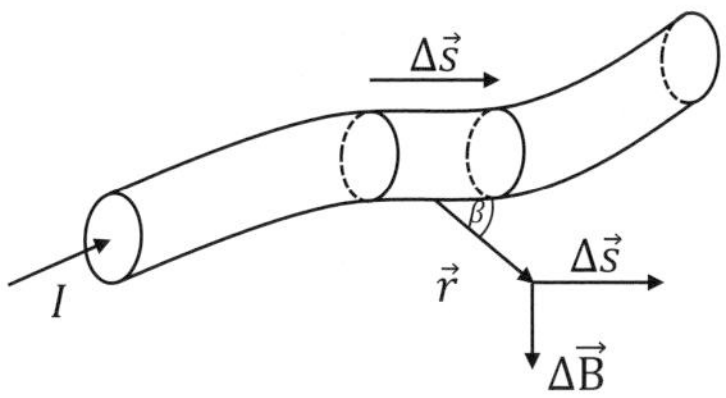

Abbildung 5.5 Biot-Savart-Gesetz: Der Strom I im Leiterstück $\Delta\vec{s}$ erzeugt am Endpunkt von $\vec{r}$ unter dem Winkel β einen Beitrag $\Delta\vec{B}$ zum Magnetfeld.

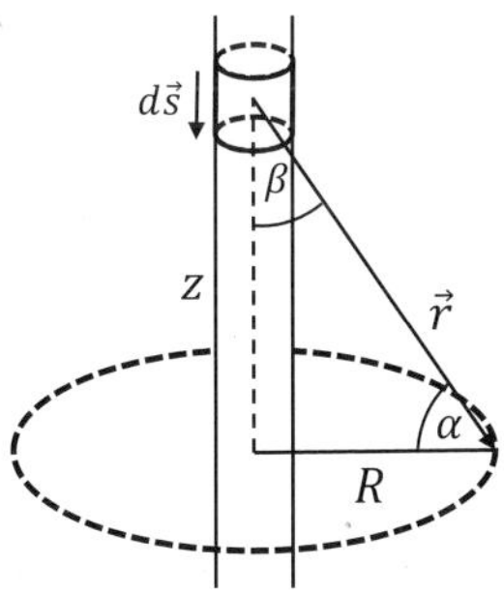

Abbildung 5.6 Magnetfeld eines ∞ langen, geraden Leiters im Abstand R

Beispiel: Biot-Savart-Gesetz

Wir berechnen das Magnetfeld eines geraden Leiters (►Abbildung 5.6). Unter Verwendung von

$$|d\vec{s} \times \vec{e}_r| = \sin\beta\, dz = \cos\alpha\, dz$$

vereinfachen wir das Kreuzprodukt im Integral von (5.32):

$$B = \frac{\mu_0}{4\pi} I \int \frac{|d\vec{s} \times \vec{e}_r|}{r^2} \tag{5.36}$$

$$= \frac{\mu_0}{4\pi} I \int \frac{\cos\alpha\, dz}{r^2} \tag{5.37}$$

Wir führen alle Variablen (α, z, r) auf den Winkel α zurück, dessen Integrationsgrenzen für einen unendlich langen Draht im Intervall $[-\pi/2, \pi/2]$ liegen. Dafür benötigen wir folgende Zusammenhänge:

$$\frac{z}{R} = \tan\alpha\,, \qquad \frac{dz}{d\alpha} = R\,\frac{1}{\cos^2\alpha}\,, \qquad \frac{R}{r} = \cos\alpha$$

Durch Einsetzen und Integrieren ergibt sich

$$\begin{aligned} B &= \frac{\mu_0}{4\pi}\,I \int \cos\alpha\,\frac{\cos^2\alpha}{R^2}\,R\,\frac{d\alpha}{\cos^2\alpha} \\ &= \frac{\mu_0}{4\pi}\,I\,\frac{1}{R}\int_{-\frac{\pi}{2}}^{\frac{\pi}{2}} \cos\alpha\,d\alpha = \frac{\mu_0}{4\pi}\,I\,\frac{1}{R}\underbrace{\int_{-1}^{1} d\sin\alpha}_{=2}\,. \end{aligned} \tag{5.38}$$

Für einen nach oben fließenden Strom I entspricht die Richtung von $\vec{B}$ einem Tangentenvektor, der parallel zum Einheitsvektor $\vec{e}_\varphi = d\vec{s} \times \vec{e}_r$ der Polarkoordinaten steht (►Abbildung 5.7).

Insgesamt steigt das Magnetfeld $\vec{B}$ linear mit der Stromstärke I und fällt mit dem inversen Abstand R^{-1} (vergleiche mit (5.14)). $\vec{B}$ verläuft tangential zu den kreisförmigen Feldlinien um den Leiter:

$$\vec{B} = \frac{\mu_0}{2\pi}\,\frac{I}{R}\,\vec{e}_\varphi \tag{5.39}$$

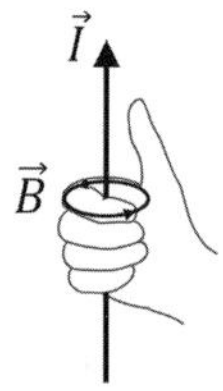

Abbildung 5.7 »Rechte-Hand-Regel« für das Magnetfeld $\vec{B}$ eines Stroms I

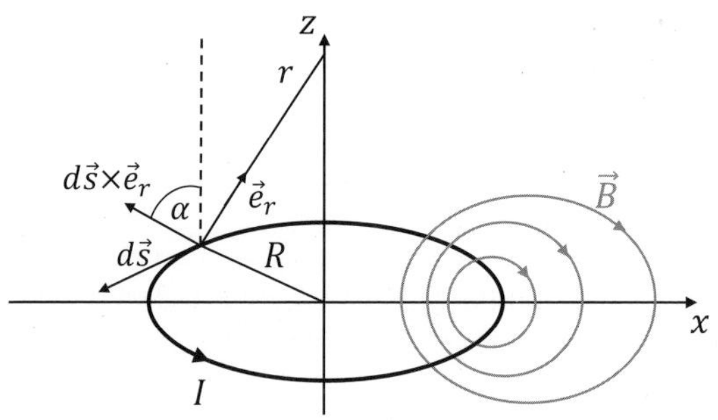

Abbildung 5.8 Zum Magnetfeld auf der z-Achse eines kreisförmigen, vom Strom I durchflossenen Leiters mit dem Radius R

Beispiel: Magnetfeld einer kreisförmigen Stromschleife

Wir berechnen hier das Magnetfeld einer kreisförmigen Stromschleife für Beobachtungspunkte auf der z-Achse (Symmetrieachse), wie in ►Abbildung 5.8 dargestellt.

Aus Symmetriegründen heben sich die Beiträge senkrecht zur z-Achse auf. Für die verbleibende z-Komponente des Magnetfelds gilt nach (5.32)

$$B_z = \frac{\mu_0}{4\pi} \oint I \cdot \frac{(d\vec{s} \times \vec{e}_r)_z}{r^2} \,. \tag{5.40}$$

Die Integration $\oint$ wird entlang der Stromschleife ausgeführt. Mit dem Radius R der Stromschleife ist das Bogenstück $ds = R\,d\varphi$. Die z-Komponente des Kreuzprodukts beträgt damit

$$(d\vec{s} \times \vec{e}_r)_z = R\,d\varphi\,\cos\alpha\,.$$

Mit $R = r\,\cos\alpha$ erhalten wir bei konstantem Strom I durch Integration über den Kreisring

$$\begin{aligned} B_z &= \frac{\mu_0}{4\pi} I \oint \frac{R\,d\varphi\,\cos\alpha}{r^2} \\ &= \frac{\mu_0}{4\pi} I \frac{R\,\cos\alpha}{r^2} \oint d\varphi \\ &= \frac{\mu_0}{4\pi} I \frac{R^2}{r^3} 2\pi\,. \end{aligned}$$

Mit der von der Stromschleife eingeschlossenen Fläche $A = \pi R^2$ ist

$$B_z = \frac{\mu_0}{2\pi} \frac{I\,A}{r^3}\,. \tag{5.41}$$

Mit dem Flächennormalenvektor $\vec{A}$ (►Abbildung 5.9) beschreiben wir damit das Magnetfeld für Punkte auf der z-Achse durch

$$\vec{B} = \frac{\mu_0}{2\pi} \frac{I\,\vec{A}}{r^3}\,. \tag{5.42}$$

5.6 Dipolmoment

Wir vergleichen das Magnetfeld der kreisförmigen Stromschleife (5.42) mit dem elektrischen Feld eines Dipols (2.57). Beide Felder zeigen die Abstandsabhängigkeit r^{-3}. Die beiden Größen, die das jeweilige System charakterisieren, sind

- für den Fall des elektrischen Dipols das Dipolmoment $\vec{p} = Q\,\vec{d}$ (2.55),
- für die Stromschleife das Produkt $I\,\vec{A}$.

In Analogie zum Fall des Dipols bezeichnen wir das Produkt aus dem Strom I und dem Flächennormalenvektor $\vec{A}$ als das **magnetische Dipolmoment**:

$$\vec{p}_m = I\,\vec{A} \tag{5.43}$$

Der Strom (technische Stromrichtung) vollführt dabei um die Flächennormale $\vec{A}$ eine Linksdrehung (►Abbildung 5.9).

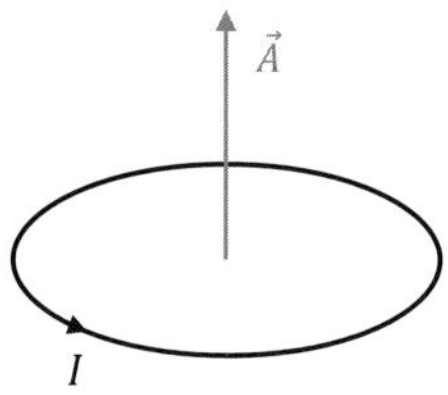

Abbildung 5.9 »Rechte-Hand-Regel« für die Flächennormale $\vec{A}$ eines kreisförmigen Leiters: Die Finger der rechten Hand zeigen in Stromrichtung I, der Daumen entlang $\vec{A}$.

Das Magnetfeld einer kreisförmigen Stromschleife (5.42) für Punkte auf der z-Achse lautet dann mit dem magnetischen Dipolmoment

$$\vec{B} = \frac{\mu_0}{2\pi}\frac{\vec{p}_m}{r^3}\,. \tag{5.44}$$

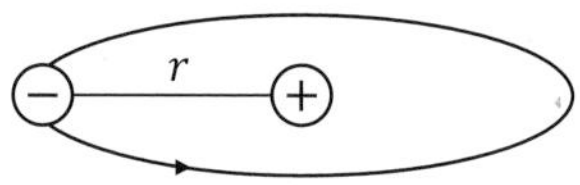

Abbildung 5.10 »Wasserstoffatom«

Beispiel: Atomares magnetisches Dipolmoment

Wir bestimmen nun »halbklassisch« das atomare magnetische Dipolmoment eines Wasserstoffatoms (►Abbildung 5.10). Betrachten wir dazu ein Elektron mit der Ladung $Q = -Q_e$, das mit der Umlauffrequenz ν um ein ruhendes Proton kreist. Der Strom, der vom Elektron verursacht wird, beträgt

$$I = \nu\,Q\,. \tag{5.45}$$

Das magnetische Dipolmoment des kreisenden Elektrons ist

$$\vec{p}_m = I\,\vec{A}\,. \tag{5.46}$$

Der Drehimpuls $\vec{L}$ beträgt

$$\vec{L} = \vec{r} \times \vec{p} = \Theta\,\vec{\omega} = m\,r^2\,\vec{\omega}\,,$$
$$L = m\,r^2\,2\,\pi\,\nu\,. \tag{5.47}$$

Hierbei ist $\Theta = m \cdot r^2$ das Trägheitsmoment, m die Masse des Elektrons und $\omega = 2\,\pi\,\nu$ die Winkelgeschwindigkeit. Der Betrag des magnetischen Dipolmoments ist also

$$p_m = \nu\,Q \cdot \pi\,r^2 \tag{5.48}$$
$$= \frac{L}{2\,m\,\pi\,r^2}\,Q\,\pi\,r^2$$
$$= \frac{Q}{2\,m}\,L\,. \tag{5.49}$$

Nach der Quantenphysik ist der Drehimpuls in Einheiten von $h\,/(2\,\pi)$ quantisiert, wobei h das **Planck'sche Wirkungsquantum** $h = 6{,}63 \cdot 10^{-34}\,\mathrm{J \cdot s}$ ist. Mit der Abkürzung $\hbar \equiv h\,/(2\,\pi)$ erhalten wir somit für das atomare magnetische Dipolmoment

$$\vec{p}_m = \frac{Q\hbar}{2\,m} \cdot \frac{\vec{L}}{\hbar} = -\mu_B \cdot \frac{\vec{L}}{\hbar} \quad \text{mit } \mu_B \equiv \frac{Q_e\hbar}{2\,m} = 9{,}27 \cdot 10^{-24}\,\frac{\mathrm{J}}{\mathrm{T}}\,. \tag{5.50}$$

Man nennt μ_B das **Bohr'sche Magneton**.

5.7 Lorentzkraft

Im Magnetfeld erfahren bewegte Ladungen Q eine Kraft, die **Lorentzkraft**. Das experimentelle Resultat für diese Kraft ist

$$\vec{F} = Q \cdot \vec{v} \times \vec{B}\,. \tag{5.51}$$

Beispiel: Elektronen im homogenen Magnetfeld

Ein Elektron mit der Ladung $Q = -Q_e$ wird zunächst in einem elektrischen Feld beschleunigt. Seine Endgeschwindigkeit v berechnen wir aus der kinetischen Energie $W_{kin} = m\,v^2/2$, die der geleisteten Arbeit W am Elektron entspricht (2.74):

$$W = Q\,U \tag{5.52}$$
$$= \frac{1}{2}\,m\,v^2 \tag{5.53}$$
$$v = \sqrt{\frac{2\,Q\,U}{m}} \tag{5.54}$$

Anschließend durchquert das Elektron ein Magnetfeld $\vec{B}$, dessen Richtung senkrecht in die Zeichenebene hinein zeigt. Das Elektron wird durch die Lorentzkraft $\vec{F}_L$ (5.51) auf eine Kreisbahn mit dem Radius R gelenkt. Aus der Mechanik wissen wir, dass eine gleichförmige Kreisbewegung die Existenz einer Zentripetalkraft $F_Z = m\,v^2/R$ anzeigt:

$$F_L = F_Z \tag{5.55}$$

$$Q\,v\,B = m\,\frac{v^2}{R} \tag{5.56}$$

Für den Radius der Kreisbahn erhalten wir in Abhängigkeit vom Impuls $p = m\,v$

$$R = \frac{m\,v}{Q\,B} = \frac{p}{Q\,B} \tag{5.57}$$

oder ausgedrückt durch die Beschleunigungsspannung U (5.54)

$$\begin{aligned} R &= \frac{m}{Q\,B}\sqrt{\frac{2\,Q\,U}{m}} \\ &= \frac{1}{B}\sqrt{\frac{2\,m\,U}{Q}}\,. \end{aligned} \tag{5.58}$$

Bei bekannter Beschleunigungsspannung U und Magnetfeldstärke B lässt sich dieser Zusammenhang auch anders verwenden: Durch Messung des Radius' R der Elektronenflugbahn lässt sich das Verhältnis aus seiner Masse m und Ladung Q bestimmen.

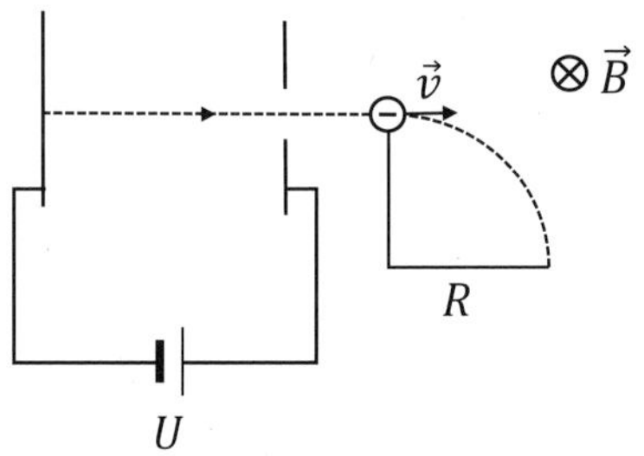

Abbildung 5.11 Impulsmessung eines Elektrons in einem homogenen Magnetfeld

Aufgabe 6: Impulsmessung eines Teilchens (►Abbildung 5.12)

Gegeben:	**Gesucht:**
Magnetfeld $B = 1\,\mathrm{T}$	Impuls des Teilchens
Radius $R = 1\,\mathrm{m}$	Ladungsvorzeichen
Ladung $Q = 1{,}6 \cdot 10^{-19}\,\mathrm{C}$	

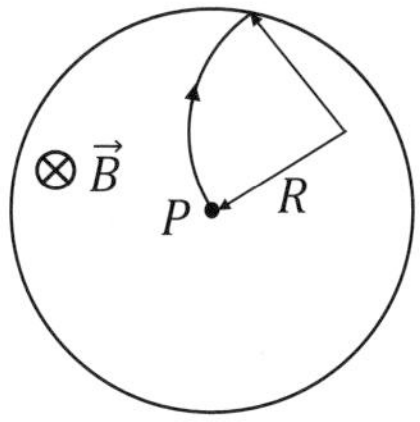

Abbildung 5.12 Bewegung eines geladenen Teilchens in einem homogenen Magnetfeld. Das Teilchen wurde im Punkt P erzeugt, z. B. dem Wechselwirkungspunkt eines Beschleunigers.

5.7.1 Kraft auf stromdurchflossene Leiter

Wir betrachten die Kraft auf einen stromdurchflossenen Leiter in einem Magnetfeld. Auf ein einzelnes Elektron mit der Ladung $Q = -Q_e$ wirkt die Lorentzkraft

$$\vec{F} = Q \cdot \vec{v} \times \vec{B} \,. \tag{5.51}$$

Wir berechnen im Folgenden die Kraft $d\vec{F}$ auf ein Leiterstück mit der Länge dL und Querschnittfläche A.

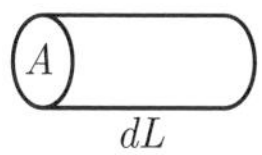

Abbildung 5.13 Leiterstück

Bei einer Ladungsdichte $\rho = N \cdot Q/V$ (2.8) mit N Elektronen pro Leitervolumen V bestimmen wir die Gesamtladung dQ der insgesamt dN Elektronen in dem Leiterstück mit Volumen $dV = A\,dL$ (►Abbildung 5.13):

$$dQ = dN \cdot Q \tag{5.59}$$

$$= \rho\, A\, dL \tag{5.60}$$

Die Ladungsdichte ρ ist negativ, da die Elektronenladung Q negativ ist.

Die Elektronen bewegen sich mit der Driftgeschwindigkeit $\vec{v}_D$, wobei ihre Richtung entgegengesetzt der technischen Stromrichtung verläuft. Die Stromdichte $\vec{j} = \rho\, \vec{v}_D$ (4.17) zeigt wegen $\rho < 0$ in Richtung der technischen Stromrichtung.

Die Lorentzkraft (5.51) auf das Leiterstück können wir mit Gleichung (5.60) über die Stromdichte $\vec{j}$ ausdrücken:

$$d\vec{F} = dQ\, \vec{v}_D \times \vec{B} \tag{5.61}$$

$$= \underbrace{\rho\, \vec{v}_D}_{=\vec{j}} \times \vec{B}\, A\, dL \tag{5.62}$$

$$= \vec{j} \times \vec{B}\, dV \tag{5.63}$$

Die Gesamtkraft auf den Leiter erhalten wir durch Integration über das Leitervolumen:

$$\vec{F} = \int \vec{j} \times \vec{B} \, dV \tag{5.64}$$

Beispiel: Kraft auf geraden Draht

In einem homogenen Magnetfeld mit einem geraden Draht der Länge L, der senkrecht zum Magnetfeld gespannt ist, können wir das Integral in Gleichung (5.64) folgendermaßen lösen (►Abbildung 5.14).

Nach der Definition der Stromdichte (4.18) ist $I = \int \vec{j} \, d\vec{A}$. Wir verwenden den Flächennormalenvektor $d\vec{A}$ und einen Vektor $d\vec{L}$ entlang des Drahts, sodass wir das Integral wegen $dV = d\vec{A} \, d\vec{L}$ umschreiben können:

$$\begin{aligned} \vec{F} &= \int \vec{j} \times \vec{B} \, dV \qquad (5.64) \\ &= \int_L \underbrace{\int_A \vec{j} \, d\vec{A}}_{=I} \, d\vec{L} \times \vec{B} \\ &= I \int_L d\vec{L} \times \vec{B} \end{aligned}$$

Wir definieren $\vec{I}$ als einen Vektor in der technischen Stromrichtung mit dem Betrag I und erhalten als Kraft auf den Draht

$$\vec{F} = L \, (\vec{I} \times \vec{B}) \, . \tag{5.65}$$

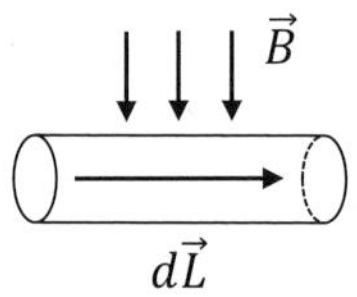

Abbildung 5.14 Magnetfeld und Strom stehen senkrecht aufeinander

Beispiel: Hall-Sonde

Wir lassen einen Strom I durch eine Metallplatte fließen. Bringen wir die Platte in ein Magnetfeld, werden die Elektronen durch die Lorentzkraft $\vec{F}_L = Q \, \vec{v} \times \vec{B}$ (5.51) soweit verschoben, bis die Kraft $\vec{F}_E = Q \, \vec{E}$ (2.11) zwischen den Elektronen und den positiv geladenen Atomrümpfen gleich groß ist: $\vec{F}_L = \vec{F}_E$.

Für einen Strom I durch die Metallplatte der Länge L (►Abbildung 5.15) berechnen wir die Lorentzkraft $\vec{F}_L$ nach (5.65). Die elektrische Anziehungskraft $\vec{F}_E$ zwischen den Elektronen und den positiv geladenen Atomrümpfen beschreiben wir über die Feldstärke E durch die quer zur Platte gemessene sogenannte **Hall-Spannung** $U_H = E \cdot b$ und verwenden die räumliche Elektronendichte $n = N/V$ von N Elektronen im Volumen $V = L\,b\,d$:

$$|\vec{F}_L| = |\vec{F}_E| \tag{5.66}$$

$$L \cdot I \cdot B = N \cdot Q\,E \tag{5.67}$$

$$L \cdot I \cdot B = n\,(L\,b\,d) \cdot Q\,\frac{U_H}{b}$$

$$U_H = \frac{I \cdot B}{n \cdot Q \cdot d} \tag{5.68}$$

Über die Messung der Hallspannung U_H können wir Magnetfeldstärken $|\vec{B}|$ bestimmen. Die Formel liefert auch eine wichtige Methode zur Bestimmung der Ladungsträgerdichte n z. B. in Halbleitern.

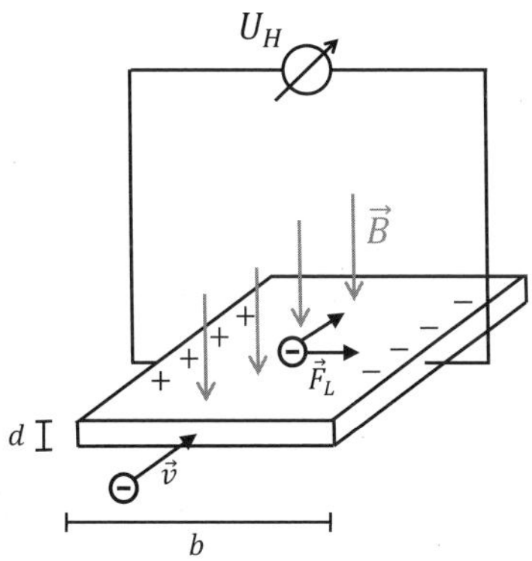

Abbildung 5.15 Schematische Darstellung einer Hall-Sonde. Die Lorentzkraft führt zu einer Ladungstrennung, die sich über die ganze Metallplatte verteilt. Ähnlich einem Dielektrikum im $\vec{E}$-Feld entstehen Ladungsüberschüsse auf beiden Seiten.

Experiment: Kraft auf Leiter

Wir erzeugen ein Magnetfeld durch eine stromdurchflossene Spule und bestimmen mit einer Hall-Sonde die Feldstärke zu $B = 200\,\text{mT}$.

Anschließend bringen wir einen Leiter der Länge $L = 4\,\text{cm}$ in das Magnetfeld. Durch den Leiter lassen wir einen variablen Strom I fließen und messen die Kraft $\vec{F}$ auf den Leiter in Abhängigkeit des Stroms. Die Messung zeigt eine lineare Abhängigkeit mit der Steigung $F/I = 8\,\text{mN/A}$ (►Abbildung 5.16 Parameter p_1).

Nach Gleichung (5.65) können wir das Magnetfeld der Spule durch die Kraft auf die stromdurchflossene Leiterschleife berechnen:

$$B = \frac{F/I}{L} \tag{5.69}$$

$$= \frac{8\,\text{mN/A}}{0{,}04\,\text{m}} = 200\,\text{mT} \tag{5.70}$$

Dieser Wert stimmt mit der Hall-Sondenmessung überein.

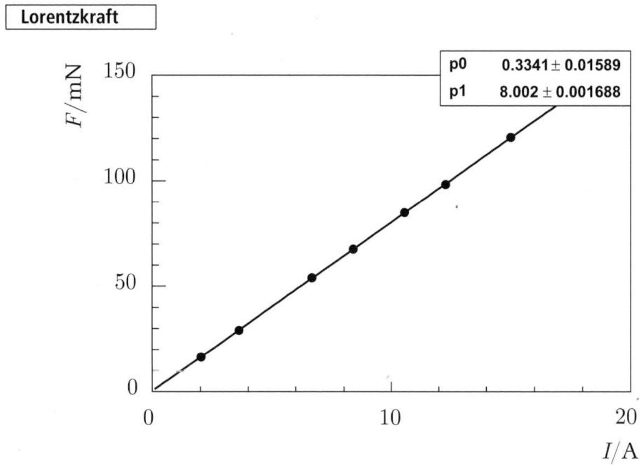

Abbildung 5.16 Die Lorentzkraft F steigt linear mit dem Strom I.

Experiment: Parallele stromdurchflossene Drähte

Wir verwenden zwei parallele Drähte im Abstand R, durch die wir Strom in die z-Richtung fließen lassen (►Abbildung 5.17).

Das vom zweiten Draht mit der Stromstärke I_2 erzeugte Magnetfeld $\vec{B}$ beträgt nach Gleichung (5.39)

$$\vec{B}_2 = \frac{\mu_0}{2\,\pi\,R}\, I_2\, \vec{e}_\varphi\,. \tag{5.71}$$

Mit Gleichung (5.65) erhalten wir für die Kraft pro Längeneinheit auf den ersten Leiter wegen $\vec{e}_r = \vec{e}_z \times \vec{e}_\varphi$

$$\frac{\vec{F}_1}{L} = I_1\, \vec{e}_z \times \vec{B}_2 \tag{5.72}$$

$$= \frac{\mu_0}{2\,\pi\,R}\, I_1\, I_2\, \vec{e}_r\,. \tag{5.73}$$

Für die Kraft auf den zweiten Draht gilt die symmetrische Überlegung, beide Drähte werden zueinander hingezogen. Lassen wir den Strom in den beiden Drähten in entgegengesetzte Richtungen fließen, so stoßen sich die Drähte gegenseitig ab.

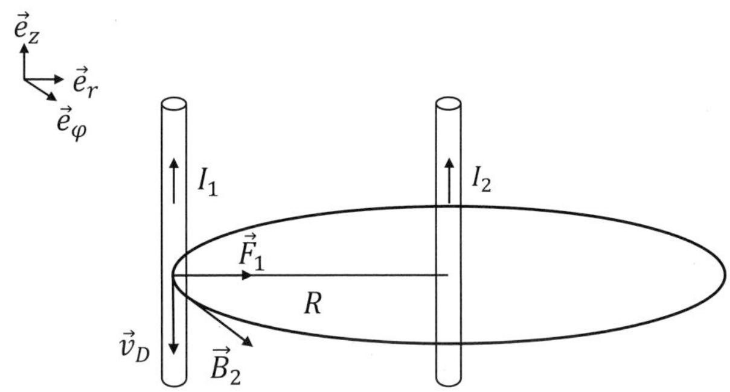

Abbildung 5.17 Zur Berechnung der Kraft zwischen zwei stromdurchflossenen Drähten

Beispiel: Stromstärke aus Kraft

Wir bestimmen die Kraft zwischen zwei parallelen, stromdurchflossenen, unendlich langen Leitern. Der Abstand der Drähte betrage dabei $R = 1\,\mathrm{m}$ und die Stromstärke in beiden Drähten sei gleich groß $I = I_1 = I_2$. Nach Gleichung (5.73) ist

$$\frac{F}{L} = \frac{\mu_\circ}{2\pi R} I^2 . \tag{5.74}$$

Dieser Zusammenhang wurde in der früheren Definition der SI-Einheit Ampère genutzt: Sie wurde auf eine mechanische Kraftmessung zurückgeführt. Dafür war der Wert der Permeabilitätskonstanten auf $\mu_\circ = 4\pi \cdot 10^{-7}\,\mathrm{V\,s/(A\,m)}$ festgelegt worden. Bei einer Kraft pro Leiterlänge von

$$\frac{F}{L} = 4\pi \cdot 10^{-7}\,\frac{\mathrm{V\,s}}{\mathrm{A\,m}} \cdot \frac{1}{2\pi\,1\,\mathrm{m}} \cdot 1\,\mathrm{A}^2 \tag{5.75}$$

$$= 2 \cdot 10^{-7}\,\frac{\mathrm{N}}{\mathrm{m}} \tag{5.76}$$

beträgt die Stromstärke im Leiter 1 A.

Beachten Sie, dass die aktuell verwendete SI-Einheit des Ampère durch Zählung von Elektronen definiert (Abschnitt 4.1) und der Wert von $\mu_\circ$ in (5.2) gegeben ist.

Beispiel: Strommessung mit Drehspulinstrumenten

Eine Leiterschleife sei drehbar gelagert. Sie wird durch das Drehmoment $D_F = -D_\varphi\,\varphi$ einer Schneckenfeder in ihrer Position gehalten. Durch die Fläche der Leiterschleife $A = l \cdot b$ verlaufen die Feldlinien eines Magnetfelds $\vec{B}$. Lassen wir einen Strom I durch die Leiterschleife fließen, so bewirken die Lorentzkräfte $\vec{F}_L = l\,(\vec{I} \times \vec{B})$ (5.65) auf beiden Seiten der Schleife ein Drehmoment D_L auf die Schleife:

$$\vec{D}_L = 2 \cdot \frac{b}{2}\,\vec{e}_r \times \vec{F}_L \qquad (5.77)$$

$$= b\,l \cdot \vec{e}_r \times (\vec{I} \times \vec{B})$$

$$= A \cdot \vec{e}_r \times (\vec{I} \times \vec{B}) \qquad (5.78)$$

Dabei ist $\vec{e}_r$ der Einheitsvektor in radialer Richtung bezüglich der Drehachse. Bei dem in ►Abbildung 5.18 gezeigten Aufbau mit parallelen Magnetfeldlinien hängt der Betrag des Drehmoments vom Drehwinkel φ ab: $|\vec{D}_L| = A\,I\,B\,\sin(\varphi + \pi/2)$.

Wählt man stattdessen ein radial gerichtetes Magnetfeld wie in ►Abbildung 5.19, fällt die Abhängigkeit vom Drehwinkel φ weg: $|\vec{D}_L| = A\,I\,B$.

Die Leiterschleife wird gegen das Drehmoment D_φ der Schneckenfeder gedreht:

$$|\vec{D}_L| = |\vec{D}_F| \qquad (5.79)$$

$$A\,I\,B = D_\varphi\,\varphi \qquad (5.80)$$

$$\varphi = \frac{A\,B}{D_\varphi} \cdot I \qquad (5.81)$$

Nach einer geeigneten Eichung können wir den Strom I aus dem Drehwinkel φ der Leiterschleife bestimmen.

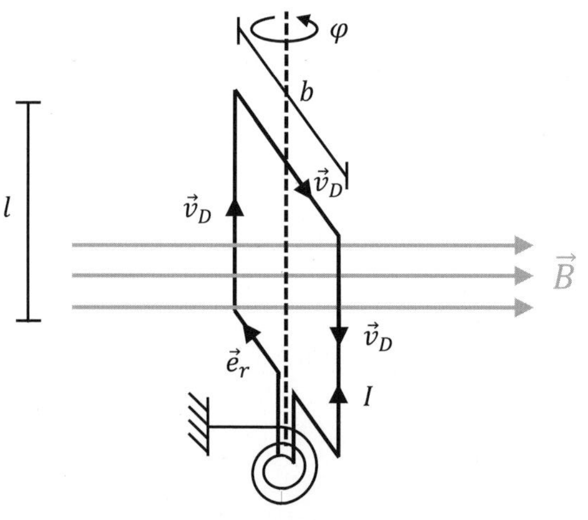

Abbildung 5.18 Perspektivische Ansicht der um den Winkel φ drehbaren Leiterschleife in einem homogenen Magnetfeld $\vec{B}$ mit rücktreibender Schneckenfeder

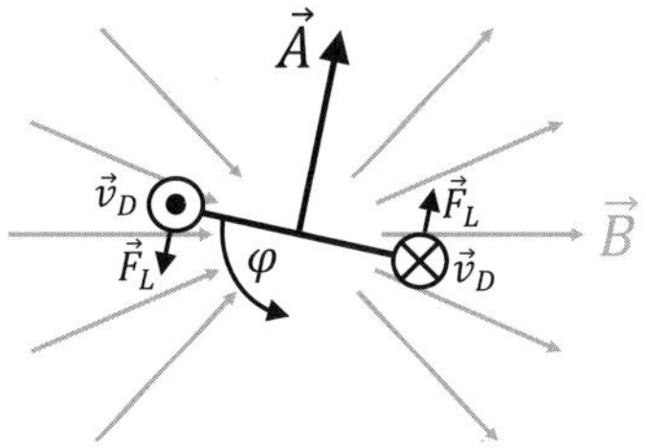

Abbildung 5.19 Aufsicht der Leiterschleife bei einem radialen Magnetfeld $\vec{B}$. Der Flächennormalenvektor der Leiterschleife ist $\vec{A}$.

Beispiel: Voltmeter

Für die Strommessung wird ein Drehspulinstrument (vorheriges Beispiel) direkt in den Stromkreis eingebracht (Ampèremeter, ►Abbildung 5.20). Mit Gleichung (5.81) ergibt sich der Strom aus dem Winkelausschlag φ des Messinstruments:

$$I = \frac{D_\varphi}{A\,B}\,\varphi \tag{5.82}$$

Bei der Verwendung eines Drehspulinstruments als Spannungsmesser (Voltmeter) wird eigentlich ein Strom in einer Parallelschaltung gemessen. Im Stromkreis aus $U_\circ$, R_1 und R_2 (►Abbildung 5.21) soll eine Spannungsmessung am Widerstand R_1 durchgeführt werden. Man spricht auch vom Spannungsabfall über dem Widerstand R_1.

Durch Einfügen des Drehspulinstruments wird der Strom I am Knoten in die beiden Zweige aufgeteilt, in denen der Strom I_1 durch den Widerstand R_1 fließt und der Strom I_m durch das Drehspulinstrument mit dem bekannten Widerstand R_m. Aufgrund der Knotenregel (4.49) ist

$$I = I_1 + I_m\,. \tag{5.83}$$

Wegen der Maschenregel (4.55) ist die Spannung U über R_1 genauso groß wie die Spannung über R_m. Unter Verwendung von (5.82) erhalten wir aus dem gemessenen Drehwinkel φ des Drehspulinstruments den Strom I_m und mit dem Ohm'schen Gesetz (4.34) den gesuchten Spannungsabfall U über dem Widerstand R_1:

$$U = R_m\,I_m \tag{5.84}$$

$$= R_m\,\frac{D_\varphi}{A\,B}\,\varphi \tag{5.85}$$

Um den Einfluss des Drehspulinstruments auf den ursprünglichen Stromkreis aus $U_\circ$, R_1 und R_2 möglichst gering zu halten, sollte der Widerstand R_m viel größer als R_1 sein: $R_m \gg R_1$. Dann entspricht der Gesamtwiderstand der Parallelschaltung wegen (4.74) ungefähr dem Widerstand R_1 ($R_{ges} = \left[1/R_1 + 1/R_m\right]^{-1} \approx R_1$), und der Strom I_m ist gering: $I_m \ll I_1$. Moderne Messgeräte haben Eingangswiderstände im MΩ-Bereich.

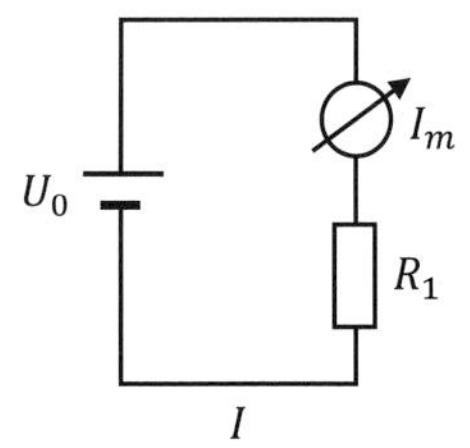

Abbildung 5.20 Strommessung

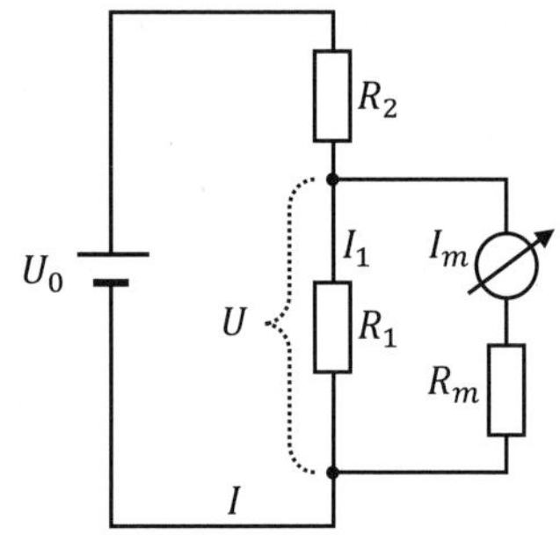

Abbildung 5.21 Spannungsmessung am Widerstand R_1

5.8 Magnetisierung

Experimentell zeigt sich, dass Materie, die man in ein Magnetfeld einbringt, das Magnetfeld verstärkt oder schwächt. Wir haben unsere magnetischen Feldstärken in Abschnitt 5.2 jedoch so definiert, dass nur das $\vec{B}$-Feld Materieeffekte einschließt und seinen Wert ändert. Das $\vec{H}$-Feld ist ausschießlich durch die freien Ströme definiert und bleibt konstant: $\vec{H}_{Mat} \equiv \vec{H}_{Vak}$.

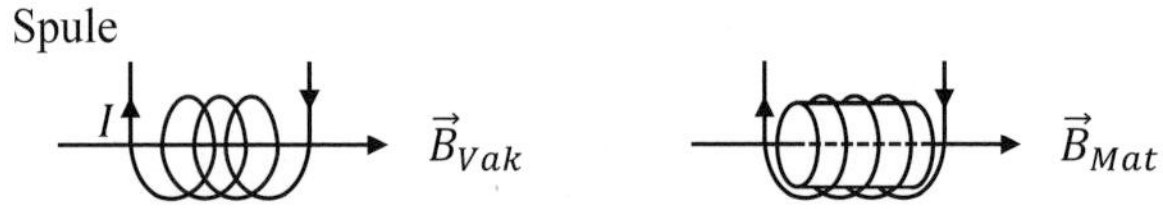

Abbildung 5.22 Das Magnetfeld $\vec{B}_{Vak}$ einer leeren Spule (links) ändert sich mit Materie ($\vec{B}_{Mat}$, rechts).

Die Magnetisierung lässt sich dadurch erklären, dass sich die atomaren magnetischen Dipolmomente $\vec{p}_m$ des Materials im Magnetfeld ausrichten. Diese magnetische Polarisierung können wir analog zur elektrischen Polarisierung beschreiben (3.3) und dafür die sogenannte **Magnetisierung** $\vec{M}$ definieren:

$$\vec{M} = \frac{1}{V} \sum_{V} \vec{p}_m \tag{5.86}$$

Die Magnetisierung M hat wie das H-Feld die Einheit A/m. Da das H-Feld mit $\vec{H} = \vec{H}_{Vak}$ nur die freien Stöme enthält, muss es zur Beschreibung der Magnetisierung zu $(\vec{H} + \vec{M})$ ergänzt werden.

Andererseits wird durch die Magnetisierung das $\vec{B}$-Feld selbst modifiziert, und wir erhalten anstelle von $\vec{B}_{Vak} = \mu_\circ \vec{H}$ (5.3) für $\vec{B}_{Mat} = \vec{B}$

$$\vec{B} = \mu_\circ (\vec{H} + \vec{M}) \,. \tag{5.87}$$

Diese Formulierung ist ähnlich der Beschreibung von Materie in elektrischen Feldern mit der dielektrischen Verschiebungsdichte (3.36).

Für nicht zu große Feldstärken steigt die Magnetisierung proportional zu dem von außen einwirkenden Magnetfeld (vergleiche mit (3.26)

$$\vec{M} = \chi \vec{H} \,. \tag{5.88}$$

Dabei ist χ die sogenannte **magnetische Suszeptibilität**. Durch Einsetzen in Gleichung (5.87)

$$\vec{B} = \mu_\circ (\vec{H} + \chi\vec{H}) \tag{5.89}$$

$$= \mu_\circ \underbrace{(1+\chi)}_{\equiv \mu_r} \vec{H} \tag{5.90}$$

erhalten wir als Materialkonstante die **relative Permeabilität** μ_r. Mit ihr können wir in Analogie zum elektrischen Feld in Materie schreiben:

$$\vec{D} = \epsilon_\circ \epsilon_r \vec{E} \tag{3.42}$$

$$\vec{B} = \mu_\circ \mu_r \vec{H} \tag{5.91}$$

Beachten Sie wieder, dass in den Gleichungen (3.42) und (5.91) die analogen Felder $\vec{D}$ und $\vec{H}$ sowie $\vec{E}$ und $\vec{B}$ die Plätze getauscht haben!

5.8.1 Klassifizierung von Materialien: Magnetisierung

In Bezug auf ihre magnetischen Eigenschaften unterscheidet man drei Materialklassen.

Stoff	Dipolmoment	Permeabilität	Suszeptibilität
Ferromagnetisch	ausgerichtet	$\mu_r \gg 1$	$\chi > 0$
Paramagnetisch	ausrichtbar	$\mu_r > 1$	$\chi > 0$
Diamagnetisch	induziert	$\mu_r < 1$	$\chi < 0$

Ferromagnetische Stoffe besitzen Bereiche mit permanent ausgerichteten Dipolmomenten und dienen z. B. zur Herstellung von Permanentmagneten. Eisen hat z. B. je nach Herstellungsart eine relative Permeabilität von $\mu_r \approx 500$ bis 20000. Die Magnetisierung ferromagnetischer Stoffe ist nach oben hin begrenzt (Sättigung). Weiterhin ist der Hystereseeffekt bekannt: Ein Magnetisierungsvorgang kann nicht durch einfaches Umkehren des anregenden äußeren Magnetfelds zurückgenommen werden.

Paramagnetische Materialien haben ein magnetisches Dipolmoment, das durch ein äußeres Magnetfeld in die Richtung des Felds ausgerichtet werden kann. Als Beispiel erwähnen wir hier Sauerstoff, der bei Normaldruck $p = 10^5$ Pa und der Temperatur $T = 0\,°\mathrm{C}$ eine Suszeptibilität von $\chi(O_2) = 3450 \cdot 10^{-9}/\mathrm{mol}$ aufweist.

Ähnlich der Dielektrizität wird bei diamagnetischen Stoffen ein Dipolmoment durch ein äußeres Magnetfeld induziert (Abschnitt 6.2). Diese induzierten Dipolmomente richten sich entgegen der Feldrichtung aus. Zum Beispiel hat Wasser die Suszeptibilität $\chi(H_2O) = -13 \cdot 10^{-9}/\mathrm{mol}$.

Die Ursachen für die verschiedenen Klassen werden erst in der Festkörperphysik verständlich und dort genauer behandelt.

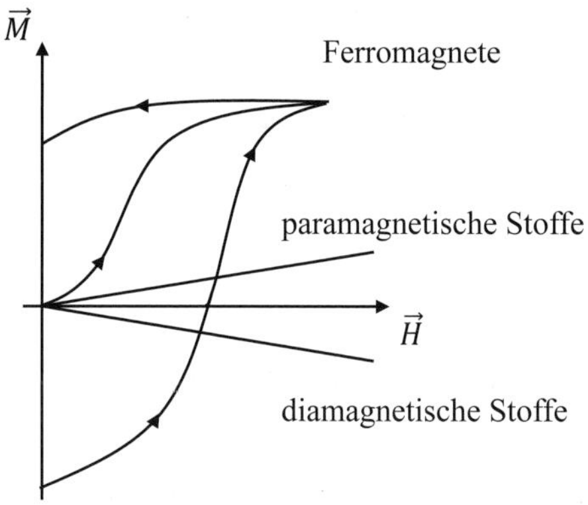

Abbildung 5.23 Die Magnetisierung M verschiedener Stoffarten hängt unterschiedlich vom angelegten Magnetfeld ab. Ferromagnete zeigen eine typische Sättigung und Hysterese.

Das Wichtigste zum Mitnehmen

Zum Mitnehmen: Statische Magnetfelder 1

- Magnete bilden mit ihrem **magnetischen Nord- und Süd-Pol** ein **magnetisches Dipolfeld**, dessen **Magnetfeldlinien** nach Konvention von Norden nach Süden zeigen.
- Analog zur elektrischen Verschiebungsdichte $\vec{D}$ definieren wir eine **magnetische Feldstärke** oder **magnetische Erregung** $\vec{H}$ mit der Einheit A/m über das Ampere-Gesetz:

  $$\oint \vec{H}\, d\vec{s} = I_{frei} \qquad (5.10)$$

  Ebenso wird analog zur elektrischen Feldstärke $\vec{E}$ die **magnetische Flussdichte** $\vec{B}$ (auch **magnetische Induktion** oder **magnetische Feldstärke**) über das Induktionsgesetz definiert:

  $$U_{ind} = -\frac{d}{dt} \int \vec{B}\, d\vec{A} \qquad (6.17)$$

  Die Einheit von B ist **Tesla** $\mathrm{T} = \mathbf{V\,s/m^2}$.

  Wie $\vec{D} = \epsilon_\circ \vec{E}$ hängen auch $\vec{H}$ und $\vec{B}$ linear zusammen:

  $$\vec{B} = \mu_\circ \cdot \vec{H} \qquad (5.3)$$

  mit der **magnetischen Permeabilitätskonstanten** oder der **magnetischen Feldkonstanten** $\mu_\circ$:

  $$\mu_\circ = 1{,}25663706212(19)\, 10^{-6}\, \frac{\mathrm{V\,s}}{\mathrm{A\,m}} \qquad (5.2)$$

Zum Mitnehmen: Statische Magnetfelder 2

- Für den **magnetischen Fluss**

$$\Phi_m = \int_A \vec{B}\, d\vec{A} \tag{5.4}$$

über eine geschlossene Oberfläche gilt

$$\Phi_m = \oint_A \vec{B}\, d\vec{A} = 0 \tag{5.5}$$

oder in differentieller Form die **Maxwell-Gleichung** (1.8):

$$\mathrm{div}\, \vec{B} = 0 \tag{5.8}$$

Die Gleichungen zeigen, dass es keine freien magnetischen Monopole gibt.

- Der Zusammenhang zwischen einem Strom I und dem von ihm erzeugten Magnetfeld wird im **Ampère-Gesetz** formuliert:

$$\oint \vec{B}\, d\vec{s} = \mu_\circ\, I \tag{5.9}$$

Der Integrationsweg umschließt die vom Strom I durchflossene Fläche. In der differentiellen Form erhalten wir die (noch unfertige) **Maxwell-Gleichung**

$$\mathrm{rot}\, \vec{B} = \mu_\circ\, \vec{j}\,. \tag{5.31}$$

- Damit ergibt sich für das Magnetfeld B im Abstand r eines langen vom Strom I durchflossenen Drahts

$$B(r) = \frac{\mu_\circ}{2\,\pi} \cdot \frac{I}{r} \tag{5.14}$$

und für das Magnetfeld innerhalb einer langen Spule mit n Windungen pro Länge

$$B = \mu_\circ \cdot n \cdot I\,. \tag{5.19}$$

Zum Mitnehmen: Statische Magnetfelder 3

- Für einen beliebig geformten stromdurchflossenen Leiter gilt das **Biot-Savart-Gesetz**:

$$\vec{B} = \frac{\mu_0}{4\pi} \int I \cdot \frac{d\vec{s} \times \vec{e}_r}{r^2} \tag{5.32}$$

  Damit lässt sich die vektorielle Form von (5.14) berechnen:

$$\vec{B} = \frac{\mu_0}{2\pi} \frac{I}{R} \vec{e}_\varphi \tag{5.39}$$

  Das Magnetfeld $\vec{B}$ entlang der Flächennormalen $\vec{A}$ im Abstand r zu einer Drahtschleife ist

$$\vec{B} = \frac{\mu_0}{2\pi} \frac{I\,\vec{A}}{r^3} . \tag{5.42}$$

- Mit dem **magnetischen Dipolmoment**

$$\vec{p}_m = I\,\vec{A} \tag{5.43}$$

  erhält man das Magnetfeld $\vec{B}$ eines magnetischen Dipolmoments $\vec{p}_m$:

$$\vec{B} = \frac{\mu_0}{2\pi} \frac{\vec{p}_m}{r^3} \tag{5.44}$$

- In einem Magnetfeld $\vec{B}$ wirkt auf eine bewegte Ladung Q mit der Geschwindigkeit $\vec{v}$ die **Lorentzkraft**

$$\vec{F} = Q \cdot \vec{v} \times \vec{B} . \tag{5.51}$$

- An einer vom Strom I durchflossenen **Hall-Sonde** der Dicke d entsteht eine quer zur Platte gemessene **Hall-Spannung**

$$U_H = \frac{I \cdot B}{n \cdot Q \cdot d} . \tag{5.68}$$

  Der Hall-Effekt dient zur Messung von Magnetfeldern B oder Ladungsträgerdichten n.

Zum Mitnehmen: Statische Magnetfelder 4

- In Materie führt die Ausrichtung atomarer magnetischer Dipolmomente $\vec{p}_m$ analog zur elektrischen Polarisierung zur **Magnetisierung**

$$\vec{M} = \frac{1}{V} \sum_V \vec{p}_m \,, \qquad (5.86)$$

wodurch das $\vec{B}$-Feld modifiziert wird:

$$\vec{B} = \mu_\circ \, (\vec{H} + \vec{M}) \qquad (5.87)$$

Mit $\vec{M} = \chi \vec{H}$, wobei χ die **magnetische Suszeptibilität** ist und μ_r die **relative Permeabilität** mit

$$\mu_r \equiv (1 + \chi) \,, \qquad (5.90)$$

können wir in Analogie zum elektrischen Feld in Materie schreiben:

$$\vec{B} = \mu_\circ \, \mu_r \, \vec{H} \qquad (5.91)$$

Stoff	Dipolmoment	Permeabilität	Suszeptibilität
Ferromagnetisch	ausgerichtet	$\mu_r \gg 1$	$\chi > 0$
Paramagnetisch	ausrichtbar	$\mu_r > 1$	$\chi > 0$
Diamagnetisch	induziert	$\mu_r < 1$	$\chi < 0$

Zeitlich veränderliche Felder

6

ÜBERBLICK

» In diesem Kapitel werden wir die Auswirkungen von Feldern kennenlernen, die sich zeitlich ändern. Wir werden sehen, dass zeitlich wechselnde elektrische Felder Magnetfelder verursachen. Zeitlich veränderliche Magnetfelder wiederum erzeugen elektrische Felder.

Mit diesen Überlegungen werden die Maxwell-Gleichungen dann vollständig vorliegen.

Die Auswirkungen der zeitlichen Feldänderungen werden wir anhand von Stromkreisen mit Spulen und Kondensatoren untersuchen, die mit Wechselspannung betrieben werden. «

6.1 Verschiebungsstrom

Wir laden einen Kondensator mit Hilfe einer Spannungsquelle $U_\circ$. Dabei fließt der zeitabhängige Strom $I(t)$ durch die Zuleitungen, bis die an den Kondensatorplatten anliegende Spannung U_C der Generatorspannung entspricht: $U_C = U_\circ$. Die Ladungsmenge auf dem Kondensator beträgt dann $Q = C\,U_\circ$. Die zugehörigen Gleichungen hatten wir bereits kennengelernt (2.108, 4.55, 4.65).

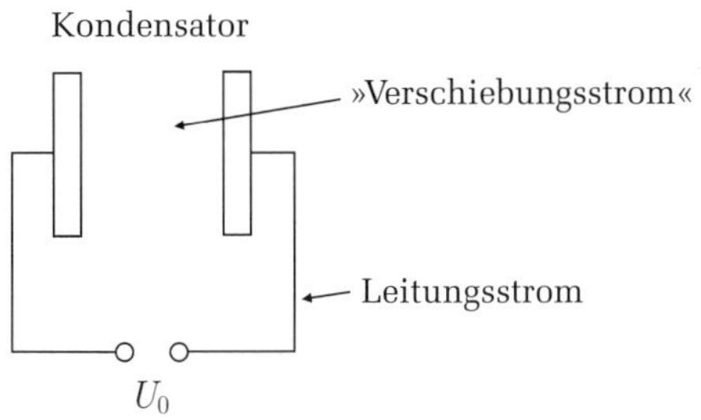

Abbildung 6.1 Zur Vorstellung eines »Verschiebungsstroms« durch einen Kondensator

Bei dem Ladevorgang steigt die Flächenladungsdichte $\sigma(t) = Q(t)/A$ (2.14) auf den beiden Kondensatorplatten mit der Oberfläche A. Dadurch wird ein elektrisches Feld $\vec{E}(t)$ zwischen den Platten aufgebaut (2.24):

$$\vec{E}(t) = \frac{\sigma(t)}{\epsilon_\circ}\,\vec{e}_A \tag{6.1}$$

$$= \frac{1}{\epsilon_\circ}\,\frac{Q(t)}{A}\,\vec{e}_A \tag{6.2}$$

Hier bezeichnet $\vec{e}_A$ den Einheitsvektor der Flächennormalen auf der Kondensatorplatte, dessen Richtung entsprechend der Konvention für elektrische Feldlinien von der positiv geladenen Platte zur negativ geladenen Platte zeigt (Abschnitt 2.3).

In einem Gedankenexperiment stellen wir uns nun eine »black box« um den Kondensator herum vor, deren Inhalt wir nicht kennen. Aus der Messung des Ladestroms I sieht es zunächst so aus, als fließe ein Strom $I_V = I$ durch die Box hindurch, den wir auch als Stromdichte schreiben können (4.18):

$$I_V(t) = \frac{dQ(t)}{dt} \tag{6.3}$$

$$= \int_A \vec{j}_V(t)\,d\vec{A} \tag{6.4}$$

Nach dem Öffnen der Box wissen wir, dass die Ladungen tatsächlich auf den Platten gespeichert wurden und zwischen den Platten das elektrische Feld (6.2) entstanden ist.

Der Strom I_V hängt also mit dem Aufbau des elektrischen Felds zusammen, und wir erhalten mit (6.2)

$$I_V(t) = \frac{dQ(t)}{dt} \tag{6.5}$$

$$= \frac{d}{dt}\left(\epsilon_\circ \vec{E}(t)\, A\, \vec{e}_A\right) \tag{6.6}$$

$$= \underbrace{\epsilon_\circ \frac{d\vec{E}(t)}{dt}}_{\equiv \vec{j}_V} \vec{A}\,. \tag{6.7}$$

Im Vergleich mit der Definitionsgleichung (6.4) bedeutet die Änderung des elektrischen Felds eine sogenannte **Verschiebungsstromdichte**

$$\vec{j}_V \equiv \epsilon_\circ \frac{\partial \vec{E}}{\partial t}\,. \tag{6.8}$$

Tatsächlich entsteht beim Aufbau des elektrischen Felds $\vec{E}$ im Kondensator kurzzeitig ein Magnetfeld $\vec{B}$, dessen Feldlinien analog zu einem stromdurchflossenen Draht kreisförmig sind (5.14) und senkrecht auf $\vec{E}$ stehen (►Abbildung 6.2).

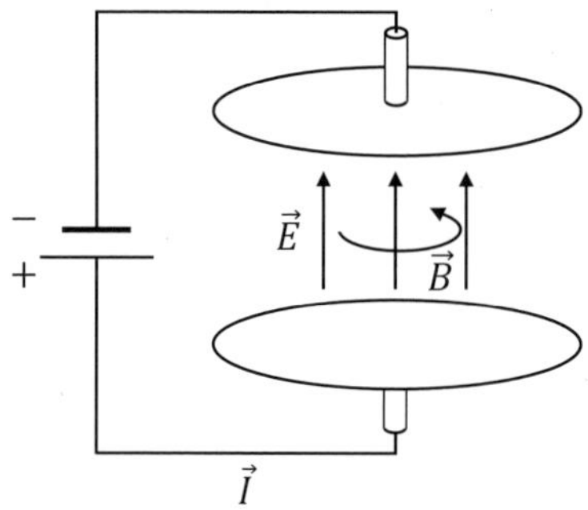

Abbildung 6.2 Ein zeitlich veränderliches $\vec{E}$-Feld erzeugt ein Magnetfeld rot $\vec{B}$.

Demnach gibt es zwei Möglichkeiten für die Erzeugung von Magnetfeldern:

> **Magnetfelder entstehen durch fließende Ströme oder durch zeitlich veränderliche elektrische Felder.**

Wir können das Ampère-Gesetz (5.9) somit in allgemeiner Form mit der »Gesamtstromdichte«

$$\vec{j}_{ges} = \vec{j} + \vec{j}_V \tag{6.9}$$

aufschreiben und seine linke Seite mithilfe des Stokes'schen Satzes (5.29) umformulieren:

$$\oint \vec{B}\, d\vec{s} = \mu_\circ \int \vec{j}_{ges}\, d\vec{A} \tag{6.10}$$

$$\int \mathrm{rot}\, \vec{B}\, d\vec{A} = \mu_\circ \int (\vec{j} + \vec{j}_V)\, d\vec{A} \tag{6.11}$$

Durch Vergleich der Integranden erhalten wir

$$\mathrm{rot}\,\vec{B} = \mu_\circ\,(\vec{j} + \vec{j}_V) \tag{6.12}$$

und durch Einsetzen der Stromdichten zusammen mit (6.8) die nun vollständige Maxwell-Gleichung

$$\mathrm{rot}\,\vec{B} = \mu_\circ\,\vec{j} + \mu_\circ\,\epsilon_\circ\,\frac{\partial \vec{E}}{\partial t}\,. \tag{6.13}$$

Mit $\vec{D} = \epsilon_\circ \vec{E}$ (3.43) und $\vec{B} = \mu_\circ \vec{H}$ (5.3) können wir diese **Maxwell-Gleichung** in der anfangs angegebenen Weise (1.6) darstellen:

$$\mathrm{rot}\,\vec{H} = \vec{j} + \frac{\partial \vec{D}}{\partial t} \tag{6.14}$$

6.2 Induktion

Wir bringen eine Leiterschleife in ein Magnetfeld $\vec{B}$. Wenn wir den magnetischen Fluss (5.4)

$$\Phi_m = \int \vec{B}\,d\vec{A} \tag{6.15}$$

durch die Leiterschleife variieren, dann zeigt sich experimentell, dass entlang des Leiters eine elektrische Spannung U_{ind} entsteht. Dieser Zusammenhang ist das **Faraday'sche Induktionsgesetz**:

$$U_{ind} = -\frac{d}{dt}\,\Phi_m \tag{6.16}$$

Die Spannung wird **Induktionsspannung** genannt.

Setzen wir die Definition für den magnetischen Fluss Φ_m ein (6.15),

$$U_{ind} = -\frac{d}{dt}\int \vec{B}\,d\vec{A}\,, \tag{6.17}$$

so sehen wir, dass man die Spannung entweder durch Veränderung des Magnetfelds $\vec{B}$ oder durch Variation der Geometrie des Aufbaus induzieren kann. Im folgenden Beispiel verändern wir die Position der Leiterschleife und damit die Anzahl der Magnetfeldlinien, die die Leiterschleife durchqueren.

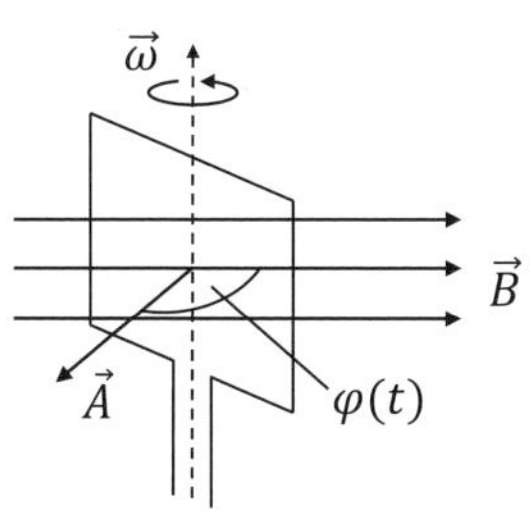

Abbildung 6.3 Eine rotierende Drahtschleife im $\vec{B}$-Feld erzeugt eine Wechselspannung.

Beispiel: Generator

Eine Leiterschleife werde in einem homogenen Magnetfeld $\vec{B} = const.$ mit der konstanten Winkelgeschwindigkeit $\omega = \varphi/t$ um ihre Mittelachse gedreht (►Abbildung 6.3).

Das Skalarprodukt in der Definition des magnetischen Flusses (6.15) zwischen dem Magnetfeldvektor $\vec{B}$ und dem Flächennormalenvektor $\vec{A}$ variiert hier mit der Kosinusfunktion:

$$\Phi_m = \int_A \vec{B}\, d\vec{A} \tag{6.18}$$

$$= \int_A |\vec{B}|\, |d\vec{A}|\, \cos(\varphi(t))$$

$$= B\, A\, \cos(\omega\, t) \tag{6.19}$$

Die induzierte Spannung ist eine Wechselspannung

$$U_{ind} = -\frac{d}{dt}\, \Phi_m \tag{6.20}$$

$$= \underbrace{B\, A\, \omega}_{\equiv U_\circ} \sin(\omega\, t) \tag{6.21}$$

$$= U_\circ\, \sin(\omega\, t)\,. \tag{6.22}$$

Das Induktionsgesetz entspricht der Maxwell-Gleichung (1.3), wie wir im Folgenden durch Umformulieren zeigen. Die elektrische Spannung können wir über das Wegintegral des elektrischen Felds berechnen (2.62):

$$U = \int \vec{E}\, d\vec{s} \tag{6.23}$$

Gemeint ist dabei das Wegintegral über eine Leiterschleife, wobei $d\vec{s}$ ein Wegstück entlang des Leiters ist.

Durch Anwenden des Stokes'schen Satzes (Gleichung (5.29)) folgt:

$$U_{ind} = -\frac{d}{dt} \int \vec{B}\, d\vec{A} \tag{6.24}$$

$$\oint \vec{E}\, d\vec{s} = -\int \frac{\partial \vec{B}}{\partial t}\, d\vec{A} \tag{6.25}$$

$$\int_A \operatorname{rot} \vec{E}\, d\vec{A} = -\int \frac{\partial \vec{B}}{\partial t}\, d\vec{A} \tag{6.26}$$

Durch Vergleich der Integranden erhalten wir die **Maxwell-Gleichung** (1.3):

$$\operatorname{rot} \vec{E} = -\frac{\partial \vec{B}}{\partial t} \tag{6.27}$$

Ein zeitlich veränderliches Magnetfeld erzeugt ein elektrisches Wirbelfeld.

Beispiel: Induktion eines Kreisstroms

Wir bringen eine Leiterschleife in ein Magnetfeld $\vec{B}$ und schalten dann das Magnetfeld aus.

Das abnehmende Magnetfeld erzeugt ein elektrisches Wirbelfeld

$$\operatorname{rot} \vec{E} = -\frac{\partial \vec{B}}{\partial t}\,, \tag{6.28}$$

das die Elektronen in Bewegung setzt und damit einen Kreisstrom I erzeugt. Eingezeichnet ist die technische Stromrichtung (►Abbildung 6.4).

Der Kreisstrom selbst erzeugt ein Magnetfeld $\vec{B}_{ind}$, das in der Richtung des initialen Magnetfelds steht und damit die Abnahme des ursprünglichen äußeren Felds behindert.

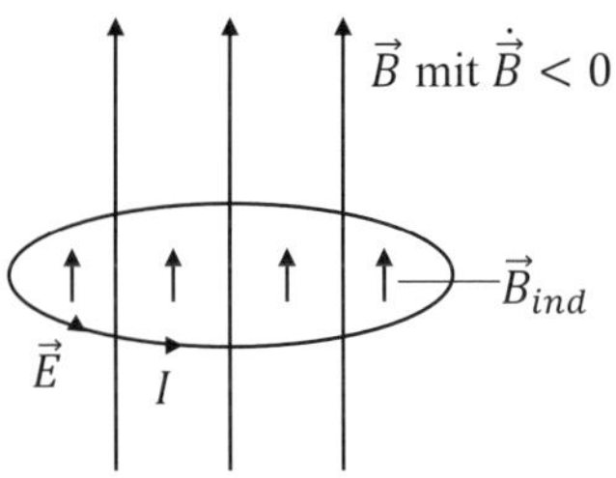

Abbildung 6.4 Ausschalten des $\vec{B}$-Felds erzeugt einen Kreisstrom, der selbst ein Feld B_{ind} verursacht.

Experimentell findet man bei allen Induktionsvorgängen ein Entgegenwirken zum auslösenden Prozess. Dieses Phänomen ist in der sogenannten **Lenz'schen Regel** formuliert:

> **Durch Induktion entstehende Ströme, Felder und Kräfte wirken stets dem die Induktion einleitenden Vorgang entgegen.**

Beispiel: Wattwaage

Mit einer Wattwaage (gleichbedeutend: Kibble-Waage) wird die Messung einer Testmasse m auf elektromagnetische Effekte zurückgeführt. Dabei werden eine statische Messung mithilfe der Lorentzkraft und eine dynamische Messung nach dem Induktionsgesetz miteinander kombiniert.

In ►Abbildung 6.5 ist links ein ringförmig gebogener Leiter der Länge L gezeigt, hier symbolisch für die Windung einer Spule. Seine Masse wird zunächst ohne die eingezeichnete Testmasse m über die Rolle ausgeglichen. Der Leiter befindet sich in einem radialen Magnetfeld, sodass die Magnetfeldlinien senkrecht auf der

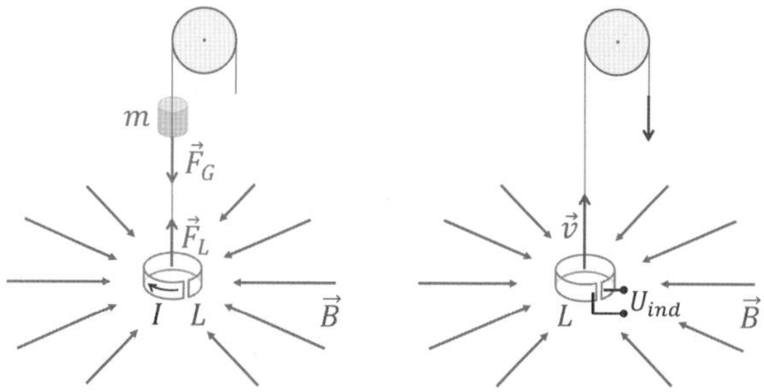

Abbildung 6.5 Messprinzip einer Wattwaage: Statische Gewichtsmessung $\vec{F}_G = m\vec{g}$ durch die Lorentzkraft $\vec{F}_L$ auf den Leiter der Länge L mit Strom I (links), induzierte Spannung U_{ind} bei einer Bewegungsmessung des Leiters mit Geschwindigkeit $\vec{v}$ im Magnetfeld $\vec{B}$ (rechts)

Leiteroberfläche stehen. Lassen wir den Strom I durch den Leiter fließen, wirkt die Lorentzkraft (5.65)

$$\vec{F}_L = L\,(\vec{I} \times \vec{B})\,. \tag{6.29}$$

Für die Situation mit der Testmasse m stellen wir den Strom I so ein, dass die Gewichtskraft $\vec{F}_G = m\,\vec{g}$ der Masse m ausgeglichen wird:

$$\vec{F}_G = -\vec{F}_L \tag{6.30}$$

$$m\,g = L\,I\,B \tag{6.31}$$

Bei bekannter lokaler Erdbeschleunigung g kann die Testmasse m bei gegebenem Magnetfeld B durch die Strommessung I bestimmt werden.

Magnetfelder präzise zu vermessen ist nicht einfach. In der Wattwaage wird sie durch eine Spannungsmessung ersetzt. Für die rechts in ►Abbildung 6.5 gezeigte Bewegung messen wir die induzierte Spannung U_{ind}, die sich aufgrund der Bewegung des Leiters mit der Geschwindkeit $\vec{v}$ im Magnetfeld $\vec{B}$ ergibt.

In diesem Fall eines im konstanten Magnetfeld $\vec{B}$ bewegten Leiters gehen wir von den freien Elektronen im Leiter aus. Sie werden mit dem Leiter mitbewegt und erfahren die Lorentzkraft $\vec{F}_L = Q\,\vec{v} \times \vec{B}$ (5.51). Durch die Verschiebung der Elektronen im Leiter der Länge L wird ein elektrisches Feld $\vec{E}$ zwischen den Leiterenden aufgebaut.

Zwischen dem Leiterende mit den Elektronen und dem Leiterende mit Elektronenmangel wirkt die Kraft $\vec{F}_E = Q\,\vec{E}$ (2.11) gegen die Lorentzkraft. Im Gleichgewicht der beiden Kräfte $\vec{F}_E = -\vec{F}_L$ und unter Verwendung der Spannung $U = |\vec{E}|\,L$ (2.67) erhalten wir die induzierte Spannung (6.16) an den Enden des Leiters:

$$U_{ind} = -\frac{d}{dt}\,\Phi_m = -B\,L\,v \tag{6.32}$$

Ersetzen wir in Gleichung (6.31) den Term $B\,L$ durch die induzierte Spannung U_{ind} und die Geschwindigkeit v (6.32), ergeben sich mit

$$m\,g\,v = |U_{ind}|\,I \tag{6.33}$$

mechanische und elektrische Leistungen auf den beiden Seiten der Gleichung in den Einheiten Joule pro Sekunde oder Watt, die zur Namensgebung der Wattwaage geführt haben.

Eine Massenmessung von m kann damit durch die oben beschriebene Strom-, Spannungs-, und Geschwindkeitsmessung sowie die Erdbeschleunigung g am Ort der Messung erfolgen:

$$m = \frac{|U_{ind}|\,I}{g\,v} \tag{6.34}$$

Bei der Verwendung der Wattwaage für Präzisionsmessungen wie z. B. der Definition des Kilogramms in den SI-Einheiten wird für die Strom- und Spannungsmessung auf bestimmte quantenmechanische Effekte zurückgegriffen, die über den Lernstoff dieses Buchs hinausgehen (Josephson-Spannung, Quanten-Hall-Effekt).

6.2.1 Induktivität

Das Magnetfeld einer Spule mit N Windungen auf der Länge l, d. h. der Windungszahl pro Länge $n = N/l$, ist proportional zum Strom I (5.19):

$$B = \mu_\circ\,n\,I \tag{6.35}$$

Das Feld im Inneren der Spule verläuft parallel zur Symmetrieachse der Spule und steht damit auch parallel zum Flächennormalenvektor $\vec{A}$ der Querschnittsfläche der Spule. Der magnetische Fluss Φ_1 für eine Windung der Spule beträgt daher

$$\Phi_1 = \int \vec{B}\,d\vec{A} \tag{6.36}$$

$$= \int \mu_\circ\,n\,I\,dA \tag{6.37}$$

$$= \mu_\circ\,n\,I\,A\,. \tag{6.38}$$

Für eine Spule mit $N = n \cdot l$ Windungen und dem Volumen der Spule $V = A\,l$ ist der magnetische Fluss dann

$$\Phi_m = N \cdot \Phi_1 \tag{6.39}$$

$$= n\,l \cdot \mu_\circ\,n\,I\,A \tag{6.40}$$

$$= \underbrace{\mu_\circ\,n^2\,V}_{\equiv L}\,I \tag{6.41}$$

Dabei bezeichnet

$$L = \mu_\circ \, n^2 \, V \tag{6.42}$$

die sogenannte **Induktivität** der Spule. Ihre Einheit ist **Henry** $\mathrm{H} = \mathrm{Vs/A}$. Der magnetische Fluss einer Spule erhöht sich mit der Induktivität L und dem Strom I:

$$\Phi_m = L\, I \tag{6.43}$$

6.2.2 Stromkreis mit Spule

Experiment: Anschaltvorgang mit Spule

In diesem Experiment untersuchen wir den Ein- und Ausschaltvorgang eines Stromkreises mit einer Spule der Induktivität $L = 630\,\mathrm{H}$ und einem Widerstand mit $R = 610\,\Omega$ (►Abbildung 6.6).

Beim Einschaltvorgang steigt der Strom entsprechend einer Exponentialfunktion $I = I_\circ\,(1 - \exp(-t/\tau_\circ'))$ mit der Zeitkonstanten $\tau_\circ'$ (Parameter p_1 in ►Abbildung 6.7, links). In ►Abbildung 6.7, rechts sehen wir für den Ausschaltvorgang eine fallende Exponentialfunktion $I = I_\circ \, \exp(-t/\tau_\circ)$ mit einer ähnlichen Zeitkonstanten

$$\tau_\circ = 1{,}07\,\mathrm{s}\,. \tag{6.44}$$

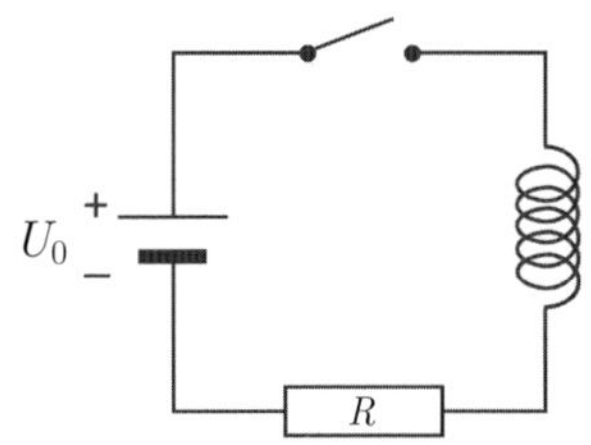

Abbildung 6.6 Ein- und Ausschalten eines Stroms I durch eine Spule L über einen Widerstand R

Beim Einschaltvorgang erhöht sich der Strom I und bewirkt in der Spule ein steigendes Magnetfeld $\partial B/\partial t > 0$. Nach (6.27) erzeugt das sich ändernde Magnetfeld ein elektrisches Wirbelfeld $\mathrm{rot}\,\vec{E}$ bzw. eine induzierte Spannung U_{ind}, die den Strom I zunächst reduziert (siehe auch oben, Lenz'sche Regel).

Die induzierte Spannung erhalten wir durch Einsetzen des magnetischen Flusses (6.43) in die Induktionsgleichung (6.16):

$$U_{ind} = -\frac{d\Phi_m}{dt} \tag{6.45}$$

$$= -\underbrace{L\,\frac{dI}{dt}}_{\equiv U_L} \tag{6.46}$$

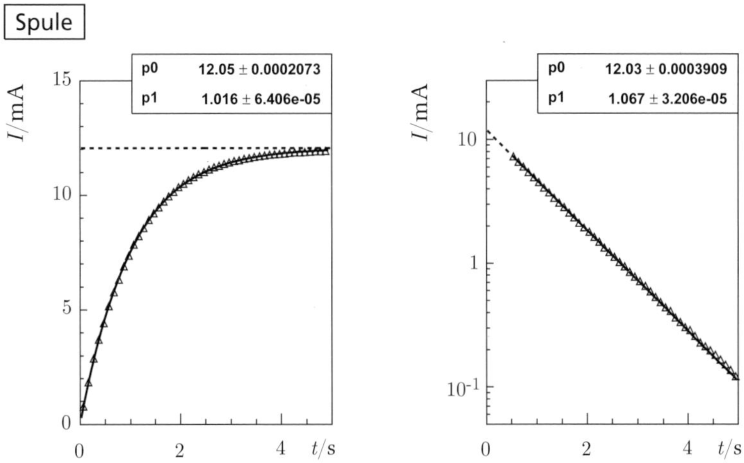

Abbildung 6.7 Beim Einschalten (links) nähert sich der Strom exponentiell einem durch den Widerstand R gegebenen Grenzwert. Beim Ausschalten (rechts) verschwindet der Strom exponentiell.

In Stromrichtung lässt sich zwischen den beiden Enden der Spule die Potentialdifferenz oder Spannung $U_L = -U_{ind}$ messen:

$$U_L = L\,\frac{dI}{dt} \tag{6.47}$$

Wir berechnen nun den zeitlichen Verlauf des Stroms $I(t)$ mithilfe der Maschenregel (4.56). Die Generatorspannung $U_\circ$ entspricht der Summe der Spannungen, die wir an den Enden des Ohm'schen Widerstands und der Spule messen können. Mit dem Ohm'schen Gesetz (4.34) und Gleichung (6.47) erhalten wir:

$$U_\circ = U_R + U_L \tag{6.48}$$

$$= R\,I + L\,\frac{dI}{dt} \tag{6.49}$$

Um eine Lösung für diese inhomogene Differentialgleichung zu erhalten, lösen wir zunächst die zugehörige homogene Differentialgleichung, d. h. wir setzen die Generatorspannung $U_\circ = 0$.

Durch Trennung der Variablen und anschließende Integration erhalten wir den Strom $I(t)$:

$$0 = R\,I + L\,\frac{dI}{dt} \tag{6.50}$$

$$\int \frac{dI}{I} = -\frac{R}{L}\int dt$$

$$\ln\left(\frac{I}{I_\circ}\right) = -\frac{R}{L}\,t$$

$$I = I_\circ\, e^{-\frac{R}{L}\,t} \tag{6.51}$$

Für die inhomogene Differentialgleichung haben wir als spezielle Lösung $I = I_0 = U_0/R$, weshalb wir für den Einschaltvorgang den Ansatz

$$I(t) = I_\circ \left(1 - e^{-\frac{R}{L}t}\right) \tag{6.52}$$

versuchen und ihn durch Einsetzen in Gleichung (6.49) testen. Wir berücksichtigen dabei, dass die Generatorspannung $U_\circ$ und der maximale Strom $I_\circ$ über den Ohm'schen Widerstand zusammenhängen $U_\circ = R\,I_\circ$:

$$\begin{aligned} \frac{dI}{dt} &= -I_\circ \left(-\frac{R}{L}\,e^{-\frac{R}{L}t}\right) && (6.53)\\ &= -\frac{R}{L}\,I_\circ \left(\left[1 - e^{-\frac{R}{L}t}\right] - 1\right) \\ L\,\frac{dI}{dt} &= -R\,I + \underbrace{R\,I_\circ}_{=U_\circ} \\ U_\circ &= R\,I + L\,\frac{dI}{dt} && (6.54) \end{aligned}$$

Unser Ansatz (6.52) ist also Lösung der inhomogenen Differentialgleichung und beschreibt den zeitlichen Verlauf des Einschaltstroms, den wir im obigen Experiment gemessen haben.

Für den Ausschaltvorgang entfernen wir die Spannungsquelle. Die Spule entlädt sich dann über den Widerstand (►Abbildung 6.8).

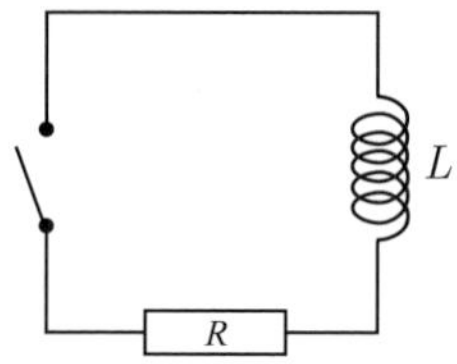

Abbildung 6.8 Entladen einer Spule L über einen Widerstand R

Nach der Maschenregel erhalten wir dieselbe Lösung wie bei der Lösung der homogenen Differentialgleichung (6.51):

$$I(t) = I_\circ \; e^{-\frac{R}{L}t} \tag{6.55}$$

Der Strom fällt also wie im Experiment beobachtet exponentiell ab. Die **Zeitkonstante**

$$\tau_\circ = \frac{L}{R} \tag{6.56}$$

ist in diesem Falle

$$\tau_\circ = \frac{630\,\mathrm{H}}{610\,\Omega} = 1{,}03\,\mathrm{s} \tag{6.57}$$

und ist im Rahmen der Herstellergenauigkeit der Bauelemente in guter Übereinstimmung mit unserer Messung (6.44). Für einen Vergleich mit der gemessenen Zeitkonstanten bei dem Einschaltvorgang müssten wir zusätzlich noch den Innenwiderstand der Spannungsquelle berücksichtigen.

6.3 Stromkreise mit Wechselspannung

In Stromkreisen mit Spulen und Kondensatoren, die mit Wechselspannung betrieben werden, sind der Strom und die Spannung durch das Ein- und Ausschaltverhalten phasenverschoben.

Wir analysieren zunächst die einzelnen Bauelemente und untersuchen dann Stromkreise mit Widerständen, Spulen und Kondensatoren.

6.3.1 Ohm'scher Widerstand

Wir legen an einen Ohm'schen Widerstand eine Wechselspannung an (►Abbildung 6.9 und ►Abbildung 6.10):

$$U = U_\circ \cos(\omega t) \tag{6.58}$$

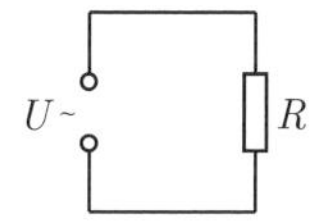

Abbildung 6.9 Wechselstrom am Widerstand R

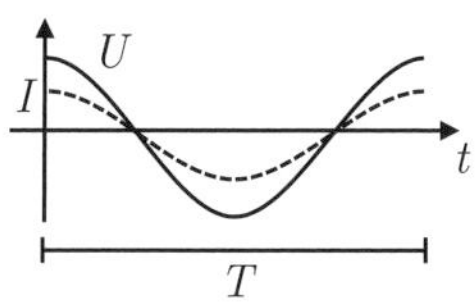

Abbildung 6.10 Strom I und Spannung U sind am Ohm'schen Widerstand in Phase.

Nach dem Ohm'schen Gesetz (4.34) gilt

$$U = U_R \tag{6.59}$$

$$= R\,I \tag{6.60}$$

$$U_\circ \cos(\omega t) = R\,I_\circ \cos(\omega t)\,. \tag{6.61}$$

Am Ohm'schen Widerstand R sind Spannung und Strom in gleicher Phase.

6.3.2 Induktivität

Wir schließen nun an eine Spule eine Wechselspannung an (►Abbildung 6.11).

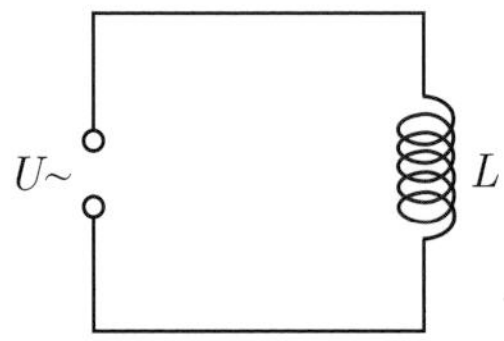

Abbildung 6.11 Wechselspannung an einer Spule mit der Induktivität L

Durch den Induktionsvorgang in der Spule (6.47) verläuft zwar die Spannung weiterhin mit der Kosinusfunktion, aber wie wir durch die folgende Integration sehen, ist der Strom phasenverschoben (►Abbildung 6.12):

$$U = U_L \tag{6.62}$$

$$U_\circ \cos(\omega t) = L \frac{dI}{dt} \tag{6.63}$$

$$\int dI = \frac{U_\circ}{L} \int \cos(\omega t)\, dt$$

$$I = \underbrace{\frac{U_\circ}{L}\frac{1}{\omega}}_{\equiv I_\circ} \sin(\omega t) \tag{6.64}$$

Durch die Spule wird der Wechselstrom I um $90°$ gegenüber der Wechselspannung U verzögert.

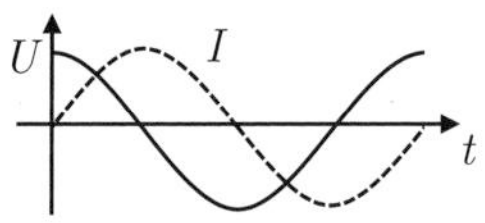

Abbildung 6.12 Der Strom I ist an der Spule gegen die Spannung U verzögert.

Wir berechnen den sogenannten **induktiven Widerstand** R_L der Spule mit den Spannungs- und Stromamplituden (6.64):

$$|R_L| = \frac{U_\circ}{I_\circ} \tag{6.65}$$

$$= \frac{U_\circ}{\frac{U_\circ}{\omega L}}$$

$$= \omega L \tag{6.66}$$

6.3.3 Kapazität

Wir legen eine Wechselspannung an einen Kondensator an (►Abbildung 6.13).

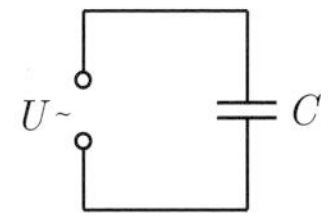

Abbildung 6.13 Wechselspannung am Kondensator der Kapazität C

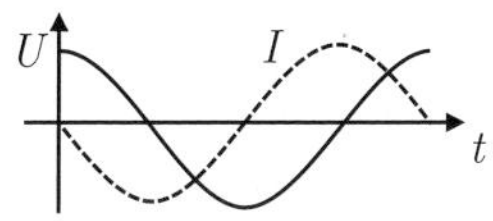

Abbildung 6.14 Der Strom I eilt der Spannung U am Kondensator voraus.

Auch im Fall des Kondensators ergibt sich eine Phasenverschiebung zwischen Wechselspannung und Wechselstrom (►Abbildung 6.14). Durch Einsetzen der Kondensatorkapazität (2.108) und Ableitung nach der Zeit t erhalten wir für den Strom:

$$U = U_C \tag{6.67}$$

$$U_\circ \cos(\omega t) = \frac{Q}{C} \tag{6.68}$$

$$U_\circ \frac{d}{dt} \cos(\omega t) = \frac{1}{C}\frac{dQ}{dt}$$

$$-U_\circ\, \omega \sin(\omega t) = \frac{1}{C} I$$

$$I = -\underbrace{\omega\, C\, U_\circ}_{\equiv I_\circ} \sin(\omega t) \tag{6.69}$$

Durch den Kondensator eilt der Wechselstrom I der Wechselspannung U um 90° voraus.

Wir berechnen den sogenannten **kapazitiven Widerstand** R_C des Kondensators mit den Spannungs- und Stromamplituden (6.69):

$$|R_C| = \frac{U_\circ}{I_\circ} \tag{6.70}$$

$$= \frac{U_\circ}{\omega C\, U_\circ}$$

$$= \frac{1}{\omega\, C} \tag{6.71}$$

6.3.4 Zeigerdarstellung

Die kapazitiven, induktiven und Ohm'schen Widerstände inklusive der zugehörigen Phasenverschiebungen können wir anschaulich in der komplexen Zahlenebene darstellen. Wir definieren einen komplexen Widerstand in Analogie zum Ohm'schen Gesetz (4.34) mit

$$Z = \frac{U}{I} = |Z|\, e^{i\,\varphi} \tag{6.72}$$

Seinen Betrag $|Z|$ bezeichnen wir als **Impedanz**, der Winkel gegen die reale Achse (Re) entspricht der **Phasenverschiebung** φ der Spannung U gegen den Strom I.

Der induktive Widerstand entspricht

$$R_L = i\,\omega\,L\,. \tag{6.73}$$

Der kapazitive Widerstand ist

$$R_C = \frac{-i}{\omega\,C}\,, \tag{6.74}$$

und der Ohm'sche Widerstand ist ohne Phasenverschiebung und damit reell:

$$R_R = R \tag{6.75}$$

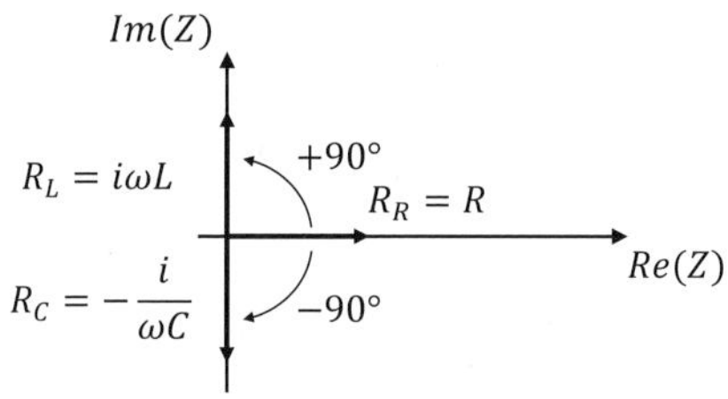

Abbildung 6.15 Induktiver (R_L), kapazitiver (R_C) und Ohm'scher (R_R) Widerstand im Zeigerdiagramm

6.3.5 Stromkreis mit Kondensator, Spule, Widerstand

Als Anwendungsbeispiel berechnen wir den komplexen Widerstand eines Stromkreises mit einem Kondensator, einer Spule und einem Ohm'schen Widerstand (►Abbildung 6.16).

Nach der Maschenregel (4.55) ist mit (6.47), (2.108), (4.34)

$$U = U_L + U_C + U_R \tag{6.76}$$

$$= L\,\frac{dI}{dt} + \frac{Q}{C} + R\,I\,. \tag{6.77}$$

Durch zeitliche Ableitung können wir die Ladung Q durch den Strom I ersetzen:

$$\frac{dU}{dt} = L\,\frac{d^2 I}{dt^2} + \frac{1}{C}\,I + R\,\frac{dI}{dt} \tag{6.78}$$

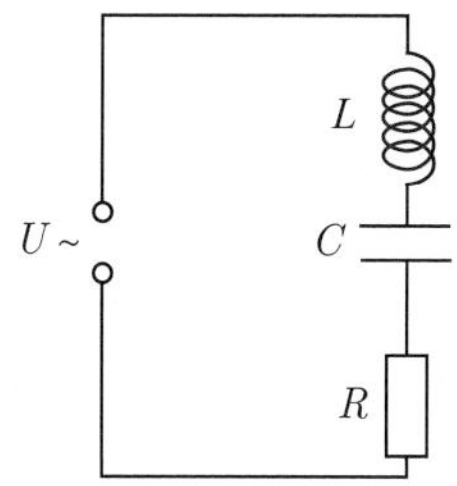

Abbildung 6.16 Stromkreis mit L-, C- und R-Elementen

In unserem Lösungsansatz erlauben wir eine Phasenverschiebung zwischen der Wechselspannung und dem Wechselstrom:

$$U = U_\circ \, e^{i\,\omega\,t} \tag{6.79}$$

$$I = I_\circ \, e^{i\,(\omega\,t - \varphi)} \tag{6.80}$$

Durch Einsetzen dieses Ansatzes in Gleichung (6.78) erhalten wir einen linearen Zusammenhang zwischen der Spannung und dem Strom:

$$i\,\omega\,U = L\,(i\,\omega)^2\,I + \frac{1}{C}\,I + i\,\omega\,R\,I \tag{6.81}$$

$$= \left(-\omega^2\,L + \frac{1}{C} + i\,\omega\,R\right)\,I \tag{6.82}$$

Aus diesem Zusammenhang berechnen wir den komplexen Widerstand (6.72)

$$Z = \frac{U}{I} = |Z|\;e^{i\,\varphi} \tag{6.83}$$

$$= \frac{-\omega^2\,L + \frac{1}{C} + i\,\omega\,R}{i\,\omega}$$

$$= R + i\left(\omega\,L - \frac{1}{\omega\,C}\right)\,. \tag{6.84}$$

In der Zeigerdarstellung (►Abbildung 6.17) sehen wir sofort, wie die Addition des Ohm'schen, kapazitiven und induktiven Widerstands vorzunehmen ist.

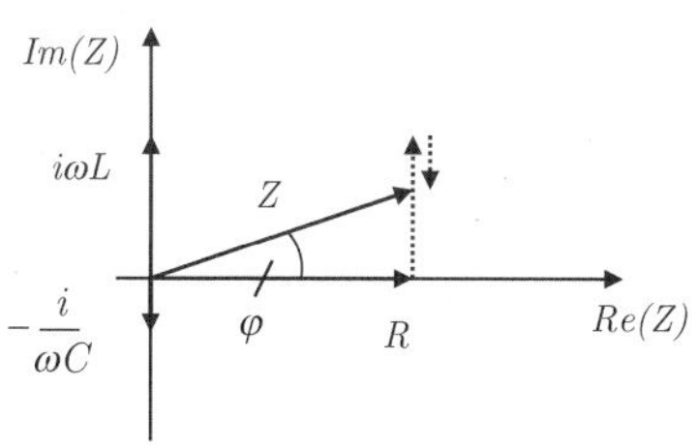

Abbildung 6.17 Zeigerdiagramm der Impedanz Z

Der Betrag des komplexen Widerstands, die Impedanz, beträgt damit

$$|Z| = \sqrt{R^2 + \left(\omega L - \frac{1}{\omega C}\right)^2}\,. \tag{6.85}$$

Die Phasenverschiebung φ lesen wir ebenfalls aus der Zeichnung ab (►Abbildung 6.17):

$$\tan\varphi = \frac{\omega L - \frac{1}{\omega C}}{R} \tag{6.86}$$

Die physikalischen Lösungen für die Spannung und den Strom müssen reell sein, sodass wir entsprechend die Realteile unseres Ansatzes (6.79) und (6.80) verwenden und für die Stromverteilung nach (6.86) einsetzen:

$$U = U_\circ \cos(\omega t) \tag{6.87}$$

$$I = I_\circ \cos(\omega t - \varphi) \tag{6.88}$$

$$\frac{U_\circ}{I_\circ} = |Z| \tag{6.89}$$

6.3.6 Frequenzfilter

Wechselstromkreise kann man dazu verwenden, Frequenzfilter aufzubauen. In diesem Beispiel nehmen wir die eingespeiste Spannung U über dem Ohm'schen Widerstand ab, um eine Ausgangsspannung U_R für einen Verbraucher, z. B. einen Lautsprecher, zu erhalten (►Abbildung 6.18).

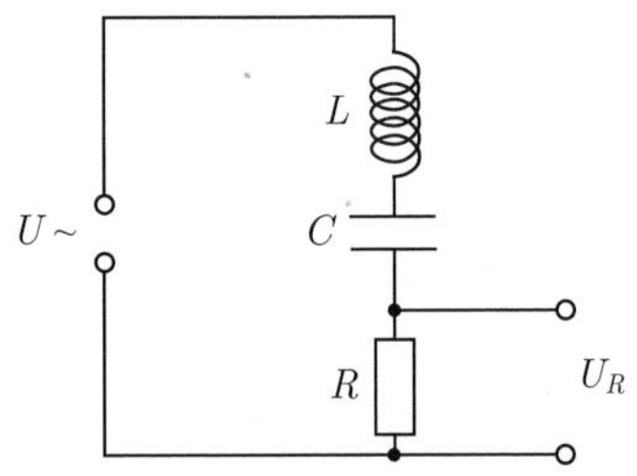

Abbildung 6.18 Frequenzfilter mit L-, C- und R-Elementen

In der Reihenschaltung fließt derselbe Strom I durch alle Bauelemente, sodass wir das Verhältnis der Ausgangsspannung U_R

$$U_R = R \cdot I \tag{6.90}$$

zur Eingangsspannung

$$U = Z \cdot I \tag{6.91}$$

über die jeweiligen Widerstände ausdrücken können:

$$\frac{U_R}{U} = \frac{R}{Z} \tag{6.92}$$

$$= \frac{R}{R + i\left(\omega L - \frac{1}{\omega C}\right)} \tag{6.93}$$

Der Betrag der Ausgangsspannung ist gegenüber der Eingangsspannung reduziert:

$$|U_R| = \frac{R}{\sqrt{R^2 + \left(\omega L - \frac{1}{\omega C}\right)^2}} |U| \tag{6.94}$$

Für große Frequenzen $\omega \to \infty$ wird wegen des Terms (ωL) der Nenner groß, und damit verschwindet die Ausgangsspannung $|U_R|$. Wegen des Terms $1/(\omega C)$ verschwindet $|U_R|$ auch für $\omega \to 0$.

Die maximale Ausgangsspannung $|U_R|$ ergibt sich unter der Bedingung

$$\omega L = \frac{1}{\omega C} \tag{6.95}$$

$$\omega^2 = \frac{1}{L C},$$

sodass wir als **Resonanzfrequenz** ω_{Res} erhalten:

$$\omega_{Res} = \frac{1}{\sqrt{L C}} \tag{6.96}$$

Bei dieser Frequenz wird die Spannung unverändert weitergegeben $|U_R| = |U|$.

Wir erhalten demnach eine Resonanzkurve, deren Breite wir folgendermaßen bestimmen können: An den Stellen

$$R = \pm\left(\omega L - \frac{1}{\omega C}\right) \tag{6.97}$$

sinkt $|U_R|$ auf $|U|/\sqrt{2}$. Die zugehörigen Frequenzen berechnen wir durch Lösung der entsprechenden quadratischen Gleichung:

$$\omega R = \pm\left(\omega^2 L - \frac{1}{C}\right) \tag{6.98}$$

$$\omega^2 \pm \frac{R}{L}\omega - \frac{1}{L C} = 0$$

$$\omega_{1,2} = \pm\frac{R}{2L} + \underbrace{\sqrt{\left(\frac{R}{2L}\right)^2 + \underbrace{\frac{1}{L C}}_{\omega_{Res}^2}}}_{\equiv\, \omega_a} \tag{6.99}$$

Dabei haben wir als physikalische Lösungen nur positive Frequenzwerte zugelassen.

Den Abstand zwischen den Werten ω_1 und ω_2 bezeichnet man als **Breite Γ der Resonanzkurve**:

$$\Gamma = \frac{R}{L} \tag{6.100}$$

Die Verschiebung des Mittelwerts der beiden Lösungen ω_1 und ω_2 gegenüber der Resonanzfrequenz zeigt, dass die Resonanzkurve asymmetrisch und zu höheren Frequenzen hin verschoben ist (►Abbildung 6.19).

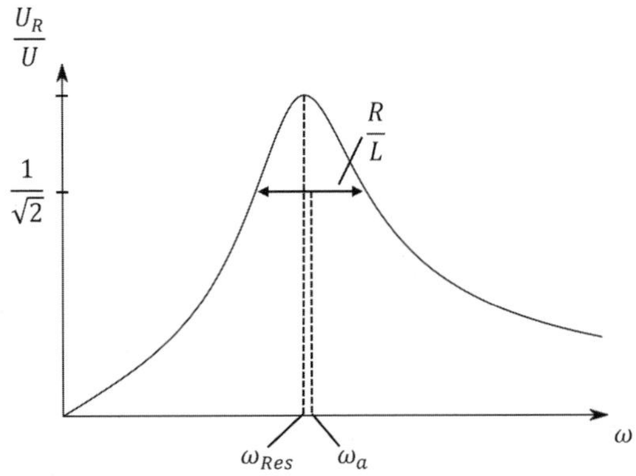

Abbildung 6.19 Die Resonanzkurve ist nach $\omega_a > \omega_{Res}$ verschoben.

Da der Strom für alle Bauelemente gleich ist, gibt es zwischen der Eingangsspannung U und der Ausgangsspannung U_R eine Phasenverschiebung φ, die wir aus Gleichung (6.86) ablesen können:

$$\tan\varphi = \frac{\omega L - \frac{1}{\omega C}}{R} \tag{6.101}$$

Die Phasenverschiebung ist ebenfalls von der Frequenz abhängig und verschwindet bei der Resonanzfrequenz (6.96).

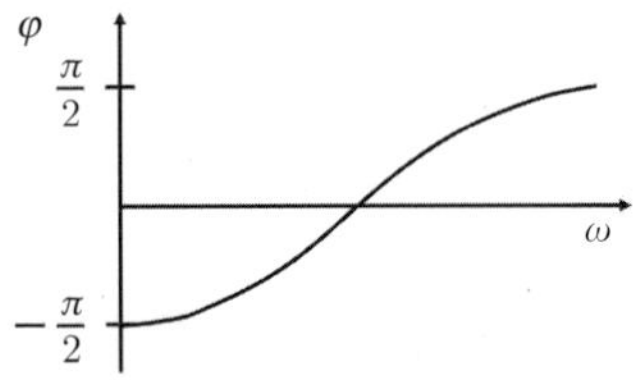

Abbildung 6.20 Phasenverschiebung im Bereich der Resonanz

Aufgabe 7: Frequenzfilter

Betrachten Sie einen Frequenzfilter mit dem Schaltbild aus ►Abbildung 6.21.

Berechnen Sie das Verhältnis von $|U_R/U|$ als Funktion der Frequenz ω der Wechselspannung U.

Welche Frequenzen lässt diese Schaltung bevorzugt durch?

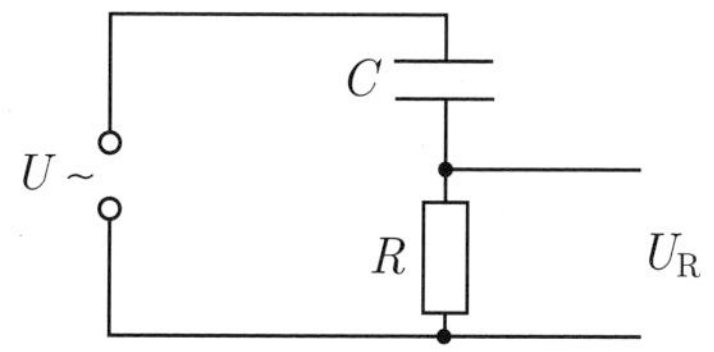

Abbildung 6.21 Schaltbild eines Frequenzfilters

6.4 Magnetische Feldenergie

Die in einem Magnetfeld gespeicherte Energie können wir im Fall einer Spule über den Abschaltvorgang eines Stromkreises mit Spule ermitteln. Die Energie können wir durch das Leistungsintegral über die Zeit berechnen (4.85, 4.87):

$$W = \int_0^\infty U \cdot I \, dt \tag{6.102}$$

$$= \int_0^\infty R \cdot I^2 \, dt \tag{6.103}$$

Setzen wir den Strom beim Ausschalten der Spule ein (6.55), so erhalten wir die Gesamtenergie der Spule mit der Induktivität L:

$$W = \int_0^\infty R \cdot I_\circ^2 \, e^{-\frac{2R}{L}t} \, dt \tag{6.104}$$

$$= -R \frac{L}{2R} I_\circ^2 \underbrace{e^{-\frac{2R}{L}t}\Big|_0^\infty}_{=-1}$$

$$W = \frac{1}{2} L I_\circ^2 \tag{6.105}$$

Dieser Ausdruck ist formal der elektrischen Energie im Kondensator sehr ähnlich: $W = 1/2 \, C \, U^2$ (2.116).

Durch Einsetzen der Induktivität einer Spule $L = \mu_\circ \, n^2 \, V$ (6.42) ergibt sich

$$W = \frac{1}{2} \mu_\circ \, n^2 \, V \, I_\circ^2 \,. \tag{6.106}$$

Andererseits ist das Magnetfeld der Spule bei maximalem Strom $I_\circ$ nach Gleichung (5.19)

$$B = \mu_\circ \, n \, I_\circ \,, \tag{6.107}$$

sodass wir durch Einsetzen die magnetische Feldenergie in Abhängigkeit der Magnetfeldstärke erhalten:

$$W = \frac{1}{2} \frac{1}{\mu_\circ} B^2 \, V \tag{6.108}$$

Die Energiedichte in der Spule bezogen auf ihr Volumen V ist somit

$$\omega = \frac{W}{V} \tag{6.109}$$

$$= \frac{1}{2}\frac{1}{\mu_\circ} B^2 \,. \tag{6.110}$$

Mit $B = \mu_\circ H$ (5.3) erhalten wir für die Energiedichte des Magnetfelds

$$\omega = \frac{1}{2} B\,H \,. \tag{6.111}$$

Diese Schreibweise ist formal sehr ähnlich der Energiedichte im elektrischen Feld: $\omega = 1/2\, E\, D$ (3.50).

Aufgabe 8: Energie im CMS-Magneten

Der CMS-Magnet am CERN (Genf) hat eine Länge von $l = 12{,}5\,\mathrm{m}$ und einen Durchmesser von $d = 5{,}9\,\mathrm{m}$. Seine supraleitende Spule erzeugt die Feldstärke $B = 4\,\mathrm{T}$ bei einem Strom von $I = 19.500\,\mathrm{A}$.

Berechnen Sie die im CMS-Magneten gespeicherte Energie.

Vergleichen Sie diese Energie mit der Energie von PKWs der Masse $m = 1.500\,\mathrm{kg}$, die mit $v = 100\,\mathrm{km/h}$ über die Autobahn fahren.

Das Wichtigste zum Mitnehmen

Zum Mitnehmen: Zeitlich veränderliche Felder 1

- Bei der zeitlichen Änderung eines elektrischen Felds $\vec{E}$ entsteht wie bei einem stromdurchflossenen Draht ein kreisförmiges Magnetfeld rot $\vec{B}$. Mit der **Verschiebungsstromdichte**

$$\vec{j}_V = \epsilon_\circ \frac{\partial \vec{E}}{\partial t} \tag{6.8}$$

können wir das Ampère-Gesetz (5.9) mit der »Gesamtstromdichte« $\vec{j}_{ges} = \vec{j} + \vec{j}_V$ nun als vollständige Maxwell-Gleichung formulieren:

$$\text{rot}\,\vec{B} = \mu_\circ\,\vec{j} + \mu_\circ\,\epsilon_\circ\,\frac{\partial \vec{E}}{\partial t} \tag{6.13}$$

Magnetfelder entstehen durch fließende Ströme oder durch zeitlich veränderliche elektrische Felder.

Mit $\vec{D} = \epsilon_\circ \vec{E}$ (3.43) und $\vec{B} = \mu_\circ \vec{H}$ (5.3) ergibt sich die Formulierung (1.6):

$$\text{rot}\,\vec{H} = \vec{j} + \frac{\partial \vec{D}}{\partial t} \tag{6.14}$$

- Nach dem **Faraday'schen Induktionsgesetz** entsteht durch einen zeitlich veränderlichen magnetischen Fluss (5.4) durch eine Leiterschleife eine **Induktionsspannung** U_{ind}

$$U_{ind} = -\frac{d}{dt}\,\Phi_m\,. \tag{6.16}$$

Mit $U = \int \vec{E}\,d\vec{s}$ und dem Stokes'schen Satz erhält man daraus die Maxwell-Gleichung (1.3):

$$\text{rot}\,\vec{E} = -\frac{\partial \vec{B}}{\partial t} \tag{6.27}$$

Ein zeitlich veränderliches Magnetfeld erzeugt ein elektrisches Wirbelfeld.

Zum Mitnehmen: Zeitlich veränderliche Felder 2

- In einer Spule mit $n = N/l$ Windungen pro Länge und dem Volumen $V = A\,l$ entsteht durch Selbstinduktion eine Potentialdifferenz

$$U_L = -U_{ind} = L\,\frac{dI}{dt} \tag{6.47}$$

mit der **Induktivität** L

$$L = \mu_\circ\, n^2\, V \tag{6.42}$$

der Einheit **Henry** $\mathrm{H} = \mathrm{Vs/A}$. Eine Spule der Induktivität L wird über einen Widerstand R mit der **Zeitkonstanten**

$$\tau_\circ = \frac{L}{R} \tag{6.56}$$

geladen und entladen:

$$I(t) = I_\circ\left(1 - e^{-\frac{R}{L}\,t}\right) \tag{6.52}$$

$$I(t) = I_\circ\, e^{-\frac{R}{L}\,t} \tag{6.55}$$

- In einer Wechselstromschaltung lassen sich die kapazitiven (R_C), induktiven (R_L) und Ohm'schen (R_R) Widerstände mit den zugehörigen Phasenverschiebungen in der komplexen Zahlenebene darstellen:

$$R_L = i\,\omega\,L \tag{6.73}$$

$$R_C = \frac{-i}{\omega\,C} \tag{6.74}$$

$$R_R = R \tag{6.75}$$

- Der Betrag des komplexen Widerstands

$$Z = |Z|\,e^{i\varphi} = \sum R_i\,, \tag{6.72}$$

die **Impedanz** $|Z|$, ist dann

$$|Z| = \sqrt{R^2 + \left(\omega L - \frac{1}{\omega\,C}\right)^2}\,, \tag{6.85}$$

und die **Phasenverschiebung** φ beträgt

$$\tan\varphi = \frac{\omega\,L - \frac{1}{\omega\,C}}{R}\,. \tag{6.86}$$

Zum Mitnehmen: Zeitlich veränderliche Felder 3

- Eine Reihenschaltung von R-, C- und L-Elementen bildet einen **Frequenzfilter**, bei dem die Spannung U_R am Ausgang gegenüber der angelegten Spannung U

$$|U_R| = \frac{R}{\sqrt{R^2 + \left(\omega L - \frac{1}{\omega C}\right)^2}} \, |U| \tag{6.94}$$

von der Frequenz ω abhängt und bei der **Resonanzfrequenz** ω_{Res} mit $|U_R| = |U|$ maximal wird:

$$\omega_{Res} = \frac{1}{\sqrt{L C}} \tag{6.96}$$

- Über die **Breite Γ der Resonanzkurve**

$$\Gamma = \frac{R}{L} \tag{6.100}$$

mit dem Mittelwert $\omega_a \geq \omega_0$

$$\omega_a = \sqrt{\left(\frac{R}{2L}\right)^2 + \omega_{Res}^2} \tag{6.99}$$

sinkt $|U_R|$ auf $|U|/\sqrt{2}$ ab.

Die **Phasenverschiebung** φ zwischen der Eingangsspannung U und der Ausgangsspannung U_R ist die gleiche wie in (6.86).

- Im Magnetfeld einer Spule ist die Energie

$$W = \frac{1}{2} L I_\circ^2 \tag{6.105}$$

gespeichert. Dieser Ausdruck entspricht der elektrischen Energie im Kondensator $W = 1/2\, C U^2$ (2.116).

- Mit $B = \mu_\circ H$ (5.3) erhalten wir für die Energiedichte des Magnetfelds

$$\omega = \frac{1}{2} B H \, . \tag{6.111}$$

Diese Formel entspricht der Energiedichte des elektrischen Felds $\omega = 1/2\, E D$ (3.50).

Felder bewegter Ladungen

7

ÜBERBLICK

» In diesem Kapitel zeigen wir durch Transformationen zwischen Bezugssystemen, dass elektrische und magnetische Felder in direktem Zusammenhang stehen.

Dafür untersuchen wir die Coulomb- und die Lorentzkraft bei bewegten Systemen und stellen Lorentztransformationen für elektrische und magnetische Felder vor. Wir zeigen, dass bewegte Ladungen in ruhenden Systemen Magnetfelder verursachen und die Form ihres elektrischen Felds nicht mehr kugelförmig erscheint. «

7.1 Kräfte in Bezugssystemen

Im folgenden Gedankenexperiment untersuchen wir die Auswirkung von Bewegung auf die Kräfte, die in zwei verschiedenen Bezugssystemen gemessen werden.

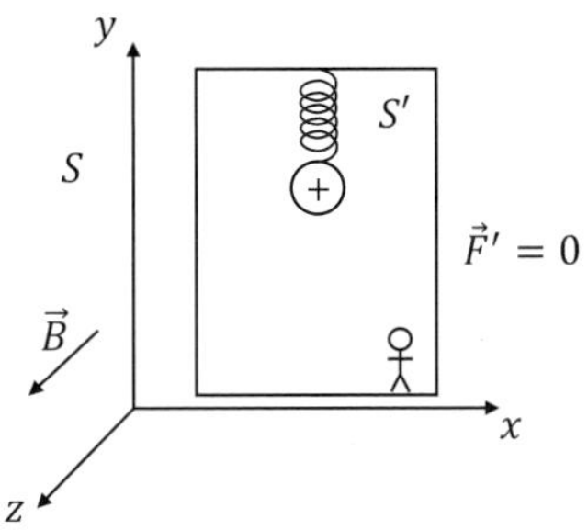

Abbildung 7.1 Die Ladung Q im Magnetfeld $\vec{B}$ ruht.

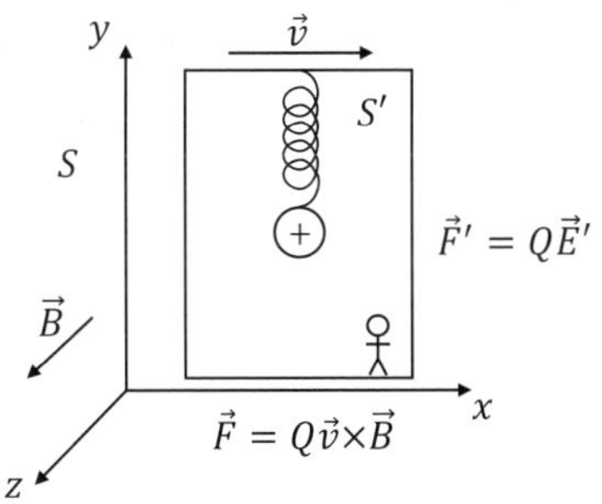

Abbildung 7.2 Die Ladung Q bewegt sich im Magnetfeld $\vec{B}$.

Experiment: Bezugssysteme

In einem zunächst ruhenden Fahrzeug befinde sich eine positive Ladung Q, die mit einem Kraftmesser verbunden ist. Der gesamte Raum sei mit einem homogenen Magnetfeld $\vec{B}$ parallel zur z-Richtung ausgefüllt (►Abbildung 7.1).

Nun bewege sich das Fahrzeug mit der Geschwindigkeit $\vec{v} = const.$ in Richtung der x-Achse. Die Ladung Q bewegt sich nach unten, was aber von Beobachtern unterschiedlich interpretiert wird (►Abbildung 7.2).

Ein Beobachter im ruhenden System S führt die Verschiebung der Ladung Q auf das Magnetfeld $\vec{B}$ und die Lorentzkraft (5.51) zurück:

$$\vec{F} = Q\,\vec{v} \times \vec{B} \tag{7.1}$$

Da die Ladung im bewegten System S' ruht, gibt es hier keine Lorentzkraft und ein Beobachter im System S' interpretiert die Bewegung der Ladung als Resultat eines elektrischen Felds $\vec{E}'$, das nach Gleichung (2.11) die Kraft

$$\vec{F}' = Q\,\vec{E}' \tag{7.2}$$

auf die Ladung Q ausübt.

Dieses Gedankenexperiment zeigt, dass elektrische Felder und magnetische Felder in direktem Zusammenhang stehen und ihre Messung vom Bezugssystem abhängt.

7.2 Lorentztransformation der Felder

Dem obigen Gedankenexperiment folgend fügen wir dem System S' eine weitere, dort ruhende Probeladung q hinzu (►Abbildung 7.3).

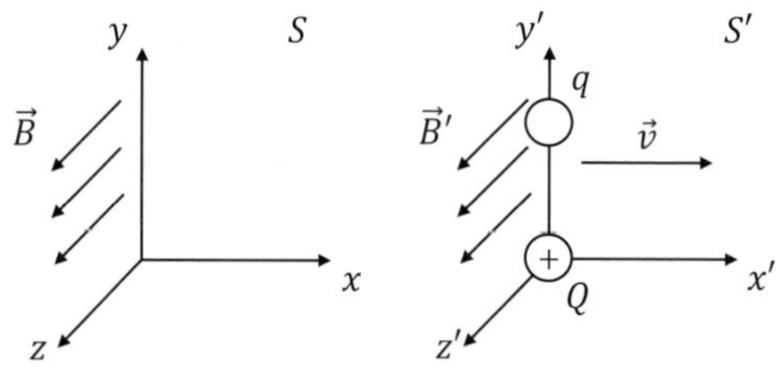

Abbildung 7.3 Die Ladung Q und eine weitere Probeladung q ruhen im System S', das sich mit der Geschwindigkeit $\vec{v}$ gegen S bewegt.

Im System S habe das homogene Magnetfeld $\vec{B}$ nur Komponenten senkrecht zur Bewegungsrichtung der Ladungen:

$$\vec{B} = \begin{pmatrix} 0 \\ B_y \\ B_z \end{pmatrix} \tag{7.3}$$

Das System S' bewegt sich in x-Richtung mit der Geschwindigkeit:

$$\vec{v} = \begin{pmatrix} v_x \\ 0 \\ 0 \end{pmatrix} \tag{7.4}$$

Die Probeladung q erfährt im System S eine Kraft, die durch das elektrische Feld $\vec{E}$ der Ladung Q und das Magnetfeld $\vec{B}$ verursacht wird:

$$\vec{F} = q\,\vec{E} + q\,\vec{v} \times \vec{B} \tag{7.5}$$

$$= q \begin{pmatrix} E_x \\ E_y \\ E_z \end{pmatrix} + q \begin{pmatrix} v_x \\ 0 \\ 0 \end{pmatrix} \times \begin{pmatrix} 0 \\ B_y \\ B_z \end{pmatrix} \tag{7.6}$$

$$= q \begin{pmatrix} E_x \\ E_y \\ E_z \end{pmatrix} + q \begin{pmatrix} 0 \\ -v_x\,B_z \\ v_x\,B_y \end{pmatrix} \tag{7.7}$$

Der Beobachter im bewegten System S' misst die Coulombkraft der beiden in seinem System ruhenden Ladungen Q und q aufeinander und schließt auf das elektrische Feld $\vec{E}'$ der Ladung Q:

$$\vec{F}' = q \begin{pmatrix} E'_x \\ E'_y \\ E'_z \end{pmatrix} \tag{7.8}$$

Das im System S' gemessene Magnetfeld $\vec{B}'$ bewirkt keine Lorentzkraft, da beide Ladungen hier ruhen.

Die Lorentztransformation für Kräfte auf die im System S' ruhenden Ladungen lautet

$$F'_x = F_x \,, \tag{7.9}$$

$$F'_y = \gamma\, F_y \,, \tag{7.10}$$

$$F'_z = \gamma\, F_z \,. \tag{7.11}$$

Dabei bezeichnet γ wie üblich

$$\gamma = \frac{1}{\sqrt{1-(v/c)^2}} \geq 1 \,. \tag{7.12}$$

Setzen wir die Kräfte entsprechend (7.7) und (7.8) ein, so erhalten wir

$$q\, E'_x = q\, E_x \,, \tag{7.13}$$

$$q\, E'_y = \gamma\, q\, (E_y - v_x\, B_z) \,, \tag{7.14}$$

$$q\, E'_z = \gamma\, q\, (E_z + v_x\, B_y) \,. \tag{7.15}$$

Die Transformationsgleichungen für das elektrische Feld lauten also für diesen Fall

$$E'_x = E_x \,, \tag{7.16}$$

$$E'_y = \gamma\, (E_y - v_x\, B_z) \,, \tag{7.17}$$

$$E'_z = \gamma\, (E_z + v_x\, B_y) \,. \tag{7.18}$$

Das homogene Magnetfeld $\vec{B}$ im System S kann ebenfalls im System S' bestimmt werden. Wir geben die Transformationsvorschrift für die Magnetfeldkomponenten an, wobei hier zusätzlich ein im System S eventuell vorhandenes elektrisches Feld berücksichtigt wird (die Herleitung ist etwas komplizierter, siehe [8]):

$$B'_x = B_x \tag{7.19}$$

$$B'_y = \gamma\, (B_y + \frac{v_x}{c^2}\, E_z) \tag{7.20}$$

$$B'_z = \gamma\, (B_z - \frac{v_x}{c^2}\, E_y) \tag{7.21}$$

Die Rücktransformationen der Felder erhalten wir durch Austausch der gestrichenen Größen und Vorzeichenumkehr der Geschwindigkeit:

$$E_x = E'_x \tag{7.22}$$

$$E_y = \gamma\,(E'_y + v_x\,B'_z) \tag{7.23}$$

$$E_z = \gamma\,(E'_z - v_x\,B'_y) \tag{7.24}$$

$$B_x = B'_x \tag{7.25}$$

$$B_y = \gamma\,(B'_y - \frac{v_x}{c^2}\,E'_z) \tag{7.26}$$

$$B_z = \gamma\,(B'_z + \frac{v_x}{c^2}\,E'_y) \tag{7.27}$$

Beispiel: Magnetfeld einer bewegten Ladung

Wir nehmen an, dass sich in einem bewegten System S' eine ruhende Ladung Q befindet und kein Magnetfeld ($\vec{B}' = 0$) vorhanden ist. Nach den Transformationsgleichungen (7.25,7.26,7.27) messen wir im ruhenden System S trotzdem ein transversales Magnetfeld der Stärke

$$B_x = 0\,, \tag{7.28}$$

$$B_y = -\gamma\,\frac{v_x}{c^2}\,E'_z\,, \tag{7.29}$$

$$B_z = \gamma\,\frac{v_x}{c^2}\,E'_y\,. \tag{7.30}$$

Mit den Transformationsgleichungen (7.22, 7.23, 7.24) können wir die Komponenten in prägnanter Kreuzproduktform zusammenfassen:

$$\vec{B} = \frac{1}{c^2}\,\vec{v} \times \vec{E} \tag{7.31}$$

Elektrische Ladungen verursachen also durch ihre Bewegung Magnetfelder!

Für hochrelativistische geladene Teilchen mit der Geschwindigkeit $v \to c$ ist der Betrag des Magnetfelds um $1/c$ geringer als der Betrag des elektrischen Felds:

$$|\vec{B}| = \frac{1}{c}\,|\vec{E}| \tag{7.32}$$

7.3 Elektrisches Feld einer Punktladung

Im Folgenden untersuchen wir den Einfluss der Lorentztransformation auf die Form des elektrischen Felds einer bewegten Punktladung. Wir betrachten zunächst das Feld einer Ladung Q, die im Bezugssystem S' ruht (►Abbildung 7.4). Die Feldstärke im Abstand $\vec{r}'$ beträgt nach Gleichung (2.13)

$$\vec{E}' = \frac{Q}{4\,\pi\,\epsilon_0}\,\frac{1}{|\vec{r}'|^3}\begin{pmatrix} r'_x \\ r'_y \\ r'_z \end{pmatrix}\,. \tag{7.33}$$

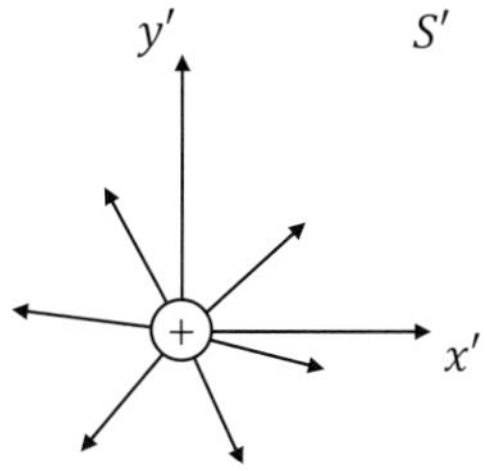

Abbildung 7.4 Eine elektrische Punktladung Q ruht im System S'.

Das System S' bewege sich nun relativ zu einem ruhenden System S (►Abbildung 7.5) mit der Geschwindigkeit $\vec{v} = (v_x, 0, 0)$.

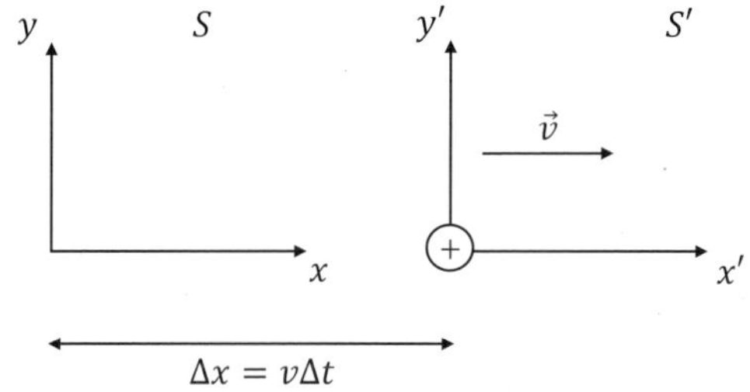

Abbildung 7.5 Das System S' bewegt sich mit der Geschwindigkeit $\vec{v}$ entlang der x-Richtung von System S. Die Ladung Q ruht in S'.

Die Transformationsgleichungen haben wir bereits im vorherigen Abschnitt (7.2) kennengelernt. Wir wollen nun auch den Abstandsvektor $\vec{r}'$ in den Koordinaten von S ausdrücken. Der Längenkontraktion ($r_x = r_x'/\gamma$) folgend ersetzen wir die Komponenten durch

$$r_x' = \gamma\, r_x\,, \tag{7.34}$$

$$r_y' = r_y\,, \tag{7.35}$$

$$r_z' = r_z\,, \tag{7.36}$$

Der Abstand beträgt somit

$$|\vec{r}'| = \sqrt{(\gamma\, r_x)^2 + r_y^2 + r_z^2}\,. \tag{7.37}$$

Für die elektrischen Feldkomponenten im System S folgt nach den Transformationsgleichungen (7.22, 7.23, 7.24)

$$E_x = \frac{Q}{4\pi\epsilon_0}\frac{\gamma\, r_x}{\left[(\gamma\, r_x)^2 + r_y^2 + r_z^2\right]^{\frac{3}{2}}}\,, \tag{7.38}$$

$$E_y = \gamma\cdot\frac{Q}{4\pi\epsilon_0}\frac{r_y}{\left[(\gamma\, r_x)^2 + r_y^2 + r_z^2\right]^{\frac{3}{2}}}\,, \tag{7.39}$$

$$E_z = \gamma\cdot\frac{Q}{4\pi\epsilon_0}\frac{r_z}{\left[(\gamma\, r_x)^2 + r_y^2 + r_z^2\right]^{\frac{3}{2}}}\,. \tag{7.40}$$

Die Komponenten lassen sich in Vektorschreibweise zusammenfassen:

$$\vec{E} = \frac{Q}{4\,\pi\,\epsilon_0}\,\frac{\gamma\,\vec{r}}{\left[(\gamma\,r_x)^2 + r_y^2 + r_z^2\right]^{\frac{3}{2}}} \tag{7.41}$$

Die elektrische Feldkomponente entlang der x-Achse ($r_y = r_z = 0$) ist um $1/\gamma^2 \leq 1$ verkleinert. Das Feld wird also in der x-Richtung gestaucht. Die Feldkomponenten senkrecht zur Bewegungsrichtung ($r_x = 0$) werden mit $\gamma \geq 1$ verstärkt.

Dadurch ist das elektrische Feld der bewegten Ladung Q nicht mehr kugelsymmetrisch, sondern wird in der Bewegungsrichtung der Ladung Q abgeschwächt und senkrecht dazu verstärkt (»Pfannkuchen«-Form).

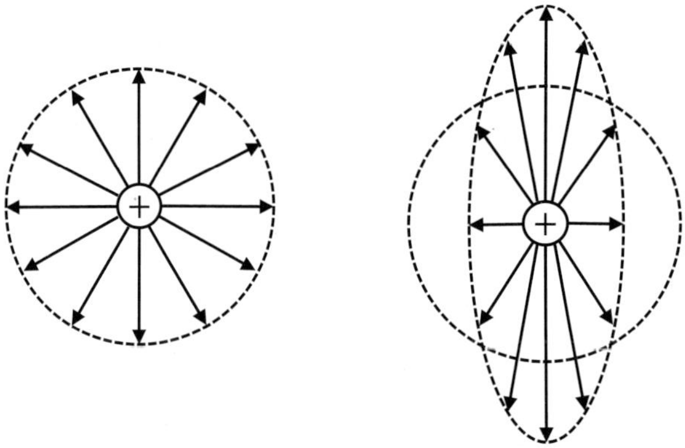

Abbildung 7.6 Das elektrische Feld einer Punktladung (links) wird für relativistische Geschwindigkeiten in Bewegungsrichtung gestaucht (rechts).

Das Wichtigste zum Mitnehmen

Zum Mitnehmen: Felder bewegter Ladungen 1

- Für Kräfte in einem mit der Geschwindigkeit v in x-Richtung gegen das System S bewegten System S' gilt die **Lorentztransformation**:

$$F'_x = F_x \tag{7.9}$$

$$F'_y = \gamma\, F_y \tag{7.10}$$

$$F'_z = \gamma\, F_z \tag{7.11}$$

$$\text{mit} \quad \gamma = \frac{1}{\sqrt{1-(v/c)^2}} \geq 1 \tag{7.12}$$

- Im ruhenden System S erfährt eine mit dem bewegten System S' mitbewegte Probeladung q eine Kraft durch ein elektrisches Feld $\vec{E}$ und ein Magnetfeld $\vec{B}$:

$$\vec{F} = q\,\vec{E} + q\,\vec{v} \times \vec{B} \tag{7.5}$$

- Bei einer Lorentztransformation ins System S' vermischen sich die Komponenten der $\vec{E}$- und $\vec{B}$-Felder. So lauten beispielsweise die Transformationsgleichungen für das elektrische Feld

$$E'_x = E_x\,, \tag{7.16}$$

$$E'_y = \gamma\,(E_y - v_x\,B_z)\,, \tag{7.17}$$

$$E'_z = \gamma\,(E_z + v_x\,B_y)\,. \tag{7.18}$$

Ähnliche Gleichungen gelten für Magnetfelder.

Damit stehen elektrische und magnetische Felder in direktem Zusammenhang zueinander, und ihre Messung hängt vom Bezugssystem ab.

- Eine **bewegte Ladung** erzeugt auch im sonst feldfreien Raum ein Magnetfeld:

$$\vec{B} = \frac{1}{c^2}\,\vec{v} \times \vec{E} \tag{7.31}$$

Für hochrelativistische geladene Teilchen mit $v \to c$ gilt

$$|\vec{B}| = \frac{1}{c}\,|\vec{E}|\,. \tag{7.32}$$

Zum Mitnehmen: Zeitlich veränderliche Felder 2

- Für das elektrische Feld einer in x-Richtung **bewegten Punktladung** gilt

$$\vec{E} = \frac{Q}{4\,\pi\,\epsilon_0}\,\frac{\gamma\,\vec{r}}{\left[(\gamma\,r_x)^2 + r_y^2 + r_z^2\right]^{\frac{3}{2}}}\,. \tag{7.41}$$

Die elektrische Feldkomponente entlang der x-Achse ist um $1/\gamma^2 \leq 1$ in der x-Richtung gestaucht, die Komponenten senkrecht zur Bewegungsrichtung ($r_x = 0$) mit $\gamma \geq 1$ gedehnt.

Gemeinsam verstehen

8

Wie gut können Sie bereits über die Themen sprechen? Führen Sie zu zweit ein wissenschaftliches Gespräch miteinander! Verteilen Sie dafür die Rollen: Anhand der Fragestellung erklärt Person 1 der Person 2 die wichtigsten physikalischen Zusammenhänge. Nehmen Sie Stift und Papier zur Hand, damit Sie bei Ihren Erklärungen Skizzen zeichnen und grundlegende physikalische Konzepte in Form von Gleichungen aufschreiben können.

Person 2 darf Verständnisfragen stellen, dabei z. B. Präzisierungen erfragen (was bedeutet der Buchstabe p in Deiner Gleichung genau?) oder auf größere Zusammenhänge hinweisen. Für die nächste Fragestellung tauschen Sie Ihre Rollen.

Zugangscode vorne im Buch

Bitte erwarten Sie, dass Ihr Gesprächsverlauf individuell ganz verschieden verlaufen darf. Die Skizzen über mögliche Gesprächsverläufe im (online) Ressourcenbereich von **MyLab | Physik** sind lediglich als Kurzzusammenfassung einiger Aspekte zur anschließenden (!) Ergänzung gedacht.

Bei wissenschaftlichen Gesprächen dieser Art werden Sie sehr schnell Lerneffekte verspüren, und sie können auch als gute Vorbereitung für mündliche Prüfungen dienen. Ergänzen Sie gerne die Themenpalette mit eigenen Fragestellungen.

Aufgabe 9: Partnerarbeit: Elektrische Felder

Wie kann man elektrische Felder ermitteln, die durch elektrische Ladungsverteilungen verursacht sind?

Aufgabe 10: Partnerarbeit: Elektron im elektrischen Feld

Welche Bahnkurve durchläuft ein Elektron in einem gleichförmigen elektrischen Feld?

Aufgabe 11: Partnerarbeit: Elektron-Impuls

Wie kann man aus der Bahnkurve eines Teilchens seinen Impuls bestimmen?

Aufgabe 12: Partnerarbeit: Schaltkreise

Woher wissen wir die Funktionsweisen von Schaltkreisen?

Aufgabe 13: Partnerarbeit: Spule

Erläutern Sie den Einschaltprozess bei einem Stromkreis mit Spule.

Aufgabe 14: Partnerarbeit: Magnetfelderzeugung

Vergleichen Sie das Magnetfeld, das von einem gerade fließenden Strom erzeugt wird, mit dem eines Kreisstroms.

Aufgabe 15: Partnerarbeit: Dynamo

Wie funktioniert ein Dynamo?

Elektromagnetische Wellen

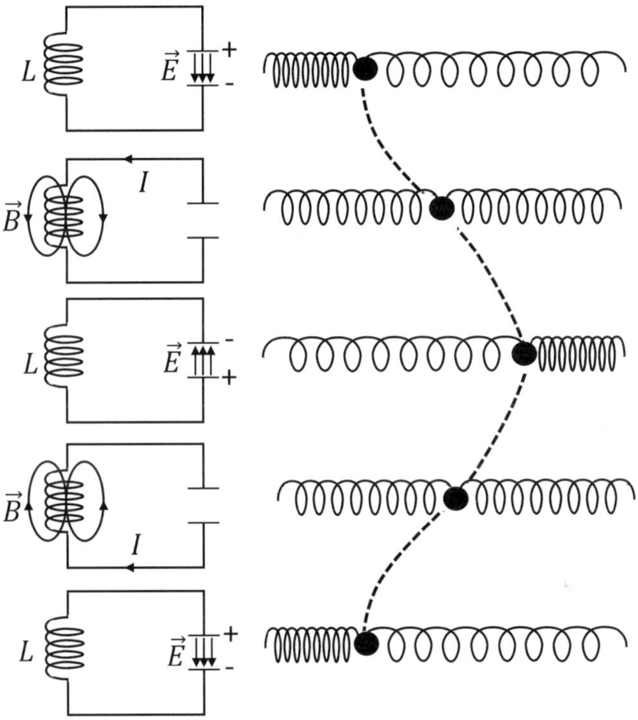

Teil II

Elektromagnetische Schwingungen

9

ÜBERBLICK

» Schwingungen und Wellen spielen in der Physik eine zentrale Rolle. In diesem Kapitel werden zunächst die Kenntnisse aus dem Studium der mechanischen Schwingungen auf elektromagnetische Systeme übertragen. «

9.1 Schwingkreis

Im elektrischen **Schwingkreis** wird ein Kondensator über eine Spule periodisch aufgeladen und entladen. Dabei wird die im Schwingkreis gespeicherte Energie W zwischen Kondensator und Spule hin- und hergeschoben (►Abbildung 9.1).

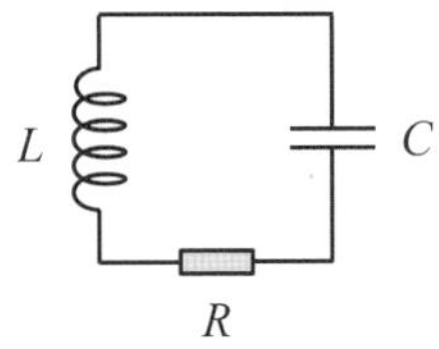

Abbildung 9.1 Allgemeiner elektrischer Schwingkreis mit Induktivität L, Kapazität C und Widerstand R

Die zu einem Zeitpunkt t im Kondensator anliegende Spannung U (2.60) und dementsprechend gespeicherte Energie $W_{el} = C\,U^2/2$ (2.116) beträgt unter Berücksichtigung von $Q = C\,U$ (2.108)

$$W_{el}(t) = \frac{1}{2}\,\frac{Q(t)^2}{C}\,, \tag{9.1}$$

wobei $Q(t)$ die im Kondensator gespeicherte Ladung und C seine Kapazität (2.110) bezeichnet.

Die Energie $W_m = L\,I^2/2$ (6.105) in der Spule mit Induktivität L (6.42) hängt quadratisch vom Strom $I(t) = dQ/dt$ (4.1) ab, der durch die Spule fließt:

$$W_m(t) = \frac{1}{2}\,L\,[\,I(t)\,]^2 = \frac{1}{2}\,L\,\left[\frac{dQ(t)}{dt}\right]^2 \tag{9.2}$$

Der Wechsel der Schwingungsenergie zwischen Kondensator und Spule kann anhand eines mechanischen harmonischen Oszillator verdeutlicht werden. In ►Abbildung 9.2 sei anfangs der Kondensator mit der vollen Ladung aufgeladen und habe die gesamte Energie des Schwingkreises in seinem elektrischen Feld gespeichert. Dieser Zustand entspricht dem vollständig ausgelenkten Federpendel mit maximaler potentieller Energie (erstes Bild).

Der Kondensator entlädt sich über die Spule, in der dadurch ein Magnetfeld erzeugt wird (zweites Bild). Bei vollständig entladenem Kondensator wird das Magnetfeld maximal, und die gesamte Energie ist vom Kondensator in die Spule verschoben worden. Im mechanischen Analogon entspricht das maximaler kinetischer Energie.

Das jetzt abnehmende Magnetfeld erzeugt durch Induktion seinerseits einen Strom, der nach der Lenzschen Regel so gerichtet ist, dass er den Kondensator in entgegengesetzter Polung auflädt. Die Energie wird wieder vollständig von der Spule auf den Kondensator übertragen (drittes Bild), und der Vorgang wiederholt sich mit umgekehrter Stromrichtung.

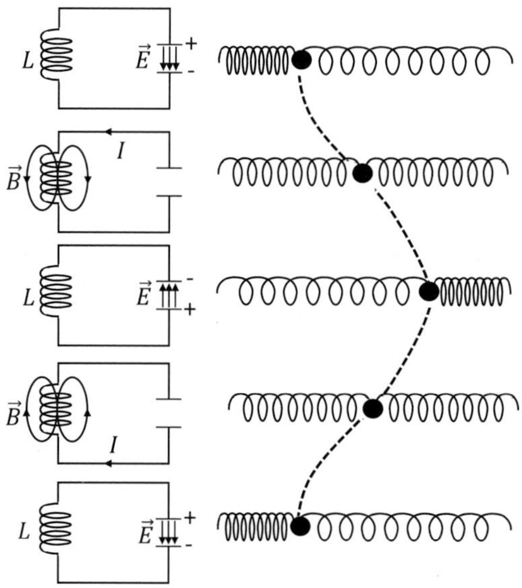

Abbildung 9.2 Energieverteilung im elektrischen Schwingkreis und mechanisches Analogon einer Federschwingung. Von oben nach unten: Maximale elektrische (analog potentielle) Energie wechselt mit maximaler magnetischer (analog kinetischer) Energie ab.

9.2 Gedämpfte Schwingungen

Reale Schwingkreise besitzen einen Ohmschen Widerstand R, sodass die elektromagnetische Schwingung gedämpft wird (►Abbildung 9.3).

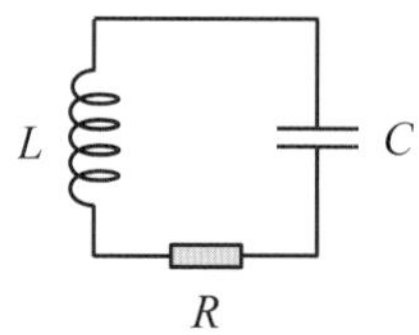

Abbildung 9.3 Gedämpfter elektrischer Schwingkreis

Nach dem zweiten Kirchhoffschen Gesetz (»Maschenregel«) (4.55) addieren sich die Spannungen aller Teilstücke einer Masche zu null:

$$\sum_{i=1}^{3} U_i = U_L + U_C + U_R = 0 \tag{9.3}$$

Alle Teilspannungen lassen sich durch Ströme oder Ladungen ausdrücken: Die auf dem Kondensator mit der Kapazität C gespeicherten Ladungen Q erzeugen die Spannung U_C, sodass $U_C = Q/C$ (2.108) gilt. Der Spannungsabfall über den Widerstand R entspricht nach dem Ohm'schen Gesetz $U_R = R \cdot I$ (4.34). Die induzierte Spannung an den Enden der Spule mit der Induktivität L lässt sich nach dem Induktionsgesetz durch die zeitliche

Änderung des Stroms I ausdrücken: $U_L = L \cdot dI/dt$ (6.47). Wir setzen diese Terme in die Maschenregel ein:

$$L\,\frac{dI}{dt} + \frac{Q}{C} + R\,I = 0 \tag{9.4}$$

Ersetzen des Stroms I in (9.4) durch die zeitliche Änderung der Ladung $I = dQ/dt$ liefert eine Differentialgleichung 2. Ordnung für die Ladung. Wichtiger ist aber die einfacher zugängliche Messgröße des Stroms I. Daher differenzieren wir (9.4) nach der Zeit t und erhalten direkt eine Differentialgleichung 2. Ordnung für den Strom I:

$$L\,\frac{d^2I}{dt^2} + \frac{1}{C}\,I + R\,\frac{dI}{dt} = 0 \tag{9.5}$$

Als Lösungsansatz für das zeitliche Verhalten des Stroms im Schwingkreis verwenden wir den für Schwingungen vielversprechenden Ansatz

$$I(t) = I_\circ\, e^{\lambda\,t + \varphi}\,. \tag{9.6}$$

Dabei bezeichnen $I_\circ$ die Stromamplitude und φ die Phasenverschiebung des Stroms zum Zeitpunkt $t = 0$. Der Parameter λ soll bestimmt werden.

Obwohl die Differentialgleichung (9.5) für physikalische, also reelle Zahlen aufgestellt wurde, wird sie hier mit einem komplexen Ansatz mit $\lambda \in \mathbb{C}$ gelöst. Das ist zunächst ein mathematischer »Trick«, mit dem man das Problem ins Komplexe erweitert, um die Lösung zu vereinfachen. Auch wenn sich dabei komplexe Lösungen für $I(t) \in \mathbb{C}$ ergeben, so wird natürlich nur der Realteil eine physikalische Bedeutung haben.

Wir setzen diesen Ansatz in (9.5) ein und lösen die Gleichung für λ:

$$\begin{aligned}
&L\,\lambda^2\left[I_\circ\, e^{\lambda t+\varphi}\right] + \frac{1}{C}\left[I_\circ\, e^{\lambda t+\varphi}\right] + R\,\lambda\left[I_\circ\, e^{\lambda t+\varphi}\right] = 0\\
&L\,\lambda^2 + R\,\lambda + \frac{1}{C} = 0\\
&\lambda^2 + \frac{R}{L}\,\lambda + \frac{1}{L\,C} = 0
\end{aligned} \tag{9.7}$$

Durch quadratische Ergänzung ergeben sich zwei Lösungen für λ:

$$\lambda_{1,2} = -\underbrace{\left(\frac{R}{2\,L}\right)}_{\equiv\,\gamma} \pm \sqrt{\underbrace{\left(\frac{R}{2\,L}\right)^2 - \frac{1}{L\,C}}_{\equiv\,-\omega^2}} \tag{9.8}$$

Um diese Lösungen genauer zu untersuchen, definieren wir die Größen

$$\gamma \equiv \frac{R}{2\,L}\,, \tag{9.9}$$

$$\omega_\circ \equiv \frac{1}{\sqrt{L\,C}}\,, \tag{9.10}$$

$$\omega^2 \equiv \frac{1}{L\,C} - \left(\frac{R}{2\,L}\right)^2\,, \tag{9.11}$$

$$= \omega_\circ^2 - \gamma^2 \tag{9.12}$$

und erhalten die beiden Lösungen für den Strom $I(t)$ in (9.6) in der kurzen Schreibweise:

$$\lambda_{1,2} = -\gamma \pm \sqrt{-\omega^2} \tag{9.13}$$

9.2.1 Schwingfall

Wir betrachten zunächst den Fall kleiner Widerstände R (►Abbildung 9.4), sodass die Bedingung $1/\sqrt{LC} > R/(2L)$ erfüllt ist. Dann ist in (9.11) $\omega^2 > 0$, und für λ (9.13) ergeben sich die beiden komplexen Zahlen

$$\lambda_{1,2} = -\gamma \pm i\,\omega\,. \tag{9.14}$$

Die physikalische Lösung für das zeitliche Verhalten des Stroms im Schwingkreis ergibt sich durch Einsetzen in den Ansatz (9.6) und Bildung des Realteils:

$$\begin{aligned} I(t) &= \mathrm{Re}\left(I_\circ\, e^{(-\gamma \pm i\,\omega)\,t + \varphi}\right) \\ &= I_\circ \cdot e^{-\gamma\,t} \cdot \cos\left(\omega\,t\, +\, \varphi\right) \end{aligned} \tag{9.15}$$

In dieser Form lässt sich die Bedeutung der Parameter gut erkennen:

- $I_\circ$ ist der Anfangsstrom für den Fall $\varphi = 0$,
- γ beschreibt die exponentielle Dämpfung der Schwingung über den Term $e^{-\gamma t}$,
- ω ist die Frequenz der Schwingung,
- φ ist die Phasenverschiebung.

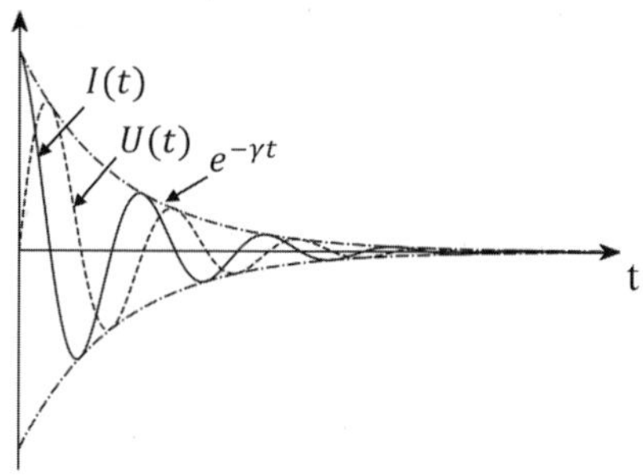

Abbildung 9.4 Zeitlicher Verlauf einer gedämpften elektrischen Schwingung. Die Spannung eilt dem Strom voraus.

Der zeitliche Verlauf der Spannung $U_C(t)$ am Kondensator ist gegenüber dem Strom $I(t)$ um 90° phasenverschoben ($U = Q/C$, $dU/dt = I/C$). Solche Verschiebungen kennen wir bereits aus Abschnitt 6.3 über Stromkreise mit Wechselspannung (►Abbildung 6.14 und Gleichung (6.69)).

Die **Schwingfrequenz** eines **ungedämpften Schwingkreises** ist (9.10)

$$\omega_\circ = \frac{1}{\sqrt{LC}}\,, \tag{9.16}$$

wie wir durch Einsetzen von $R = 0$ in (9.11) sehen können.

Für einen **gedämpften Schwingkreis** mit $R > 0$ ist die Schwingfrequenz ω gegenüber der des ungedämpften Schwingkreises *zu kleineren Werten hin verschoben* (9.12):

$$\omega = \sqrt{\omega_\circ^2 - \gamma^2} \tag{9.17}$$

9.2.2 Fälle ohne Schwingung

Falls der Widerstand R so groß ist, dass die Bedingung $R/(2\,L) > 1/\sqrt{L\,C}$ erfüllt ist, wird nach (9.11) $\omega^2 < 0$. Dann sind beide Lösungen $\lambda_{1,2} = -\gamma \pm \sqrt{-\omega^2}$ (9.13) reelle Zahlen. Durch Einsetzen von (9.12) in (9.6) erhalten wir das zeitliche Verhalten des Stroms:

$$I(t) = I_\circ\, e^{(-\gamma \pm \sqrt{\gamma^2 - \omega_\circ^2}\,)\, t + \varphi} \tag{9.18}$$

Es kommt nicht zur Schwingung. Die verbleibenden Lösungsmöglichkeiten zeigen beide einen exponentiell verschwindenden Strom I, da $\gamma > \sqrt{\gamma^2 - \omega_\circ^2}$ ist. Dieses Stromverhalten nennt man **Kriechfall**.

Unter der Bedingung $R/(2\,L) = 1/\sqrt{L\,C}$ in (9.11) oder auch $\gamma = \omega_\circ$ (9.12) ist die Schwingfrequenz $\omega^2 = 0$. Widerstand R, Kapazität C und Induktivität L stehen dabei durch $R = 2\sqrt{L/C}$ in Beziehung. In diesem Fall gibt es nur eine reelle Lösung $\lambda = -\gamma$ (9.13). Dieses Stromverhalten

$$I = I_\circ\, e^{-R/2L} \tag{9.19}$$

heißt **aperiodischer Grenzfall**. Er entspricht der geringsten Dämpfung mit der das System sich ohne Richtungswechsel am schnellsten dem Ruhezustand nähert. Er spielt in der Messtechnik eine wichtige Rolle.

9.3 Erzwungene Schwingungen

Wir wollen eine gedämpfte Schwingung durch eine Generatorspannung anregen und aufrechterhalten. Dazu fügen wir dem bisherigen Schwingkreis eine Wechselspannung hinzu (►Abbildung 9.5):

$$U = U_\circ\, e^{-i\,\omega\, t} \tag{9.20}$$

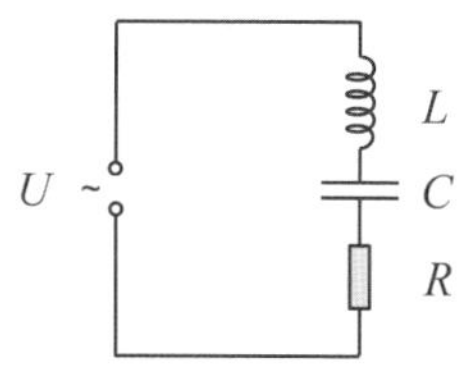

Abbildung 9.5 Schaltkreis zu einer erzwungenen gedämpften Schwingung

Wir verwenden wieder die Maschenregel (9.3) und beachten dabei das negative Vorzeichen der Generatorspannung:

$$U = U_L + U_C + U_R \tag{9.21}$$

Die Verluste der gedämpften Schwingung werden durch den Widerstand R verursacht. Sie können z. B. durch Wärmeabgabe an die Umgebung passieren oder durch einen Verbraucher, der durch R symbolisiert ist.

Diese Schaltung wirkt als Frequenzfilter (Abschnitt 6.3.6), weil am Verbraucher R je nach Frequenz ω der Wechselspannung U eine unterschiedliche Leistung P abgenommen wird.

Die Impedanz $|Z|$ der drei Bauelemente des Frequenzfilters (6.85) beträgt

$$|Z| = \sqrt{R^2 + \left(\omega L - \frac{1}{\omega C}\right)^2} \,. \tag{9.22}$$

Die Frequenzabhängigkeit der Verlustleistung P (4.87) im Widerstand beträgt damit und mit $U = Z \cdot I$ (6.72)

$$\begin{aligned} P(\omega) &= U_R \cdot I \\ &= R \cdot I^2 \\ &= R \cdot \frac{U^2}{Z^2} \\ &= \frac{R}{R^2 + \left(\omega\, L - \frac{1}{\omega\, C}\right)^2}\, U_\circ^2\, \cos^2(\omega\, t)\,. \end{aligned} \tag{9.23}$$

Die über die Zeit gemittelte Leistung ist wegen $\int_0^{2\pi} \cos^2(x)\, dx = 0{,}5$

$$\overline{P}(\omega) = \frac{R}{R^2 + \left(\omega\, L - \frac{1}{\omega\, C}\right)^2}\, \frac{U_\circ^2}{2}\,. \tag{9.24}$$

Die größtmögliche mittlere Leistung wird unter der Bedingung $\omega\, L = 1/(\omega\, C)$ aufgenommen, d. h. bei der Frequenz des ungedämpften Schwingkreises $\omega_\circ = 1/\sqrt{L\, C}$ (9.16):

$$\overline{P}_{max}(\omega_\circ) = \frac{U_\circ^2}{2\, R} \tag{9.25}$$

Für sehr große und sehr kleine Frequenzen geht die mittlere Leistung $\overline{P}$ gegen null. Insgesamt ergibt sich eine **Resonanzkurve**, deren **Halbwertsbreite** Γ wir folgendermaßen bestimmen: An den Stellen

$$R = \pm\left(\omega L - \frac{1}{\omega C}\right) \tag{9.26}$$

sinkt $\overline{P}_{max}$ auf $\overline{P}_{max}/2$. Die zugehörigen Frequenzen berechnen wir durch Lösung der entsprechenden quadratischen Gleichung:

$$\omega R = \pm\left(\omega^2\, L - \frac{1}{C}\right) \tag{9.27}$$

$$\omega^2 \pm \frac{R}{L}\,\omega - \frac{1}{L\, C} = 0$$

$$\omega_{1,2} = \pm \underbrace{\frac{R}{2\, L}}_{=\gamma} + \underbrace{\sqrt{\left(\frac{R}{2\, L}\right)^2 + \underbrace{\frac{1}{L\, C}}_{=\omega_\circ^2}}}_{\equiv \omega_m} \tag{9.28}$$

Dabei haben wir als physikalische Lösungen nur positive Frequenzwerte zugelassen. Die Verschiebung des Mittelwerts ω_m der beiden Lösungen ω_1 und ω_2 gegenüber der Resonanzfrequenz zeigt, dass die Resonanzkurve asymmetrisch und zu höheren Frequenzen hin verschoben ist (►Abbildung 9.6). Die Halbwertsbreite beträgt $\Gamma = \omega_1 - \omega_2 = 2\,\gamma$.

$$\gamma = \frac{R}{2\,L} \tag{9.29}$$

$$\Gamma = 2\,\gamma = \frac{R}{L} \tag{9.30}$$

$$\omega_\circ^2 = \frac{1}{L\,C} \tag{9.31}$$

$$\omega_m = \sqrt{\omega_\circ^2 + \gamma^2} \tag{9.32}$$

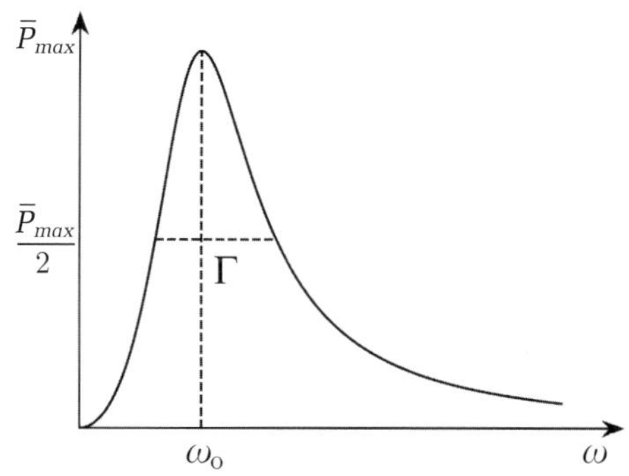

Abbildung 9.6 Resonanzkurve mit Dämpfung

Aufgabe 16: Lorentz-Verteilung

Zeigen Sie, dass sich die Resonanzkurve

$$\overline{P}(\omega) = \frac{R}{R^2 + \left(\omega\,L - \frac{1}{\omega\,C}\right)^2}\,\frac{U_\circ^2}{2} \tag{9.24}$$

auch als Verteilung der folgenden Form schreiben lässt

$$\overline{P}(\omega) \propto \frac{\omega^2}{(\omega_\circ^2 - \omega^2)^2 + \Gamma^2\omega^2}\,. \tag{9.33}$$

Im Bereich schmaler Resonanzen $\omega \approx \omega_\circ$ und $\Gamma \ll \omega_\circ$ wird daraus eine Lorentz-Verteilung der Form

$$\overline{P}(\omega) \propto \frac{1}{(\omega_\circ - \omega)^2 + \Gamma^2/4}\,. \tag{9.34}$$

9.4 Gekoppelte Schwingungen

In diesem Kapitel wollen wir **zwei Schwingkreise** 1 und 2 **induktiv miteinander koppeln**. Eine Anordnung ist in ►Abbildung 9.7 gezeigt. Die Kopplung erfolgt durch gegenseitige Induktion über die Magnetfelder der Spulen und wird durch L_{12} beschrieben.

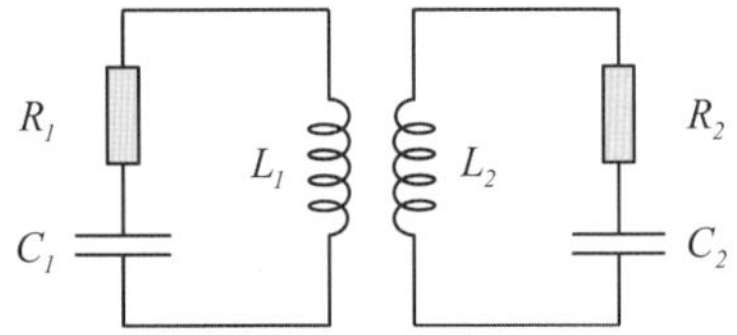

Abbildung 9.7 Schaltbild zu gekoppelten Schwingungen.

Experiment: Gekoppelte Schwingungen

Mit einem 2-Strahl-Oszillographen werden die Schwingungen zweier gekoppelter Schwingkreise aufgezeichnet. Man erkennt, wie die Energie von einem Kreis auf den anderen und zurück übertragen wird. Wir unterscheiden die Schwingungsfrequenz der beiden baugleichen Schwingkreise von der langsameren Schwebungsfrequenz, mit der die Energie zwischen den Kreisen wechselt.

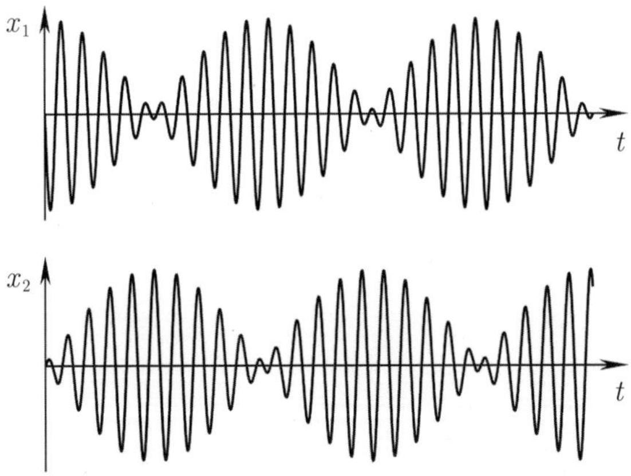

Abbildung 9.8 Zeitlicher Verlauf gekoppelter elektrischer Schwingungen am 2-Strahl-Oszillographen

Wie zuvor bei der Berechnung der gedämpften Schwingung verwenden wir die Maschenregel, wobei wir hier den Kopplungsterm wie eine zusätzliche Generatorspannung $U_{L_{12}}$ behandeln (9.21).

Für den linken Schwingkreis 1 schreiben wir demnach

$$U_{L_{12}} = U_{L_1} + U_{C_1} + U_{R_1} \tag{9.35}$$

und für den rechten Schwingkreis 2

$$U_{L_{12}} = U_{L_2} + U_{C_2} + U_{R_2} \,. \tag{9.36}$$

Zur Vereinfachung der folgenden Berechnungen wählen wir zwei baugleiche, verlustfreie Schwingkreise mit

$$\begin{aligned} L &\equiv L_1 = L_2 \,, \\ C &\equiv C_1 = C_2 \,, \\ R_1 &= R_2 = 0 \,. \end{aligned}$$

Wir setzen wie zuvor in (9.5) entsprechend $U_L = L \cdot dI/dt$, $U_C = Q/C$ und $U_R = 0$ in die Maschen der beiden Schwingkreise ein. Dabei beachten wir, dass die Generatorspannung $U_{L_{12}} = L_{12} \cdot dI/dt$ durch die induktive Kopplung vom jeweils anderen Schwingkreis erzeugt wird:

$$L_{12}\,\frac{dI_2}{dt} = L\,\frac{dI_1}{dt} + \frac{Q_1}{C} \tag{9.37}$$

$$L_{12}\,\frac{dI_1}{dt} = L\,\frac{dI_2}{dt} + \frac{Q_2}{C} \tag{9.38}$$

Durch die zeitliche Ableitung erhalten wir wegen $I = dQ/dt$ zwei gekoppelte Differentialgleichungen für die Ströme I_1 und I_2 der beiden Schwingkreise:

$$L_{12}\,\frac{d^2 I_2}{dt^2} = L\,\frac{d^2 I_1}{dt^2} + \frac{1}{C} I_1 \tag{9.39}$$

$$L_{12}\,\frac{d^2 I_1}{dt^2} = L\,\frac{d^2 I_2}{dt^2} + \frac{1}{C} I_2 \tag{9.40}$$

Wir bezeichnen hier das Verhältnis der gegenseitigen Induktion L_{12} und der Induktivität L als »Kopplungsgrad« der Schwingkreise:

$$k \equiv \frac{L_{12}}{L} \tag{9.41}$$

Für eine nicht zu starke Kopplung k erwarten wir, dass beide Schwingkreise mit einer Frequenz Ω_a nahe der ungedämpften Schwingfrequenz $\omega_\circ = 1/\sqrt{L\,C}$ (9.16) schwingen und ihre Amplituden mit einer Schwebungsfrequenz Ω_b moduliert sind.

Wir untersuchen die Schwingungen zunächst in einem Zeitintervall Δt, das innerhalb einer Schwebungsperiode $T_b = 2\pi/\Omega_b < \Delta t$ liegt und in dem wir die Amplitudenmodulationen vernachlässigen können. Als Ansatz verwenden wir Ströme, die mit der Frequenz ω schwingen und gegeneinander phasenverschoben sind:

$$I_1 = I_\circ \cdot e^{\,i\,(\omega\,t + \varphi_1)} \tag{9.42}$$

$$I_2 = I_\circ \cdot e^{\,i\,(\omega\,t + \varphi_2)} \tag{9.43}$$

Durch Einsetzen in die beiden gekoppelten Differentialgleichungen (9.40) erhalten wir

$$-\omega^2 L_{12} I_2 = \left(-\omega^2 L + C^{-1}\right) I_1 , \tag{9.44}$$

$$-\omega^2 L_{12} I_1 = \left(-\omega^2 L + C^{-1}\right) I_2 . \tag{9.45}$$

Die Struktur entspricht einem linearen Gleichungssystem der Form

$$\begin{aligned} a\,x + b\,y &= 0 \\ c\,x + d\,y &= 0 \end{aligned}$$

Es besitzt mindestens eine Lösung, falls die Diskriminante verschwindet: $a\,d - b\,c = 0$. Die Diskriminante berechnen wir durch Umstellen der Terme

$$\begin{array}{cccccc} \left(-\omega^2 L + C^{-1}\right) & I_1 & + & \omega^2 L_{12} & I_2 & = 0 \\ \omega^2 L_{12} & I_1 & + & \left(-\omega^2 L + C^{-1}\right) & I_2 & = 0 \end{array}$$

und erhalten

$$\left(-\omega^2 L + C^{-1}\right)^2 - \omega^4 L_{12}^2 = 0 . \tag{9.46}$$

Um die Lösungsfrequenzen ω zu erhalten, definieren wir zunächst ein Frequenzverhältnis aus ω und der Frequenz $\omega_\circ = 1/\sqrt{L\,C}$ (9.16) des ungedämpften Schwingkreises:

$$x = \left(\frac{\omega}{\omega_\circ}\right)^2 = \omega^2 L\,C \tag{9.47}$$

Wir schreiben die Diskriminantenbedingung entsprechend um und erhalten zusammen mit dem Kopplungsgrad $k = L_{12}/L$ (9.41)

$$\begin{aligned} \left(-\omega^2 L\,C + 1\right)^2 - \omega^4 L^2 C^2 \left(\frac{L_{12}}{L}\right)^2 &= 0 \\ (-x+1)^2 - x^2 k^2 &= 0 \\ x^2 - 2\,x + 1 - x^2 k^2 &= 0 \\ x^2\,(1-k^2) - 2\,x + 1 &= 0 \\ x^2 - 2\,\frac{1}{1-k^2}\,x + \frac{1}{1-k^2} &= 0 . \end{aligned}$$

Die quadratische Ergänzung ergibt dann die Lösungen zunächst für x und dann mit (9.47) für ω:

$$\begin{aligned} x_{a,b} &= \frac{1}{1-k^2} \pm \sqrt{\frac{1}{(1-k^2)^2} - \frac{1}{1-k^2}} \\ &= \frac{1 \pm \sqrt{1-(1-k^2)}}{1-k^2} \\ \omega_{a,b}^2 &= \omega_\circ^2\,\frac{1 \pm k}{1-k^2} \\ &= \omega_\circ^2\,\frac{1 \pm k}{(1+k)\cdot(1-k)} \end{aligned}$$

Da Frequenzen positiv sein müssen, bleiben nur zwei verschiedene Werte, die vom Kopplungsgrad $k = L_{12}/L$ (9.41) der beiden Schwingkreise abhängen:

$$\omega_a = \omega_\circ \frac{1}{\sqrt{1-k}} > \omega_\circ \tag{9.48}$$

$$\omega_b = \omega_\circ \frac{1}{\sqrt{1+k}} < \omega_\circ \tag{9.49}$$

Wenn anfangs nur ein Schwingkreis angeregt wird, ergibt der Mittelwert der beiden Frequenzen die **Schwingfrequenz Ω_a in den beiden Schwingkreisen**:

$$\Omega_a = \frac{\omega_a + \omega_b}{2} \tag{9.50}$$

Für den Fall schwacher Kopplungen $k \ll 1$ entspricht Ω_a ungefähr der Frequenz des ungedämpften Schwingkreises, wie wir durch eine Taylor-Entwicklung sehen:

$$\Omega_a = \frac{\omega_\circ}{2}\left(\frac{1}{\sqrt{1-k}} + \frac{1}{\sqrt{1+k}}\right) \tag{9.51}$$

$$\approx \frac{\omega_\circ}{2}\left(1 + \frac{1}{2}k + \frac{3}{8}k^2 + 1 - \frac{1}{2}k + \frac{3}{8}k^2\right)$$

$$= \omega_\circ \left(1 + \frac{3}{8}k^2\right) \tag{9.52}$$

$$\approx \omega_\circ \tag{9.53}$$

Die halbe Differenz der beiden Frequenzen ist die **Schwebungsfrequenz**, die wir als Amplitudenmodulation der Ströme beobachten können:

$$\Omega_b = \frac{\omega_a - \omega_b}{2} \tag{9.54}$$

Sie gibt die Zeit für die Energieübertragung zwischen den Schwingkreisen an. Für $k \ll 1$ ist die Schwebungsfrequenz proportional zum Kopplungsgrad k, wie wir ebenfalls durch die Taylor-Entwicklung sehen:

$$\Omega_b = \frac{\omega_\circ}{2}\left(\frac{1}{\sqrt{1-k}} - \frac{1}{\sqrt{1+k}}\right) \tag{9.55}$$

$$\approx \frac{\omega_\circ}{2}\left(1 + \frac{k}{2} - \left(1 - \frac{k}{2}\right)\right) \tag{9.56}$$

$$= \frac{k}{2}\omega_\circ \tag{9.57}$$

Die Schwebungsfrequenz, mit der die Energie zwischen den beiden Schwingkreisen ausgetauscht wird, ist also erwartungsgemäß umso geringer, je kleiner die Kopplung ist.

Im Folgenden vergleichen wir gekoppelte elektromagnetische Schwingungen mit dem analogen mechanischen Fall gekoppelter Pendel, die durch eine Feder miteinander verbunden sind.

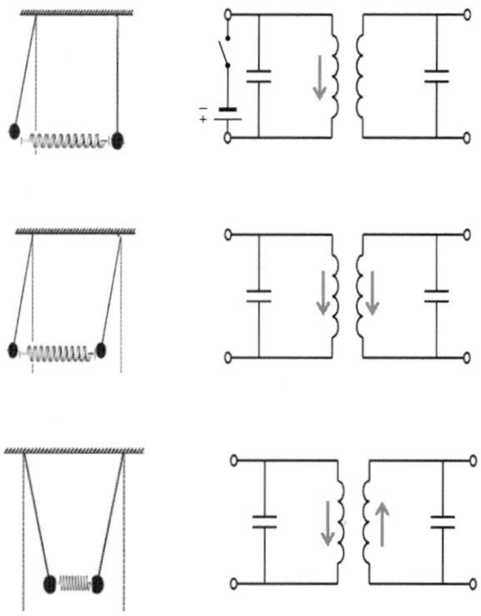

Abbildung 9.9 Analogie zwischen mechanischen und elektrischen gekoppelten Schwingungen

Wir betrachten verschiedene Anfangsbedingungen (►Abbildung 9.9).

a Es wird nur ein Kreis angeregt. In diesem Fall ist $\Omega_a = (\omega_a + \omega_b)/2$ die Schwingungsfrequenz des einzelnen Schwingkreises, und $\Omega_b = (\omega_a - \omega_b)/2$ ist die Schwebungsfrequenz, mit der die Schwingung von einem Kreis auf den anderen und zurück übertragen wird (►Abbildung 9.8).

b Beide Kreise schwingen gleichphasig und behindern sich daher nach der Lenz'schen Regel gegenseitig. Deshalb schwingen sie mit der niedrigeren Frequenz $\omega_b < \omega_\circ$. *(Im mechanischen Äquivalent ist $\omega_b = \omega_\circ$.)*

c Beide Kreise schwingen gegenphasig und regen sich dabei gegenseitig an. Sie schwingen daher mit der höheren Frequenz $\omega_a > \omega_\circ$.

Die beiden Fälle **b** und **c** spielen als **Fundamental-Schwingungen oder -Moden** eine wichtige Rolle in der Physik. Die zugehörigen Fundamental-Frequenzen sind $\omega_a = \omega_\circ/\sqrt{1-k}$ und $\omega_b = \omega_\circ/\sqrt{1+k}$. Alle möglichen Schwingungen lassen sich als Linearkombination dieser beiden Moden darstellen.

Aufgabe 17: Fundamentalmoden

Im Unterschied zum elektrischen Fall ist die Fundamentalmode der gleichphasigen mechanischen Schwingung gleich der Grundfrequenz $\omega_\circ$. Suchen Sie den Grund dafür anschaulich und in den Formeln.

Das Wichtigste zum Mitnehmen

Zum Mitnehmen: Elektromagnetische Schwingungen 1

- Analog zu mechanischen Schwingungen entstehen in elektrischen Schaltkreisen mit Kondensatoren (Kapazität C), Spulen (Induktivität L) und Widerständen (R) **elektromagnetische Schwingungen** der Form (Strom I)

$$I(t) = I_\circ \cdot e^{-\gamma t} \cdot \cos(\omega t + \varphi) \tag{9.15}$$

mit

$$\gamma \equiv \frac{R}{2L} \tag{9.9}$$

$$\omega_\circ \equiv \frac{1}{\sqrt{LC}} \tag{9.11}$$

$$\omega^2 \equiv \omega_\circ^2 - \gamma^2 \tag{9.12}$$

(9.58)

Man unterscheidet

Ungedämpfte Schwingung	$R = 0$:	$\omega = \omega_\circ$
Gedämpfte Schwingung	$R > 0$:	$\omega = \sqrt{\omega_\circ^2 - \gamma^2} < \omega_\circ$
Im **Kriechfall**	$R \gg 0$:	$\omega^2 < 0$

kommt es ohne Schwingung zum exponentiellen Abfall

$$I(t) = I_\circ \, e^{(-\gamma \pm \sqrt{\gamma^2 - \omega_\circ^2})\, t + \varphi}$$

mit dem für viele Anwendungen (z. B. Messtechnik, Dämpfung) wichtigen

Aperiodischen Grenzfall $\quad R = 2 \cdot \sqrt{\frac{L}{C}}\,, \qquad \omega_\circ = \gamma$

Zum Mitnehmen: Elektromagnetische Schwingungen 2

- Wird ein elektrischer Schwingkreis durch eine periodisch schwingende Spannungsquelle mit $U = U_0 \cdot e^{-\omega t}$ angeregt, ergibt sich für die mittlere aufgenommene Leistung eine **Resonanzkurve der erzwungenen Schwingung**

$$\overline{P}(\omega) = \frac{\overline{P}_{max}}{R^2 + \left(\omega L - \frac{1}{\omega C}\right)^2} \tag{9.24}$$

mit einer mittleren Frequenz

$$\omega_m = \sqrt{(\omega_\circ^2 + \gamma^2)} > \omega_\circ \tag{9.32}$$

und einer **Halbwertsbreite**

$$\Gamma = 2\gamma = \frac{R}{L}. \tag{9.30}$$

- Zwei elektrische Schwingkreise lassen sich induktiv (Kopplung L_{12}) zu **gekoppelten Schwingungen** anregen. Im einfachen Fall gleicher L, C und $R = 0$ ergeben sich mit dem Kopplungsgrad $k = L_{12}/L$ die beiden **Grundfrequenzen**

$$\omega_a = \omega_\circ \frac{1}{\sqrt{1-k}} > \omega_\circ \text{ und} \tag{9.48}$$

$$\omega_b = \omega_\circ \frac{1}{\sqrt{1+k}} < \omega_\circ. \tag{9.49}$$

Für kleine $k \ll 1$ ergibt sich eine **gemeinsame Frequenz** der Schwingkreise

$$\Omega_a = \frac{\omega_a + \omega_b}{2} \tag{9.50}$$

mit der **Schwebungsfrequenz**

$$\Omega_b = \frac{\omega_a - \omega_b}{2}. \tag{9.54}$$

Dipolstrahlung

10

ÜBERBLICK

» In diesem Kapitel untersuchen wir die elektrischen und magnetischen Felder in der Umgebung eines schwingenden Dipols. Dabei werden wir sehen, dass die Felder vom Dipol ausgehende Wellen bilden. Wir untersuchen die Abstrahlungscharakteristik des Dipols, das Frequenzspektrum der Wellen und die mit ihnen transportierte Leistung. «

10.1 Elektrodynamische Potentiale

Für die Beschreibung der elektrischen und magnetischen Felder eines Dipols bilden die vier Maxwell-Gleichungen in Kapitel 1 oder auch in (6.27), (6.13), (2.90), (5.8) ein System gekoppelter Differentialgleichungen mit ersten Ableitungen in den Ortskoordinaten und in der Zeit:

$$\operatorname{rot}\vec{E} = -\frac{\partial \vec{B}}{\partial t} \tag{10.1}$$

$$\operatorname{rot}\vec{B} = \mu_\circ \vec{j} + \frac{1}{c^2}\frac{\partial \vec{E}}{\partial t} \tag{10.2}$$

$$\operatorname{div}\vec{E} = \frac{\rho}{\epsilon_\circ} \tag{10.3}$$

$$\operatorname{div}\vec{B} = 0 \tag{10.4}$$

Für die Berechnung der vom Dipol abgestrahlten elektromagnetischen Felder ist es vorteilhaft, sogenannte elektrodynamische Potentiale $\vec{A}$ und Φ_{el} einzuführen und darüber das Magnetfeld und das elektrische Feld zu berechnen.

Zunächst schreiben wir die vier Maxwell-Gleichungen in der Form der Potentiale $\vec{A}$ und Φ_{el} auf. Dabei werden wir sehen, dass damit zweite Ableitungen in den Ortskoordinaten und in der Zeit auftauchen, dafür aber die Potentiale $\vec{A}$ und Φ_{el} in voneinander unabhängigen Differentialgleichungen verbleiben.

10.1.1 Vektorpotential des Magnetfelds

Wir definieren die vektorielle Feldgröße $\vec{A}(\vec{r})$ durch

$$\vec{B} \equiv \operatorname{rot}\vec{A}\,. \tag{10.5}$$

Dabei ist $\vec{A}$ das **Vektorpotential** des Magnetfelds.

Wir verifizieren zunächst, dass die Maxwell-Gleichung (10.4) damit erfüllt ist:

$$\begin{aligned}
\operatorname{div}\vec{B} &= \operatorname{div}\operatorname{rot}\vec{A}\\
&= \nabla(\nabla\times\vec{A})\\
&= \frac{\partial}{\partial x}\left(\frac{\partial}{\partial y}A_z - \frac{\partial}{\partial z}A_y\right) - \frac{\partial}{\partial y}\left(\frac{\partial}{\partial x}A_z - \frac{\partial}{\partial z}A_x\right) + \frac{\partial}{\partial z}\left(\frac{\partial}{\partial x}A_y - \frac{\partial}{\partial y}A_x\right)\\
&= 0
\end{aligned}$$

Allerdings ist die Definition des Vektorpotentials nicht eindeutig, denn wir können den Gradienten einer skalaren Funktion $f(\vec{r},t)$ addieren,

$$\vec{A}' = \vec{A} + \operatorname{grad} f(\vec{r},t)\,, \tag{10.6}$$

ohne dass sich die Maxwell-Gleichung ändert:

$$\operatorname{rot}\operatorname{grad} f = \begin{pmatrix} \frac{\partial}{\partial y}\frac{\partial f}{\partial z} - \frac{\partial}{\partial z}\frac{\partial f}{\partial y} \\ \frac{\partial}{\partial z}\frac{\partial f}{\partial x} - \frac{\partial}{\partial x}\frac{\partial f}{\partial z} \\ \frac{\partial}{\partial x}\frac{\partial f}{\partial y} - \frac{\partial}{\partial y}\frac{\partial f}{\partial x} \end{pmatrix} = 0 \tag{10.7}$$

Man nennt dies die Eichfreiheit von $\vec{A}$, die Funktion $f(\vec{r}, t)$ eine Eichfunktion und die Verschiebung in (10.6) eine Eichtransformation.

10.1.2 Elektrisches Potential

Unsere frühere Definition für das Potential in der Elektrostatik $\vec{E} = -\operatorname{grad}\Phi_{el}$ (2.39) gilt für experimentelle Situationen, in denen kein Magnetfeld oder höchstens ein konstantes Magnetfeld ($\vec{B} = const.$) vorhanden ist, denn Einsetzen von $\vec{E} = -\operatorname{grad}\Phi_{el}$ in die Maxwell-Gleichung (10.1) ergibt in Analogie zu (10.7) immer $\operatorname{rot}(\operatorname{grad}\Phi_{el}) = 0$.

Um auch bei zeitlich veränderlichen Magnetfeldern das elektrische Feld darzustellen, *erweitern wir das bekannte elektrische* **skalare Potential** Φ_{el} unter Verwendung des Vektorpotentials $\vec{A}$:

$$\vec{E} = -\operatorname{grad}\Phi_{el} - \frac{\partial \vec{A}}{\partial t} \tag{10.8}$$

Mit dieser Definition liefert die zeitliche Ableitung des Vektorfelds $\partial\vec{A}/\partial t$ die richtige Variation des Magnetfelds für die Maxwell-Gleichung (10.1):

$$\begin{aligned} \operatorname{rot}\vec{E} &= -\underbrace{\operatorname{rot}\operatorname{grad}\Phi_{el}}_{=0} - \operatorname{rot}\frac{\partial \vec{A}}{\partial t} \\ &= -\frac{\partial}{\partial t}\left(\operatorname{rot}\vec{A}\right) \\ &= -\frac{\partial \vec{B}}{\partial t} \end{aligned}$$

Auch hier gibt es eine Eichfreiheit für Φ_{el}. Im dynamischen Fall kann man gleichzeitig mit (10.6) folgende Eichtransformation durchführen, ohne dass sich $\vec{E}$ ändert:

$$\Phi'_{el} = \Phi_{el} - \frac{\partial f(\vec{r}, t)}{\partial t} \tag{10.9}$$

Dies lässt sich durch Einsetzen in (10.8) bestätigen, weil

$$\operatorname{rot}\operatorname{grad}\left(\frac{\partial f}{\partial t}\right) = \frac{\partial}{\partial t}\operatorname{rot}\operatorname{grad} f \tag{10.10}$$

nach (10.7) keinen Beitrag ergibt.

10.1.3 Eichbedingung

Die Freiheit der Eichung der elektromagnetischen Potentiale lässt sich durch eine sogenannte Eichbedingung zugleich ausnutzen und einschränken.

Für die Behandlung von elektromagnetischen Wellen erweist sich die sogenannte **Lorenz'sche Eichbedingung** als geeignet:

$$\operatorname{div} \vec{A} = -\frac{1}{c^2}\frac{\partial \Phi_{el}}{\partial t} \tag{10.11}$$

Nach ihr werden die Quellen bzw. Senken des Vektorfelds $\vec{A}$ der zeitlichen Änderung des elektrischen Potentials zugeschrieben. Diese Eichbedingung hilft die Gleichungen für das elektrische und das magnetische Potential zu vereinfachen und zu entkoppeln, wie wir gleich sehen werden.

Aufgabe 18: Eichfunktion

Es lässt sich immer eine Eichfunktion $f(\vec{r}, t)$ finden, die die Lorenz'sche Eichbedingung (10.11) erfüllt. Welcher Gleichung muss sie genügen?

10.1.4 Poissongleichung

In Analogie zur Poissongleichung in der Elektrostatik (2.95) wollen wir hier eine Gleichung für zeitlich veränderliche elektrische Potentiale herleiten. Dafür setzen wir in die Maxwell-Gleichung (10.3) das elektrische Feld $\vec{E}$ (10.8) und die Lorenz'sche Eichbedingung (10.11) ein:

$$\begin{aligned}\frac{\rho}{\epsilon_0} &= \operatorname{div} \vec{E} \\ &= -\operatorname{div}\operatorname{grad}\Phi_{el} - \operatorname{div}\frac{\partial \vec{A}}{\partial t} \\ &= -\triangle\,\Phi_{el} - \frac{\partial}{\partial t}\operatorname{div}\vec{A} \\ &= -\triangle\,\Phi_{el} + \frac{1}{c^2}\frac{\partial^2 \Phi_{el}}{\partial t^2}\end{aligned}$$

Hierbei ist $\triangle$ der bereits bekannte Laplace-Operator (2.93). Damit erhalten wir eine *erweiterte* **Poissongleichung** für ein zeitlich veränderliches elektrisches Potential:

$$\triangle\Phi_{el} - \frac{1}{c^2}\frac{\partial^2 \Phi_{el}}{\partial t^2} = -\frac{\rho}{\epsilon_0} \tag{10.12}$$

Diese Differentialgleichung enthält nur das Potential Φ_{el} und die Ladungsdichte ρ, ist also nicht mit dem Vektorpotential $\vec{A}$ gekoppelt.

Für ein statisches Potential $\partial\Phi_{el}/\partial t = 0$ verbleibt die bekannte Form der Poissongleichung (2.95):

$$\triangle\Phi_{el} = -\frac{\rho}{\epsilon_\circ} \tag{10.13}$$

Wie ein Potential Φ_{el} aus (10.13) berechnet wird, haben wir in (2.47) angegeben:

$$\Phi_{el}(\vec{R}) = \frac{1}{4\,\pi\,\epsilon_\circ}\int_V \frac{\rho(\vec{r})\,dV}{\left|\vec{R}-\vec{r}\right|} \tag{10.14}$$

Diese Kenntnis werden wir im Folgenden nutzen (►Abbildung 10.1).

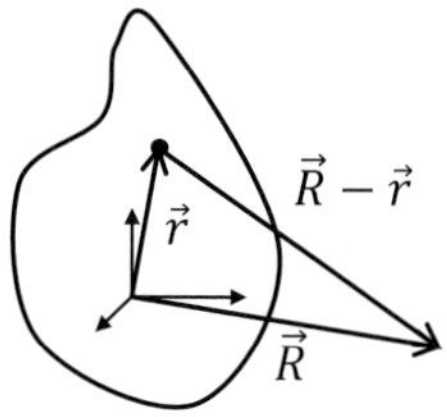

Abbildung 10.1 Geometrie zur Poisson-Gleichung

10.1.5 Biot-Savart-Gesetz

Auch für das Vektorpotential $\vec{A}$ können wir eine Differentialgleichung zweiter Ordnung herleiten. Dafür setzen wir für den ersten Term auf der linken Seite der Maxwell-Gleichung (10.2)

$$\text{rot}\,\vec{B} - \frac{1}{c^2}\frac{\partial\vec{E}}{\partial t} = \mu_\circ\vec{j}$$

die Definition des Vektorfelds $\vec{A}$ (10.5) ein:

$$\begin{aligned}\text{rot}\,\vec{B} &= \text{rot}\,\text{rot}\,\vec{A}\\ &= \nabla\times(\nabla\times\vec{A})\\ &= \nabla(\nabla\vec{A}) - \triangle\vec{A}\\ &= \text{grad}\,\text{div}\,\vec{A} - \triangle\vec{A}\end{aligned}$$

Für den zweiten Term setzen wir die Definition des elektrischen Potentials (10.8) und die Lorenz'sche Eichbedingung (10.11) ein:

$$\begin{aligned}-\frac{1}{c^2}\frac{\partial\vec{E}}{\partial t} &= -\frac{1}{c^2}\frac{\partial}{\partial t}\left(-\text{grad}\,\Phi_{el} - \frac{\partial\vec{A}}{\partial t}\right)\\ &= \text{grad}\left(\frac{1}{c^2}\frac{\partial\Phi_{el}}{\partial t}\right) + \frac{1}{c^2}\frac{\partial^2\vec{A}}{\partial t^2}\\ &= -\,\text{grad}\,\text{div}\,\vec{A} + \frac{1}{c^2}\frac{\partial^2\vec{A}}{\partial t^2}\,,\end{aligned}$$

und erhalten insgesamt

$$\triangle\vec{A} - \frac{1}{c^2}\frac{\partial^2\vec{A}}{\partial t^2} = -\mu_\circ\vec{j}\,. \tag{10.15}$$

Diese Differentialgleichung enthält nur das Vektorpotential $\vec{A}$ und die Stromdichte $\vec{j}$. Sie ist unabhängig vom Potential Φ_{el}.

Wie wir im unten folgenden Beispiel sehen werden, ist diese Gleichung eine *erweiterte Form* des **Biot-Savart-Gesetzes** (5.32). Das Biot-Savart-Gesetz beruht auf dem Ampère-Gesetz (5.9) und beschreibt die Magnetfeldstärke eines beliebig geformten stromdurchflossenen Leiters.

Für ein zeitlich konstantes Vektorpotential $\partial\vec{A}/\partial t = 0$ und damit zeitlich konstantes Magnetfeld vereinfacht sich die Gleichung zu

$$\triangle\vec{A} = -\mu_\circ\,\vec{j}\,. \tag{10.16}$$

Für die x-Komponente gilt dabei

$$\triangle A_x = -\mu_\circ\,j_x\,. \tag{10.17}$$

Entsprechende Gleichungen ergeben sich für die y- und z-Komponenten. Diese Gleichungen haben dieselbe Struktur wie die Poissongleichung (10.13).

Als Lösungsstrategie für die x-Komponente des Vektorpotentials A_x nutzen wir denselben Ansatz (10.14) wie für die Poissongleichung:

$$A_x(\vec{R}) = \frac{\mu_\circ}{4\,\pi}\int_V \frac{j_x\,dV}{\left|\vec{R}-\vec{r}\right|}$$

Analoge Gleichungen gelten für die y- und z-Komponenten des Vektorpotentials $\vec{A}$, sodass sich die zu lösende Gleichung in vektorieller Form schreiben lässt:

$$\vec{A}(\vec{R}) = \frac{\mu_\circ}{4\,\pi}\int_V \frac{\vec{j}\,dV}{\left|\vec{R}-\vec{r}\right|} \tag{10.18}$$

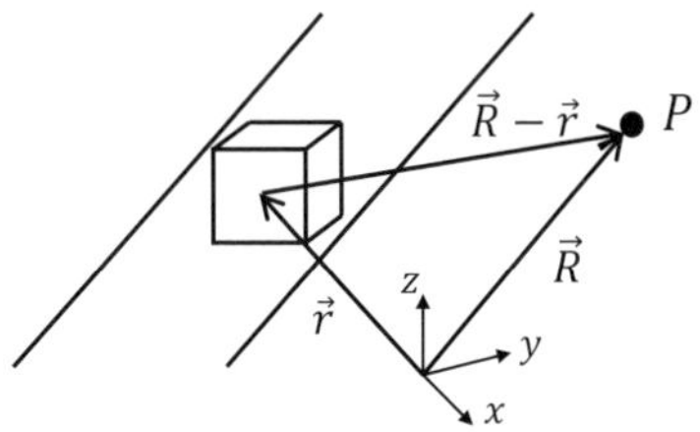

Abbildung 10.2 Geometrie zur Berechnung des Magnetfelds

Beispiel: Magnetfeld eines stromdurchflossenen Drahts

Ein zeitlich konstanter Strom I fließe entlang eines dünnen Drahts. In diesem Fall lässt sich das Integral in (10.18) zu einem Linienintegral längs der Drahtrichtung $d\vec{r}$ vereinfachen:

$$\int_V \vec{j}\, dV = I \int_l d\vec{r}$$

Das Magnetfeld $\vec{B}$ an einem Beobachtungspunkt P erhalten wir nach (10.5) aus (10.18), indem wir die Rotation von $\vec{A}$ bezüglich des Vektors $\vec{R}$ aus ►Abbildung 10.2 berechnen ($\nabla_{\vec{R}}$ soll verdeutlichen, dass der Rotationsoperator nur auf $\vec{R}$ wirkt, während über $\vec{r}$ integriert wird):

$$\begin{aligned}\vec{B} &= \operatorname{rot} \vec{A} \\ &= \nabla_{\vec{R}} \times \frac{\mu_\circ}{4\pi} I \int_l \frac{d\vec{r}}{|\vec{R}-\vec{r}|} \\ &= \frac{\mu_\circ}{4\pi} I \int_l \nabla_{\vec{R}} \times \frac{d\vec{r}}{|\vec{R}-\vec{r}|}\end{aligned}$$

Mit der Formel aus der Vektoranalysis

$$\nabla \times (a\vec{b}) = a(\nabla \times \vec{b}) - \vec{b} \times (\nabla a)$$

für einen Skalar $a = \frac{1}{|\vec{R}-\vec{r}|}$ und einen Vektor $\vec{b} = d\vec{r}$ ergibt sich wegen

$$\begin{aligned}\nabla_{\vec{R}} \times \vec{b} &= \nabla_{\vec{R}} \times d\vec{r} = 0 \\ \nabla_{\vec{R}}\, a &= \nabla_{\vec{R}} \frac{1}{|\vec{R}-\vec{r}|} = -\frac{\vec{e}_{\vec{R}-\vec{r}}}{|\vec{R}-\vec{r}|^2}\end{aligned}$$

das Magnetfeld zu

$$\vec{B} = \frac{\mu_\circ}{4\pi} I \int \frac{d\vec{r} \times \vec{e}_{\vec{R}-\vec{r}}}{|\vec{R}-\vec{r}|^2}. \tag{10.19}$$

Nehmen wir also in der Differentialgleichung (10.15) nur zeitlich konstante Felder an und betrachten einen konstanten Strom in einem dünnen Draht, so ergibt sich in diesem vereinfachten Fall die bereits bekannte Form des Biot-Savart-Gesetzes (5.32).

10.1.6 Maxwell-Gleichungen und elektrodynamische Potentiale

Wir stellen hier noch einmal die *Maxwell-Gleichungen* (10.1), (10.2), (10.3), (10.4) und die *elektrodynamischen Potentiale* (10.5) und (10.8) gegenüber. Die vier Maxwell-Gleichungen bilden ein System gekoppelter Differentialgleichungen für das elektrische Feld $\vec{E}$ und das Magnetfeld $\vec{B}$.

Durch Einführen des **Vektorpotentials** $\vec{A}$ (10.5) und des **Skalarpotentials** Φ_{el} (10.8) erhalten wir zwei *entkoppelte* Differentialgleichungen zweiter Ordnung für die Potentiale, die einzeln gelöst werden. Bei den Differentialgleichungen handelt es sich um ein erweitertes **Poisson-Gesetz** (10.12) und ein erweitertes **Biot-Savart-Gesetz** (10.15). Aus den Lösungen für die Potentiale können wir das **elektrische Feld** $\vec{E}$ und das **Magnetfeld** $\vec{B}$ berechnen.

Die Potentiale $\vec{A}$ und Φ_{el} sind im Allgemeinen zeitabhängig. Bei der Formulierung der Potentiale können unter bestimmten Bedingungen Terme hinzugefügt werden, ohne dass sich die Felder $\vec{E}$ und $\vec{B}$ ändern. Eine solche Bedingung heißt Eichbedingung, wir nutzen hier die **Lorenz-Eichbedingung** (10.11).

$$\operatorname{rot}\vec{E} = -\frac{\partial \vec{B}}{\partial t} \qquad \operatorname{rot}\vec{B} = \mu_\circ \vec{j} + \frac{1}{c^2}\frac{\partial \vec{E}}{\partial t}$$

$$\operatorname{div}\vec{E} = \frac{\rho}{\epsilon_\circ} \qquad \operatorname{div}\vec{B} = 0$$

$$\text{Lorenz-Eichbedingung:} \qquad \operatorname{div}\vec{A} = -\frac{1}{c^2}\frac{\partial \Phi_{el}}{\partial t}$$

$$\vec{E} = -\operatorname{grad}\Phi_{el} - \frac{\partial \vec{A}}{\partial t} \qquad \vec{B} = \operatorname{rot}\vec{A}$$

$$\triangle\Phi_{el} - \frac{1}{c^2}\frac{\partial^2 \Phi_{el}}{\partial t^2} = -\frac{\rho}{\epsilon_\circ} \qquad \triangle\vec{A} - \frac{1}{c^2}\frac{\partial^2 \vec{A}}{\partial t^2} = -\mu_\circ \vec{j}$$

Beispiel: Begriffe zur Beschreibung von Wellen

Für die nun folgende Beschreibung elektromagnetischer Wellen erinnern wir hier an Begriffe und Zusammenhänge bei Schwingungen und Wellen in der Mechanik.

Die Amplitude $\xi_\circ$ einer Schwingung wird nach der Schwingungsdauer T wieder erreicht. Die Auslenkung einer harmonischen Schwingung beschreiben wir durch $\xi(t) = \xi_\circ \cos(2\pi\, t/T)$.

Die Frequenz ν entspricht der inversen Schwingungsdauer

$$\nu = T^{-1}\,. \tag{10.20}$$

Mit der Kreisfrequenz

$$\omega = 2\pi\,\nu \tag{10.21}$$

vereinfacht sich die Beschreibung der Auslenkung zu $\xi(t) = \xi_\circ \cos(\omega\, t)$. Da die Auslenkung zum Zeitpunkt $t = 0$ nicht maximal sein muss, führen wir eine Phasenverschiebung φ in der Beschreibung der Auslenkung ein:

$$\xi(t) = \xi_\circ \cos(\omega\, t + \varphi) \tag{10.22}$$

Gerne wird auch die komplexe Beschreibung von Schwingungen genutzt:

$$\xi(t) = \xi_\circ \, e^{i(\omega\, t + \varphi)} \tag{10.23}$$

Eine ebene Welle legt innerhalb der Zeit T die Entfernung einer Wellenlänge λ zurück (►Abbildung 10.3). Die Zeit entspricht der Schwingungsdauer T am festen Ort $x_\circ$. Die Geschwindigkeit dieser Welle bezeichnen wir als Phasengeschwindigkeit $v_{Ph} = \lambda/T$.

An jedem Ort x des Materials, entlang dessen sich die Welle bewegt, werden Schwingungen ausgeführt. Alle Schwingungen mit Abständen $n \times \lambda$ sind synchron (►Abbildung 10.3), sodass wir die Gesamtheit aller Schwingungen, d. h. die ebene Welle, über $\xi(x,t) = \xi_\circ \cos\left(2\pi\, x/\lambda - \omega\, t + \varphi\right)$ beschreiben können. Mit der Wellenzahl

$$k = \frac{2\pi}{\lambda} \tag{10.24}$$

lässt sich die Welle vereinfacht schreiben als

$$\xi(x,t) = \xi_\circ \cos\left(k\, x - \omega\, t + \varphi\right), \tag{10.25}$$

wobei häufig die Phasenverschiebung φ weggelassen wird.

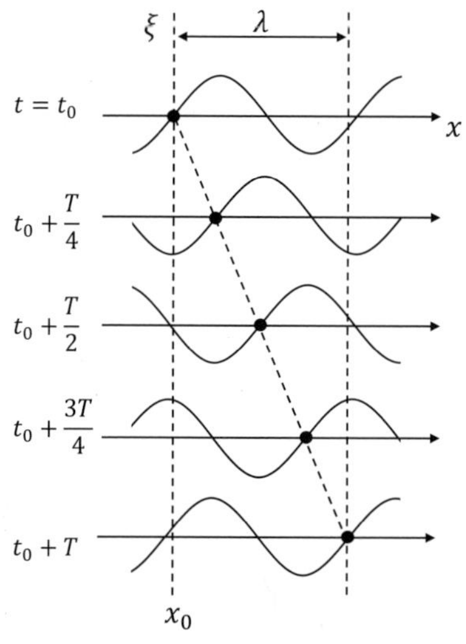

Abbildung 10.3 Ausbreitung einer ebenen Welle mit nur einer Frequenz oder Wellenlänge (monochromatisch), die sich mathematisch mit der Sinusfunktion beschreiben lässt (harmonische Welle). Nach einer Schwingungsperiode hat sich die Welle um eine Wellenlänge weiterbewegt.

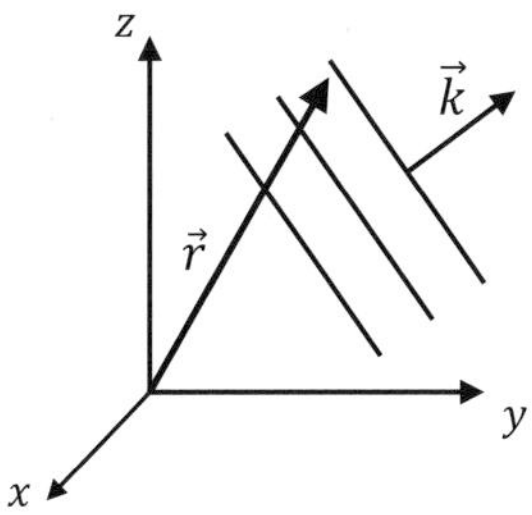

Abbildung 10.4 Das Skalarprodukt aus Ortsvektor und Wellenvektor $\vec{k}\,\vec{r} = const.$ in (10.26) beschreibt Wellenfronten gleicher Phase.

Beispiel: Fortsetzung: Begriffe zur Beschreibung von Wellen

Bei ebenen Wellen im dreidimensionalen Raum wird die Ausbreitungsrichtung durch den Wellenvektor $\vec{k}$ gegeben (►Abbildung 10.4). Das Skalarprodukt aus dem Ortsvektor $\vec{r}$ und dem Wellenvektor $\vec{k}$ beschreibt Flächen mit gleicher Phase. Auch für Wellen wird häufig die komplexe Beschreibung genutzt:

$$\xi(\vec{r}, t) = \xi_\circ \, e^{i(\vec{k}\,\vec{r} - \omega\, t)} \tag{10.26}$$

Die Phasengeschwindigkeit $v_{Ph} = \lambda/T$ der Welle lässt sich mit den verschiedenen Zusammenhängen (10.20), (10.21) und (10.24) alternativ beschreiben durch

$$v_{Ph} = \lambda\,\nu \tag{10.27}$$

$$= \frac{\omega}{k}\,. \tag{10.28}$$

Die Gruppengeschwindigkeit v_G ergibt sich bei der Überlagerung von mehreren harmonischen Wellen verschiedener Wellenlängen, deren Phasengeschwindigkeiten $v_{Ph}(\lambda)$ von der Wellenlänge λ abhängt. Wir berechnen sie durch die Ableitung

$$v_G = \frac{d\omega}{dk}\,. \tag{10.29}$$

Für Wellenpakete mit verschiedenen Wellenlängen ist die Gruppengeschwindigkeit kleiner als die Phasengeschwindigkeiten $v_G < v_{Ph}$. Dieser Effekt wird als Dispersion bezeichnet.

Die Wellengleichung ist die Bewegungsgleichung für Wellen und beschreibt die Kopplung des örtlichen und zeitlichen Verhaltens der Auslenkungen. In einer Dimension mit Ausbreitungsrichtung x lautet die Wellengleichung

$$\frac{\partial^2 \xi(x,t)}{\partial x^2} = \frac{1}{v_{Ph}^2}\,\frac{\partial^2 \xi(x,t)}{\partial t^2}\,. \tag{10.30}$$

Auf die Kopplung der zweiten Ableitungen durch das Quadrat der Phasengeschwindigkeit v_{Ph}^2 werden wir bei der Diskussion der elektromagnetischen Wellen eingehen. Ebene Wellen lösen diese Differentialgleichung:

$$\xi(x,t) = \xi_\circ \, e^{i(k\,x - \omega\,t)} \tag{10.31}$$

10.2 Offener Schwingkreis

Bisher haben wir geschlossene Schwingkreise untersucht, in denen Energie zwischen einem Kondensator und einer Spule hin- und zurücktransportiert wird. Die Energie dieses Systems bleibt bis auf Verluste durch begrenzte Leitfähigkeiten innerhalb des Systems erhalten. Die elektrischen und magnetischen Felder bleiben dabei ebenfalls lokal gebunden.

Im Folgenden sollen sich die Felder weiträumig ausdehnen können. Dazu öffnen wir in Gedanken den Schwingkreis zu einem Drahtstück, wie in den ►Abbildungen 10.5 gezeigt ist. Bei diesem Übergang *vom geschlossenen zum* **offenen Schwingkreis** sind auch die elektrischen und magnetischen Felder gezeigt.

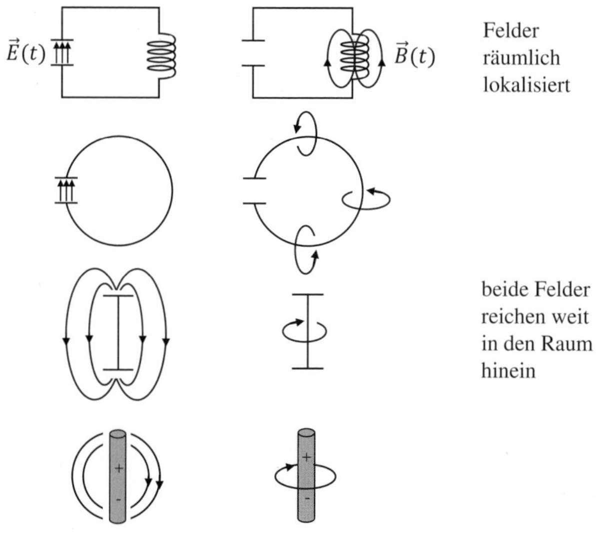

Abbildung 10.5 Elektrische Felder $\vec{E}$ und Magnetfelder $\vec{B}$ am geschlossenen und offenen Schwingkreis

Im letzten Schritt bildet der Draht einen offenen Schwingkreis, den wir durch seine Kapazität C und seine Induktivität L charakterisieren können (►Abbildung 10.6).

Wir können nun Schwingungen in dem als offenen Schwingkreis wirkenden Draht erzeugen, indem wir ihn beispielsweise durch induktive Kopplung über einen geschlossenen Schwingkreis anregen. Der Vorgang ist vergleichbar mit der Kopplung zweier Schwingkreise in Abschnitt 9.4.

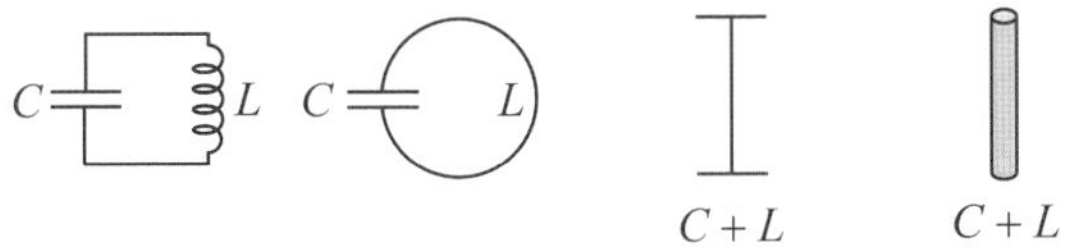

Abbildung 10.6 Kapazität und Induktivität beim geschlossenen und offenen Schwingkreis

Für einen kontinuierlichen Betrieb muss der Energieverlust im Schwingkreis zum Beispiel über eine elektronische Schaltung ausgeglichen werden. In ►Abbildung 10.7 ist das durch einen Schalter und eine Spannungsquelle angedeutet.

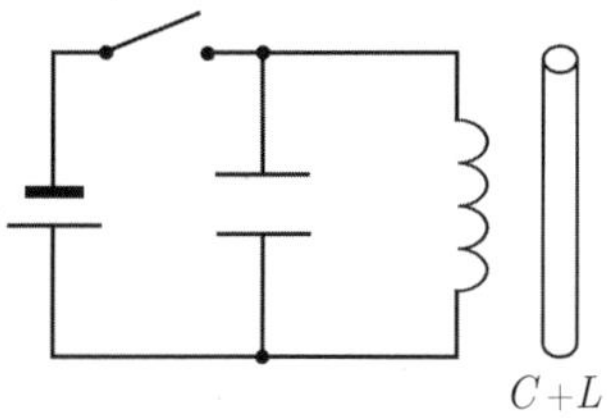

Abbildung 10.7 Skizze zum kontinuierlich betriebenen Schwingkreis

Die Systemeigenschaften werden von den erzwungenen Schwingungen im geschlossenen Schwingkreis (Abschnitt 9.3) und den beiden gekoppelten Schwingkreisen (Abschnitt 9.4) bestimmt.

In dem Draht der Länge l (►Abbildung 10.8), der jetzt unseren offenen Schwingkreis bildet, fließt ein Wechselstrom

$$I(z,t) = I_\circ(z) \cdot \sin(\omega t)\,. \tag{10.32}$$

Die Maxima des Stroms $I(z,t)$ wechseln mit den Maxima der Spannung $U(z,t)$ zwischen den beiden Drahtenden (Abschnitt 6.3 oder ►Abbildung 9.2).

Bei passenden Frequenzen kann man im Draht stehende Wellen erzeugen. Die größtmögliche Wellenlänge ist

$$\lambda = 2\,l\,. \tag{10.33}$$

Die dazugehörige Frequenz ω können wir über die Phasengeschwindigkeit v_{Ph} des elektromagnetischen Felds im Stab (10.27) unter Verwendung von (10.21) und (10.24) berechnen:

$$\omega = 2\,\pi\,\nu = 2\,\pi\,\frac{v_{Ph}}{\lambda} = 2\,\pi\,\frac{v_{Ph}}{2\,l} = \frac{\pi\,v_{Ph}}{l} \tag{10.34}$$

Die Stromamplitude weist an den Stabenden Nullstellen auf:

$$I\left(z = \pm\frac{l}{2}\right) = 0 \tag{10.35}$$

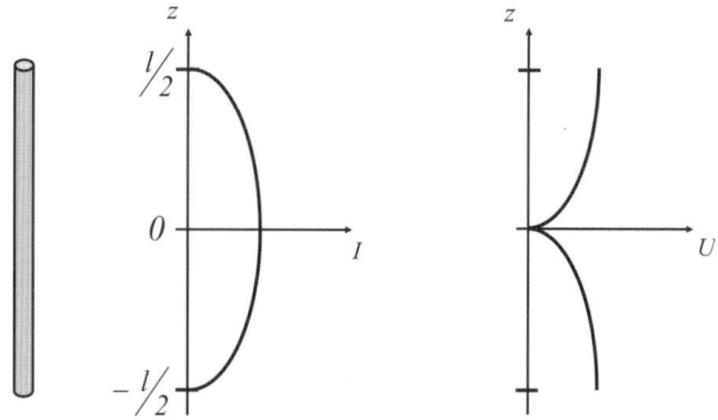

Abbildung 10.8 Stehende Wellen einer Stabantenne: links Stromamplitude, rechts Spannungsamplitude entlang des Stabes

Die Spannungsverteilung hat dagegen an den Stabenden Maxima, da dort die Ladungstrennung am größten ist. Für die stehende Welle mit der niedrigsten Frequenz entspricht die Verschiebung zwischen Strom und Spannung gerade $\lambda/4$.

Wir werden im Folgenden sehen, dass die vom geschlossenen Schwingkreis in ►Abbildung 10.7 übertragene Energie vom offenen Schwingkreis über elektromagnetische Wellen an die Umgebung abgegeben wird.

10.3 Magnetfeld der Dipolstrahlung

In diesem Abschnitt ermitteln wir zunächst mithilfe des Biot-Savart-Gesetzes (10.15) das Vektorpotential $\vec{A}$ des offenen Schwingkreises an einem Beobachtungspunkt P. Anschließend berechnen wir daraus das Magnetfeld über $\vec{B} = \operatorname{rot} \vec{A}$ (10.5).

10.3.1 Bestimmung des Vektorpotentials

Wir machen im Folgenden einige vereinfachende Annahmen, unter denen sich die wesentlichen physikalischen Aspekte der Felder des Schwingkreises erklären lassen.

Das Vektorpotential $\vec{A}$ am Punkt P wird von der Stromdichte $\vec{j}$ verursacht. Wäre die Stromdichte $\vec{j}$ zeitlich konstant, erhielten wir nach (10.18) ein zeitlich konstantes Vektorpotential als Lösung:

$$\vec{A}(\vec{r}_1) = \frac{\mu_0}{4\pi} \int_V \frac{\vec{j}(\vec{r}_2)}{|\vec{r}_1 - \vec{r}_2|} \, dV_2 \qquad (10.36)$$

Die Stromdichte im Schwingkreis ist aber offenbar zeitabhängig, $\vec{j} = \vec{j}(t)$. Somit hängt auch das Vektorpotential $\vec{A}(\vec{r}_1, t)$ von der Zeit ab.

Wir nehmen hier an, dass die führende Abhängigkeit in der räumlichen Änderung des Vektorpotentials $\triangle \vec{A}$ liegt und seine zeitliche Variation eine untergeordnete Rolle spielt. Wir

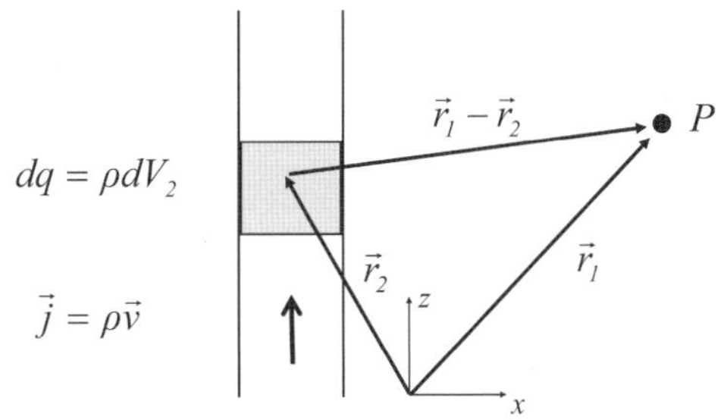

Abbildung 10.9 Geometrie zur Berechnung des Vektorpotentials

vernachlässigen daher den Term $1/c^2\,\partial^2\vec{A}/\partial t^2$ in (10.15) und verwenden als Lösungsansatz weiterhin (10.36). Im Unterschied zum rein statischen Fall werden wir den Zeiteffekt in der Informationsübertragung berücksichtigen, die auf die Lichtgeschwindigkeit c begrenzt ist.

Wie wir in (10.75) und (10.63) sehen werden, erhalten wir mit diesem Ansatz einerseits eine Vorstellung von der starken räumlichen Änderung der elektrischen und magnetischen Felder im Nahbereich des Dipols, ein Plausibilitätsargument für die Näherung. Andererseits ergeben sich gut interpretierbare Felder fernab des Dipols.

Die Änderung der Stromverteilung $\vec{j}(t)$ im Volumen dV_2 wird mit zeitlicher Verzögerung (Retardierung) im Beobachtungspunkt P gemessen (►Abbildung 10.9). Die Zeitverzögerung beträgt

$$\Delta t = \frac{|\vec{r}_1 - \vec{r}_2|}{c}\,, \tag{10.37}$$

wobei c die Lichtgeschwindigkeit, also die Ausbreitungsgeschwindigkeit der Informationsübertragung ist.

Das Vektorpotential $\vec{A}(\vec{r}_1, t)$ am Ort $\vec{r}_1$ zur Zeit t wird demnach von der Stromdichte $\vec{j}$ am Ort $\vec{r}_2$ zu einem etwas früheren Zeitpunkt $t - \Delta t$ verursacht:

$$\vec{A}(\vec{r}_1, t) = \frac{\mu_\circ}{4\pi}\int \frac{\vec{j}(\vec{r}_2, t - \Delta t)\,dV_2}{|\vec{r}_1 - \vec{r}_2|} \tag{10.38}$$

Für die Lösung des Vektorpotentials verwenden wir folgende Näherungen und Zusammenhänge: Zur Zeit $(t - \Delta t)$ sind die Ladungsschwerpunkte der freien Elektronen und der positiven Ionenrümpfe im Leiter um den Abstand d gegeneinander verschoben (►Abbildung 10.10).

Durch diese Ladungsverschiebungen ergibt sich das Dipolmoment

$$\vec{p} = Q\,d\,\vec{e_z}\,. \tag{10.39}$$

Dabei bezeichnet Q die Gesamtladung der bewegten Elektronen, die wir formal aus dem Integral über ihre Ladungsdichte ρ berechnen können:

$$Q = \int \rho\,dV_2 \tag{10.40}$$

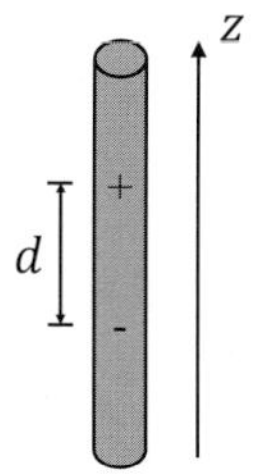

Abbildung 10.10 Ladungsschwerpunkte im Abstand d

Wir nehmen weiterhin an, dass der Abstand zwischen dem Beobachtungspunkt P und dem Dipol $|\vec{r}_1 - \vec{r}_2|$ viel größer als der Maximalwert $d_\circ$ der Ladungsverschiebung unseres Schwingkreises ist:

$$|\vec{r}_1 - \vec{r}_2| \gg d_\circ \tag{10.41}$$

Zur Vereinfachung legen wir den Ursprung unseres Koordinatensystems ins Zentrum des Schwingkreises und setzen den Abstand aller Punkte des Stabs von P näherungsweise konstant (►Abbildung 10.11):

$$r \equiv |\vec{r}_1 - \vec{r}_2| \approx const. \tag{10.42}$$

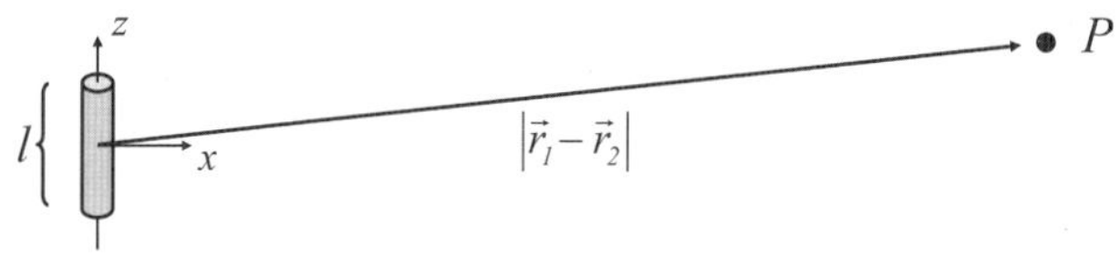

Abbildung 10.11 Geometrie zur Berechnung des Vektorpotentials $\vec{A}$

Bei der Integration von (10.38) können wir damit r vor das Integral ziehen:

$$\vec{A}(r,t) = \frac{\mu_\circ}{4\pi}\frac{1}{r}\int \vec{j}(\vec{r}_2, t - \Delta t)\, dV_2 \tag{10.43}$$

Die Stromdichte $\vec{j}$ können wir alternativ über die Ladungsdichte ρ und die Driftgeschwindigkeit $\vec{v}$ der Elektronen im Stab ausdrücken (4.17):

$$\vec{j} = \rho\,\vec{v} \tag{10.44}$$

Der Betrag der Geschwindigkeit $|\vec{v}|$ der Ladungsträger im Stab ist sehr viel kleiner als die Lichtgeschwindigkeit ($v \ll c$). Daher schwingen die Ladungsträger im Stab annähernd synchron mit sehr kleiner Amplitude $d_\circ \ll l \ll r$. Man kann daher die Laufzeitdifferenzen der Informationsübertragung vernachlässigen, die sich aus diesen kleinen Amplituden am Punkt P ergeben.

Der Abstand zwischen den Elektronen und den positiven Ionenrümpfen ändert sich im Stab periodisch:

$$d(t - \Delta t) = d_\circ \, \sin\left(\omega\,(t - \Delta t)\right) \tag{10.45}$$

Die Geschwindigkeit der Ladungen beträgt demnach

$$\begin{aligned}\vec{v}(t - \Delta t) &= \vec{e_z}\; \underbrace{\frac{d}{dt}}_{\equiv \dot{d}} d(t - \Delta t) \\ &= \vec{e_z}\, d_\circ\, \omega\, \cos\left(\omega\,(t - \Delta t)\right) .\end{aligned} \tag{10.46}$$

Setzen wir die Stromdichte $\vec{j}$ (10.44) in (10.43) ein, so lässt sich nun auch die Geschwindigkeit $\vec{v} = \vec{e_z}\,\dot{d}$ vor das Integral ziehen und wegen (10.40) die Integration durchführen:

$$\begin{aligned}\vec{A}(r,t) &= \frac{\mu_\circ}{4\,\pi}\,\frac{1}{r} \int \vec{v}(\vec{r}_2, t - \Delta t) \cdot \rho(\vec{r}_2, t - \Delta t)\, dV_2 \\ &= \frac{\mu_\circ}{4\,\pi}\,\frac{1}{r}\; \vec{e_z}\, \dot{d}(t - \Delta t) \underbrace{\int \rho(\vec{r}_2, t - \Delta t)\, dV_2}_{= Q} \\ &= \frac{\mu_\circ}{4\,\pi}\,\frac{1}{r}\; \underbrace{Q(t - \Delta t) \cdot \dot{d}(t - \Delta t)\, \vec{e_z}}_{\equiv \dot{\vec{p}}}\end{aligned} \tag{10.47}$$

Die Größe $\dot{\vec{p}}$ identifizieren wir als die zeitliche Ableitung des sich periodisch ändernden Dipolmoments (10.39), das wir mit (10.45) berechnen können:

$$\begin{aligned}\vec{p} &= Q \cdot d \cdot \vec{e}_z \\ &= \underbrace{Q \cdot d_\circ}_{\equiv p_\circ} \cdot \sin\left(\omega\,(t - \Delta t)\right) \cdot \vec{e}_z\end{aligned} \tag{10.48}$$

$$\dot{\vec{p}} = \frac{d\vec{p}}{dt} = p_\circ \cdot \omega \cdot \cos\left(\omega\,(t - \Delta t)\right) \cdot \vec{e}_z \tag{10.49}$$

Dabei haben wir als Amplitude für den Dipol definiert:

$$p_\circ \equiv Q \cdot d_\circ \tag{10.50}$$

Das Vektorpotential ergibt sich damit zu

$$\vec{A}(\vec{r},t) = \frac{\mu_\circ}{4\,\pi} \cdot \frac{1}{r} \cdot \dot{\vec{p}}(t - \Delta t) = \frac{\mu_\circ}{4\,\pi} \cdot \frac{1}{r} \cdot \dot{p}\,(t - \Delta t) \cdot \vec{e}_z \tag{10.51}$$

$$= \frac{\mu_\circ}{4\,\pi} \cdot \frac{1}{r} \cdot p_\circ \cdot \omega \cdot \cos\left(\omega\,(t - \Delta t)\right) \cdot \vec{e}_z\,. \tag{10.52}$$

Für die weitere Interpretation dieses Ergebnisses setzen wir für die Zeitverzögerung (10.37) die Näherung für den Abstand (10.42) ein:

$$\Delta t = \frac{|\vec{r}_1 - \vec{r}_2|}{c} \approx \frac{r}{c}$$

Wenn wir den Informationstransport von den bewegten Ladungen zum Beobachtungspunkt als Welle auffassen, so ist deren Phasengeschwindigkeit die Lichtgeschwindigkeit $c = \omega/k$ (10.28) mit $k = 2\,\pi/\lambda$ (10.24) der Wellenzahl bzw. λ als entsprechende Wellenlänge. Der

Kosinusterm in (10.52) enthält dann bereits eine solche fortschreitende Welle, wie wir durch Einsetzen für die Zeitverzögerung sehen (10.25):

$$\cos(\omega(t - \Delta t)) = \cos\left(\omega t - \omega \frac{r}{c}\right) = \cos(\omega t - k r) .$$

Fassen wir diesen Kosinusterm und den inversen Abstandsterm $1/r$ zusammen, so beschreiben wir das Vektorpotential als eine Kugelwelle $\psi(r,t)$ mit der Amplitude $\vec{A}_\circ$:

$$\vec{A}(\vec{r},t) = \underbrace{\frac{\mu_\circ}{4\pi} p_\circ \omega \vec{e}_z}_{\equiv \vec{A}_\circ} \cdot \underbrace{\frac{\cos(k r - \omega t)}{r}}_{\equiv \psi(r,t)} \tag{10.53}$$

Die im Schwingkreis oszillierende Ladung erzeugt ein zeitlich veränderliches Vektorpotential $\vec{A}$, das sich als Welle mit Lichtgeschwindigkeit c in den Raum ausbreitet. In jedem Beobachtungspunkt zeigt der Richtungsvektor $\vec{A}$ parallel zur Achse der schwingenden Ladungen (►Abbildung 10.12). Die Amplitude von $\vec{A}$ nimmt mit dem inversen Abstand $1/r$ vom Schwingkreis ab.

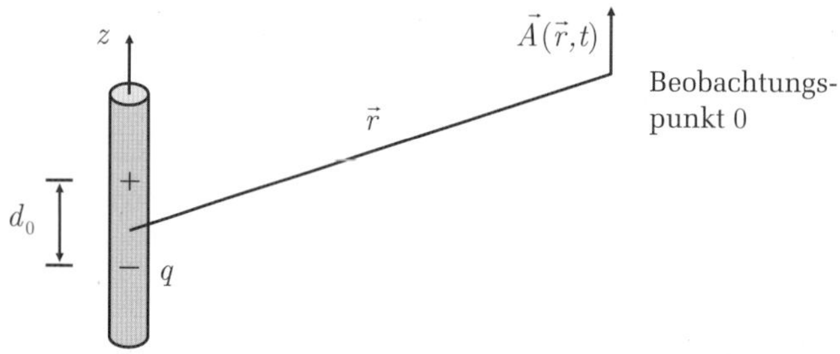

Abbildung 10.12 Die schwingenden Ladungen im Dipol erzeugen das Vektorpotential $\vec{A}$

10.3.2 Berechnung des Magnetfelds

Das Magnetfeld lässt sich nun über das Vektorpotential (10.5) berechnen:

$$\vec{B} = \text{rot}\,\vec{A} = \nabla \times \vec{A}$$

Die Vektoren von $\vec{A}$ stehen parallel zur z-Achse (10.53), d. h. die x- und y-Komponenten sind $A_x = A_y = 0$. Wegen des Kreuzprodukts liegen die Komponenten des Magnetfelds in der x-y-Ebene:

$$B_x = \frac{\partial A_z}{\partial y} - \underbrace{\frac{\partial A_y}{\partial z}}_{=0} \tag{10.54}$$

$$B_y = -\frac{\partial A_z}{\partial x} + \underbrace{\frac{\partial A_x}{\partial z}}_{=0} \tag{10.55}$$

$$B_z = \frac{\partial A_x}{\partial y} - \frac{\partial A_y}{\partial x} = 0 \tag{10.56}$$

Wir berechnen zunächst die x-Komponente des Magnetfelds aus Gleichung (10.51) durch die partielle Ableitung $\partial/\partial y$. Zur besseren Übersicht ersetzen wir das Argument der zeitlichen Änderung des Dipolmoments

$$u \equiv t - \frac{r}{c} \tag{10.57}$$

und erhalten

$$\begin{aligned} B_x &= \frac{\partial A_z}{\partial y} \\ &= \frac{\partial}{\partial y}\left(\frac{\mu_\circ}{4\pi}\,\frac{1}{r}\,\dot{p}\,(u(r))\right) \\ &= \frac{\mu_\circ}{4\pi}\cdot\left(\left(\frac{\partial}{\partial y}\frac{1}{r}\right)\cdot\dot{p}\,(u(r)) + \frac{1}{r}\cdot\frac{\partial}{\partial y}\,\dot{p}\,(u(r))\right) . \end{aligned} \tag{10.58}$$

Dafür berechnen wir die entsprechenden äußeren und inneren Ableitungen, wobei wir auch die zeitliche Ableitung des Dipolmoments (10.49) verwenden:

$$\begin{aligned} \frac{\partial}{\partial y}\frac{1}{r} &= \frac{\partial}{\partial y}\left(x^2+y^2+z^2\right)^{-\frac{1}{2}} = -\frac{1}{2}\left(x^2+y^2+z^2\right)^{-\frac{3}{2}}\,2y &&= -\frac{y}{r^3} \\ \frac{\partial u}{\partial y} &= -\frac{1}{c}\frac{1}{2}\left(x^2+y^2+z^2\right)^{-\frac{1}{2}}\,2y &&= -\frac{y}{r\,c} \\ \ddot{p} \equiv \frac{d\dot{p}}{dt} &= -p_\circ\cdot\omega^2\cdot\sin\left(\omega\,(t-\Delta t)\right) &&= \frac{\partial\dot{p}}{\partial u} \end{aligned} \tag{10.59}$$

$$\frac{\partial\dot{p}}{\partial y} = \frac{\partial\dot{p}}{\partial u}\,\frac{\partial u}{\partial y} = -\,\ddot{p}\,\frac{y}{r\,c} \tag{10.60}$$

Damit ergibt sich die x-Komponente des Magnetfelds zu

$$B_x = \frac{\mu_\circ}{4\pi}\left(-\frac{y}{r^3}\cdot\dot{p} - \frac{1}{r}\cdot\frac{y}{r\,c}\ddot{p}\right) . \tag{10.61}$$

Mit einer analogen Rechnung für die y-Komponente des Magnetfelds erhalten wir insgesamt den Magnetfeldvektor

$$\vec{B} = \frac{\mu_\circ}{4\pi}\left(\frac{\dot{p}}{r^3} + \frac{\ddot{p}}{r^2\,c}\right)\begin{pmatrix} -y \\ x \\ 0 \end{pmatrix} . \tag{10.62}$$

Das von der Schwingung erzeugte Magnetfeld hängt sowohl von der Geschwindigkeit $\dot{p}$ der Ladungsträger (10.49) als auch von ihrer Beschleunigung $\ddot{p}$ (10.59) ab.

Offenbar zeigt das Magnetfeld entlang der Tangente eines Kreises in der x-y-Ebene, weshalb wir die Komponenten des Magnetfelds in Kugelkoordinaten (►Abbildung 10.13) umrechnen:

$$\begin{aligned} x &= r\,\sin\vartheta\,\cos\varphi \\ y &= r\,\sin\vartheta\,\sin\varphi \\ z &= r\,\cos\vartheta \end{aligned}$$

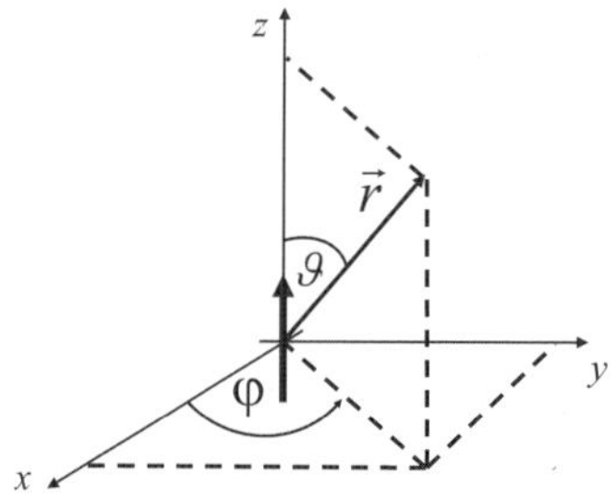

Abbildung 10.13 Kugelkoordinaten

In vektorieller Schreibweise mit $\vec{e}_\varphi = \begin{pmatrix} -\sin\varphi \\ \cos\varphi \\ 0 \end{pmatrix}$ ist dann das Magnetfeld

$$\vec{B} = \frac{\mu_\circ}{4\pi}\left(\frac{\dot{p}}{r^2} + \frac{\ddot{p}}{r\,c}\right)\sin\vartheta\,\vec{e}_\varphi\,. \tag{10.63}$$

Das Magnetfeld im Beobachtungspunkt P steht demnach senkrecht zur Dipolachse und auch senkrecht zur Ausbreitungsrichtung (►Abbildung 10.14). Der Betrag des Magnetfelds $|\vec{B}|$ ist null entlang der Dipolachse ($\vartheta = 0$) und maximal in der Ebene senkrecht zur Dipolachse, d. h. in der x-y-Ebene ($\vartheta = 90°$).

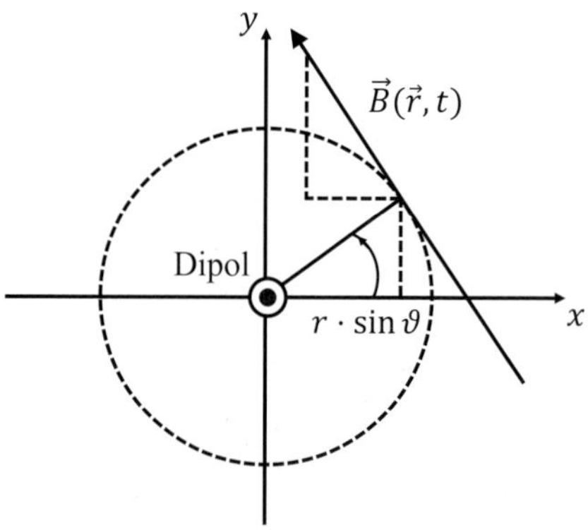

Abbildung 10.14 B-Feld am Beobachtungspunkt

Betrachten wir nur die Amplitude des Magnetfelds in P, so sehen wir für dieses Feld

$$\left|\vec{B}\right| = \frac{\mu_\circ}{4\pi}\left(\frac{\dot{p}}{r^2} + \frac{\ddot{p}}{r\,c}\right)\sin\vartheta \tag{10.64}$$

zwei Ursachen. Der $1/r^2$-Term kann dem Ampère-Gesetz (5.9) beziehungsweise dem Biot-Savart-Gesetz (5.32) für stationäre Ströme zugeschrieben werden. Er kann für große

Abstände vernachlässigt werden, weil der Beitrag des $1/r$-Terms mit der Entfernung weniger schnell abfällt. Damit erhalten wir für das **magnetische Fernfeld**

$$\vec{B} = \frac{\mu_\circ}{4\pi\, c}\,\frac{\ddot{p}\,\sin\vartheta}{r}\,\vec{e}_\varphi\,. \tag{10.65}$$

Das Fernfeld wird also durch die Beschleunigung der Ladungen im Dipol verursacht (10.59).

10.4 Elektrisches Feld der Dipolstrahlung

Das elektrische Feld bestimmen wir über die Gleichung (10.8):

$$\vec{E} = -\,\mathrm{grad}\,\Phi_{el} - \frac{\partial\vec{A}}{\partial t}\,. \tag{10.66}$$

Zunächst bestimmen wir die zeitliche Ableitung des Vektorfelds (10.51):

$$\frac{\partial\vec{A}}{\partial t} = \frac{\mu_\circ}{4\,\pi}\,\frac{1}{r}\,\ddot{p}\,\vec{e}_z$$

Den Einheitsvektor $\vec{e}_z$ können wir in Kugelkoordinaten aus den beiden Einheitsvektoren $\vec{e}_r$ und $\vec{e}_\vartheta$ zusammensetzen (►Abbildung 10.15):

$$\vec{e}_z = \vec{e}_r\cos\vartheta - \vec{e}_\vartheta\sin\vartheta$$

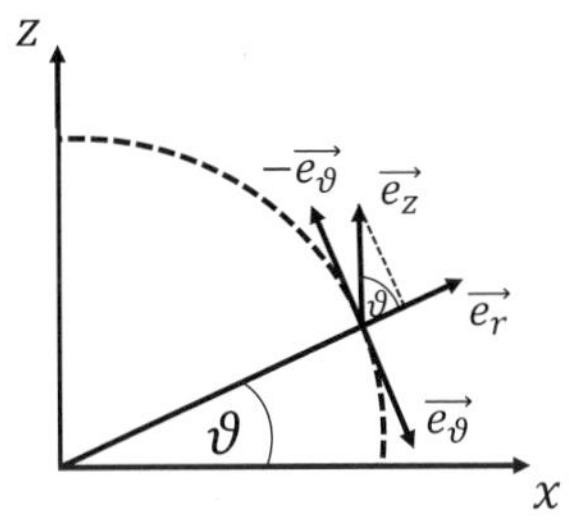

Abbildung 10.15 Zur Berechnung von $\vec{e}_z$, $\vec{e}_r$ und $\vec{e}_\vartheta$

Damit erhalten wir in Kugelkoordinaten

$$\frac{\partial\vec{A}}{\partial t} = \frac{\mu_\circ}{4\,\pi}\,\frac{1}{r}\,\ddot{p}\,\left(\vec{e}_r\cos\vartheta - \vec{e}_\vartheta\sin\vartheta\right)\,. \tag{10.67}$$

Den ersten Term auf der rechten Seite von (10.66) berechnen wir aus der Lorenz'schen Eichbedingung (10.11) durch Integration über die Zeit:

$$\frac{\partial\Phi_{el}}{\partial t} = -c^2\,\mathrm{div}\,\vec{A}$$

Das Vektorfeld $\vec{A}$ zeigt in kartesischen Koordinaten in z-Richtung, sodass in der Divergenz des Vektorfelds div $\vec{A}$ nur die Ableitung $\partial A_z / \partial z$ ungleich null ist. Analog zur partiellen Ableitung von A_z nach der y-Koordinate $\partial A_z / \partial y$ (10.58) bei der Berechnung des Magnetfelds (10.62) erhalten wir für die Divergenz von $\vec{A}$

$$\begin{aligned}\operatorname{div}\vec{A} &= \frac{\partial}{\partial z}A_z \\ &= -\frac{\mu_\circ}{4\pi}\left(\frac{1}{r^3}\dot{p}+\frac{1}{r^2\,c}\ddot{p}\right)\cdot z\,.\end{aligned}$$

Das elektrische Potential erhalten wir durch Integration des Divergenzterms über die Zeit. Dabei ändern sich nur die zeitlichen Ableitungen des Dipolmoments:

$$\begin{aligned}\Phi_{el} &= -c^2\int \operatorname{div}\vec{A}\,dt \\ &= -c^2\int\frac{\partial A_z}{\partial z}\,dt \\ &= \frac{c^2\,\mu_\circ}{4\pi}\left(\frac{1}{r^3}p+\frac{1}{r^2 c}\dot{p}\right)\cdot z\,.\end{aligned}$$

Für das elektrische Potential verwenden wir bevorzugt die Dielektrizitätskonstante $\epsilon_\circ$. Sie steht mit der Permeabilitätskonstanten $\mu_\circ$ und der Vakuum-Lichtgeschwindigkeit c in folgendem Zusammenhang, den wir bei der Herleitung der Wellengleichungen für elektromagnetische Wellen begründen werden (11.11):

$$c^2 = \frac{1}{\mu_\circ\epsilon_\circ} \tag{10.68}$$

Damit erhalten wir die etwas verkürzte Schreibweise:

$$\Phi_{el} = \frac{1}{4\pi\,\epsilon_\circ}\left(\frac{1}{r^3}p+\frac{1}{r^2\,c}\dot{p}\right)\cdot z\,. \tag{10.69}$$

Für die Berechnung des elektrischen Felds benötigen wir den Gradienten des Potentials (10.66), den wir direkt in Kugelkoordinaten berechnen:

$$\operatorname{grad}\Phi_{el} = \begin{pmatrix} \dfrac{\partial}{\partial r}\,\Phi_{el} \\ \dfrac{1}{r}\,\dfrac{\partial}{\partial\vartheta}\,\Phi_{el} \\ \dfrac{1}{r\sin\vartheta}\,\dfrac{\partial}{\partial\varphi}\,\Phi_{el}\end{pmatrix} \tag{10.70}$$

Wir schreiben deswegen das Potential (10.69) mit $z = r\cos\vartheta$ ebenfalls in Kugelkoordinaten und benennen alle Argumente explizit mit ihren Koordinaten:

$$\Phi_{el}(\vec{r},t) = \frac{1}{4\pi\,\epsilon_\circ}\,\cos\vartheta\,\frac{1}{r^2}\underbrace{\left(p\underbrace{\left(t-\frac{r}{c}\right)}_{=u}+\frac{r}{c}\,\dot{p}\left(t-\frac{r}{c}\right)\right)}_{\equiv p^*} \tag{10.71}$$

Zur besseren Übersicht definieren wir p^* und kürzen wie zuvor das Argument mit $u = t - r/c$ ab (10.57). Für die partielle Ableitung nach dem radialen Abstand r ergibt sich

$$\frac{\partial}{\partial r}\Phi_{el} = \frac{1}{4\pi\epsilon_\circ}\cos\vartheta\left(\left[\frac{\partial}{\partial r}\frac{1}{r^2}\right]p^* + \frac{1}{r^2}\frac{\partial p^*}{\partial r}\right).$$

Dabei verwenden wir Ableitungen ähnlich wie in Gleichung (10.60):

$$\begin{aligned}\frac{\partial}{\partial r}\frac{1}{r^2} &= \frac{-2}{r^3}\\ \frac{\partial p^*}{\partial r} &= \frac{\partial p}{\partial r} + \frac{1}{c}\left(\left[\frac{\partial r}{\partial r}\right]\dot{p} + r\,\frac{\partial \dot{p}}{\partial r}\right)\\ &= \frac{\partial p}{\partial u}\frac{\partial u}{\partial r} + \frac{1}{c}\left(\dot{p} + r\,\frac{\partial \dot{p}}{\partial u}\frac{\partial u}{\partial r}\right)\\ &= \dot{p}\left(-\frac{1}{c}\right) + \frac{1}{c}\left(\dot{p} + r\,\ddot{p}\left(-\frac{1}{c}\right)\right)\\ &= -\frac{r}{c^2}\,\ddot{p}\end{aligned}$$

Eingesetzt in die partielle Ableitung nach r ergibt sich die Struktur eines Dipolfelds $E_r^* \propto \cos(\vartheta)/r^3$ (2.57) und eine zusätzliche elektrische Feldkomponente

$$\begin{aligned}\frac{\partial \Phi_{el}}{\partial r} &= \frac{1}{4\pi\epsilon_\circ}\cos\vartheta\left(-\frac{2}{r^3}p^* - \frac{1}{c^2}\frac{1}{r}\ddot{p}\right)\\ &= -\underbrace{\frac{1}{4\pi\,\epsilon_\circ}\frac{2p^*\cos\vartheta}{r^3}}_{=E_r^*} - \frac{1}{4\pi\,\epsilon_\circ\,c^2}\frac{\ddot{p}\cos\vartheta}{r}\,.\end{aligned} \tag{10.72}$$

Für die partielle Ableitung nach ϑ ergibt sich ebenfalls ein Dipolfeld E_ϑ^* (2.58):

$$\begin{aligned}\frac{1}{r}\frac{\partial \Phi_{el}}{\partial \vartheta} &= \frac{1}{r}\frac{1}{4\pi\epsilon_\circ}\frac{p^*}{r^2}\frac{\partial}{\partial \vartheta}\cos\vartheta\\ &= -\underbrace{\frac{1}{4\pi\epsilon_\circ}\frac{p^*\sin\vartheta}{r^3}}_{=\,E_\vartheta^*}\end{aligned} \tag{10.73}$$

Die partielle Ableitung nach der φ-Koordinate ergibt keinen Beitrag:

$$\frac{\partial}{\partial \varphi}\Phi_{el} = 0 \tag{10.74}$$

Für die Berechnung des elektrischen Felds (10.66) setzen wir nun die Terme (10.72) und (10.73) mit den entsprechenden Einheitsvektoren $\vec{e}_r$ und $\vec{e}_\vartheta$ ein. Für das Resultat der zeitlichen Ableitung des Vektorfelds (10.67) berücksichtigen wir noch den Zusammenhang (10.68):

$$\begin{aligned}\vec{E} &= -\operatorname{grad}\Phi_{el} - \frac{\partial \vec{A}}{\partial t}\\ &= E_r^*\,\vec{e}_r + E_\vartheta^*\,\vec{e}_\vartheta + \frac{1}{4\pi\epsilon_\circ c^2}\frac{\ddot{p}}{r}\cos\vartheta\,\vec{e}_r - \frac{1}{4\pi\epsilon_\circ c^2}\frac{\ddot{p}}{r}\left[\vec{e}_r\,\cos\vartheta - \vec{e}_\vartheta\,\sin\vartheta\right]\\ &= \underbrace{E_r^*\,\vec{e}_r + E_\vartheta^*\,\vec{e}_\vartheta}_{=\,E^*} + \frac{1}{4\pi\epsilon_\circ c^2}\frac{\ddot{p}\,\sin\vartheta}{r}\,\vec{e}_\vartheta\end{aligned} \tag{10.75}$$

Es ergibt sich also insgesamt ein Feld mit der Struktur eines Dipols und ein zusätzlicher elektrischer Feldterm. Da das Dipolfeld mit $1/r^3$ und $1/r^2$ stark abnimmt, das zusätzliche Feld aber nur mit dem inversen Abstand $1/r$, dominiert der zweite Term das **elektrische Fernfeld**

$$\vec{E} = \frac{1}{4\pi\epsilon_0 c^2} \frac{\ddot{\vec{p}}\ \sin\vartheta}{r} \vec{e}_\vartheta \,. \tag{10.76}$$

Damit zeigt sich, dass auch das elektrische Feld im Fernbereich von der Beschleunigung der Ladungen verursacht wird. Der elektrische Feldvektor zeigt entlang des Einheitsvektors $\vec{e}_\vartheta$ und damit senkrecht zur Ausbreitungsrichtung (►Abbildung 10.16).

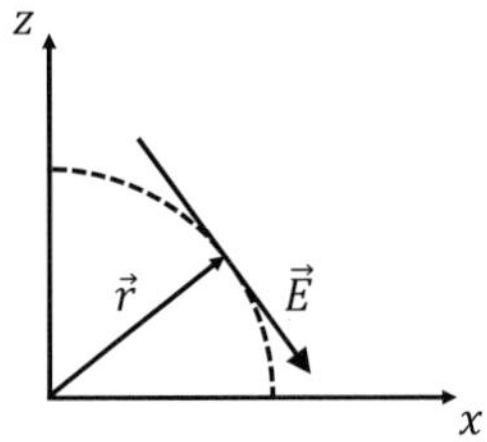

Abbildung 10.16 Elektrisches Feld am Beobachtungspunkt

Für die Vorstellung über die Ausbreitung des elektrischen Felds ist folgendes Bild hilfreich. Während der Trennung der positiven und negativen Ladungsschwerpunkte bilden sich im Nahbereich elektrische Feldlinien analog eines Dipols. Wird beim Nulldurchgang der Schwingung die Trennung der positiven und negativen Ladungsschwerpunkte für einen Moment aufgehoben ($\vec{v}_e = 0$ in ►Abbildung 10.17), so können sich die bereits vorhandenen Feldlinien schließen und von dem Schwingkreis lösen.

Die im Dipol fließenden Ströme erzeugen ihrerseits Magnetfelder, die gegenüber den elektrischen Feldern um $\lambda/4$ phasenverschoben sind (►Abbildung 10.5).

Dieses anschauliche Bild der sich gegenseitig umschlingenden $\vec{E}$- und $\vec{B}$-Felder ist nur im Nahbereich nützlich. Wie oben beschrieben überwiegen im Fernbereich die Feldanteile der freien elektromagnetischen Wellen, bei denen $\vec{E}$- und $\vec{B}$-Felder in Phase sind.

10.5 Abstrahlungscharakteristik im Fernfeld

Die Felder des schwingenden Dipols haben wir im Rahmen einer quasi-statischen Näherung für das Vektorpotential $\vec{A}$ (10.38) hergeleitet. Um im Fernbereich das elektrische Feld $\vec{E}$ (10.65) und das Magnetfeld $\vec{B}$ (10.76) quantitativ miteinander vergleichen zu können, rechnen wir noch die Permeabilitätskonstante in die Dielektrizitätskonstante anhand

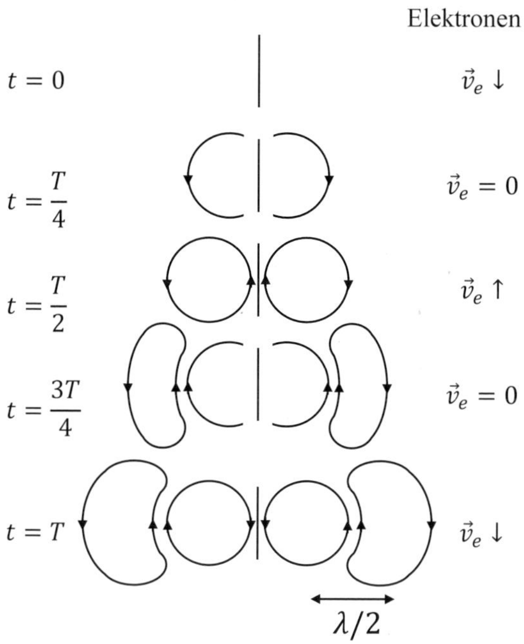

Abbildung 10.17 Elektrische Feldlinien im Nahfeld. $\vec{v}_e$ soll die Bewegung der Elektronen im Dipol andeuten. T ist die Schwingungsdauer und λ die Wellenlänge.

$c^{-2} = \mu_\circ \epsilon_\circ$ (10.68) um und erhalten

$$\vec{E} = \frac{1}{4\pi\,\epsilon_\circ c^2}\ddot{p}\,\frac{\sin\vartheta}{r}\vec{e}_\vartheta\,, \qquad \vec{B} = \frac{1}{4\pi\,\epsilon_\circ c^3}\ddot{p}\,\frac{\sin\vartheta}{r}\vec{e}_\varphi\,. \tag{10.77}$$

Dabei beschreibt (10.59)

$$\ddot{p} = -p_\circ\,\omega^2\sin(\omega\,t - k\,r) \tag{10.78}$$

die Beschleunigung der Ladungen Q, die das maximale Dipolmoment $p_\circ = Q\,d_\circ$ (10.50) erzeugen und mit der Frequenz ω schwingen.

Aus den wichtigen Formeln (10.77) lässt sich Folgendes ablesen: Beide Felder bilden wegen

$$\frac{\ddot{p}}{r} \propto \frac{\sin(\omega t - kr)}{r} \tag{10.79}$$

Kugelwellen, deren Amplitude mit dem inversen Abstand $1/r$ abfällt. Beide Felder stehen senkrecht zur Ausbreitungsrichtung der Welle (►Abbildung 10.18). Der Betrag des Magnetfelds ergibt sich durch Division mit der Lichtgeschwindigkeit c aus dem Betrag des elektrischen Felds:

$$|\vec{B}| = \frac{|\vec{E}|}{c} \tag{10.80}$$

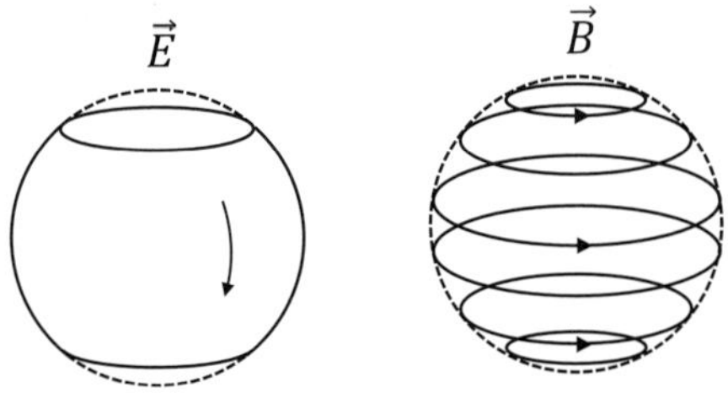

Abbildung 10.18 Elektrisches Feld $\vec{E}$ und Magnetfeld $\vec{B}$ im Fernfeld

Das Magnetfeld und das elektrische Feld erzeugen sich wechselseitig durch ihre zeitlichen Änderungen (Beschleunigung des Dipolmoments $\ddot{p}$). Diese Sekundärfelder dominieren in großer Entfernung im Vergleich zum primären Dipolfeld. *Das erklärt auch das zunächst überraschende Phänomen, dass die Fernfelder im Gegensatz zum Nahfeld nicht mehr phasenverschoben sind.*

10.5.1 Richtungsabhängigkeit der Strahlungsintensität

Wir wollen nun auch den Energietransport durch die abgestrahlte Welle berechnen, der durch die Polarwinkelabhängigkeit $\sin\vartheta$ der Felder eine charakteristische Richtungsverteilung aufweist.

Wir bezeichnen die Feldenergie W pro Volumeneinheit V als Energiedichte

$$w = \frac{W}{V}. \tag{10.81}$$

Die Energiedichten w_{el} eines elektrischen Felds (2.119) und w_m eines Magnetfelds (6.110) betragen

$$w_{el} = \frac{1}{2}\,\epsilon_\circ\,E^2\,, \tag{10.82}$$

$$w_m = \frac{1}{2}\,\frac{1}{\mu_\circ}\,B^2\,. \tag{10.83}$$

Die gesamte Energiedichte w der Welle wird von beiden Feldern transportiert: $w = w_{el}+w_m$. Wir erhalten w durch Einsetzen von (10.77). Mithilfe des Zusammenhangs $1/\mu_\circ = c^2\,\epsilon_\circ$ (10.68) lässt sich die Energiedichte der Welle durch das Quadrat des elektrischen Felds beschreiben:

$$\begin{aligned} w &= w_{el} + w_m \\ &= \frac{1}{2}\,\epsilon_\circ\,E^2 + \frac{1}{2}\,\frac{1}{\mu_\circ}\,B^2 \\ &= \frac{1}{2}\,\epsilon_\circ\left(\frac{1}{4\,\pi\,\epsilon_\circ c^2}\,\frac{\ddot{p}\,\sin\vartheta}{r}\right)^2 + \frac{1}{2}\,\epsilon_\circ\,c^2\left(\frac{1}{4\,\pi\,\epsilon_\circ c^3}\,\frac{\ddot{p}\,\sin\vartheta}{r}\right)^2 \\ &= \epsilon_\circ\,E^2 \end{aligned} \tag{10.84}$$

Da die Gesamtenergiedichte w gerade der zweifachen Energiedichte w_{el} des elektrischen Felds entspricht, wird w zu gleichen Teilen im elektrischen Feld und im Magnetfeld transportiert.

Die Energie W, die pro Zeiteinheit Δt durch eine zur Ausbreitungsrichtung der Welle senkrecht stehende Flächeneinheit F transportiert wird, bezeichnen wir als **Intensität** I oder auch **Energiestromdichte** S:

$$I = \frac{W}{\Delta t \cdot F} \tag{10.85}$$

Wir werden S später noch als wichtige Vektorgröße $\vec{S}$ kennenlernen, die als Poyntingvektor (11.34) bezeichnet wird.

Unter Verwendung der Energiedichte w (10.84) schreiben wir für die Energie $W = w \cdot V$. Da sich die Welle mit Lichtgeschwindigkeit c bewegt, können wir das Volumen durch $V = \Delta l\, F = c\, \Delta t\, F$ ersetzen (►Abbildung 10.19):

$$\begin{aligned} I &= \frac{w\, V}{\Delta t \cdot F} \\ &= w\, c \end{aligned} \tag{10.86}$$

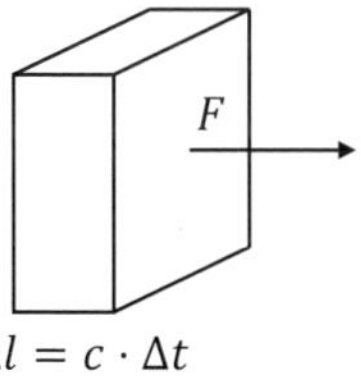

Abbildung 10.19 Volumen $V = F\, \Delta l$, dessen Fläche F von einer Welle mit Lichtgeschwindkeit c durchströmt wird

Mit dem Einsetzen der Energiedichte (10.84) betonen wir hier den wichtigen Zusammenhang, dass *die Intensität einer Welle vom Quadrat der Feldstärke abhängt*:

$$I = c\, \epsilon_\circ\, E^2 \tag{10.87}$$

Schreiben wir das Fernfeld (10.77) explizit aus, erhalten wir

$$I = c\, \epsilon_\circ \left(\frac{1}{4\, \pi\, \epsilon_\circ c^2} \, \frac{\ddot{p}\, \sin \vartheta}{r} \right)^2 . \tag{10.88}$$

Unter Verwendung von (10.59) für die beschleunigten Ladungen beträgt die **Intensität der vom Dipol abgestrahlten Welle**:

$$I = \frac{p_\circ^2}{16\, \pi^2\, \epsilon_\circ\, c^3} \cdot \sin^2 \vartheta \cdot \omega^4 \cdot \frac{\sin^2(\omega\, t - k\, r)}{r^2} \tag{10.89}$$

Die einzelnen Terme haben folgende Bedeutung:

ω^4 : Durch die vierte Potenz haben hohe Frequenzen ω eine besonders große Intensität.

r^{-2} : Durch jede Kugelfläche mit Radius r fließt dieselbe gesamte abgestrahlte Energie.

$p_\circ^2$: Die Intensität hängt quadratisch von der Dipolamplitude $p_\circ = Q\, d_\circ$ (10.50) ab.

$\sin^2 \vartheta$: Die Intensität ist senkrecht zur Dipolachse maximal ($I(\vartheta = 90^\circ) = I_{max}$) und verschwindet entlang der Dipolachse ($I(\vartheta = 0^\circ) = 0$), ►Abbildung 10.20.

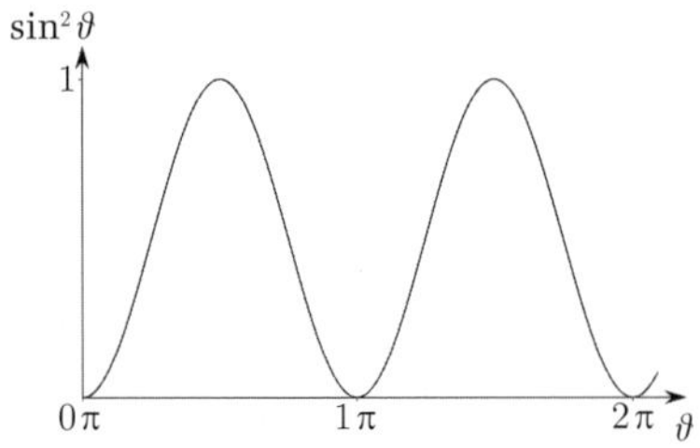

Abbildung 10.20 Die Intensität ist proportional zum $\sin^2$ des Polarwinkels ϑ

Die Richtungsabhängigkeit $\sin^2 \vartheta$ der vom Dipol abgestrahlten Intensität lässt sich auch als Polardiagramm darstellen (►Abbildung 10.21). Dabei tragen wir die Intensität I beziehungsweise den Betrag der Energiestromdichte S als Länge eines Vektors für alle Polarwinkel ϑ in das Diagramm ein.

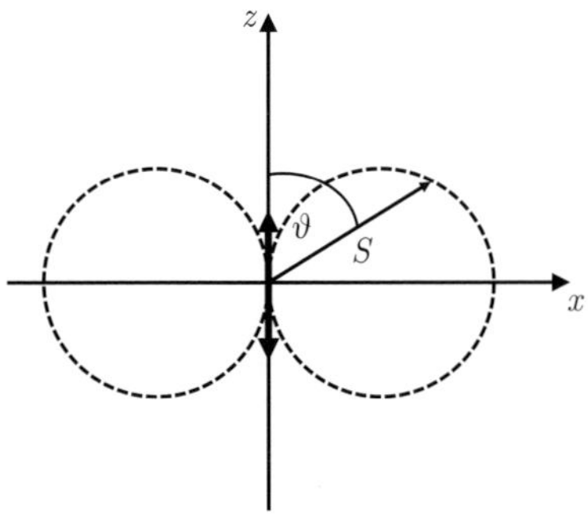

Abbildung 10.21 Abstrahlungscharakteristik der Dipolstrahlung im Polardiagramm

Experiment: Energiestromdichte am Hertz'schen Dipol

Wir bringen eine ca. 20 cm lange Metallstange (Hertz'scher Dipol) in die Nähe eines geschlossenen Schwingkreises der Frequenz $\nu = c/\lambda = 750$ MHz (►Abbildung 10.7).

Durch die induktive Kopplung des Schwingkreises und des Hertz'schen Dipols erhalten wir so eine Sendeantenne mit einer Wellenlänge im Dezimeterbereich $\lambda = 40\,\text{cm}$.

Als Empfänger verwenden wir eine zweite Metallstange, also ebenfalls einen Hertz'schen Dipol, mit entsprechender Ausleseelektronik und messen die von der Sendeantenne in der Empfangsantenne induzierte Spannung. Sender und Empfänger stellen wir sehr nahe zusammen, um ein starkes Signal zu erhalten.

Wir drehen nun die Empfangsantenne langsam um 360° und messen dabei die jeweils induzierte Spannung. Damit erhalten wir die in ►Abbildung 10.22 gezeigte Empfangschakteristik eines Dipols in Form eines Polardiagramms.

Die Messpunkte folgen ungefähr der erwarteten Abstrahlungscharakteristik $\sin^2 \vartheta$. Wir haben hier die Empfangscharakteristik gemessen, die Abstrahlungscharakteristik des Hertz'schen Dipols sieht entprechend aus (10.89).

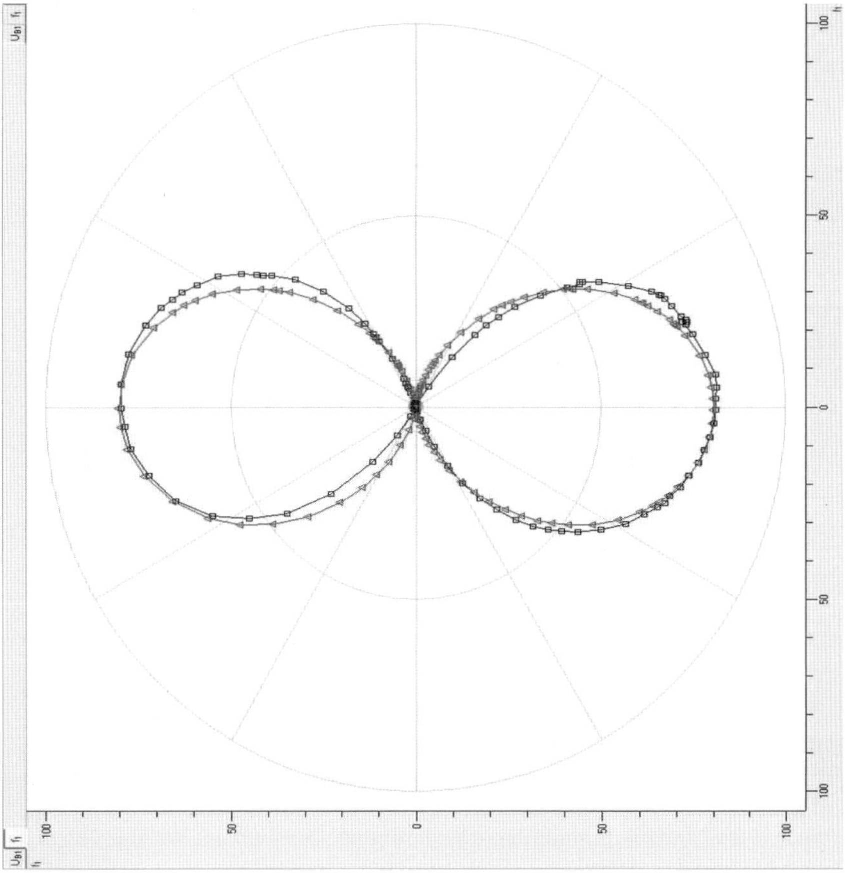

Abbildung 10.22 Theoretische (Kästchen) und gemessene (Dreiecke) Abstrahlungscharakteristik eines Dipols

10.5.2 Mittlere abgestrahlte Leistung

Die Abstrahlungsleistung des Dipols berechnen wir durch Integration der Intensität I (10.89) über eine Kugeloberfläche F im Abstand R. Dabei verwenden wir entsprechend der Fragestellung Kugelkoordinaten:

$$\begin{aligned} P &= \int I\,dF \\ &= \int_0^{2\pi} \int_0^{\pi} I\,r^2\,d\varphi\,\sin\vartheta\,d\vartheta \\ &= 2\pi\,\frac{p_\circ^2}{16\,\pi^2\,\epsilon_\circ\,c^3}\omega^4\,\sin^2(\omega t - kr)\cdot\int_0^{\pi}\sin^2\vartheta\,\underbrace{\sin\vartheta\,d\vartheta}_{=-d\cos\vartheta} \end{aligned}$$

Die Integration über den Azimutwinkel φ konnten wir sofort durchführen. Wir substituieren die Integrationsvariable $d\vartheta$ mithilfe der Ableitung $d\cos\vartheta/d\vartheta = -\sin\vartheta$ und verwenden dann als Integrationsvariable $d\cos\vartheta \equiv d\zeta$ und die Identität $\cos^2\vartheta + \sin^2\vartheta = 1$:

$$P = \frac{p_\circ^2\,\omega^4}{8\,\pi\,\epsilon_\circ\,c^3}\cdot\sin^2(\omega t - k\,r)\cdot\underbrace{\int_{\cos(0)}^{\cos(\pi)}(1-\cos^2\vartheta)\,(-1)\,d\cos\vartheta}_{=-\int_1^{-1}(1-\zeta^2)\,d\zeta = 2-2/3=4/3}$$

Um die im zeitlichen Mittel abgestrahlte Leistung zu berechnen, berücksichtigen wir, dass das Integral der quadrierten Sinusfunktion über eine Schwingungsperiode $T = 2\,\pi/\omega$ den Wert $1/2$ ergibt:

$$\int_0^T \sin^2(\omega\,t - k\,r)\,dt = \frac{1}{2}$$

Damit beträgt die **mittlere abgestrahlte Leistung**

$$\overline{P} = \frac{p_\circ^2\,\omega^4}{12\,\pi\,\epsilon_\circ\,c^3} \tag{10.90}$$

Wie zuvor hängt die abgestrahlte Leistung eines Dipols wegen ω^4 stark von der Frequenz ab!

10.5.3 Abklingzeit gedämpfter Dipolstrahlung

Die gedämpfte Dipolstrahlung hat eine besondere Bedeutung in der Lichterzeugung durch Elektronen, die in Atomen gebunden sind. Im Grundzustand des Atoms befinden sich alle Elektronen in Zuständen, deren Energie so gering wie möglich ist. Wird ein Elektron z. B. durch den Stoß seines Atoms mit einem anderen Atom auf einen Zustand mit höherer Energie angeregt, verbleibt das Elektron dort nur für kurze Zeit.

Bei der Rückkehr des Elektrons in seinen Grundzustand wird die Energiedifferenz zwischen dem angeregten und dem Grundzustand in Form von Licht an die Umgebung abgegeben. Dieser Abstrahlungsprozess lässt sich mit gedämpfter Dipolstrahlung beschreiben.

Beispiel: Dipolstrahlung eines gedämpften Oszillators

Wir betrachten nun konkret das Modell einer schwingenden Ladung Q der Masse m (►Abbildung 10.23). Die Gesamtenergie E des (mechanischen) harmonischen Oszillators kennen wir aus der Mechanik (wir verwenden hier E statt W um deutlich zu machen, wann mechanische Energie gemeint ist):

$$E = E_{kin} + E_{pot} \tag{10.91}$$

Der Oszillator genügt der Newton'schen Bewegungsgleichung $m\ddot{x} = -Dx$ und hat die Kreisfrequenz ω mit $\omega^2 = D/m$ mit der Federkonstanten D.

Wird die Masse bei $x = d_\circ$ losgelassen, so schwingt sie mit der Auslenkung

$$x(t) = d_\circ \cos(\omega t) \tag{10.92}$$

und der Geschwindigkeit

$$\dot{x}(t) = -d_\circ\, \omega \sin(\omega t) \tag{10.93}$$

Damit können wir mit den Formeln der Mechanik die mittlere Energie des Oszillators berechnen:

$$E_{kin} = \frac{1}{2}\, m\, v^2 = \frac{1}{2}\, m\, d_\circ^2\, \omega^2 \sin^2(\omega t) \tag{10.94}$$

$$E_{pot} = \frac{1}{2}\, D\, x^2 = \frac{1}{2}\, D\, d_\circ^2 \cos^2(\omega t) \tag{10.95}$$

$$\overline{E_{kin}} = \frac{1}{4}\, m\, d_\circ^2\, \omega^2 \tag{10.96}$$

$$\overline{E_{pot}} = \frac{1}{4}\, D\, d_\circ^2 = \frac{1}{4}\, m\, \omega^2\, d_\circ^2 \tag{10.97}$$

$$\overline{E} = \frac{1}{2}\, m\, d_\circ^2\, \omega^2 \tag{10.98}$$

Der harmonische Oszillator strahlt als schwingender elektrischer Dipol die Leistung $\overline{P}$ ab, die als mechanische Energie $d\overline{E}/dt$ verloren geht. Mit (10.90) ergibt sich für die relative Abnahme der Oszillatorenergie

$$\frac{\frac{d\overline{E}}{dt}}{\overline{E}} = -\frac{\frac{Q^2\, d_\circ^2\, \omega^4}{12\, \pi\, \epsilon_\circ\, c^3}}{\frac{1}{2} m\, d_\circ^2\, \omega^2} = -\frac{Q^2\, \omega^2}{6\, \pi\, \epsilon_\circ\, m\, c^3} \equiv -\frac{1}{\tau} \tag{10.99}$$

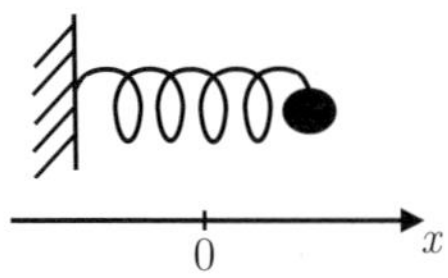

Abbildung 10.23 Modell einer schwingenden Ladung

Das Beispiel der **gedämpften Dipolstrahlung** lässt sich allgemein für den Fall entwickeln, dass der relative mittlere Energieverlust pro Zeit $\overline{P}/\overline{W}$ konstant ist (wir betrachten jetzt wieder die elektrische Energie W). Durch Trennung der Variablen und Integration erhalten wir die zeitliche Abhängigkeit der abgestrahlten mittleren Energie:

$$\frac{\overline{P}}{\overline{W}} = \frac{\frac{d\overline{W}}{dt}}{\overline{W}} = -\frac{1}{\tau} = const. \tag{10.100}$$

$$\int \frac{d\overline{W}}{\overline{W}} = -\frac{1}{\tau}\int dt \tag{10.101}$$

$$\ln \frac{\overline{W}}{\overline{W}_\circ} = -t/\tau \tag{10.102}$$

$$\overline{W}(t) = \overline{W}_\circ \, e^{-t/\tau} \tag{10.103}$$

Wir erhalten einen exponentiellen Abfall der abgestrahlten mittleren Energie (►Abbildung 10.24). Nach der **Abklingzeit** $t = \tau$ ist die Energie auf $1/e$ der Anfangsenergie abgesunken. In der folgenden Aufgabe wird ein typischer Wert der Abklingkonstanten τ abgeschätzt.

Aufgabe 19: Dipolstrahlung angeregter Atome

In dieser Aufgabe soll in einem »halbklassischen« Modell die Abklingzeit (Lebensdauer) von angeregten Atomen abgeschätzt werden.

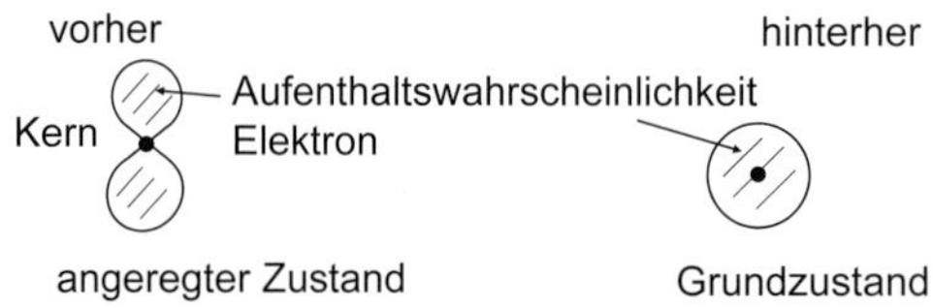

Gegeben:

$d_\circ \approx 10^{-10}\,\mathrm{m}$	Atomgröße
$m_e \approx 10^{-30}\,\mathrm{kg}$	Elektronenmasse
$\lvert Q_e\rvert \approx 10^{-19}\,\mathrm{C}$	Elektronenladung
$\epsilon_\circ \approx 10^{-11}\,\frac{\mathrm{As}}{\mathrm{Vm}}$	Dielektrizitätskonstante
$\lambda = 500\ \mathrm{nm}$	Wellenlänge ($c = \lambda\nu\ ,\ \ \omega = 2\pi\nu$)

Gesucht: Wie groß ist die Abklingzeit $t = \tau$?

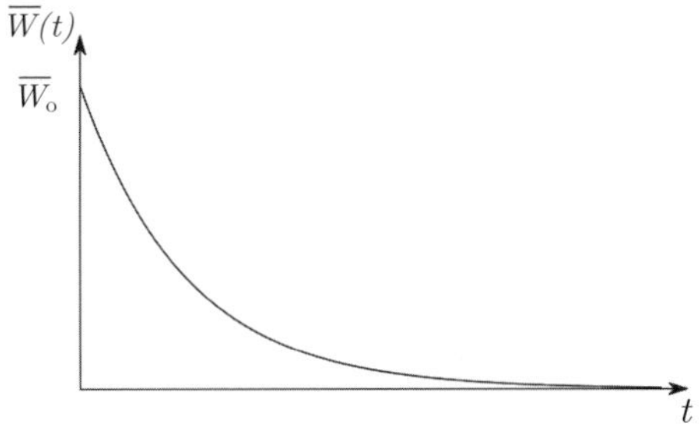

Abbildung 10.24 Exponentieller Abfall der mittleren Energie $\overline{W}$

10.5.4 Frequenzspektrum erzwungener Dipolstrahlung

Die Anregung eines Elektrons im Atom von seinem Grundzustand in einen höherenergetischen Zustand realisieren wir durch eine einfallende Lichtwelle. Dabei verwenden wir für das Elektron das Modell eines gedämpften harmonischen Schwingers mit der Frequenz $\omega_\circ$.

Die Lichtwelle transportiert die elektrische Feldstärke $\vec{E} = \vec{E}_\circ\, e^{i(\omega t - kz)}$ und regt mit der Kraft $\vec{F} = Q\,\vec{E}$ das Elektron mit Ladung $Q = -Q_e$ zu erzwungenen harmonischen Schwingungen an. Wir nehmen hier an, dass sich die Welle in z-Richtung fortbewegt und der Vektor $\vec{E}$ nur eine Kompenente in x-Richtung besitzt: $\vec{E} = E_\circ\,\vec{e}_x$. Der Dipol schwingt demnach senkrecht zur Ausbreitungsrichtung der Welle in Richtung von $\vec{e}_x$.

Als Ansatz für die erzwungene Schwingung des Elektrons durch die Lichtwelle verwenden wir Newton's Gesetz, nach dem das Elektron mit Masse m aufgrund angreifender Kräfte eine Beschleunigung $\ddot{x}$ erfährt:

$$m\,\ddot{x} + b\,\dot{x} + D\,x = Q\,E_\circ\,e^{i(\omega t - kz)} \tag{10.104}$$

In der Differentialgleichung ist $b\dot{x}$ der Dämpfungsterm und D der Koeffizient der rücktreibenden Kraft.

Wir dividieren (10.104) durch die Masse m und erhalten damit die Oszillatorgrundfrequenz $\omega_\circ^2 \equiv D/m$ und die Dämpfung $\Gamma \equiv b/m$. Das Atom befinde sich am Ort $z = 0$, sodass wir als zu lösende Differentialgleichung

$$\ddot{x} + \Gamma\,\dot{x} + \omega_\circ^2\,x = \frac{Q}{m}\,E_\circ\,e^{i\omega t} \tag{10.105}$$

erhalten. Als Lösungsansatz verwenden wir eine Schwingung

$$x = d_\circ\,e^{i\omega t}\,. \tag{10.106}$$

Durch Einsetzen erhalten wir eine Gleichung, aus der wir die Amplitude $d_\circ$ der erzwungenen Schwingung berechnen können:

$$d_\circ\,(-\omega^2 + i\,\Gamma\,\omega + \omega_\circ^2) = \frac{Q}{m}\,E_\circ \tag{10.107}$$

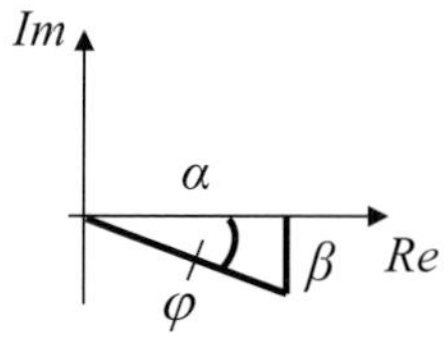

Abbildung 10.25 Phasenverschiebung bei erzwungener Dipolstrahlung

Offenbar handelt es sich bei $d_\circ$ um eine komplexe Zahl, die eine Phasenverschiebung beinhaltet (►Abbildung 10.25). Wir separieren daher Realteil und Imaginärteil:

$$d_\circ = \frac{\frac{Q}{m} E_\circ}{\omega_\circ^2 - \omega^2 + i\,\Gamma\omega} \tag{10.108}$$

$$= \frac{\frac{Q}{m} E_\circ \left((\omega_\circ^2 - \omega^2) - i\,\Gamma\omega\right)}{(\omega_\circ^2 - \omega^2)^2 - (i\,\Gamma\omega)^2} \tag{10.109}$$

$$= (\underbrace{\frac{Q}{m} \frac{(\omega_\circ^2 - \omega^2)}{(\omega_\circ^2 - \omega^2)^2 + \Gamma^2\omega^2}}_{\equiv \alpha} - i \underbrace{\frac{Q}{m} \frac{\Gamma\omega}{(\omega_\circ^2 - \omega^2)^2 + \Gamma^2\omega^2}}_{\equiv \beta}) E_\circ \tag{10.110}$$

$$= (\alpha - i\beta)\, E_\circ \tag{10.111}$$

$$= \sqrt{\alpha^2 + \beta^2} e^{i\varphi}\, E_\circ \tag{10.112}$$

$$= \underbrace{\frac{Q}{m} \frac{1}{\sqrt{(\omega_\circ^2 - \omega^2)^2 + \Gamma^2\omega^2}} E_\circ}_{\text{Amplitude}} \quad \underbrace{e^{i\varphi}}_{\text{Phase}} \tag{10.113}$$

Mit den beiden Größen α und β (10.110) ergibt sich die Phasenverschiebung zu

$$\tan\varphi = -\frac{\Gamma\omega}{\omega_\circ^2 - \omega^2} \tag{10.114}$$

Mit der reellen Amplitude (10.113) und der Phasenverschiebung (10.114) erhalten wir aus dem Ansatz (10.106) die **Lösung für die erzwungene Schwingung des Dipols**:

$$x(t, z = 0) = \frac{Q}{m} \frac{1}{\sqrt{(\omega_\circ^2 - \omega^2)^2 + \Gamma^2\,\omega^2}} E_\circ\, e^{i(\omega t + \varphi)} \tag{10.115}$$

Mit dieser Lösung können wir Aussagen über die Abhängigkeit der abgestrahlten Leistung des Dipols von der Frequenz der eingestrahlten Lichtwelle herleiten. Insbesondere interessiert dabei der Unterschied zwischen der einfallenden Lichtfrequenz ω zu der Oszillatorfrequenz $\omega_\circ$ des Dipols.

Die **mittlere abgestrahlte Leistung** $\overline{P}$ eines Dipols ist proportional zum Quadrat der Amplitude der Dipolschwingung (10.89). Aus Gleichung (10.115) ergibt sich daher durch

Quadrieren x^2 die Abhängigkeit der mittleren abgestrahlten Leistung von der Frequenz der eingestrahlten Lichtwelle ω. Die dafür wesentlichen Terme sind

$$\overline{P}(\omega) \propto \frac{1}{(\omega_\circ^2 - \omega^2)^2 + \Gamma^2\omega^2} \,. \tag{10.116}$$

Für gleiche Frequenzen $\omega = \omega_\circ$ wird die Leistung maximal. Die Frequenz der eingestrahlten Lichtwelle und die Oszillatorfrequenz des Dipols sind in Resonanz.

Für den Frequenzunterschied $(\omega_\circ^2 - \omega^2)^2 = \Gamma^2\omega^2$ fällt die abgestrahlte Leistung auf die halbe Leistung $\overline{P}(\omega)/2$ ab. Als Lösung für ω ergibt sich

$$\omega_\circ^2 - \omega^2 = \pm\Gamma\omega \tag{10.117}$$

$$\omega^2 \pm \Gamma\omega - \omega_\circ^2 = 0 \tag{10.118}$$

$$\omega_{1,2} = \pm\frac{\Gamma}{2} + \sqrt{\left(\frac{\Gamma}{2}\right)^2 + \omega_\circ^2} \,. \tag{10.119}$$

Mathematisch gibt es zwar vier mögliche Lösungen, als physikalische Frequenz kommen allerdings nur die beiden genannten positiven Lösungen in Frage. Für den häufigen Fall $\Gamma \ll \omega_\circ$ ist $\sqrt{(\Gamma/2)^2 + \omega_\circ^2} \approx \omega_\circ$. Die Breite $\Delta\omega$ der Verteilung $\overline{P}(\omega)$ (10.116) bei der Hälfte der abgestrahlten Leistung ergibt sich somit aus

$$\Delta\omega = \omega_1 - \omega_2 = \Gamma \,. \tag{10.120}$$

Im hier besprochenen Zusammenhang mit Abstrahlungseffekten wird diese Breite auch als **Linienbreite** Γ bezeichnet. Die Resonanzkurve $\overline{P}(\omega)$ (10.116) als **Spektralverteilung**.

Die Verteilung (10.116) lässt sich im Bereich nahe einer schmalen Resonanz weiter vereinfachen. Wir verwenden weiterhin die Näherung $\Gamma \ll \omega_\circ$. Wegen $\omega \approx \omega_\circ$ und damit $\omega + \omega_\circ \approx 2\omega_\circ$ erhalten wir

$$\overline{P}(\omega) \propto \frac{1}{[(\omega_\circ + \omega)(\omega_\circ - \omega)]^2 + \Gamma^2\omega^2} \tag{10.121}$$

$$\approx \frac{1}{[(2\omega_\circ)(\omega_\circ - \omega)]^2 + \Gamma^2\omega^2} \tag{10.122}$$

$$\approx \frac{1}{4\omega_\circ^2}\frac{1}{(\omega_\circ - \omega)^2 + \Gamma^2/4} \tag{10.123}$$

$$\overline{P}(\omega) \propto \frac{1}{(\omega_\circ - \omega)^2 + \Gamma^2/4} \tag{10.124}$$

Die Resonanzkurven der Formeln (10.116) und (10.124) sowie ►Abbildung 10.26 stellen eine **Breit-Wigner-Verteilung** dar, die in vielen Bereichen der Physik, teilweise auch unter dem Namen **Lorentz-Verteilung** oder **Cauchy-Verteilung**, eine wichtige Rolle spielt.

Die *Linienbreite* Γ und die **Abklingzeit** oder **Lebensdauer** τ sind durch eine Fouriertransformation miteinander verbunden, wie im mathematischen Einschub auf der nächsten Seite erläutert. Mit geeigneten Normierungen gilt

$$\Gamma\tau = 1 \,. \tag{10.125}$$

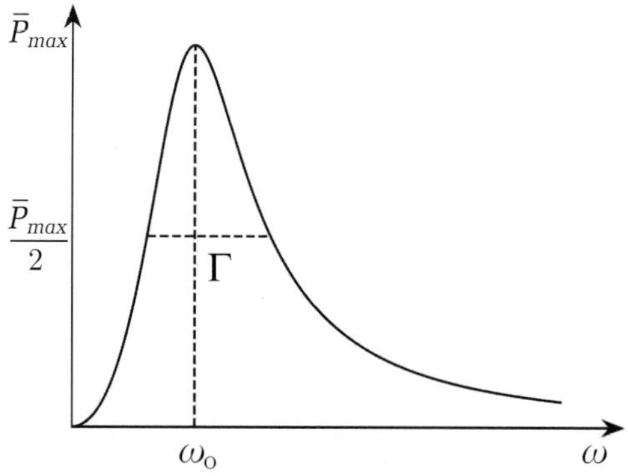

Abbildung 10.26 Spektralverteilung der abgestrahlten Leistung.

Dieser Zusammenhang wird häufig gebraucht. Können wir die Lebensdauer τ der Dipolstrahlung eines Elektrons direkt messen, schließen wir auf die Breite Γ der Resonanzkurve. Beim umgekehrten Weg messen wir die vom Elektron abgestrahlte Leistung $\overline{P}(\omega)$ (10.116) als Funktion der eingestrahlten Lichtfrequenz ω und bestimmen die Resonanzkurve. Aus ihrer Breite Γ bestimmen wir die Lebensdauer τ des angeregten Elektronzustands.

Mathematischer Einschub: Fouriertransformation

Wir betrachten die elektromagnetische Welle eines gedämpften Dipols, deren mittlere Energie gemäß $\overline{W}(t) = \overline{W}_\circ\, e^{-t/\tau}$ (10.103) mit der Abklingzeit τ gedämpft ist. Da die Energiedichte der Welle $w = \epsilon_\circ\, E^2$ (10.84) proportional zum Quadrat der Feldstärke ist, ändert sich die Feldstärke proportional zu $e^{-t/(2\tau)}$:

$$E(t) = E_\circ\, e^{i\omega_\circ t}\, e^{-\frac{t}{2\tau}} \tag{10.126}$$

Eine Fouriertransformation von der Zeit t in den Frequenzraum ω liefert die zugehörige Frequenzverteilung

$$E(\omega) = E_\circ \int e^{i\omega_\circ t}\, e^{-\frac{t}{2\tau}}\, e^{-i\omega\, t}\, dt \tag{10.127}$$

$$= \frac{1}{i(\omega_\circ - \omega) - \frac{1}{2\tau}}\, E(t)\, e^{-i\omega\, t}\,. \tag{10.128}$$

Die Spektralverteilung der abgestrahlten Leistung ist damit

$$\overline{P}(\omega) \propto |E(\omega)|^2 \propto \frac{1}{|i\,(\omega_\circ - \omega) - \frac{1}{2\tau}|^2} = \frac{1}{(\omega_\circ - \omega)^2 + \tau^{-2}/4}\,. \tag{10.129}$$

Der Vergleich mit der Breit-Wigner-Verteilung (10.124) ergibt

$$\Gamma\,\tau = 1\,. \tag{10.125}$$

Aufgabe 20: Resonanzfluoreszenz

Wir wollen die Ergebnisse des vorigen Kapitels auf die Resonanzfluoreszenz anwenden, also die Anregung von Atomen und Reemission von Strahlung bei gleicher Wellenlänge $\omega_\circ$. Die Atome werden mit einem durchstimmbaren Laser angeregt.

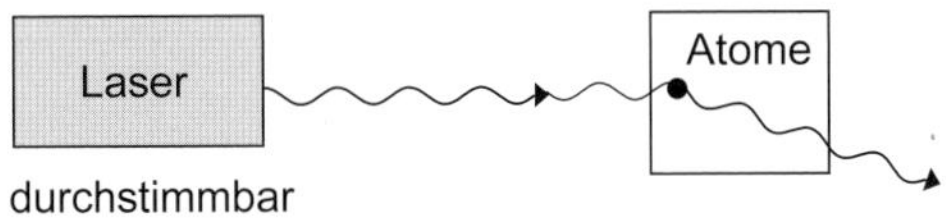

Gegeben sind $\omega_\circ = 3 \cdot 10^{15}\,\frac{1}{\text{s}}$ und $\Gamma = 10^{8}\,\frac{1}{\text{s}}$.

1 Berechnen Sie die Wellenlänge der Dipolstrahlung.

2 Berechnen Sie die Linienbreite relativ zur Dipolfrequenz $\omega_\circ$.

3 Nach welcher Zeit ist die Dipolstrahlungsleistung auf $1/e$ abgefallen?

Das Wichtigste zum Mitnehmen

Zum Mitnehmen: Dipolstrahlung 1

- Wir definieren das **Vektorpotential** $\vec{A}(\vec{r}, t)$ eines Magnetfelds durch

$$\vec{B} \equiv \operatorname{rot} \vec{A}. \tag{10.5}$$

- Ebenso definieren wir das **Skalarpotential** $\Phi_{\text{el}}(\vec{r}, t)$ durch

$$\vec{E} = -\operatorname{grad} \Phi_{el} - \frac{\partial \vec{A}}{\partial t}. \tag{10.8}$$

- Mit der Eichbedingung

$$\operatorname{div} \vec{A} = -\frac{1}{c^2} \frac{\partial \Phi_{el}}{\partial t} \tag{10.11}$$

erhält man – anstelle der gekoppelten Maxwell-Gleichungen für elektrische und magnetische Felder – unabhängige Gleichungen für die beiden elektrodynamischen Potentiale:

$$\triangle \Phi_{el} - \frac{1}{c^2} \frac{\partial^2 \Phi_{el}}{\partial t^2} = -\frac{\rho}{\epsilon_\circ} \tag{10.12}$$

$$\triangle \vec{A} - \frac{1}{c^2} \frac{\partial^2 \vec{A}}{\partial t^2} = -\mu_\circ \vec{j} \tag{10.15}$$

- Mit den beiden Gleichungen (10.12) und (10.15) lassen sich die Felder eines schwingenden elektrischen Dipols berechnen. Die recht komplizierten Gleichungen beispielsweise für das Magnetfeld

$$\vec{B} = \frac{\mu_\circ}{4\pi} \left(\frac{\dot{p}}{r^2} + \frac{\ddot{p}}{r\,c} \right) \sin \vartheta \, \vec{e}_\varphi \tag{10.63}$$

enthalten Terme mit dem (zeitlich veränderlichen) Dipolmoment der schwingenden Ladungen p und den ersten und zweiten zeitlichen Ableitungen $\dot{p}$ und $\ddot{p}$.

Zum Mitnehmen: Dipolstrahlung 2

- Die Anteile mit p und $\dot{p}$ lassen sich auf die direkte Wirkung des schwingenden Dipols zurückführen und dominieren im **Nahfeld**. Da diese Terme mit $1/r^3$ oder $1/r^2$ abfallen, vereinfachen sich die Formeln für das **Fernfeld** erheblich:

$$\begin{aligned} \vec{E} &= \frac{1}{4\pi\,\epsilon_\circ c^2}\,\ddot{p}\,\frac{\sin\vartheta}{r}\,\vec{e}_\vartheta \\ \vec{B} &= \frac{1}{4\pi\,\epsilon_\circ c^3}\,\ddot{p}\,\frac{\sin\vartheta}{r}\,\vec{e}_\varphi \end{aligned} \tag{10.77}$$

Hier erzeugen sich in jedem Punkt elektrische und magnetische Wechselfelder gegenseitig. $\vec{E}$ und $\vec{B}$ sind in Phase und stehen senkrecht aufeinander und auf der Ausbreitungsrichtung. Aus der Intensität der Welle

$$I \propto p_\circ^2 \cdot \sin^2\vartheta \cdot \omega^4 \cdot \frac{\sin^2(\omega\,t - k\,r)}{r^2} \tag{10.89}$$

lassen sich folgende wichtige Eigenschaften ablesen:

$p_\circ^2$:	Die Intensität hängt quadratisch von der Dipolamplitude $p_\circ = Q\,d_\circ$ ab.
$\sin^2\vartheta$:	Die Energiestromdichte ist senkrecht zur Dipolachse maximal und verschwindet entlang der Dipolachse.
ω^4 :	Die Energiestromdichte steigt stark mit der Frequenz ω.
r^{-2} :	Durch jede Kugelfläche mit Radius r fließt dieselbe gesamte abgestrahlte Energie.

Zum Mitnehmen: Dipolstrahlung 3

- **Gedämpfte Dipolstrahlung** kann durch einen exponentellen Abfall der mittleren Energie $\overline{W}$ mit der Abklingzeit τ beschrieben werden:

$$\overline{W}(t) = \overline{W}_\circ \, e^{-t/\tau} \tag{10.103}$$

Eine Frequenzanalyse liefert die zugehörige Resonanzkurve der Energie- oder Leistungsverteilung:

$$\overline{P}(\omega) \propto \frac{1}{(\omega_\circ^2 - \omega^2)^2 + \Gamma^2\omega^2} \tag{10.116}$$

- Die Resonanzkurve (10.116) mit der **Linienbreite** Γ und der exponentielle Abfall (10.103) mit der **Abklingzeit (Lebensdauer)** τ sind durch eine **Fouriertransformation** miteinander verbunden. Mit den geeigneten Normierungen gilt

$$\Gamma\,\tau = 1\,. \tag{10.125}$$

Für den häufigen Fall $\Gamma \ll \omega_\circ$ gilt für die Halbwertsbreite $\Delta\omega$ der Spektralverteilung der abgestrahlten Leistung

$$\Delta\omega = \Gamma\,. \tag{10.130}$$

Die **Resonanzkurven** der Formel (10.116) und ►Abbildung 10.26 stellen eine **Breit-Wigner-Verteilung** dar, die in vielen Bereichen der Physik, teilweise auch unter dem Namen **Lorentz- oder Cauchy-Verteilung**, eine wichtige Rolle spielt.

Elektromagnetische Wellen im Vakuum

11

ÜBERBLICK

» Sehr verschiedene Strahlungsphänomene wie Gammastrahlen und Radiowellen, die zunächst ein vollkommen unterschiedliches Erscheinungsbild haben, lassen sich mit elektromagnetischen Wellen einheitlich beschreiben. Die großen Unterschiede kommen nur durch die verschiedenen Frequenzen zustande. Dabei wird von hochenergetischer Gammastrahlung bis zu langen Radiowellen ein enormer Frequenzbereich abgedeckt (►Abbildung 11.1). Im schmalen Bereich des sichtbaren Lichts können wir Bereiche der Wellenlänge unserer Farbwahrnehmung zuordnen (Tab. 11.1).

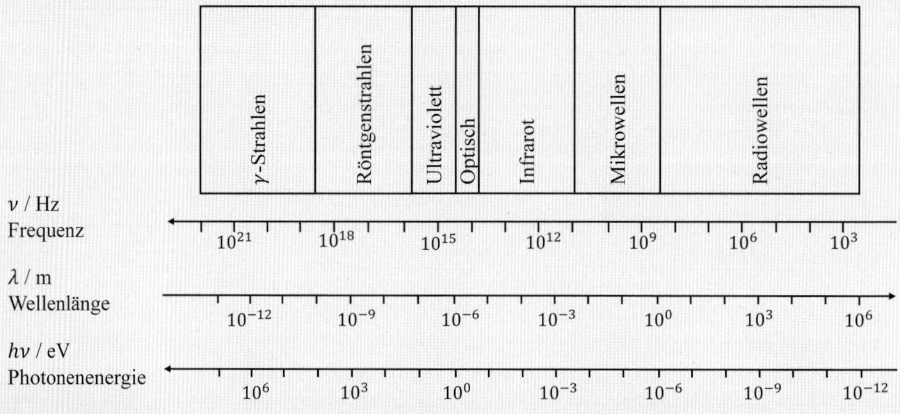

Abbildung 11.1 Das Spektrum elektromagnetischer Wellen. Die verschiedenen Skalen der Frequenz ν, Wellenlänge λ und Photonenenergie E sind über $c = \lambda\nu$ (10.27) und $E = h\nu$ verbunden, wobei h das Planck'sche Wirkungsquantum ist.

Farbe	Wellenlängenbereich λ/nm
violett	400 – 450
blau	450 – 490
grün	490 – 560
gelb	560 – 590
orange	590 – 630
rot	630 – 700

Tabelle 11.1 Farbwahrnehmung und die ungefähr dazugehörenden Wellenlängenbereiche

In diesem Kapitel behandeln wir Wellen im Vakuum. Sie lassen sich vergleichsweise einfach beschreiben und bieten häufig schon eine sehr gute Näherung für die Phänomene in den weiterführenden Kapiteln. «

11.1 Wellengleichungen

Die Wellengleichungen für das elektrische Feld und das Magnetfeld einer Welle erhalten wir unter Verwendung aller vier Maxwell-Gleichungen (Gleichungen (1.3) bis (1.8)).

Im Vakuum gibt es keine Ladungen ($\rho = 0$) und damit auch keine Ströme ($\vec{j} = 0$). Zwei der beiden Maxwell-Gleichungen (1.6) und (1.7) werden dadurch vereinfacht, während die anderen beiden unverändert bleiben:

$$\operatorname{rot} \vec{E} = -\frac{\partial \vec{B}}{\partial t} \tag{11.1}$$

$$\operatorname{rot} \vec{B} = \mu_\circ \epsilon_\circ \frac{\partial \vec{E}}{\partial t} \tag{11.2}$$

$$\operatorname{div} \vec{B} = 0 \tag{11.3}$$

$$\operatorname{div} \vec{E} = 0 \tag{11.4}$$

Für das elektrische Feld ergibt sich die Wellengleichung, indem wir zunächst die Rotation auf beide Seiten der Gleichung (11.1) anwenden und anschließend (11.2) einsetzen:

$$\operatorname{rot}(\operatorname{rot} \vec{E}) = \operatorname{rot}\left(-\frac{\partial \vec{B}}{\partial t}\right) \tag{11.5}$$

$$= -\frac{\partial}{\partial t} \operatorname{rot} \vec{B}$$

$$= -\frac{\partial}{\partial t}\left(\mu_\circ \epsilon_\circ \frac{\partial \vec{E}}{\partial t}\right)$$

$$= -\mu_\circ \epsilon_\circ \frac{\partial^2 \vec{E}}{\partial t^2} \tag{11.6}$$

Für die linke Seite von (11.5) verwenden wir folgende Umformung aus der Vektoranalysis und setzen anschließend (11.4) und den Laplace-Operator (2.93) ein:

$$\operatorname{rot}(\operatorname{rot} \vec{E}) = \nabla \times \left(\nabla \times \vec{E}\right)$$

$$= \nabla\underbrace{(\nabla \vec{E})}_{=0} - (\nabla \nabla)\vec{E}$$

$$= -\triangle \vec{E} \tag{11.7}$$

Die **Wellengleichung für das elektrische Feld** erhalten wir durch Einsetzen von (11.7) in (11.6):

$$\triangle \vec{E} = \mu_\circ \epsilon_\circ \frac{\partial^2 \vec{E}}{\partial t^2} \tag{11.8}$$

Analog folgt die **Wellengleichung des magnetischen Felds** durch Anwenden der Rotation auf (11.2) und anschließendes Einsetzen von (11.1):

$$\triangle \vec{B} = \mu_\circ \epsilon_\circ \frac{\partial^2 \vec{B}}{\partial t^2} \tag{11.9}$$

Beide Gleichungen sind Wellengleichungen: Sie haben dieselbe Struktur, die wir aus der **Wellengleichung der Mechanik** bereits kennen (10.30):

$$\triangle\xi(x,t) = \frac{1}{v_{Ph}^2}\,\frac{\partial^2\xi(x,t)}{\partial t^2} \tag{11.10}$$

Dabei ist ξ die Auslenkung und v_{Ph} ist die Phasengeschwindigkeit (10.27).

Den Vorfaktor $\mu_\circ\epsilon_\circ$ vor den zeitlichen Ableitungen der Felder (11.8) und (11.9) identifizieren wir durch Vergleich mit der mechanischen Wellengleichung (11.10). Der Vorfaktor entspricht dem inversen Quadrat der **Phasengeschwindigkeit** v_{Ph}. Da sich elektromagnetische Wellen im Vakuum mit Lichtgeschwindigkeit c ausbreiten, erhalten wir den bereits früher verwendeten Zusammenhang (10.68)

$$v_{Ph} = \frac{1}{\sqrt{\mu_\circ\epsilon_\circ}} = c\,. \tag{11.11}$$

Im Vakuum entspricht die Phasengeschwindigkeit der **Gruppengeschwindigkeit**, d. h. der Geschwindigkeit der Informationsübertragung (10.29):

$$v_G = \frac{d\omega}{dk} = c \tag{11.12}$$

Damit lauten die **Wellengleichungen für die elektromagnetischen Felder**

$$\begin{aligned}\triangle\vec{E} &= \frac{1}{c^2}\,\frac{\partial^2\vec{E}}{\partial t^2}\,,\\ \triangle\vec{B} &= \frac{1}{c^2}\,\frac{\partial^2\vec{B}}{\partial t^2}\,.\end{aligned} \tag{11.13}$$

Als Lösungsansatz für diese Wellengleichungen verwenden wir **ebene harmonische Wellen** (vergleiche mit mechanischen ebenen Wellen (10.26)). Den elektrischen Feldvektor einer Welle, die sich in z-Richtung ausbreitet, beschreiben wir durch

$$\vec{E} = \vec{E}_\circ\, e^{i(kz-\omega t)}\,. \tag{11.14}$$

Für eine **ebene harmonische Welle mit beliebiger Ausbreitungsrichtung** $\vec{k}$ ersetzen wir kz in (11.14) durch die Projektion von $\vec{r}$ auf die Ausbreitungsrichtung $\vec{k}$ (siehe auch ►Abbildung 10.4):

$$\vec{E} = \vec{E}_\circ\, e^{i(\vec{k}\,\vec{r}-\omega t)} \tag{11.15}$$

Da die Wellengleichung eine Differentialgleichung 2. Ordnung ist, braucht man zur eindeutigen Lösung im Allgemeinen zwei Anfangsbedingungen:

$$\vec{E} = \vec{E}_{\circ_1}\, e^{i(\vec{k}\,\vec{r}-\omega t)} + \vec{E}_{\circ_2}\, e^{-i(\vec{k}\,\vec{r}-\omega t)} \tag{11.16}$$

Mathematischer Einschub: Ableitungen für ebene Wellen

Für die Ableitungen der Felder ebener Wellen führen wir folgende vereinfachende Schreibweisen ein. Bei den räumlichen Ableitungen des elektrischen Feldvektors (11.14) erhalten wir für jede Komponente des Felds

$$\begin{aligned}\nabla\vec{E} &= \frac{\partial E_x}{\partial x} + \frac{\partial E_y}{\partial y} + \frac{\partial E_z}{\partial z}\,,\\ \frac{\partial E_x}{\partial x} &= \frac{\partial}{\partial x} E_{\circ_x}\, e^{i(k_x x + k_y y + k_z z - \omega t)}\\ &= i k_x E_{\circ_x}\, e^{i(\vec{k}\,\vec{r} - \omega t)}\,.\end{aligned}$$

Analog lassen sich die y- und z-Komponenten berechnen und ergeben zusammen

$$\begin{aligned}\nabla\vec{E} &= i\,\vec{k}\,\vec{E}_\circ\, e^{i(\vec{k}\,\vec{r} - \omega t)}\\ &= i\,\vec{k}\,\vec{E}\,.\end{aligned}$$

Der Nabla-Operator hat hier also die gleiche Wirkung wie eine skalare Multiplikation mit $i\,\vec{k}$:

$$\nabla \mathrel{\hat{=}} i\,\vec{k} \tag{11.17}$$

Für die zeitliche Ableitung des elektrischen Felds erhalten wir

$$\frac{\partial\vec{E}}{\partial t} = -i\,\omega\,\vec{E}\,.$$

Entsprechend kann die Zeitableitung hier durch Multiplikation mit $i\,\omega$ ersetzt werden:

$$\frac{\partial}{\partial t} \mathrel{\hat{=}} -\,i\,\omega \tag{11.18}$$

Wir setzen die ebene Welle (11.15) in die Wellengleichung (11.13) ein und verwenden dann die Ersetzungen (11.17) und (11.18) für die zweiten Ableitungen. Dabei erhalten wir den bekannten Zusammenhang für die Phasengeschwindigkeit $c = \omega/k$ (10.28) der Welle:

$$\begin{aligned}\triangle\vec{E} &= \frac{1}{c^2}\,\frac{\partial^2\vec{E}}{\partial t^2}\\ \triangle\left(\vec{E}_\circ\, e^{i(\vec{k}\,\vec{r} - \omega t)}\right) &= \frac{1}{c^2}\,\frac{\partial^2}{\partial t^2}\left(\vec{E}_\circ\, e^{i(\vec{k}\,\vec{r} - \omega t)}\right)\\ -\vec{k}^2\,\vec{E} &= \frac{1}{c^2}\,(-\omega^2)\,\vec{E}\\ c &= \frac{\omega}{k}\end{aligned} \tag{11.19}$$

Damit sind ebene Wellen Lösungen der Wellengleichungen.

Ebenso sind **Kugelwellen** Lösungen der Wellengleichungen (11.13), wie man durch eine Berechnung mit dem Laplace-Operator in Kugelkoordinaten nachweisen kann (hier nicht gezeigt):

$$\vec{E} = \vec{E}_\circ\,\frac{e^{i(k\,r - \omega t)}}{r} \tag{11.20}$$

11.2 Polarisation

Im Folgenden wollen wir die Ausrichtung der Felder $\vec{E}$ und $\vec{B}$ untereinander und gegenüber der Ausbreitungsrichtung $\vec{k}$ analysieren. Um die Orientierungen der Vektoren zu bestimmen, verwenden wir die Ersetzungen für Ableitungen (11.17) und (11.18) in den Maxwell-Gleichungen. Mit Gleichung (11.1) erhalten wir

$$\begin{aligned} \operatorname{rot}\vec{E} &= -\frac{\partial \vec{B}}{\partial t}\,, \\ \nabla\times\vec{E} &= -\frac{\partial}{\partial t}\vec{B}\,, \\ i\vec{k}\times\vec{E} &= i\omega\vec{B}\,, \\ \vec{k}\times\vec{E} &= \omega\vec{B}\,. \end{aligned} \tag{11.21}$$

Das Magnetfeld $\vec{B}$ steht senkrecht auf dem elektrischen Feld $\vec{E}$ und der Ausbreitungsrichtung $\vec{k}$ der Welle

$$\vec{B}\perp\vec{k},\vec{E}\,. \tag{11.22}$$

Verwenden wir die Maxwell-Gleichung (11.2) mit (11.11) ergibt sich

$$\begin{aligned} \operatorname{rot}\vec{B} &= \frac{1}{c^2}\frac{\partial \vec{E}}{\partial t}\,, \\ \nabla\times\vec{B} &= \frac{1}{c^2}\frac{\partial}{\partial t}\vec{E}\,, \\ i\vec{k}\times\vec{B} &= -\frac{i\omega}{c^2}\vec{E}\,, \\ \vec{k}\times\vec{B} &= -\frac{\omega}{c^2}\vec{E}\,. \end{aligned}$$

Auch das elektrische Feld $\vec{E}$ steht senkrecht zur Ausbreitungsrichtung $\vec{k}$ der Welle (und zu $\vec{B}$):

$$\vec{E}\perp\vec{k},\vec{B} \tag{11.23}$$

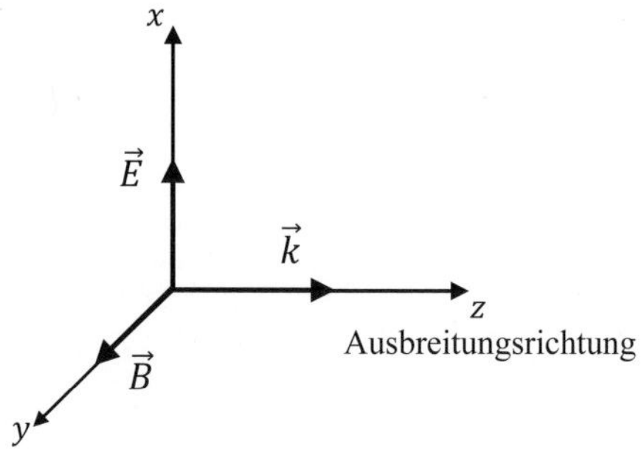

Abbildung 11.2 Transversalität elektromagnetischer Wellen: Ausbreitungsrichtung $\vec{k}$ und die elektromagnetischen Felder $\vec{E}$ und $\vec{B}$ bilden ein rechtshändiges Dreibein.

Im Vakuum stehen also Ausbreitungsrichtung $\vec{k}$, elektrisches Feld $\vec{E}$ und magnetisches Feld $\vec{B}$ senkrecht aufeinander und bilden in dieser Reihenfolge ein **rechtshändiges Dreibein** (►Abbildung 11.2). Da beide Felder senkrecht zur Ausbreitungsrichtung der elektromagnetischen Wellen stehen, bezeichnen wir die Welle als **transversal** und ihre Ausrichtung als **Polarisation**.

Falls $\vec{E}$ und $\vec{B}$ jeweils in einer festen Ebene schwingen, ergibt sich die Ausbreitung der Welle und ihre Felder so, wie in ►Abbildung 11.3 gezeigt ist.

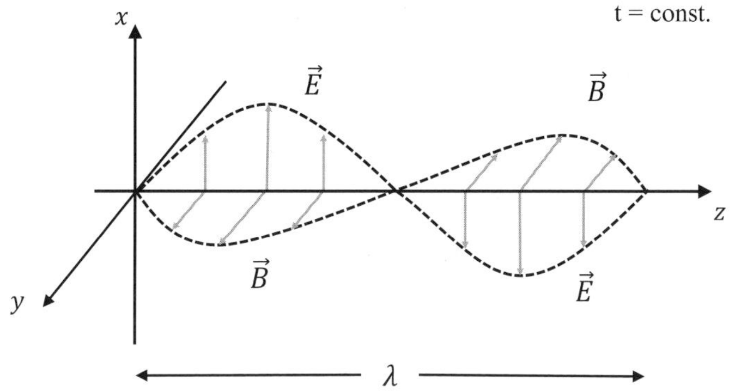

Abbildung 11.3 Ausbreitung einer Welle mit konstanter Ausrichtung der Felder (linear polarisierte Welle)

Ein nützlicher Zusammenhang zwischen den Feldstärken ergibt sich aus Gleichung $\vec{k} \times \vec{E} = \omega \vec{B}$ (11.21). Die Beträge lauten wegen der aufeinander senkrecht stehenden Vektoren: $k\,E = \omega\,B$. Mit der Phasengeschwindigkeit $c = \omega/k$ (11.19) erhalten wir den **Zusammenhang zwischen der elektrischen und magnetischen Feldstärke:**

$$B = \frac{1}{c} E \tag{11.24}$$

11.2.1 Klassifizierung der Polarisationen

Während die beiden Feldvektoren $\vec{E}$ und $\vec{B}$ einer elektromagnetischen Welle immer senkrecht zur Ausbreitungsrichtung $\vec{k}$ der Welle stehen ((11.22) und (11.23)), können sich die Richtungen von $\vec{E}$ und $\vec{B}$ ändern. Bei einer Richtungsänderung der beiden Felder müssen $\vec{E}$ und $\vec{B}$ weiterhin senkrecht zueinander stehen.

Wir unterscheiden verschiedene Polarisationen der elektromagnetischen Welle, die nach der Ausrichtung der Felder klassifiziert werden. Zur Vereinfachung der Schreibweise betrachten wir Wellen, die sich entlang der z-Achse ausbreiten.

Linear polarisierte Wellen

Der einfachste Fall ist eine linear polarisierte Welle. Bei ihr zeigen die Feldvektoren $\vec{E}$ und $\vec{B}$ immer in zeitlich und räumlich konstante Richtungen (►Abbildung 11.3). Für die Schwingung des elektrischen Felds lässt sich die Schwingungsebene beschreiben durch

$$\vec{E} = \vec{E}_\circ \cos(\omega t - kz) \tag{11.25}$$

$$= \begin{pmatrix} E_{\circ x} \\ E_{\circ y} \end{pmatrix} \cos(\omega t - kz)\,. \tag{11.26}$$

Die beiden Feldkomponenten $E_{\circ x}$ und $E_{\circ y}$ sind dabei »in Phase«, das elektrische Feld schwingt in Richtung $\vec{E}_\circ$. Die von der Ausbreitungsrichtung $\vec{k}$ und $\vec{E}_\circ$ gegebene Schwingungsebene kann im Allgemeinen gegenüber dem Koordinatensystem gedreht sein (►Abbildung 11.4).

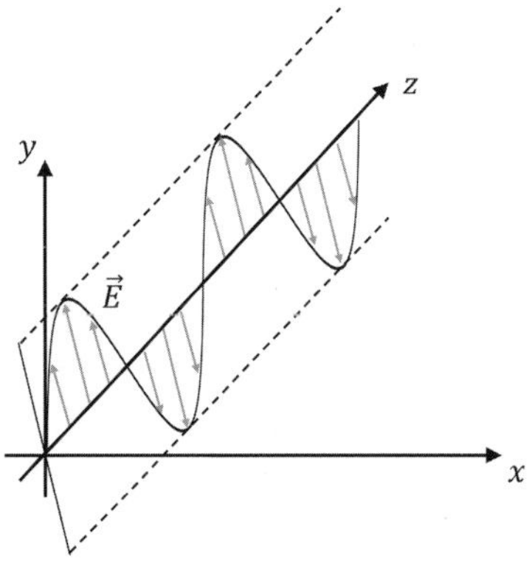

Abbildung 11.4 Linear polarisierte Welle: Der $\vec{E}$-Vektor schwingt in einer festen Ebene.

Zirkular polarisierte Wellen

Wenn die Komponenten des elektrischen Felds $E_{\circ x}$ und $E_{\circ y}$ gleich groß aber um 90° gegeneinander in der Phase verschoben sind, ergeben sich zirkular polarisierte Wellen:

$$\vec{E} = \begin{pmatrix} E_{\circ x} \cos\left(\omega t - kz\right) \\ E_{\circ y} \cos\left(\omega t - kz - \frac{\pi}{2}\right) \end{pmatrix} \tag{11.27}$$

An jedem festen Ort durchläuft $\vec{E}$ einen Kreis (►Abbildung 11.5). Gut einsehen können wir das z. B. am Ort $z = 0$, dort verbleiben die Terme der Kreisbewegung:

$$\vec{E} = |\vec{E}_\circ| \begin{pmatrix} \cos(\omega t) \\ \sin(\omega t) \end{pmatrix} \tag{11.28}$$

Die Kreisbewegung des elektrischen Felds ist mit fortschreitendem Ort z um $k \cdot z$ phasenverschoben (11.27). Daher vollführt der elektrische Feldvektor $\vec{E}$ eine Helixbewegung (►Abbildung 11.5).

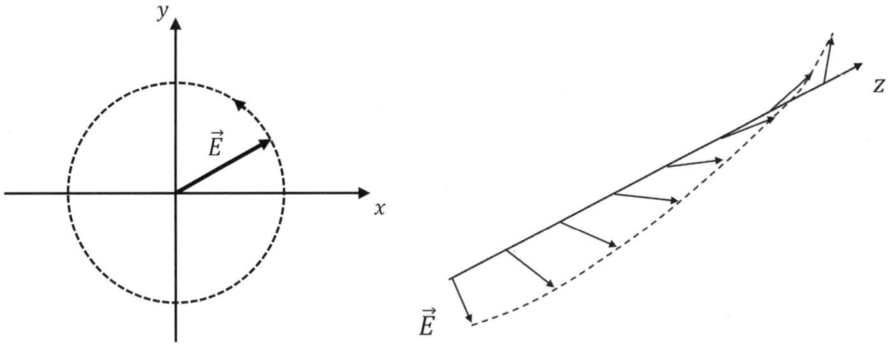

Abbildung 11.5 Zirkular polarisierte Welle: Der $\vec{E}$-Vektor beschreibt eine Helix.

Je nach **Drehsinn** lautet die Definition für zirkular polarisiertes Licht wie folgt: Beschreibt der $\vec{E}$-Vektor bezüglich der Ausbreitungsrichtung $\vec{k}$ eine

- Rechtsschraube, so spricht man von »Sigma-Plus-Licht« (σ^+-Licht).
- Linksschraube, so spricht man von »Sigma-Minus-Licht« (σ^--Licht).

Elliptisch polarisierte Wellen

Falls die Komponenten des elektrischen Felds in (11.27) unterschiedlich groß sind,

$$E_{\circ x} \neq E_{\circ y} \,, \tag{11.29}$$

ergeben sich elliptisch polarisierte Wellen. Solche Polarisierungen entstehen auch, wenn es eine Phasenverschiebung φ zwischen $E_{\circ x}$ und $E_{\circ y}$ gibt, die nicht $\varphi = \pi/2$ entspricht.

Unpolarisierte Wellen

Im Fall von unpolarisierten Wellen ändert sich die Richtung des elektrischen Feldvektors $\vec{E}$ zufällig als Funktion der Zeit. Dasselbe gilt für den magnetischen Feldvektor $\vec{B}$, wobei die Vektoren $\vec{E}$, $\vec{B}$ und $\vec{k}$ auch hier ein Dreibein bilden (►Abbildung 11.2).

Lichtwellen kommen in der Natur am häufigsten unpolarisiert vor. Beispielsweise ist das Sonnenlicht beim Eintreffen auf die Erdatmosphäre unpolarisiert, da es von vielen zufällig orientierten Dipolen emittiert wird. Erst durch Effekte der Erdatmosphäre wird es teilweise polarisiert.

Experiment: Polarisiertes Licht

Polarisationsfilter werden industriell aus sog. dichroitischen oder polyvinylen Materialien gefertigt und vielerorts eingesetzt (z. B. Sonnenbrillen, Fotografie). Mit einem solchen Polarisationsfilter lässt sich aus natürlichem Licht linear polarisiertes Licht erzeugen (Polarisator). Mit einem zweiten Polarisationsfilter (Analysator) kann man die Vorzugsrichtung nachweisen (►Abbildung 11.6).

Dabei stellt sich heraus, dass die im Detektor gemessene Intensitätsverteilung dem sog. **Malus-Gesetz** folgt: $I \propto cos^2\vartheta$, wobei ϑ der Winkel zwischen den Richtungen der beiden Polarisationsfilter ist (►Abbildung 11.7).

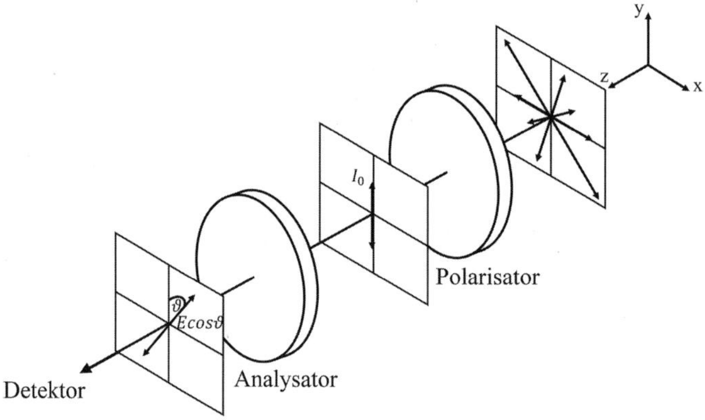

Abbildung 11.6 Erzeugung und Nachweis von polarisiertem Licht

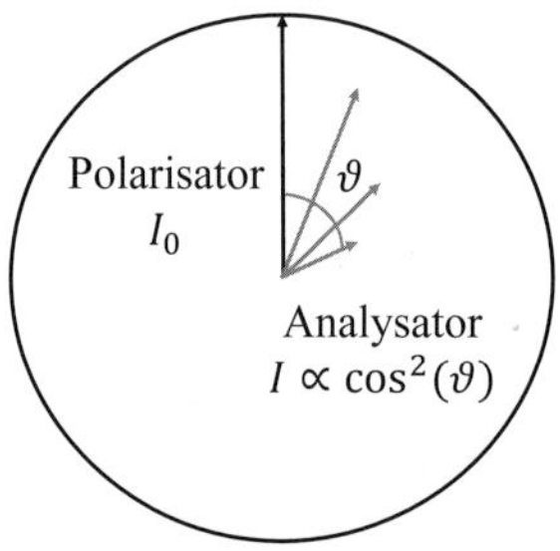

Abbildung 11.7 Sicht entlang der optischen Achse

Wie wir verschiedene Polarisationen von Licht erzeugen können, beschreiben wir in Kapitel 12.

11.3 Energietransport

Die **Intensität** I oder auch **Energiestromdichte** S hatten wir im Rahmen der Dipolstrahlung in (10.85) eingeführt. Dabei beschreibt I die Energie, die pro Zeit eine Fläche durchquert (►Abbildung 11.8).

Die gesamte Energiedichte w der elektromagnetischen Welle wird zu gleichen Anteilen im elektrischen Feld (2.119) und im magnetischen Feld (6.110) transportiert. Das können

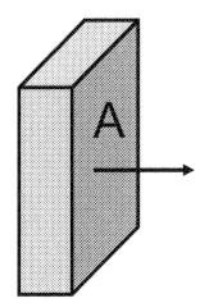

Abbildung 11.8 Fläche, die von einer elektromagnetischen Welle durchquert wird

wir verifizieren, indem wir die Zusammenhänge $\mu_\circ^{-1} = \epsilon_\circ\, c^2$ (11.11) und $B = E/c$ (11.24) verwenden:

$$\begin{aligned} w &= w_{el} + w_m \\ &= \frac{1}{2}\,\epsilon_\circ\, E^2 + \frac{1}{2}\,\frac{1}{\mu_\circ}\, B^2 \\ &= \frac{1}{2}\,\epsilon_\circ\, E^2 + \frac{1}{2}\,\epsilon_\circ\, c^2\,\frac{E^2}{c^2} \\ &= \epsilon_\circ\, E^2 \end{aligned}$$

Daher ergibt sich für die elektromagnetische Welle dieselbe Berechnung der Intensität aus dem Quadrat der elektrischen Feldstärke wie bei der Berechnung für den Dipol ((10.84) bis (10.87)):

$$I = c \cdot \epsilon_\circ \cdot E^2 \tag{11.30}$$

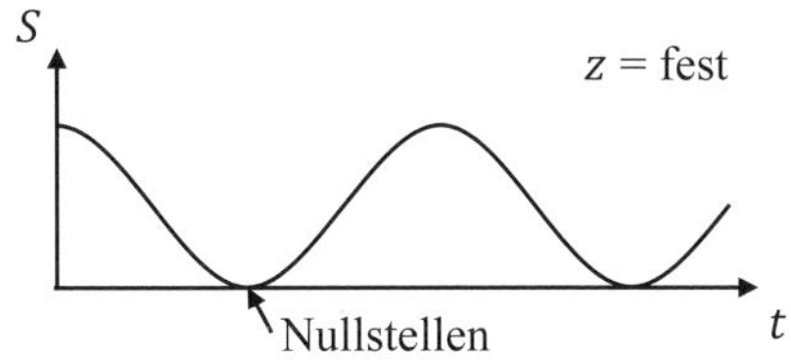

Abbildung 11.9 Zeitlicher Verlauf der Intensität einer linear polarisierten Welle

Für linear polarisierte Wellen (11.25) ergeben sich die **Intensität** (►Abbildung 11.9) und ihr **zeitliches Mittel** zu

$$\begin{aligned} I &= c\,\epsilon_\circ\, E_\circ^2\, \cos^2(\omega t - kz)\,, \\ \overline{I} &= \frac{1}{2} c\,\epsilon_\circ\, E_\circ^2\,. \end{aligned} \tag{11.31}$$

Für zirkular polarisierte Wellen (11.27) erhalten wir für die mittlere Intensität

$$\begin{aligned} I &= c\,\epsilon_\circ\,(E_x^2 + E_y^2) \\ &= c\,\epsilon_\circ\, E_\circ^2\,(\cos^2(\omega t - kz) + \sin^2(\omega t - kz)) \\ &= c\,\epsilon_\circ\, E_\circ^2\,. \end{aligned} \tag{11.32}$$

Hier ist I zeitlich konstant!

Beispiel: Felder einer 100 W-Glühlampe

Die Lichtleistung einer 100 Watt-Glühlampe beträgt im sichtbaren Bereich ungefähr 5 W. Im Abstand von 2 m beträgt die Kugeloberfläche $4\,\pi\,r^2 \approx 50\,\mathrm{m}^2$ und die Intensität des Lichts ist dann

$$I = \frac{5\,\mathrm{W}}{50\,\mathrm{m}^2} = 0{,}1\,\frac{\mathrm{W}}{\mathrm{m}^2}\,.$$

Die elektrische Feldstärke berechnen wir aus (11.30):

$$E = \sqrt{\frac{I}{c\epsilon_\circ}} = \sqrt{\frac{0{,}1}{3\cdot 10^8\cdot 10^{-11}}}\sqrt{\frac{\mathrm{W}}{\mathrm{m}^2}\frac{\mathrm{s\,Vm}}{\mathrm{m\,As}}} = \frac{1}{\sqrt{3}}\sqrt{10^{-1-8+11}}\sqrt{\frac{\mathrm{VAV}}{\mathrm{m^2A}}}$$
$$\approx 0{,}6\cdot 10\,\frac{\mathrm{V}}{\mathrm{m}} = 6\,\frac{\mathrm{V}}{\mathrm{m}}$$

Die zugehörige Magnetfeldstärke im Abstand von 2 m ist nach (11.24) sehr gering:

$$B = \frac{E}{c} = \frac{6}{3\cdot 10^8}\frac{\mathrm{V}}{\mathrm{m}}\frac{\mathrm{s}}{\mathrm{m}} = 2\cdot 10^{-8}\,\mathrm{T} \qquad \left(\text{mit Tesla T} = \frac{\mathrm{Vs}}{\mathrm{m}^2}\right)$$

Im Vergleich dazu beträgt die Feldstärke des Erdmagnetfelds $B_E \approx 20\,\mu\mathrm{T}$.

Abbildung 11.10 Lichtabstrahlung einer Glühlampe

11.3.1 Poynting-Vektor

Bislang haben wir die Energiestromdichte S (=Intensität I) als skalare Größe behandelt. Darüber hinaus kann Richtungsinformation über die Energiestromdichte nützliche Zusatzinformation geben.

Dazu definieren wir den sogenannten **Poynting-Vektor** $\vec{S}$ durch das Kreuzprodukt aus elektrischem Feld $\vec{E}$ und der magnetischen Erregung $\vec{H}$:

$$\vec{S} \equiv \vec{E} \times \vec{H} \tag{11.33}$$

Anstelle der magnetischen Erregung verwenden wir das Magnetfeld $\vec{B}$ der elektromagnetischen Welle. Daher nutzen wir die Zusammenhänge $\vec{B} = \mu_\circ\vec{H}$ (5.3) und $\mu_\circ\epsilon_\circ = 1/c^2$ (11.11) und schreiben

$$\vec{S} = \frac{1}{\mu_\circ}\,\vec{E}\times\vec{B} = c^2\epsilon_\circ\,\vec{E}\times\vec{B}\,. \tag{11.34}$$

Durch das Kreuzprodukt von $\vec{E}$ und $\vec{B}$ zeigt der Poynting-Vektor $\vec{S}$ in die Ausbreitungsrichtung $\vec{k}$ der Welle (►Abbildung 11.2). Den Betrag des Poynting-Vektors für eine elektromagnetische Welle berechnen wir wegen $B = E/c$ (11.24) zu

$$S = c^2 \epsilon_0 \, |\vec{E} \times \vec{B}| = c \, \epsilon_0 \, E^2 \,. \tag{11.35}$$

Die Übereinstimmung mit (11.30) zeigt die Bedeutung des Poynting-Vektors für elektromagnetische Wellen:

Der Betrag des Poynting-Vektors liefert die Energiestromdichte oder Intensität, im Vakuum entspricht die Richtung des Poynting-Vektors der Ausbreitungsrichtung der Welle.

Beispiel: Aufladen eines Kondensators

Beim Aufladen eines Kondensators in ►Abbildung 11.11 zeigt der Poynting-Vektor (11.34)

$$\vec{S} = c^2 \epsilon_0 \, \vec{E} \times \vec{B}$$

ins Zentrum des Kondensators. Der Energiestrom zum Aufbau des Felds läuft demnach von außen nach innen.

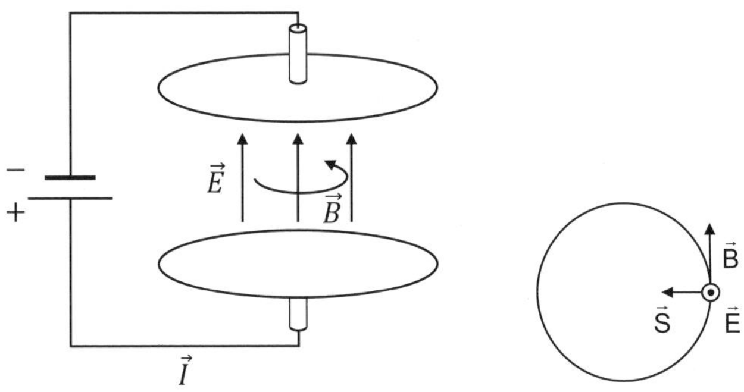

Abbildung 11.11 Elektrisches Feld und Magnetfeld beim Laden eines Kondensators. Der Poynting-Vektor $\vec{S}$ zeigt in den Kondensator.

11.3.2 Strahlungsdruck

Der Druck P (wir verwenden P zur Unterscheidung vom Impuls p) ist als Kraft $\vec{F}$ pro Fläche A definiert.

Stellen wir uns ein flaches Volumen $V = A\Delta t$ vor, das senkrecht von elektromagnetischer Strahlung durchquert wird (►Abbildung 11.12), so können wir die Dicke Δl mit der Durchlaufzeit der Welle Δt ausdrücken: $A\Delta l = c\Delta t$. Außerdem ist

$$P = \frac{|\vec{F}|}{A} = \frac{F \cdot \Delta l}{V} = \frac{W}{V} = w \,. \tag{11.36}$$

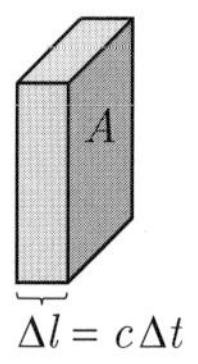

Abbildung 11.12 Zur Berechnung des Strahlungsdrucks

Mit der Arbeit $W = F\Delta l$ sehen wir, dass der Druck P einer Energiedichte w entspricht. Damit lässt sich nun auch der **Strahlungsdruck** P einer elektromagnetischen Welle über die Energiestromdichte S beschreiben:

$$P = w = \frac{S}{c} \tag{11.37}$$

Dieser Druck wird von einer total absorbierenden Oberfläche aufgenommen. Entsprechend kann man der Strahlung auch einen Impuls zuordnen, wodurch der Strahlungsdruck noch anschaulicher wird.

Bei Totalreflexion der Welle ist die Impulsänderung und damit auch der Druck doppelt so groß. Im Folgenden wird aber weiterhin Totalabsorption angenommen.

Die Kraft, die auf die Oberfläche A wirkt, ist

$$F = A \cdot P = A \cdot \frac{S}{c} = \frac{dp}{dt}. \tag{11.38}$$

Betrachten wir den (in einer ebenen Welle konstanten) Impuls pro Volumen $p_V = p/V$, dann ergibt sich damit

$$\frac{dp}{dt} = p_V \cdot \frac{dV}{dt} = p_V \cdot A \cdot \frac{dx}{dt} = p_V \cdot A \cdot c = A \cdot \frac{S}{c}. \tag{11.39}$$

Energiedichte und **Impulsdichte** der elektromagnetischen Strahlung sind also durch eine einfache Beziehung $w = p_V \cdot c$ miteinander verknüpft, die sich in der Relativitätstheorie als $E = p \cdot c$ für Photonen wiederfindet. Vektoriell gilt

$$\vec{p_V} = \frac{\vec{S}}{c^2} \tag{11.40}$$

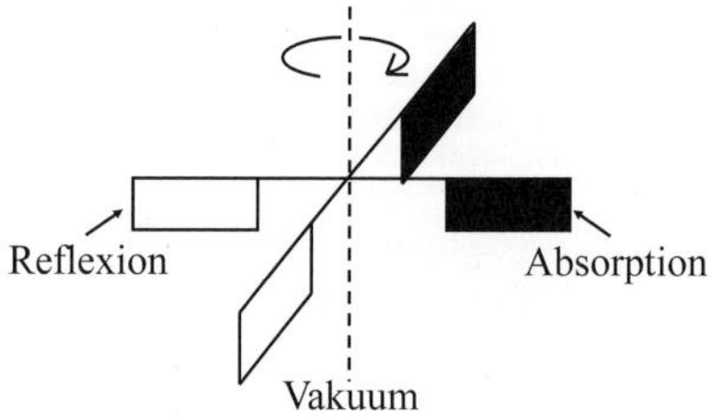

Abbildung 11.13 Die Lichtmühle wird bei gutem Vakuum von den reflektierenden Fläche angeschoben.

Beispiel: Lichtmühle

Der Unterschied zwischen dem Strahlungsdruck auf den absorbierenden und den reflektierenden Flächen einer »Lichtmühle« bewirkt bei gutem Vakuum, dass sich die Mühle wie in ►Abbildung 11.13 dreht, wenn sie beleuchtet wird: Im Vakuum überwiegt der Rückstoß der reflektierenden Flächen.

Lichtmühlen, die schlecht evakuiert sind, drehen sich »falsch herum«: Die schwarze Fläche wird stärker erwärmt und gibt durch Stöße Energie an die Gasatome ab. Ein Gasatom hat im Mittel

vor dem Stoß: $E_{kin} = \frac{3}{2}\, k\, T$ und

nach dem Stoß: $E'_{kin} = \frac{3}{2}\, k\, (T + \Delta T)$.

Die schwarzen Flächen erfahren also einen stärkeren Rückstoßimpuls als die hellen. Dieser Effekt wird mit steigendem Gasdruck stärker und überwiegt schließlich gegenüber dem Photonenrückstoß.

11.4 Stehende Wellen

Wir schränken im Folgenden die Ausbreitung der elektromagnetischen Wellen durch Grenzflächen ein. Die Welle soll sich hier weiterhin im Vakuum befinden, erst in Kapitel 12 werden wir die Wellenausbreitung im Medium besprechen.

Zunächst lassen wir die Welle senkrecht auf eine Grenzfläche auftreffen und reflektieren. Dies führt zu stehenden Wellen, wie wir sie aus der Mechanik bereits kennen. Wir erinnern daher an die wichtigsten Phänomene stehender mechanischer Wellen, bevor wir stehende elektromagnetische Wellen untersuchen.

Beispiel: Beschreibung stehender mechanischer Wellen

Stehende Wellen der Mechanik entstehen bei der Reflexion von Seilwellen oder Druckwellen an festen und losen Enden (►Abbildung 11.14).

Bei der Überlagerung einer einfallenden Welle ξ_i (Index i) mit einer reflektierten Welle ξ_r (Index r) entsteht eine stehende Welle:

$$\begin{aligned}
\xi_i &= \xi_\circ \cos(\omega t - kz) \\
\xi_r &= \xi_\circ \cos(\omega t + kz + \varphi) \\
\xi = \xi_i + \xi_r &= \xi_\circ \left(\cos(\omega t - kz) + \cos(\omega t + kz + \varphi)\right)
\end{aligned}$$

Die verschiedenen Laufrichtungen der einfallenden und reflektierten Wellen werden durch den Vorzeichenwechsel im Term kz angezeigt. Die Größe φ bezeichnet einen Phasensprung bei der Reflexion.

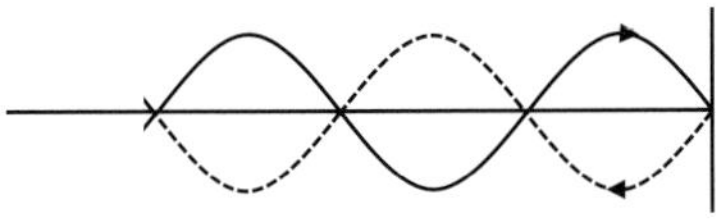

Abbildung 11.14 Erzeugung einer stehenden Welle durch Reflexion an einer Wand

Beispiel: Fortsetzung: Beschreibung stehender mechanischer Wellen

Um die zeitliche und örtliche Abhängigkeit zu separieren, verwenden wir das Additionstheorem

$$\cos a + \cos b = 2 \cdot \cos\left(\frac{a-b}{2}\right)\cos\left(\frac{a+b}{2}\right)$$

und erhalten die Gesamtwelle

$$\xi = 2\,\xi_\circ \underbrace{\cos\left(kz + \frac{\varphi}{2}\right)}_{\text{Ortsfest: Maxima, Minima}} \underbrace{\cos\left(\omega t + \frac{\varphi}{2}\right)}_{\text{Zeitabhängigkeit}} .$$

Der erste Kosinusterm hängt nur vom Ort ab und beschreibt insbesondere die ortsfesten Maxima und Minima. Die Positionen der Schwingungsbäuche erhalten wir aus der Bedingung

$$\left|\cos\left(k\,z + \frac{\varphi}{2}\right)\right| = 1 .$$

Um sie zu erfüllen, muss das Argument ein Vielfaches von π sein:

$$kz + \frac{\varphi}{2} = 0,\ \pi,\ 2\pi, \cdots = n\pi \quad \text{mit } n \geq 0,\ n \in \mathbb{Z}$$

Mit dem Zusammenhang zwischen Wellenzahl und Wellenlänge: $k = 2\pi/\lambda$ (10.24) führen wir die Positionen der Schwingungsbäuche auf Vielfache der Wellenlänge λ zurück:

$$z_{max} = \frac{\lambda}{2\,\pi}\left(n\,\pi - \frac{\varphi}{2}\right)$$

Die Orte der Schwingungsknoten finden wir über die Nullstellen des Kosinusterms:

$$\left|\cos\left(k\,z + \frac{\varphi}{2}\right)\right| = 0$$

Diese Bedingung wird für

$$k\,z + \frac{\varphi}{2} = \frac{\pi}{2},\ \frac{3}{2}\pi,\ \frac{5}{2}\pi, \cdots = \frac{2n+1}{2}\pi$$

erfüllt und ergibt die Schwingungsknoten an den Positionen

$$z_{min} = \frac{\lambda}{2\,\pi}\left(\frac{2n+1}{2}\pi - \frac{\varphi}{2}\right) .$$

Wenn der Wellenbereich auf beiden Seiten begrenzt wird, sind nur noch bestimmte Wellenlängen λ für die stehenden Wellen möglich. Man spricht dann von **Eigenfrequenzen** und **Eigenmoden** oder **Eigenschwingungen** (auch: **Normalmoden** oder **Normalschwingungen**) des Systems. ►Abbildung 11.15 illustriert das für stehende Wellen zwischen zwei festen Enden bei der Phasenverschiebung $\varphi = \pi$.

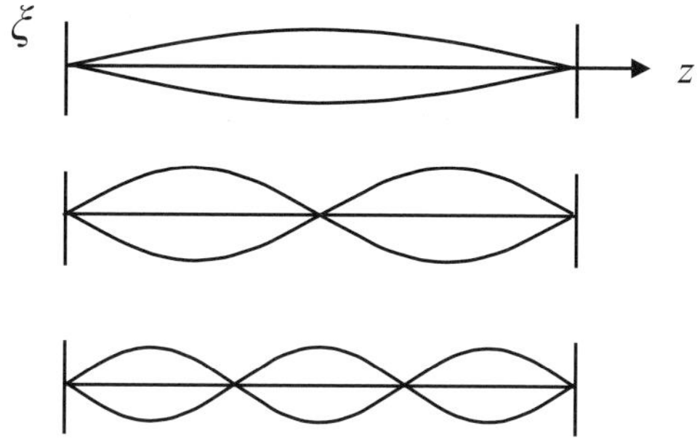

Abbildung 11.15 Eigenmoden einer stehenden Welle zwischen zwei Wänden. Gezeigt sind Schwingungsbäuche für die Wandabstände in Einheiten der Wellenlänge: $\lambda/2$, λ und $3\,\lambda/2$.

11.4.1 Stehende elektromagnetische Wellen in einer Dimension

Sehr ähnliche Effekte wie bei mechanischen Wellen erhalten wir bei der Reflexion einer ebenen elektromagnetischen Welle. Als Reflexionsmedium verwenden wir hier eine leitende Metallplatte, die für elektromagnetische Wellen wie ein Spiegel funktioniert (►Abbildung 11.16).

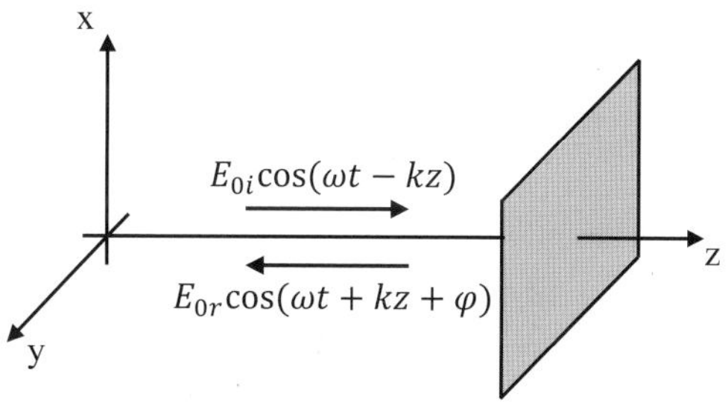

Abbildung 11.16 Reflexion einer ebenen elektromagnetischen Welle an einer Metallplatte

Wir beschreiben die einfallende Welle als ebene, linear polarisierte Welle mit dem elektrischen Feld $\vec{E}_i$ und dem Magnetfeld $\vec{B}_i$, wie sie in ►Abbildung 11.2 und ►Abbildung 11.3 dargestellt ist:

$$\vec{E}_i = \begin{pmatrix} E_x \\ 0 \\ 0 \end{pmatrix} \cos(\omega t - kz) \tag{11.41}$$

$$= \vec{E}_{\circ i} \cos(\omega t - kz) \tag{11.42}$$

$$\vec{B}_i = \begin{pmatrix} 0 \\ B_y \\ 0 \end{pmatrix} \cos(\omega t - kz) \tag{11.43}$$

$$= \vec{B}_{\circ i} \cos(\omega t - kz) \tag{11.44}$$

Wir stellen die Spiegelplatte an der Stelle $z = 0$ auf und lassen die elektromagnetische Welle senkrecht auf die Platte treffen. Zunächst interessieren wir uns für das elektrische Feld. Für die reflektierte Welle invertieren wir die Laufrichtung (Vorzeichen von kz in (11.41)) und erlauben einen Phasensprung φ:

$$\vec{E}_r = \vec{E}_{\circ r} \cos(\omega t + kz + \varphi)$$

Phasenverschiebungen elektromagnetischer Wellen an Grenzflächen werden wir in Abschnitt 12.3 ausführlich besprechen. An dieser Stelle nehmen wir die Information, dass auf der leitenden Oberfläche der Spiegelplatte keine Feldkomponente E_x entsteht, hier müssen sich die einfallende und die reflektierte Welle zu null ergänzen. Die elektrische Feldkomponente E_x macht daher einen Phasensprung von $\varphi = \pi$ bei der Reflexion (►Abbildung 11.17).

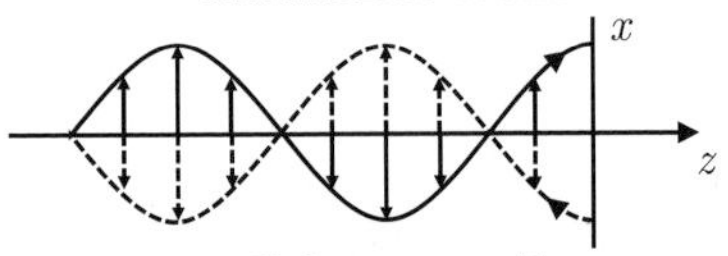

Abbildung 11.17 Elektrische Felder der einfallenden und reflektierten elektromagnetischen Welle

Die Überlagerung der einfallenden und reflektierten Wellen ergibt das gesamte elektrische Feld

$$\vec{E}(z,t) = \vec{E}_{\circ i} \cos(\omega t - kz) + \vec{E}_{\circ r} \cos(\omega t + kz + \varphi)\,. \tag{11.45}$$

Wir nehmen an, dass die Reflexion verlustfrei verläuft, sodass die Beträge der Feldamplituden gleich groß sind: $|\vec{E}_{0i}| = |\vec{E}_{\circ r}| \equiv |\vec{E}_\circ|$. Außerdem absorbieren wir den Phasensprung um $\varphi = \pi$ im Vorzeichen $\cos(\omega t + kz + \varphi) = -\cos(\omega t + kz)$:

$$\vec{E}(z,t) = \vec{E}_\circ \left(\cos(\omega t - kz) - \cos(\omega t + kz)\right) \tag{11.46}$$

Mit dem Additionstheorem

$$\cos a - \cos b = -2 \cdot \sin\left(\frac{a+b}{2}\right) \sin\left(\frac{a-b}{2}\right)$$

erhalten wir das gesamte elektrische Feld der überlagerten einfallenden und reflektierten Wellen

$$\vec{E}(z,t) = 2 \begin{pmatrix} E_{x_\circ} \\ 0 \\ 0 \end{pmatrix} \sin(\omega t)\, \sin(kz) \qquad (11.47)$$

$$= 2\, \vec{E}_\circ\, \sin(\omega t)\, \sin(kz)\,. \qquad (11.48)$$

Wie bei den mechanischen Wellen treten auch hier Resonanzeffekte auf, wenn man den Wellenbereich von beiden Seiten begrenzt. ►Abbildung 11.18 zeigt als Beispiel die ersten drei Eigenmoden der stehenden Welle des elektrischen Felds zwischen zwei Spiegelplatten.

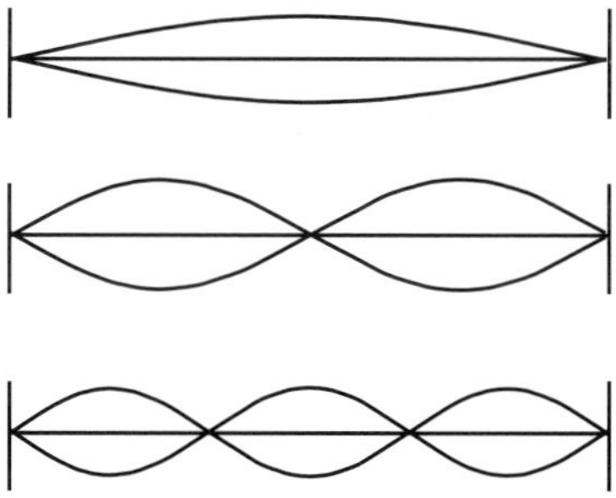

Abbildung 11.18 Eigenmoden des elektrischen Felds zwischen zwei Grenzflächen

Das zugehörge Magnetfeld berechnen wir aus der Maxwell-Gleichung (11.1), die $\vec{E}$ und $\vec{B}$ verbindet:

$$\operatorname{rot} \vec{E} = -\frac{\partial \vec{B}}{\partial t} \qquad (11.49)$$

Nach unserem Ansatz für die Polarisation der Felder (11.41) und (11.43) sind nur die Feldkomponenten B_y und E_x von null verschieden. Daher verbleibt in (11.49) von rot $\vec{E}$ nur die Ableitung $\partial E_x/\partial z$. Mit dem gesamten elektrischen Feld (11.48) erhalten wir erst die zeitliche Ableitung des Magnetfelds:

$$\begin{aligned} \frac{\partial B_y}{\partial t} &= -\frac{\partial E_x}{\partial z} \\ &= -\frac{\partial}{\partial z}\,(2\,E_\circ\, \sin(\omega t)\, \sin(kz)) \\ &= -2\,E_\circ\, \sin(\omega t) \cdot k\, \cos(kz) \end{aligned}$$

Durch Integration über die Zeit erhalten wir das Magnetfeld

$$\begin{aligned} B_y &= -2\,E_\circ\,k\,\cos(kz)\cdot\int \sin(\omega t)\,dt \\ &= 2\,E_\circ\,k\,\cos(kz)\cdot\frac{1}{\omega}\,\cos(\omega t) \\ &= 2\,E_\circ\,\frac{1}{c}\,\cos(kz)\,\cos(\omega t)\,. \end{aligned}$$

Im letzten Schritt haben wir $c = \omega/k$ (11.19) verwendet. Für die magnetische Feldamplitude nutzen wir den Zusammenhang $B = E/c$ (11.24) und erhalten so für das Magnetfeld der überlagerten Wellen

$$\vec{B}(z,t) = 2\begin{pmatrix} 0 \\ B_{y_\circ} \\ 0 \end{pmatrix}\cos(\omega t)\,\cos(kz) \qquad (11.50)$$

$$= 2\vec{B}_\circ\,\cos(\omega t)\,\cos(kz)\,. \qquad (11.51)$$

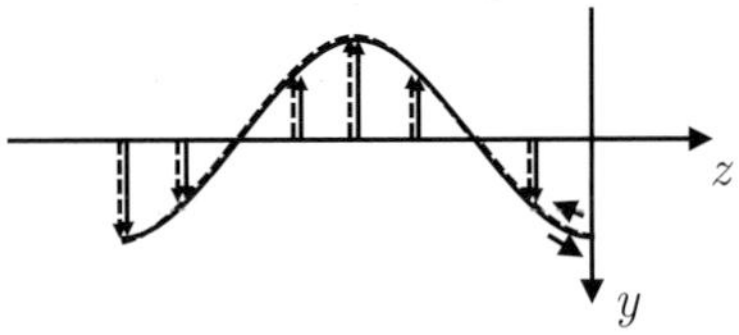

Abbildung 11.19 Magnetfelder der einfallenden und reflektierten Welle

Die stehende Welle aus der Überlagerung der einlaufenden und reflektierten Wellen zeigt Orts- und Zeitabhängigkeiten des elektrischen Felds (11.48) und des Magnetfelds (11.51), die um 90° gegeneinander verschoben sind:

$$\vec{E}(z,t) = 2\vec{E}_\circ\,\sin(\omega t)\,\sin(kz) \qquad (11.52)$$

$$\vec{B}(z,t) = 2\vec{B}_\circ\,\cos(\omega t)\,\cos(kz) \qquad (11.53)$$

In Einheiten der Wellenlänge λ und der Schwingungsdauer T betragen diese Verschiebungen $\lambda/4$ und $T/4$.

Wie in ►Abbildung 11.19 dargestellt ist, bildet das Magnetfeld der stehenden Welle an der Spiegelfläche $z = 0$ einen Bauch, während das elektrische Feld verschwindet (►Abbildung 11.17). Das erscheint zunächst paradox, ist jedoch eine Konsequenz des Phasensprungs der elektrischen Feldkomponente zwischen der ein- und auslaufenden Welle. In beiden Wellen allein sind $\vec{E}$ und $\vec{B}$ in Phase und bilden mit dem Richtungsvektor ein rechtshändiges Dreibein, wie im Vergleich der ►Abbildungen 11.17 und 11.19 nachvollziehbar ist.

Das Magnetfeld einer zwischen zwei Grenzflächen eingeschlossenen elektromagnetischen Welle zeigt ebenfalls Eigenschwingungen. Wie in ►Abbildung 11.20 gezeigt ist, sind Schwingungsbäuche und Knoten im Vergleich zum elektrischen Feld in ►Abbildung 11.18 um $\lambda/4$ verschoben.

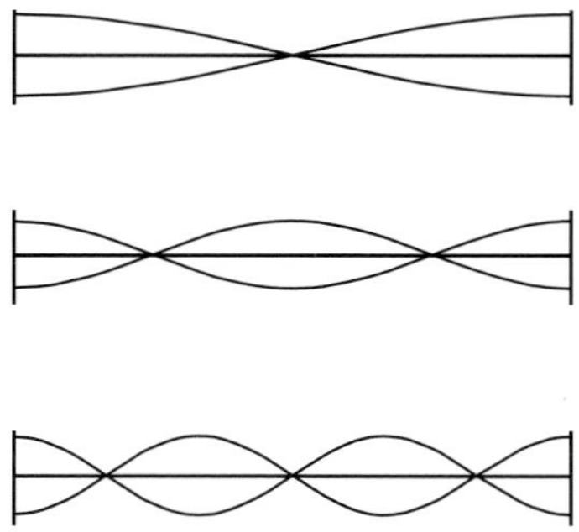

Abbildung 11.20 Stehende Welle des magnetischen Felds $\vec{B}$ zwischen zwei Spiegelplatten: Eigenmoden des B-Felds

11.4.2 Stehende elektromagnetische Wellen in drei Dimensionen

Bisher haben wir elektromagnetische Wellen senkrecht an einer Grenzfläche reflektieren lassen. Dabei war die Wellenausbreitung auf eine Dimension beschränkt. Hier erweitern wir die Situation auf drei Dimensionen und begrenzen die Wellenausbreitung durch einen quaderförmigen Hohlraum (►Abbildung 11.21).

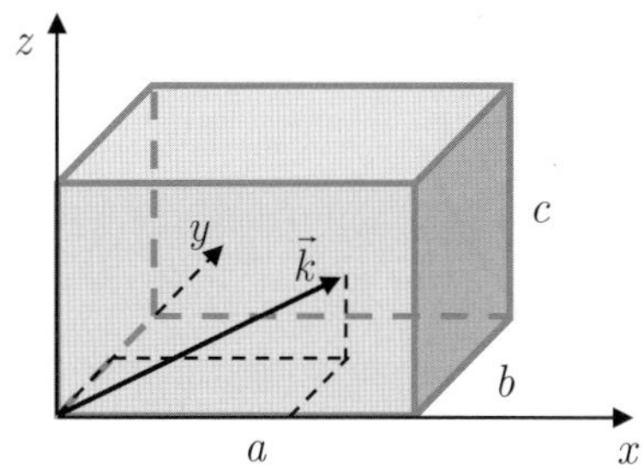

Abbildung 11.21 Ausbreitung einer elektromagnetischen Welle in einem Hohlraum in Richtung des Wellenvektors $\vec{k}$

Die elektromagnetische Welle

$$\vec{E} = \vec{E}_\circ \cos(\omega t - \vec{k}\,\vec{r})$$
$$\vec{B} = \vec{B}_\circ \cos(\omega t - \vec{k}\,\vec{r})$$

hat die anfängliche Ausbreitungsrichtung

$$\vec{k} = \begin{pmatrix} k_x \\ k_y \\ k_z \end{pmatrix} . \tag{11.54}$$

Die Welle wird an den Wänden reflektiert. Unter passenden Bedingungen der geometrischen Abmessungen des Quaders und der Wellenlänge λ ergeben sich stehende Wellen. Im eindimensionalen Fall muss der Abstand l der Grenzflächen dafür ein Vielfaches der halben Wellenlänge betragen (►Abbildung 11.22).

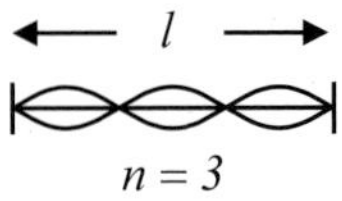

Abbildung 11.22 Bedingung für eine eindimensionale stehende Welle

Wir formulieren die Bedingung für stehende Wellen über die Wellenzahl $k = 2\pi/\lambda$ (10.24), weil sie sich auf den Wellenvektor $\vec{k}$ erweitern lässt:

$$\begin{aligned} l &= n \cdot \frac{\lambda}{2} \\ &= n \cdot \frac{1}{2} \frac{2\pi}{k} \\ k &= \frac{n \cdot \pi}{l} \end{aligned}$$

In drei Dimensionen verwenden wir entsprechend die Projektionen des Wellenvektors (►Abbildung 11.21)

$$k_x = \frac{n \cdot \pi}{a}, \quad k_y = \frac{m \cdot \pi}{b}, \quad k_z = \frac{q \cdot \pi}{c} \quad \text{mit } n, m, q \in \mathbb{N}\,. \tag{11.55}$$

Die für stehende Wellen im Quader passenden Wellenlängen λ oder Frequenzen ω sind dadurch festgelegt. Der Betrag des Wellenvektors ergibt sich aus den drei Projektionen:

$$|\vec{k}| = \sqrt{k_x^2 + k_y^2 + k_z^2} \tag{11.56}$$

$$= \pi \sqrt{\left(\frac{n}{a}\right)^2 + \left(\frac{m}{b}\right)^2 + \left(\frac{q}{c}\right)^2} \tag{11.57}$$

Nutzen wir wieder $k = 2\pi/\lambda$ (10.24), erhalten wir die entsprechenden Wellenlängen. Wegen $c = \omega/k$ (11.19) sind auch die möglichen Frequenzen festgelegt:

$$\lambda = \frac{2\pi}{|\vec{k}|} \tag{11.58}$$

$$\omega = \frac{c}{|\vec{k}|} \tag{11.59}$$

Der Quader heißt **Hohlraumresonator**, stehende Wellen für Zahlenkombinationen n, m, q heißen **Resonatormoden**. In ►Abbildung 11.23 ist eine Projektion der Resonatormoden auf zwei Dimensionen gezeigt.

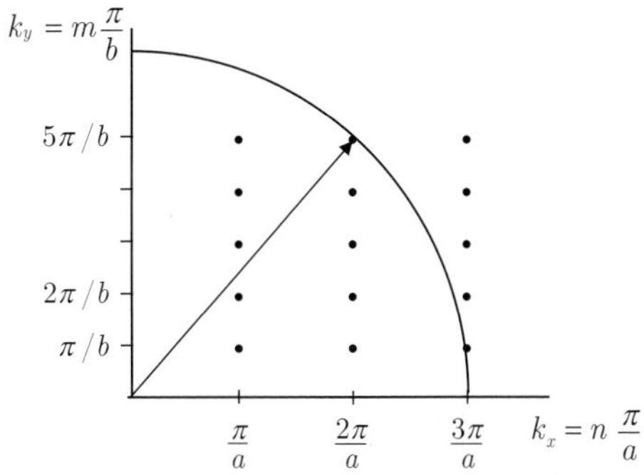

Abbildung 11.23 Resonatormoden im Hohlraumresonator für zwei Raumrichtungen

11.5 Wellenleiter

Die gezielte Führung elektromagnetischer Wellen durch **Wellenleiter** hat weitreichende Anwendungen. Beispiele sind:

- Resonatoren mit offenen Endflächen dienen zur Leitung von Mikrowellen.
- Lichtwellenleiter bestehen aus Quarzglas und werden bei digitaler optischer Signalübertragung wie bei Atlantikkabeln für Telefone genutzt.
- Koaxialkabel sind zylinderförmige Wellenleiter (►Abbildung 11.24).

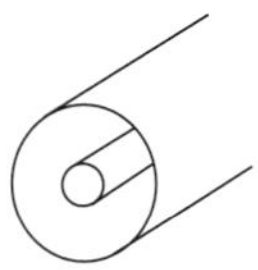

Abbildung 11.24 Skizze eines Koaxialkabels

11.5.1 Wellen zwischen zwei planparallelen leitenden Platten

Wellenausbreitung zwischen zwei **planparallelen Platten** ist ein Spezialfall der dreidimensionalen Betrachtung, bei dem nur eine Dimension geschlossen wird (Abschnitt 11.4.2). In ►Abbildung 11.25 ist der Weg der Ausbreitung gezeigt.

Wir werden im Folgenden sehen, dass in der z-Projektion (longitudinal) entlang des Leiters die Gruppengeschwindigkeit v_G der Welle (Geschwindigkeit der Informationsübertragung) geringer ist als die Lichtgeschwindigkeit c. In der x-Projektion quer zum Wellenleiter (transversal) können sich stehende Wellen ausbilden.

Um festzustellen, wie sich eine elektromagnetische Welle in einem derartigen Wellenleiter ausbreitet, betrachten wir die Überlagerung der einfallenden (Index i) und reflektierten

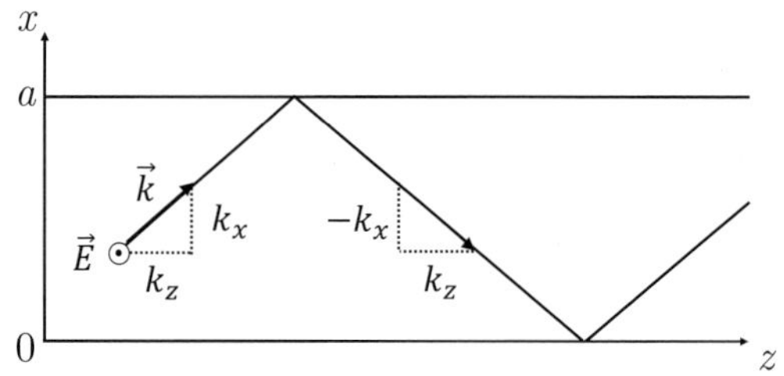

Abbildung 11.25 Notationen zur Wellenausbreitung zwischen zwei leitenden Platten

Welle (Index r). Dabei untersuchen wir zunächst das elektrische Feld der Welle

$$\vec{E}_i = \vec{E}_{\text{o}i} \cos(\omega t - \vec{k}\vec{r}) ,$$
$$\vec{E}_r = \vec{E}_{\text{o}r} \cos(\omega t + \vec{k}\vec{r} + \varphi) .$$

Die Ausbreitungsrichtungen sind nach ►Abbildung 11.25

$$\vec{k}_i = \begin{pmatrix} k_x \\ 0 \\ k_z \end{pmatrix} \quad \text{und} \quad \vec{k}_r = \begin{pmatrix} -k_x \\ 0 \\ k_z \end{pmatrix} . \tag{11.60}$$

Das elektrische Feld ist hier in y-Richtung ausgerichtet. Das gesamte Feld beträgt

$$\vec{E} = \vec{E}_i + \vec{E}_r = \vec{E}_{\text{o}i} \sin(\omega t - k_x x - k_z z) + \vec{E}_{\text{o}r} \sin(\omega t + k_x x - k_z z + \varphi) .$$

Wegen der elektrisch leitenden Platten verschwindet die tangentiale Komponente des elektrischen Felds an den Stellen $x = 0$ und $x = a$ (Abschnitt 11.4.1), sodass bei der Reflexion ein Phasensprung um $\varphi = \pi$ vorliegt. Wir gehen davon aus, dass die Reflexion verlustfrei verläuft, $|\vec{E}_{\text{o}i}| = |\vec{E}_{\text{o}r}| \equiv E_{\text{o}y}$, und absorbieren den Phasensprung wie bei (11.45) gezeigt durch einen Vorzeichenwechsel für das Feld der reflektierten Welle:

$$E_y(x, z, t) = E_{\text{o}y} \left(\sin(\omega t - k_x x - k_z z) - \sin(\omega t + k_x x - k_z z)\right)$$

Wegen

$$\sin\alpha - \sin\beta = 2 \cdot \cos\frac{\alpha + \beta}{2} \cdot \sin\frac{\alpha - \beta}{2}$$

ist das gesamte elektrische Feld der Welle

$$E_y(x, z, t) = -2\, E_{i0y} \cos(\omega t - k_z z) \cdot \sin(k_x x) . \tag{11.61}$$

Longitudinale und transversale Komponenten des elektrischen Felds

Wegen des Terms $\cos(\omega t - k_z z)$ (11.61) des elektrischen Felds ergibt sich in z-Richtung entlang des Wellenleiters eine laufende Welle.

Für die transversale Richtung verschwindet das elektrische Feld E_y (11.61) an der Stelle $x = 0$ wegen des Terms $\sin(k_x x) = 0$. Da auch an der Stelle $x = a$ das Feld verschwindet,

d. h. das Argument von $\sin(k_x a)$ ist ein Vielfaches von π, ergibt sich in x-Richtung eine stehende Welle (►Abbildungen 11.26 und 11.27). Nach (11.55) lautet die Bedingung für stehende Wellen

$$k_x = \frac{n\pi}{a}\,,\ n = 1, 2, 3, \ldots\,. \tag{11.62}$$

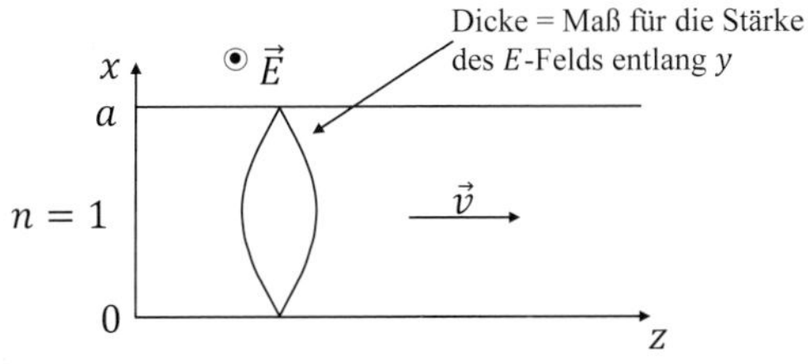

Abbildung 11.26 $n = 1$-Mode einer Welle in z-Richtung zwischen zwei Platten im Abstand a. Der $\vec{E}$-Vekor schwingt in y-Richtung.

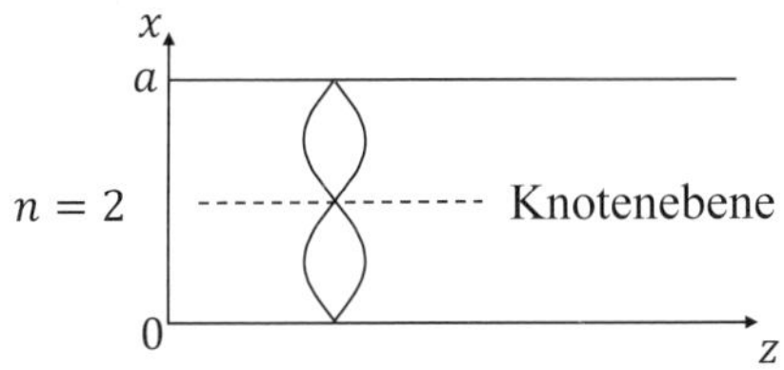

Abbildung 11.27 $n = 2$-Mode der Welle aus ►Abbildung 11.26

Phasen- und Gruppengeschwindigkeit

Um zu verstehen, wie schnell sich eine elektromagnetische Welle entlang der beiden planparallelen Platten ausbreitet (►Abbildung11.25), berechnen wir die Phasengeschwindigkeit $v_{Ph} = \omega/k$ (10.28) und die Gruppengeschwindigkeit $v_G = d\omega/dk$ (10.29). Beachten Sie, dass v_g die Geschwindigkeit der Informationsübertragung im Wellenleiter ist.

Entlang des Wellenleiters in z-Richtung ist das elektrische Feld $E_y \propto \cos(\omega t - k_z z)$ (11.61). Setzen wir die Welle in die Wellengleichung $\triangle\vec{E} = (1/v_{Ph}^2)\,\partial^2\vec{E}/\partial t^2$ (11.13) ein, erhalten wir als **Phasengeschwindigkeit** (vergleiche Berechnung zu $c = \omega/k$ (11.19))

$$v_{Ph} = \frac{\omega}{k_z}\,. \tag{11.63}$$

Vergleichen wir mit der Lichtgeschwindigkeit $c = \omega/k$, finden wir etwas überraschend

$$v_{Ph} = \frac{\omega}{k}\frac{k}{k_z} = c\,\frac{k}{k_z} \tag{11.64}$$

$$= c\,\frac{\sqrt{k_x^2 + k_z^2}}{k_z} = c\,\underbrace{\sqrt{\frac{k_x^2}{k_z^2} + 1}}_{\geq 1}\,. \tag{11.65}$$

Die Phasengeschwindigkeit im Wellenleiter ist größer als c, falls $k_x \neq 0$, also falls Reflexionen stattfinden.

Die **Gruppengeschwindigkeit** der Welle entlang der z-Richtung ergibt sich mit der Ableitung

$$v_G = \frac{d\omega}{dk_z} = \frac{d\omega}{dk} \cdot \frac{dk}{dk_z} = c\,\frac{d}{dk_z}\sqrt{k_x^2 + k_z^2} = c\,\frac{1}{2\sqrt{k_x^2 + k_z^2}} \cdot 2k_z = c\,\underbrace{\frac{k_z}{k}}_{<1} . \tag{11.66}$$

Falls $k_x \neq 0$ ist die Gruppengeschwindigkeit kleiner als die Lichtgeschwindigkeit c im Vakuum.

Für stehende Wellen muss die Randbedingung $k_x = n\pi/a$ (11.62) erfüllt sein. Wir wollen nun die **Frequenzabhängigkeit der Phasengeschwindigkeit** v_{Ph} aus (11.64) genauer anschauen:

$$v_{Ph} = c\,\frac{k}{k_z} = c\,\frac{k}{\sqrt{k^2 - k_x^2}} = \frac{c}{\sqrt{1 - \left(\frac{k_x}{k}\right)^2}} = \frac{c}{\sqrt{1 - \left(\frac{c}{\omega}\frac{n\pi}{a}\right)^2}} \tag{11.67}$$

In ►Abbildung 11.28 ist der Verlauf der Phasengeschwindigkeit v_{Ph} als Funktion der Frequenz ω gezeigt. Für hohe Frequenzen nähert sich v_{Ph} der Lichtgeschwindigkeit.

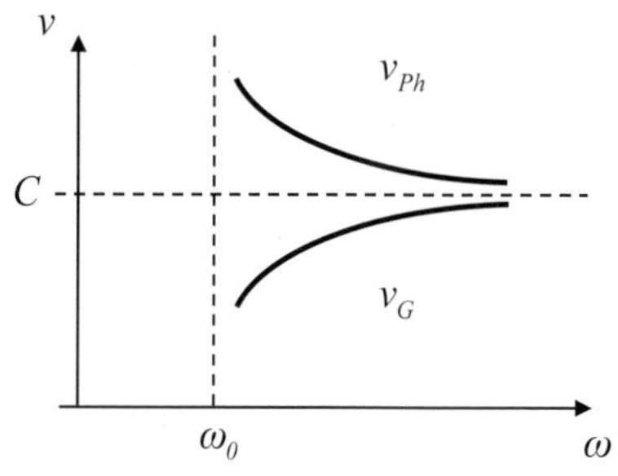

Abbildung 11.28 Frequenzabhängigkeit der Phasengeschwindigkeit v_{Ph} und Gruppengeschwindigkeit v_G. Für kleine Frequenzen ist der erlaubte Bereich durch ω_0 begrenzt, für hohe Frequenzen nähern sich beide der Lichtgeschwindigkeit c.

Genauso ergibt sich die **Frequenzabhängigkeit der Gruppengeschwindigkeit** v_G (11.66) (►Abbildung 11.28):

$$v_G = c\,\frac{k_z}{k} = c\,\frac{\sqrt{k^2 - k_x^2}}{k} = c\sqrt{1 - \left(\frac{k_x}{k}\right)^2} = c\sqrt{1 - \left(\frac{c}{\omega}\frac{n\pi}{a}\right)^2} \tag{11.68}$$

Da beide Geschwindigkeiten, die Phasengeschwindigkeit v_{Ph} und die Gruppengeschwindigkeit v_G reell sein müssen, muss der Term unter der Wurzel größer null sein:

$$1 - \left(\frac{c}{\omega}\frac{n\pi}{a}\right)^2 \geq 0 \tag{11.69}$$

Somit ist die niedrigste mögliche Frequenz $\omega_\circ$ bestimmt durch die Bedingung

$$\frac{c}{\omega_\circ}\frac{n\pi}{a} = 1\,,$$
$$\omega_\circ = \frac{cn\pi}{a}\,,\; n = 1, 2, 3, \ldots\,. \qquad (11.70)$$

Damit ist die größtmögliche Wellenlänge, die in den Wellenleiter eingespeist werden kann und transportiert wird

$$\lambda_\circ = \frac{c}{\nu_\circ} = \frac{2\pi c}{\omega_\circ} = \frac{2\pi c}{cn\pi}a = \frac{2a}{n} = 2a \quad \text{(da mit } n = 1 \text{ maximal).} \qquad (11.71)$$

Haben die Platten beispielsweise den Abstand $a = 1\,\mathrm{cm}$, so ist die größtmögliche Wellenlänge $\lambda_\circ = 2\,\mathrm{cm}$. Dies entspricht Mikrowellenstrahlung.

Lösungsklassen für elektromagnetische Wellen in Wellenleitern

In diesem Kapitel haben wir nur eine Welle mit elektrischem Feld $\vec{E}$-Feld in y-Richtung betrachtet. Allgemeiner gilt, dass die Wellengleichung $\triangle\vec{E} = v_{Ph}^{-2}\,\partial^2\vec{E}/\partial t^2$ (11.13) abhängig von der Berandung viele Lösungen hat. Es ergeben sich folgende Lösungsklassen:

TEM-Wellen »Transversal Elektro-Magnetisch«

Beide Felder, das elektrische Feld $\vec{E}$ und das Magnetfeld $\vec{B}$, stehen senkrecht auf der Ausbreitungsrichtung $\vec{k}$:

$$\vec{E} \perp \vec{k} \quad \text{und} \quad \vec{B} \perp \vec{k} \qquad (11.72)$$

In diesem Fall breitet sich die Welle in z-Richtung aus wie eine Welle im Vakuum, unbegrenzt im Raum. Die Wellen treten insbesondere in Koaxialkabeln und Lichtwellenleitern auf und sind daher von besonderer Bedeutung.

TE-Wellen »Transversal-Elektrisch«

$$\vec{E}_\circ = \begin{pmatrix} E_{\circ x} \\ E_{\circ y} \\ 0 \end{pmatrix}, \quad \vec{E} \perp \vec{k} \qquad (11.73)$$

Diese Wellen haben magnetische (H-Feld-) Komponenten in Ausbreitungsrichtung und werden daher auch H-Moden genannt.

TM-Wellen »Transversal-Magnetisch«

$$\vec{B}_\circ = \begin{pmatrix} B_{\circ x} \\ B_{\circ y} \\ 0 \end{pmatrix}, \quad \vec{B} \perp \vec{k} \qquad (11.74)$$

Bei diesen Wellen hat das $\vec{E}$-Feld eine Komponente in die Ausbreitungsrichtung, $E_z \neq 0$. Sie werden daher auch E-Moden genannt.

11.5.2 Koaxialkabel

Versucht man hohe Frequenzen über einen normalen Kupferdraht zu übertragen (wie z. B. von einer HiFi-Anlage zum Lautsprecher), so strahlt der Draht Leistung ab. Die abgestrahlte Leistung $P \propto \omega^4 = (2\pi\nu)^4$ (10.89) führt zu großen Verlusten bei hohen Frequenzen (►Abbildung 11.29).

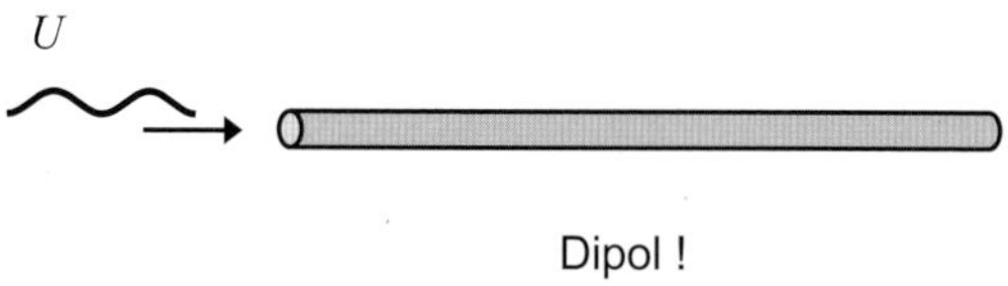

Abbildung 11.29 Bei der Übertragung hoher Frequenzen kommt es zu Verlusten, weil ein Draht wie ein Dipol Leistung $P \propto \omega^4$ abstrahlt.

Daher verwendet man besser Wellenleiter, wie z. B. Koaxialkabel. Sie bestehen aus einem Innenleiter und einem Außenleiter (►Abbildung 11.30). Der Außenleiter wird geerdet (Potential = null) und der Innenleiter auf das zu übertragende Potential gelegt.

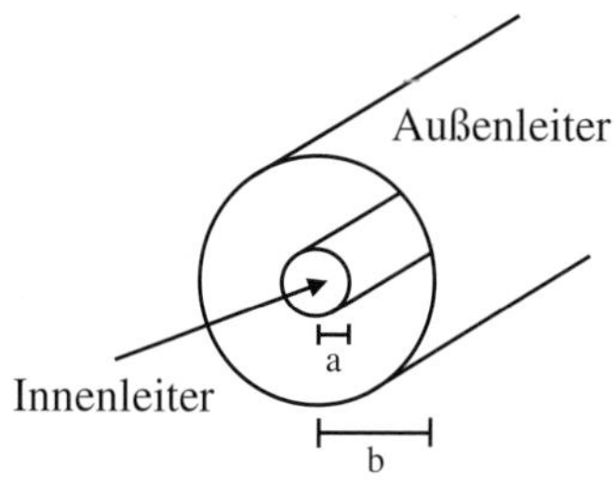

Abbildung 11.30 Schematische Darstellung eines Koaxialkabels

In ►Abbildung 11.31 ist gezeigt, dass das elektrische Feld $\vec{E}$ im Zwischenraum radial gerichtet ist. Das Magnetfeld $\vec{B}$ der durchlaufenden Welle bildet konzentrische Kreise.

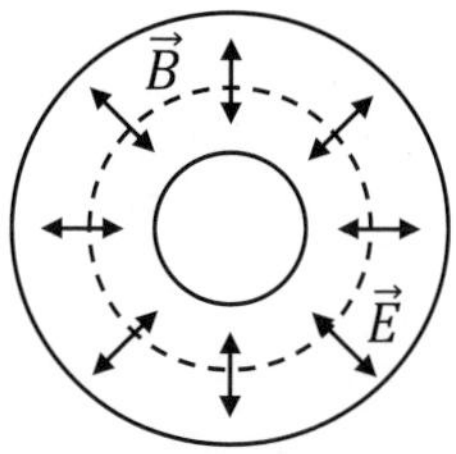

Abbildung 11.31 Elektrische Felder $\vec{E}$ und magnetische Felder $\vec{B}$ in einem Koaxialkabel

Das Vorzeichen beziehungsweise die Richtung von $\vec{E}$- und $\vec{B}$-Feld wechseln in Abhängigkeit des Ortes z im Wellenleiter. Es können TE-, TM- und TEM-Wellen übertragen werden.

Wellengleichungen und Wellenwiderstand

Ein Koaxialkabel wird durch folgende Eigenschaften beschrieben:

- Induktivität pro Meter: $\hat{L}$
- Kapazität pro Meter: $\hat{C}$

Die Induktivität L der Kabellänge Δz beträgt $L = \hat{L}\,\Delta z$. Nach dem Induktionsgesetz (6.47) ergibt sich eine induzierte Spannung über der Strecke Δz von (►Abbildung 11.32)

$$U(z+\Delta z) - U(z) = -\underbrace{\hat{L}\Delta z}_{=L}\,\frac{dI}{dt}\,. \tag{11.75}$$

Im Grenzwert kleiner Längen Δz erhalten wir den Zusammenhang

$$\lim_{\Delta z \to 0} \frac{U(z+\Delta z) - U(z)}{\Delta z} = -\hat{L}\,\frac{dI}{dt} \tag{11.76}$$

$$\frac{\partial U}{\partial z} = -\hat{L}\,\frac{dI}{dt}\,. \tag{11.77}$$

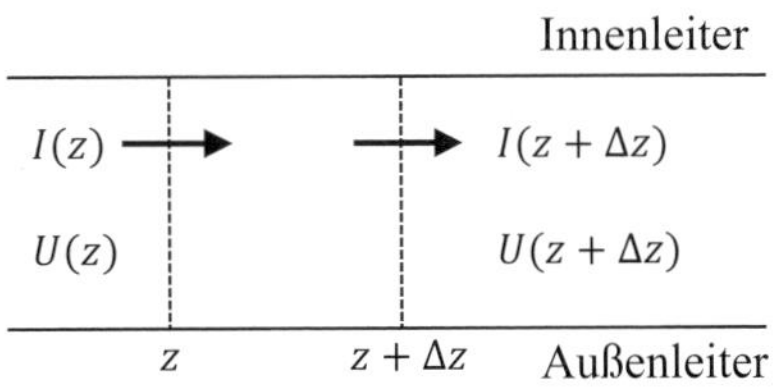

Abbildung 11.32 Strom I und Spannung U in einem Koaxialkabel

Die Kapazität C auf dem Kabelabschnitt Δz beträgt $C = \hat{C}\,\Delta z$. Die Ladung Q auf Δz steigt mit der Spannung U:

$$Q = \underbrace{\hat{C}\Delta z}_{=C} \cdot U \tag{11.78}$$

Bei den zeitlichen Abhängigkeiten müssen wir beachten, dass die Spannung U steigt, wenn der Strom $I = dQ/dt$ abnimmt. Das Vorzeichen in der Zeitableitung ist daher negativ:

$$\frac{\partial Q}{\partial t} = -\hat{C}\,\Delta z\,\frac{\partial U}{\partial t} \tag{11.79}$$

Der Strom, der in das Volumen zwischen z und $z + \Delta z$ hinein beziehungsweise aus ihm heraus fließt, also die Stromänderung entlang z, ist im Grenzwert kleiner Längen Δz

$$\lim_{\Delta z \to 0} \frac{I(z+\Delta z) - I(z)}{\Delta z} = -\hat{C}\frac{\partial U}{\partial t}\,, \tag{11.80}$$

$$\frac{\partial I}{\partial z} = -\hat{C}\frac{\partial U}{\partial t}\,. \tag{11.81}$$

Um die Differentialgleichungen für den Strom I und die Spannung U zu entkoppeln, leiten wir Gleichung (11.81) nach t und (11.77) nach z ab:

$$\frac{\partial^2 I}{\partial z \partial t} = -\hat{C}\,\frac{\partial^2 U}{\partial t^2} \tag{11.82}$$

$$\frac{\partial^2 U}{\partial z^2} = -\hat{L}\,\frac{\partial^2 I}{\partial t \partial z} \tag{11.83}$$

Damit erhalten wir eine **Wellengleichung** für die Spannung U:

$$\frac{1}{\hat{L}}\,\frac{\partial^2 U}{\partial z^2} = \hat{C}\,\frac{\partial^2 U}{\partial t^2} \tag{11.84}$$

$$\frac{\partial^2 U}{\partial z^2} = \hat{L}\hat{C}\,\frac{\partial^2 U}{\partial t^2} \tag{11.85}$$

Analog erhält man eine **Wellengleichung** für den Strom I, indem man (11.81) nach z und (11.77) nach t ableitet:

$$\frac{\partial^2 I}{\partial z^2} = \hat{L}\hat{C}\,\frac{\partial^2 I}{\partial t^2} \tag{11.86}$$

Beide Wellengleichungen für U und I werden durch ebene Wellen gelöst:

$$U = U_\circ\,\sin(\omega t - kz) \tag{11.87}$$

$$I = I_\circ\,\sin(\omega t - kz - \varphi) \tag{11.88}$$

Die **Phasengeschwindigkeit** v_{Ph} (10.30) lässt sich aus (11.85) und (11.86) ablesen:

$$v_{Ph} = \frac{1}{\sqrt{\hat{L}\hat{C}}} \tag{11.89}$$

Eine weitere wichtige Größe zur Charakterisierung eines Koaxialkabels ist seine Impedanz oder sein **Wellenwiderstand** $Re(Z) = U_\circ/I_\circ$ (6.85)). Wir erhalten sie mit (11.77) durch Trennung der Variablen und Integration:

$$\frac{\partial U}{\partial z} = -\hat{L}\,\frac{\partial I}{\partial t}$$

$$\int dI = -\frac{1}{\hat{L}}\int \frac{\partial U}{\partial z}\,dt$$

Für die Spannung U setzen wir die Lösung (11.87) der Wellengleichung ein und erhalten daraus die Stromamplitude $I_\circ$:

$$\begin{aligned} I &= -\frac{1}{\hat{L}}(-k)\,U_\circ \int \cos(\omega t - kz)\,dt \\ &= \underbrace{\frac{1}{\hat{L}}\,\frac{k}{\omega}\,U_\circ}_{\equiv I_\circ}\,\sin(\omega t - kz) \end{aligned}$$

Für den Wellenwiderstand $Re(Z)$ erhalten wir durch Einsetzen der Stromamplitude $I_\circ$ und der Phasengeschwindigkeit $v_{Ph} = \omega/k$

$$Re(Z) = \frac{U_\circ}{I_\circ} = \frac{U_\circ}{\frac{1}{\hat{L}}\frac{k}{\omega}\,U_\circ} = \frac{\hat{L}}{\sqrt{\hat{L}\hat{C}}},$$

$$Re(Z) = \sqrt{\frac{\hat{L}}{\hat{C}}}. \tag{11.90}$$

Geometrie und Kenngrößen

Wir wollen im Folgenden die verschiedenen Kenngrößen eines Koaxialkabels durch seine Geometrie und seine Materialeigenschaften ausdrücken.

Kapazität des Koaxialkabels. Aus dem elektrischen Feld zwischen Innen- und Außenleiter lässt sich die Kapazität des Koaxialkabels bestimmen.

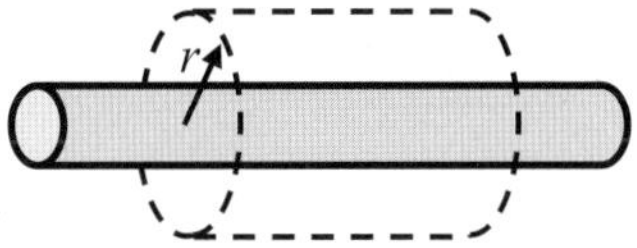

Abbildung 11.33 Zur Berechnung der Kapazität des Koaxialkabels

Für den Fluss Φ_{el} (2.84) durch einen Zylinder mit dem Radius r um den Leiter gilt (►Abbildung 11.33)

$$\Phi_{el} = \int \vec{E}\, d\vec{A} = E \cdot 2\pi r\, l\,.$$

Andererseits ergibt sich mit dem Gauß'schen Satz (2.87), der Maxwell-Gleichung $\operatorname{div} \vec{E} = \rho/\epsilon_\circ$ (2.90) und Integration der Ladungsdichte $Q = \int \rho\, dV$ (2.9)

$$\begin{aligned}\Phi_{el} &= \int \operatorname{div} \vec{E}\, dV \\ &= \int \frac{\rho}{\epsilon_\circ}\, dV \\ &= \frac{Q}{\epsilon_\circ}\,.\end{aligned}$$

Damit erhalten wir für das elektrische Feld (11.91)

$$E \cdot 2\pi r\, l = \frac{Q}{\epsilon_\circ} \tag{11.91}$$

$$\vec{E}(r) = \frac{Q}{l}\,\frac{1}{2\pi r\,\epsilon_\circ}\vec{e}_r\,. \tag{11.92}$$

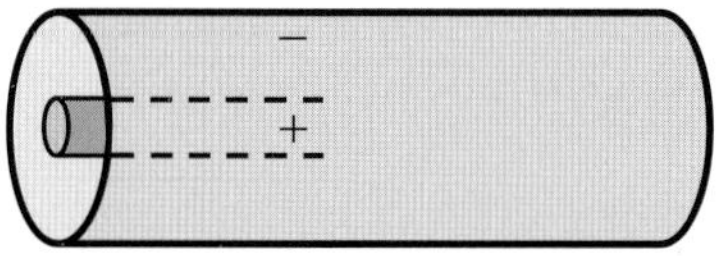

Abbildung 11.34 Ein Koaxialkabel stellt einen unendlich langen, zylindrischen Kondensator dar.

Aus dem elektrischen Feld berechnen wir die Spannung durch Integration von $U = \int E\, dr$ (2.62). Wie in ►Abbildung 11.34 angedeutet ist, kann man ein Koaxialkabel als einen unendlich langen, zylindrischen Kondensator ansehen. Nach außen ist also kein Feld vorhanden, die Feldlinien des inneren Leiters enden auf dem Außenleiter. Die Spannung zwischen dem Innenleiter mit Radius a und dem Außenleiter mit Radius b ist

$$\begin{aligned} U &= \int_a^b E\, dr \\ &= \int_a^b \frac{Q}{l} \frac{1}{2\pi r\, \epsilon_0}\, dr \\ &= \frac{Q}{l} \frac{1}{2\pi\, \epsilon_0} \ln\left(\frac{b}{a}\right) . \end{aligned}$$

Mit der Kapazität $C = Q/U$ (2.108) ergibt sich die Kapazität pro Länge l durch

$$\hat{C} = \frac{C}{l} = \frac{Q}{U\, l} = \frac{Q}{\frac{Q}{l}\frac{1}{2\pi\, \epsilon_0} \ln\left(\frac{b}{a}\right) \cdot l} = \frac{2\pi\epsilon_0}{\ln\left(\frac{b}{a}\right)} . \tag{11.93}$$

Koaxialkabel werden mit einem Dielektrikum gefüllt, sodass zusätzlich zur Dielektrizitätskonstante ϵ_0 noch eine relative Dielektrizitätszahl ϵ_r benötigt wird. Wir werden in Kapitel 12 noch genauer auf Felder in Materie eingehen. Damit erhalten wir die Kapazität pro Länge l des Koaxialkabels durch das Verhältnis des Außenleiterradius zum Innenleiterradius b/a:

$$\hat{C} = \frac{2\pi\epsilon_0\epsilon_r}{\ln\left(\frac{b}{a}\right)} \tag{11.94}$$

Induktivität des Koaxialkabels. Zur Bestimmung der Induktivität pro Länge muss zunächst das Magnetfeld des Leiters betrachtet werden.

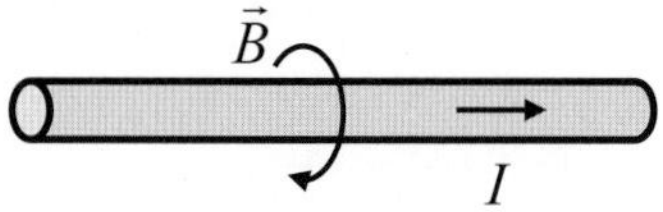

Abbildung 11.35 Zur Bestimmung der Induktivität eines Koaxialkabels. Der Strom I erzeugt ein Magnetfeld $\vec{B}$.

Mit dem Ampère-Gesetz (rot $\vec{B} = \mu_\circ \vec{j}$) (5.9) und dem Stokes'schen Satz (5.29) erhalten wir für das Magnetfeld B im Abstand r um den Innenleiter

$$\begin{aligned} \oint \vec{B}\, d\vec{s} &= \mu_\circ I \\ B\, 2\pi r &= \mu_\circ I \\ B &= \frac{\mu_\circ I}{2\pi r} \quad \text{für } r > a\,. \end{aligned} \tag{11.95}$$

Wie im Fall des elektrischen Felds ist auch das magnetische Feld auf den Raum zwischen dem inneren Radius a und dem äußeren Mantel b beschränkt. In ►Abbildung 11.36 ist die Fläche A gezeigt, anhand derer der magnetische Fluss Φ_m (5.4) berechnet wird:

$$\begin{aligned} \Phi_{mag} &= \int \vec{B}\, d\vec{A} \\ &= \frac{\mu_\circ I\, l}{2\pi} \int_a^b \frac{1}{r}\, dr \\ &= \frac{\mu_\circ I\, l}{2\pi} \ln\left(\frac{b}{a}\right) \end{aligned} \tag{11.96}$$

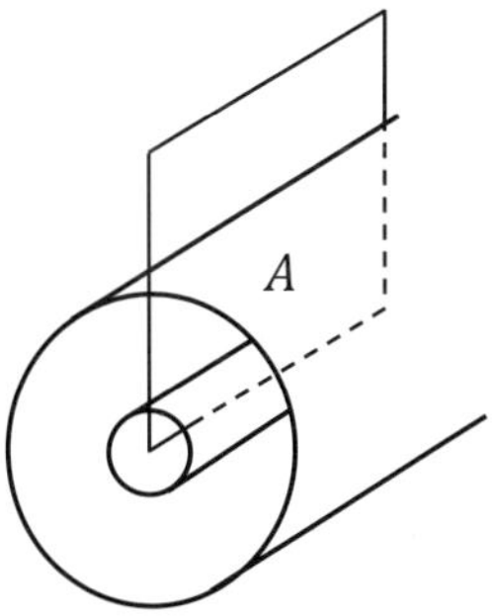

Abbildung 11.36 Zur Berechnung des Flusses durch die Fläche A

Die Induktivität $\hat{L}$ pro Länge l des Koaxialkabels erhalten wir durch Einsetzen in den Fluss $\Phi_m = L\, I$ (6.43):

$$\begin{aligned} \Phi_m &= L \cdot I \\ L &= \frac{\mu_\circ\, l}{2\pi} \ln\left(\frac{b}{a}\right) \\ \hat{L} &= \frac{\mu_\circ}{2\pi} \ln\left(\frac{b}{a}\right) \end{aligned}$$

Unter Berücksichtigung einer relativen Permeabilität μ_r im Füllmaterial des Koaxialkabels erhalten wir

$$\hat{L} = \frac{\mu_\circ \mu_r}{2\pi} \ln\left(\frac{b}{a}\right)\,. \tag{11.97}$$

Wie bei der Kapazität ist auch die Induktivität pro Länge l des Koaxialkabels durch das Verhältnis des Außenleiterradius zum Innenleiterradius b/a bestimmt.

Phasengeschwindigkeit im Koaxialkabel. In einem Koaxialkabel mit einem Medium mit der relativen Dielektrizitätszahl ϵ_r und der relativen Permeabilitätszahl μ_r ist die Phasengeschwindigkeit v_{Ph} (11.89) der fortlaufenden Welle mit der Kapazität (11.94) und der Induktivität (11.97)

$$v_{Ph} = \frac{1}{\sqrt{\hat{L}\hat{C}}} = \frac{1}{\sqrt{\frac{2\pi\epsilon_\circ\epsilon_r}{\ln\left(\frac{b}{a}\right)} \cdot \frac{\mu_\circ\mu_r}{2\pi} \ln\left(\frac{b}{a}\right)}} = \frac{1}{\sqrt{\epsilon_\circ\mu_\circ\,\epsilon_r\mu_r}}\,,$$

$$v_{Ph} = \frac{c}{\sqrt{\epsilon_r\mu_r}}\,. \tag{11.98}$$

Die Phasengeschwindigkeit ist unabhängig von a und b, also unabhängig von der Größe des Kabels.

Wellenwiderstand des Koaxialkabels. Mit der Kapazität (11.94) und der Induktivität (11.97) lässt sich eine in der Praxis nützliche Formel für den Wellenwiderstand eines Koaxialkabels herleiten, wobei wir den Zusammenhang $c^{-2} = \mu_\circ\epsilon_\circ$ (11.11) verwenden:

$$\begin{aligned} Re(Z) &= \sqrt{\frac{\hat{L}}{\hat{C}}} = \sqrt{\frac{\mu_\circ\mu_r}{2\pi}\frac{1}{2\pi\epsilon_\circ\epsilon_r}\ln^2\left(\frac{b}{a}\right)} \\ &= \underbrace{\underbrace{\frac{1}{2\pi}\mu_\circ\,c}_{\frac{4\pi\cdot 10^{-7}\cdot 3\cdot 10^8}{2\pi}\frac{\text{Vs}}{\text{Am}}\frac{\text{m}}{\text{s}}}}_{\approx 60\ \ =\Omega} \ln\left(\frac{b}{a}\right)\sqrt{\frac{\mu_r}{\epsilon_r}} \end{aligned}$$

Es ergibt sich also für den Wellenwiderstand

$$Re(Z) \approx 60 \cdot \ln\left(\frac{b}{a}\right) \cdot \sqrt{\frac{\mu_r}{\epsilon_r}}\,\Omega\,. \tag{11.99}$$

Beispiel: Koaxialkabel

Wir wollen die gewonnenen Formeln auf ein Koaxialkabel mit den folgenden gängigen Parametern anwenden:

$$a = \frac{0{,}4\,\text{mm}}{2} = 0{,}2\,\text{mm} \qquad b = \frac{4\,\text{mm}}{2} = 2\,\text{mm}$$

Dielektrikum, beispielsweise Polyethylen: $\epsilon_r = 2{,}3$ und $\mu_r = 1$

Dann ist der Wellenwiderstand (11.99)

$$Re(Z) = 60\ln\left(\frac{2}{0{,}2}\right)\frac{1}{\sqrt{2{,}3}}\,\Omega = 60\cdot 2{,}3\cdot\frac{1}{1{,}5}\,\Omega = 90\,\Omega\,.$$

Die Induktivität pro Längeneinheit (11.97) ist

$$\hat{L} = \frac{\mu_\circ\mu_r}{2\pi}\ln\frac{b}{a} = \frac{4\pi\cdot 10^{-7}}{2\pi}\cdot 2{,}3\,\frac{\text{V s}}{\text{A m}} = 0{,}46\,\frac{\text{mH}}{\text{m}} \qquad \left(\text{H} = \frac{\text{V s}}{\text{A}}\right).$$

Die Kapazität pro Längeneinheit (11.94) ist

$$\hat{C} = \frac{2\pi\epsilon_0\epsilon_r}{\ln\frac{b}{a}} \approx \frac{2\pi \cdot 2{,}3}{2{,}3} 10^{-11} \frac{\mathrm{A\,s}}{\mathrm{V\,m}} \approx 60 \frac{\mathrm{pF}}{\mathrm{m}} \quad \left(\mathrm{F} = \frac{\mathrm{A\,s}}{\mathrm{V}}\right) .$$

Die Phasengeschwindigkeit (11.98) ist

$$v_{Ph} = \frac{c}{\sqrt{2{,}3}} \approx \frac{c}{1{,}5} = 2 \cdot 10^8 \,\frac{\mathrm{m}}{\mathrm{s}} = \frac{1\,\mathrm{m}}{5\,\mathrm{ns}} .$$

In gebräuchlichen Kabeln treten solche Geschwindigkeiten von 1 m/5 ns tatsächlich auf. Die Werte der Wellenwiderstände sind meist 50 Ω oder auch 75 oder 100 Ω.

Experiment: Koaxialkabel

Gebräuchliche Kabel haben eine Impedanz von $Z = 50\,\Omega$ und eine Phasengeschwindigkeit von 1 m/5 ns. Mit einem 2-Strahl-Oszillographen und einem Pulsgenerator kann man diese Werte gut sichtbar machen. Der Pulsgenerator wird mit zwei gleich langen Kabeln mit den beiden Kanälen des Oszillographen verbunden. Der Trigger auf Kanal 1 wird während der ganzen Messung so eingestellt, dass das Maximum des Pulses bei 0 ns steht. Die ►Abbildung 11.37 zeigt nur das Bild von Kanal 2:

- **a** Zunächst zeigt das Signal von Kanal 2 das Maximum auch bei 0 ns.
- **b** Mit einem »T-Stück« wird das Kabel zum Kanal 2 um eine Länge von 1 m verlängert. Dieses Kabel wird am anderen Ende an den Kanal 2 des Oszilloskops angeschlossen. Das Signal ist um 5 ns verschoben.
- **c** Das Ende wird offen gelassen und stattdessen das T-Stück mit Kanal 2 verbunden. Das Signal wird am Eingang des Oszillographen geteilt. Eine Hälfte erscheint direkt bei 0 ns, die andere wird am Kabelende nach 5 ns reflektiert und erscheint als zweites Signal im Abstand 10 ns.
- **d** Das Kabelende wird mit $Z = 50\,\Omega$ abgeschlossen. Das zweite Signal wird vollständig absorbiert.
- **e** Das Kabelende wird kurzgeschlossen. Das Signal wird reflektiert und invertiert.

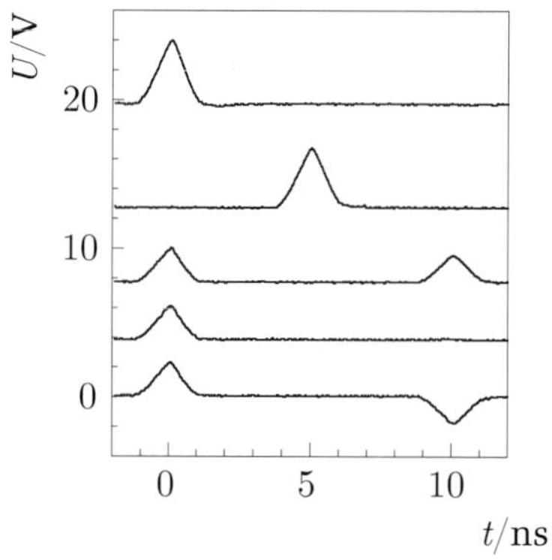

Abbildung 11.37 Zeitlicher Verlauf der Spannung am Oszillographen für verschiedene Versuchsbedingungen. Von oben nach unten: Ausgangspuls, Puls nach 1 m, mit Reflexion am offenen Ende, mit Absorption (50 Ω), mit Reflexion am Kurzschluss.

Experiment: Lecher-Leitung

Bringt man zwei nahe aneinander liegende, parallele, an dem einen Ende verbundene Leiter in ein elektromagnetisches Wechselfeld, so bilden sich auf den Drähten stehende Wellen. Dieses Phänomen bezeichnen wir als **Lecher-Leitung** (►Abbildung 11.38).

Die Maxima und Minima kann man mithilfe einer Lampe visualisieren, die man entlang der Drähte verschiebt. Die elektromagnetische Welle ist im Raum zwischen den Leitern konzentriert.

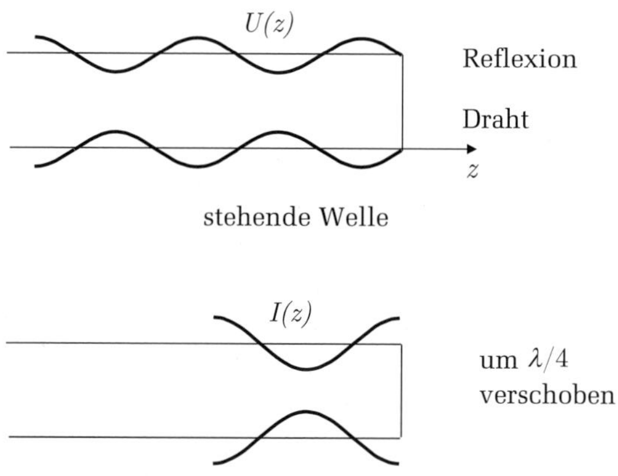

Abbildung 11.38 E- und B-Felder im Lecher-Leiter

Das Wichtigste zum Mitnehmen

Zum Mitnehmen: Elektromagnetische Wellen im Vakuum 1

- Die **Wellengleichungen** für das elektrische Feld $\vec{E}$ und das magnetische Feld $\vec{B}$ im Vakuum lauten

$$\triangle\vec{E} = \frac{1}{c^2}\frac{\partial^2\vec{E}}{\partial t^2}$$
$$\triangle\vec{B} = \frac{1}{c^2}\frac{\partial^2\vec{B}}{\partial t^2} \tag{11.13}$$

mit **Phasengeschwindigkeit** v_{Ph} = **Lichtgeschwindigkeit** c

$$v_{Ph} = c = \frac{1}{\sqrt{\mu_\circ\epsilon_\circ}} \tag{11.11}$$

und **Gruppengeschwindigkeit** v_G = **Lichtgeschwindigkeit** c

$$v_G = \frac{d\omega}{dk} \text{ mit } k = \frac{2\pi}{\lambda} \text{ Wellenzahl und } \omega = 2\pi\nu \text{ Kreisfrequenz}\,. \tag{11.12}$$

- Eine **ebene harmonische Welle** mit Ausbreitungsrichtung $\vec{k}$ wird beschrieben durch

$$\vec{E} = \vec{E}_\circ\, e^{i(\vec{k}\,\vec{r}-\omega t)}\,, \tag{11.15}$$

eine **Kugelwelle** durch

$$\vec{E} = \vec{E}_\circ\,\frac{e^{i(kr-\omega t)}}{r}\,. \tag{11.20}$$

- Im Vakuum stehen Ausbreitungsrichtung $\vec{k}$, elektrisches Feld $\vec{E}$ und magnetisches Feld $\vec{B}$ senkrecht aufeinander und bilden in der **zyklischen Reihenfolge $\vec{k}$, $\vec{E}$, $\vec{B}$ ein rechtshändiges, rechtwinkliges Dreibein.**
- Die Größen der elektrischen und magnetischen Felder sind verbunden durch

$$B = \frac{1}{c}E\,. \tag{11.24}$$

Zum Mitnehmen: Elektromagnetische Wellen im Vakuum 2

- Elektromagnetische Wellen sind also **transversal**. Man unterscheidet:

  – **Linear polarisierte Wellen**

  Wellen, die in einer festen Ebene schwingen. Bei Ausbreitung entlang der z-Achse:

$$\vec{E} = \vec{E}_\circ \cos(\omega t - kz) \tag{11.25}$$

  $\vec{E}_\circ$ steht senkrecht auf $\vec{k}$ ($E_{\circ z} = 0$), und $E_{\circ x}$ und $E_{\circ y}$ sind »in Phase«.

  – **Zirkular polarisierte Wellen**

  $E_{\circ x}$ und $E_{\circ y}$ sind um 90° phasenverschoben:

$$\vec{E} = \begin{pmatrix} E_{\circ x} \cos(\omega t - kz) \\ E_{\circ y} \cos\left(\omega t - kz - \frac{\pi}{2}\right) \end{pmatrix} \tag{11.27}$$

  An jedem festen Ort macht $\vec{E}$ eine Kreisbewegung.

  – **Elliptisch polarisierte Wellen**

  $E_{\circ x} \neq E_{\circ y}$ oder Phasenverschiebung zwischen $E_{\circ x}$ und $E_{\circ y} \neq \frac{\pi}{2}$

  – **Unpolarisierte Wellen**

  $\vec{E}_\circ$ ändert seine Richtung statistisch als Funktion der Zeit.

- Der **Poynting-Vektor** wird definiert als

$$\vec{S} = \vec{E} \times \vec{H} = c^2 \epsilon_\circ \vec{E} \times \vec{B}\,. \tag{11.34}$$

  Die Einheit $\frac{\mathrm{W}}{\mathrm{m}^2}$ ist die einer **Energiestromdichte** oder **Intensität**.

- **Energiedichte** w und **Impulsdichte** p_V sind durch $w = p_V \cdot c$ verknüpft, was sich in der Relativitätstheorie als $E = p \cdot c$ für Photonen wiederfindet. Vektoriell gilt

$$\vec{p_V} = \frac{\vec{S}}{c^2}\,. \tag{11.40}$$

  Die **Energiedichte** w lässt sich auch als **Strahlungsdruck** P auffassen:

$$P = w = \frac{I}{c} = \frac{S}{c} \tag{11.37}$$

Zum Mitnehmen: Elektromagnetische Wellen im Vakuum 3

- Die **Reflexion** einer ebenen, entlang der x-Achse linear polarisierten Welle an einer leitenden Spiegelplatte ergibt eine **stehende Welle**

$$\vec{E}(z,t) = 2E_\circ\,\vec{e}_x\,\sin(\omega t)\cdot\sin(kz)\,, \tag{11.42}$$

$$\vec{B}(z,t) = -2B_\circ\,\vec{e}_y\,\cos(\omega t)\,\cos(kz)\,. \tag{11.44}$$

$\vec{E}$ und $\vec{B}$ sind in der stehenden Welle um $\frac{\lambda}{4}$ im Raum und $\frac{T}{4}$ in der Zeit gegeneinander verschoben.

- In einem Quader mit Seitenlängen a, b, c (**Hohlraumresonator**) können für Zahlenkombinationen $n, m, q \in \mathbb{N}$ mit

$$k_x = \frac{n\cdot\pi}{a}\,,\quad k_y = \frac{m\cdot\pi}{b}\,,\quad k_z = \frac{q\cdot\pi}{c} \tag{11.55}$$

stehende Wellen auftreten (**Resonatormoden**). Mit

$$|\vec{k}| = \pi\sqrt{\left(\frac{n}{a}\right)^2 + \left(\frac{m}{b}\right)^2 + \left(\frac{q}{c}\right)^2} \tag{11.56}$$

sind damit die möglichen Frequenzen

$$\omega = c|\vec{k}|\,. \tag{11.59}$$

- **Planparallele Platten** mit Abstand a bilden die einfachste Form eines **Wellenleiters**. Mit erlaubten Wellenzahlen

$$k_x = \frac{n\pi}{a}\,,\ n = 1, 2, 3, \ldots \tag{11.100}$$

können sich Wellen in z-Richtung mit einer **Phasengeschwindigkeit**

$$v_{Ph} = \frac{\omega}{k_z} = c\underbrace{\sqrt{\frac{k_x^2}{k_z^2}+1}}_{>1} = \frac{c}{\sqrt{1-\left(\frac{c}{\omega}\frac{n\pi}{a}\right)^2}} \tag{11.101}$$

größer als c ausbreiten.

Die **Gruppengeschwindigkeit** in z-Richtung

$$v_G = \frac{d\omega}{dk_z} = \frac{c^2}{v_{Ph}} = c\sqrt{1-\left(\frac{c}{\omega}\frac{n\pi}{a}\right)^2} \tag{11.102}$$

ist kleiner als die Lichtgeschwindigkeit c.

Zum Mitnehmen: Elektromagnetische Wellen im Vakuum 4

- In einem **Koaxialkabel** ist die **Phasengeschwindigkeit** v_{Ph} der fortlaufenden Welle

$$v_{Ph} = \frac{1}{\sqrt{\hat{L}\hat{C}}} = \frac{1}{\sqrt{\epsilon_\circ \mu_\circ \, \epsilon_r \mu_r}} = \frac{c}{\sqrt{\epsilon_r \mu_r}} \,. \qquad (11.103)$$

Der **Wellenwiderstand** beträgt

$$Re(Z) = \sqrt{\frac{\hat{L}}{\hat{C}}} = \sqrt{\frac{\mu_\circ \mu_r}{2\pi} \frac{1}{2\pi \epsilon_\circ \epsilon_r} \ln^2\left(\frac{b}{a}\right)} \qquad (11.104)$$

mit der Induktivität pro Meter $\hat{L}$, der Kapazität pro Meter $\hat{C}$ und den Radien der Innen- und Außenleiter a und b.

Elektromagnetische Wellen in Materie

12

ÜBERBLICK

» Die volle Vielfalt der Erscheinungen im Zusammenhang mit elektromagnetischer Strahlung macht sich bemerkbar, wenn man den Einfluß von Materie mit einbezieht. Aufgrund des Wellencharakters der Strahlung kommt es zu vielen interessanten Phänomenen wie Reflexion und Transmission, Brechung und Dispersion. Diese Begriffe werden auch später in der Quantenmechanik eine wichtige Rolle spielen. «

12.1 Brechungsindex

Durchquert eine elektromagnetische Welle anstelle von Vakuum ein Medium, verlangsamt sich die Lichtgeschwindigkeit im Vergleich zur Vakuum-Lichtgeschwindigkeit c.

Experiment: Lichtgeschwindigkeit in Medien

Eine gepulste Lichtquelle (LED) sendet elektromagnetische Wellen durch ein Plexiglas der Länge l. Mit einem Oszilloskop wird der Unterschied in den Lichtlaufzeiten mit und ohne Plexiglas gemessen (►Abbildung 12.1). Aus der Zeitdifferenz Δt zwischen der Laufzeit mit und ohne Medium sehen wir, dass die Laufzeit im Medium größer ist als in Luft.

Verändern wir die Wellenlänge der Lichtquelle, so ergeben sich unterschiedliche Laufzeiten im Plexiglas.

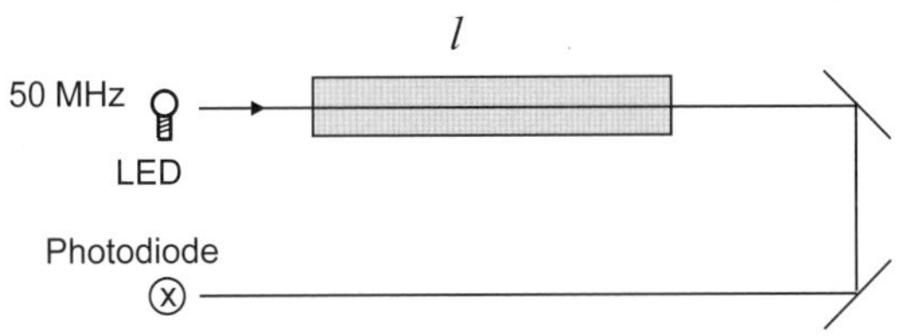

Abbildung 12.1 Messung der Lichtlaufzeit in Medien

Zunächst untersuchen wir den einfachen Fall, dass eine elektromagnetische Welle fester Wellenlänge λ eine Strecke Δz im Medium durchläuft. Als Referenzgröße verwenden wir die Zeit, die die Welle für die Strecke Δz im Vakuum benötigt:

$$t_{\text{Vakuum}} = \frac{\Delta z}{c} \tag{12.1}$$

Im Medium wird für dieselbe Strecke zusätzliche Zeit benötigt, d. h. wir haben eine geringere Lichtgeschwindigkeit c':

$$t_{\text{Medium}} = \frac{\Delta z}{c'} \tag{12.2}$$

Das von der Welle durchquerte Material charakterisieren wir durch den sogenannten **Brechungsindex** n, der durch das Verhältnis der beiden Lichtgeschwindigkeiten definiert ist:

$$n \equiv \frac{c}{c'} \tag{12.3}$$

Die zeitliche Verlängerung durch das Medium beträgt

$$\begin{aligned} \Delta t &= t_{\text{Medium}} - t_{\text{Vakuum}} \\ &= \frac{\Delta z}{c'} - \frac{\Delta z}{c} \\ &= \frac{\Delta z}{c}\left(\frac{c}{c'} - 1\right) \\ &= \frac{\Delta z}{c}(n-1)\,. \end{aligned} \tag{12.4}$$

Durch Messung der Zeitdifferenz Δt und der Länge des Materials können wir demnach dessen Brechungsindex n bestimmen:

$$n = \frac{c\,\Delta t}{\Delta z} + 1 \tag{12.5}$$

Experimente zeigen, dass der Brechungsindex für Medien im Allgemeinen $n > 1$ ist (►Abbildung 12.2). Ausnahmen dazu gibt es bei Röntgenlicht.

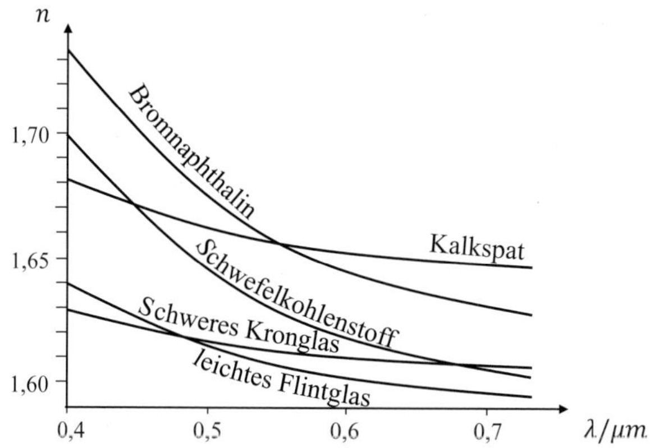

Abbildung 12.2 Der Brechungsindex in Abhängigkeit von der Wellenlänge für verschiedene Materialien

Zusätzlich finden wir eine Abhängigkeit des Brechungsindex n von der Wellenlänge (►Abbildung 12.2). Daher ist auch die Phasengeschwindigkeit c' im Medium von der Wellenlänge abhängig:

$$n(\lambda) \equiv \frac{c}{c'(\lambda)} \tag{12.6}$$

Diese *Wellenlängenabhängigkeit der Phasengeschwindigkeit* $c'(\lambda)$ heißt **Dispersion**.

Eine eindrucksvolle Visualisierung der Dispersion ist die Aufspaltung von weißem Licht nach dem Durchqueren eines Prismas. Dabei wird offensichtlich, dass weißes Licht aus einzelnen Farben, d. h. mehreren Wellenlängen besteht. Wir beschreiben das Prisma in Abschnitt 14.2.1.

12.1.1 Phänomenologische Beschreibung von elektromagnetischen Wellen im Medium

Wir untersuchen hier weiterhin den einfachen Fall der elektromagnetischen Welle fester Wellenlänge λ. Dabei beschreiben wir zunächst die Auswirkungen eines Mediums auf eine ebene Welle, man spricht auch von *phänomenologischer Betrachtung*. Danach wenden wir uns einer atomaren Beschreibung der Wellenausbreitung zu.

In unserem Experiment zur Lichtgeschwindigkeit (►Abbildung 12.1) beschreiben wir den elektrischen Feldvektor $\vec{E}$ der Welle ohne Medium überall auf dem Weg durch

$$\vec{E} = \vec{E}_\circ e^{i(\omega t - kz)} . \tag{12.7}$$

Hier nähern wir den Brechungsindex von Luft durch $n_{\text{Luft}} \approx 1$. Die Phasengeschwindigkeit entspricht dann der Vakuum-Lichtgeschwindigkeit c, die nach (11.19) und (10.27) im Zusammenhang $c = \omega/k = \lambda\,\nu$ mit der Wellenlänge und Frequenz der Welle steht.

Wenn allerdings die Welle auf der Strecke Δz ein Medium durchquert, dann ergibt sich hinter dem Medium die Zeitverschiebung Δt (12.4) relativ zu einer Welle im Vakuum:

$$\vec{E} = \vec{E}_\circ e^{i(\omega(t-\Delta t) - kz)} \tag{12.8}$$

Wir gehen hier davon aus, dass die Schwingungsfrequenz ω der Welle sich beim Eintritt in das Medium nicht ändert. Das können wir mit der mikroskopischen Sicht begründen, dass die Elektronen der Atome im Medium zu Schwingungen mit der Frequenz ω angeregt werden (eine vertiefende Diskussion zur unveränderten Frequenz führen wir in Abschnitt 12.3.2). Dadurch können wir den Produktterm $\omega \cdot \Delta t$ mit $\Delta t = (\Delta z/c)\,(n-1)$ (12.4) und $k = \omega/c$ (11.19) vereinfachen:

$$\begin{aligned} \omega \cdot \Delta t &= \omega \cdot \frac{\Delta z}{c}(n-1) \\ &= k\,\Delta z\,(n-1) \end{aligned} \tag{12.9}$$

Einsetzen für die Zeitverschiebung ergibt eine Welle, die sich in eine ungestörte primäre Welle und eine Phasenverschiebung aufteilen lässt:

$$\begin{aligned} \vec{E} &= \vec{E}_\circ\, e^{i(\omega t - k\,\Delta z\,(n-1) - kz)} \\ &= \vec{E}_\circ \underbrace{e^{i(\omega t - kz)}}_{\text{ungestörte Primärwelle}} \underbrace{e^{-i\,k\,\Delta z\,(n-1)}}_{\text{Phasenverschiebung } \Delta\varphi} \end{aligned} \tag{12.10}$$

Im Folgenden werden wir diese Phasenverschiebung in verschiedenen Aspekten makroskopisch und mikroskopisch untersuchen. Dabei werden wir feststellen, dass sich der Welle mit fester Wellenlänge λ im Vakuum bei Durchqueren eines Mediums eine verkürzte Wellenlänge $\lambda' < \lambda$ zuordnen lässt. Außerdem werden wir feststellen, dass die Welle im Medium teilweise absorbiert wird, d. h. Intensität verliert. Schließlich werden wir Wellenpakete analysieren, bei denen sich mehrere Wellenlängen überlagern und die im Medium Dispersion erfahren.

Hier wenden wir uns zunächst der phänomenologischen Beschreibung zu, welche Auswirkung das Medium auf die Welle hat. Im Vakuum besitzt die Welle die Wellenlänge λ. Die Phase der Welle am Eingang und am Ausgang der Strecke Δz unterscheidet sich durch die Phasendifferenz, die wir wegen $k = 2\pi/\lambda$ (10.24) über die Wellenlänge ausdrücken können:

$$\varphi_{\text{Vakuum}} = k\,\Delta z = \frac{2\pi}{\lambda}\Delta z \tag{12.11}$$

Die Phasendifferenz bei einem Medium der Strecke Δz ergibt sich nach (12.10):

$$\begin{aligned}\varphi_{\text{Medium}} &= k\,\Delta z + k\,\Delta z\,(n-1) \\ &= k\,\Delta z\,n \\ &= \frac{2\pi}{\lambda} n\,\Delta z \\ &= 2\pi \underbrace{\frac{n}{\lambda}}_{\equiv \lambda'} \Delta z \end{aligned} \tag{12.12}$$

Durch Vergleich mit (12.11) sehen wir, dass die Wellenlänge im Medium effektiv kürzer ist (►Abbildung 12.3):

$$\lambda' \equiv \frac{\lambda}{n} \tag{12.13}$$

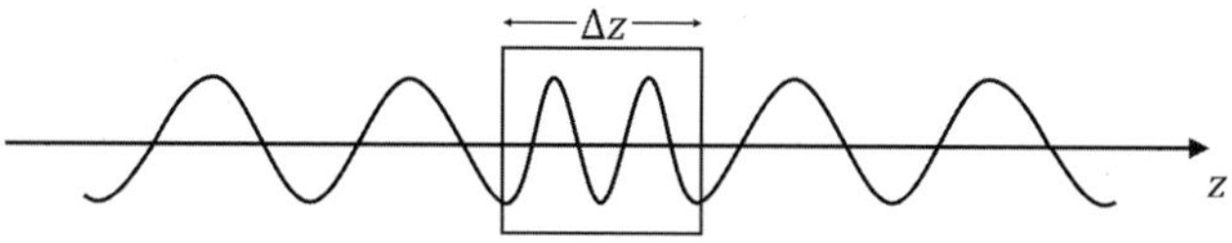

Abbildung 12.3 Wellenlängenänderung beim Durchgang durch Materie

Die Wellenzahl k ist wegen $k = 2\pi/\lambda$ (10.24) entsprechend vergrößert:

$$k' \equiv n\,k \tag{12.14}$$

Wegen des Zusammenhangs $c = \lambda\,\nu$ (10.27) ist bei unveränderter Schwingfrequenz $\nu = \omega/(2\pi)$ (10.21) der Welle die Lichtgeschwindigkeit im Medium verlangsamt (konsistent mit (12.6)):

$$c' = \lambda'\,\nu = \frac{\lambda}{n}\nu = \frac{c}{n} = \frac{\omega}{k\,n} = \frac{\omega}{k'} < c \tag{12.15}$$

12.1.2 Sekundäre elektromagnetische Wellen durch angeregte Dipole im Medium

Um die Verringerung der Lichtgeschwindigkeit und der Wellenlänge in Materie weiter zu verstehen, greifen wir auf *Überlegungen von R. Feynman* zurück [7]. Dafür untersuchen wir die Phasenverschiebung in (12.10). Für dünne Medien und Gase $\Delta z(n-1) \ll \lambda$ ergibt sich eine entsprechend kleine Phasenverschiebung $\Delta\varphi \ll 1$:

$$e^{-i\Delta\varphi} = \underbrace{\cos(\Delta\varphi)}_{\approx 1} - i \underbrace{\sin(\Delta\varphi)}_{\approx \Delta\varphi} \tag{12.16}$$

Für die Welle hinter dem Medium können wir dann schreiben

$$
\begin{aligned}
\vec{E} &= \vec{E}_\circ\, e^{i(\omega t - kz)}\, e^{-i\,k\,\Delta z\,(n-1)} \\
&\approx \vec{E}_\circ\, e^{i(\omega t - kz)}\, [1 - i\,k\,\Delta z\,(n-1)] \qquad (12.17) \\
&= \vec{E}_{\text{Primärwelle}} + \vec{E}_{\text{Sekundärwellen}}\,. \qquad (12.18)
\end{aligned}
$$

Feynman interpretiert den zweiten Term als **Sekundärwellen**, die durch **Anregung von Dipolen im Medium** durch die **Primärwelle** erzeugt werden. Die Sekundärwellen selbst haben als Phasengeschwindigkeit die Lichtgeschwindigkeit c, aber die Welle wird insgesamt durch die Phasenverschiebung der Sekundärwellen verzögert (►Abbildung 12.4).

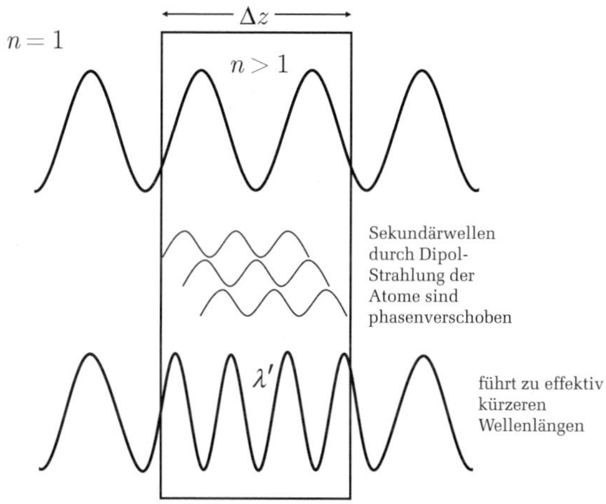

Abbildung 12.4 Die Überlagerung von Sekundärwellen erzeugt für $n > 1$ eine Wellenlängenverkürzung

Erzwungene Schwingungen eines Dipols

Als ersten Schritt untersuchen wir die Anregung der atomaren Dipole durch die einlaufende Primärwelle.

Dazu betrachten wir wie in Abschnitt 10.5.4 eine in x-Richtung polarisierte Welle mit der elektrischen Feldamplitude $\vec{E}_\circ = E_\circ\,\vec{e}_x$ und der Frequenz ω, die mit der Kraft $\vec{F} = Q\vec{E}$ ein Elektron im Atom zu einer erzwungenen harmonischen Schwingung anregt (10.104):

$$m\,\ddot{x} + b\,\dot{x} + D\,x = Q\,E_\circ\,e^{i(\omega t - kz)} \qquad (12.19)$$

Für den Dipol mit der Oszillatorgrundfrequenz $\omega_\circ \equiv D/m$ und der Dämpfung $\Gamma \equiv b/m$ ergab sich als Amplitude (10.110)

$$d_\circ = (\underbrace{\frac{Q}{m}\,\frac{(\omega_\circ^2 - \omega^2)}{(\omega_\circ^2 - \omega^2)^2 + \Gamma^2\omega^2}}_{\equiv\,\alpha} - i\,\underbrace{\frac{Q}{m}\,\frac{\Gamma\omega}{(\omega_\circ^2 - \omega^2)^2 + \Gamma^2\omega^2}}_{\equiv\,\beta})\,E_\circ \qquad (12.20)$$

Die schwingenden Dipole strahlen ihrerseits Wellen mit der aus Aschnitt 10.5 bekannten Abstrahlungscharakteristik ab (10.77):

$$\vec{E} = \frac{1}{4\pi\epsilon_\circ c^2} \sin\vartheta \, \frac{\ddot{p}}{r} \vec{e}_\vartheta \tag{12.21}$$

Hier beschreibt $\ddot{p}$ die zweite zeitliche Ableitung des Dipolmoments mit der Amplitude $p_\circ = Q\, d_\circ$ (10.50) und dem Term für die fortschreitende Welle (10.78):

$$\begin{aligned} \ddot{p} &= -p_\circ\, \omega_\circ^2 \sin(\omega_\circ t - kr) \\ &= \mathrm{Re}\left(-Q\, d_\circ\, \omega_\circ^2\, e^{-i(\omega_\circ t - kr)}\right) \end{aligned} \tag{12.22}$$

Da die Amplitude der Dipolauslenkungen (12.20) komplex ist, wählen wir für $\ddot{p}$ (12.22) und damit auch für den Betrag des elektrischen Felds in (12.21) die komplexe Schreibweise und erhalten für die elektrische Feldstärke der Sekundärwelle eines einzelnen Dipols

$$|\vec{E}| = \frac{Q}{4\pi\epsilon_\circ c^2} \sin\vartheta\, d_\circ\, \omega_\circ^2\, \frac{e^{i(\omega_\circ t - kr)}}{r} \,. \tag{12.23}$$

Erklärung von Brechung und Absorption durch Sekundärwellen

Zunächst erweitern wir die elektrische Feldstärke der Sekundärwellen eines einzelnen Dipols (12.23) auf alle Dipole eines dünnen Mediums, die von der in z-Richtung eintreffenden Primärwelle (12.17)

$$\vec{E} = \vec{E}_\circ e^{i(\omega t - kz)} \tag{12.24}$$

angeregt werden. Wir beobachten die Überlagerung sämtlicher Wellen am Punkt P (►Abbildung 12.5).

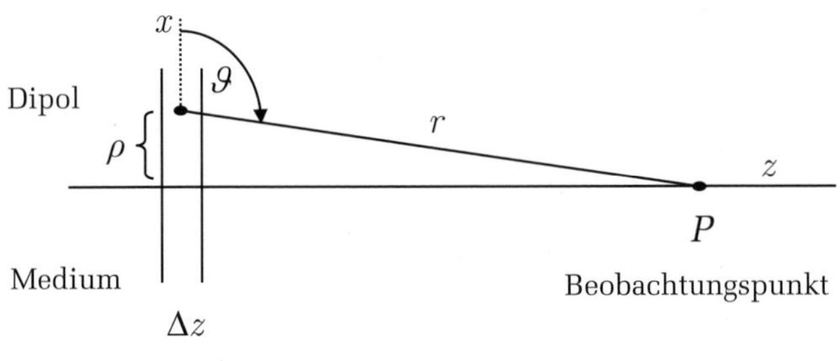

Abbildung 12.5 Zur Erzeugung von Sekundärwellen, die im Punkt P beobachtet werden

Die Anzahl l der Dipole pro Volumen V definiert die Dipoldichte $N = l/V$. Die Fläche des Mediums, die von der Primärwelle erfasst wird, nennen wir A. Die Gesamtzahl m der schwingenden Dipole in dem dünnen Medium mit der Dicke Δz beträgt daher

$$m = N\, A\, \Delta z\,. \tag{12.25}$$

Wie in ►Abbildung 12.6 gezeigt ist, erfassen wir die Dipole auf der Fläche A des Mediums mithilfe von Polarkoordinaten mit Radius ρ und Winkel φ: $dA = \rho^2\, d\rho\, d\varphi$. Wegen der Rotationssymmetrie kann das Integral über φ sofort ausgeführt werden:

$$dA = 2\pi\, \rho^2\, d\rho \tag{12.26}$$

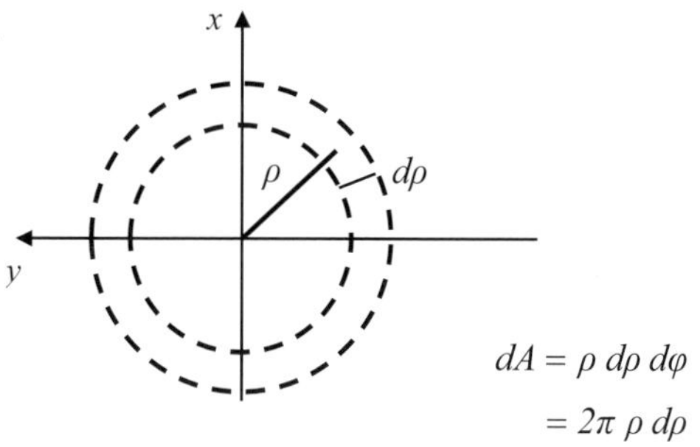

Abbildung 12.6 Aufsicht auf eine dünne Schicht

Alle Dipole zusammen erzeugen ein elektrisches Feld E im Beobachtungspunkt P:

$$E = \frac{Q}{4\pi\epsilon_\circ\, c^2}\, d_\circ\, \omega_\circ^2 \int_0^\infty \sin\vartheta\, \frac{e^{i(\omega_\circ t - kr)}}{r}\, \underbrace{N\, \Delta z\, 2\pi\, \rho\, d\rho}_{\text{Dipole in } dA} \tag{12.27}$$

Zur Berechnung des Integrals machen wir folgende Näherungen:

- Nur Dipole nahe der z-Achse tragen zum Signal der Sekundärwellen bei.
- $\vartheta \approx 90^\circ$ für alle Dipole auf der Fläche A, d. h. $\sin\theta \approx 1$.
- $r \approx z$, da der Beobachtungspunkt weit entfernt ist.
- Der Atomabstand ($< 10^{-9}$ m) ist viel kleiner als die Wellenlänge des Lichts ($\approx 10^{-7}$ m), die Dipolverteilung wird daher als kontinuierlich angenommen mit Dichte $N = \mathit{const.}$

Die Größen dr und $d\rho$ können wir verknüpfen, wenn wir $z = \mathit{const.}$ am Beobachtungspunkt P berücksichtigen:

$$r^2 = \rho^2 + z^2$$
$$\frac{dr}{d\rho} = \frac{2\rho}{2\sqrt{\rho^2 + z^2}} = \frac{\rho}{r}$$
$$\rho\, d\rho = r\, dr$$

Die Integrationsgrenze $\exp(-i\infty)$ des damit folgenden Integrals setzen wir nach der hier nicht vorgeführten Argumentation von [7] gleich null. Im Wesentlichen ergibt sich kein physikalischer Beitrag von Dipolen in sehr großer Entfernung:

$$E = \frac{Q}{2\epsilon_\circ c^2}\, d_\circ\, \omega_\circ^2\, e^{i\omega_\circ t}\, N\, \Delta z \int_z^\infty e^{-ikr}\, dr$$
$$= -i\, \frac{Q}{2\epsilon_\circ c}\, d_\circ\, \omega_\circ\, N\, \Delta z\, e^{i(\omega_\circ t - kz)}\,.$$

Für $d_\circ$ setzen wir die Amplitude (12.20) für erzwungene Schwingungen ein, die von der primären Welle erzeugt wurden:

$$E = -i\,\frac{Q}{2\epsilon_\circ c}\,\omega_\circ\,N\,\Delta z\,\underbrace{(\alpha - i\,\beta)\,E_\circ}_{=\,d_\circ}\,e^{i(\omega_\circ t - kz)} \tag{12.28}$$

Dieses gesamte elektrische Feld der Sekundärwellen muss dem Feld der Sekundärwellen mit Frequenz $\omega_\circ$ entsprechen, die wir aus der makroskopischen Phasenverschiebung im Medium (12.17) erhalten hatten:

$$E_{\text{Sekundärwellen}} = -i\,k\,\Delta z\,(n-1)\,E_\circ\,e^{i(\omega_\circ t - kz)} \tag{12.29}$$

Im direkten Vergleich von (12.28) und (12.29) schließen wir auf den Brechungsindex n. Dabei berücksichtigen wir die Lichtgeschwindigkeit $c = \omega_\circ/k$ (11.19) der Sekundärwellen:

$$\begin{aligned} -i\,k\,\Delta z\,(n-1) &= -i\,\frac{Q}{2\epsilon_\circ c}\,\omega_\circ\,N\,\Delta z\,(\alpha - i\,\beta) \\ n &= 1 + \frac{Q}{2\epsilon_\circ}\,N\,(\alpha - i\,\beta) \end{aligned} \tag{12.30}$$

Der **Brechungsindex** n ist also eine **komplexe Zahl**. Setzen wir die Terme aus (12.20) ein, erhalten wir

$$\begin{aligned} n &= 1 + \frac{Q}{2\epsilon_\circ}\,N\left(\frac{Q}{m}\,\frac{(\omega_\circ^2-\omega^2)}{(\omega_\circ^2-\omega^2)^2+\Gamma^2\omega^2} - i\,\frac{Q}{m}\,\frac{\Gamma\omega}{(\omega_\circ^2-\omega^2)^2+\Gamma^2\omega^2}\right) \\ &= \underbrace{1 + \frac{N\,Q^2}{2\epsilon_\circ m}\,\frac{(\omega_\circ^2-\omega^2)}{(\omega_\circ^2-\omega^2)^2+\Gamma^2\omega^2}}_{\equiv\, n'} - i\,\underbrace{\frac{N\,Q^2}{2\epsilon_\circ m}\,\frac{\Gamma\omega}{(\omega_\circ^2-\omega^2)^2+\Gamma^2\omega^2}}_{\equiv\,\kappa}, \end{aligned} \tag{12.31}$$

$$n = n' - i\kappa\,. \tag{12.32}$$

Dabei bezeichnet n' den Effekt der **Brechung** und κ steht für die **Absorption** der Welle im Medium. Beide Effekte sind sowohl von der Dichte der schwingenden Dipole im Medium als auch von der Differenz der Frequenzen der einlaufenden Welle ω und der Resonanzfrequenz der atomaren Dipole $\omega_\circ$ abhängig. Sie werden im Folgenden weiter untersucht.

12.1.3 Absorption

Mit den Sekundärwellen der Dipole des Mediums haben wir den Brechungsindex n weiter spezifiziert (12.32). Um den Anteil der Absorption κ zu untersuchen, setzen wir $n = n' - i\kappa$ in unsere ursprüngliche Aufteilung der elektrischen Feldstärke $\vec{E}$ in die primäre Welle und die Phasenverschiebung ein (12.10):

$$\vec{E} = \vec{E}_\circ\,e^{i(\omega t - kz)}\;e^{-i\,k\,\Delta z\,(n-1)} \tag{12.33}$$

$$\begin{aligned} &= \vec{E}_\circ\,e^{i(\omega t - kz)}\;e^{-i\,k\,\Delta z\,(n' - i\kappa - 1)} \\ &= \underbrace{\vec{E}_\circ\,e^{i(\omega t - kz)}}_{\text{Primärwelle}}\;\underbrace{e^{-i\,k\,\Delta z\,(n'-1)}}_{\text{Phasenverschiebung}}\;\underbrace{e^{-\kappa\,k\,\Delta z}}_{\text{Absorption}} \end{aligned} \tag{12.34}$$

Nach der Strecke $\Delta z = (\kappa\, k)^{-1}$ im Medium ist die Amplitude des elektrischen Felds auf $1/e$ abgesunken.

Die Intensität I einer Welle ist proportional zum Quadrat der elektrischen Feldstärke (10.87). Wir bezeichnen die Anfangsintensität der Welle mit $I_\circ$ und erhalten die Intensität nach der Strecke Δz im Medium zu

$$I = I_\circ\, e^{-2\kappa\, k\, \Delta z} .$$

Wir definieren hier den **Absorptionskoeffizienten**

$$\alpha' \equiv 2\kappa\, k = \frac{4\pi\, \kappa}{\lambda} , \qquad (12.35)$$

wobei $k = 2\pi/\lambda$ (10.24) sich auf die Wellenlänge der primären Welle bezieht (12.33). Der Absorptionskoeffizient α' ist also proportional zum imaginären Anteil κ des Brechungsindex (12.32). Mit dem Absorptionskoeffizienten lautet die Intensität

$$I = I_\circ\, e^{-\alpha' \Delta z} . \qquad (12.36)$$

Wir werden in Abschnitt 12.3.6 die Anfangsintensität $I_\circ$ (12.36) genauer bestimmen.

Experiment: Absorption

Wir bestimmen hier die Absorption von Licht in unterschiedlich getrübtem Wasser. Dazu senden wir Licht eines Lasers in ein Wasserbad und messen die Lichtintensität mit einer Photodiode in verschiedenen Abständen (►Abbildung 12.7). Die Photodiode schützen wir durch einen Glasbehälter.

Das Ergebnis ist in ►Abbildung 12.8 durch die Intensität als Funktion des Abstands dargestellt. Für unterschiedliche Trübungen zeigen die Kurven jeweils einen exponentiellen Abfall.

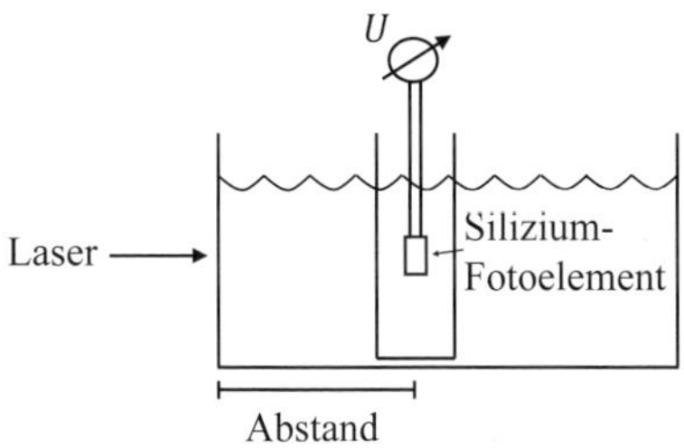

Abbildung 12.7 Messung der Absorption in trübem Wasser

12.1.4 Dispersion

Die Absorption und Emission von Licht in Atomen sind quantenmechanische Vorgänge. Ein Elektron wird durch einfallendes Licht auf einen höheren Energiezustand gehoben

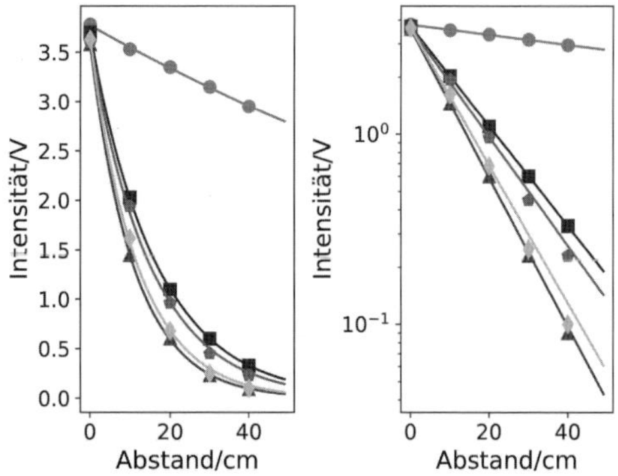

Abbildung 12.8 Verbleibende Lichtintensität in zunehmenden Abständen für unterschiedliche Trübung des Wassers (links im linearen, rechts im logarithmischen Maßstab).

und kehrt anschließend in seinen ursprünglichen Zustand zurück. Im Abregungsprozess gibt es die Energiedifferenz der Zustände in Form von Licht wieder ab. Diese Vorgänge werden wir später im Rahmen der Atomphysik genau untersuchen.

In ►Abbildung 12.9 sind die theoretischen Verläufe (12.31) von Brechung und Absorption nahe einer Resonanz als Funktion der Lichtfrequenz ω gezeigt. Resonanz bedeutet, dass die Energiedifferenz der beiden Elektronenzustände der Energie des Lichts $E = h\omega/(2\pi)$ entspricht (h ist das Plancksche Wirkungsquantum).

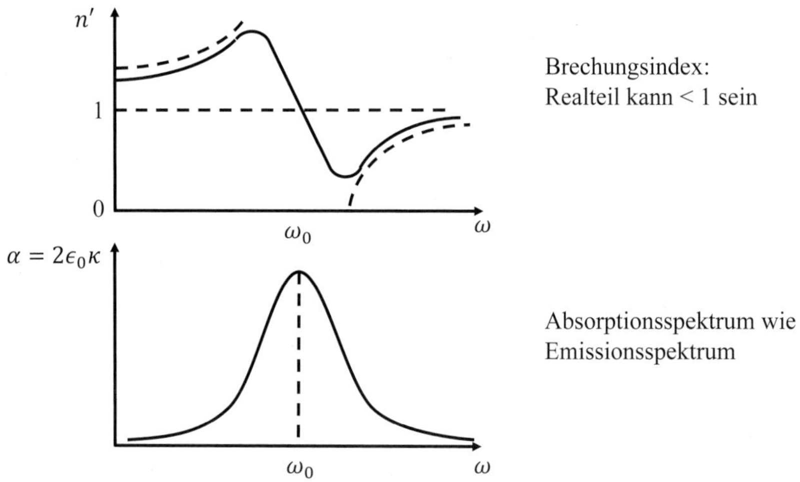

Abbildung 12.9 Absorptions-/Emissions-Spektrum und Verlauf des Brechungsindex nahe einer Resonanz. Die Kurven geben den theoretischen Verlauf der Formeln (12.31) wieder. In der Nähe der Resonanz tritt anomale Dispersion auf. Die gestrichelte Kurve deutet den Verlauf ohne Absoption an.

In einem Material können mehr oder weniger viele solcher Resonanzen auftreten. Die zugehörigen Resonanz-Kurven in ►Abbildung 12.9 und Gl. (12.31) werden sich dann überlagern. Die jeweiligen Beiträge von n addieren sich und der Brechungsindex verschiebt sich zu höheren Werten. Insbesondere treten Werte von $n < 1$ daher vorwiegend bei hohen Frequenzen auf (Röntgenlicht). Da Resonanzen mit Absorption verbunden sind, wählt man resonanzfreie Bereiche aus, wenn man Durchlässigkeit wünscht, wie z. B. bei Glas im optischen Bereich.

Zum Verständnis des Zusammenhangs zwischen Dispersion und Brechungsindex differenzieren wir den Realteil von (12.31):

$$\frac{dn'}{d\omega} = \frac{Nq^2}{2\epsilon_\circ m} \frac{-2\omega((\omega_\circ^2 - \omega^2)^2 + \Gamma^2\omega^2) - (\omega_\circ^2 - \omega^2)(2(\omega_\circ^2 - \omega^2)(-2\omega) + 2\Gamma^2\omega)}{((\omega_\circ^2 - \omega^2)^2 + \Gamma^2\omega^2)^2}$$

Der Nenner dieses Ausdrucks ist immer positiv, betrachtet man aber den Zähler, so ergibt sich

$$\begin{aligned} \text{Zähler} &= (\omega_\circ^2 - \omega^2)^2(-2\omega + 4\omega) - 2\Gamma^2\omega^3 - 2\Gamma^2\omega(\omega_\circ^2 - \omega^2) \\ &= (\omega_\circ^2 - \omega^2)^2 2\omega - 2\Gamma^2\omega_\circ^2\omega \\ &= 2\omega\left[(\omega_\circ^2 - \omega^2)^2 - \Gamma^2\omega_\circ^2\right]. \end{aligned} \tag{12.37}$$

Normale Dispersion

Für $|\omega_\circ^2 - \omega^2| > \Gamma\omega_\circ$ ist die Ableitung größer null: $dn'/d\omega > 0$. Dies ist der Fall der **normalen Dispersion.**

Um den Bezug zum Brechungsindex als Funktion der Wellenlänge herzustellen, wie er in ►Abbildung 12.2 gezeigt ist, bestimmen wir den Zusammenhang zwischen $d\omega$ und $d\lambda$. Mit $\omega = 2\pi\,\nu = 2\pi\,c/\lambda$ ((10.21) und (10.27)) ergibt sich

$$\begin{aligned} \frac{d\omega}{d\lambda} &= 2\pi\,c\,\frac{d}{d\lambda}\frac{1}{\lambda} = -2\pi\,c\frac{1}{\lambda^2} = -\frac{\omega}{\lambda}\,, \\ \frac{d\omega}{\omega} &= -\frac{d\lambda}{\lambda}\,. \end{aligned} \tag{12.38}$$

Dadurch sind die Kurvenverläufe von $dn'/d\omega > 0$ und $dn'/d\lambda < 0$ gerade umgekehrt (►Abbildung 12.10).

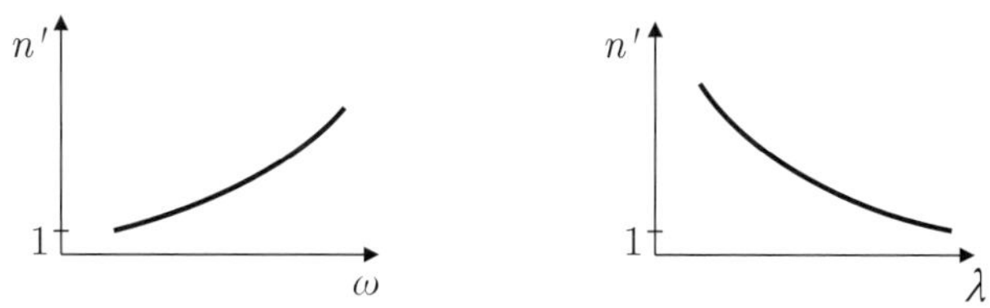

Abbildung 12.10 Verlauf des Brechungsindex für normale Dispersion

Die Phasengeschwindigkeit $c' = c/n'$ (12.6) ist ebenfalls von der Wellenlänge abhängig. Da der Brechungsindex im Nenner steht, ist $dc'/d\lambda > 0$ (►Abbildung 12.11).

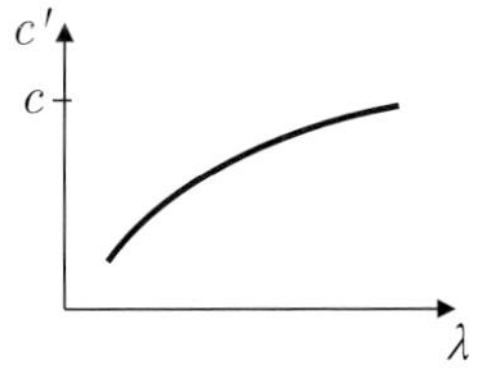

Abbildung 12.11 Verlauf der Phasengeschwindigkeit für normale Dispersion

Die positive Ableitung erlaubt uns zu zeigen, dass die Gruppengeschwindigkeit $v_G = d\omega/dk$ (10.29) kleiner als die Phasengeschwindigkeit c' ist. Dafür benötigen wir den Zusammenhang $c' = \omega/k$ (11.19) und den Vorzeichenwechsel beim Wechsel von dk auf $d\lambda$:

$$\frac{dk}{d\lambda} = \frac{d}{d\lambda}\frac{2\pi}{\lambda} = -\frac{2\pi}{\lambda'} = -\frac{k}{\lambda} \tag{12.39}$$

Für die Gruppengeschwindigkeit erhalten wir damit:

$$v_G = \frac{d\omega}{dk} = \frac{d}{dk}(c'k) = c' + k\frac{dc'}{dk} = c' - \lambda\frac{dc'}{d\lambda} < c' \tag{12.40}$$

Anomale Dispersion

Für die Ableitung $dn'/d\omega$ des Brechungsindex nach der Frequenz gibt es auch den Fall, dass der Zähler negativ wird (12.37). Dies gilt für die Bedingung $|\omega_\circ^2 - \omega^2| < \Gamma\omega_\circ$. Dann ist $dn'/d\omega < 0$. Für die Wellenlänge ist die Ableitung entsprechend positiv (12.38): $dn'/d\lambda > 0$. Diesen Fall bezeichnen wir als **anomale Dispersion**.

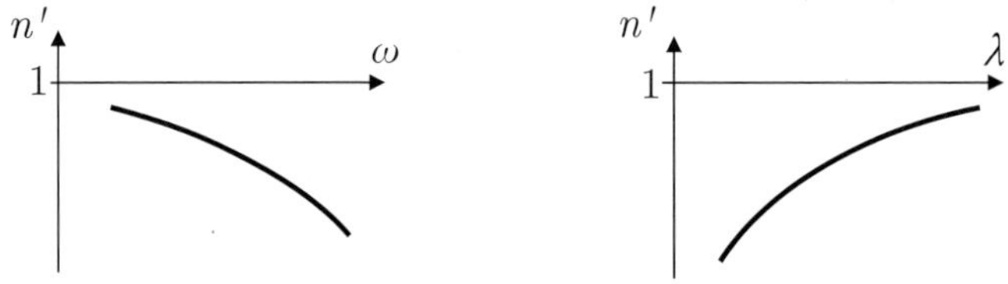

Abbildung 12.12 Verlauf des Brechungsindex für anomale Dispersion

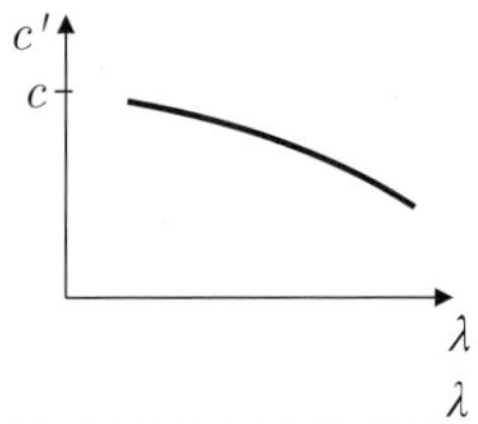

Abbildung 12.13 Verlauf der Phasengeschwindigkeit für anomale Dispersion

Die Gruppengeschwindigkeit $v_G = c' - \lambda\, dc'/d\lambda > c'$ ist größer als die Phasengeschwindigkeit. Dies steht aber nicht im Widerspruch zu der Behauptung, dass sich Informationen nicht schneller als mit Lichtgeschwindigkeit ausbreiten können. Da ein Wellenpaket aus vielen Frequenzen besteht und wir gleich sehen werden, dass anomale Dispersion nur in kleinen Frequenzbereichen auftritt, liegt die Geschwindigkeit des Wellenpaketes unterhalb von c'. Liegt die Frequenz ω der Lichtwelle in der Nähe der Dipolgrundfrequenz $\omega_\circ$, so ist

$$(\omega_\circ^2 - \omega^2) = (\omega_\circ + \omega)(\omega_\circ - \omega) \approx 2\omega_\circ(\omega_\circ - \omega)\,.$$

Daraus lässt sich durch Einsetzen in (12.37) eine Bedingung für die anomale Dispersion $dn'/d\omega < 0$ ableiten:

$$\begin{aligned}(\omega_\circ^2 - \omega^2)^2 &< \Gamma^2\omega_\circ^2\\ 2\omega_\circ|\omega_\circ - \omega| &< \Gamma\omega_\circ\\ |\omega_\circ - \omega| &< \frac{\Gamma}{2}\end{aligned} \qquad (12.41)$$

In der Nähe von $\omega_\circ$ erhält man also anomale Dispersion (►Abbildung 12.9).

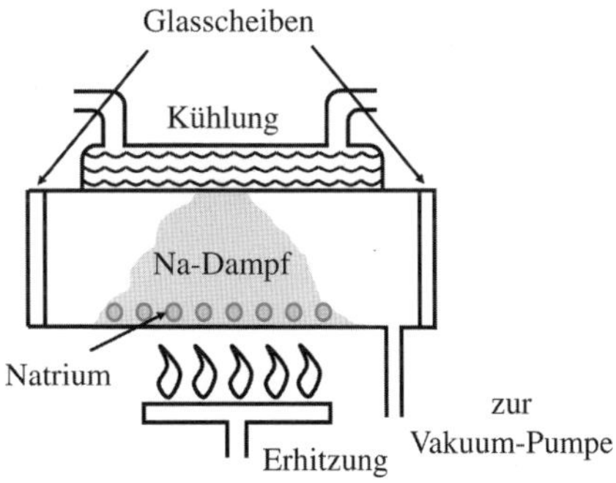

Abbildung 12.14 Versuchsaufbau: Licht wird durch Natriumdampf mit nach oben abnehmender Dichte geleitet.

Experiment: Anomale Dispersion

Ein evakuiertes, an den beiden Enden mit Glasscheiben verschlossenes Rohr ist am Boden mit Natrium gefüllt. Das Rohr kann von unten erhitzt und von oben gekühlt werden (►Abbildung 12.14).

Schickt man einen Strahl mit natürlichem Licht durch das Rohr und spaltet das Licht hinter dem Rohr mit einem Gitter horizontal auf, so entsteht das übliche Bild der Regenbogenfarben auf einem Schirm (untere ►Abbildung 12.15). Das Gitter wird so orientiert, dass das kurzwellige Violett (hohe Frequenz ω) rechts im Bild erscheint.

Schaltet man nun die Kühlung ein und erhitzt das Natrium, dann wirkt der Natrium-Dampf hier gleichzeitig als Brechungsmedium und als Prisma in senkrechter Richtung. Das Licht wird wegen der starken Änderung des Brechungsindex im Bereich der Absorptionslinie unterschiedlich stark abgelenkt. Im gelben Bereich an der Stelle der sogenannten Na-D-Linien zeigen sich gleichzeitig die Effekte der Absorption und der anomalen Dispersion (►Abbildung 12.9). Das einfallende Licht mit der Wellenlänge der Na-D-Linien wird absorbiert, es entsteht eine (verschmierte) Lücke im Gitterspektrum. Zusätzlich ist direkt neben dem Absorptionsbereich mit Frequenz $\omega_\circ$ links das Licht nach oben, rechts nach unten abgelenkt. Für die Ablenkungsrichtungen muss man die Abbildungsoptik einbeziehen, das Bild steht auf dem Kopf. Nach ►Abbildung 12.9 wird nämlich für $\omega < \omega_\circ$ (links) ein größerer Brechungsindex erwartet, sodass das Licht nach unten hin abgelenkt wird, für $\omega > \omega_\circ$ (rechts) entsprechend nach oben. Wegen der Abbildungsoptik sieht ►Abbildung 12.15 aus wie die Skizze in ►Abbildung 12.9.

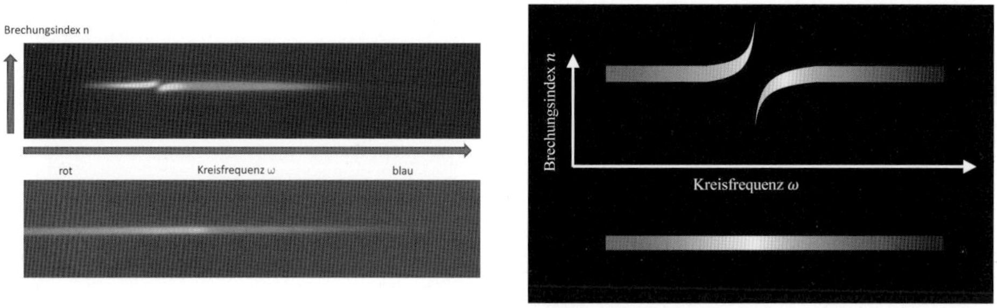

Abbildung 12.15 Das untere Bild zeigt die Spektralverteilung des natürlichen Lichts. Das obere Spektrum entsteht im Natriumdampf. An der Stelle der gelben Na-D-Linie erkennt man den typischen Verlauf des Brechungsindex mit anomaler Dispersion wie in ►Abbildung 12.9. Links die Messung, rechts ein idealisiertes Bild.

12.2 Wellengleichung in Materie

In diesem Kapitel untersuchen wir die Wellengleichung für elektromagnetische Wellen im Medium. Wir werden zeigen, dass der Brechungsindex n' (12.31) über die relative Dielektrizitätskonstante ϵ_r in die Wellengleichung eingeht und einen interessanten Zusammenhang zur Polarisierbarkeit des Mediums besitzt.

In nichtleitender Materie ist die relative Dielektriziätskonstante ϵ_r ungleich eins, und es gibt weder eine Ladungsdichte ρ noch eine Stromdichte j. Wir betrachten hier ein nicht-magnetisches Medium, sodass die relative Permeabilität μ_r eins ist:

$$\epsilon_r \neq 1 \qquad \rho = 0 \qquad \vec{j} = 0 \qquad \mu_r = 1 \tag{12.42}$$

Wir verwenden die Zusammenhänge zwischen der dielektrischen Verschiebungsdichte $\vec{D}$ und dem elektrischen Feld im Medium $\vec{E}_{Diel}$ (3.42) sowie zwischen der magnetischen Erregung $\vec{H}$ und der magnetischen Feldstärke $\vec{B}$ (5.3):

$$\vec{D} = \epsilon_\circ\, \epsilon_r\, \vec{E}_{Diel} \tag{12.43}$$

$$\vec{B} = \mu_\circ\, \vec{H} \tag{12.44}$$

Die Maxwell-Gleichungen in Materie ((1.3 bis (1.8)) lauten damit

$$\operatorname{rot}\vec{E}_{Diel} = -\frac{\partial\vec{B}}{\partial t}\,, \qquad \operatorname{rot}\vec{B} = \mu_\circ\,\epsilon_\circ\,\epsilon_r\,\frac{\partial\vec{E}_{Diel}}{\partial t}\,,$$
$$\operatorname{div}\vec{E}_{Diel} = 0\,, \qquad \operatorname{div}\vec{B} = 0\,.$$

Mit diesen Gleichungen folgen wir der Herleitung der Wellengleichung im Vakuum (Abschnitt 11.1) und sehen, dass sich lediglich der Vorfaktor vor den zeitlichen Ableitungen ändert. Die Wellengleichung für das elektrische Feld im Medium lautet

$$\Delta\vec{E} = \underbrace{\mu_\circ\epsilon_\circ\epsilon_r}_{=1/c'^2}\,\frac{\partial^2\vec{E}}{\partial t^2}\,. \tag{12.45}$$

Die Phasengeschwindigkeit c' der Welle im Medium können wir wie zuvor sofort ablesen (siehe (11.8) und (11.10)) und erhalten mit der Lichtgeschwindigkeit c im Vakuum und $\mu_\circ\epsilon_\circ = c^{-2}$ (11.11)

$$c' = \frac{1}{\sqrt{\mu_\circ\epsilon_\circ\epsilon_r}} = \frac{c}{\sqrt{\epsilon_r}}\,. \tag{12.46}$$

Im Vergleich mit $n = c/c'$ (12.6) ergibt sich ein wichtiger Zusammenhang zwischen dem Brechungsindex n und der relativen Dielektrizitätskonstante ϵ_r im Medium:

$$n = \sqrt{\epsilon_r} \tag{12.47}$$

12.2.1 Polarisierbarkeit des Mediums

Für eine physikalische Interpretation von $n = \sqrt{\epsilon_r}$ (12.47) ist es sinnvoll, anstelle des elektrischen Felds $\vec{E}$ die Verschiebungsdichte $\vec{D}$ und die Polarisation $\vec{P}$ des Materials zu verwenden (3.36):

$$\vec{D} \equiv \epsilon_\circ\,\vec{E}_{Diel} + \vec{P} \tag{12.48}$$

Wir nutzen $\vec{D} = \epsilon_\circ\,\epsilon_r\,\vec{E}_{Diel}$ (12.43)

$$\epsilon_\circ\epsilon_r\vec{E}_{Diel} = \epsilon_\circ\vec{E}_{Diel} + \vec{P} \tag{12.49}$$

und lassen zur Vereinfachung der Schreibweise den Index »*Diel*« hier ausnahmsweise weg. Durch Einsetzen in (12.45) erhalten wir

$$\begin{aligned}\epsilon_\circ\epsilon_r\Delta\vec{E} &= \epsilon_\circ\mu_\circ\epsilon_\circ\epsilon_r\frac{\partial^2\vec{E}}{\partial t^2} + \mu_\circ\epsilon_\circ\epsilon_r\frac{\partial^2\vec{P}}{\partial t^2}\,,\\ \Delta\vec{E} &= \underbrace{\mu_\circ\epsilon_\circ\frac{\partial^2\vec{E}}{\partial t^2}}_{\text{Primärwelle}} + \underbrace{\mu_\circ\frac{\partial^2\vec{P}}{\partial t^2}}_{\text{Sekundärwelle}}\,.\end{aligned} \tag{12.50}$$

Wie in (12.17) erkennen wir zusätzlich zum Term der ursprünglichen Welle im Vakuum (Primärwelle) einen weiteren Term aus der Polarisierbarkeit des Mediums, den wir als Sekundärwelle interpretieren.

Zur Vereinfachung nehmen wir an, dass der $\vec{E}$-Vektor in x-Richtung schwingt:

$$\vec{E} = \vec{e}_x \, E_\circ \, e^{i(\omega t - kz)} \tag{12.51}$$

$$\vec{P} = \vec{e}_x \, P_\circ \, e^{i(\omega t - kz)} \tag{12.52}$$

Auf atomarer Ebene lässt sich die Polarisation des Mediums durch die Summe der erzeugten elektrischen Dipole beschreiben (vergleiche Aschnitt 3.1.1). Mit der Anzahldichte N der Dipole pro Volumen und der Amplitude des Dipolmoments pro Dipol $p_\circ = Q\, d_\circ$ (2.55) erhalten wir für die Amplitude der Polarisation

$$P_\circ = N \, p_\circ \, . \tag{12.53}$$

Wie stark sich die einzelnen Dipole aufgrund der elektrischen Feldamplitude $E_\circ$ polarisieren lassen, ist eine Materialeigenschaft des Mediums. Wir bezeichnen sie als **Polarisierbarkeit α_{pol}**:

$$\alpha_{pol} \equiv \frac{p_\circ}{E_\circ} \tag{12.54}$$

Damit können wir die Polarisation über die elektrische Feldamplitude ausdrücken, also

$$P_\circ = N \, \alpha_{pol} \, E_\circ \, , \tag{12.55}$$

und die Polarisation $P_\circ$ in (12.50) ersetzen. Wir erhalten erneut die Wellengleichung für das elektrische Feld jetzt mit einem Vorfaktor, der die Polarisierbarkeit α_{pol} des Mediums und Anzahldichte N seiner Dipole enthält:

$$\Delta \vec{E} = \underbrace{(\mu_\circ \epsilon_\circ + \mu_\circ N \alpha_{pol})}_{= 1/c'^2} \frac{\partial^2 \vec{E}}{\partial t^2} \tag{12.56}$$

Der Vorfaktor entspricht wieder dem Quadrat der inversen Lichtgeschwindigkeit im Medium (12.45):

$$\frac{1}{c'^2} = \mu_\circ \epsilon_\circ + \mu_\circ N \, \alpha_{pol} \tag{12.57}$$

12.2.2 Polarisierbarkeit und Brechungsindex

Um den Zusammenhang zum Brechungsindex n zu erhalten, nutzen wir erneut den Zusammenhang $\mu_\circ \epsilon_\circ = c^{-2}$ (11.11) im Ausdruck für die Lichtgeschwindigkeit im Medium (12.57):

$$\frac{1}{c'^2} = \frac{1}{c^2} + \frac{N \, \alpha_{pol}}{\epsilon_\circ c^2}$$

$$\underbrace{\frac{c^2}{c'^2}}_{= n^2} = 1 + \frac{N \, \alpha_{pol}}{\epsilon_\circ}$$

Damit stellen wir folgenden Zusammenhang zum Brechungsindex $n = c/c'$ (12.6) her:

$$n^2 = 1 + \frac{N \, \alpha_{pol}}{\epsilon_\circ} \tag{12.58}$$

Der Brechungsindex ist also direkt mit der Polarisierbarkeit α_{pol} des Mediums und der Anzahldichte N der Atome (Dipole) im Medium verbunden.

Wir wollen jetzt den Zusammenhang dieser Formel mit dem komplexen Brechungsindex (12.31) untersuchen. Dafür setzen wir das Dipolmoment $p_\circ = Q\, d_\circ$ (2.55) in die Polarisierbarkeit α_{pol} (12.54) des Mediums ein:

$$\alpha_{pol} = \frac{p_\circ}{E_\circ} = \frac{Q\, d_\circ}{E_\circ} \tag{12.59}$$

Die Polarisierbarkeit setzen wir zusammen mit der Dipolamplitude $d_\circ$ (10.110)

$$d_\circ = \left(\frac{Q}{m} \frac{(\omega_\circ^2 - \omega^2)}{(\omega_\circ^2 - \omega^2)^2 + \Gamma^2\omega^2} - i \frac{Q}{m} \frac{\Gamma\omega}{(\omega_\circ^2 - \omega^2)^2 + \Gamma^2\omega^2} \right) E_\circ$$

in (12.58) ein und erhalten einen ähnlichen Ausdruck wie (12.31):

$$n^2 = 1 + \underbrace{\frac{N\, Q^2}{\epsilon_\circ\, m} \frac{\omega_\circ^2 - \omega^2}{(\omega_\circ^2 - \omega^2)^2 + \Gamma^2\omega^2}}_{u} - i \underbrace{\frac{N\, Q^2}{\epsilon_\circ\, m} \frac{\Gamma\omega}{(\omega_\circ^2 - \omega^2)^2 + \Gamma^2\omega^2}}_{v} \tag{12.60}$$

Der Unterschied liegt in der Potenz von n und dem Faktor 2. Allerdings gilt für $n \approx 1$ mit einer Taylorentwicklung um $n = 1$

$$\begin{aligned} n &= \sqrt{1 + u - iv} \\ &\approx 1 + \left. \frac{1}{2\sqrt{1 + u - iv}} \right|_{u - iv = 0} (u - iv) \\ &= 1 + \frac{1}{2}(u - iv) \\ &= n' - i\kappa\,. \end{aligned}$$

Die Gleichung (12.31) entspricht demnach dieser Näherung.

12.2.3 Phasenverschiebung der $\vec{E}$- und $\vec{B}$-Felder

Wir wollen jetzt die relative Phase zwischen elektrischen und magnetischen Feldern in Materie bestimmen. Dazu knüpfen wir an die Orientierungen der $\vec{E}$ und $\vec{B}$ Felder aus $\vec{k} \times \vec{E} = \omega \vec{B}$ (11.21) an.

Wir bezeichnen hier mit $k = 2\pi/\lambda$ die Wellenzahl im Medium und die Wellenzahl im Vakuum mit $k_\circ = 2\pi/\lambda_\circ$. Die Ausbreitungsrichtung ist gleich und wird durch den Einheitsvektor $\vec{e}_k$ beschrieben. Die Schwingfrequenz ω ist im Medium gegenüber dem Vakuum unverändert (Abschnitt 12.1.1). Das Verhältnis der Wellenvektoren entspricht dem Brechungsindex n, weil die Phasengeschwindigkeiten im Medium $c' = \omega/k$ und im Vakuum $c = \omega/k_\circ$ (11.19) lauten:

$$k \frac{1}{k_\circ} = \frac{\omega}{c'} \frac{c}{\omega} = \frac{c}{c'} = n \tag{12.61}$$

Damit ergibt sich für das $\vec{B}$-Feld

$$\begin{aligned}\vec{B} &= \frac{1}{\omega}\,(k\,\vec{e}_k \times \vec{E}) && (11.21)\\ &= \frac{1}{\omega} n\,k_\circ(\vec{e}_k \times \vec{E})\\ &= \frac{n}{c}(\vec{e}_k \times \vec{E})\\ &= \frac{n' - i\kappa}{c}(\vec{e_{k_\circ}} \times \vec{E})\\ &= \frac{\sqrt{n'^2 + \kappa^2}}{c}\,(\vec{e_{k_\circ}} \times \vec{E})\,e^{i\varphi} \qquad \text{mit } \tan\varphi = -\frac{\kappa}{n'}\,. && (12.62)\end{aligned}$$

In absorbierenden Medien (d. h. $\kappa \neq 0$) sind $\vec{E}$ und $\vec{B}$ also nicht mehr in Phase. Für durchsichtige Medien ist der Absorptionskoeffizient klein, also $\kappa \approx 0$. Daher ist $n = n' - i\kappa \approx n'$. Deshalb wird in der Optik der Brechungsindex mit dem Realteil gleichgesetzt, und das elektrische Feld und das Magnetfeld sind in Phase.

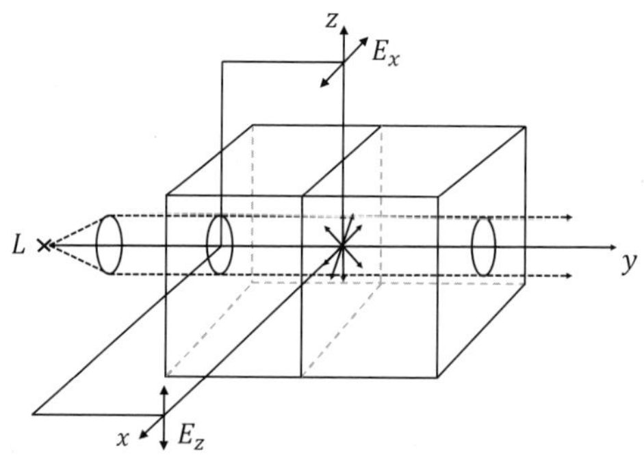

Abbildung 12.16 Unpolarisiertes Licht wird in alle Richtungen gestreut. Senkrecht zur Strahlrichtung beobachtet man, dass das in x-(z-)Richtung gestreute Licht in z-(x-)Richtung polarisiert ist.

Experiment: Polarisation durch Streuung

Die obigen Überlegungen zur Polarisierbarkeit und Streuung lassen sich sehr schön demonstrieren. Unpolarisiertes natürliches Licht (z. B. von einer Bogenlampe) regt in einer wässrigen Lösung die Moleküle zum Leuchten an. Das Streulicht wird senkrecht zur Richtung des einfallenden Lichts beobachtet. Solange das einfallende Licht unpolarisiert ist, sehen wir von allen Seiten zunächst die gleiche Leuchterscheinung.

Beobachten wir jedoch durch einen Polarisationsfilter, so erweist sich das Licht je nach Blickrichtung unterschiedlich linear polarisiert, wie in ►Abbildung 12.16 angedeutet. Das liegt an der Dipolcharakteristik des gestreuten Lichts.

Der Effekt wird noch eindrucksvoller, wenn wir einen Polarisationsfilter in den einfallenden Strahlengang stellen. Wegen der Dipolcharakteristik des gestreuten Lichts leuchtet die Lösung jetzt nur in einer Blickrichtung senkrecht zur eingestellten Polarisationsebene. Je nach Drehung des Polarisationsfilters kann man eine Blickrichtung hell oder dunkel stellen (►Abbildungen 12.17 und 12.18).

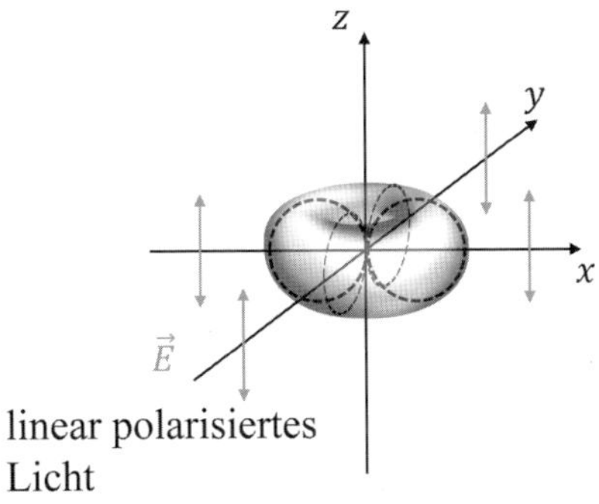

Abbildung 12.17 In z-Richtung polarisiertes Licht wird maximal in x- und y-Richtung gestreut, jedoch nicht in z-Richtung.

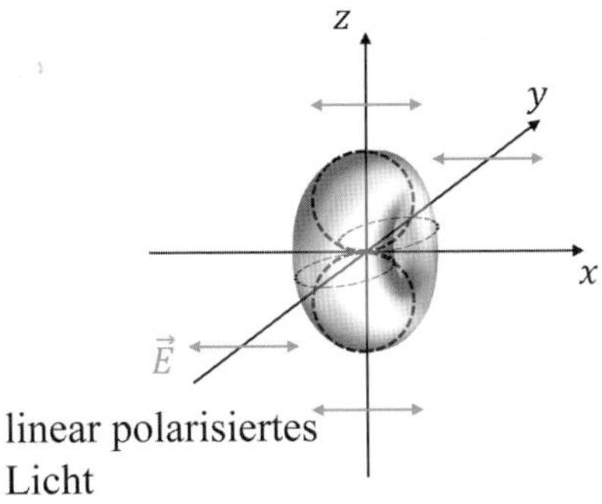

Abbildung 12.18 In x-Richtung polarisiertes Licht wird maximal in y-und z-Richtung gestreut, jedoch nicht in x-Richtung.

12.3 Reflexion und Transmission

Eine elektromagnetische Welle spaltet sich an der Grenzschicht zwischen zwei verschiedenen Medien in zwei Teilwellen auf: Ein Teil der Welle wird *reflektiert*, der andere dringt in das Medium ein. Der Vorgang des Eindringens heißt **Transmission**. Der eindringende Teil der Welle wird häufig als gebrochene Welle bezeichnet, weil er – außer bei senkrechtem Einfall der Welle – die Ausbreitungsrichtung ändert. In Experimenten mit sichtbarem Licht und Glaskörpern können diese Effekte sehr schön visualisiert werden.

Wir verwenden für die **einfallende Welle** den Index e, für die **gebrochene Welle** den Index g und für die **reflektierte Welle** den Index r. Für das elektrische Feld schreiben wir

$$\text{einfallende Welle} \quad \vec{E}_e = \vec{A}_e \, e^{i(\omega_e t - \vec{k}_e \vec{r})} , \tag{12.63}$$

$$\text{gebrochene Welle} \quad \vec{E}_g = \vec{A}_g \, e^{i(\omega_g t - \vec{k}_g \vec{r})} , \tag{12.64}$$

$$\text{reflektierte Welle} \quad \vec{E}_r = \vec{A}_r \, e^{i(\omega_r t - \vec{k}_r \vec{r})} . \tag{12.65}$$

Wir wollen im Folgenden Zusammenhänge zwischen den Amplituden $\vec{A}_i$, den Frequenzen ω_i und den Wellenvektoren $\vec{k}_i$ herleiten.

12.3.1 Stetigkeitsbedingungen an der Grenzfläche

In welche Richtungen die elektrischen und magnetischen Felder der Welle im Vergleich zur Grenzfäche polarisiert sind, tangential an die Fläche oder senkrecht auf der Fläche, entscheidet über den weiteren Verlauf nach dem Eintreffen. Daher teilen wir alle sechs Felder jeweils in eine Normalkomponente entlang des Einheitsvektors $\vec{e}_\perp$ und eine Tangentialkomponente entlang des Einheitsvektors $\vec{e}_\parallel$ auf:

$$\vec{E}_e = E_{n_1}\vec{e}_\perp + E_{t_1}\vec{e}_\parallel \tag{12.66}$$

$$\vec{B}_e = B_{n_1}\vec{e}_\perp + B_{t_1}\vec{e}_\parallel \tag{12.67}$$

$$\vec{E}_g = E_{n_2}\vec{e}_\perp + E_{t_2}\vec{e}_\parallel \tag{12.68}$$

$$\vec{B}_g = B_{n_2}\vec{e}_\perp + B_{t_2}\vec{e}_\parallel \tag{12.69}$$

In ►Abbildung 12.19 ist die Zerlegung des elektrischen Feldvektors der einfallenden und der gebrochenen Welle gezeigt.

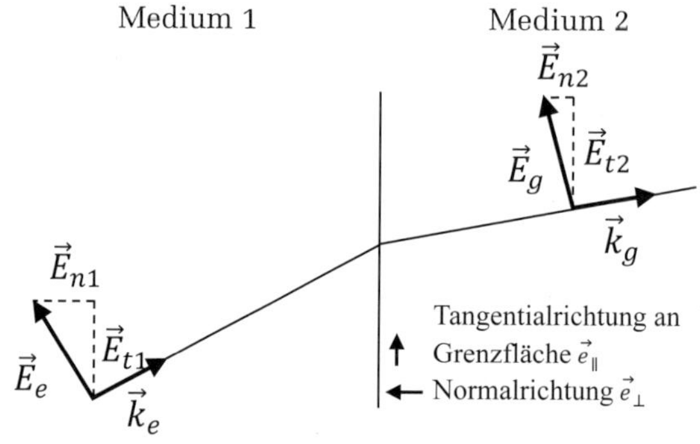

Abbildung 12.19 Verhalten der normalen (E_n) und tangentialen (E_t) Komponenten des elektrischen Felds an einer Grenzfläche

Beim Übergang vom ersten ins zweite Medium gelten Stetigkeitsbedingungen. Bei ihrer Herleitung gibt es bei den Normalkomponenten keine Zeitabhängigkeiten und es gilt die statische Lösung. Bei den Tangentialkomponenten treten in den entsprechenden Maxwell-Gleichungen Beiträge der zeitlichen Ableitungen $\partial\vec{E}/\partial t$ und $\partial\vec{B}/\partial t$ auf und müssen berücksichtigt werden.

Normalkomponente des elektrischen Felds

Für die *Normalkomponente* betrachten wir zunächst das Feld in einem Kondensator (►Abbildung 12.20).

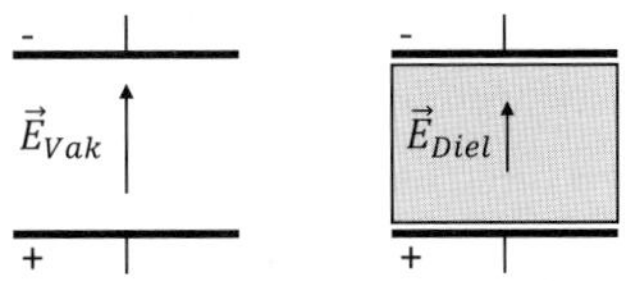

Abbildung 12.20 Das elektrische Feld im Kondensator ohne Medium ($\vec{E}_{Vak}$) ist größer als das Feld mit Dielektrikum ($\vec{E}_{Diel}$).

Die relative Dielektriziätszahl

$$\epsilon_r = \frac{E_{Vak}}{E_{Diel}} \tag{3.4}$$

ist im Vakuum $\epsilon_r = 1$ und für Medien $\epsilon_r > 1$. Die Normalkomponente des elektrischen Felds im Dielektrikum ist also kleiner als im Vakuum. Eine anschauliche Erklärung ist, dass die Polarisation der Atome das Feld abschwächt. Auf der Grenzfläche vom Vakuum ins Medium reduziert sich die Normalkomponente des elektrischen Felds um ϵ_r^{-1}:

$$E_{Diel}\,\vec{e}_\perp = \frac{1}{\epsilon_r}\,E_{Vak}\,\vec{e}_\perp \tag{12.70}$$

Tangentialkomponente des elektrischen Felds

Für die *Tangentialkomponente* untersuchen wir einen Randbereich zwischen Vakuum und Dielektrikum (►Abbildung 12.21).

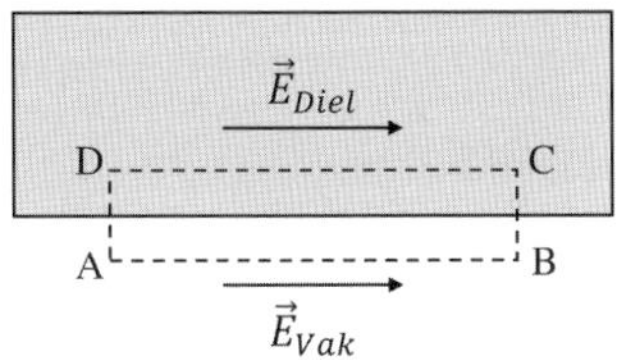

Abbildung 12.21 Die Tangentialkomponente des E-Felds an einer Grenzfläche ist stetig.

Wir wenden auf das geschlossene Integral über den Weg A-B-C-D-A den Stokes'schen Satz an und setzen die Maxwell-Gleichung (1.3) ein:

$$\oint \vec{E}\,d\vec{s} = \int \operatorname{rot}\vec{E}\,d\vec{A} = -\int \frac{\partial B}{\partial t}\,d\vec{A} \approx h\cdot l\cdot\frac{\partial B}{\partial t} \tag{12.71}$$

Dabei nehmen wir an, dass $\partial B/\partial t$ über die (kleine) eingeschlossene Fläche näherunsweise konstant ist und beschreiben sie durch $l \cdot h$, mit $h = |B - C| = |D - A| \ll l = |A - B| = |C - D|$.

Wenn wir jetzt $h \to 0$ gehen lassen, erhalten wir für das geschlossene Integral über den Weg A-B-C-D-A

$$\oint \vec{E}\,d\vec{s} = \int_A^B \vec{E}_{Vak}\,d\vec{s} + \int_C^D \vec{E}_{Diel}\,d\vec{s} = 0\,, \tag{12.72}$$

denn mit $h \to 0$ verschwinden auch die beiden Integrale über die Wege BC und DA. Die beiden verbleibenden Integrale sind dann gleich groß, also

$$\int_A^B \vec{E}_{Vak}\, d\vec{s} = -\int_C^D \vec{E}_{Diel}\, d\vec{s} = \int_D^C \vec{E}_{Diel}\, d\vec{s},$$

d. h. die Tangentialkomponenten der elektrischen Felder innerhalb und außerhalb des Mediums sind gleich:

$$\vec{E}_{Diel} = \vec{E}_{Vak} \tag{12.73}$$

Tangentialkomponente des Magnetfelds

Durch die Trennfläche der Medien fließt kein Strom $\vec{j}$, sodass für die Rotation der magnetischen Erregung $\vec{H}$ nach der Maxwell-Gleichung (1.6)

$$\operatorname{rot} \vec{H} = \frac{\partial D}{\partial t}$$

gilt. Analog zu (12.71) können wir daraus auf das Verhalten der *Tangentialkomponente* der magnetischen Erregung schließen:

$$H_{Med}\, \vec{e}_{\|} = H_{Vak}\, \vec{e}_{\|}$$

Mit $\vec{B} = \mu_\circ \mu_r \vec{H}$ (5.91) folgt, dass die Tangentialkomponente des Magnetfelds $\vec{B}$ durch die relative Permeabilität μ_r verändert wird:

$$\frac{1}{\mu_r} B_{Med}\, \vec{e}_{\|} = B_{Vak}\, \vec{e}_{\|} \tag{12.74}$$

Normalkomponente des Magnetfelds

Um die *Normalkomponente* zu untersuchen, verwenden wir den Satz von Stokes (5.29) mit dem in ►Abbildung 12.22 gestrichelten Volumen V und der zugehörigen Oberfläche O.

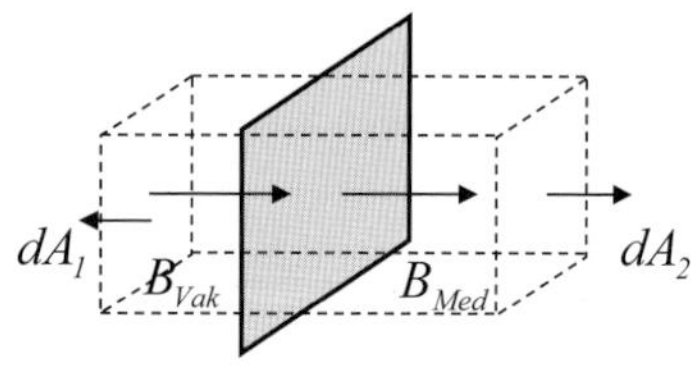

Abbildung 12.22 Normalkomponenten des B-Felds an einer Grenzfläche. Der Satz von Stokes wird auf das gestrichelte Volumen angewandt.

Mit der vierten Maxwell-Gleichung (1.8)

$$\operatorname{div} \vec{B} = 0 \tag{1.8}$$

verschwinden nach dem Satz von Stokes auch die Integrale

$$\int_V \operatorname{div} \vec{B}\, dV = \int_O \vec{B}\, d\vec{A} = 0\,.$$

Nur die beiden Stirnflächen liefern Beiträge:

$$\int \vec{B}_{Vak}\, d\vec{A}_1 = -\int \vec{B}_{Med}\, d\vec{A}_2$$

Da die beiden Flächennormalenvektoren entgegengesetzt stehen, $d\vec{A}_1 = -d\vec{A}_2$, sind die Normalkomponenten des Magnetfelds gleich groß:

$$B_{Vak}\, \vec{e}_\perp = B_{Med}\, \vec{e}_\perp \tag{12.75}$$

Zusammenfassung der Stetigkeitsbedingungen

Zusammengefaßt haben wir also folgende *Stetigkeitsbedingungen* für die elektrischen und magnetischen Komponenten:

$$E_{t1} = E_{t2} \tag{12.76}$$

$$B_{n1} = B_{n2} \tag{12.77}$$

$$\epsilon_{r1} E_{n1} = \epsilon_{r2} E_{n2} \tag{12.78}$$

$$\frac{1}{\mu_{r1}} B_{t1} = \frac{1}{\mu_{r2}} B_{t2} \tag{12.79}$$

In der Optik werden nicht-magnetische Materialien verwendet ($\mu_{r1} = \mu_{r2} = 1$), damit ist auch $B_{t1} = B_{t2}$. Also ist die *einzige Veränderung beim Eindringen in das andere Medium die* **Normalkomponente des elektrischen Felds**. Sie steht wegen $n = \sqrt{\epsilon_r}$ (12.47) in direktem Zusammenhang mit dem Brechungsindex:

$$\frac{E_{n1}}{E_{n2}} = \frac{\epsilon_{r2}}{\epsilon_{r1}} = \frac{n_2^2}{n_1^2} \tag{12.80}$$

12.3.2 Ausbreitungsrichtungen

Wir untersuchen hier, in welche Richtungen sich die reflektierten und gebrochenen Wellen im Vergleich zur einfallenden Welle ausbreiten. Dabei verwenden wir die Vorstellung, dass die Felder aller drei Wellen an der Grenzfläche gleichzeitig vorhanden sind.

Die elektrischen Felder tangential an der Grenzfläche sind wegen der Stetigkeitsbedingung (12.76) auf beiden Seiten der Grenzfläche gleich groß. Das heißt, die tangentialen Feldkomponenten der einfallenden Welle E_{et} und der reflektierten Welle E_{rt} entsprechen der tangentialen Feldkomponente der gebrochenen E_{gt}:

$$\underbrace{E_{et} + E_{rt}}_{\text{Medium 1}} = \underbrace{E_{gt}}_{\text{Medium 2}} \tag{12.81}$$

Legen wir das Koordinatensystem in den Auftreffpunkt auf der Ebene, so ist bei $\vec{r} = 0$ wegen $\vec{E} = \vec{A}\, e^{i(\omega t - \vec{k}\vec{r})}$ nur der Frequenzanteil relevant:

$$A_{et}\, e^{i\omega_e t} + A_{rt}\, e^{i\omega_r t} = A_{gt}\, e^{i\omega_g t} \tag{12.82}$$

Damit für beliebige Zeiten t eine nichttriviale Lösung für (12.81) existiert, darf sich die Frequenz beim Übergang zwischen zwei Medien nicht ändern:

$$\omega_e = \omega_r = \omega_g \equiv \omega \tag{12.83}$$

Dies hatten wir bereits in Abschnitt 12.1.1 angesprochen: Die Frequenz bleibt im Medium unverändert, aber es ändern sich die Phasengeschwindigkeit und die Wellenlänge.

Da die Frequenz ω gleich ist, können wir wegen $\vec{E} = \vec{A}\, e^{i(\omega t - \vec{k}\vec{r})}$ für alle Orte auf der Grenzfläche wegen (12.81) schließen, dass die drei Teilwellen in Phase sind:

$$\vec{k}_e\, \vec{r} = \vec{k}_r\, \vec{r} = \vec{k}_g\, \vec{r} \tag{12.84}$$

Welche Richtungen nehmen die reflektierte und die gebrochene Welle? Dafür legen wir unser Koordinatensystem so, dass die einfallende Welle in der x-y-Ebene verläuft (►Abbildung 12.23).

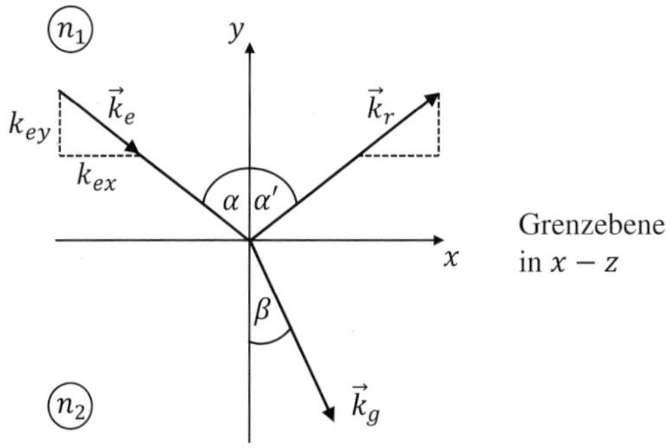

Abbildung 12.23 Verhalten der einlaufenden ($\vec{k}_e$), reflektierten ($\vec{k}_r$) und gebrochenen ($\vec{k}_g$) Welle

Auf der Grenzebene ist wegen $y = 0$ jeder Ortsvektor

$$\vec{r} = x\vec{e}_x + z\vec{e}_z\,. \tag{12.85}$$

Für die Wellenvektoren schreiben wir hier allgemein die Komponenten hin:

$$\begin{aligned}
\vec{k}_e &= k_{ex}\vec{e}_x + k_{ey}\vec{e}_y \\
\vec{k}_r &= k_{rx}\vec{e}_x + k_{ry}\vec{e}_y + k_{rz}\vec{e}_z \\
\vec{k}_g &= k_{gx}\vec{e}_x + k_{gy}\vec{e}_y + k_{gz}\vec{e}_z
\end{aligned}$$

Auf der Grenzfläche sind die Phasen $\vec{k}\,\vec{r}$ der Wellen gleich groß (12.84), sodass wir durch Multiplikation mit (12.85) komponentenweise erhalten:

$$\begin{aligned}\vec{k}_e\vec{r} &= k_{ex}x \\ = \vec{k}_r\vec{r} &= k_{rx}x + k_{rz}z \\ = \vec{k}_g\vec{r} &= k_{gx}x + k_{gz}z\end{aligned}$$

Damit diese Gleichheit an allen Orten auf der Grenzfläche erfüllt ist, müssen alle x-Komponenten gleich groß sein und die z-Komponenten verschwinden:

$$\begin{aligned}k_{ex} &= k_{rx} = k_{gx} \\ k_{rz} &= k_{gz} = 0\end{aligned} \qquad (12.86)$$

Damit haben wir den ersten wichtigen Schritt gemacht (►Abbildung 12.24): Wenn die einfallende Welle in der x-y-Ebene und die Grenzschicht in der x-z-Ebene liegen, so liegen die gebrochene und die reflektierte Welle ebenfalls in der x-y-Ebene. Wir bezeichnen die Ebene, die durch die einfallenden, reflektierten und gebrochenen Wellen aufgespannt wird, als **Einfallsebene**.

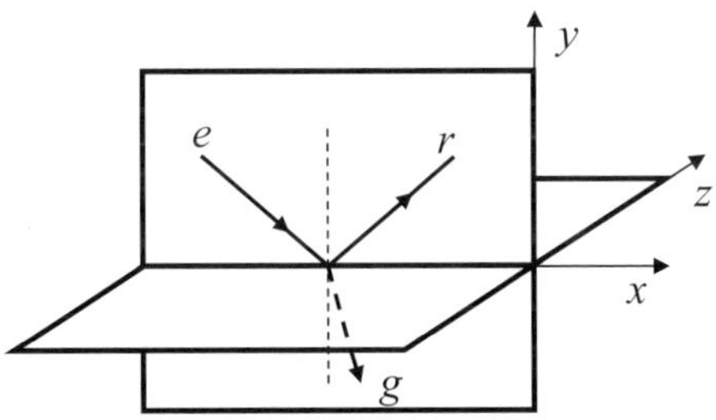

Abbildung 12.24 Einfallende, reflektierte und gebrochene Welle liegen in einer gemeinsamen Ebene (Einfallsebene) senkrecht zur Grenzfläche der Medien. Gestrichelt ist das Einfallslot.

Als zweiten Schritt wollen wir jetzt die Ausbreitungsrichtungen aller Wellen in der Einfallsebene bestimmen. Dazu benötigen wir Informationen über die y-Komponenten der Wellenvektoren $\vec{k}$, die wir über die in ►Abbildung 12.24 eingezeichneten Winkel auf die bereits bekannten x-Komponenten zurückführen (12.86). Alle drei Winkel beziehen sich auf die senkrechte Richtung zur Grenzschicht (**Einfallslot**) im Schnittpunkt der Wellen:

$$k_{ex} = k_e \sin(\alpha) \qquad (12.87)$$

$$= k_{rx} = k_r \sin(\alpha') \qquad (12.88)$$

$$= k_{gx} = k_g \sin(\beta) \qquad (12.89)$$

Die Wellenzahlen k_e und k_r der ersten beiden Gleichungen sind wegen derselben Phasengeschwindkeit im ersten Medium $c_1' = \omega/k = c/n_1$ gleich groß ((11.19) und (12.6)). Damit sind auch der Einfallswinkel α und der Reflexionswinkel α' gleich groß, und wir erhalten das **Reflexionsgesetz**

$$\alpha = \alpha' . \qquad (12.90)$$

Auf der Grenzfläche zwischen den beiden Medien ändert sich die Phasengeschwindkeit von $c_1' = \omega/k_e = c/n_1$ auf $c_2' = \omega/k_g = c/n_2$. Demnach ändert sich die Wellenzahl nach dem Verhältnis der Brechungsindizes

$$\frac{k_g}{k_e} = \frac{n_2}{n_1}\,. \tag{12.91}$$

Setzen wir dieses Verhältnis in (12.87) und (12.89) ein, so erhalten wir das **Snellius Brechungsgesetz**

$$n_1 \sin\alpha = n_2 \sin\beta\,. \tag{12.92}$$

Aufgabe 21: Totalreflexion

Ein Lichtstrahl fällt auf eine Grenzschicht zwischen Luft und einem Medium. Die entsprechenden Winkel betragen $\alpha = 45°$, $\beta = 28°$ (►Abbildung 12.25).

- Wie groß ist der Brechungsindex des Mediums?
- Wie kann man den Winkel der Totalreflexion messen?
- Ab welchem Winkel tritt Totalreflexion auf?

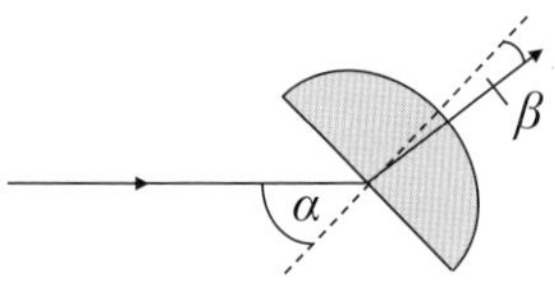

Abbildung 12.25 Zur Bestimmung der Totalreflexion

12.3.3 Reflexions- und Transmissionskoeffizienten

Als nächstes wollen wir verstehen, welcher Anteil der Welle an der Grenzfläche reflektiert wird, und welcher Anteil als gebrochene Welle in das zweite Medium eindringt, also transmittiert wird. Wegen der Stetigkeitsbedingungen (12.76) bis (12.79) für Felder an Grenzflächen müssen wir darauf achten, welchen Winkel die Felder der Welle haben.

Die Schwingungsamplituden $\vec{A}_i$ ((12.63) bis (12.65)) der Wellen stehen senkrecht auf der jeweiligen Ausbreitungsrichtung, haben aber einen beliebigen Winkel γ zur Einfallsebene (►Abbildung 12.26).

Um die Anteile der reflektierten und transmittierten Wellen zu bestimmen, müssen wir die Amplituden der Wellen zusätzlich in senkrechte $\vec{A}_{is}$ und parallele $\vec{A}_{ip}$ $(i = e, r, g)$ Komponenten zur Einfallsebene zerlegen. Wir wählen wieder die x-y-Ebene als Einfallsebene mit der Grenzfläche in der x-z-Ebene.

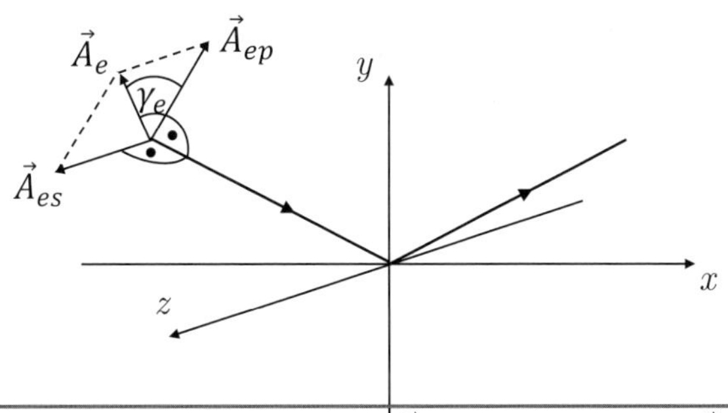

Abbildung 12.26 Zur Definition der parallelen ($\vec{A}_{ep}$) und senkrechten ($\vec{A}_{es}$) Komponenten der Amplitude der einfallenden Welle. Die Amplitude $\vec{A}_e$ des elektrischen Felds der einlaufenden Welle steht senkrecht auf der Einfallsrichtung und bildet den Winkel γ_e mit der Einfallsebene.

Für die drei Amplituden $\vec{A}_i, i = e, r, g$ können wir komponentenweise schreiben:

$$\vec{A}_i = \vec{A}_{ip} + \vec{A}_{is} = \begin{pmatrix} A_{ix} \\ A_{iy} \\ 0 \end{pmatrix} + \begin{pmatrix} 0 \\ 0 \\ A_{iz} \end{pmatrix} \tag{12.93}$$

Dabei ist die z-Komponente bereits zu $A_{iz} \equiv A_{is}$ festgelegt.

Die senkrechte Komponente $\vec{A}_{is}$ liegt tangential zur Grenzfläche. Wie zuvor bei der tangentialen elektrischen Feldkomponente (12.81) schreiben wir allgemein für die Stetigkeit der Tangentialkomponenten:

$$\vec{A}_{es} + \vec{A}_{rs} = \vec{A}_{gs} \tag{12.94}$$

Um die reflektierten und transmittierten Anteile der Welle zu erhalten ist unsere Strategie, Zusammenhänge zwischen den Amplituden $\vec{A}$ und den bereits berechneten Wellenvektoren $\vec{k}$ zu nutzen (►Abbildung 12.23):

$$\vec{k}_e = \begin{pmatrix} k_{ex} \\ k_{ey} \\ 0 \end{pmatrix} = \begin{pmatrix} k_e \sin\alpha \\ -k_e \cos\alpha \\ 0 \end{pmatrix} \tag{12.95}$$

$$\vec{k}_r = \begin{pmatrix} k_{rx} \\ k_{ry} \\ 0 \end{pmatrix} = \begin{pmatrix} k_r \sin\alpha' \\ k_r \cos\alpha' \\ 0 \end{pmatrix} \tag{12.96}$$

$$\vec{k}_g = \begin{pmatrix} k_{gx} \\ k_{gy} \\ 0 \end{pmatrix} = \begin{pmatrix} k_g \sin\beta \\ -k_g \cos\beta \\ 0 \end{pmatrix} \tag{12.97}$$

Das Magnetfeld $\vec{B}$ steht senkrecht auf der Ausbreitungsrichtung $\vec{k}$ und dem elektrischen Feld $\vec{E}$ (11.22):

$$\vec{B} = \frac{1}{\omega}(\vec{k} \times \vec{E})$$

Alle Komponenten von $\vec{B}$ sind stetig, also können wir für die x-Komponente direkt einsetzen:

$$\begin{aligned} B_{ex} + B_{rx} &= B_{gx} \\ (\vec{k}_e \times \vec{E}_e)_x + (\vec{k}_r \times \vec{E}_r)_x &= (\vec{k}_g \times \vec{E}_g)_x \end{aligned}$$

Da die Wellenvektoren keine z-Komponenten haben ($k_z = 0$), verbleibt bei der x-Komponente des Kreuzprodukts nur die y-Komponente des Wellenvektors und die z-Komponente des elektrischen Felds, die der senkrechten Feldkomponente entspricht (►Abbildung 12.26). Auf der Grenzfläche kürzen sich wegen (12.84) die Phasen heraus, und wir können die $\vec{E}$-Vektoren durch ihre Amplituden ersetzen:

$$k_{ey}\,A_{es} + k_{ry}\,A_{rs} = k_{gy}\,A_{gs} \tag{12.98}$$

Einfallende und reflektierte Wellen haben dieselbe Wellenlänge und damit gleiche Wellenzahl $|\vec{k}_e| = |\vec{k}_r|$. Der Einfallswinkel ist gleich dem Ausfallswinkel $\alpha = \alpha'$ (12.90), weswegen die y-Komponenten entgegengesetzt gleich groß sind: $k_{ey} = -k_{ry}$. Damit können wir zusammenfassen:

$$\begin{aligned} k_{ey}\,A_{es} - k_{ey}\,A_{rs} &= k_{gy}\,A_{gs} \\ A_{es} - A_{rs} &= \underbrace{\frac{k_{gy}}{k_{ey}}}_{\equiv a}\,A_{gs} \end{aligned} \tag{12.99}$$

Die y-Komponenten der Wellenvektoren lesen wir für k_{gy} aus (12.97) ab und für k_{ey} aus (12.95). Wir kürzen das Verhältnis mit a ab und nutzen $k_g/k_e = n_2/n_1$ (12.91) sowie das Snellius-Brechungsgesetz $n_1 \sin\alpha = n_2 \sin\beta$ (12.92) (►Abbildung 12.27):

$$a \equiv \frac{k_{gy}}{k_{ey}} = \frac{k_g \cos\beta}{k_e \cos\alpha} = \frac{n_2 \cos\beta}{n_1 \cos\alpha} = \frac{\sin\alpha \cos\beta}{\sin\beta \cos\alpha} \tag{12.100}$$

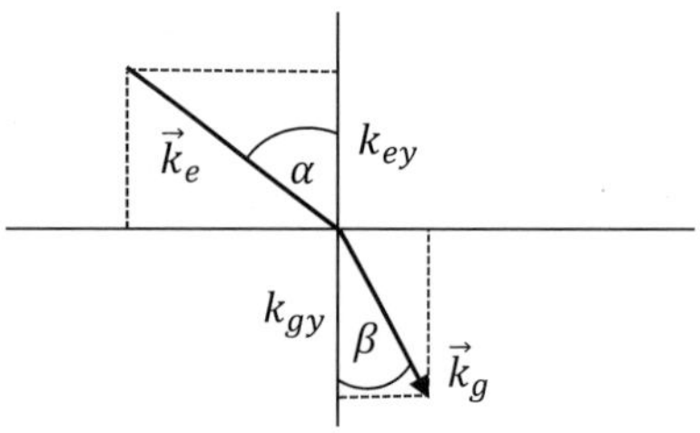

Abbildung 12.27 Komponenten von $\vec{k}_e$ und $\vec{k}_g$ an einer Grenzschicht

Mit (12.94) und (12.99) bilden wir ein lineares Gleichungssystem, mit dem wir die Amplituden der gebrochenen Welle A_{gs} und der reflektierten Welle A_{rs} als Funktion der einfallenden Welle A_{es} berechnen:

$$A_{gs} = A_{es} + A_{rs} \tag{12.101}$$

$$aA_{gs} = A_{es} - A_{rs} \tag{12.102}$$

Transmissionskoeffizient

Die Addition von (12.101) und (12.102) ergibt die Amplitude für die Transmission:

$$2A_{es} = (1+a)A_{gs} \qquad \Rightarrow A_{gs} = \frac{2}{1+a}A_{es}$$

Der **Transmissionskoeffizient** τ_s für die Komponente senkrecht zur Einfallsebene ist der relative Anteil, der von der einfallenden Welle in die gebrochene Welle übergeht:

$$\tau_s = \frac{A_{gs}}{A_{es}} = \frac{2}{1+a} = \frac{2\sin\beta\cos\alpha}{\sin(\alpha+\beta)} \tag{12.103}$$

Reflexionskoeffizient

Die Subtraktion von (12.101) und (12.102) liefert die Amplitude für die Reflexion:

$$\left(1-\frac{1}{a}\right)A_{es} + \left(1+\frac{1}{a}\right)A_{rs} = 0 \qquad \Rightarrow A_{rs} = -\frac{1-\frac{1}{a}}{1+\frac{1}{a}}A_{es} = \frac{1-a}{1+a}A_{es}$$

Für den *Reflexionskoeffizienten* folgt analog

$$\rho_s = \frac{A_{rs}}{A_{es}} = \frac{1-a}{1+a} = -\frac{\sin(\alpha-\beta)}{\sin(\alpha+\beta)} . \tag{12.104}$$

Fresnel-Formeln

Wir haben hier die senkrechte Komponente berechnet. Für die parallele Komponente lassen sich die Koeffizienten auf die gleiche Weise berechnen.

In der folgenden Tabelle sind die resultierenden **Fresnel-Formeln** zusammengefasst. Dabei erwähnen wir auch eine alternative Darstellung, die die Brechungsindizes einschließt.

$$\begin{aligned}
\rho_p &= \frac{A_{rp}}{A_{ep}} = \frac{n_2\cos\alpha - n_1\cos\beta}{n_2\cos\alpha + n_1\cos\beta} = \frac{\tan(\alpha-\beta)}{\tan(\alpha+\beta)} \\
\tau_p &= \frac{A_{gp}}{A_{ep}} = \frac{2n_1\cos\alpha}{n_2\cos\alpha + n_1\cos\beta} = \frac{2\sin\beta\cos\alpha}{\sin(\alpha+\beta)\cos(\alpha-\beta)} \\
\rho_s &= \frac{A_{rs}}{A_{es}} = \frac{n_1\cos\alpha - n_2\cos\beta}{n_1\cos\alpha + n_2\cos\beta} = -\frac{\sin(\alpha-\beta)}{\sin(\alpha+\beta)} \\
\tau_s &= \frac{A_{gs}}{A_{es}} = \frac{2n_1\cos\alpha}{n_1\cos\alpha + n_2\cos\beta} = \frac{2\sin\beta\cos\alpha}{\sin(\alpha+\beta)}
\end{aligned} \tag{12.105}$$

Diese Formeln sind von großer Tragweite, wie wir im Folgenden sehen werden. In ►Abbildung 12.28 sind im oberen Bild als Beispiel die Reflexionskoeffizienten für die Übergänge Luft-Kronglas wiedergegeben.

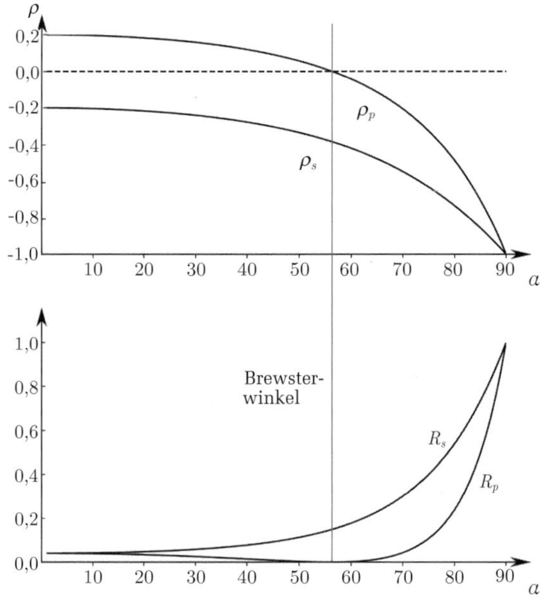

Abbildung 12.28 Die Reflexionskoeffizienten ρ (oben) und das Reflexionsvermögen R (unten) für den Übergang Luft-Kronglas für die Polarisationskomponenten senkrecht (s) und parallel (p) zur Einfallsebene. Gestrichelt ist der Brewster-Winkel angezeigt, an dem ρ_p und R_p verschwinden.

12.3.4 Brewsterwinkel

Bei der Reflexion geht für die parallele Komponente ρ_p der Nenner der ersten Fresnel-Formel (12.105) für die Winkelkombination

$$\alpha + \beta = \frac{\pi}{2} \tag{12.106}$$

gegen unendlich $(\tan(\alpha+\beta) \to \infty)$, womit der Koeffizient verschwindet $\rho_p = 0$. Die reflektierte Welle hat dann nur noch eine Komponente senkrecht zur Einfallsebene und ist vollständig polarisiert. Die Bedingung für den zugehörigen Einfallswinkel α_B lässt sich mit dem Snellius-Brechungsgesetz (12.92) bestimmen:

$$\begin{aligned} n_1 \sin\alpha_B &= n_2 \sin\beta \\ n_1 \sin\alpha_B &= n_2 \sin\left(\frac{\pi}{2} - \alpha_B\right) \\ \frac{\sin\alpha_B}{\cos\alpha_B} &= \tan\alpha_B = \frac{n_2}{n_1} \end{aligned}$$

Der Einfallswinkel α_B heißt **Brewsterwinkel**:

$$\alpha_B = \arctan\frac{n_2}{n_1} \tag{12.107}$$

Beispiel: Brewsterwinkel

An der Grenzfläche zwischen Luft ($n_1 \approx 1$) und Glas ($n_2 = 1{,}5$) ergibt sich der Brewsterwinkel $\alpha_B \approx 56{,}3°$. Dieser Winkel ist auch in ►Abbildung 12.28 eingezeichnet.

Eine anschauliche Erklärung geben Abbildungen 12.29 und 12.30. Die Abstrahlungscharakteristik der Dipole, die parallel zur Einfallsebene und senkrecht zur Ausbreitungsrichtung $\vec{k}_g$ des gebrochenen Strahls schwingen, haben maximale Intensität in Richtung $\vec{k}_g$ und keine Intensität entlang der Dipolachse (siehe Polardiagramm der Dipolabstrahlung in ►Abbildung 10.21). Stehen $\vec{k}_g$ und die reflektierte Ausbreitungsrichtung $\vec{k}_r$ senkrecht aufeinander, tragen diese Dipole nicht zur Intensität des reflektierten Strahls $\vec{k}_r$ bei.

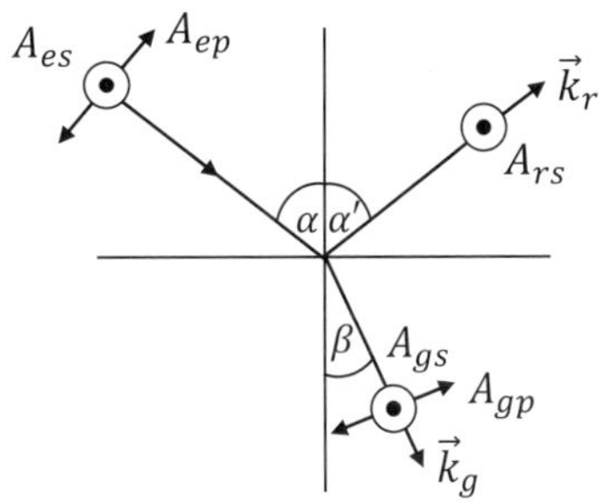

Abbildung 12.29 Im allgemeinen Fall gibt es senkrechte und parallele Anteile in allen Amplituden.

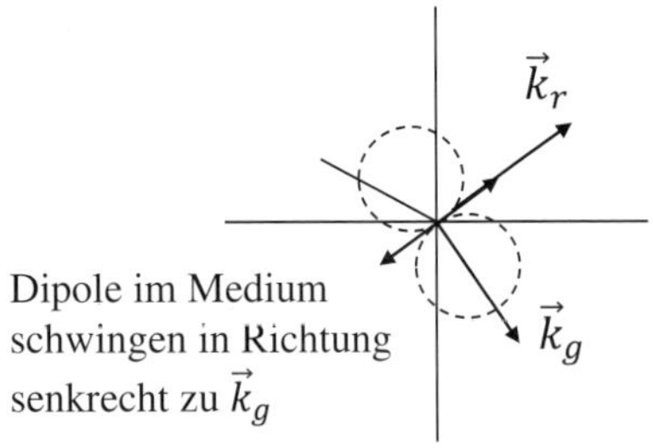

Abbildung 12.30 Beim Brewster-Winkel stehen $\vec{k}_r$ und $\vec{k}_g$ senkrecht aufeinander und der reflektierte Strahl ist vollständig polarisiert.

12.3.5 Polarisationsdrehung und Phasensprung

Bei linear polarisiertem Licht stehen das magnetische und das elektrische Feld senkrecht zueinander und zur Ausbreitungsrichtung (►Abbildung 11.3). Wir betrachten eine linear polarisierte Welle, die so auf eine Grenzschicht trifft, dass der elektrische Feldvektor den

Winkel γ_e mit der Einfallsebene bildet (►Abbildung 12.26):

$$\tan\gamma_e = \frac{A_{es}}{A_{ep}} \tag{12.108}$$

Im Folgenden untersuchen wir, welche Winkel die reflektierten und gebrochenen Wellen haben. Alle nötigen Informationen finden wir in den Fresnel-Formeln (12.105).

Reflexion der Welle am dichteren Medium

Für die *reflektierte Welle* bilde die Amplitude $\vec{A}_r$ den Winkel γ_r mit der Einfallsebene:

$$\tan\gamma_r = \frac{A_{rs}}{A_{rp}} \tag{12.109}$$

Die beiden Winkel γ_e (12.108) und γ_r (12.109) stehen nach den Fresnel-Formeln $A_{rs} = \rho_s A_{es}$ und $A_{rp} = \rho_p A_{ep}$ (12.105) in folgendem Zusammenhang:

$$\begin{aligned}
\tan\gamma_r &= \frac{A_{rs}}{A_{rp}} = \frac{\rho_s A_{es}}{\rho_p A_{ep}} = \frac{\rho_s}{\rho_p}\tan\gamma_e = \frac{-\frac{\sin(\alpha-\beta)}{\sin(\alpha+\beta)}}{\frac{\tan(\alpha-\beta)}{\tan(\alpha+\beta)}}\tan\gamma_e \\
&= -\frac{\sin(\alpha-\beta)\sin(\alpha+\beta)\cos(\alpha-\beta)}{\sin(\alpha+\beta)\sin(\alpha-\beta)\cos(\alpha+\beta)}\tan\gamma_e \\
\tan\gamma_r &= -\frac{\cos(\alpha-\beta)}{\cos(\alpha+\beta)}\tan\gamma_e
\end{aligned} \tag{12.110}$$

In ►Abbildung 12.31 ist als Beispiel für (12.110) der Winkel γ_r in Abhängigkeit vom Einfallswinkel α für den festen Polarisationswinkel $\gamma_e = 60°$ dargestellt.

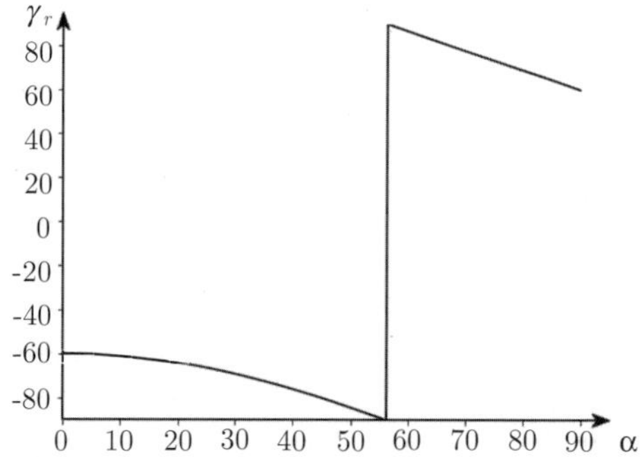

Abbildung 12.31 γ_r als Funktion von α für $\gamma_e = 60°$. Für $\alpha = 0°$ spiegelt der Phasensprung in A_s den Winkel γ_e nach $\gamma_r = -60°$. Mit zunehmendem α dreht das wachsende A_s/A_p-Verhältnis den Polarisationswinkel von der Einfallsebene weg, bis er bei α_B den Winkel $\gamma_r = -90°$ erreicht und mit dem Phasensprung in A_p nach $90°$ wechselt. Danach nähert er sich wieder $60°$ (ohne Vorzeichenwechsel, weil Phasensprung in A_s und A_p). Näheres siehe Text.

Um diesen Verlauf zu verstehen, wollen wir im Folgenden den Zusammenhang von γ_e und γ_r genauer untersuchen. In Abhängigkeit vom Einfallswinkel α (►Abbildung 12.23) und dem anfänglichen Winkel γ_e (►Abbildung 12.26) sind mehrere Situationen möglich. Wir betrachten hier nur die Reflexion und Brechung am dichteren Medium $n_2 > n_1$, sodass der Einfallswinkel α immer größer ist als der Brechungswinkel β (12.92):

$$\alpha > \beta \qquad \text{für } n_2 > n_1 \tag{12.111}$$

Analoge Überlegungen lassen sich für Grenzflächen mit $n_2 < n_1$ anstellen.

Anschaulich am einfachsten sind die Fälle, in denen die Polarisation senkrecht ($\gamma_e = 90°$) oder parallel ($\gamma_e = 0°$) zur Einfallsebene gerichtet ist. Dann ist entweder $A_{ep} = 0$ oder $A_{es} = 0$ (►Abbildung 12.32).

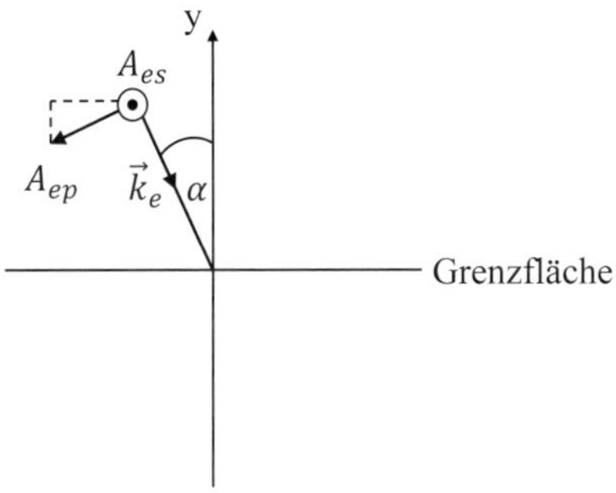

Abbildung 12.32 Im einfachsten Fall gibt es nur senkrechte oder parallele Amplituden, A_{ep} oder A_{es} verschwinden.

Bedingung $\gamma_e = 90°$. Bei diesem Winkel verschwindet die zur Einfallsebene parallele Komponente des Felds $A_{ep} = 0$. Der verbleibende Koeffizient ρ_s (12.105) ist für $\alpha > \beta$ (12.111) immer negativ. In ►Abbildung 12.28 ist ρ_s für einen typischen Fall visualisiert. Ein negatives ρ bedeutet einen Vorzeichenwechsel in der Amplitude des Felds.

> **Bei der Reflexion einer senkrecht zur Einfallsebene polarisierten Welle A_s am dichteren Medium gibt es einen Phasensprung um π.**

Bedingung $\gamma_e = 0°$. Bei diesem Winkel gibt es keine senkrecht zur Einfallsebene stehende Feldkomponente $A_{es} = 0$. Hier ist die Situation komplizierter. Wie Abbildung 12.28 zeigt, wechselt der Koeffizient für die parallele Komponente ρ_p beim Brewsterwinkel $\alpha = \alpha_B$ das Vorzeichen und wird negativ.

> **Bei der Reflexion einer parallel zur Einfallsebene polarisierten Welle A_p am dichteren Medium gibt es für Einfallswinkel $\alpha > \alpha_B$ einen Phasensprung um π.**

Bedingung $0° < \gamma_e < 90°$. Für den allgemeinen Fall eines schrägen Polarisationswinkels, bei dem senkrechte und parallele Komponenten auftreten, müssen wir den Brewsterwinkel beachten. Wir unterscheiden folgende Fälle:

$\alpha = \alpha_B$: Beim Brewsterwinkel wird nur die senkrechte Komponente des Felds reflektiert (Abschnitt 12.3.4), deren Koeffizient ρ_s immer negativ ist und daher einen Phasensprung ergibt.

Bei der Reflexion einer linear polarisierten Welle am dichteren Medium wird beim Einfallswinkel $\alpha = \alpha_B$ nur die senkrechte Komponente reflektiert. Dabei gibt es einen Phasensprung um π.

$\alpha > \alpha_B$: In diesem Fall ist $\alpha + \beta > \frac{\pi}{2}$, und der Nenner $\cos(\alpha + \beta)$ in

$$\tan \gamma_r = -\frac{\cos(\alpha - \beta)}{\cos(\alpha + \beta)} \tan \gamma_e \tag{12.110}$$

wechselt das Vorzeichen. Außerdem ist $|\cos(\alpha - \beta)| > |\cos(\alpha + \beta)|$, sodass wir zunächst $\tan \gamma_r > \tan \gamma_e$ erhalten, und sich damit $\gamma_r > \gamma_e$ ergibt.

Visualisiert in ►Abbildung 12.28 oder in den Fresnel-Formeln (12.105) erhalten wir

$$\begin{aligned} |\rho_s| &\geq |\rho_p| \,, \\ \rho_p &= \frac{\tan(\alpha - \beta)}{\tan(\alpha + \beta)} < 0 \,, \\ \rho_s &= -\frac{\sin(\alpha - \beta)}{\sin(\alpha + \beta)} < 0 \,. \end{aligned}$$

Bei der Reflexion einer linear polarisierten Welle am dichteren Medium wird beim Einfallswinkel $\alpha > \alpha_B$ die Polarisationsrichtung von der Einfallsebene weggedreht. In beiden Komponenten gibt es einen Phasensprung um π.

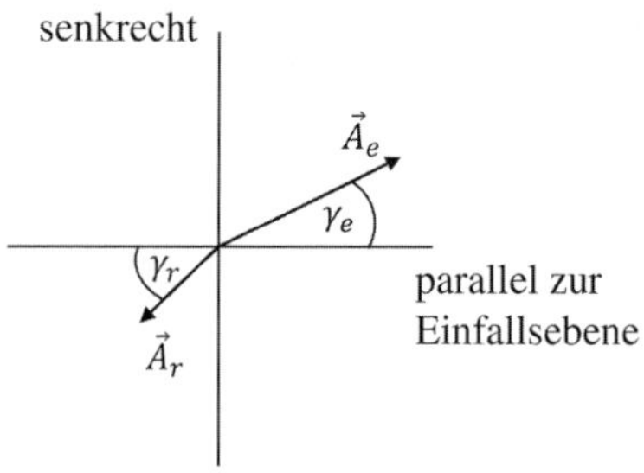

Abbildung 12.33 $\alpha > \alpha_B$

$\alpha < \alpha_B$: Hier ist $\alpha + \beta < \frac{\pi}{2}$. Wegen $\cos(\alpha - \beta) > \cos(\alpha + \beta)$ in (12.110) ist $|\tan \gamma_r| > |\tan \gamma_e|$ und damit erneut $\gamma_r > \gamma_e$. Auch hier wird die Polarisationsrichtung von der Einfallsebene weggedreht.

In ►Abbildung 12.28 skiziiert oder aus den Fresnel-Formeln (12.105) erhalten wir

$$\begin{aligned} |\rho_s| &\geq |\rho_p| \,, \\ \rho_p &= \frac{\tan(\alpha - \beta)}{\tan(\alpha + \beta)} > 0 \,, \\ \rho_s &< 0 \,. \end{aligned}$$

Bei der Reflexion einer linear polarisierten Welle am dichteren Medium wird beim Einfallswinkel $\alpha < \alpha_B$ die Polarisationsrichtung von der Einfallsebene weggedreht. Nur in der senkrechten Komponente gibt es einen Phasensprung um π.

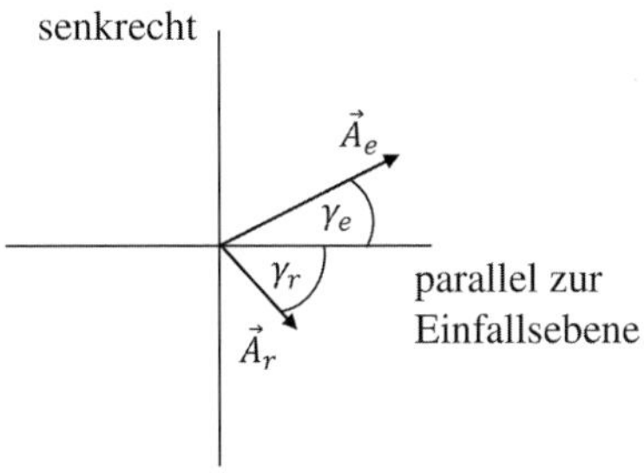

Abbildung 12.34 $\alpha < \alpha_B$

$\alpha = 0$**:** Für den **senkrechten Einfall** $\alpha = 0$ sind alle Ebenen als Einfallsebenen gleichberechtigt. Man kann also für $\alpha \to 0$ die Einfallsebene so wählen, dass A_{es} verschwindet. Im Grenzübergang ergibt sich dann $\gamma_r = \gamma_e$ und

$$\rho_p = \frac{n_2 - n_1}{n_1 + n_2} < 0\,. \tag{12.112}$$

Bei der Reflexion einer linear polarisierten Welle am dichteren Medium gibt es beim senkrechten Einfall mit $\alpha = 0$ einen Phasensprung um π.

Mit diesen Überlegungen lässt sich jetzt der Verlauf von γ_r in ►Abbildung 12.31 noch einmal nachvollziehen.

Brechung der Welle am dichteren Medium

Für die *gebrochene Welle* können wir den Winkel γ_g zur Einfallsebene aus dem Verhältnis der Amplituden A_{gs} und A_{gp} sowie mit $\tau_p = A_{gp}/A_{ep}$ und $\tau_s = A_{gs}/A_{es}$ (12.105) berechnen:

$$\tan\gamma_g = \frac{A_{gs}}{A_{gp}} = \frac{\tau_s}{\tau_p}\frac{A_{es}}{A_{ep}} = \frac{\frac{2\sin\beta\cos\alpha}{\sin(\alpha+\beta)}}{\frac{2\sin\beta\cos\alpha}{\sin(\alpha+\beta)\cos(\alpha-\beta)}}\tan\gamma_e \tag{12.113}$$

$$= \underbrace{\cos(\alpha-\beta)}_{\leq 1}\tan\gamma_e \tag{12.114}$$

Weil der Vorfaktor $\cos(\alpha - \beta) \leq 1$ ist, ist der Winkel für die gebrochene Welle immer kleiner als der Winkel der einfallenden Welle:

$$\gamma_g \leq \gamma_e \tag{12.115}$$

Die Polarisationsebene wird zur Einfallsebene hingedreht. Beide Transmissionskoeffizienten in den Fresnel-Formeln sind positiv, daher gibt es keinen Phasensprung.

Bei der Brechung wird die Polarisationsebene zur Einfallsebene hingedreht. Es gibt keinen Phasensprung bei der gebrochenen Welle.

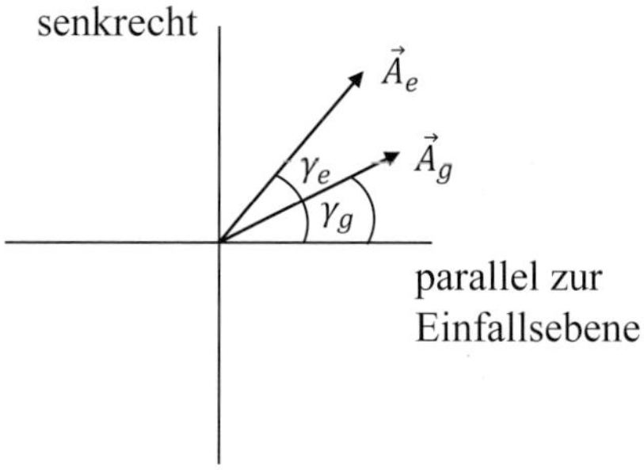

Abbildung 12.35 Die Polarisation der gebrochene Welle ist zur Einfallsebene hingedreht.

Aufgabe 22: Reflexion am optisch dünneren Medium

Der Einfallswinkel liege unterhalb der Totalreflexion: $\alpha < \alpha_{\text{Totalreflexion}}$. Außerdem sei der Brechungsindex $n_2 < n_1$ und $\alpha + \beta < \frac{\pi}{2}$.

In welche Richtung zeigt der elektrische Feldvektor $\vec{A}_r$ der reflektierten Welle?

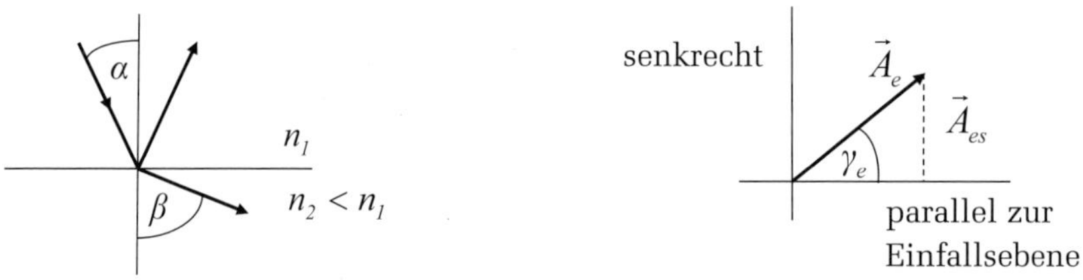

Abbildung 12.36 Zur Definition der Größen in Aufgabe 22

12.3.6 Intensität der Welle bei Absorption im Medium

Wir nehmen noch einmal die Absorption der Welle im Medium auf, die wir in Abschnitt 12.1.2 besprochen hatten. Hier berücksichtigen wir die Präzisierungen zu den Richtungen der Felder und die zeitliche Mittelung der Intensität.

Der **Poynting-Vektor** $\vec{S}$ (11.34) bezeichnet eine gerichtete Energiestromdichte. Sein Betrag entspricht der Intensität $I = |\vec{S}|$, seine Richtung der Ausbreitungsrichtung $\vec{e}_k$ der Welle:

$$\vec{S} = \vec{E} \times \vec{H} \tag{12.116}$$

Die magnetische Erregung und das Magnetfeld sind über $\vec{B} = \mu_\circ \vec{H}$ verbunden (5.3), wobei wir $\mu_\circ$ hier über die Phasengeschwindigkeit $c'^{-2} = \mu_\circ \epsilon_\circ \epsilon_r$ (12.46) der Welle ausdrücken:

$$\vec{S} = \epsilon_\circ \epsilon_r \, c'^2 \, \vec{E} \times \vec{B} \tag{12.117}$$

Das elektrische Feld lässt sich nach (12.34) in Komponenten zerlegen. Wir interessieren uns hier zunächst für die Ausrichtung des Magnetfelds und nutzen $\alpha' = 2\,k\,\kappa$ (12.35). Da die Welle ab $z = 0$ nur im Medium verlaufen soll, verwenden wir $z = \Delta z$:

$$\begin{aligned} \vec{E} &= \underbrace{\vec{E}_\circ \, e^{i(\omega t - kz)}}_{\text{Primärwelle}} \quad \underbrace{e^{-i\,kz\,(n'-1)}}_{\text{Phasenverschiebung}} \quad \underbrace{e^{-\frac{\alpha'}{2} z}}_{\text{Absorption}} \\ &= \vec{E}_\circ \underbrace{e^{i(\omega t - n'\,kz)}}_{\equiv\, e^{i\varphi(t,z)}} e^{-\frac{\alpha'}{2} z} \end{aligned} \tag{12.118}$$

Das Magnetfeld ist um den Winkel φ_B phasenverschoben (12.62):

$$\vec{B} = \frac{1}{\omega}(\vec{k} \times \vec{E}) = \frac{\sqrt{n'^2 + \kappa^2}}{c}(\vec{e}_{k_\circ} \times \vec{E}) e^{i\varphi_B} \tag{12.119}$$

Dabei können wir den Winkel φ_B in ►Abbildung 12.37 aus der komplexen Zahlenebene ablesen: $\tan \varphi_B = -\kappa/n'$. Für die zeitliche Mittelung der Intensität nutzen wir alternativ:

$$\cos \varphi_B = \frac{n'}{|\,n\,|} \tag{12.120}$$

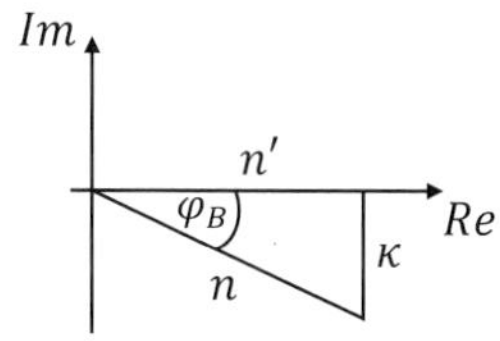

Abbildung 12.37 Zur Definition von φ_B

Die Intensität $I = |\vec{S}|$ (12.117) der Welle ist mit allen Beiträgen

$$|\vec{S}(t,z)| = \epsilon_\circ \epsilon_r \, c'^2 \left(E_\circ e^{-\frac{\alpha'}{2} z} \right)^2 \cos\varphi \cos(\varphi(t,z) + \varphi_B) \frac{|n|}{c} \,. \tag{12.121}$$

Gesucht ist nun die zeitlich gemittelte Intensität $\bar{I} = \langle |\vec{S}| \rangle$ der elektromagnetischen Welle im Medium. Mit der trigonometrischen Formel $\cos(\varphi + \varphi_B) = \cos\varphi \cos\varphi_B - \sin\varphi \sin\varphi_B$ erhalten wir für die gemittelten Kosinusterme

$$\langle \cos\varphi \cos(\varphi + \varphi_B) \rangle = \langle \underbrace{\cos^2\varphi}_{=1/2} \cos\varphi_B - \underbrace{\cos\varphi \sin\varphi}_{=0} \sin\varphi_B \rangle \tag{12.122}$$

$$= \frac{1}{2} \cos\varphi_B = \frac{1}{2} \frac{n'}{|n|} \,. \tag{12.123}$$

Damit erhalten wir durch Einsetzen in (12.121) den vollständigen Ausdruck für die Abnahme der Intensität aufgrund der Absorption

$$\bar{I} = I_\circ \, e^{-\alpha' z} \tag{12.124}$$

mit der Anfangsintensität $\bar{I}_\circ$, die wegen der zeitlichen Mittelung den Faktor $1/2$ enthält,

$$\bar{I}_\circ = \frac{1}{2} \epsilon_\circ \epsilon_r c \frac{n'}{|n|^2} E_\circ^2 \tag{12.125}$$

und dem Absorptionskoeffizienten

$$\alpha' = 2\frac{\omega}{c}\kappa = 2k_\circ \kappa = \frac{4\pi}{\lambda_\circ}\kappa \,. \tag{12.35}$$

Hier bezieht sich $k_\circ = 2\pi/\lambda_\circ$ auf die Wellenlänge außerhalb des Mediums.

12.3.7 Intensität der reflektierten und gebrochenen Wellen

Mit den Fresnel-Formeln (12.105) hatten wir die Koeffizienten für die Reflexion und Transmission bestimmt, die sich auf die Amplituden der Felder beziehen. Hier untersuchen wir die Intensitäten der reflektierten und transmittierten Wellen.

Dabei nehmen wir an, dass Absorptionseffekte des optischen Mediums vernachlässigbar klein sind, d. h. $\alpha' = 0$ und $n' = n \in R$. Die zeitlich gemittelte Intensität entspricht dann der Anfangsintensität $\bar{I}_\circ$ (12.125), für die wir als elektrisches Feld $E_\circ$ die jeweilige Amplitude A_i einsetzen ($i = e, r, g$). Die einfallenden und reflektierten mittleren Intensitäten erhalten wir mit der relativen Dielektrizitätszahl $\epsilon_r = n^2$ (12.47):

$$\bar{I}_e = \frac{1}{2} \epsilon_\circ \, c \, n_1 \, A_e^2 \tag{12.126}$$

$$\bar{I}_r = \frac{1}{2} \epsilon_\circ \, c \, n_1 \, A_r^2 \tag{12.127}$$

$$\bar{I}_g = \frac{1}{2} \epsilon_\circ \, c \, n_2 \, A_g^2 \tag{12.128}$$

Reflexionsvermögen

Das **Reflexionsvermögen** R ist als das Verhältnis der reflektierten (12.127) zur einfallenden Intensität (12.126) definiert:

$$R = \frac{\bar{I}_r}{\bar{I}_e} \tag{12.129}$$

Wir können die Koeffizienten der Fresnel-Formeln direkt einsetzen (12.105):

$$R = \frac{I_r}{I_e} = \frac{A_r^2}{A_e^2} = \frac{A_{rp}^2 + A_{rs}^2}{A_{ep}^2 + A_{es}^2} = \frac{\rho_p^2 A_{ep}^2 + \rho_s^2 A_{es}^2}{A_{ep}^2 + A_{es}^2} \tag{12.130}$$

In der unteren ►Abbildung 12.28 ist das Reflexionsvermögen von Kronglas getrennt für die parallele und die senkrechte Polarisationskomponente dargestellt.

Ein wichtiger Sonderfall ist das *Reflexionsvermögen bei senkrechtem Einfall*, bei dem die Winkel null sind: $\alpha = \beta = 0$. Dann können wir eine der beiden Komponenten auswählen und schreiben:

$$\rho_p = \frac{n_2 - n_1}{n_2 + n_1} = -\rho_s$$

$$R = \left(\frac{n_2 - n_1}{n_2 + n_1}\right)^2 \tag{12.131}$$

Als Beispiel: An der Grenzfläche Luft/Glas mit $n_1 = 1$ und $n_2 = 1,5$ ist das Reflexionsvermögen bei senkrechtem Auftreffen des Strahls

$$R = \left(\frac{1{,}5 - 1}{1{,}5 + 1}\right)^2 = \left(\frac{0{,}5}{2{,}5}\right)^2 = 4\,\%\,. \tag{12.132}$$

Transmissionsvermögen

Das **Transmissionsvermögen** T ist durch das Verhältnis der Intensitäten der gebrochenen und der einfallenden Welle definiert, wobei hier zusätzlich ein Korrekturfaktor f für die Flächenprojektionen berücksichtigt wird:

$$T = \frac{\bar{I}_g}{\bar{I}_e} f \tag{12.133}$$

Der Korrekturfaktor f entsteht aus der Definition der Intensität. Sie entspricht der Energie, die pro Zeit durch eine Fläche df strömt. Da aber bei der Transmission die Winkel der einfallenden und transmittierten Welle in der Regel unterschiedlich sind, sind auch die abgedeckten Flächenprojektionen auf die Grenzebene nicht gleich groß (►Abbildung 12.38):

$$f = \frac{\cos\beta}{\cos\alpha} \tag{12.134}$$

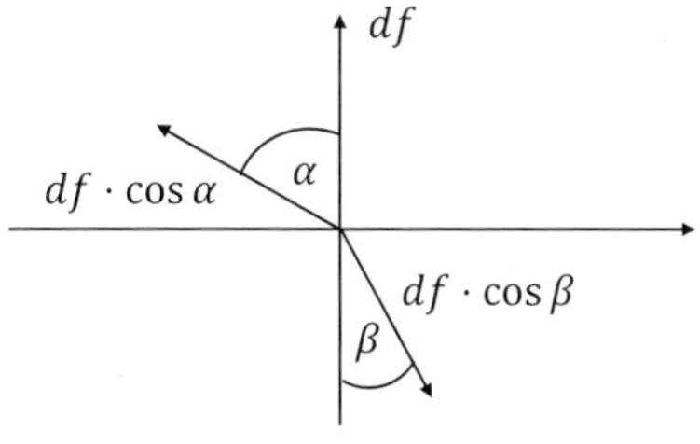

Abbildung 12.38 Verhältnis der Flächen, durch die die Energie einer Welle an einer Grenzschicht fließt.

Mit den Intensitäten der gebrochenen (12.128) und der einfallenden Welle (12.126) sowie der Geometriekorrektur f (12.134) beträgt das Transmissionsvermögen ausgedrückt durch die Koeffizienten der Fresnel-Formeln (12.105):

$$T = \frac{n_2 A_g^2 \cos\beta}{n_1 A_e^2 \cos\alpha} \tag{12.135}$$

$$= \frac{n_2}{n_1}\frac{\cos\beta}{\cos\alpha}\frac{\tau_p^2 A_{ep}^2 + \tau_s^2 A_{es}^2}{A_{ep}^2 + A_{es}^2} \tag{12.136}$$

Auch hier ist das *Transmissionsvermögen bei senkrechtem Einfall* ($\alpha = \beta = 0$) ein wichtiger Sonderfall:

$$\tau_p = \frac{n_2 - n_1}{n_2 + n_1} = \tau_s$$

$$T = \frac{n_2}{n_1}\left(\frac{2n_1}{n_1 + n_2}\right)^2 \tag{12.137}$$

$$T = \frac{4n_1 n_2}{(n_1 + n_2)^2} \tag{12.138}$$

Für unser obiges Beispiel mit dem Übergang am Kronglas ergibt sich dann

$$T = \frac{4 \cdot 1 \cdot 1{,}5}{2{,}5^2} = 96\,\%\,. \tag{12.139}$$

Transmissionsvermögen und Reflexionsvermögen (12.132) ergänzen sich dabei zu $T + R = 0{,}96 + 0{,}04 = 1$, was im Fall vernachlässigbarer Absorption wegen der Energieerhaltung allgemein gilt:

$$T + R = 1 \tag{12.140}$$

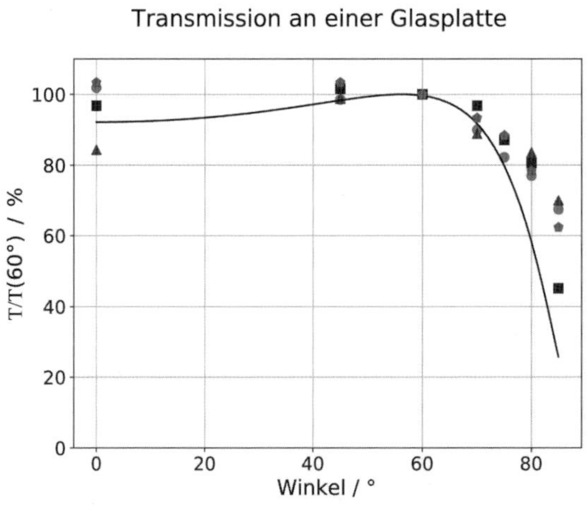

Abbildung 12.39 Transmissionsmessung

Experiment: Transmissionsvermögen einer Glasplatte

Mit einem Polarisationsfilter selektieren wir die Komponente des elektrischen Feldvektors parallel zur Einfallsebene. Die Transmissionskoeffizienten für die erste und die zweite Brechung in der Glasplatte lauten (12.105)

$$\tau_{p1} = \frac{2\,n_1 \cos\alpha}{n_2 \cos\alpha + n_1 \cos\beta}\,,$$

$$\tau_{p2} = \frac{2\,n_2 \cos\beta}{n_1 \cos\beta + n_2 \cos\alpha}\,.$$

Die zugehörigen Ausdrücke für das jeweilige Transmissionsvermögen (12.136) sind

$$T_1 = \frac{n_2}{n_1}\frac{\cos\beta}{\cos\alpha}\,\tau_{p1}^2\,, \qquad (12.141)$$

$$T_2 = \frac{n_1}{n_2}\frac{\cos\alpha}{\cos\beta}\,\tau_{p2}^2\,. \qquad (12.142)$$

Insgesamt ergibt sich beim Durchgang durch die Glasplatte das Transmissionsvermögen

$$T = T_1 \cdot T_2 = \tau_{p1}^2 \cdot \tau_{p2}^2 = \left(\frac{4\,n_1\,n_2 \cos\alpha\,\cos\beta}{(n_2\cos\alpha + n_1\cos\beta)^2}\right)^2\,. \qquad (12.143)$$

Für die Brechungsindizes $n_1 = 1$ und $n_2 = 1{,}5$ erwarten wir bei senkrechtem Einfall ($\alpha = \beta = 0$)

$$T = \left(\frac{4\,n_2}{(n_2+1)^2}\right)^2 = \left(\frac{6}{6{,}25}\right)^2 = 0{,}9216\,.$$

Beim Brewsterwinkel (hier $\alpha_B \approx 56{,}3°$ (12.107)) erwarten wir sogar vollständige Transmission. Die Messpunkte in ►Abbildung 12.39 sind deswegen auf die gemessene Intensität bei $\alpha = 60°$ normiert.

In unserem Experiment zeigt sich der Intensitätsabfall bei großen Winkeln, der insgesamt aber schwächer ausfällt, als nach Gleichung (12.143) erwartet wird. Unsere Rechnung beinhaltet keine Vielfachreflexion in der Glasplatte, die die gesamte transmittierte Intensität erhöht.

12.4 Lichtausbreitung in nicht-isotropen Medien

12.4.1 Doppelbrechung

Viele Kristalle sind optisch anisotrop, weil ihre Atome in verschiedenen Raumrichtungen unterschiedlich stark gebunden sind. Für bestimmte Kristallstrukturen ist der Brechungsindex n daher nicht nur von der Frequenz ω abhängig, sondern auch von der Richtung des elektrischen Feldvektors und der Richtung der Welle. Als Beispiel betrachten wir einen Lichtstrahl, der durch einen Kalkspatkristall geschickt wird, der in Romboederform spaltbar ist (►Abbildung 12.40).

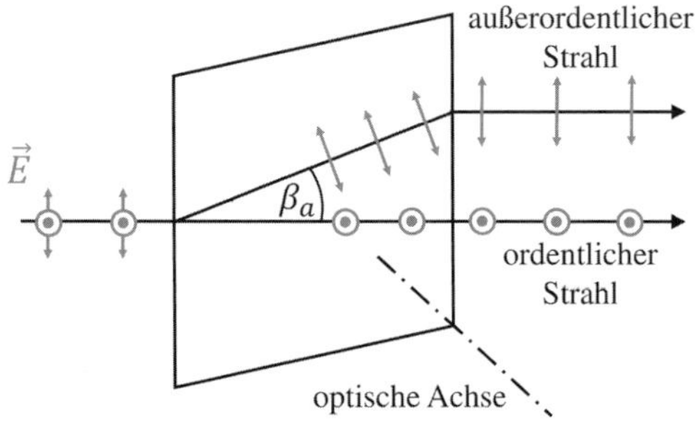

Abbildung 12.40 Aufspaltung des natürlichen Lichts hinter einem Kalkspatkristall in einen ordentlichen (o) und einen außerordentlichen (a) Strahl. Die Strahlen sind senkrecht zueinander polarisiert, mit der Polarisation des o-Strahls senkrecht zur optischen Achse.

Beobachtung 1: Zwei Strahlen. Bei einem Einfallswinkel $\alpha = 0$ sind hinter dem Kristall zwei Strahlen zu sehen, ein **ordentlicher Strahl** mit $\beta_o = 0$, der dem Snellius-Gesetz folgt, und ein **außerordentlicher Strahl** mit $\beta_a \neq 0$. Der Winkel β_a des außerordentlichen Strahls hängt von der Ausrichtung des Kristalls ab.

Beobachtung 2: Polarisation. Der ordentliche und der außerordentliche Strahl sind *senkrecht zueinander polarisiert.*

Offenbar gibt es im Kalkspatkristall unterschiedliche Polarisierbarkeiten und damit auch unterschiedliche Brechungsindizes für verschiedene Raumrichtungen.

Mathematischer Einschub: Relative Dielektrizitätskonstante als Tensor

So wie in der Mechanik bei räumlich ausgedehnten Körpern die elastische Verformung durch einen Tensor ausgedrückt wird, so geht auch die relative Dielektrizitätskonstante ϵ_r im anisotropen Medium in einen Tensor über:

$$\underline{\epsilon} = \begin{pmatrix} \epsilon_{xx} & \epsilon_{xy} & \epsilon_{xz} \\ \epsilon_{yx} & \epsilon_{yy} & \epsilon_{yz} \\ \epsilon_{zx} & \epsilon_{zy} & \epsilon_{zz} \end{pmatrix} \tag{12.144}$$

Die dielektrische Verschiebungsdichte (3.42)

$$\vec{D} = \epsilon_\circ \, \underline{\epsilon} \, \vec{E}_{Diel} \tag{12.145}$$

ist im Allgemeinen nicht mehr parallel zum elektrischen Feld im Dielektrikum gerichtet. Die Polarisation der Atome stimmt mit der Schwingungsrichtung der Welle nicht mehr überein, sie ergibt sich durch (3.36)

$$\vec{P} = \vec{D} - \epsilon_\circ \, \vec{E}_{Diel} \tag{12.146}$$

$$= \epsilon_\circ \, (\underline{\epsilon} - \underline{1}) \, \vec{E}_{Diel} \, . \tag{12.147}$$

Richtungen der Welle, der Felder und des Energiestroms

Wir erinnern noch einmal an die Maxwell-Gleichungen in Materie ((1.3 bis (1.8)), wie wir sie in Abschnitt 11.1 vorgestellt haben, sowie den Poynting-Vektor (11.34). Den Index *Diel* beim elektrischen Feld im Medium lassen wir im Folgenden weg:

$$\nabla \times \vec{E} = -\frac{\partial \vec{B}}{\partial t} \qquad \nabla \times \vec{B} = \mu_\circ \frac{\partial \vec{D}}{\partial t} \qquad \nabla \vec{D} = 0 \qquad \nabla \vec{B} = 0 \qquad \vec{S} = \frac{1}{\mu_\circ} \vec{E} \times \vec{B}$$

Für das weitere Verständnis ist es sehr wichtig, dass der Poynting-Vektor $\vec{S}$ die Richtung der Energiestromdichte anzeigt, also wohin die Intensität eines gebrochenen Lichtstrahls geht. Der Wellenvektor $\vec{k}$ der ebenen Welle des elektrischen Feldvektors

$$\vec{E} = \vec{E}_\circ \, e^{i(\omega t - \vec{k}\vec{r})}$$

gibt wegen des Skalarprodukts $\vec{k}\,\vec{r}$ Ebenen gleicher Phasen an, d. h. $\vec{k}$ steht senkrecht auf den Phasenflächen.

Im isotropen Medium sind wir daran gewöhnt, dass der Poynting-Vektor $\vec{S}$ (11.33) und damit die Richtung der Intensität mit dem Wellenvektor $\vec{k}$ übereinstimmt, aber bei nicht-isotropen Medien muss das nicht so sein. Achten Sie also im Folgenden darauf, dass $\vec{S}$ **im Sinn einer geometrischen Optik die Richtung des Lichtstrahls** angibt und $\vec{k}$ nur die Phasenfläche der Welle.

Zunächst zeigen wir, dass die Magnetfeldrichtung auf allen wichtigen Größen senkrecht steht, was wir durch das Symbol $\perp$ anzeigen:

$$\vec{B} \perp \vec{k}, \vec{E}, \vec{D}, \vec{S} \tag{12.148}$$

Dazu verwenden wir die bewährten Identitäten für Wellen $\nabla = i\,\vec{k}$ (11.17) und $\partial/\partial t = -i\,\omega$ (11.18) in den Maxwell-Gleichungen, den Poynting-Vektor und Gleichung (11.21):

$$\vec{S} = \frac{1}{\mu_\circ} \vec{E} \times \vec{B} \Rightarrow \vec{B} \perp \vec{S} \tag{12.149}$$

$$i\,\vec{k}\,\vec{B} = 0 \Rightarrow \vec{B} \perp \vec{k}$$

$$\vec{B} = \frac{1}{\omega}(\vec{k} \times \vec{E}) \Rightarrow \vec{B} \perp \vec{E} \tag{12.150}$$

$$i\,\vec{k} \times \vec{B} = -i\omega\mu_\circ \vec{D} \Rightarrow \vec{B} \perp \vec{D} \tag{12.151}$$

Weiterhin stehen wegen $\vec{S} = \mu_\circ^{-1} \vec{E} \times \vec{B}$ der Poynting-Vektor und der elektrische Feldvektor aufeinander senkrecht:

$$\vec{S} \perp \vec{E} \tag{12.152}$$

Zusätzlich stehen wegen der Maxwell-Gleichung $\nabla \vec{D} = 0$, gleichbedeutend mit $i\vec{k}\vec{D} = 0$ (11.17), der Wellenvektor und die dielektrische Verschiebungsdichte senkrecht zueinander:

$$\vec{k} \perp \vec{D} \tag{12.153}$$

In ►Abbildung 12.41 sind die Richtungen der Vektoren zueinander gezeigt. Der Dielektrizitätstensor $\underline{\epsilon}$ (12.144) bestimmt den Winkel δ zwischen $\vec{D}$ und $\vec{E}$.

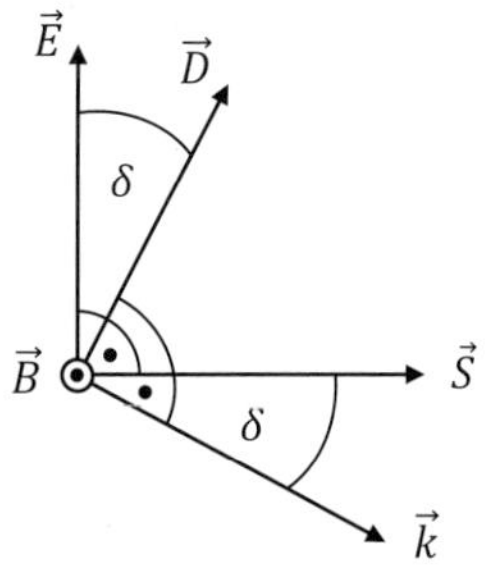

Abbildung 12.41 Richtungen der Welle und ihrer Felder. Alle vier gezeigten Vektoren stehen senkrecht auf $\vec{B}$, $\vec{E}$ und $\vec{D}$, schließen den Winkel δ ein und stehen jeweils senkrecht auf $\vec{S}$ oder $\vec{k}$.

Wir setzen die Gleichung (12.150) in Gleichung (12.151) ein und erhalten

$$i\,\vec{k} \times \frac{1}{\omega}(\vec{k} \times \vec{E}) = -i\,\omega\,\mu_\circ\,\vec{D}\,.$$

Die Wellenvektoren $\vec{k}$ beschreiben hier *Wellen im Medium* mit kürzerer Wellenlänge im Vergleich zum Vakuum beziehungsweise vergrößerter Wellenzahl k. Wir ersetzen die Frequenz ω durch die Phasengeschwindigkeit im Medium $c' = \omega/k$ (12.15), wobei wir hier die verkürzte Schreibweise k anstelle von k' verwenden. Für $\mu_\circ$ nutzen wir den Zusammenhang $\mu_\circ\,\epsilon_\circ = c^{-2}$ (11.11). Zusammen mit der dielektrischen Verschiebungsdichte $\vec{D} = \epsilon_\circ\,\underline{\epsilon}\,\vec{E}_{Diel}$ (12.145) erhalten wir

$$\frac{1}{\omega^2}\cdot\frac{1}{\mu_\circ}\cdot\vec{k} \times (\vec{k} \times \vec{E}) = -\vec{D}\,,$$
$$\frac{1}{k^2}\frac{1}{c'^2}\cdot c^2\,\epsilon_\circ\cdot\vec{k} \times (\vec{k} \times \vec{E}) = -\epsilon_\circ\,\underline{\epsilon}\,\vec{E}\,.$$

Mit dem Brechungsindex $n = c/c'$ (12.6) und Einheitsvektoren $\vec{e}_k = \vec{k}/k$ in der Richtung des Wellenvektors erhalten wir ein Gleichungssystem für das elektrische Feld, das vom Tensor $\underline{\epsilon}$ abhängt

$$n^2\,\vec{e}_k \times (\vec{e}_k \times \vec{E}) + \underline{\epsilon}\,\vec{E} \equiv \underline{G}\,\vec{E} = 0\,. \tag{12.154}$$

Damit können wir zunächst eine Richtung $\vec{e}_k$ für den Wellenvektor wählen und dann die Richtung des elektrischen Feldvektors $\vec{E}$ bestimmen. Zur Lösung des Gleichungssystems muss die Determinante der Matrix verschwinden $\det \underline{G} = 0$, aus der sich der Brechungsindex n für die Welle ergibt. Alle anderen Größen können wir über (12.150), (12.151) und (12.149) berechnen.

Brechungsellipsoid eines Kristalls

Zunächst suchen wir ein Koordinatensystem, sodass $\underline{\epsilon}$ Diagonalform annimmt (Hauptachsentransformation):

$$\underline{\epsilon} = \begin{pmatrix} \epsilon_{r1} & 0 & 0 \\ 0 & \epsilon_{r2} & 0 \\ 0 & 0 & \epsilon_{r3} \end{pmatrix} \tag{12.155}$$

Die korrespondierenden Brechungsindizes sind nach (12.47)

$$n_1^2 = \epsilon_{r1}\,, \quad n_2^2 = \epsilon_{r2}\,, \quad n_3^2 = \epsilon_{r3} \tag{12.156}$$

und ergeben die Form eines Ellipsoids, das sogenannte **Brechungsellipsoid**:

$$\left(\frac{n_x}{n_1}\right)^2 + \left(\frac{n_y}{n_2}\right)^2 + \left(\frac{n_z}{n_3}\right)^2 = 1 \tag{12.157}$$

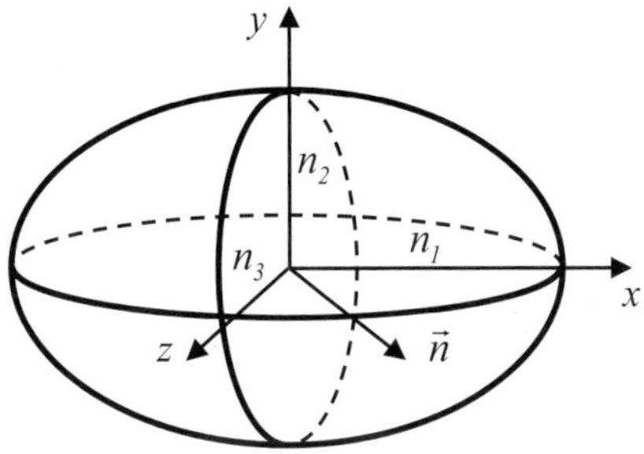

Abbildung 12.42 Brechungsellipsoid mit den Brechungsindizes n_i der Hauptachsen. Die Länge von $\vec{n}$ ist der Brechungsindex für diese Richtung von $\vec{D}$.

Der Vektor $\vec{n} = (n_x, n_y, n_z)$ zeigt vom Ursprung auf die Oberfläche (►Abbildung 12.42). Der Betrag $|\vec{n}|$ gibt die Phasengeschwindigkeit $c' = c/\mid \vec{n} \mid$ dieser Richtung in Bezug auf die dielektrische Verschiebungsdichte $\vec{D}$ an.

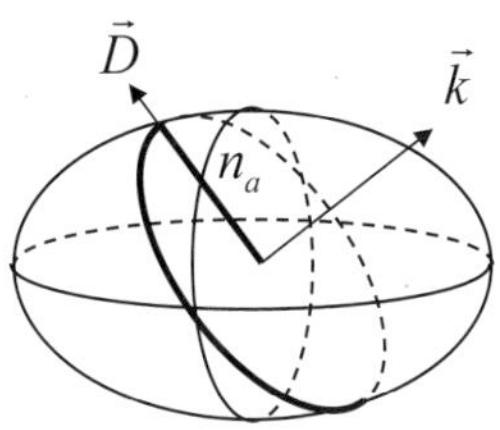

Abbildung 12.43 Zur Definition einer optischen Achse am Brechungsellipsoid. Je nach Perspektive kann in dieser Abbildung jeder Kreis auch als Ellipse gedacht werden und umgekehrt. Mit $n_1 \neq n_2 \neq n_3$ könnte die Kurve senkrecht zu $\vec{k}$ ein Kreis sein und die Richtung von $\vec{k}$ sowie die an der senkrechten Fläche gespiegelte je eine optische Achse. Nehmen wir jedoch an, dass entweder die senkrechte oder die waagerechte Kurve Kreise sind, dann haben wir die dargestellte Situation eines außerordentlichen Strahls in Richtung $\vec{k}$ mit Polarisationsrichtung $\vec{D}$ und Brechungsindex n_a.

Die Schnittfläche senkrecht zu $\vec{k}$ durch den Nullpunkt ist für den allgemeinen Fall für bis zu zwei Richtungen ein Kreis, ansonsten eine Ellipse (►Abbildung 12.43 und Bildunterschrift). Die Richtungen, die Kreise ergeben, heißen **optische Achsen** des Kristalls. In der Abbildung steht der Brechungsindex n_a für einen außerordentlichen Strahl. Die Einzelheiten sind jedoch recht komplex und werden im Folgenden für den Fall näher behandelt, in dem es nur eine optische Achse gibt.

Für Wellen entlang einer optischen Achse ist der Brechungsindex für alle Polarisationsrichtungen $n_o = const.$ Sie verhalten sich also wie Wellen im isotropen Medium mit $\vec{E}||\vec{D}$ und $\vec{k}||\vec{S}$ (►Abbildung 12.44). Auch die Komponente einer beliebigen einlaufenden Welle, deren $\vec{E}$-Vektor senkrecht auf der optischen Achse steht, »sieht« den Brechungsindex n_o.

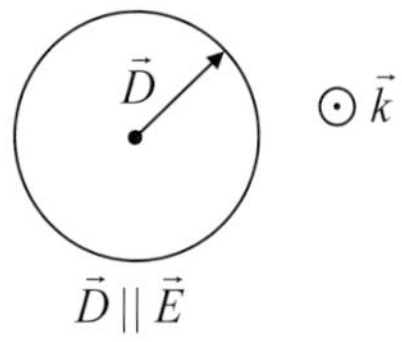

Abbildung 12.44 Für Wellen entlang der optischen Achse (senkrecht zur Zeichenebene) sieht der $\vec{D}$-Vektor immer den gleichen Brechungsindex n_o.

Optisch einachsige Kristalle

Wichtig sind **optisch einachsige** Kristalle mit $n_o = n_1 = n_2 \neq n_3 = n_a$ (►Abbildung 12.45), zu denen auch der eingangs erwähnte Kalkspat gehört.

Beispiel: $\lambda = 589{,}3\,\text{nm}$

	$n_1 = n_o$	$n_3 = n_a$
Quarz	1,5443	1,5534
Kalkspat	1,6584	1,4864

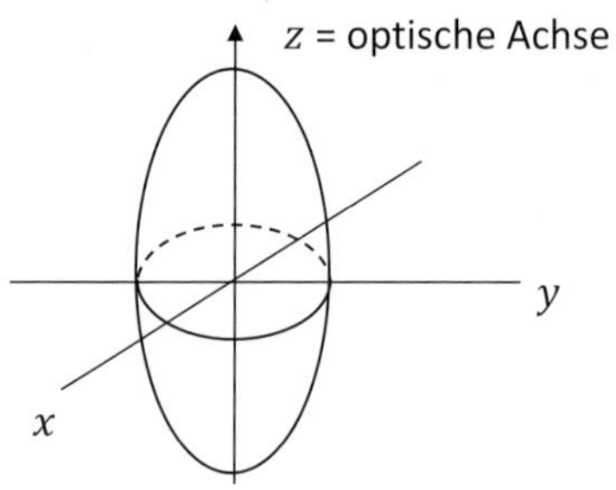

Abbildung 12.45 Optisch einachsige Kristalle können wie in dieser Abbildung »zigarrenförmige« (Quarz) oder »fladenförmige« (Kalkspat) Brechungsellipsoide haben.

Beispiel: Doppelbrechung am optisch einachsigen Kristall

Die optische Achse legen wir wie in ►Abbildung 12.45 entlang der z-Koordinate. Die Elemente der relativen Dielektrizitätszahlen sind senkrecht zur optischen Achse $\epsilon_o \equiv \epsilon_{r1} = \epsilon_{r2}$ und parallel dazu $\epsilon_a \equiv \epsilon_{r3}$ (12.155).

Die Richtung des Wellenvektors $\vec{e}_k$ soll entlang der x-Koordinate verlaufen. Die Richtung des elektrischen Feldvektors $\vec{E}$ erhalten wir aus (12.154):

$$n^2\, \vec{e}_k \times (\vec{e}_k \times \vec{E}) + \underline{\epsilon}\, \vec{E} = 0 \tag{12.158}$$

$$n^2 \begin{pmatrix} 1 \\ 0 \\ 0 \end{pmatrix} \times \left[\begin{pmatrix} 1 \\ 0 \\ 0 \end{pmatrix} \times \vec{E} \right] + \begin{pmatrix} \epsilon_o & 0 & 0 \\ 0 & \epsilon_o & 0 \\ 0 & 0 & \epsilon_a \end{pmatrix} \vec{E} = 0 \tag{12.159}$$

$$n^2 \begin{pmatrix} 0 \\ -E_y \\ -E_z \end{pmatrix} + \begin{pmatrix} \epsilon_o & 0 & 0 \\ 0 & \epsilon_o & 0 \\ 0 & 0 & \epsilon_a \end{pmatrix} \begin{pmatrix} E_x \\ E_y \\ E_z \end{pmatrix} = 0 \tag{12.160}$$

Damit verschwindet erwartungsgemäß die x-Komponente des elektrischen Felds $E_x = 0$ entlang der einfallenden Welle, und die Lösungen für die Brechungsindizes erhalten wir aus der Bedingung für die Lösung des linearen Gleichungssystems

$$\det \begin{pmatrix} \epsilon_o & 0 & 0 \\ 0 & \epsilon_o - n^2 & 0 \\ 0 & 0 & \epsilon_a - n^2 \end{pmatrix} = 0 \tag{12.161}$$

$$\epsilon_o\, (\epsilon_o - n^2)\, (\epsilon_a - n^2) = 0\,. \tag{12.162}$$

Für die ursprüngliche Ausbreitung entlang der x-Achse (senkrecht zur optischen Achse) gibt es zwei Brechungsindizes. Für den Brechungsindex $n_1 = \sqrt{\epsilon_o} = n_o$ liegt der ordentliche Strahl vor. Sein elektrisches Feld ist in der y-Richtung senkrecht zur optischen Achse polarisiert. Bei der zweiten Lösung $n_2 = \sqrt{\epsilon_a} = n_a$ liegt der außerordentliche Strahl vor, dessen elektrischer Feldvektor in z-Richtung parallel zur optischen Achse polarisiert ist. Eine einfallende Welle mit den elektrischen Feldkomponenten $E_y \neq 0$ und $E_z \neq 0$ wird in die beiden Strahlen aufgespalten.

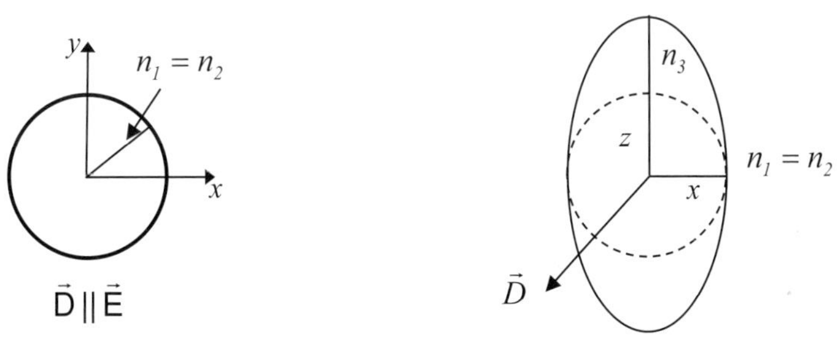

Abbildung 12.46 Wellen entlang der optischen Achse bilden einen ordentlichen Strahl mit dem Brechungsindex $n_1 = n_2 = n_o$ (links), für andere Richtungen muss man i. A. beide Brechungsindizes berücksichtigen (rechts).

Jetzt wollen wir die Beobachtungen am Feldspat phänomenologisch verstehen: Wir betrachten die beiden Polarisationsrichtungen des Lichts, das auf den Kristall trifft. Die Komponente senkrecht zur optischen Achse läuft als **ordentlicher Strahl** beim Einfallswinkel $\alpha = 0$ geradeaus weiter (►Abbildung 12.46). Die Komponente, die senkrecht dazu in der Ebene des einlaufenden Strahls und der optischen Achse schwingt, bildet den **außerordentlichen Strahl** mit den beiden Brechungsindizes n_a und n_o (►Abbildung 12.47).

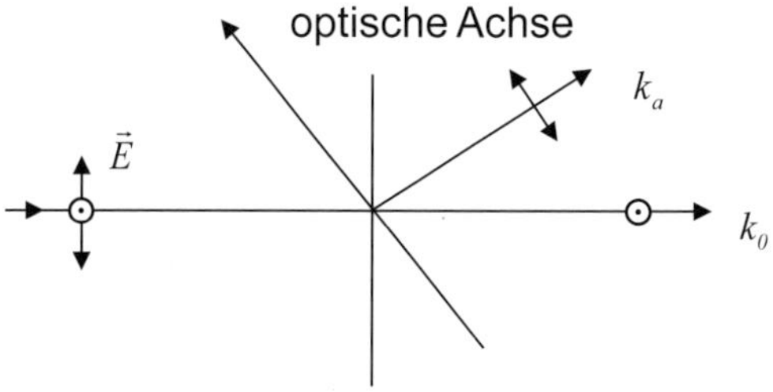

Abbildung 12.47 Aufspaltung eines unpolarisierten Strahls am Feldspat

Am Bild Huygens'scher Elementarwellen lässt sich die Doppelbrechung letztendlich erklären: Nach dem **Huygens'schen Prinzip** lässt sich jeder Punkt einer Wellenfront als Ausgangspunkt einer Elementarwelle darstellen, die sich in den Raum ausbreitet.

Die senkrechte Komponente des $\vec{E}$-Felds breitet sich im Medium mit dem Brechungsindex n_o als ordentlicher Strahl aus, $\vec{k}$ und $\vec{S}$ (und damit auch die dazu senkrechten $\vec{E}$ und $\vec{D}$) sind parallel (►Abbildung 12.48 oben).

Für die Komponente des $\vec{E}$-Felds, die in der Ebene der optischen Achse und der Einfallsrichtung schwingt, ist die Situation komplizierter. Die Phasengeschwindigkeit für $\vec{E}$-Felder senkrecht zur optischen Achse ist von der Phasengeschwindigkeit parallel zur optischen Achse verschieden (in unserem Beispiel größer). Wir müssen also den $\vec{E}$-Vektor in die Komponenten parallel und senkrecht zur optischen Achse aufspalten (►Abbildung 12.48 unten). Man erhält elliptische Elementarwellen mit einer Richtungsänderung der Gesamtwelle (Bildunterschrift von ►Abbildung 12.48).

12.4.2 Lambda-Viertel-Plättchen

Mithilfe eines **Lambda-Viertel-Plättchens** lässt sich linear polarisiertes Licht in zirkular polarisiertes Licht überführen.

Bei linear polarisiertem Licht haben $E_{\circ y}$ und $E_{\circ x}$ die gleiche Phase:

$$\vec{E} = \vec{E}_\circ \cos(\omega t - kz)$$

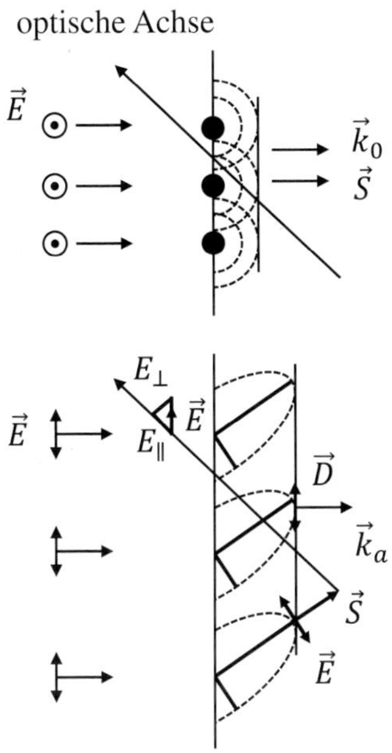

Abbildung 12.48 Elementarwellen der senkrechten (oben) und parallelen (unten) Komponenten des $\vec{E}$-Felds bezüglich der optischen Achse. Während im oberen Bild $\vec{k}$ und $\vec{S}$ (und damit auch die dazu senkrechten $\vec{E}$ und $\vec{D}$) parallel sind, unterscheiden sich die Richtungen im unteren Bild. Die Wellenfront $\vec{k}$ bewegt sich in Richtung $\vec{S} \neq$ Richtung $\vec{k}$. Zur Verdeutlichung sind die Geschwindigkeitsunterschiede übertrieben.

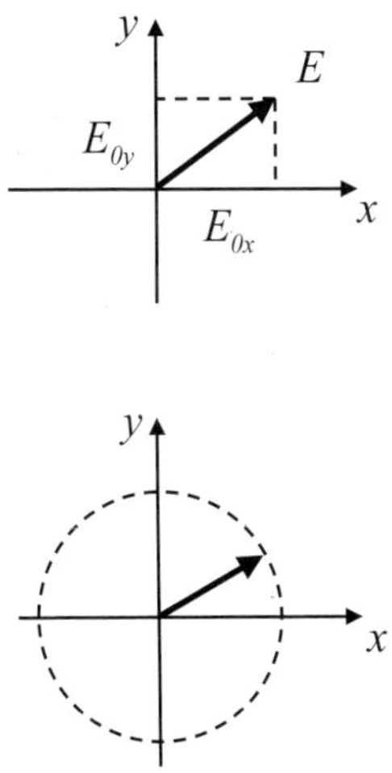

Abbildung 12.49 Linear (oben) und zirkular (unten) polarisiertes Licht

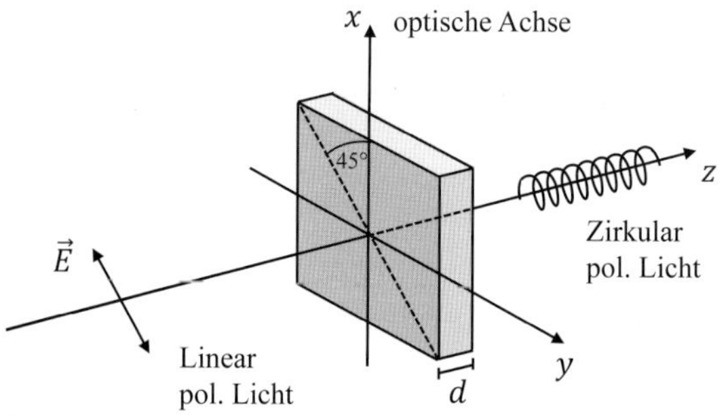

Abbildung 12.50 Ausrichtung eines $\lambda/4$-Plättchens zur Erzeugung zirkular polarisierten Lichts. Die Polarisationsrichtung der Welle ist um $45°$ gegen die optische Achse (in y-Richtung) gedreht.

Bei zirkular polarisiertem Licht durchläuft $\vec{E}$ an jedem festen Ort einen Kreis. Dabei sind $E_{\circ y}$ und $E_{\circ x}$ um $90°$ phasenverschoben:

$$\vec{E} = E_\circ \begin{pmatrix} \cos(\omega t - kz) \\ \cos(\omega_t - kz - \frac{\pi}{2}) \end{pmatrix}$$

Ein doppelbrechender Kristall (z. B. Quarz, ►Abbildung 12.45 und zugehörige Tabelle) wird so ausgerichtet, dass die optische Achse um $45°$ gegen die Polarisationsrichtung der einfallenden Welle gedreht ist (►Abbildung 12.50). Die beiden Komponenten der linear polarisierten Welle parallel und senkrecht zur optischen Achse haben damit unterschiedliche Brechungsindizes $n_3 = n_a$ und $n_1 = n_o$ (vergl. das Beispiel im vorigen Abschnitt). Die Komponenten des elektrischen Felds sehen entsprechend diese Brechungsindizes:

$$E_{\circ x} : n_1 \quad \text{und} \quad E_{\circ y} : n_3$$

Nach dem Durchlaufen der Strecke Δz haben beide Komponenten eine relative Phasenverschiebung

$$\Delta\varphi = 2\pi \frac{n_3 - n_1}{\lambda_\circ} \Delta z\,. \tag{12.163}$$

Um eine Phasenverschiebung von $\pi/2$ für eine zirkular polarisierte Welle zu erreichen, braucht man eine Plattendicke Δz mit

$$(n_3 - n_1)\Delta z = \frac{\lambda}{4}\,. \tag{12.164}$$

Beispiel: Lambda-Viertel-Plättchen

Gesucht ist die Dicke eines Lambda-Viertel-Plättchens für folgende Daten:

$$n_3 = 1{,}58 \quad n_1 = 1{,}55 \quad \lambda = 600\,\text{nm}$$

$$\Delta z = \frac{\lambda}{4(n_3 - n_1)} = 5\,\mu\text{m}$$

Aus praktischen Gründen der Stabilität wird man das Plättchen um ein Vielfaches von $4\,\Delta z = 20\,\mu m$ verstärken.

Experiment: Zirkular polarisiertes Licht

Mit einem Polarisationsfilter (Linearer Polarisator in ►Abbildung 12.51) wird zunächst linear polarisiertes Licht erzeugt. Wenn wir den Polarisationsfilter so drehen, dass die Polarisationsebene unter 45° zur Vorzugsachse des nachfolgenden Lambda-Viertel-Plättchens steht, erhalten wir zirkular polarisiertes Licht.

Das macht sich dadurch bemerkbar, dass wir mit einem anschließenden Polarisationsfilter keine Vorzugsrichtung mehr festellen können.

Erst wenn man mit einem zweiten Lambda-Viertel-Plättchen die Phasenverschiebung auf 180° erhöht, bekommt man wieder ein Signal hinter dem zweiten Polarisationsfilter (Linearer Analysator). Jetzt ist die Polarisationsebene jedoch um 180° gedreht.

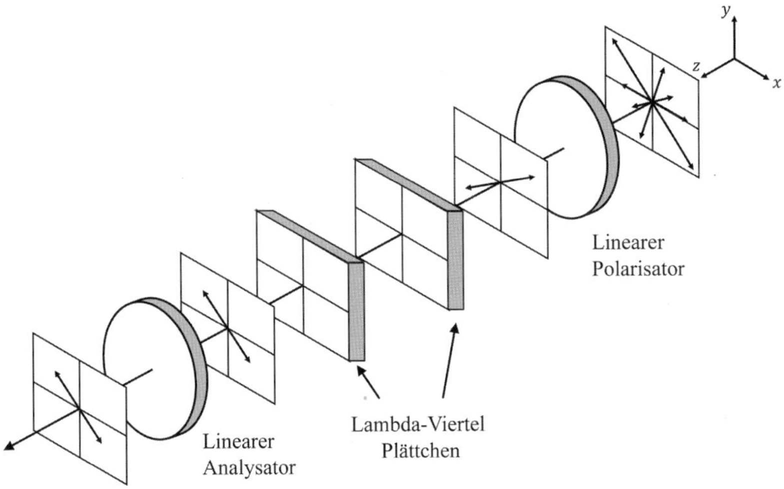

Abbildung 12.51 Erzeugung und Nachweis von zirkular polarisiertem Licht

12.4.3 Spannungsdoppelbrechung

In homogenen, isotropen Medien kann es durch äußere Zug- und Druckkräfte zu orts- und richtungsabhängiger Doppelbrechung kommen. Das lässt sich im folgenden Aufbau mit einer Probe zwischen gekreuzten Polarisationsfiltern vorführen (►Abbildung 12.52).

Ohne mechanische Kräfte bleibt der Schirm im obigen Aufbau dunkel. Unter mechanischen Kräften wird das Material an unterschiedlichen Stellen optisch doppelbrechend, und es kommt zu Phasenverschiebungen der Lichtkomponenten ähnlich wie bei den $\lambda/4$-Plättchen in ►Abbildung 12.51. Es entstehen mit der Belastung variierende Farbmuster, weil die Phasenverschiebungen von der Dicke des Materials, dem Unterschied der Brechungsindizes und von der Wellenlänge abhängig sind:

$$\Delta\varphi(x, y) = \frac{2\pi}{\lambda_\circ} \int_0^d \Delta n(x, y)\, dz \qquad (12.165)$$

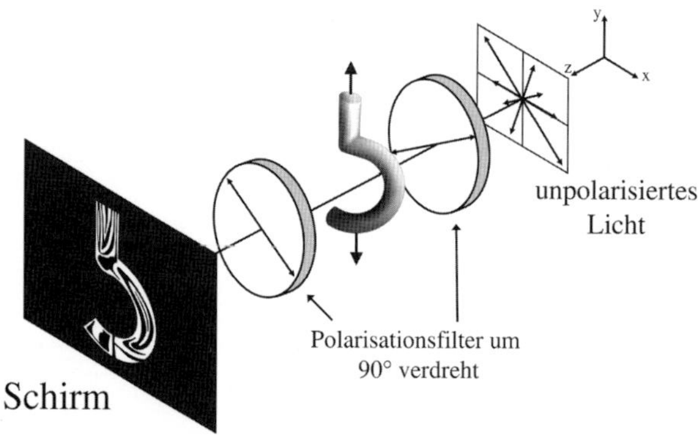

Abbildung 12.52 Spannungsdoppelbrechung wird zwischen gekreuzten Polarisationsfiltern sichtbar.

Wir bezeichnen diese Beobachtung als **Spannungsdoppelbrechung**.

Doppelbrechung kann auch durch ein äusseres elektrisches Feld erzeugt werden. In einer nach dem schottischen Physiker J. Kerr benannten **Kerr-Zelle** wird eine zunächst isotrope Flüssigkeit (z. B. Nitrobenzol) zwischen die Platten eines Kondensators gebracht. Mit einem angelegten elektrischen Feld wird dann eine Vorzugsrichtung und damit eine optische Achse erzeugt.

12.4.4 Zirkulare Doppelbrechung

Doppelbrechung im Sinne verschiedener Brechungsindizes tritt nicht nur bei linearer sondern auch bei zirkularer Polarisation auf. Diesen Effekt der **zirkularen Doppelbrechung** beobachtet man in Materialien mit Molekülen oder Kristallen, die einen Drehsinn bevorzugen (z. B. Zuckerlösungen oder Quarzkristalle). Das führt zu unterschiedlichen Phasengeschwindigkeiten und damit auch Brechungsindizes für links- oder rechts-zirkulare Lichtwellen.

Solche zirkulare Doppelbrechung lässt sich auch gezielt erzeugen, indem man in einem durchsichtigen Material einen Drehsinn durch ein magnetisches Feld (z. B. im Inneren einer Spule) erzeugt. Dieser von M. Faraday 1845 entdeckte und nach ihm benannte **Faraday-Effekt** galt wie später auch der von J. Kerr 1875 entdeckte **Kerr-Effekt** als wichtiger Hinweis auf die elektromagnetische Natur des Lichts.

Man kann sich linear polarisiertes Licht auch als eine Überlagerung von links- und rechts-zirkularem Licht vorstellen (►Abbildung 12.49). Wegen der unterschiedlichen Brechungsindizes und der damit verbundenen unterschiedlichen Laufzeiten für links- und rechts-zirkulares Licht führt die zirkulare Doppelbrechung bei linear polarisiertem Licht deshalb zu einer Drehung der Polarisationsebene. Diese sogenannte **optische Aktivität** lässt sich in einer Anordnung wie in ►Abbildung 11.6 mit Zuckerlösungen verschiedener Konzentration gut beobachten.

Das Wichtigste zum Mitnehmen

Zum Mitnehmen: Elektromagnetische Wellen in Materie 1

- Für die **Ausbreitungsgeschwindigkeit** c' elektromagnetischer Wellen in einem **Medium** gilt in der Näherung $\mu_r \approx 1$

$$c' = \frac{1}{\sqrt{\epsilon_\circ\, \mu_\circ\, \epsilon_r\, \mu_r}} = \frac{c}{\sqrt{\epsilon_r}} = \frac{c}{n(\lambda)}\,. \tag{12.6}$$

  Hierbei ist der **Brechungsindex** $n(\lambda) = \sqrt{\epsilon_r(\lambda)}$ ein material- und wellenlängenabhängiger Faktor und c die Lichtgeschwindigkeit im Vakuum.

  Die Verzögerung $c' < c$ und damit $\lambda' < \lambda$ kommt durch die Anregung erzwungener Schwingungen der Atome im Medium durch die Primärwelle zustande. Die mikroskopische Beschreibung liefert

$$n = \underbrace{1 + \frac{Nq^2}{2\epsilon_\circ m}\frac{\omega_\circ^2 - \omega^2}{(\omega_\circ^2 - \omega^2)^2 + \gamma^2\omega^2}}_{\equiv\, n'} - i\,\underbrace{\frac{Nq^2}{2\epsilon_\circ m}\frac{\gamma\omega}{(\omega_\circ^2 - \omega^2)^2 + \gamma^2\omega^2}}_{\equiv\, \kappa} \in \mathbb{C}\,. \tag{12.31}$$

  Der Brechungsindex ist eine **komplexe Zahl** und abhängig von der Dichte N der schwingenden Dipole im Medium, ihrer Masse m und Dämpfung γ, sowie von der Frequenz der einlaufenden Welle ω und der Resonanzfrequenz der atomaren Dipole $\omega_\circ$.

  Dabei beschreibt der **Realteil n' die Brechung** und der **Imaginärteil κ die Absorption**.

- Die Intensität I der Welle nach Durchlaufen der Materialdicke Δz ist

$$I = |\vec{S}| = c\epsilon_\circ E^2 = I_\circ e^{-\alpha'\Delta z} \tag{12.36}$$

  mit dem **Absorptionskoeffizienten**

$$\alpha' = 2\frac{\omega}{c}\kappa = 2k_\circ\kappa = \frac{4\pi}{\lambda_\circ}\kappa\,, \tag{12.35}$$

  wobei $k_\circ$ und $\lambda_\circ$ die Wellenzahl und -länge im Vakuum sind.

- Der Brechungsindex lässt sich auch direkt mit der **Polarisierbarkeit** $\alpha = p/E$ der Dipole des Mediums und der Anzahl der Atome (Dipole) im Medium N beschreiben:

$$n^2 = 1 + \frac{N\alpha}{\epsilon_\circ} \tag{12.58}$$

  Für Werte von n **nahe 1 ist $n \approx n'$**.

Zum Mitnehmen: Elektromagnetische Wellen in Materie 2

- Die Wellenlängenabhängigkeit von $n'(\lambda)$ führt zur **Dispersion**. Man unterscheidet

  normale Dispersion: $\frac{dn'}{d\omega} > 0$ bzw. $\frac{dn'}{d\lambda} < 0$. Dies ist der Fall für $|\omega_\circ^2 - \omega^2| > \gamma\omega_\circ$.

  Die Phasengeschwindigkeit ist $c' = \frac{c}{n'}$, also $\frac{dc'}{d\lambda} > 0$.

  Die Gruppengeschwindigkeit ist $v_G = \frac{d\omega}{dk} = c' - \lambda\frac{dc'}{d\lambda} < c'$.

  anomale Dispersion: $\frac{dn'}{d\omega} < 0$ bzw. $\frac{dn'}{d\lambda} > 0$. Dies ist der Fall für $|\omega_\circ^2 - \omega^2| < \gamma\omega_\circ$.

  Die Phasengeschwindigkeit ist $c' = \frac{c}{n'}$, also $\frac{dc'}{d\lambda} < 0$.

  Die Gruppengeschwindigkeit ist $v_G = c' - \lambda\frac{dc'}{d\lambda} > c'$.

  Man findet anomale Dispersion für $| \omega_\circ - \omega |< \frac{\gamma}{2}$, also in der Nähe von $\omega_\circ$.

- Eine

  $$\textbf{einfallende Welle} \quad \vec{E}_e = \vec{A}_e e^{i(\omega_e t - \vec{k}_e \vec{r})} \tag{12.63}$$

  mit dem **Einfallswinkel** α wird an der Grenzschicht zwischen zwei Medien 1 und 2 aufgespalten in eine

  $$\textbf{gebrochene Welle} \quad \vec{E}_g = \vec{A}_g e^{i(\omega_g t - \vec{k}_g \vec{r})}\,, \tag{12.64}$$

  die unter dem **Brechungswinkel** β in das zweite Medium eindringt, und eine mit dem Winkel α'

  $$\textbf{reflektierte Welle} \quad \vec{E}_r = \vec{A}_r e^{i(\omega_r t - \vec{k}_r \vec{r})}\,. \tag{12.65}$$

- In der Optik mit $\mu_{r1} = \mu_{r2} = 1$ ist nur die Normal-Komponente des E-Felds an der Grenzfläche zweier Medien unstetig:

  $$\frac{E_{n1}}{E_{n2}} = \frac{\epsilon_{r2}}{\epsilon_{r1}} = \frac{n_2^2}{n_1^2}\,. \tag{12.80}$$

  Daraus folgen

  $$n_1 \sin\alpha = n_2 \sin\beta \quad \textbf{Snellius-Brechungsgesetz} \tag{12.92}$$

  und

  $$\alpha = \alpha' \quad \textbf{Reflexionsgesetz}\,. \tag{12.90}$$

Zum Mitnehmen: Elektromagnetische Wellen in Materie 3

- Um die Anteile der reflektierten und transmittierten Wellen zu bestimmen, werden die Amplituden der Wellen zusätzlich in senkrechte $\vec{A}_{is}$ und parallele $\vec{A}_{ip}$ ($i = e, r, g$) Anteile zur Einfallsebene zerlegt. Als **Einfallsebene** wird die Ebene bezeichnet, die durch den einfallenden, reflektierten und transmittierten Strahl aufgespannt wird.

  Es ergeben sich die wichtigen **Fresnel-Formeln**:

$$\begin{aligned}
\rho_p &= \frac{A_{rp}}{A_{ep}} = \frac{n_2 \cos\alpha - n_1 \cos\beta}{n_2 \cos\alpha + n_1 \cos\beta} = \frac{\tan(\alpha-\beta)}{\tan(\alpha+\beta)} \\
\tau_p &= \frac{A_{gp}}{A_{ep}} = \frac{2n_1 \cos\alpha}{n_2 \cos\alpha + n_1 \cos\beta} = \frac{2\sin\beta\cos\alpha}{\sin(\alpha+\beta)\cos(\alpha-\beta)} \\
\rho_s &= \frac{A_{rs}}{A_{es}} = \frac{n_1 \cos\alpha - n_2 \cos\beta}{n_1 \cos\alpha + n_2 \cos\beta} = -\frac{\sin(\alpha-\beta)}{\sin(\alpha+\beta)} \\
\tau_s &= \frac{A_{gs}}{A_{es}} = \frac{2n_1 \cos\alpha}{n_1 \cos\alpha + n_2 \cos\beta} = \frac{2\sin\beta\cos\alpha}{\sin(\alpha+\beta)}
\end{aligned} \qquad (12.105)$$

- Der Reflexionskoeffizient der parallelen Komponente ρ_p verschwindet für $\alpha + \beta = \frac{\pi}{2}$. Die reflektierte Welle ist dann senkrecht zur Einfallsebene vollständig polarisiert. Die Bedingung für diesen sogenannten **Brewsterwinkel** α_B ist

$$\frac{\sin\alpha_B}{\cos\alpha_B} = \frac{n_2}{n_1}\,. \qquad (12.107)$$

- **Polarisationsdrehungen und Phasensprünge** einer linear polarisierten Welle an einer Grenzschicht sind abhängig vom Einfallswinkel und vom Winkel γ_e, den ihr elektrischer Feldvektor mit der Einfallsebene bildet, und lassen sich aus den Fresnel-Formeln berechnen.

  Für $\alpha = 0$ sind alle Ebenen als Einfallsebenen gleichberechtigt. Man kann also für $\alpha \to 0$ die Einfallsebene so wählen, dass A_{es} verschwindet. Im Grenzübergang ergibt sich dann $\gamma_r = \gamma_e$ und

$$\rho_p = \frac{n_2 - n_1}{n_1 + n_2} < 0\,. \qquad (12.112)$$

  Bei senkrechtem Einfall gibt es bei der Reflexion am dichteren Medium einen Phasensprung um π.

Zum Mitnehmen: Elektromagnetische Wellen in Materie 4

- Ohne Absorption gilt für die einfallende und reflektierte Intensität im Mittel $\bar{I}_e \propto n_1 A_e^2$ und $\bar{I}_r \propto n_1 A_r^2$.

  Das **Reflexionsvermögen** R ist definiert als das Verhältnis der Intensitäten

  $$R = \frac{\bar{I}_r}{\bar{I}_e}\,. \tag{12.129}$$

  Ein wichtiger Sonderfall ist das **Reflexionsvermögen bei senkrechtem Einfall** ($\alpha = \beta = 0$):

  $$R = \left(\frac{n_2 - n_1}{n_2 + n_1}\right)^2 \tag{12.131}$$

- Das **Transmissionsvermögen** T ist mit $\bar{I}_g \propto n_2 A_g^2$ definiert durch

  $$T = \frac{\bar{I}_g}{\bar{I}_e}\,. \tag{12.133}$$

  Auch hier ist das **Transmissionsvermögen bei senkrechtem Einfall** ein wichtiger Sonderfall

  $$T = \frac{4 n_1 n_2}{(n_1 + n_2)^2} \tag{12.137}$$

  Allgemein gilt

  $$T + R = 1\,. \tag{12.140}$$

- In **doppelbrechenden** Kristallstrukturen ist der Brechungsindex n außer von der Frequenz ω auch von den Richtungen des elektrischen Feldvektors und der Wellenausbreitung abhängig. Die relative Dielektrizitätskonstante ϵ_r geht in solchen **anisotropen** Medien in einen Tensor $\underline{\epsilon}$ über.

Zum Mitnehmen: Elektromagnetische Wellen in Materie 5

- Die dielektrische Verschiebungsdichte

$$\vec{D} = \epsilon_\circ \underline{\epsilon} \vec{E}_{Diel} \tag{12.145}$$

ist im Allgemeinen nicht mehr parallel zum elektrischen Feld im Dielektrikum gerichtet. $\underline{\epsilon}$ in der Diagonalform

$$\underline{\epsilon} = \begin{pmatrix} \epsilon_{r1} & 0 & 0 \\ 0 & \epsilon_{r2} & 0 \\ 0 & 0 & \epsilon_{r3} \end{pmatrix} \tag{12.155}$$

mit den korrespondierenden Brechungsindizes

$$n_1^2 = \epsilon_{r1} \quad n_2^2 = \epsilon_{r2} \quad n_3^2 = \epsilon_{r3} \tag{12.156}$$

bildet das **Brechungsellipsoid**

$$\left(\frac{n_x}{n_1}\right)^2 + \left(\frac{n_y}{n_2}\right)^2 + \left(\frac{n_z}{n_3}\right)^2 = 1 \tag{12.157}$$

Der Vektor $\vec{n} = (n_x, n_y, n_z)$ vom Ursprung auf die Oberfläche gibt die Phasengeschwindigkeit $c' = \frac{c}{|\vec{n}|}$ dieser Richtung von $\vec{D}$ an. Die Schnittfläche senkrecht zu $\vec{k}$ durch den Nullpunkt ist für bis zu zwei Richtungen ein Kreis. Diese Richtungen heißen **optische Achsen** des Kristalls.

Nur einlaufende Wellen, deren E-Vektor senkrecht auf einer optischen Achse steht, verhalten sich wie im isotropen Medium mit $\vec{E}||\vec{D}$ und $\vec{k}||\vec{S}$.

- **Optisch einachsige** Kristalle mit $n_\circ = n_1 = n_2 \neq n_3 = n_a$ (z. B. Kalkspat) spalten das Licht in einen **ordentlichen Strahl**, der dem Snellius-Gesetz folgt, und einen **außerordentlichen Strahl** auf. Beide sind **senkrecht zueinander polarisiert.**

Zum Mitnehmen: Elektromagnetische Wellen in Materie 6

- Mithilfe eines **Lambda-Viertel-Plättchens** lässt sich linear polarisiertes Licht in zirkular polarisiertes Licht überführen. Um die dafür notwendige Phasenverschiebung von $\pi/2$ zu erreichen, braucht man eine Plattendicke Δz mit

$$(n_3 - n_1)\Delta z = \frac{\lambda}{4} \,. \tag{12.164}$$

  Unter mechanischen Kräften kann auch homogenes, isotropes Material an unterschiedlichen Stellen optisch **(spannungs-) doppelbrechend** werden. Das lässt sich zwischen gekreuzten Polarisationsfiltern sichtbar machen.

  Auch durch ein elektrisches Feld kann man in einer **Kerr-Zelle** eine Vorzugsrichtung und damit Doppelbrechung erzeugen.

- **Zirkulare Doppelbrechung** beobachtet man in Materialien mit Molekülen oder Kristallen, die einen Drehsinn bevorzugen (z. B. Zuckerlösungen oder Quarzkristalle). Das führt zu unterschiedlichen Phasengeschwindigkeiten und damit auch Brechungsindizes für links- oder rechts-zirkulare Lichtwellen.

  Zirkulare Doppelbrechung lässt sich beim **Faraday-Effekt** dadurch erzeugen, dass man einen Drehsinn durch ein magnetisches Feld induziert.

  Da man sich linear polarisiertes Licht auch als eine Überlagerung von links- und rechts-zirkularem Licht vorstellen kann, führt die zirkulare Doppelbrechung bei linear polarisiertem Licht zu einer Drehung der Polarisationsebene (**optischen Aktivität**).

Gemeinsam verstehen

13

Wie gut können Sie bereits über die Themen sprechen? Führen Sie zu zweit ein wissenschaftliches Gespräch miteinander und beachten Sie dabei die Hinweise in Kapitel 8.

Aufgabe 23: Partnerarbeit: Schwingende Ladung

Wie kann man elektrische Ladungen in Schwingungen versetzen?

Aufgabe 24: Partnerarbeit: Elektromagnetische Wellen

Was sind elektromagnetische Wellen? Wie kann man sie erzeugen?

Aufgabe 25: Partnerarbeit: Reflexion an Grenzfläche

Welche Auswirkung hat die Reflexion einer Welle an einer Grenzfläche auf ihre Polarisation?

Aufgabe 26: Partnerarbeit: Brechungsindex

Welche physikalischen Größen werden in einem Brechungsindex zusammengefasst?

Aufgabe 27: Partnerarbeit: Polarisiertes Licht

Was ist polarisiertes Licht und wie kann dies erzeugt werden?

Aufgabe 28: Partnerarbeit: Doppelbrechung

Was passiert bei Doppelbrechung?

Optische Systeme

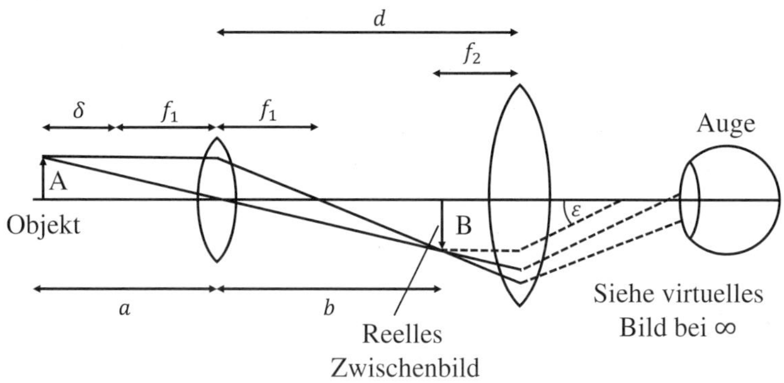

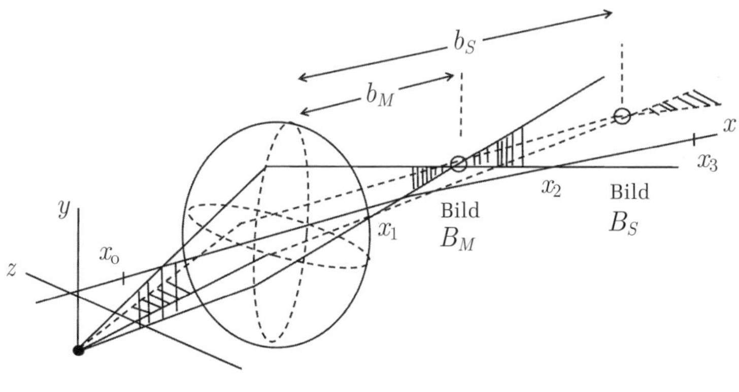

Teil III

Lichtstrahlen

ÜBERBLICK

14

» Eine detaillierte Beschreibung der Ausbreitung von Licht in optischen Systemen ist wegen der Wellennatur des Lichts eine anspruchsvolle Aufgabe. Um ein Grundverständnis der Lichtwege in optischen Systemen zu erreichen, ist es für viele wichtige Anwendungen ausreichend und zweckmäßig, die Ausbreitung von Lichtstrahlen im Rahmen der geometrischen Optik zu betrachten.

In diesem Kapitel werden wir Lichtstrahlen definieren und als Entfernungsmaß die optische Weglänge einführen. Weiterhin werden wir die Reflexion und Brechung von Lichtstrahlen an Grenzflächen beschreiben und Dispersionseffekte vorstellen. «

Vereinfachtes Lichtmodell. Licht hatten wir im vorangehenden Teil des Lehrbuchs als elektromagnetische Welle kennengelernt und seine Ausbreitung im Vakuum und in Materie untersucht. Wir machen in diesem Kapitel nun zunächst folgende Näherung:

Ein **Lichtstrahl** ist eine räumlich begrenzte elektromagnetische Welle (►Abbildung 14.1). Ihre Ausbreitungsrichtung wird durch die Normale $\vec{e}_k$ auf einer ihrer Phasenflächen definiert.

Ein Lichtstrahl wird durch folgende Eigenschaften beschrieben:

- Ausbreitungsrichtung $\vec{e}_k$
- Wellenlänge λ
- Ausbreitungsgeschwindigkeit c'
- Polarisation (Richtung des elektrischen Feldvektors $\vec{e}_E$)
- Intensität I

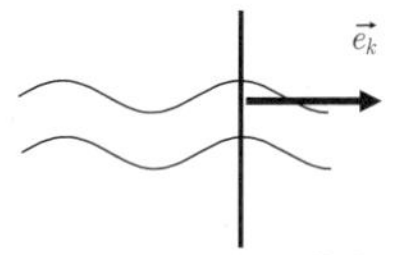

Abbildung 14.1 Der Lichtstrahl ist eine vereinfachende Beschreibung elektromagnetischer Wellen: Räumlich begrenzt, Ausbreitungsrichtung $\vec{e}_k$ senkrecht zu einer Phasenfläche, Wellenlänge λ, Ausbreitungsgeschwindigkeit c', Polarisation $\vec{e}_E$, Intensität I.

Wir erinnern uns an einige Eigenschaften des Lichts, die wir in Kapitel 12 hergeleitet haben: Die Ausbreitungsgeschwindigkeit des Lichtstrahls berechnen wir aus (12.6)

$$c' = \frac{c}{n}, \tag{14.1}$$

wobei $c \simeq 3 \cdot 10^8$ m/s die Lichtgeschwindigkeit im Vakuum und $n = n(\lambda)$ der wellenlängenabhängige Brechungsindex des durchquerten Mediums ist.

Die Polarisation des Lichtstrahls beschreibt die Richtung des elektrischen Feldvektors $\vec{e}_E = \vec{E}/|\vec{E}|$.

Für die Intensität des Lichtstrahls erhalten wir unter der Annahme vernachlässigbarer Absorption aus (12.125) (Abschnitt 12.3.6)

$$I = \frac{1}{2}\,\epsilon_\circ\,\epsilon_r\,c'\,E_\circ^2 \tag{14.2}$$

mit der Dielektrizitätskonstanten $\epsilon_\circ$, der relativen Dielektrizitätszahl des Mediums ϵ_r, der Lichtgeschwindigkeit c' im Medium und dem Amplitudenquadrat $E_\circ^2$ der elektrischen Feldstärke.

Ein **Lichtbündel** ist die Gesamtheit der Lichtstrahlen, die z. B. durch eine Blende kommen (►Abbildung 14.2).

Mit unseren Lichtstrahlen vernachlässigen wir die Wellennatur des Lichts, die Interferenzeffekte und Beugungserscheinungen hervorruft (Kapitel 18–20).

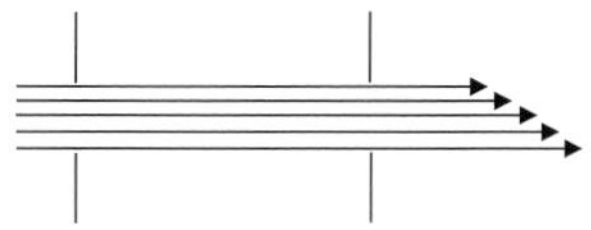

Abbildung 14.2 Ein Lichtbündel bezeichnet die Gesamtheit von Lichtstrahlen, hier an einer Blende gezeigt.

Wir formulieren folgende Bedingung für den Gültigkeitsbereich der Lichtstrahlennäherung: Damit Beugungserscheinungen vernachlässigbar klein bleiben, soll der Querschnitt des Lichtbündels im Vergleich zur Wellenlänge groß sein. Sinnvoll ist z. B. ein Querschnitt von $D > 10\,\mu$m für die Wellenlänge $\lambda = 0{,}5\,\mu$m.

Optische Weglänge. Ausgehend von Gleichung (14.1) gilt für die Ausbreitungsgeschwindigkeit c' eines Lichtstrahls im Medium mit Brechungsindex n

$$c' = \frac{c}{n} = \frac{s}{t} ,$$

wobei s die geometrische Wegstrecke und t die Laufzeit darstellen, und c bezeichnet die Vakuumlichtgeschwindigkeit.

Wir definieren die sogenannte **optische Weglänge** L^{opt} als Produkt aus dem Brechungsindex n und der geometrischen Wegstrecke s:

$$L^{\text{opt}} \equiv n \cdot s = t \cdot c \tag{14.3}$$

Im Unterschied zur tatsächlich zurückgelegten Wegstrecke s entspricht die optische Weglänge also dem Weg, der während der gleichen Laufzeit t im Vakuum zurückgelegt worden wäre. Vergleicht man Lichtstrahlen in Medien mit unterschiedlichen Brechungsindizes n_i und/oder unterschiedlichen Wegstrecken s_i, so erlauben die jeweiligen optischen Weglängen $L_i^{\text{opt}} = n_i \cdot s_i$ einen direkten Rückschluss auf die benötigten Laufzeiten:

$$\frac{L_1^{\text{opt}}}{L_2^{\text{opt}}} = \frac{n_1 \cdot s_1}{n_2 \cdot s_2} = \frac{t_1}{t_2} \tag{14.4}$$

Insbesondere bedeuten gleiche optische Weglängen gleiche Laufzeiten der Lichtstrahlen.

Ändert sich der Brechungsindex n während des Weges s, so ergibt sich die optische Weglänge allgemein aus der Integration über die Wegstücke ds:

$$L^{\text{opt}} = \int n(s)\, ds \tag{14.5}$$

14.1 Reflexion, Brechung

Für die Ausbreitung der Lichtstrahlen unseres vereinfachten Lichtmodells in Materie verwenden wir die folgenden Annahmen, die die Grundlagen der sogenannten **geometrischen Optik** bilden (►Abbildung 14.3 und Abschnitt 12.3.2):

1 Im optisch homogenen Medium sind Lichtstrahlen **Geraden**.

2 An Grenzflächen zwischen zwei Medien mit den Brechungsindizes n_1 und n_2 unterliegen Lichtstrahlen dem **Reflexionsgesetz** (12.90)

$$\alpha = \alpha' \tag{14.6}$$

und dem **Snellius-Brechungsgesetz** (12.92)

$$n_1 \sin\alpha = n_2 \sin\beta\,. \tag{14.7}$$

3 Es tritt *keine gegenseitige Beeinflussung* auf, wenn sich Lichtstrahlen durchdringen.

Diese Annahmen gelten nur bei nicht zu großen Intensitäten, vernachlässigbarer Beugung und im Bereich der linearen Optik, d. h. wenn die $\vec{E}$-Feld-Komponenten und die Polarisation eines Mediums nur linear miteinander verknüpft sind.

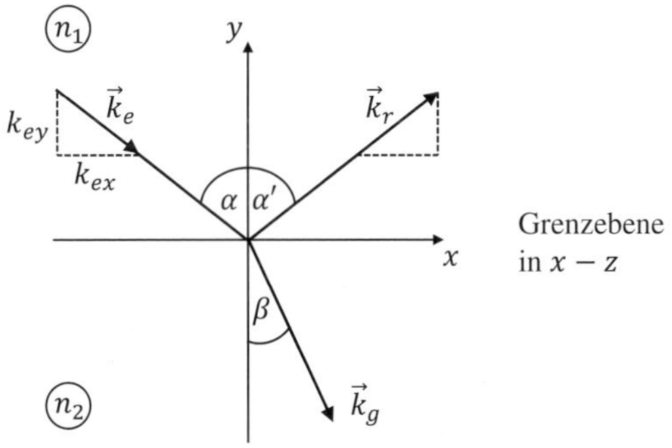

Abbildung 14.3 Reflexion und Brechung eines Lichtstrahls an der Grenzfläche zwischen einem Medium mit Brechungsindex n_1 und einem Medium mit $n_2 > n_1$: Der Lichtstrahl kommt unter dem Winkel α zur Normalen der Grenzfläche von links oben. Seine Intensität wird zu einem Teil nach rechts oben unter dem Winkel α' reflektiert und zum verbleibenden Teil nach rechts unten in das Medium unter dem Winkel β transmittiert. Die Winkel α' und β ergeben sich aus dem Reflexionsgesetz (14.6) und dem Snellius-Brechungsgesetz (14.7).

Beispiel: Lichtbrechung

Nach dem Übergang von Luft ($n_1 \simeq 1$) zu Plexiglas ($n_2 \simeq 1{,}5$) mit $\alpha = 30°$ bewegt sich der Lichtstrahl unter einem Winkel

$$\beta = \arcsin\left(\frac{n_1}{n_2}\sin\alpha\right) \simeq 19{,}5°$$

mit der Geschwindigkeit

$$c' = \frac{c}{n_2} \simeq 2\cdot 10^8\ \mathrm{m/s}\,.$$

14.1.1 Totalreflexion

Beim Übergang mit $n_1 > n_2$ (vom optisch dichten zum optisch dünnen Medium) ist $\beta > \alpha$ (14.7). Es gibt einen Grenzwinkel α_{min} für den einfallenden Lichtstrahl, bei dem der gebrochene Lichtstrahl $\beta = 90°$ erreicht:

$$\alpha_{min} = \arcsin\left(\frac{n_2}{n_1}\sin\beta\right) = \arcsin\frac{n_2}{n_1} \tag{14.8}$$

Ab diesem Grenzwinkel tritt kein gebrochener Lichtstrahl in das optisch dünne Medium ein, und es kommt zur **Totalreflexion** des Lichtstrahls.

Aufgabe 29: Glasfaserkabel

Ein Glasfaserkabel bestehe aus einem inneren Kernmaterial mit $n_1 = 1{,}67$ und einem umhüllenden Mantel mit $n_2 = 1{,}34$. Ein Signal wird im Kern durch Totalreflexion am Mantel übertragen. Wieviel länger dauert die Signalübertragung im Vergleich zur direkten Übertragung mit Vakuumlichtgeschwindigkeit, wenn die Reflexion unter dem Grenzwinkel α_{min} erfolgt?

14.1.2 Atmosphärische Refraktion

Die Dichte ρ der Erdatmosphäre nimmt mit steigender Höhe h ab. Quantitativ wird diese Abnahme in der barometrischen Höhenformel beschrieben: $\rho(h) = \rho_\circ \exp(-C\,h)$ mit $C \simeq 0{,}1256/\mathrm{km}$.

Die abnehmende Dichte verändert auch den Brechungsindex der Luft (12.58)

$$n^2 = 1 + \frac{N\,\alpha_{pol}}{\epsilon_\circ}\,, \tag{14.9}$$

wobei N die Volumendichte der Dipole, α_{pol} die Polarisierbarkeit des Mediums und $\epsilon_\circ$ die Dielektrizitätskonstante sind.

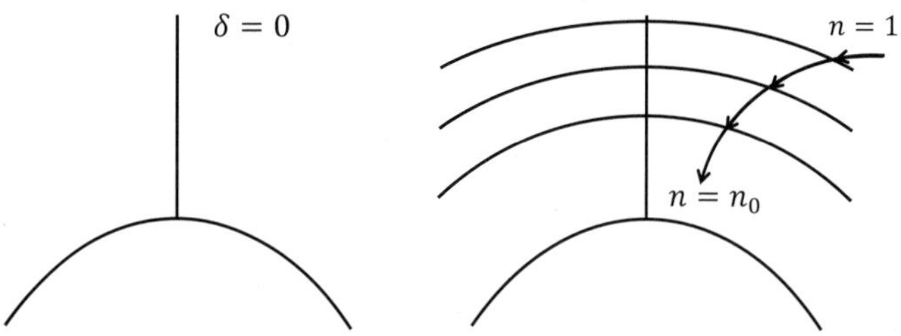

Abbildung 14.4 Weg eines Lichtstrahls in der Atmosphäre: Bei senkrechtem Einfall verringert sich nur die Lichtgeschwindigkeit mit steigendem Brechungsindex n, aber nicht die Richtung des Lichtstrahls. Trifft der Lichtstrahl unter einem Winkel auf die Atmosphäre, wird sein Weg zunehmend zur senkrechten Richtung hin gekrümmt.

Dadurch erscheinen z. B. die Positionen der Sterne unter einem anderen Winkel, als sie vom geometrischen Standpunkt her tatsächlich stehen. Für senkrecht einfallende Strahlen verschwindet diese Ablenkung, aber schräg einfallende Strahlen werden gekrümmt (►Abbildung 14.4). Die Krümmung der Lichtstrahlen wird als Refraktion bezeichnet.

Bei der Sternbeobachtung beträgt die Lichtablenkung δ zwischen dem wahren Winkel δ_w in Richtung des Sterns und dem scheinbaren Winkel δ_s (►Abbildung 14.5)

$$\delta = \delta_w - \delta_s\,. \tag{14.10}$$

Den Ablenkwinkel δ werden wir im Folgenden berechnen.

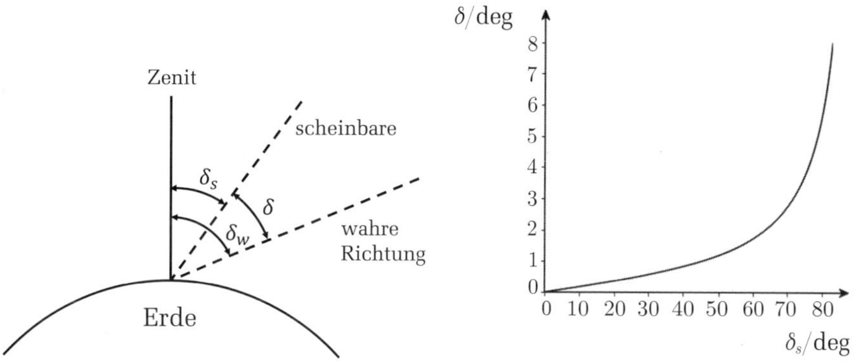

Abbildung 14.5 Der wahre Zenitwinkel δ_w der Sternposition und der Zenitwinkel der scheinbaren Sternposition δ_s durch die Krümmung der Lichtstrahlen in der Atmosphäre unterscheiden sich um die Ablenkwinkel δ. Mit größerem scheinbaren Winkel δ_s steigt der Ablenkwinkel δ und damit der Unterschied zwischen wahrer und scheinbarer Sternposition (rechts).

Wir stellen uns die Atmosphäre als eine Abfolge von m dünnen Schichten mit Brechungsindizes n_i vor ($i = 0, 1, \ldots, m$; $m \gg 1$). Dabei werden die Werte von n_i mit steigender Höhe immer kleiner ($n_{i+1} < n_i$). Am Boden hat der Brechungsindex einen Wert von etwas größer als 1. Der Vakuumwert oberhalb der Atmosphäre ist $n_{m+1} = 1$:

$n_0 \simeq 1{,}0003$	typischer Brechungsindex am Boden
$n_{m+1} = 1$	Brechungsindex oberhalb Atmosphäre

Für nicht zu große Zenitwinkel können wir die Näherung planparalleler Schichten verwenden. Gemäß Brechungsgesetz von Snellius (14.7) ergibt sich

$$n_{m+1}\,\sin\delta_{m+1} = n_m\,\sin\delta_m = \ldots = n_0\,\sin\delta_0\,.$$

Identifizieren wir dabei $\delta_w = \delta_{m+1}$ bzw. $\delta_s = \delta_0$, so erhalten wir eine direkte Beziehung zwischen dem tatsächlichen und dem scheinbaren Winkel:

$$\sin\delta_w = n_0\,\sin\delta_s \tag{14.11}$$

Um den Ablenkwinkel δ (14.10) zu berechnen, formen wir die linke Seite der Gleichung mithilfe des Additionstheorems um und verwenden für kleine Winkel δ die Näherungen $\cos\delta \simeq 1$ und $\sin\delta \simeq \delta$:

$$\begin{aligned} \sin\delta_w = \sin(\delta_s + \delta) &= \sin\delta_s \cdot \cos\delta + \cos\delta_s \cdot \sin\delta \\ &\simeq \sin\delta_s + \cos\delta_s \cdot \delta \end{aligned}$$

Durch Einsetzen in (14.11) und Umstellen der Terme erhalten wir den Ablenkwinkel δ:

$$\begin{aligned} \sin\delta_s + \delta \cdot \cos\delta_s &= n_0 \sin\delta_s \\ \delta &= (n_0 - 1) \tan\delta_s \end{aligned} \qquad (14.12)$$

Als einfache Regel erhalten wir dann für den Ablenkwinkel (►Abbildung 14.5)

$$\delta \simeq 0{,}0003 \cdot \tan\delta_s \simeq 1' \cdot \tan\delta_s\,. \qquad (14.13)$$

Diese Regel ist für $\delta_s < 80°$ eine recht gute Näherung, die Abweichung bleibt unterhalb von 10 %.

Für $\delta_s \to 90°$ würde $\tan\delta_s$ divergieren. Hier ist die Näherung planparalleler Schichten nicht mehr gültig, und wir müssen die Krümmung der Atmosphäre berücksichtigen. Genauere Rechnungen ergeben als tatsächliche Winkelablenkung bei $\delta_s = 90°$ ca. $35'$, sie ist also etwas größer als der Winkeldurchmesser der Sonnenscheibe von ca. $0{,}5°$.

Da die Lichtstrahlen vom unteren Sonnenrand einen größeren Zenitwinkel δ_w aufweisen und somit stärker angehoben werden als die Lichtstrahlen vom oberen Sonnenrand, erscheint die Sonne beim Auf- oder Untergang abgeplattet.

Beispiel: Weiter sehen, als geometrisch möglich

Die atmosphärische Krümmung der Lichtstrahlen erlaubt es auch, weiter zu sehen als es rein geometrisch möglich wäre. Der Horizont scheint um einen Winkel $\alpha_w - \alpha_s$ angehoben (►Abbildung 14.6).

Bei einer Höhe von $h = 100$ m ergibt sich mit der Tangente an die Erdkugel die geometrische Entfernung $\overline{AB} = 35{,}7$ km. Durch den Effekt der Refraktion findet man eine tatsächliche Sichtweite von $\overline{BC} = 38$ km.

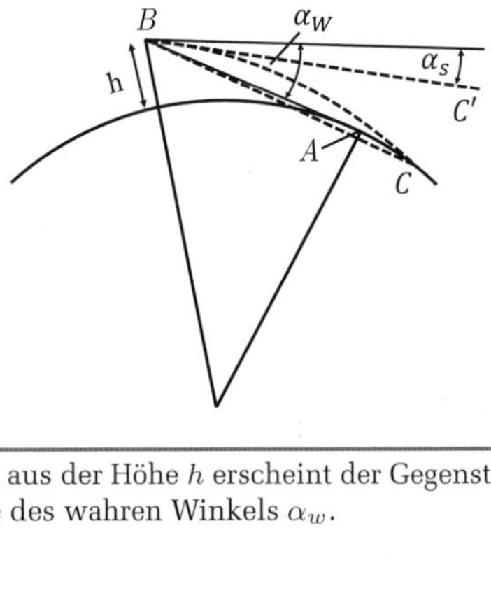

Abbildung 14.6 Beim Blick aus der Höhe h erscheint der Gegenstand am Ort C unter dem Winkel α_s anstelle des wahren Winkels α_w.

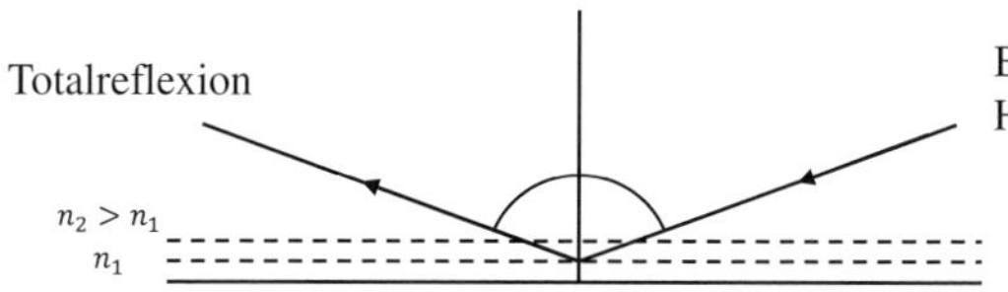

Abbildung 14.7 Totalreflexion an optisch dünnerer Luftschicht auf der Straße: Durch hohe Temperaturen unmittelbar über dem Asphalt ist der Brechungsindex n_1 geringer als weiter oben n_2.

Experiment: Luftspiegelung

Im besonders heißen Sommer fahren wir auf einer asphaltierten Straße. Folgen wir mit den Augen dem Straßenverlauf in die Ferne, sehen wir auf der Straße anstelle des Asphalts blaues Himmelslicht, das durch Totalreflexion zustande kommt (►Abbildung 14.7).

Damit Totalreflexion am optisch dünneren Medium entsteht, müssen Luftschichten vorliegen, bei denen die Höhenfolge der Brechungsindizes vertauscht sind, also in der Höhe $h_2 > h_1$ gilt $n_2 > n_1$.

Allgemeiner formuliert liegt über der heißen Asphaltfläche ein Temperaturgradient $dT/dh < 0$ vor, sodass die Dichteänderung $d\rho/dh > 0$ und damit die Änderung des Brechungsindex positiv $dn/dh > 0$ sind.

Gibt es eine Grenzschicht in der Luft, bei der sich der Brechungsindex genügend stark ändert, ist ebenfalls Totalreflexion am optisch dünneren Medium möglich (►Abbildung 14.8). Hier entstehen Luftspiegelungen, bei denen wir über ein Hindernis bzw. über den Horizont hinwegschauen können. Bilder, die durch gekrümmte Lichtstrahlen in der Erdatmosphäre entstehen, werden als *Fata Morgana* bezeichnet.

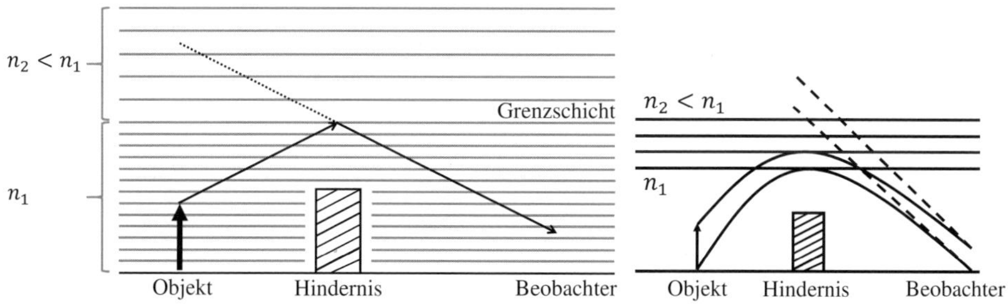

Abbildung 14.8 Totalreflexion am optisch dünneren Medium n_2 ist auch an einer Grenzschicht zwischen zwei Luftschichten möglich, deren Brechungsindizes sich unterscheiden ($n_2 < n_1$). Die linke Skizze zeigt den Extremfall von nur zwei Luftschichten, tatsächlich werden die Lichtstrahlen durch die zum Erdboden hin dichter werdende Atmosphäre zusätzlich gekrümmt (rechts).

14.2 Dispersion

Zeitliche Dispersion. Der Brechungsindex $n = n(\lambda)$ eines Mediums hängt von der Wellenlänge λ des Lichtstrahls ab. Dadurch ist auch die Ausbreitungsgeschwindigkeit $c' = c/n$ (14.1) wellenlängenabhängig, was zu einer zeitlichen Dispersion bei der Ausbreitung von Lichtstrahlen unterschiedlicher Wellenlänge in einem Lichtbündel führt.

Beispiel: Zeitliche Dispersion

Typische Werte der Brechungsindizes von Luft in Bodennähe für blaues Licht und für rotes Licht sind

$$n_b(\lambda = 400\,\mathrm{nm}) = 1{,}000283\,,$$
$$n_r(\lambda = 700\,\mathrm{nm}) = 1{,}000276\,.$$

Rotes Licht gewinnt somit pro Kilometer einen zeitlichen Vorsprung von

$$\Delta t = t_b - t_r = \frac{s}{c}\,(n_b - n_r) = \frac{10^3\,\mathrm{m}}{0{,}3\,\mathrm{m/ns}} \cdot 7 \cdot 10^{-6} \simeq 0{,}02\,\mathrm{ns}$$

vor blauem Licht.

Räumliche Dispersion. Weiterhin kann bei der Lichtbrechung der Winkel $\beta = \beta(n_1, n_2)$ eines gebrochenen Lichtstrahls von der Wellenlänge abhängig sein, was zu einer räumlichen Dispersion eines polychromatischen Lichtbündels bei der weiteren Ausbreitung führt.

Für die räumliche Dispersion werden wir im Folgenden zwei Anwendungsfälle vorstellen, das Prisma und den Regenbogen.

14.2.1 Prisma

Eine schöne Veranschaulichung der räumlichen Dispersion ist die Aufspaltung von weißem Licht im Prisma in seine verschiedenen Farben. In diesem Abschnitt wollen wir den Zusammenhang zwischen Dispersion und den Winkelablenkungen der verschiedenen Farben im Prisma genau verstehen.

Wir verwenden ein Prisma, das wie ein gleichschenkliges Dreieck konstruiert ist. Gesucht ist der gesamte Ablenkwinkel δ des Lichtstrahls nach zweimaliger Brechung (►Abbildung 14.9).

Der Ablenkwinkel δ hängt vom Einfallswinkel α_1 ab und von der Geometrie des Prismas in Form des Öffnungswinkels γ.

Wir verwenden die Winkelsummen in verschiedenen Dreiecken, um den Ablenkwinkel δ zunächst aus dem Einfallswinkel α_1, dem Ausfallswinkel α_2 und der Prisma-Geometrie

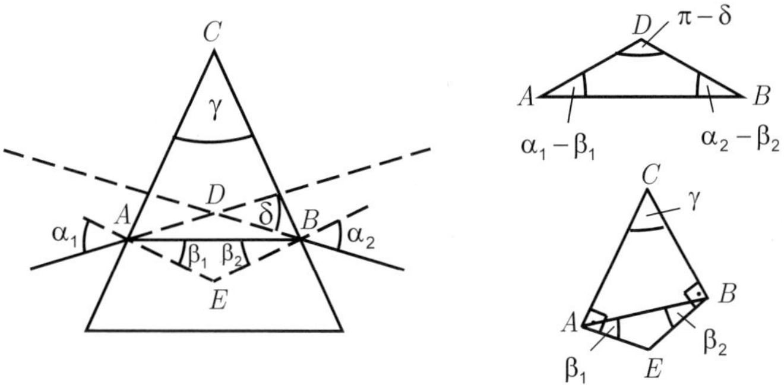

Abbildung 14.9 Brechung von Lichtrahlen am Prisma: Für die Berechnung des Ablenkwinkels δ relativ zur ursprünglichen Einfallsrichtung identifizieren wir verschiedene Dreiecke aus den Lichtstrahlen und der Geometrie.

(Winkel γ) zu erhalten. Das Dreieck ABD gibt eine Winkelbeziehung des Ablenkwinkels δ zu der Summe der Winkel $\alpha_1 + \alpha_2$ und der Summe der Winkel $\beta_1 + \beta_2$:

$$(\pi - \delta) + (\alpha_1 - \beta_1) + (\alpha_2 - \beta_2) = \pi$$
$$\delta = \alpha_1 + \alpha_2 - (\beta_1 + \beta_2) \tag{14.14}$$

Mit dem Dreieck ABC lässt sich der Geometriewinkel γ des Prismas über die Summe der Winkel β_1 und β_2 ausdrücken:

$$\gamma + \left(\frac{\pi}{2} - \beta_1\right) + \left(\frac{\pi}{2} - \beta_2\right) = \pi$$
$$\gamma = \beta_1 + \beta_2 \tag{14.15}$$

Beide Ausdrücke (14.14) und (14.15) zusammen ergeben für den Ablenkwinkel δ

$$\delta = \alpha_1 + \alpha_2 - \gamma\,. \tag{14.16}$$

Über das Brechungsgesetz (14.7)

$$\sin\alpha_1 = n\,\sin\beta_1 \tag{14.17}$$
$$\sin\alpha_2 = n\,\sin\beta_2 \tag{14.18}$$

können wir den Winkel α_2 aus dem Geometriewinkel γ des Prismas und dem Einfallswinkel α_1 berechnen. Wir setzen in die zuletzt genannte Gleichung den Winkelausdruck (14.15) ein. Mithilfe des Additionstheorem für Differenzen von Winkeln ergibt sich unter Verwendung der Beziehung (14.17)

$$\begin{aligned}\sin\alpha_2 &= n\,\sin(\gamma - \beta_1)\\ &= n\,(\sin\gamma\cdot\cos\beta_1 - \sin\beta_1\cdot\cos\gamma)\\ &= \sin\gamma\cdot n\,\sqrt{1-\sin^2\beta_1} - \cos\gamma\cdot n\,\sin\beta_1\\ &= \sin\gamma\cdot\sqrt{n^2-\sin^2\alpha_1} - \cos\gamma\cdot\sin\alpha_1\,.\end{aligned}$$

Diesen Ausdruck setzen wir in (14.16) ein und erhalten den Ablenkwinkel δ des Lichtstrahls als Funktion des Einfallswinkels α_1 und der Prisma-Geometrie (Winkel γ):

$$\delta = \alpha_1 - \gamma + \arcsin\left(\sin\gamma\cdot\sqrt{n^2-\sin^2\alpha_1} - \cos\gamma\cdot\sin\alpha_1\right) \tag{14.19}$$

Experiment: Prisma Ablenkwinkel

Wir drehen ein Prisma und konzentrieren uns dabei auf die Ablenkung einer der Farben. Der Ablenkwinkel δ verändert sich je nach Einfallswinkel α_1 des Lichtstrahls und zeigt deutlich einen Winkel mit minimaler Ablenkung. Für $\gamma = 60°$ und $n = 1{,}5$ ist der Verlauf des Ablenkwinkels in ►Abbildung 14.10 gezeigt.

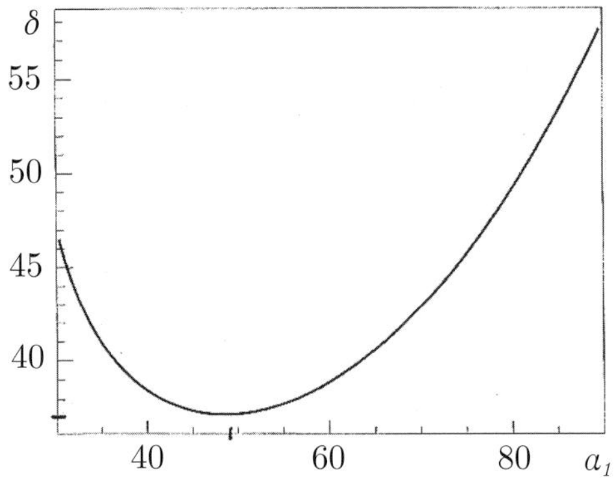

Abbildung 14.10 Exemplarischer Verlauf des Ablenkwinkels δ eines Lichtstrahls im Prisma bezogen auf seine ursprüngliche Einfallsrichtung. Der Ablenkwinkel δ hängt vom Auftreffwinkel α_1 des Lichtstrahls ab, der auf die Normale der Prisma-Oberfläche bezogen wird (►Abbildung 14.9).

Minimaler Ablenkwinkel im Prisma

Wie wir gesehen haben, gibt es einen Einfallswinkel α_1', bei dem der in der Anwendung sehr wichtige **minimale Ablenkwinkel** δ_{min} erreicht wird. Im Folgenden bestimmen wir α_1' und δ_{min} als Funktion von Brechungsindex n und Geometriewinkel γ des Prismas. Die Herleitung vereinfacht sich durch die Überlegung, dass beim minimalen Ablenkwinkel aus Symmetriegründen der Ausfallswinkel α_2' gleich dem Einfallswinkel ist:

$$\alpha_1' = \alpha_2' = \alpha' \tag{14.20}$$

Dazu stelle man sich vor, die Richtung des Lichtstrahls würde umgekehrt. Der Lichtweg bliebe der gleiche, die Ablenkung wäre weiterhin minimal, und der Einfallswinkel sei nun α_2'. Da es aber nur *einen* Winkel gibt, bei dem δ_{min} erreicht wird, muss $\alpha_2' = \alpha_1'$ sein.

Damit folgt wegen (14.17) und (14.18) auch

$$\beta_1' = \beta_2' = \beta' \tag{14.21}$$

und mit (14.15)

$$\gamma = 2\beta' ,$$
$$\Rightarrow \beta' = \frac{\gamma}{2} . \tag{14.22}$$

Dies eingesetzt in das Brechungsgesetz (14.17 oder 14.18) ergibt für den Einfallswinkel

$$\sin\alpha' = n\sin\frac{\gamma}{2}\,. \tag{14.23}$$

Den minimalen Ablenkwinkel erhalten wir schließlich mit (14.16)

$$\begin{aligned}\delta_{min} &= 2\alpha' - \gamma \\ &= 2\arcsin(n\sin\frac{\gamma}{2}) - \gamma\,. \end{aligned} \tag{14.24}$$

Der minimale Ablenkwinkel δ_{min} steigt mit größerem Brechungsindex n und größerem Öffnungswinkel γ des Prismas. Warum das so ist, können wir uns folgendermaßen überlegen: Bei $n = 1$ (Vakuum) ist $\delta_{min} = 0$. Für $n > 1$ steigt der Funktionswert des ersten Terms auf der rechten Seite von (14.24) im erlaubten γ-Wertebereich stärker als γ selbst. Die Differenz vergrößert sich sowohl mit steigendem n als auch mit zunehmendem γ.

Eine Anwendung des minimalen Ablenkwinkels ist die Bestimmung des Brechungsindex n. Dazu lösen wir (14.24) nach n auf:

$$n = \frac{(\gamma + \delta_{min})/2}{\sin(\gamma/2)} \tag{14.25}$$

Räumliche Dispersion im Prisma

Zurück nun zur räumlichen Dispersion aufgrund der Abhängigkeit des Brechungsindex n von der Wellenlänge λ des Lichts, $n = n(\lambda)$. Für uns sichtbar wird die Dispersion durch die Aufspaltung des weißen Lichts in die verschiedenen Farben, bzw. genauer gesagt, durch die verschiedenen Ablenkwinkel δ für die unterschiedlichen Farben der Lichtstrahlen.

Im Experiment sehen wir $\delta = \delta(\lambda)$ und interessieren uns deswegen für die Änderung des Ablenkwinkels als Funktion der Wellenlänge λ, die wir in einen Anteil der Spezifikation des Prismas und einen Anteil des von der Wellenlänge abhängigen Brechungsindex aufspalten können:

$$\frac{d\delta}{d\lambda} = \frac{d\delta}{dn}\frac{dn}{d\lambda} \tag{14.26}$$

In der Praxis wird das Prisma meist wegen des symmetrischen Strahlengangs nahe des minimalem Ablenkungswinkels δ_{min} benutzt, weil hier die gesamte Prismenbreite genutzt werden kann (►Abbildung 14.11). Den ersten Term der rechten Seite können wir für diesen Fall durch die Ableitung von (14.24) berechnen:

$$\frac{d\delta_{min}}{dn} = \frac{2\,\sin\frac{\gamma}{2}}{\sqrt{1 - \left(n(\lambda)\,\sin\frac{\gamma}{2}\right)^2}} \equiv \mathbb{P} \tag{14.27}$$

Mit (14.25) können wir auch schreiben

$$\mathbb{P} = \frac{2\,\sin\frac{\gamma}{2}}{\sqrt{1 - (\sin\frac{1}{2}(\delta_{min} + \gamma))^2}} = \frac{2\,\sin\frac{\gamma}{2}}{(\cos\frac{1}{2}(\delta_{min} + \gamma))}\,. \tag{14.28}$$

Dieser Term hängt nur schwach von λ ab und ist für ein gegebenes Prisma näherungsweise konstant. Wir bezeichnen ihn als **Prismakonstante** $\mathbb{P}$.

Die Änderung des Ablenkwinkel δ_{min} der Lichtstrahlen enthält also bis auf die Prismakonstante $\mathbb{P}$ direkt die Dispersion in der Form des von der Wellenlänge λ abhängigen Brechungsindex $n(\lambda)$:

$$\frac{d\delta_{min}}{d\lambda} = -\mathbb{P} \underbrace{\frac{dn}{d\lambda}}_{\text{Dispersion}} \tag{14.29}$$

Das negative Vorzeichen bringt zum Ausdruck, dass sich am Prisma der Ablenkwinkel δ mit abnehmendem Brechungsindex n vergrößert (►Abbildung 14.12).

Spektrales Auflösungsvermögen des Prismas

Eine wichtige Kenngröße des Prismas ist sein **spektrales Auflösungsvermögen**, also die Fähigkeit, benachbarte Wellenlängen optisch zu trennen. Wie wir in Abschnitt 19.1.1 sehen werden, wird die Trennschärfe einer Abbildung wegen der Beugung der Lichtstrahlen durch das Verhältnis von Wellenlänge λ zu Blendenbreite b bestimmt. Den Winkel ϑ_{min}, unter dem Wellenlängen gerade noch getrennt werden, können wir aus Gleichung (19.5) mit $\sin\vartheta_{min} = \lambda/b$ entnehmen. Wellenlängen werden also gerade noch getrennt, wenn in (14.29) $d\delta_{min} = \vartheta_{min}$ ist und damit gilt:

$$\frac{\lambda}{d\lambda} = -\,b\,\mathbb{P}\frac{dn}{d\lambda} \tag{14.30}$$

Zur Bestimmung des Auflösungsvermögens nehmen wir einen optimalen Strahlengang an, bei dem ein paralleles Strahlenbündel der Breite b bei minimalem Ablenkwinkel δ_{min} gerade das gesamte Prisma abdeckt (►Abbildung 14.11). b ist dann die Strahlbegrenzung und damit unsere Blendenöffnung. Das Produkt $b\,\mathbb{P}$ können wir mit (14.28) und (14.24) umformen:

$$b\,\mathbb{P} = b\,\frac{2\,\sin\frac{\gamma}{2}}{\left(\cos\frac{1}{2}(\delta_{min}+\gamma)\right)} = b\,\frac{2\,\sin\frac{\gamma}{2}}{\cos\alpha'} \tag{14.31}$$

Aus ►Abbildung 14.11 können wir $\sin(\gamma/2) = B/2a$ und $\cos\alpha' = a/b$ ablesen. Damit ergibt sich

$$b\,\mathbb{P} = B\,. \tag{14.32}$$

Damit haben wir eine erstaunlich einfache Formel für das **spektrale Auflösungsvermögen** $\lambda/d\lambda$ eines Prismas mit der Basisbreite B und der Dispersion $dn/d\lambda$:

$$\frac{\lambda}{d\lambda} = -\,B\,\frac{dn}{d\lambda} \tag{14.33}$$

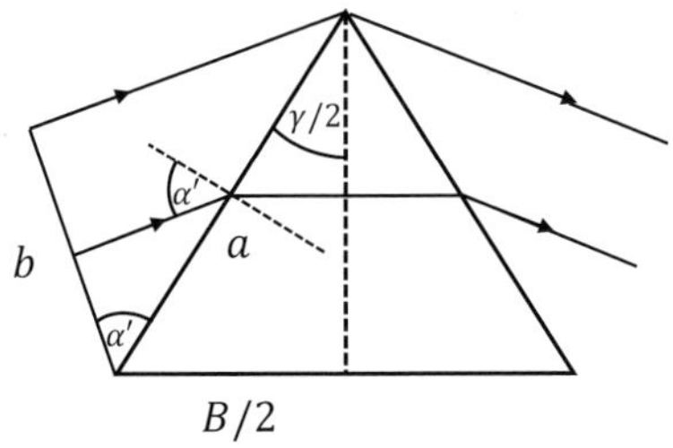

Abbildung 14.11 Geometrischer Zusammenhang zwischen der Basis B, der Breite b des einfallenden Strahlenbündels und den Winkeln α' und γ.

Experiment: Dispersion im Prisma

Wir wollen die Abhängigkeit des Prisma-Brechungsindex n von der Wellenlänge λ bestimmen. Der Brechungsindex des Prismamaterials sei $n = 1{,}5$, was sich auf die Wellenlänge $\lambda = 589\,\mathrm{nm}$ (sogenannte Natrium D-Linie) bezieht. Für die Prismakonstante ergibt sich mit $\gamma = 60°$ nach (14.27) der Wert $\mathbb{P} \simeq 1{,}5$.

Wir messen nahe des minimalen Ablenkwinkels den Unterschied der Austrittswinkel von blauem Licht der Wellenlänge $\lambda = 400\,\mathrm{nm}$ und rotem Licht mit $\lambda = 700\,\mathrm{nm}$ und erhalten die Winkeldifferenz $\Delta\delta = 3°$.

Mit $\Delta\lambda(\text{rot, blau}) \approx 300\,\mathrm{nm}$ berechnen wir die Änderung des Brechungsindex nach (14.29):

$$\frac{\Delta\delta}{\Delta\lambda} = -\mathbb{P}\,\frac{\Delta n}{\Delta\lambda}$$

$$|\Delta n| = \frac{\Delta\delta}{\mathbb{P}} = \frac{3°\,2\pi}{360°}\frac{1}{1{,}5} \simeq 0{,}03$$

Als Dispersionsgröße erhalten wir demnach

$$\left|\frac{\Delta n}{\Delta\lambda}\right| \simeq \frac{0{,}03}{300\,\mathrm{nm}} = 10^5\,\frac{1}{\mathrm{m}}\,.$$

Dieser Wert stimmt recht gut mit dem überein, den wir im rechten Graphen der ►Abbildung 14.12 ablesen können.

Mit dem Prisma unseres Experiments erhalten wir eine Winkeldifferenz der Lichtstrahlen von $1°$ pro $100\,\mathrm{nm}$ Wellenlängendifferenz. Eine Abschätzung des theoretisch möglichen Wertes des *spektralen Auflösungsvermögens* des Prismas liefert nach (14.33) bei einer Basislänge des Prismas von $B = 3\,\mathrm{cm}$

$$\left|\frac{\lambda}{\Delta\lambda}\right| \simeq 0{,}03\,\mathrm{m}\cdot 10^5\,1/\mathrm{m} = 3\cdot 10^3\,.$$

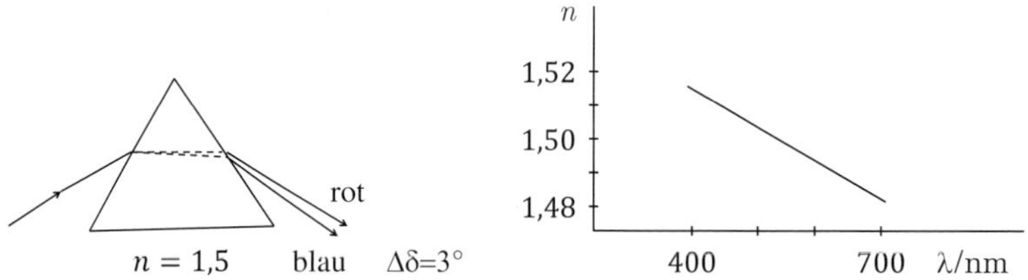

Abbildung 14.12 Dispersion im Prisma: Die Änderung des Brechungsindex n mit der Wellenlänge des Lichts λ bestimmen wir durch Messung des Unterschieds zwischen den Ablenkwinkeln von rotem und blauem Licht.

Bei einer Wellenläge von 600 nm ergibt das

$$|\Delta\lambda| \simeq 600\,\text{nm}/3 \cdot 10^3 = 0{,}2\,\text{nm}\,.$$

Bei unserer Winkelempfindlichkeit von 1° pro 100 nm müssten wir mit einer unter den einfachen Bedingungen nicht zu erreichenden Genauigkeit von $1/500°$ oder etwa 1/10 Bogenminuten messen, um dieses theoretische Auflösungsvermögen zu erreichen.

Mit unserem einfachen Aufbau ist der theoretisch mögliche Wert leider nicht zu erreichen. Unser einfacher Aufbau ist geeignet, Wellenlängen der sichtbaren Farben zu unterscheiden, für Präzisionsmessungen von Wellenlängen benutzt man jedoch eher Verfahren, die Interferenzeffekte von Wellen ausnutzen (Kapitel 18–20).

Aufgabe 30: Dispersion im Prisma

Ein Prisma habe den Öffnungswinkel $\gamma = 60°$ und den Brechungsindex $n = 1{,}5$, der bei einer Lichtwellenlänge von $\lambda = 589\,\text{nm}$ bestimmt wurde. Seine Dispersion betrage $|dn/d\lambda| = 4 \cdot 10^5/\text{m}$ (►Abbildung 14.13).

Bestimmen Sie den Winkelunterschied $\Delta\delta$ für Licht der beiden Wellenlängen $\lambda_1 = 400\,\text{nm}$ und $\lambda_2 = 500\,\text{nm}$.

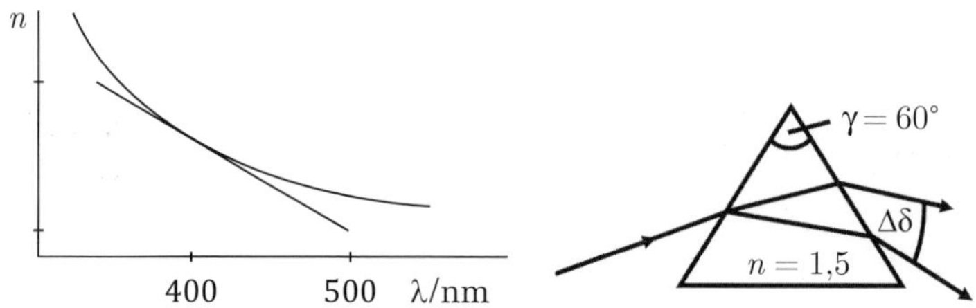

Abbildung 14.13 Für die bekannte Dispersion $n(\lambda)$ in einem Prisma soll der Winkelunterschied zweier Lichtstrahlen verschiedener Wellenlängen berechnet werden.

14.2.2 Regenbogen

Mithilfe der geometrischen Optik können wir auch das Phänomen des Regenbogens verstehen, bei dem die Farbkomponenten des Sonnenlichts sichtbar werden. In ►Abbildung 14.14 sind der meistens sichtbare Hauptregenbogen und der zusätzlich manchmal sichtbare Nebenregenbogen gezeigt, deren Farbreihenfolgen zueinander vertauscht sind.

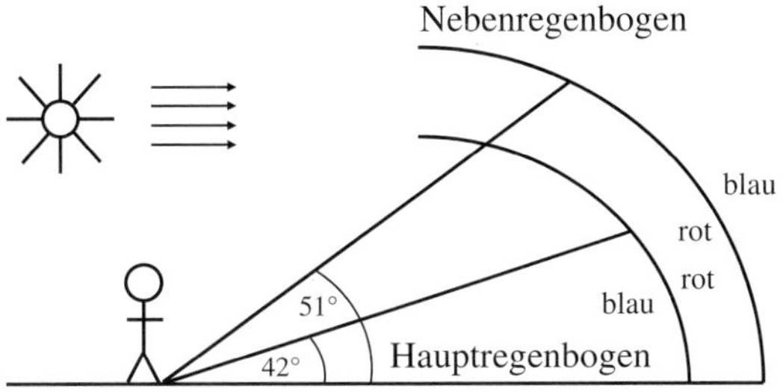

Abbildung 14.14 Aufspaltung des Sonnenlichts in verschiedene Farben aufgrund der Dispersion in Wassertropfen für den Hauptregenbogen und – in umgekehrter Reihenfolge der Farben – für den Nebenregenbogen.

Das Sonnenlicht wird in den Wassertropfen gebrochen und teilweise reflektiert. Es handelt sich nicht um eine Totalreflexion, sondern um die Reflexion eines Teils der Lichtintensität unter Berücksichtigung des Reflexions- und Transmissionsvermögens (Abschnitt 12.3).

In ►Abbildung 14.15 ist gezeigt, wie durch nur eine Reflexion der Hauptregenbogen entsteht (links). Durch zwei Reflexionen ergibt sich der Nebenregenbogen (rechts).

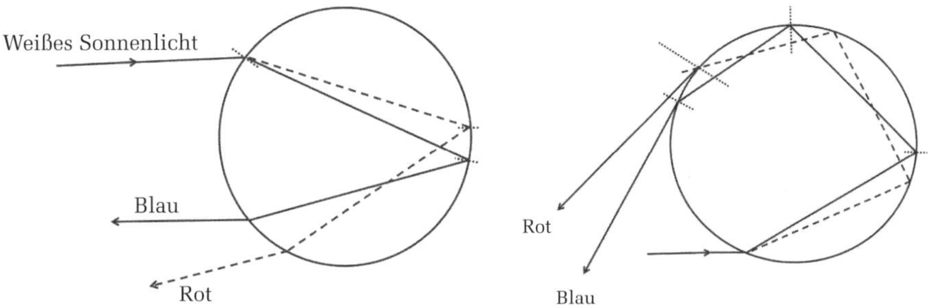

Abbildung 14.15 Die optischen Wege im Wassertropfen hängen aufgrund der Dispersion von der Wellenlänge des Lichts ab. Der Hauptregenbogen hat nur eine Reflexion innerhalb des Tropfens (links), der Nebenregenbogen hat zwei Reflexionen (rechts).

Wir interessieren uns für den Winkel φ in dem Anfangsbild, unter dem der Beobachter den Regenbogen sieht. Dafür berechnen wir zunächst den gesamten Ablenkwinkel δ des Lichtstrahls (►Abbildung 14.16).

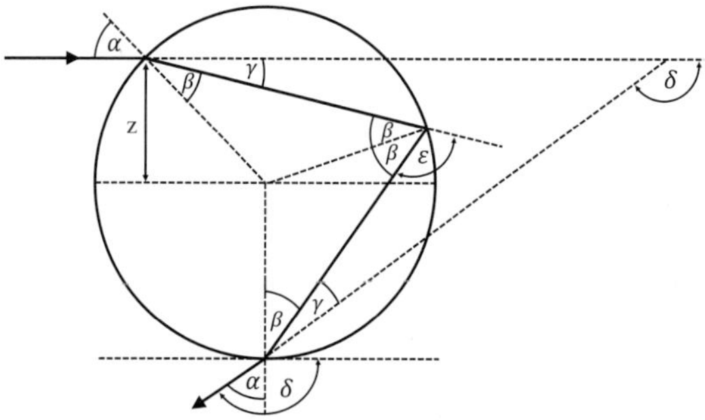

Abbildung 14.16 Der Ablenkwinkel δ eines Lichtstrahls bezogen auf seine ursprüngliche Richtung ergibt sich nach zwei Brechungsvorgängen und einer Reflexion.

Bei horizontal einfallendem Lichtstrahl können wir den Ablenkwinkel δ in drei Ablenkungsschritte zerlegen: Zunächst eine Ablenkung um den Winkel γ, dann um den Winkel ε und noch ein weiteres Mal um den Winkel γ:

$$\delta = \gamma + \varepsilon + \gamma \tag{14.34}$$

Um die Winkel innerhalb des Tropfens zu eliminieren, stellen wir zunächst folgende Zusammenhänge zwischen den Winkeln auf und wenden dann das Snellius-Brechungsgesetz (14.7) an:

$$\begin{aligned} \beta + \gamma &= \alpha \\ 2\,\beta + \varepsilon &= \pi \end{aligned}$$

Mit diesen beiden Gleichungen erhalten wir für den gesamten Ablenkwinkel (14.34)

$$\begin{aligned} \delta &= 2\,\gamma + \varepsilon \\ &= 2\,(\alpha - \beta) + (\pi - 2\beta) \\ &= 2\,\alpha - 4\,\beta + \pi\,. \end{aligned} \tag{14.35}$$

Für das Dreieck mit der Höhe Z und dem Tropfenradius R im Bild oben ist

$$\frac{Z}{R} = \sin\alpha\,, \tag{14.36}$$

und wegen des Brechungsgesetzes gilt

$$\frac{Z}{R} = n\,\sin\beta\,. \tag{14.37}$$

Setzen wir diese Gleichungen in die Gleichung (14.35) für den Ablenkwinkel ein, erhalten wir

$$\delta = 2\,\arcsin\left(\frac{Z}{R}\right) - 4\,\arcsin\left(\frac{Z}{nR}\right) + \pi\,. \tag{14.38}$$

Den maximalen Ablenkwinkel $\delta = \pi$ erhalten wir bei direkter Reflexion für $Z = 0$.

Für parallel einfallende Lichtstrahlen mit $0 < Z \leq R$ ergibt sich ein minimaler Ablenkwinkel δ_{min}, den wir aus der Ableitung nach dem Abstand Z berechnen können:

$$\begin{aligned}\frac{d\delta}{dZ} &= \frac{2}{R\sqrt{1-\left(\frac{Z}{R}\right)^2}} - \frac{4}{n\,R\sqrt{1-\left(\frac{Z}{n\,R}\right)^2}} \\ &= \frac{2}{R}\left(\frac{1}{\sqrt{1-\left(\frac{Z}{R}\right)^2}} - \frac{2}{\sqrt{n^2-\left(\frac{Z}{R}\right)^2}}\right) \\ &= 0\end{aligned}$$

Gleichsetzen der beiden Terme der rechten Seite und Quadrieren ergibt den Abstand Z_{min}, bei dem der Ablenkwinkel δ minimal ist:

$$\begin{aligned}n^2 - Z_{min}^2\,R^{-2} &= 4 - Z_{min}^2\,4\,R^{-2} \\ Z_{min}^2\left(4\,R^{-2} - R^{-2}\right) &= 4 - n^2 \\ Z_{min} &= R\sqrt{\frac{4-n^2}{3}}\end{aligned} \tag{14.39}$$

In der Nähe dieses Extremwerts erhalten wir eine Häufung der Ablenkwinkel und damit eine höhere Intensität, die wir mit dem Auge bevorzugt wahrnehmen.

Für den Regenbogen setzen wir den Brechungsindex $n = 1{,}33$ von Wasser ein und erhalten für die zugehörigen Winkel α und β

$$\begin{aligned}\sin\alpha_{min} &= \frac{Z_{min}}{R} = \sqrt{\frac{4-n^2}{3}} \approx 0{,}86 &&\Rightarrow\quad \alpha_{min} \approx 59{,}6^\circ\,, \\ \sin\beta_{min} &= \frac{\sin\alpha_{min}}{n} \approx 0{,}65 &&\Rightarrow\quad \beta_{min} \approx 40{,}4^\circ\,.\end{aligned}$$

Einsetzen in Gleichung (14.38) liefert schließlich den minimalen Ablenkwinkel

$$\delta_{min} \approx 2\cdot 59{,}6^\circ - 4\cdot 40{,}4^\circ + 180^\circ \approx 137{,}6^\circ \tag{14.40}$$

bzw. den Beobachtungswinkel φ des Hauptregenbogens

$$\varphi \approx \pi - \delta_{min} \approx 42^\circ\,. \tag{14.41}$$

Durch die räumliche Dispersion ist der Ablenkwinkel δ_{min} für blaues Licht wie beim Prisma größer als für rotes Licht. Dementsprechend ist der Beobachtungswinkel φ für blaues Licht kleiner als für das rote Licht, sodass der Hauptregenbogen innen (»unten«) blau und außen (»oben«) rot erscheint.

Beim Nebenregenbogen ergibt eine ähnliche Rechnung einen Beobachtungswinkel von $\varphi \simeq 51^\circ$. Die Farbabfolge ist wegen der zwei Reflexionen im Regentropfen genau umgekehrt (►Abbildung 14.15).

Das Wichtigste zum Mitnehmen

Zum Mitnehmen: Lichtstrahlen 1

- **Lichtstrahlen** sind eine **vereinfachende Beschreibung** elektromagnetischer Wellen für die Anforderungen der geometrischen Optik (►Abbildung 14.1). Sie sind räumlich begrenzt, ihre Ausbreitungsrichtung $\vec{e}_k$ steht senkrecht zur Phasenfläche, sie haben die Wellenlänge λ, Ausbreitungsgeschwindigkeit $c' = c/n$ im Medium mit Brechungsindex n (Vakuumlichtgeschwindigkeit c), Polarisation $\vec{e}_E$ und Intensität I. Lichtstrahlen können sich gegenseitig durchdringen, ohne dass sich ihre Eigenschaften ändern.

- Die **optische Weglänge** eines Lichtstrahls bezeichnet das Produkt aus der zurückgelegten geometrischen Wegstrecke s und dem Brechungsindex n des durchquerten Mediums:
$$L^{\text{opt}} \equiv n\,s \tag{14.3}$$
Wegen $L^{\text{opt}} = c\,t$ entspricht dies dem Weg, den ein Lichtstrahl in derselben Zeit t im Vakuum mit Lichtgeschwindigkeit c zurückgelegt hätte. Mit dieser Definition lassen sich **Laufzeiten von Lichtstrahlen** durch verschiedene Medien sehr einfach vergleichen.

- **Reflexion** und **Brechung** von Lichtstrahlen bezeichnen Vorgänge an Grenzflächen zwischen zwei optisch unterschiedlichen Medien. Sie werden durch die Winkel der Lichtstrahlen beschrieben, die sie mit der Normalen der Grenzfläche bilden. Das **Reflexionsgesetz** besagt, dass Einfallswinkel α und Reflexionswinkel α' des Lichtstrahls gleich groß sind:
$$\alpha' = \alpha \tag{14.6}$$
Das **Snellius-Brechungsgesetz** (14.7) beschreibt die Änderung des Winkels auf β beim Übergang des Lichtstrahls aus einem Medium mit Brechungsindex n_1 in ein Medium mit Brechungsindex n_2:
$$n_2 \sin\beta = n_1 \sin\alpha \tag{14.7}$$
Für $n_1 < n_2$ wird β kleiner. Da β für $n_1 > n_2$ größer wird, tritt ab einem Grenzwinkel
$$\alpha_{min} = \arcsin\frac{n_2}{n_1} \tag{14.8}$$
kein Lichtstrahl mehr in das zweite Medium ein, sondern es findet **Totalreflexion** statt.

Zum Mitnehmen: Lichtstrahlen 2

- **Atmosphärische Effekte** beeinflussen den Weg der Lichtstrahlen durch die Atmosphäre. Durch die mit steigender Höhe h exponentiell abfallende Dichte der Atmosphäre verringert sich der Brechungsindex $n(h)$. Dadurch laufen Lichtstrahlen, die von der senkrechten Richtung zur Erdoberfläche abweichen, gekrümmte Wege. Dieser Effekt wird als **Refraktion** bezeichnet. Zum Beispiel zeigen die beobachteten Lichtstrahlen eines Sterns nicht genau in die Richtung, in der der Stern tatsächlich liegt. An Grenzflächen in der Atmosphäre mit stark verändertem Brechungsindex kann es zur Totalreflexion kommen (Spiegelungen, Fata Morgana).

- **Dispersion** bezeichnet die Abhängigkeit des Brechungsindex $n(\lambda)$ von der Wellenlänge λ des Lichts. Beim Übergang eines Lichtstrahls von einem optischen Medium mit $n_1(\lambda)$ in ein anderes Medium mit $n_2(\lambda) \neq n_1(\lambda)$ sind die Brechungswinkel β wellenlängenabhängig (Snellius-Gesetz: $n_2(\lambda) \sin\beta = n_1(\lambda) \sin\alpha$). Besonders offensichtlich wird Dispersion am **Prisma** oder beim **Regenbogen**, weil hier weißes Licht in seine Farbkomponenten aufgespalten wird.

- Das **Prisma** spaltet weißes Licht in seine Farbkomponenten auf. Nahe des minimalen Ablenkungswinkels δ_{min} hängt die Änderung des Ablenkwinkels $d\delta_{min}$ der Lichtstrahlen von der Prismakonstanten $\mathbb{P}$ und von der Dispersion $dn/d\lambda$ ab:

$$\frac{d\delta_{min}}{d\lambda} = -\mathbb{P} \underbrace{\frac{dn}{d\lambda}}_{\text{Dispersion}} . \tag{14.29}$$

  Das negative Vorzeichen bringt zum Ausdruck, dass sich am Prisma der Ablenkwinkel δ mit abnehmendem Brechungsindex n vergrößert. Die **Prismakonstante** $\mathbb{P}$

$$\mathbb{P} = \frac{2 \sin\frac{\gamma}{2}}{(\cos\frac{1}{2}(\delta_{min} + \gamma))} \tag{14.28}$$

  mit dem Prismenwinkel γ hängt nur schwach von λ ab und ist für ein gegebenes Prisma näherungsweise konstant.

  Das **spektrale Auflösungsvermögen** $\lambda/d\lambda$ eines Prismas mit der Basisbreite B und der Dispersion $dn/d\lambda$ wird beschrieben durch

$$\frac{\lambda}{d\lambda} = -B\frac{dn}{d\lambda} . \tag{14.33}$$

Optische Abbildung

15

ÜBERBLICK

» Unsere optische Wahrnehmung von Gegenständen beruht auf deren Abbildung im Auge. Voraussetzung für die Wahrnehmung ist, dass vom Gegenstand Lichtstrahlen ausgehen, die z. B. durch das reflektierte Licht einer Lampe zustande kommen. Diese Lichtstrahlen werden im Auge auf die Netzhaut konzentriert.

In diesem Kapitel werden wir mithilfe von Lichtstrahlen die Abbildungseigenschaften einfacher optischer Elemente vorstellen. Für Blenden, Spiegel und Linsen untersuchen wir, wo das Bild eines Gegenstands entsteht und wie groß das Bild im Vergleich zur Originalgröße des Gegenstands ist. «

15.1 Reelle und virtuelle Bilder

Wir stellen uns vor, ein Gegenstand bestehe aus vielen einzelnen Punkten, von denen Lichtstrahlen in verschiedene Richtungen ausgehen. Mit einem optischen Element können wir eine Abbildung des Gegenstands erstellen, wenn einem bestimmten Gegenstandspunkt ein bestimmter Bildpunkt (z. B. auf einem Schirm) zugeordnet ist. Die Gesamtheit aller Bildpunkte ergibt das Bild des Gegenstands. Treffen hingegen die Lichtstrahlen verschiedener Gegenstandspunkte in einem Bildpunkt zusammen, »verschwimmt« das Bild.

In den folgenden Abschnitten lernen wir zwei Arten von Bildern kennen: reelle und virtuelle Bilder. Wir untersuchen zunächst Abbildungen an optischen Elementen, die Lichtstrahlen nur aussortieren (Blende, reelles Bild) oder Lichtstrahlen an ebenen Flächen reflektieren (ebener Spiegel, virtuelles Bild).

15.1.1 Blende

Schon mit einer Blende kann ein Bild erzeugt werden. Eine Lochkamera z. B. besteht aus einem lichtgeschützten Kasten mit einer Blendenöffnung auf der einen Seite und einem Wandschirm auf der gegenüberliegenden Seite.

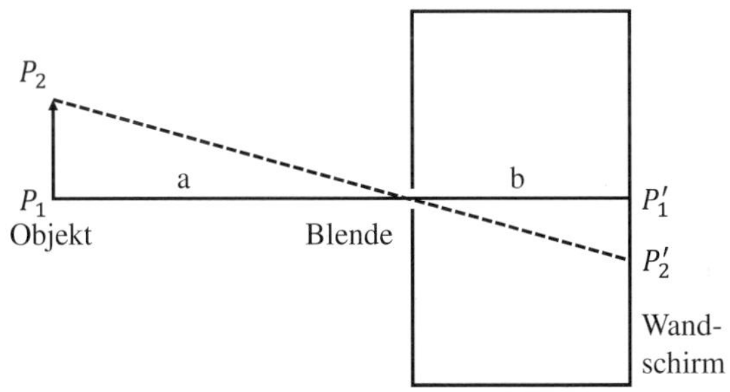

Abbildung 15.1 Lochkamera mit sehr kleiner Blende: Von jedem Gegenstandspunkt können jeweils nur Lichtstrahlen einer bestimmten Richtung die Blende passieren. Am Wandschirm ist somit jedem Gegenstandspunkt (z. B. P_1 und P_2) ein bestimmter Bildpunkt (z. B. P_1' und P_2') zugeordnet. Die Bildgröße (Abstand von P_1' und P_2') ergibt sich aus dem Strahlensatz.

Wir betrachten dafür zunächst den Grenzfall einer unendlich kleinen Blende. Von einem Punkt des Gegenstands aus gesehen werden durch das Blendenloch alle Lichtstrahlen ausge*blende*t, die in eine andere Richtung ausgesandt werden als in Richtung der Blende.

Umgekehrt ist jedem Auftreffpunkt auf dem Wandschirm in der Lochkamera eine feste Einfallsrichtung und somit ein bestimmter Punkt des abzubildenden Gegenstands zugeordnet. Für den Auftreffpunkt der Lichtstrahlen gibt es keine störenden Lichtstrahlen, die nicht aus der Richtung des Gegenstandspunktes auf ihn zielen. Die Gesamtheit der vom Gegenstand eintreffenden Lichtstrahlen ergibt das Bild des Gegenstands.

Anders als wir später beim Spiegel oder bei der Linse sehen werden, findet bei der Blende keine Richtungsänderung der durchtretenden, bildgebenden Lichtstrahlen statt. Ein

Bildpunkt wird nicht durch Vereinigung unterschiedlicher Lichtstrahlen eines Gegenstandspunktes erzeugt, sondern durch Eliminieren der Lichtstrahlen der anderen Gegenstandspunkte.

Die Größe des Bilds $\overline{P_1'P_2'}$ auf dem Wandschirm ergibt sich mithilfe des Strahlensatzes aus dem Abstand a zwischen Gegenstand und Blende (Gegenstandsweite) und dem Abstand b zwischen Blende und Wandschirm:

$$\frac{\overline{P_1P_2}}{a} = \frac{\overline{P_1'P_2'}}{b} \tag{15.1}$$

$$\Rightarrow \frac{\overline{P_1'P_2'}}{\overline{P_1P_2}} = \frac{b}{a} \tag{15.2}$$

Das Verhältnis von Bild- und Gegenstandsgröße wird Abbildungsmaßstab genannt.

In der Realität ergeben sich bei sehr kleinen Blenden Limitierungen für die Qualität der Abbildung durch die Lichtstärke des Bilds sowie durch Beugungseffekte. Bei zunehmender Blendenöffnung werden die Bilder hingegen unscharf.

Beispiel: Lochkamera

Bei einer Lochkamera mit Blendendurchmesser d werden die Punkte A und B jeweils auf eine Kreisscheibe mit Radius r abgebildet (►Abbildung 15.2).

Den Radius einer Kreisscheibe können wir über den Strahlensatz berechnen. Wie in ►Abbildung 15.1 verwenden wir die Gegenstandsweite a und die Bildweite b:

$$\frac{d/2}{a} = \frac{r}{a+b}$$

$$r = \frac{a+b}{a}\frac{d}{2} \tag{15.3}$$

Für ein scharfes Bild auf dem Wandschirm sollte d möglichst klein sein, da dann auch die Kreisscheibe klein ist. Allerdings wird dann die Lichtstärke des Bilds schwach. Außerdem bekommen wir bei zu kleinem Blendendurchmesser Beugungseffekte an der Öffnung. Wie wir in Abschnitt 10.1.2 ausführen werden, sind zwei Bildpunkte gerade noch zu unterscheiden, wenn sie durch einen Winkel ϑ_{min} getrennt sind, der sich als

$$\sin \vartheta_{min} \approx 1{,}22 \cdot \frac{\lambda}{D} \tag{19.7}$$

ergibt. Dabei ist D der Durchmesser der Blende und ϑ_{min} deckt den Bereich ab, den das erste Beugungsmaximum auf dem Wandschirm ausfüllt. In der Näherung kleiner Winkel, mit $D = d$, $\vartheta_{min} \approx r'/b$ und unter Vernachlässigung des Faktors $1,22$ können wir aus Gleichung (19.7) r' bestimmen:

$$r' \approx \frac{b\lambda}{d} \tag{15.4}$$

Noch auflösbar wäre also $r = r'$. Damit erhalten wir für einen optimalen Blendendurchmesser

$$\frac{b\,\lambda}{d} = \frac{a+b}{a}\,\frac{d}{2}$$

$$d = \sqrt{\frac{2\,a\,b}{a+b}\,\lambda}\,. \tag{15.5}$$

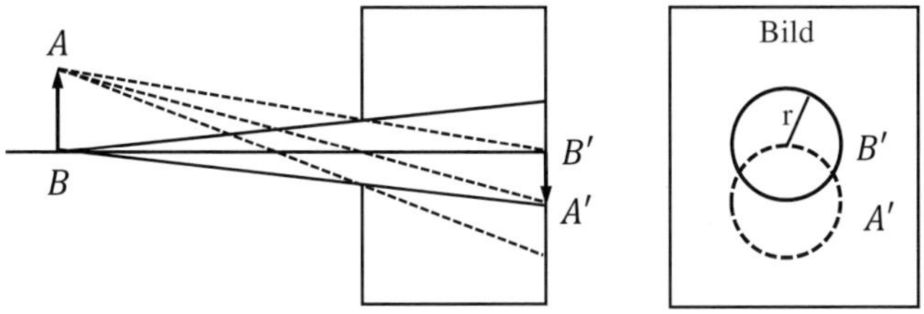

Abbildung 15.2 Bei einer Lochkamera mit endlichem Blendendurchmesser d treffen die Lichtstrahlen eines Gegenstandspunkts auf dem Schirm auf einer Kreisscheibe mit Radius r ein.

Experiment: Lochkamera

Wir stellen in der Entfernung $a = 20\,\text{cm}$ vor unsere Lochkamera mit der Innengröße $b = 5\,\text{cm}$ einen Gegenstand und beleuchten ihn mit Licht der Wellenlänge $\lambda = 500\,\text{nm}$. Der optimale Blendendurchmesser für ein scharfes Bild in dieser Konfiguration ist

$$d = \sqrt{\frac{2 \cdot 0{,}2 \cdot 0{,}05}{0{,}25} \cdot 5 \cdot 10^{-7}\,\text{m}} = 0{,}2\,\text{mm}\,.$$

15.1.2 Ebener Spiegel

Am ebenen Spiegel werden die Lichtstrahlen gemäß Reflexionsgesetz (14.6) (Einfallswinkel gleich Ausfallswinkel) reflektiert. Für den Beobachter scheinen die Lichtstrahlen eines Gegenstands von einem Punkt hinter dem Spiegel zu kommen, sodass der Gegenstand hinter dem Spiegel zu liegen scheint. Das Auge bündelt die divergierenden Strahlen auf der Netzhaut (Abschnitt 16.2). Es entsteht ein **virtuelles Bild**; hinter dem Spiegel befinden sich natürlich keine Lichtstrahlen (►Abbildung 15.3).

Im Unterschied zu anderen Spiegelformen weist beim ebenen Spiegel das Bild eines ausgedehnten Gegenstands die gleichen Größen- und Winkelverhältnisse auf wie der Gegenstand.

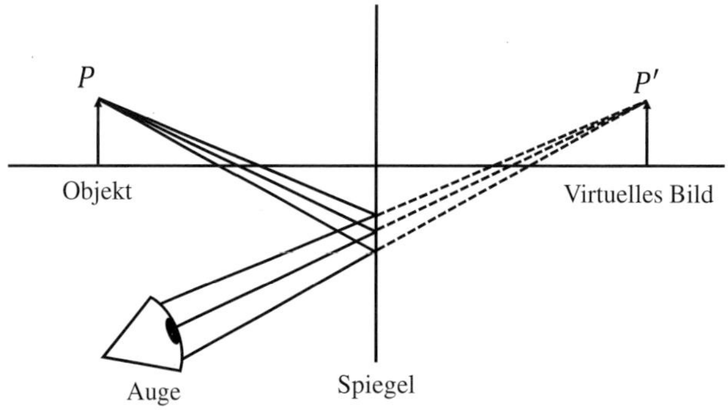

Abbildung 15.3 Aus Sicht des Beobachters kommen die Lichtstrahlen, die vom Gegenstandspunkt P ausgehend am Spiegel reflektiert werden, scheinbar vom Punkt P' hinter dem Spiegel.

Bringen wir nun am bisherigen Ort des Beobachters einen zweiten ebenen Spiegel parallel zum ersten an, in den wir schauen (►Abbildung 15.4).

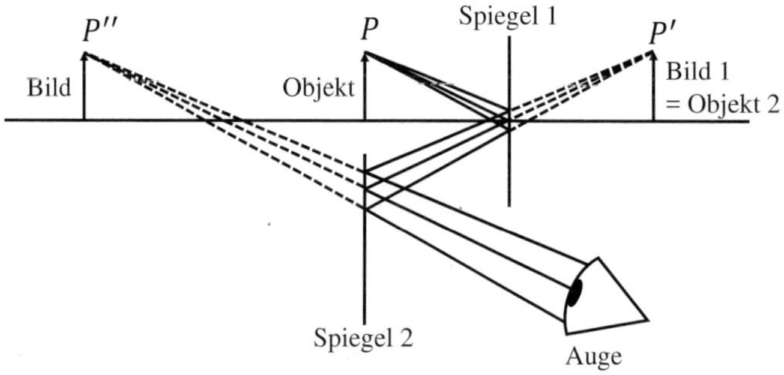

Abbildung 15.4 Doppelspiegel: Der Beobachter sieht den Bildpunkt P'' des virtuellen Bildes. Der gleiche Anblick ergäbe sich, wenn man Spiegel 1 entfernte und die Lichstrahlen vom Punkt P' ausgingen. So kann man das Bild von Spiegel 1 als Gegenstand für Spiegel 2 ansehen.

Das (ebenfalls virtuelle) Bild des zweiten Spiegels ergibt sich, als ob der Gegenstand im Bild des ersten Spiegels stünde. Dieser Befund ist als allgemeines Konzept von Bedeutung, wenn mehrere optische Elemente (wie Spiegel, Linsen) zu einem Gesamtsystem (z. B. Fernrohr) kombiniert werden:

$$\text{Bild von Element } i = \text{Gegenstand von Element } i{+}1 \qquad (15.6)$$

15.1.3 Mehrfachspiegelung

Wir betrachten nun die Richtungsänderung eines Lichtstrahls nach Reflexion an zwei ebenen Spiegeln mit Relativwinkel δ.

Der Winkel γ gibt die Richtungsänderung des einfallenden Lichtstrahls an. Zu seiner Berechnung nutzen wir Zusammenhänge zwischen den verschiedenen Winkeln innerhalb des Strahlengangs.

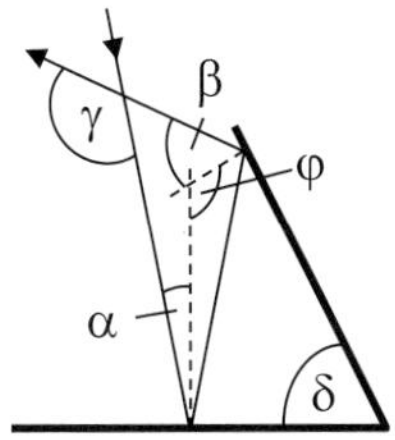

Abbildung 15.5 Reflexionen an zwei ebenen Spiegeln, die im Winkel δ zueinander stehen. Es ergibt sich eine Richtungsänderung um den Winkel $\gamma = 2\delta$.

Die Winkelsumme in Dreiecken ist π, d. h. für den Winkel γ ergibt sich

$$\pi - \gamma + 2\alpha + 2\beta = \pi$$
$$\gamma = 2(\alpha + \beta)\,, \tag{15.7}$$

und für die Summe $\alpha + \beta$ gilt

$$\alpha + \beta + \varphi = \pi$$
$$(\alpha + \beta) = \pi - \varphi\,. \tag{15.8}$$

Die Winkelsumme des Vierecks beträgt 2π:

$$\varphi + \delta + 2\,\frac{\pi}{2} = 2\pi$$
$$\delta = \pi - \varphi \tag{15.9}$$

Mit den drei Gleichungen (15.7), (15.8) und (15.9) ergibt sich die Richtungsänderung des Lichtstrahls

$$\gamma = 2\,\delta\,. \tag{15.10}$$

Unabhängig von seiner Einfallsrichtung wird der Lichtstrahl immer unter dem zweifachen Öffnungswinkel der Spiegel reflektiert. Für den Spezialfall senkrechter Spiegel wird der Lichtstrahl genau zurückreflektiert ($\gamma = 2 \cdot 90^\circ$).

Experiment: Doppelspiegel

Wir stellen zwei Spiegel im Winkel von $\delta = 120^\circ$ auf. Es ergeben sich zwei Bilder für den Beobachter (►Abbildung 15.6).

Mit zwei senkrecht aufeinander stehenden Spiegeln ($\delta = 90^\circ$) ergeben sich unter Beachtung von (15.6) drei Spiegelbilder. Dazu muss man die Spiegel gedanklich verlängern (►Aufgabe 31).

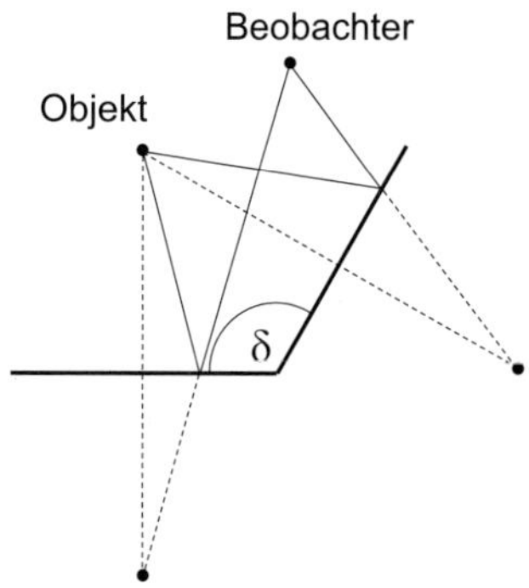

Abbildung 15.6 In dieser Anordnung gibt es zwei Richtungen, in die der Beobachter (virtuelle) Bilder des Gegenstands sieht.

Aufgabe 31: Mehrfachspiegelung (►Abbildung 15.7)

Gegeben sind zwei Spiegel mit dem Öffnungswinkel $\delta = 360°/5 = 72°$.

Gesucht sind die Lichtstrahlen, die zu den vier Spiegelbildern führen.

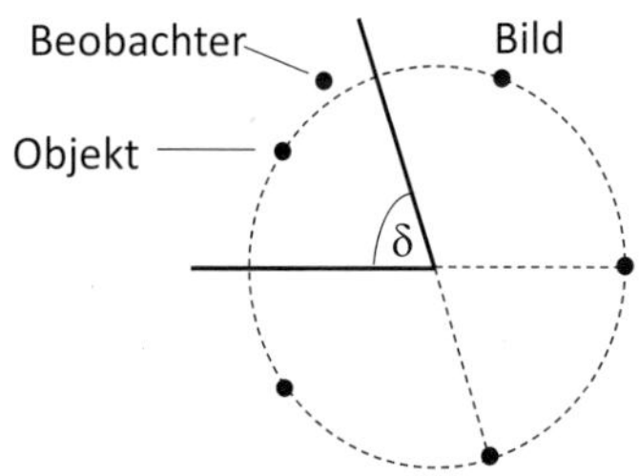

Abbildung 15.7 Hier sind vier Bilder des Gegenstands zu beobachten. Wie verlaufen die jeweiligen Lichtstrahlen?

Die Tendenz von immer mehr Bildern mit abnehmendem Winkel setzt sich fort. Allgemein läßt sich zeigen, dass eine Anzahl m von Spiegelbildern erreicht wird, wenn ein ganzzahliges Vielfaches des Winkels δ zwischen den Spiegeln $360°$ ergibt:

$$(m + 1)\delta = 360° \tag{15.11}$$

In einem Kaleidoskop sieht man bei $\delta = 60°$ fünf Spiegelbilder sowie das Original.

Experiment: Spiegelkabinett

Nach Gleichung (15.11) wird m für den Winkel $\delta = 0$ unendlich groß: Im Prinzip existieren unendlich viele Spiegelbilder, wie man durch zwei parallel stehende Spiegel mit einer Öffnung beobachten kann (►Abbildung 15.8).

In denselben Genuss kommt man in manchen Friseursalons oder in verspiegelten Aufzügen.

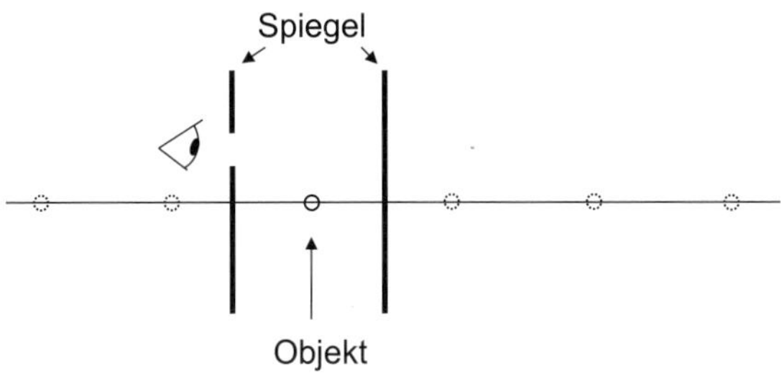

Abbildung 15.8 Sehr viele Bilder bei Betrachten eines Gegenstands zwischen zwei parallelen ebenen Spiegeln.

Beim sogenannten **Zentralspiegel** sind drei Spiegel wie die Seiten einer Würfelecke angeordnet. Nach dreimaliger Reflexion wird ein Lichtstrahl immer um 180° zurückgelenkt. Dies entspricht der dreidimensionalen Variante der Rückreflexion des Lichtstrahls, die sich nach (15.10) für den Spezialfall zweier senkrechter Spiegel ergab. Genutzt wird dies z. B. beim Rückstrahler im Straßenverkehr oder zur Entfernungsmessung zwischen Erde und Mond mithilfe von Lasern.

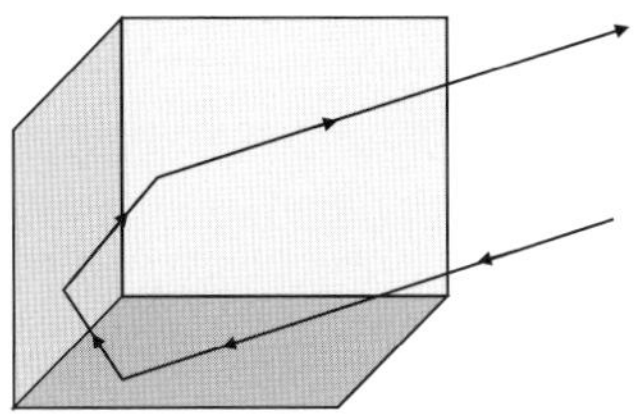

Abbildung 15.9 Der Zentralspiegel reflektiert den einfallenden Lichtstrahl aus jeder Richtung um 180°.

15.2 Brennweite, Abbildungsgleichung, Abbildungsmaßstab

In den folgenden Abschnitten untersuchen wir Abbildungen an optischen Elementen, die gekrümmte Oberflächen aufweisen und eine Achsensymmetrie besitzen: Hohlspiegel und Linsen. Ursprünglich parallele Lichtstrahlen erfahren an diesen Elementen unterschiedliche Richtungsänderungen und können sich anschließend z. B. schneiden. So können nun

Lichtstrahlen, die von einem Gegenstandspunkt in verschiedene Richtungen ausgehen, im zugehörigen Bildpunkt vereinigt werden:

Abbildung durch Strahlenvereinigung.

Dies unterscheidet sich von der Blende, bei der nur Lichtstrahlen einer bestimmten Richtung vom Gegenstandspunkt aus den Bildpunkt erreichen können. Dadurch werden scharfe Bilder auch bei großen Blendenöffnungen (Aperturen) möglich, mit wichtigen Auswirkungen auf die Lichtstärke und die Auflösung der Abbildungen.

Lichtstrahlen, die parallel und nahe zu deren Symmetrieachse einfallen, durchqueren den sogenannten Brennpunkt, der in der Entfernung der Brennweite vom optischen Element liegt. Mithilfe dieses geometrisch ausgezeichneten Brennpunkts werden wir eine Abbildungsgleichung aufstellen, mit der sich für jeden Abstand eines Objekts vom optischen Element die Position des Bilds berechnen lässt. Ebenso werden wir darüber die Größe des Bilds bzw. den Abbildungsmaßstab berechnen können. Je nach Anordnung entstehen reelle oder virtuelle Bilder.

15.2.1 Hohlspiegel

Brennweite

Mit gekrümmten Spiegelflächen lassen sich verkleinerte oder vergrößerte Bilder erzeugen. Wir lassen einen Lichtstrahl parallel zur Symmetrieachse eines sphärischen Hohlspiegels mit Krümmungsradius R einlaufen (►Abbildung 15.10).

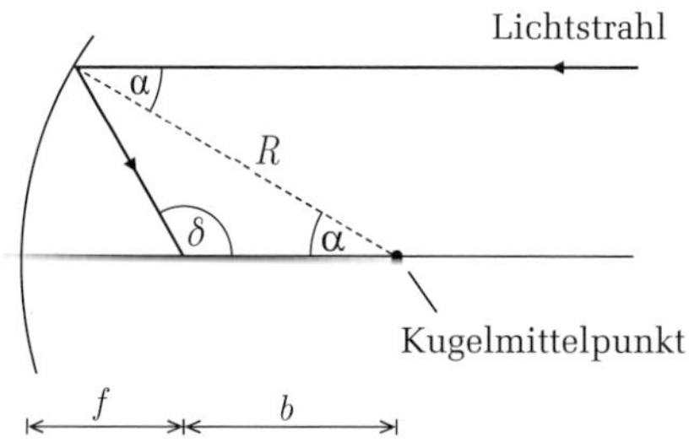

Abbildung 15.10 Der sphärische Hohlspiegel (links) entspricht einer Kugeloberfläche im Abstand R um den Kugelmittelpunkt. Parallel zur Symmetrieachse des Spiegels fällt ein Lichtstrahl ein. Der Schnittpunkt des reflektierten Lichtstrahls mit der Symmetrieachse führt uns zur Brennweite f.

Wir interessieren uns für den Schnittpunkt des reflektierten Lichtstrahls mit der Symmetrieachse des Spiegels. Da bei der Reflexion auf der Spiegeloberfläche Einfallswinkel und Ausfallswinkel gleich groß sind, ergibt sich als Winkelsumme im Dreieck

$$2\alpha + \delta = \pi \,. \qquad (15.12)$$

Aus dem gleichschenkligen Dreieck in ►Abbildung 15.10 können wir zunächst den Abstand b des Schnittpunkts vom Krümmungsmittelpunkt des Hohlspiegels berechnen:

$$\frac{R/2}{b} = \cos\alpha$$

$$b = \frac{R}{2\cos\alpha}$$

Der Schnittpunkt des reflektierten Strahls mit der Symmetrieachse liegt im Abstand $f = f(\alpha)$ vom Spiegel:

$$\begin{aligned} f &= R - b \\ &= R\left(1 - \frac{1}{2\cos\alpha}\right) \end{aligned} \tag{15.13}$$

Für kleine Winkel α liegen die Lichtstrahlen nahe der Symmetrieachse. Diese achsennahen Strahlen heißen **paraxiale Strahlen**. Für sie nähern wir $\cos\alpha \approx 1$, sodass wir die Brennweite f durch den halben Krümmungsradius ausdrücken können:

$$f = \frac{R}{2} \tag{15.14}$$

Alle parallel einfallenden, paraxialen Strahlen schneiden sich im Abstand f vom Spiegel im **Brennpunkt**. Den zugehörigen Abstand $f = R/2$ zwischen Brennpunkt und Fußpunkt des Spiegels bezeichnen wir als **Brennweite** des Hohlspiegels (►Abbildung 15.11).

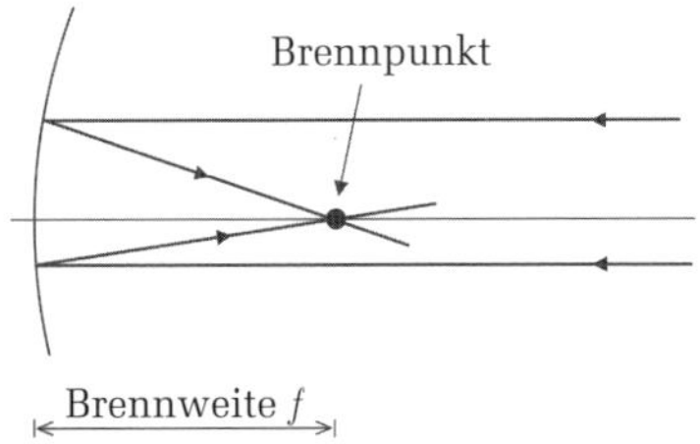

Abbildung 15.11 Paraxiale Strahlen schneiden sich in einem Punkt, dem Brennpunkt. Der Abstand von Spiegel und Brennpunkt ist die Brennweite $f = R/2$.

Für achsenferne Strahlen ist die Näherung (15.14) nicht ausreichend. Diese Lichtstrahlen schneiden die Symmetrieachse zwischen dem Spiegel und dem Brennpunkt (►Abbildung 15.12).

Setzen wir in Gleichung (15.13)

$$\frac{h}{R} = \sin\alpha$$

ein, sehen wir, dass $f_h = f_h(h)$ mit dem Abstand h der Strahlen zur Symmetrieachse abnimmt:

$$f_h = R\left(1 - \frac{1}{2\sqrt{1-\sin^2\alpha}}\right) = R\left(1 - \frac{1}{2\sqrt{1-(h/R)^2}}\right) \tag{15.15}$$

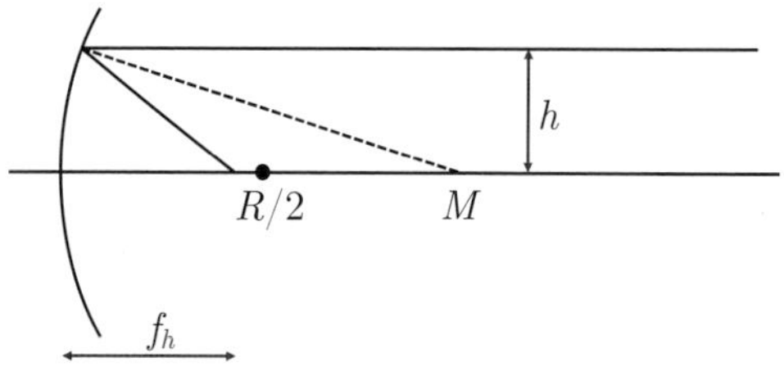

Abbildung 15.12 Achsenferne Lichtstrahlen schneiden die Symmetrieachse näher am Spiegel.

Für $\sqrt{1-(h/R)^2} = 1/2$ erreicht mit $f_h = 0$ der Schnittpunkt die Spiegeloberfläche. Dieser Abstand entspricht $h \approx 0{,}87\,R$ eines achsenparallelen Lichtstrahls. Für achsenferne Strahlen, die mehr als $87\,\%$ des Krümmungsradius von der Achse entfernt sind, gibt es also gar keine Bündelung mehr.

Parabolspiegel. Im Parabolspiegel treffen sich alle achsenparallelen Lichtstrahlen im Brennpunkt. Anders als beim sphärischen Hohlspiegel gilt das auch für Lichtstrahlen, die fern von der Symmetrieachse verlaufen.

Mathematischer Einschub: Parabel

Die Kurvenform einer Parabel wird über ihren Brennpunkt und eine Leitlinie definiert. Jeder Punkt auf der Parabel hat denselben Abstand vom Brennpunkt und von der Leitlinie. Der minimale Abstand zwischen dem Brennpunkt und der Leitlinie beträgt $2\,f$.

Wir können die Parabel in Polarkoordinaten

$$r = \frac{2\,f}{1+\cos\varphi} \tag{15.16}$$

ausdrücken oder alternativ in der Normalform schreiben (um mit (15.16) kompatibel zu sein, nach links gespiegelt und mit dem Brennpunkt im Ursprung):

$$y^2 = -4\,f\,(x-f) \tag{15.17}$$

Mit folgenden Werten können wir die Parabel in Polarkoordinaten konstruieren:

φ	r
$0°$	f
$90°$	$2f$
$120°$	$4f$

Um uns davon zu überzeugen, dass alle achsenparallelen Lichtstrahlen im Brennpunkt landen, untersuchen wir, ob die Summe aus Einfallswinkel α und Reflexionswinkel α' für

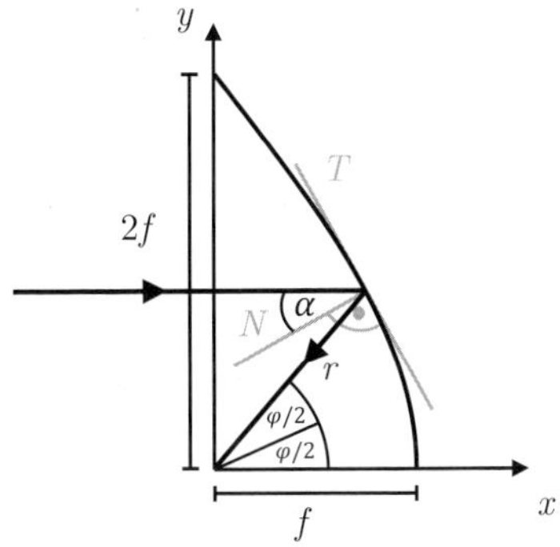

Abbildung 15.13 Geometrieüberlegung zum Parabolspiegel

jeden Parabelpunkt R gerade seinem Polarwinkel φ entspricht:

$$\varphi = \alpha + \alpha' = 2\,\alpha \tag{15.18}$$

Die Winkel $\alpha = \alpha'$ sind wegen des Reflexionsgesetzes (14.6) durch die Normale N auf die Parabeltangente festgelegt. Die Richtung κ_N der Normalen N berechnen wir für $\varphi > 0, x < f$ über die Parabeltangente T im Reflexionspunkt R, die wir aus der Ableitung von (15.17) erhalten:

$$\frac{dy}{dx} = \frac{d}{dx}\sqrt{-4\,f\,(x-f)} = \frac{-4\,f}{2\sqrt{-4\,f\,(x-f)}} = -\frac{2\,f}{y} = -\frac{2\,f}{r\sin\varphi}$$

Mit dem Kehrwert und unter Verwendung von (15.16) erhalten wir für die Richtung der Normalen:

$$\kappa_N = \left(\frac{dy}{dx}\right)^{-1} = -\frac{r\,\sin\varphi}{2\,f} = -\frac{\sin\varphi}{1+\cos\varphi} \tag{15.19}$$

Verwenden wir jetzt die Umformungen $\sin\varphi = 2\,\sin(\varphi/2)\,\cos(\varphi/2)$ und $1+\cos\varphi = 2\,\cos^2(\varphi/2)$ so bekommen wir

$$\kappa_N = -\frac{\sin(\varphi/2)}{\cos(\varphi/2)} = -\tan(\varphi/2)\,. \tag{15.20}$$

Die Richtung der Normalen ist also entgegengesetzt gleich der Richtung der Winkelhalbierenden von φ und damit ist nach dem Strahlensatz (15.18) erfüllt.

Demnach ist die Krümmung des Parabolspiegels an jedem Punkt gerade so groß, dass für achsenparallele Lichtstrahlen die reflektierten Strahlen durch den Brennpunkt des Parabolspiegels verlaufen.

Beispiel: Parabolspiegel

Parabolspiegel kommen in verschiedensten Anwendungen vor.

Zum Beispiel hat das große 100 m-Radioteleskop in Effelsberg die Form eines Parabolspiegels, bei dem sich der Empfangsdetektor im Brennpunkt des Spiegels befindet.

Umgekehrte Verwendung findet der Parabolspiegel z. B. in Autoscheinwerfern. Dort wird die Birne im Brennpunkt des Spiegels montiert, um die Ausleuchtung der Straße weit vor dem Fahrzeug zu ermöglichen.

Abbildungsgleichung des Hohlspiegels

Wir kehren hier zum sphärischen Hohlspiegel zurück und interessieren uns für den Bildpunkt eines kleinen Gegenstands, den wir am Ort A im Abstand a vom Hohlspiegel auf der Symmetrieachse positionieren.

Der Abstand a heißt **Gegenstandsweite**. Unser Ziel ist, die Position des Bilds zu berechnen, dessen Abstand b wir als **Bildweite** bezeichnen.

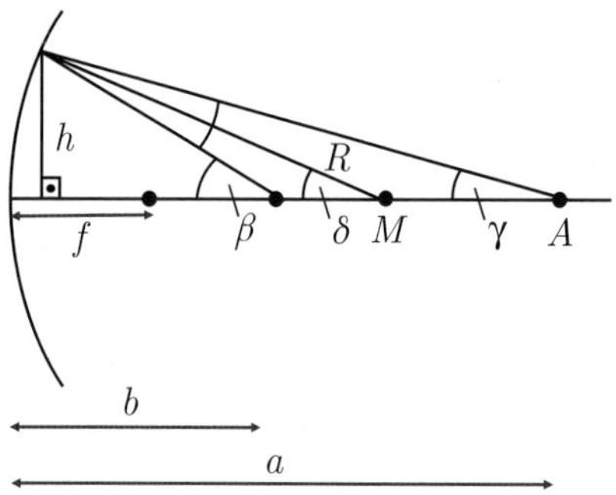

Abbildung 15.14 Am Ort A befindet sich ein Gegenstand. Gesucht ist die Position des Bildes, charakterisiert durch die Bildweite b.

Die Bildweite b lässt sich über die Winkelsumme verschiedener Dreiecke berechnen. Dafür suchen wir zunächst einen Zusammenhang zwischen den Winkeln β, δ und γ und dem Reflexionswinkel α am Spiegel:

$$\delta + \alpha + (\pi - \beta) = \pi$$

$$\beta = \delta + \alpha \tag{15.21}$$

$$\gamma + \alpha + (\pi - \delta) = \pi$$

$$\alpha = \delta - \gamma \tag{15.22}$$

Mit den beiden Gleichungen (15.21) und (15.22) erhalten wir den Zusammenhang

$$\beta = 2\,\delta - \gamma\,. \tag{15.23}$$

Bei kleinen Winkeln können wir näherungsweise die Winkel β, δ, γ durch die Gegenstandsweite a, die Bildweite b und die Spiegelgeometrie (Krümmungsradius R) ausdrücken:

$$\frac{h}{b} \approx \tan\beta \approx \beta \qquad (15.24)$$

$$\frac{h}{R} \approx \tan\delta \approx \delta \qquad (15.25)$$

$$\frac{h}{a} \approx \tan\gamma \approx \gamma \qquad (15.26)$$

Setzen wir diese drei Gleichungen in Gleichung (15.23) ein, ergibt sich

$$\frac{h}{b} = 2\,\frac{h}{R} - \frac{h}{a},$$

$$\frac{1}{a} + \frac{1}{b} = \frac{2}{R}. \qquad (15.27)$$

Für achsennahe Lichtstrahlen können wir wegen Gleichung (15.14) die **Abbildungsgleichung** für den Hohlspiegel folgendermaßen schreiben:

$$\frac{1}{a} + \frac{1}{b} = \frac{1}{f} \qquad (15.28)$$

Bei der Abbildung unseres Gegenstands am Punkt A werden Lichtstrahlen im Bild bei der Bildweite b vereinigt. Die Position des Bilds hängt also von der Brennweite f des Hohlspiegels ab.

Abbildungsmaßstab des Hohlspiegels

In diesem Abschnitt untersuchen wir, wie groß das Bild z. B. einer Kerze im Hohlspiegel erscheint. Durch das Prinzip der Strahlenvereinigung benötigen wir die Kenntnis von nur wenigen Lichtstrahlen für eine geometrische Konstruktion des Bilds.

Betrachten wir Lichtstrahlen, die von der Spitze des Kerzenflamme ausgehen. Ein zunächst achsenparalleler Lichtstrahl verläuft nach der Reflexion durch den *Brennpunkt*. Ein Lichtstrahl durch den Krümmungsmittelpunkt wird *in sich selbst* reflektiert. Ein Lichtstrahl zum Spiegelmittelpunkt hat vor und nach Reflexion den *gleichen Winkel* zur Symmetrieachse. Der Schnittpunkt zweier dieser drei Strahlen genügt, um die Bildweite und die Größe des Kerzenbilds zu ermitteln (►Abbildung 15.15).

Um den Abbildungsmaßstab zu berechnen, wählen wir den Lichtstrahl zum Spiegelmittelpunkt, der unter dem Winkel β relativ zur Symmetrieachse einläuft. Aufgrund des Reflexionsgesetzes $\beta' = \beta$ lässt sich die Bildgröße aus dem Strahlensatz folgendermaßen bestimmen:

$$\tan\beta = \frac{A}{a} = \frac{B}{b} \qquad (15.29)$$

Der Abbildungsmaßstab B/A entspricht daher dem Verhältnis von Bildweite zu Gegenstandsweite:

$$\frac{B}{A} = \frac{b}{a} \qquad (15.30)$$

Befindet sich das Objekt zwischen Brennpunkt und Spiegel, so entsteht für den Beobachter ein virtuelles Bild hinter dem Spiegel (►Abbildung 15.16).

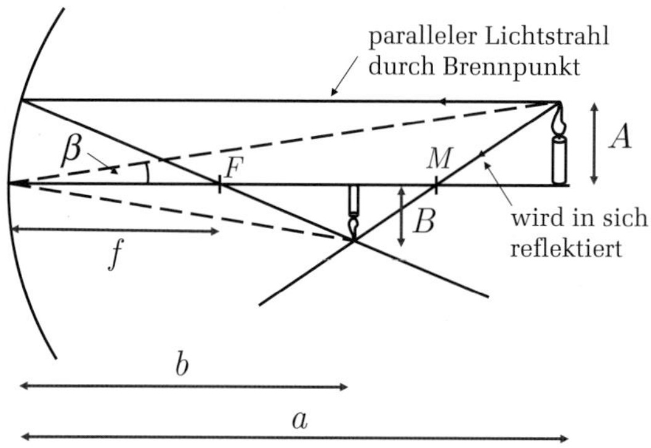

Abbildung 15.15 Der Bildpunkt der Kerzenflamme ergibt sich durch den Schnittpunkt verschiedener, von der Spitze der Flamme ausgehender Lichtstrahlen. Hier eingezeichnet: Achsenparalleler Strahl (verläuft nach der Reflexion durch den Brennpunkt), Strahl durch den Krümmungsmittelpunkt (wird in sich selbst reflektiert), sowie (gestrichelt) Strahl zum Spiegelmittelpunkt (hat vor und nach Reflexion den gleichen Winkel β zur Symmetrieachse).

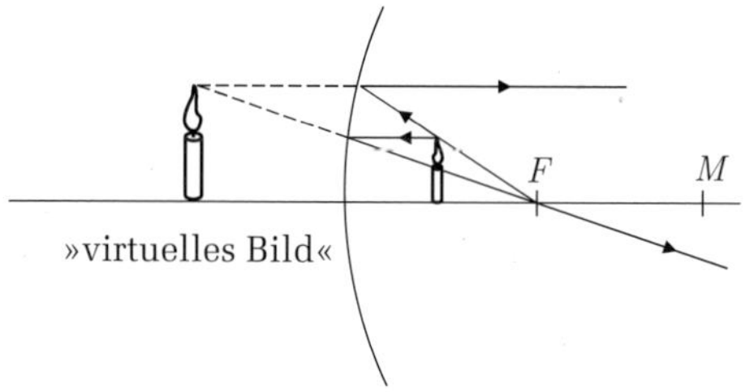

Abbildung 15.16 Gegenstand zwischen Brennpunkt und Spiegel: Der zunächst achsenparallele Strahl verläuft durch den Brennpunkt. Ein Strahl entlang der Verbindungslinie Brennpunkt–Kerzenspitze ist nach Reflexion achsenparallel. Die rückwärtige Verlängerung der beiden reflektierten Strahlen gibt den Bildpunkt an. Er liegt hinter dem Spiegel: Es handelt sich um ein virtuelles Bild.

Beispiel: Abbildungsgleichung und -maßstab

Durch Umformung von Gleichung (15.28) erhalten wir das Verhältnis b/a von Bild- und Gegenstandsweite in Abhängigkeit der Gegenstandsweite a:

$$\frac{a}{b} = \frac{a}{f} - 1$$

$$\frac{b}{a} = \frac{1}{a/f - 1} \tag{15.31}$$

Für relativ große Gegenstandsweiten $a/f > 2$ ist die Bildweite kleiner als die Gegenstandsweite: $b/a < 1$. Dies ändert sich für $a/f < 2$. Alle Bilder »stehen Kopf«. An der Stelle $a/f \to 1$ divergiert die Bildweite. Für $a/f < 1$ wird die Bildweite negativ, es ergibt sich ein virtuelles aufrechtes Bild.

Die Größe $b/a = B/A$ stellt auch den Abbildungsmaßstab dar (15.30). Der Abbildungsmaßstab erreicht betragsmäßig große Werte, wenn sich der Gegenstand nahe am Brennpunkt befindet. Der Vorzeichenwechsel deutet auf das »Umklappen« des Bilds hin (►Abbildung 15.17).

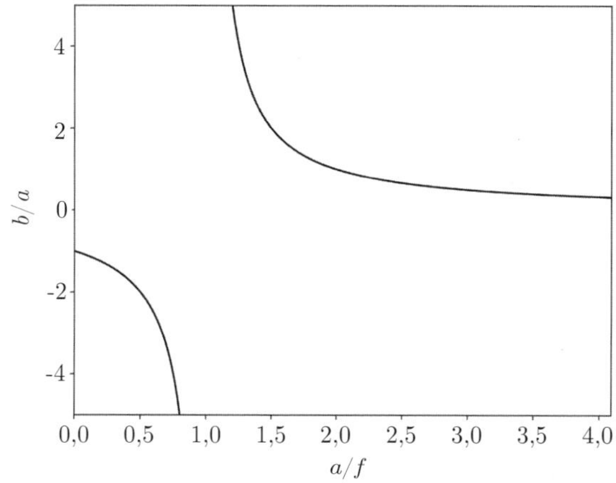

Abbildung 15.17 Abbildungsmaßstab b/a als Funktion des Verhältnisses a/f

Der Hohlspiegel lässt sich auch auf der Außenseite verspiegeln. Man unterscheidet zwischen zwei Eigenschaften:

Konkav: Hohlspiegel Wie oben beschrieben: Der Krümmungsmittelpunkt liegt auf der Objektseite. Es enstehen reale umgekehrte oder virtuelle aufrechte Bilder.

Konvex: Wölbspiegel Der Krümmungsmittelpunkt befindet sich auf der dem Objekt gegenüberliegenden Seite. Es entstehen nur virtuelle aufrechte Bilder.

Um die Vorzeichen beim Abbildungsverhältnis b/a zu regeln, gibt es die Konvention, a und f am Hohlspiegel negativ zu zählen, am Wölbspiegel nur f. Dann ergeben sich für aufrechte (umgekehrte) Bilder positive (negative) b/a-Werte. In ►Abbildung 15.17 ändert sich dann das Vorzeichen von b/a.

Experiment: Hohlspiegel

Wir schauen uns ein Bild im konvexen Hohlspiegel an (►Abbildung 15.18). Das virtuelle Bild der rechts stehenden Kerze erscheint verkleinert.

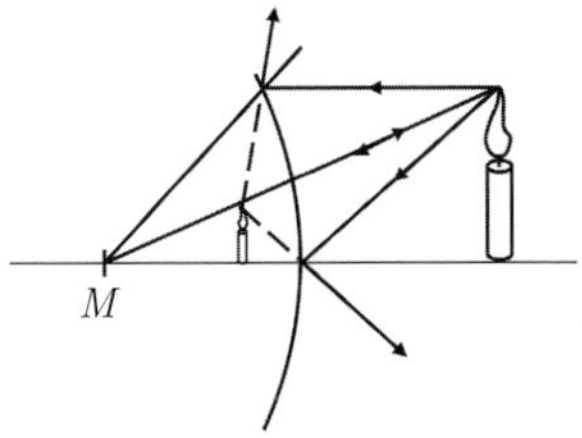

Abbildung 15.18 Beim konvexen Hohlspiegel ist das Bild virtuell, aufrecht, verkleinert. Auch hier ergibt es sich durch rückwärtige Verlängerung der reflektierten Strahlen.

15.2.2 Linse

Lichtdurchlässige Materialien, wie z. B. Glas, Plexiglas oder Wasser, beeinflussen die Ausbreitungsrichtung von Lichtstrahlen.

Experiment: Stab im Wasser

Taucht man einen Stab in Wasser, so scheint er an der Wasseroberfläche abzuknicken (►Abbildung 15.19).

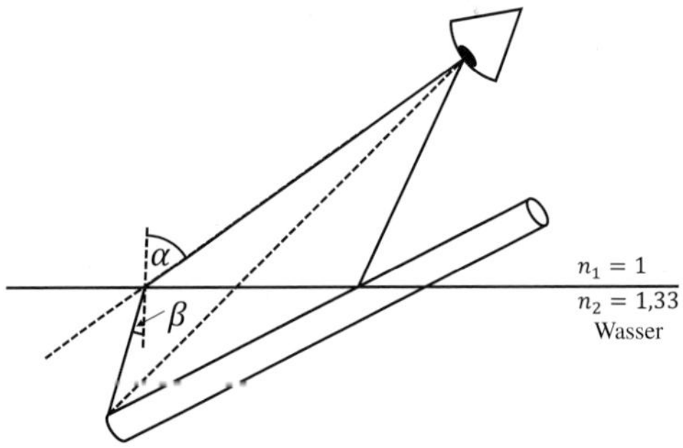

Abbildung 15.19 Der beobachtete Lichtstrahl, der vom Ende des Stabs im Wasser ausgeht, entspricht nicht der direkten Verbindungslinie.

Brennweite einer sphärischen Grenzfläche

Um die optische Abbildung einer Linse zu verstehen, betrachten wir zunächst die Brechung an einer einzelnen, sphärisch gekrümmten Grenzfläche zwischen zwei Medien (►Abbildung 15.20).

Der Krümmungsmittelpunkt der Grenzfläche liegt im Punkt M und der Krümmungsradius ist R. Die Medien haben die Brechungsindizes n_1 und $n_2 > n_1$. Typisch ist $n_1 \approx 1$ für Luft und $n_2 = 1{,}6$ für Glas.

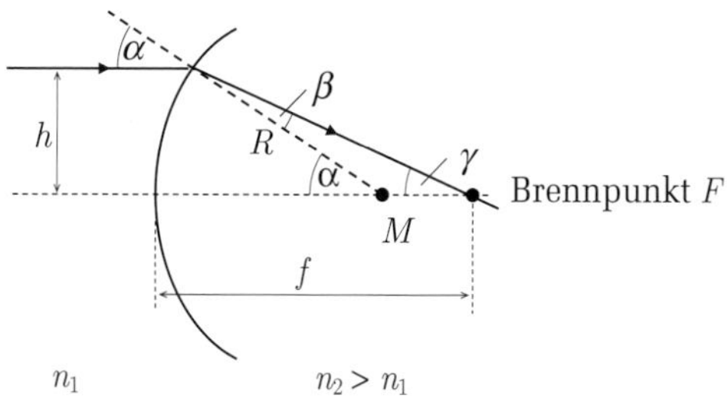

Abbildung 15.20 Ein achsenparalleler Lichtstrahl wird an der sphärischen Grenzfläche zweier Medien gebrochen und schneidet die Symmetrieachse im Brennpunkt.

Unser Ziel ist die Berechnung der Brennweite f aus der Geometrie der Grenzfläche (Krümmungsradius R) und den Eigenschaften der beiden Medien (Brechungsindizes n_1 und n_2). Dabei werden wir natürlich die Winkelzusammenhänge des Brechungsgesetzes (14.7) nutzen:

$$n_1 \sin\alpha = n_2 \sin\beta \tag{15.32}$$

Die Brennweite f erhalten wir zunächst näherungsweise durch den Winkel γ und den Abstand h des parallel zur Symmetrieachse einfallenden Lichtstrahls:

$$\frac{h}{f} \approx \tan\gamma \tag{15.33}$$

Den Abstand h ersetzen wir durch den Krümmungsradius R:

$$h = R \sin\alpha\,. \tag{15.34}$$

Den Winkel γ ersetzen wir durch die Winkelsumme im Dreieck mit β und $\pi - \alpha$:

$$\begin{aligned} \gamma + \beta + \pi - \alpha &= \pi \\ \gamma &= \alpha - \beta \end{aligned} \tag{15.35}$$

Wir verwenden in Gleichung (15.33) für kleine Winkel γ die Näherung $\tan\gamma \approx \sin\gamma$ und behalten zur Vereinfachung der nachfolgenden Näherungsrechnung noch die inverse Brennweite

$$\frac{1}{f} \approx \frac{\sin\gamma}{h}\,.$$

Durch Einsetzen von (15.34) und (15.35) und Anwenden des Additionstheorems für Winkeldifferenzen ebenfalls in der Näherung für kleine Winkel ($\cos\alpha \approx \cos\beta \approx 1$)

erhalten wir schließlich mithilfe des Brechungsgesetzes (15.32) die Brennweite f:

$$\begin{aligned}\frac{1}{f} &= \frac{\sin(\alpha-\beta)}{R\sin\alpha} \\ &= \frac{\sin\alpha\cos\beta-\cos\alpha\sin\beta}{\sin\alpha}\frac{1}{R} \\ &\approx \frac{\sin\alpha-\sin\beta}{\sin\alpha}\frac{1}{R} \\ &= \left(1-\frac{\sin\beta}{\sin\alpha}\right)\frac{1}{R} \\ f &= \frac{1}{1-(n_1/n_2)}R\end{aligned}$$

Für kleine Winkel bzw. achsennahe Lichtstrahlen ergibt sich die Brennweite f für die Brechung an einer sphärischen Grenzfläche zweier Medien in Abhängigkeit der Brechungsindizes n_1, n_2 und des Krümmungsradius R zu

$$f = \frac{n_2}{n_2-n_1}R\,. \tag{15.36}$$

Für die gegenstandsseitige Brennweite ergibt sich analog zur obigen Rechnung

$$f' = \frac{n_1}{n_1-n_2}R\,. \tag{15.37}$$

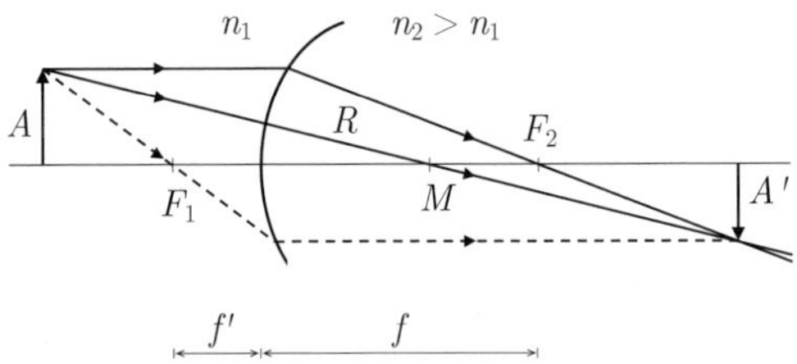

Abbildung 15.21 Der Bildpunkt ergibt sich durch den Schnittpunkt verschiedener, vom Gegenstandspunkt ausgehender Lichtstrahlen. (Dies ist analog zum Spiegel, ►Abbildung 15.15.) Hier eingezeichnet: Achsenparalleler Strahl (verläuft nach der Brechung durch den Brennpunkt F_2), Strahl durch den Krümmungsmittelpunkt (erfährt keine Richtungsänderung beim Übergang, da er entlang der Normalen verläuft) sowie (gestrichelt) Strahl durch den gegenstandsseitigen Brennpunkt F_1 (verläuft nach der Brechung achsenparallel).

Abbildungsgleichung einer sphärischen Grenzfläche

Um eine Beziehung zwischen der Gegenstandsweite a, der Bildweite b und der Brennweite f bei Brechung an der sphärischen Grenzfläche zu erhalten, betrachten wir einen kleinen Gegenstand am Ort A (►Abbildung 15.22).

Um das Brechungsgesetz (14.7) für den eingezeichneten Lichtstrahl verwenden zu können, benötigen wir die Normale auf die sphärische Oberfläche und deshalb den Winkel δ. Wir

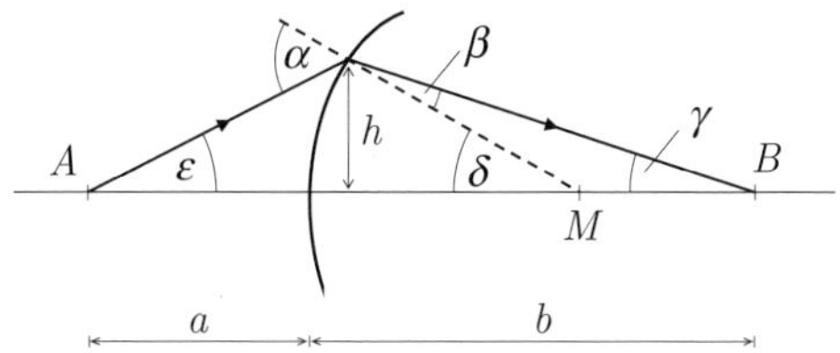

Abbildung 15.22 Geometrieüberlegung zu Gegenstands- und Bildweite bei der Abbildung an einer sphärischen Grenzfläche

erhalten ihn näherungsweise durch den Abstand h von der Symmetrieachse und den Krümmungsradius R:

$$\frac{h}{R} = \sin\delta \approx \delta \tag{15.38}$$

Die Winkel α und β rechnen wir über die Winkelsummen in den Dreiecken in die Winkel γ und ε um, die sich später in den gesuchten Längen a und b ausdrücken lassen (►Abbildung 15.23):

$$\delta + \varepsilon + (\pi - \alpha) = \pi$$
$$\alpha = \delta + \varepsilon \tag{15.39}$$
$$\beta + \gamma + (\pi - \delta) = \pi$$
$$\beta = \delta - \gamma \tag{15.40}$$

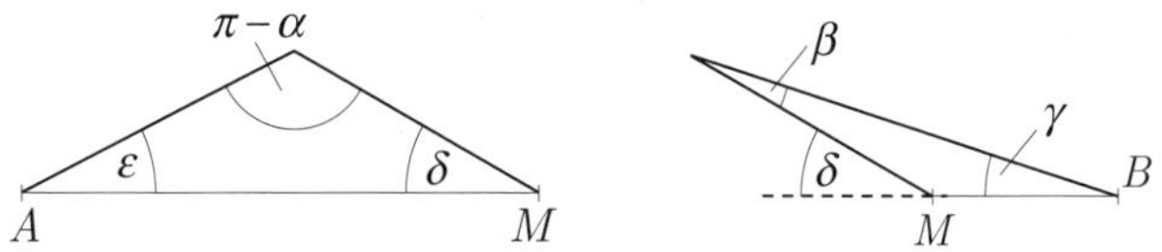

Abbildung 15.23 Gegenstandsseitiges Dreieck (links) und bildseitiges (rechts) Dreieck aus ►Abbildung 15.22

Wir verwenden das Brechungsgesetz (14.7) in der Näherung für kleine Winkel und setzen die Winkelbeziehungen (15.39) und (15.40) ein:

$$n_1 \sin\alpha = n_2 \sin\beta$$
$$n_1\,\alpha \approx n_2\,\beta$$
$$n_1\,(\delta + \varepsilon) = n_2\,(\delta - \gamma) \tag{15.41}$$

Weiterhin lassen sich in der Näherung kleiner Winkel ε und γ durch die Gegenstandsweite a und die Bildweite b ausdrücken:

$$\frac{h}{a} \approx \tan\varepsilon \approx \varepsilon \tag{15.42}$$
$$\frac{h}{b} \approx \tan\gamma \approx \gamma \tag{15.43}$$

Einsetzen in Gleichung (15.41) und Umsortieren der Terme ergibt

$$n_1 \left(\frac{h}{R} + \frac{h}{a} \right) = n_2 \left(\frac{h}{R} - \frac{h}{b} \right) , \tag{15.44}$$

$$\frac{n_1}{a} + \frac{n_2}{b} = \frac{n_2 - n_1}{R} . \tag{15.45}$$

Für den Term der rechten Seite verwenden wir die Brennweite f aus Gleichung (15.36) und erhalten die Abbildungsgleichung für die sphärische Grenzfläche zwischen zwei Medien mit den Brechungsindizes n_1, n_2, der Gegenstandsweite a und der Bildweite b:

$$\frac{n_1}{a} + \frac{n_2}{b} = \frac{n_2}{f} \tag{15.46}$$

Diese Abbildungsgleichung ist der des Hohlspiegels (15.28) sehr ähnlich, lediglich die Brechungsindizes kommen hinzu.

Für die gegenstandsseitige Brennweite ergibt sich mit Gleichung (15.37)

$$\frac{n_1}{a} + \frac{n_2}{b} = -\frac{n_1}{f'} . \tag{15.47}$$

Abbildungsgleichungen und Brennweiten für Linsen

Bei einer Linse treten zwei Übergänge auf. Die gesamte optische Abbildung durch eine Linse besteht daher aus zwei Abbildungen (►Abbildung 15.24).

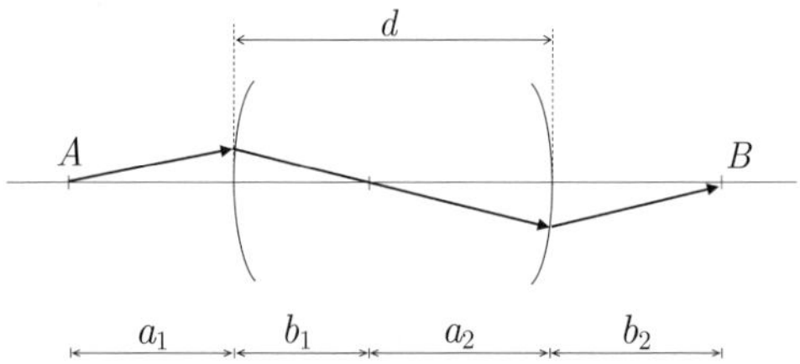

Abbildung 15.24 Im Fall einer Linse (der Dicke d) treten beim Strahlengang Luft–Linse–Luft zwei Übergänge auf.

Wir betrachten im Folgenden den wichtigen Fall einer von Luft umgebenen Linse und setzen $n_1 = n_3 = 1$. Bei der ersten Abbildung (Luft–Linse) sind in der Abbildungsgleichung (15.46) die Brechungsindizes $n_1 = 1$, $n_2 = n$ und die Gegenstands- und Bildweiten $a = a_1$, $b = b_1$:

$$\frac{1}{a_1} + \frac{n}{b_1} = \frac{n}{f_1} \tag{15.48}$$

Bei der zweiten Abbildung (Linse–Luft) sind $n_1 = n$, $n_2 = 1$, $a = a_2$ und $b = b_2$:

$$\frac{n}{a_2} + \frac{1}{b_2} = \frac{1}{f_2} \tag{15.49}$$

Für die Dicke d der Linse (Abstand zwischen den Übergängen) gilt

$$d = b_1 + a_2 \,. \qquad (15.50)$$

Hier machen wir uns das Konzept zunutze (Abschnitt 15.1.2, Kasten (15.6)), dass das Bild des ersten Übergangs den Gegenstand des zweiten Übergangs darstellt. Die Addition beider Gleichungen für die Einzelübergänge ergibt eine *Abbildungsgleichung für die Linse* in allgemeiner Form:

$$\begin{aligned}\frac{1}{a_1} + \frac{1}{b_2} &= \frac{n}{f_1} + \frac{1}{f_2} - \frac{n}{b_1} - \frac{n}{a_2} \\ &= \underbrace{\frac{n}{f_1} + \frac{1}{f_2} + n\left(-\frac{1}{b_1} + \frac{1}{b_1 - d}\right)}_{\equiv \tilde{f}^{-1}}\end{aligned} \qquad (15.51)$$

Diese Gleichung hat bereits dieselbe Struktur wie die Abbildungsgleichung eines Hohlspiegels (15.28), hier mit der effektiven Gesamtbrennweite $\tilde{f}$ für die Linse.

Dünne Linse. Die meisten Linsen sind dünn, sodass wir die Berechnung der Gesamtbrennweite $\tilde{f}$ in (15.51) vereinfachen können (►Abbildung 15.25).

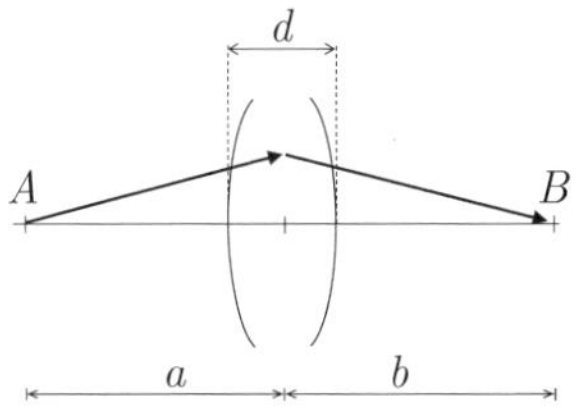

Abbildung 15.25 Näherung für den Fall einer dünnen Linse

Schieben wir die beiden Grenzflächen zusammen, sodass die Dicke d der Linse klein ist im Vergleich zu den Gegenstandsweiten und Bildweiten, gilt $b_1 - d \approx b_1$. Den Term in der Klammer (15.51) können wir in diesem Fall vernachlässigen.

Außerdem können wir die Gegenstandsweite relativ zur Linsenmitte messen ($a_1 \approx a$) und analog für die resultierende Bildweite ($b_2 \approx b$) vorgehen. Damit erhalten wir

$$\frac{1}{a} + \frac{1}{b} \approx \underbrace{\frac{n}{f_1} + \frac{1}{f_2}}_{\equiv f^{-1}} \,.$$

Fassen wir die rechte Seite der Gleichung zur inversen Brennweite

$$\frac{1}{f} \equiv \frac{n}{f_1} + \frac{1}{f_2} \qquad (15.52)$$

zusammen, erhalten wir als **Abbildungsgleichung für die dünne Linse**

$$\frac{1}{a} + \frac{1}{b} = \frac{1}{f} \,. \qquad (15.53)$$

Dies ist dieselbe Gleichungsstruktur wie beim Hohlspiegel (15.28).

Experiment: Brennweite einer Linse

Experimentell können wir die Brennweite f einer Linse anhand der Abbildungsgleichung (15.53) überprüfen: Wir verwenden achsenparallele Lichtstrahlen mit $a = \infty$ und erhalten als Bildweite $b = f$.

Wir beleuchten mit einer lichtstarken Lampe (Bogenlampe) eine Platte, die drei querliegende Schlitze hat. Damit erzeugen wir drei Lichtstrahlen, die wir parallel zur Symmetrieachse einer Linse einfallen lassen. Hinter der Linse verfolgen wir die Lichtstrahlen zum Brennpunkt, in dem sich die Strahlen treffen (►Abbildung 15.26).

Die Brennweite f messen wir durch den Abstand zwischen Linse und dem Brennpunkt.

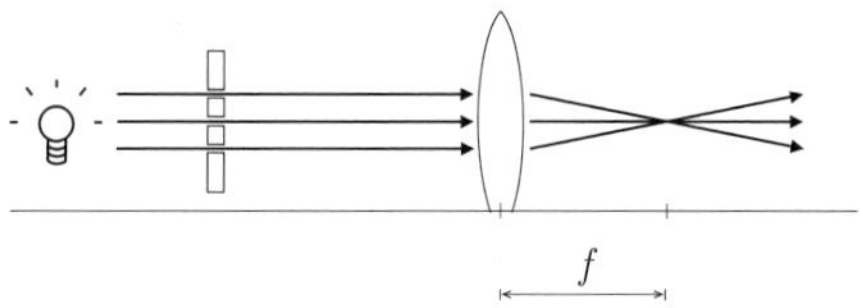

Abbildung 15.26 Von einer lichtstarken Lampe werden parallele Lichtstrahlen ausgefiltert, die auf eine Linse treffen. Sie schneiden sich im Brennpunkt hinter der Linse im Abstand der Brennweite f.

Brennweite und Krümmungsradien dünner Linsen. Im Folgenden wollen wir die Brennweite f aus dem Linsenmaterial und den Krümmungsradien der beiden Linsenseiten konkret berechnen. Für den Herstellungsprozess einer Linse benötigt ein Linsenschleifer genau diese Größen.

Um von der Brennweite auf die Krümmungsradien umzurechnen, setzen wir in Gleichung (15.36) für die erste Grenzfläche $n_1 = 1$, $n_2 = n$ und für die zweite Grenzfläche $n_1 = n$, $n_2 = 1$ ein:

$$f_1 = \frac{n}{n-1} R_1$$

$$f_2 = \frac{1}{1-n} R_2$$

Diese Brennweiten setzen wir in Gleichung (15.52) ein:

$$\begin{aligned}\frac{1}{f} &= n\,\frac{n-1}{n\,R_1} + \frac{1-n}{R_2} \\ &= (n-1)\left(\frac{1}{R_1} - \frac{1}{R_2}\right)\end{aligned}$$

Die Krümmungen R_1 und R_2 der Linsenoberflächen sind entgegengesetzt orientiert, was im Vorzeichen der Krümmungsradien enthalten ist.

Die Brennweite f in Abhängigkeit der Krümmungsradien R_1, R_2 und des Brechungsindex des Linsenmaterials n wird als **Linsenmachergleichung** bezeichnet:

$$f = \frac{1}{n-1} \frac{R_1 R_2}{R_2 - R_1} \tag{15.54}$$

Für den Spezialfall $R = R_1 = -R_2$ vereinfacht sich die Linsenmachergleichung zu

$$f = \frac{1}{n-1} \frac{R}{2} \tag{15.55}$$

Wir führen folgende **Vorzeichenkonvention** für die Krümmungsradien ein:

$R > 0$:	Der Krümmungsmittelpunkt liegt auf der dem Objekt abgewandten Seite.
$R < 0$:	Der Krümmungsmittelpunkt liegt auf der Objektseite.

Mit dieser Vorzeichenkonvention haben wir die in ►Abbildungen 15.27 aufgeführten Linsenformen.

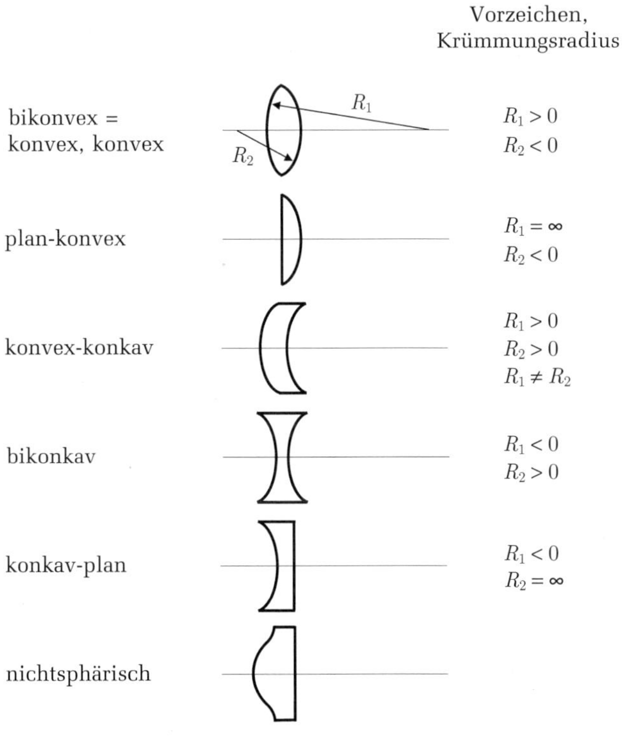

Abbildung 15.27 Darstellung verschiedener Linsenformen (Strahlengang von links nach rechts)

Anstelle der Brennweite wird häufig auch die **Brechkraft** D mit der Einheit **Dioptrien** (1 dpt = 1/m) definiert:

$$D = \frac{n}{f} \quad (15.56)$$

Dabei ist n der Brechungsindex des umgebenden Mediums (meistens $n = 1$ für Luft) und f die Brennweite der Linse.

Aufgabe 32: Linsenmachergleichung

Berechnen Sie die Brennweite einer bikonvexen Linse mit den Krümmungsradien $|R_1| = |R_2| = 100\,\text{mm}$, die aus Plexiglas mit dem Brechungsindex $n = 1{,}5$ gefertigt ist.

Abbildungsmaßstab für dünne Linsen

Der Abbildungsmaßstab ist definiert als das Verhältnis von Bildgröße B zur Objektgröße A.

Auch bei der Linse erhalten wir den Abbildungsmaßstab B/A durch das Verhältnis von Bildweite b zur Gegenstandsweite a. Wir ersetzen b durch die Abbildungsgleichung (15.53) und erhalten die Bildgröße in Abhängigkeit der Gegenstandsweite a:

$$\begin{aligned} \frac{B}{A} &= \frac{b}{a} \quad (15.57) \\ &= \frac{1}{a}\left(\frac{1}{f} - \frac{1}{a}\right)^{-1} \\ &= \left(\frac{a}{f} - 1\right)^{-1} \end{aligned}$$

$$\frac{B}{A} = \frac{1}{a/f - 1} \quad (15.58)$$

Abhängig von der Gegenstandsgröße a im Vergleich zur Brennweite f ergeben sich, so wie beim Hohlspiegel (15.31), folgende Abbildungseigenschaften:

	Bildart
$a > f$	Das Bild ist reell und steht auf dem Kopf.
$a = f$	Es entsteht kein Bild, die Lichtstrahlen laufen ins Unendliche.
$a < f$	Das Bild ist virtuell und richtig herum auf der Objektseite.

	Vergrößerung
$a > 2f$	Das Bild ist verkleinert.
$a = 2f$	Die Bildgröße entspricht der Gegenstandsgröße.
$2f > a > f$	Das Bild ist vergrößert.
$a < f$	Das Bild ist vergrößert.

Experiment: Abbildung mit Linsen

Wir beleuchten einen Gegenstand, z. B. eine Platte mit ausgeschnittenem Buchstaben, mit einer starken Lampe. Wir stellen eine Linse der Brennweite f so auf, dass die Gegenstandsweite a des Buchstabens jenseits des objektseitigen Brennpunkts liegt. Hinter der Linse positionieren wir einen Schirm, dessen Abstand wir variieren (►Abbildung 15.28).

In Abhängigkeit der Position des Buchstabens vor der Linse finden wir nur eine Position des Schirms, die ein scharfes Bild des Buchstabens ergibt. Das Bild des Buchstabens steht auf dem Kopf.

Stellen wir den Buchstaben so dicht an die Linse, dass er zwischen Brennpunkt und Linse positioniert ist, ergibt sich ein virtuelles, vergrößertes Bild des Buchstabens.

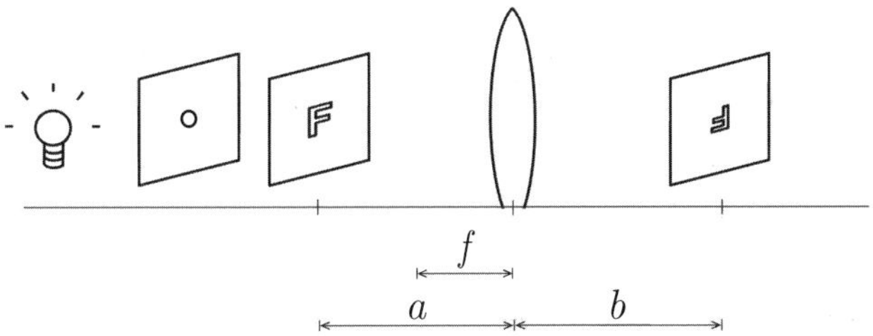

Abbildung 15.28 Ein Lichtbündel fällt auf einen ausgeschnittenen Buchstaben, dann auf eine Linse. Der Abstand des Schirms hinter der Linse wird so eingestellt, dass sich ein scharfes Bild ergibt.

Aufgabe 33: Abbildung dünner Linsen

Gegeben sind eine Kerze und eine Linse mit Brennweite f (►Abbildung 15.29).

Gesucht sind die Bildgrößen und Richtungen für die Gegenstandsweiten $a = f/2$, f, $2f$, $3f$. Zeichnen Sie die entsprechenden Lichtstrahlen in eine Skizze oder berechnen Sie die zugehörigen Werte.

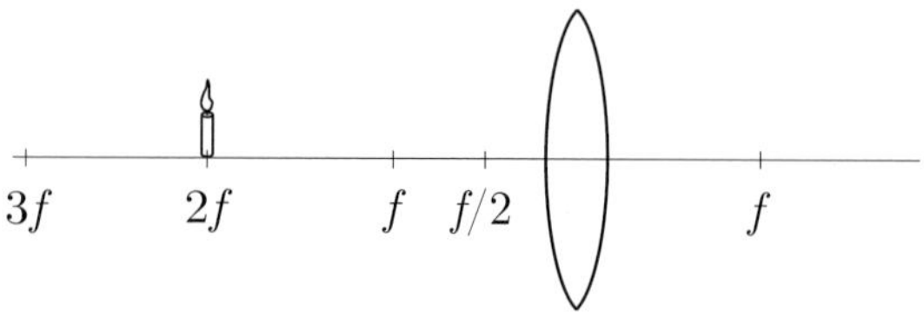

Abbildung 15.29 Aufbau: Eine Kerze wird in unterschiedlichen Abständen vor der Linse positioniert.

Beispiel: Gravitationslinsen

Lichtablenkung und Abbildungen können auch ohne optische Hilfsmittel wie Linsen auftreten.

Lichtstrahlen werden abgelenkt, wenn sie das Gravitationsfeld massebehafteter Körper durchqueren. Nach der Allgemeinen Relativitätstheorie wird ein Lichtstrahl, der eine Punktmasse M im Abstand r passiert, um den Winkel

$$\vartheta = \frac{4\,G}{c^2}\frac{M}{r}$$

abgelenkt (für $\vartheta \ll 1\,\text{rad}$). Dabei ist G die Gravitationskonstante, und c bezeichnet die Vakuumlichtgeschwindigkeit.

Diese Vorhersage Einsteins aus dem Jahr 1915 konnte durch Messungen von Sternpositionen während einer Sonnenfinsternis 1919 bestätigt werden, was für die Akzeptanz der Allgemeinen Relativitätstheorie von großer Bedeutung war.

In der Astronomie beobachtet man, dass auch Galaxien als »Gravitationslinsen« wirken können, indem sie das Licht weit entfernter Hintergrundgalaxien ablenken und zum Beobachter hin bündeln. Bei geeigneter Anordnung von Lichtquelle, Gravitationslinse und Beobachter führt dies auch zu Mehrfachbildern oder verformten Bildern (Bögen) der Hintergrundgalaxie. Der Gravitationslinseneffekt wird unter anderem zur Bestimmung der Masse M der als »Linse« wirkenden Galaxie verwendet.

Das Wichtigste zum Mitnehmen

Zum Mitnehmen: Optische Abbildung 1

- Mit einem optischen Element wird eine **Abbildung eines Gegenstands** z. B. auf einem Schirm erstellt, wenn einem bestimmten Gegenstandspunkt ein bestimmter Bildpunkt zugeordnet ist.

  Schon mit einer **Blende** kann ein Bild erzeugt werden (Lochkamera); hier werden Lichtstrahlen anderer Gegenstandspunkte ausge*blende*t.

  Bei optischen Elementen, die **gekrümmte Oberflächen** aufweisen (z. B. Hohlspiegel und Linsen), können Lichtstrahlen, die vom Gegenstandspunkt in verschiedene Richtungen ausgehen, im zugehörigen Bildpunkt zusammengeführt werden: **Abbildung durch Strahlenvereinigung**.

  Werden mehrere optische Elemente zu einem Gesamtsystem kombiniert, so kann das **Bild von Element** i als **Gegenstand von Element** $i+1$ angesehen werden.

- Durch das Prinzip der Strahlenvereinigung reichen zwei Lichtstrahlen für eine **geometrische Konstruktion** des Bilds (mit »Lineal und Bleistift«). Lichtstrahlen mit recht einfachen Verläufen sind z. B. solche, die achsenparallel liegen oder den Brennpunkt oder Krümmungsmittelpunkt passieren (►Abbildung 15.15 und ►Abbildung 15.21).

- Mithilfe des geometrisch ausgezeichneten **Brennpunkts** und seines Abstandes vom optischen Element, der **Brennweite** f, kann die **Abbildungsgleichung** eines optischen Elements aufgestellt werden. Mit ihr lässt sich für jeden Abstand des Gegenstandes vom optischen Element die Position des Bildes berechnen. Auch weitere Charakteristika des Bildes lassen sich darüber ermitteln, insb. die Bildgröße und die Art des Bildes (reell oder virtuell, je nach dem, ob im Bildpunkt tatsächlich oder nur scheinbar Lichtstrahlen eintreffen).

Zum Mitnehmen: Optische Abbildung 2

- Im Unterschied zu anderen Spiegelformen weist beim **ebenen Spiegel** das Bild die gleichen Größen- und Winkelverhältnisse auf wie der Gegenstand.

  Beim **sphärischen Hohlspiegel** mit Krümmungsradius R schneiden sich Strahlen, die parallel und nahe zur Symmetrieachse einfallen, im Abstand $f = R/2$ vom Spiegel im Brennpunkt. Mit der Gegenstandsweite a und der Bildweite b lautet die **Abbildungsgleichung des Hohlspiegels**

  $$\frac{1}{a} + \frac{1}{b} = \frac{1}{f}\,. \tag{15.28}$$

  Der **Abbildungsmaßstab** B/A (Bildgröße B und Gegenstandsgröße A) entspricht dem Verhältnis von Bild- zu Gegenstandsweite

  $$\frac{B}{A} = \frac{b}{a} = \frac{1}{a/f - 1}\,. \qquad (15.30,15.31)$$

  Position, Größe und Ausrichtung des Bildes können sich also als Funktion von a stark ändern. Im Parabolspiegel treffen sich alle achsenparallelen Lichtstrahlen im Brennpunkt, auch solche fern der Symmetrieachse.

- Bei Brechung an einer **sphärischen Grenzfläche** mit Krümmungsradius R zwischen zwei Medien mit Brechungsindizes n_1 und n_2 ergibt sich für kleine Winkel und achsennahe Lichtstrahlen die Brennweite zu

  $$f = \frac{n_2}{n_2 - n_1} R\,. \tag{15.36}$$

  Die (bildseitige) **Abbildungsgleichung der sphärischen Grenzfläche** lautet

  $$\frac{n_1}{a} + \frac{n_2}{b} = \frac{n_2}{f}\,. \tag{15.46}$$

- Bei einer **Linse** treten zwei Übergänge auf (z. B. zuerst Luft–Linsenmaterial, dann Linsenmaterial–Luft). Die gesamte optische Abbildung durch eine Linse besteht daher aus zwei Abbildungen. Die **Abbildungsgleichung einer dünnen Linse** in Luft lautet (wie beim Hohlspiegel)

  $$\frac{1}{a} + \frac{1}{b} = \frac{1}{f}\,. \tag{15.53}$$

- Die Brennweite hängt vom Brechungsindex n des Linsenmaterials und der Form der zwei Grenzflächen ab und kann entweder (15.52) über die Brennweiten der Grenzflächen oder mit der Linsenmachergleichung (15.54) über ihre Krümmungsradien berechnet werden. Anstelle der Brennweite wird oft die Brechkraft $D = n/f$ (15.56) mit der Einheit Dioptrien (1 dpt = 1/m) verwendet.

  Der **Abbildungsmaßstab** ergibt sich (wie beim Hohlspiegel) zu

  $$\frac{B}{A} = \frac{b}{a} = \frac{1}{a/f - 1}\,. \tag{15.58}$$

Optische Systeme

16

ÜBERBLICK

» In diesem Kapitel untersuchen wir Abbildungen, die bei der Kombination geeigneter optischer Elemente entstehen. Zunächst stellen wir optische Systeme aus Blenden und Linsen zusammen und beschreiben dann ein Matrix-basiertes Verfahren, mit dem sich Abbildungen bei beliebig vielen optischen Elementen berechnen lassen. Schließlich erläutern wir Fehlerarten in Abbildungen und stellen entsprechende Korrekturmechanismen vor. «

16.1 Schärfentiefe: Linse mit Blende

Beim Fotografieren besteht häufig die Herausforderung, mehrere Objekte in verschiedenen Abständen von der Linse »scharf« auf das Bild zu bekommen. Die von den Objekten reflektierten Lichtstrahlen gehen von verschiedenen Gegenstandsweiten a_i aus, die dann durch die Linse des Fotoapparats auf entsprechend verschiedene Bildweiten b_i abgebildet werden.

Experiment: Schärfentiefe mit Glühlampe

Wir nehmen eine durchsichtige Glühlampe, in der die Glühwendel in mehreren Windungen von ca. 1 cm Durchmesser besonders gut sichtbar angefertigt wurde.

Wir stellen eine vollständig geöffnete Blende vor eine Videokamera und fokussieren auf die vorderste Windung der leuchtenden Glühwendel. Die hinteren Windungen der Glühwendel erscheinen unscharf. Schließen wir langsam die Blende, so werden sämtliche Windungen, auch die hinten liegenden, scharf abgebildet.

Das Ergebnis des Versuchs ist zunächst überraschend. Um das Problem dieser sogenannten Schärfentiefe quantitativ zu erfassen, ersetzen wir die Videokamera durch eine Linse und definieren eine Toleranzgröße $\Delta a = a_\circ - a_v$. Mit ihr werden wir ein Maß dafür berechnen, wie weit man die Gegenstandsweite eines Objekts von $a_\circ$ nach a_v verschieben kann, ohne dass das Bild auf einem Schirm im festen Abstand $b_\circ$ unscharf wird.

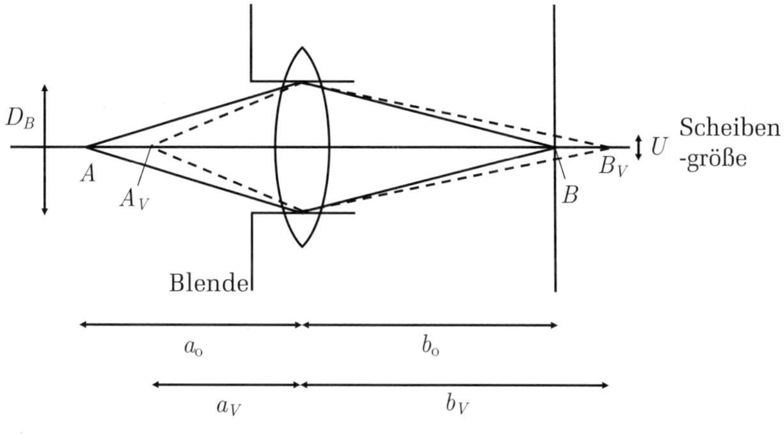

Abbildung 16.1 Ein Punkt im Abstand $a_\circ$ wird scharf auf dem Schirm (Abstand $b_\circ$) abgebildet, während ein Punkt im Abstand a_v auf dem Schirm ein Scheibchen der Größe u ergibt. Durch Verkleinern der Blendenöffnung lässt sich u reduzieren.

Dabei hängen $a_\circ$ und $b_\circ$ über die Abbildungsgleichung (15.53) mit der Brennweite f der Linse zusammen:

$$\frac{1}{f} = \frac{1}{a_\circ} + \frac{1}{b_\circ} \tag{16.1}$$

Verschieben wir die Gegenstandsweite auf den Abstand a_v, so ist natürlich auch der Bildpunkt verschoben:

$$\frac{1}{f} = \frac{1}{a_v} + \frac{1}{b_v} \tag{16.2}$$

Da wir bei der Verschiebung der Gegenstandsweite die Position des Schirms an der Stelle $b_\circ$ beibehalten, ergibt sich jetzt eine Unschärfe dadurch, dass ein Gegenstandspunkt im Abstand a_v bei $b_\circ$ auf eine Scheibe der Größe u abgebildet wird. Damit das Foto noch scharf erscheint, sollte diese Scheibengröße am besten kleiner als das Auflösungsvermögen unseres Auges sein.

Wir werden im Folgenden zeigen, dass man die Scheibengröße u durch eine Blende mit der Öffnung D_B vor der Linse verkleinern kann.

Die Größen D_B und u stehen über den Strahlensatz miteinander und mit der verschobenen Bildweite b_v in Beziehung:

$$\begin{aligned}
\frac{D_B}{b_v} &= \frac{u}{b_v - b_\circ} \\
D_B\,(b_v - b_\circ) &= b_v\,u \\
D_B\,b_\circ &= b_v\,(D_B - u) \\
b_v &= \frac{D_B\,b_\circ}{D_B - u}
\end{aligned} \tag{16.3}$$

Für eine praktische Anwendung benötigen wir die größtmögliche noch akzeptable Verschiebung der Gegenstandsweite $\Delta a = a_\circ - a_v$. Wir berechnen sie mit den Abbildungsgleichungen (16.1) und (16.2) und setzen die verschobene Bildweite b_v aus (16.3) ein:

$$\begin{aligned}
\Delta a &= a_\circ - a_v \\
&= \left(\frac{1}{f} - \frac{1}{b_\circ}\right)^{-1} - \left(\frac{1}{f} - \frac{1}{b_v}\right)^{-1} \\
&= \left(\frac{1}{f} - \frac{1}{b_\circ}\right)^{-1} - \left(\frac{1}{f} - \frac{D_B - u}{D_B\,b_\circ}\right)^{-1} \\
&= \frac{b_\circ\,f}{b_\circ - f} - \frac{D_B\,b_\circ\,f}{D_B\,b_\circ - f\,(D_B - u)} \\
&= b_\circ\,f\,\frac{D_B\,b_\circ - f\,(D_B - u) - D_B\,(b_\circ - f)}{(b_\circ - f)[D_B\,b_\circ - f\,(D_B - u)]} \\
&= \frac{b_\circ\,f\,f\,u}{(b_\circ - f)[D_B\,b_\circ - f\,(D_B - u)]} \\
&= \frac{b_\circ\,f\,f}{(b_\circ - f)[D_B/u\ + f/(b_\circ - f)](b_\circ - f)}
\end{aligned} \tag{16.4}$$

(16.1) können wir umformen in $1/V = a_\circ/b_\circ = f/(b_\circ - f)$ und erhalten durch Einsetzen in (16.4)

$$\frac{\Delta a}{a_\circ} = \frac{1/V}{(D_B/u + 1/V)}\,. \tag{16.5}$$

Für ein scharfes Bild sollte die Abbildungsscheibe u (z. B. auf der Netzhaut oder in der Bildebene einer digitalen Kamera) von der Größenordnung $u \approx 5 - 10\,\mu m$ sein, deutlich kleiner als die Blendenöffnung D_B. Wir unterscheiden folgende Fälle:

$$1/V \gg D_B/u \rightarrow \Delta a \approx a_\circ \tag{16.6}$$

$$1/V = D_B/u \rightarrow \Delta a = a_\circ/2 \tag{16.7}$$

$$1/V \ll D_B/u \rightarrow \Delta a \approx a_\circ(1/V)/(D_B/u) \tag{16.8}$$

Im Fernbereich (16.6) ist das ganze Bild auch ohne Blende scharf, weil sich die parallelen Strahlen alle in der Brennebene treffen, der Schärfebereich Δa wird jedoch mit abnehmendem Abstand $a_\circ$ kleiner und halbiert sich bei $V = u/D_B$ (16.7). Erst im Nahbereich (16.8) kommt die Blende zum Tragen:

$$\Delta a \approx u \frac{a_\circ}{V} \frac{1}{D_B} \tag{16.9}$$

Je kleiner die Blendenöffnung D_B gewählt wird, desto größer ist die Toleranz Δa in der Gegenstandsweite für ein Bild, das uns »scharf« erscheint. Je kleiner der Objektabstand $a_\circ$, desto mehr muss man die Blende für ein scharfes Bild zudrehen.

Beispiel: Schärfentiefe

Wir wollen einen Gegenstand im Abstand $a_\circ = 1\,\text{m}$ von einer Linse der Brennweite $f = 50\,\text{mm}$ abbilden. Aus der Abbildungsgleichung (15.53) berechnen wir, dass das Bild in der Entfernung $b_\circ = 52{,}6\,\text{mm}$ entsteht. Als Scheibengröße verlangen wir maximal $u = 0{,}01\,\text{mm}$.

Für zwei Blendenöffnungen erhalten wir unter Verwendung von Gleichung (16.9) folgende Toleranzen in der Gegenstandsweite:

$$\text{für } D_B = 10\,\text{mm}: \quad \Delta a = 0{,}019\,\text{m} \approx 2\,\text{cm}$$

$$\text{für } D_B = 3\,\text{mm}: \quad \Delta a = 0{,}063\,\text{m} \approx 6\,\text{cm}$$

Bei kleineren Blendenöffnungen erhält man größeren Spielraum im Abstand. Gegenstände dürfen weiter auseinanderstehen, ohne dass sie unscharf erscheinen.

16.2 Auge: Abbildung, Sehwinkel

Das Auge stellt selbst ein komplexes Abbildungssystem dar, das wir hier in vereinfachter Form studieren. Die Lichtstrahlen dringen zunächst durch die statische Hornhaut des Auges, dann durch die Augenlinse und schließlich in den Glaskörper ein. Auf der Netzhaut werden die Lichtinformationen weiter verarbeitet (►Abbildung 16.2).

Die Hornhaut ist eine gekrümmte Oberfläche, die bereits den Effekt einer Sammellinse hat. Die Iris öffnet und schließt sich je nach einfallender Lichtintensität und entspricht einer Blende. Die Linse des Auges wird durch Muskeln gehalten, die eine veränderbare

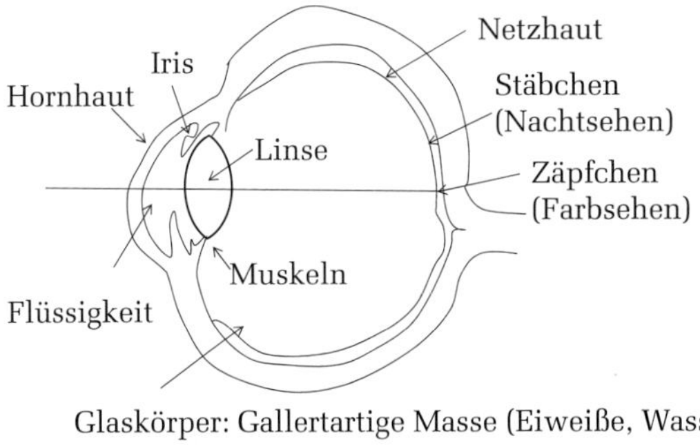

Abbildung 16.2 Vereinfachter Aufbau des Auges

Brennweite dieser Linse ermöglichen. Da der Abstand Linse–Netzhaut vorgegeben ist, wird das Scharfstellen des Bilds (Akkomodation) also durch Änderung der Brennweite erzielt.

Auf der Netzhaut werden durch Licht chemische Prozesse in den Stäbchen und Zäpfchen ausgelöst. Sie führen zu elektrischen Impulsen, die im Gehirn verarbeitet werden. Die Empfindlichkeit der Stäbchen und Zäpfchen hängt von der Wellenlänge ab.

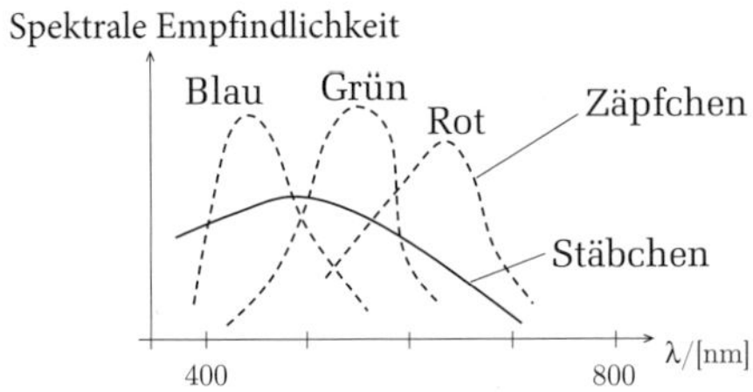

Abbildung 16.3 Relative Empfindlichkeit von Stäbchen und Zäpfchen als Funktion der Wellenlänge

Zur vereinfachten Betrachtung fassen wir das Linsensystem aus Hornhaut und Linse zu einer effektiven Augenlinse zusammen (►Abbildung 16.4). Typische Werte für die effektiven Brennweiten liegen bei ca. 2 cm.

Diese effektive Augenlinse befindet sich auf der einen Seite an Luft mit Brechungsindex $n \simeq 1$, auf der anderen Seite im Glaskörper des Auges mit dem Brechungsindex n_2.

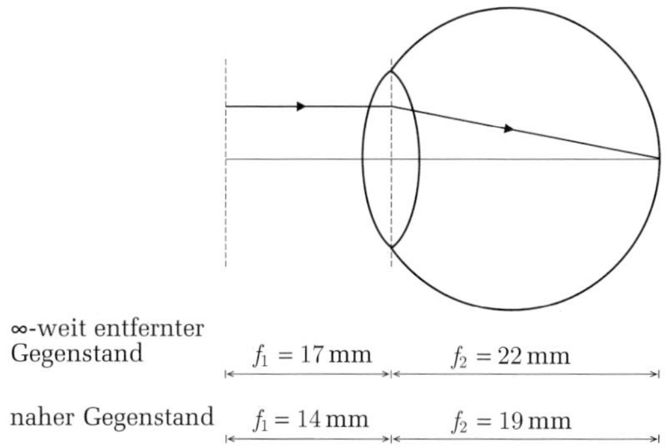

Abbildung 16.4 Beispielwerte für unterschiedliche Brennweiten

16.2.1 Abbildungsgleichung für das Auge

Die Abbildungsgleichung der Augenlinse lässt sich ähnlich zur Berechnung für die Linse ermitteln (Abschnitt 15.2.2).

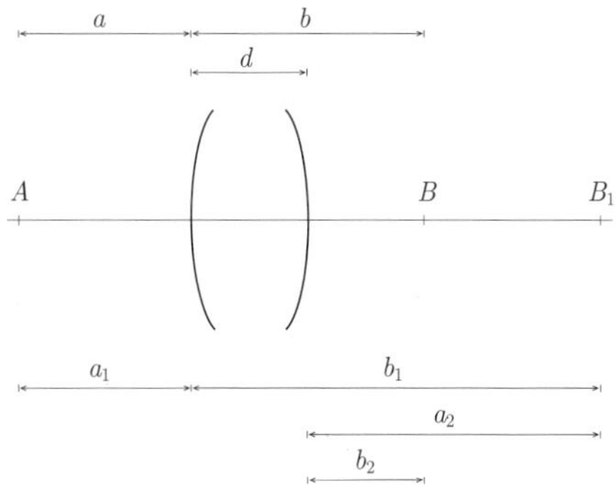

Abbildung 16.5 Bezeichnungen für die Ableitung der Abbildungsgleichung

Die erste Brechung erfolgt gemäß (15.45) von Luft ($n_1 = 1$) in die Augenlinse (n_{al}):

$$\frac{n_1}{a_1} + \frac{n_{al}}{b_1} = \frac{n_{al} - n_1}{R_1} \tag{16.10}$$

Die zweite Brechung geht von der Linse in den Glaskörper des Auges mit Brechungsindex n_2:

$$\frac{n_{al}}{a_2} + \frac{n_2}{b_2} = \frac{n_2 - n_{al}}{R_2} \tag{16.11}$$

Das Bild B_1 der ersten Brechung übernimmt die Rolle des Gegenstands für die zweite Brechung. Wir verwenden die Näherung für dünne Linsen, d. h. $d \to 0 \Rightarrow a_2 \simeq -b_1$, sowie $a_1 \simeq a$ und $b_2 \simeq b$. Durch Addition der Gleichungen (16.10) und (16.11) erhalten wir

$$\frac{n_1}{a} + \frac{n_2}{b} = \underbrace{\frac{n_{al} - n_1}{R_1} - \frac{n_{al} - n_2}{R_2}}_{\equiv \zeta} . \tag{16.12}$$

Dabei kürzen wir den rechten Term für die folgenden Überlegungen durch ζ ab.

Für von außen einfallende, achsenparallele Lichtstrahlen ($a = \infty$) entspricht die Bildweite b der (bildseitigen) Brennweite f innerhalb des Auges. Also ist nach (16.12)

$$\frac{n_2}{f_2} = \zeta\,. \tag{16.13}$$

Umgekehrt erhalten wir bei einem Objekt, das vor dem Auge im Brennpunkt steht, eine (gegenstandsseitige) Bildweite im Unendlichen ($b = \infty$). In diesem Fall entspricht die Gegenstandsweite a der Brennweite f' außerhalb des Auges. Nach (16.12) gilt

$$\frac{n_1}{f_1} = \zeta\,. \tag{16.14}$$

Setzen wir diese beiden Ausdrücke in (16.12) ein, ergibt sich

$$\frac{f_1\,\zeta}{a} + \frac{f_2\,\zeta}{b} = \zeta\,.$$

Als Abbildungsgleichung des Auges erhalten wir damit

$$\frac{f_1}{a} + \frac{f_2}{b} = 1\,. \tag{16.15}$$

Da der Abstand zwischen Linse und Netzhaut fest ist, bestehen unsere Variationsmöglichkeiten zum Scharfstellen des Bilds nur in der Veränderung der Gegenstandsweite a und der Brennweiten. Der minimale Wert für f_1 ist $f_{1,min} \approx 0{,}014$ m.

Beispiel: Scharfstellen des Auges

Wir stellen einen Gegenstand in der Entfernung $a = 1\,\text{m}$ auf. Bei der Brennweite $f_1 = 17\,\text{mm}$ erhalten wir aus der Abbildungsgleichung (16.15) für das Auge die erforderliche Brennweite f_2 für ein scharfes Bild (►Abbildung 16.6):

$$\begin{aligned} f_2 &= b\left(1 - \frac{f_1}{a}\right) \\ &= b\left(1 - \frac{0{,}017\,\text{m}}{1\,\text{m}}\right) = 22\,\text{mm} - 0{,}4\,\text{mm} = 21{,}6\,\text{mm} \end{aligned}$$

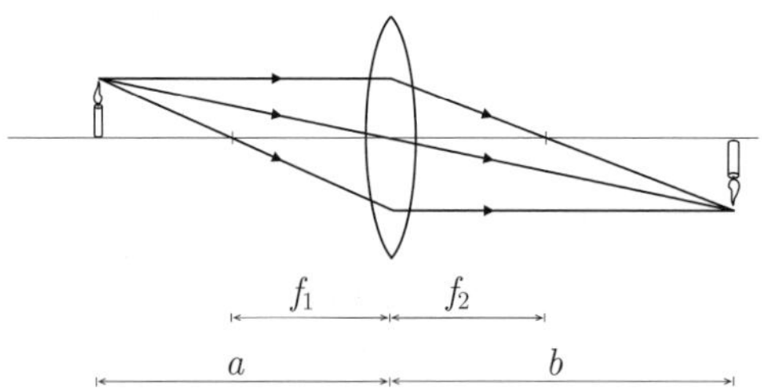

Abbildung 16.6 Das Auge ändert zur Scharfstellung die Brennweiten.

16.2.2 Sehwinkel und Auflösungsvermögen des Auges

Wie groß ein Gegenstand dem Auge erscheint, hängt vom Sehwinkel ab (►Abbildung 16.7).

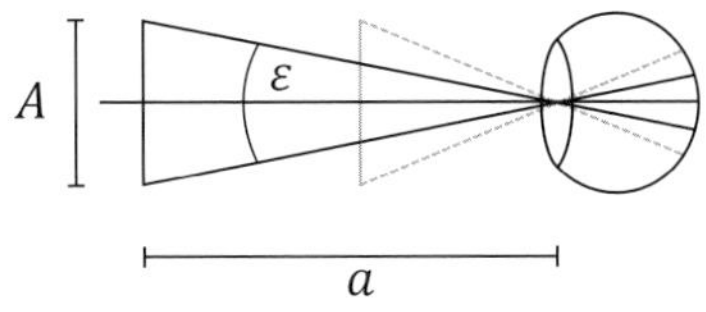

Abbildung 16.7 Der Sehwinkel ϵ vergrößert sich bei näherer Betrachtung.

Der Sehwinkel ε ergibt sich anschaulich aus dem Verhältnis der Größe und des Abstands eines Objekts. Wir definieren daher mit der Gegenstandsweite a und der Gegenstandsgröße A für kleine Winkel:

$$\frac{A}{a} = \tan\varepsilon \approx \varepsilon$$

$$\varepsilon \approx \frac{A}{a} \tag{16.16}$$

Als deutliche Sehweite $s_\circ = 25$ cm wird der Minimalabstand definiert, unter dem ein Gegenstand noch betrachtet werden kann. Der zugehörige Sehwinkel $\varepsilon_\circ$ des Auges bei der deutlichen Sehweite ist entsprechend

$$\varepsilon_\circ \approx \frac{A}{s_\circ} \tag{16.17}$$

und dient später als Referenzgröße, um die Vergrößerung optischer Instrumente zu ermitteln.

Das Auflösungsvermögen des Auges wird durch die Dichte der Rezeptoren auf der Netzhaut bestimmt und wird – wie wir später in Abschnitt 19.1.2 genauer ausführen – durch Beugungserscheinungen an der Pupille begrenzt. Numerisch ergibt sich eine erstaunliche Übereinstimmung. Wir setzen typische Werte des Auges in die Formel (19.8) für die kleinste auf der Netzhaut noch aufgelöste Struktur $a_{min} = a$ ein und erhalten bei einer mittleren Wellenlänge von 550 nm mit einer Blendenöffnung des Auges von 2 mm, einer Brennweite von 17 mm und $n = 1{,}33$ für den Glaskörper

$$a \approx 1{,}22 \cdot \frac{f\,\lambda}{n\,D} = \frac{1{,}22 \cdot 17\,\text{mm} \cdot 550\,\text{nm}}{1{,}33 \cdot 2\,\text{mm}} = 4{,}3\,\mu\text{m}\,. \tag{16.18}$$

Das stimmt mit dem Abstand der Rezeptoren im Auge von ca. 5 µm gut überein.

Umgekehrt läßt sich für parallel einfallende Lichtbündel der minimal noch aufgelöste Winkel berechnen:

$$\varepsilon_{min} = \alpha \approx a/f \approx \frac{5\,\mu\text{m}}{17\,\text{mm}} \approx 3 \cdot 10^{-4}\ [\text{rad}] \approx 1{,}0'\,,$$

also $\varepsilon_{min} \approx 1'$ (Bogenminute). Für einen nahen Gegenstand bei $s_\circ = 25$ cm beträgt damit das räumliche Auflösungsvermögen des Auges

$$A_{min} \approx s_\circ\,\varepsilon_{min} \approx 0{,}25\ \cdot 3 \cdot 10^{-4}\,\text{m} = 0{,}075\,\text{mm}\,.$$

16.3 Vergrößernde optische Instrumente

Eine wichtige Anwendung optischer Systeme ist die **Vergrößerung** V des Sehwinkels ε im Vergleich zur Betrachtung mit bloßem Auge:

$$V = \frac{\varepsilon}{\varepsilon_{\text{Auge}}} . \tag{16.19}$$

Wir untersuchen die wichtigsten Grundtypen: Lupe (eine Linse) und Mikroskop (zwei Linsen) für nahe Objekte sowie Fernrohr (Spiegel plus Linse oder zwei Linsen) für weit entfernte Objekte.

16.3.1 Lupe

Eine Lupe ist eine Sammellinse mit kurzer Brennweite. Steht das Objekt im Abstand der Brennweite ($a \simeq f$), erscheint das Objekt als virtuelles Bild im Unendlichen.

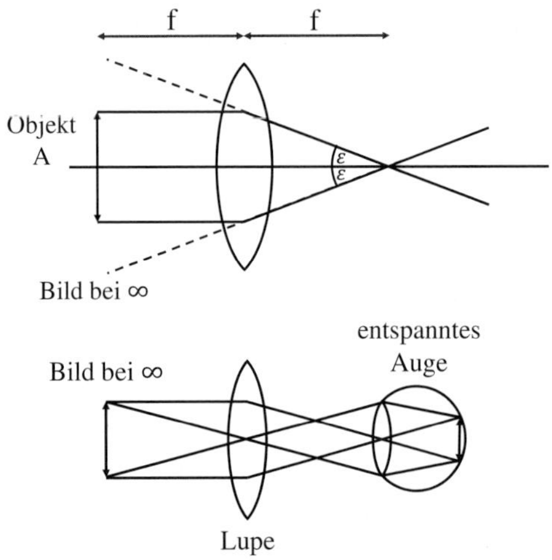

Abbildung 16.8 Oben: Der Gegenstand ist im Brennpunkt der Linse platziert. Die Linse bricht die Strahlen zu einem virtuellen Bild im Unendlichen unter dem Winkel ϵ. Unten: Das Auge fokussiert die Strahlen und sieht das Objekt unter dem Winkel ϵ.

Das Auge bildet die parallelen Strahlen ab und sieht den Gegenstand unter dem scheinbaren Winkel ϵ.

Nach Gleichung (16.16) ist mit $a \simeq f$ der Sehwinkel bei Verwendung der Lupe für kleine Winkel

$$\frac{A}{2f} = \tan\frac{\varepsilon}{2} \approx \frac{\varepsilon}{2}$$

$$\varepsilon \approx \frac{A}{f} . \tag{16.20}$$

Dies vergleichen wir in diesem Fall der Betrachtung naher Gegenstände mit dem Sehwinkel $\varepsilon_\circ$ des Auges bei der deutlichen Sehweite (16.17). Für die Vergrößerung V der Lupe folgt aus (16.19) mit $\varepsilon_{\text{Auge}} = \varepsilon_\circ$ somit

$$V = \frac{\varepsilon}{\varepsilon_\circ} = \frac{s_\circ}{f}\,. \tag{16.21}$$

Beispiel: Lupe

Die Brennweite f und die Sehweite $s_\circ$ betragen

$$f = 2\,\text{cm}$$
$$s_\circ = 25\,\text{cm}\,.$$

Damit erhalten wir eine

$$V = 12{,}5\text{-fache Vergrößerung}\,.$$

16.3.2 Mikroskop

Ein Mikroskop besteht aus einem Linsensystem mit zwei Linsen. Die erste Linse nennen wir das **Objektiv**, die zweite Linse das **Okular** (►Abbildung 16.9). Wir stellen das Objekt

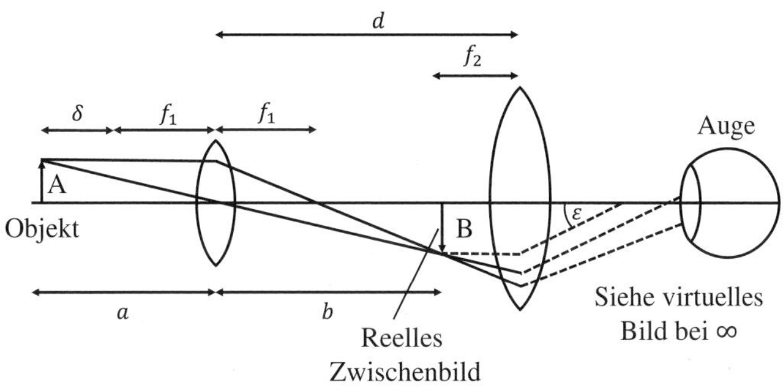

Abbildung 16.9 Das Objektiv erzeugt vom Gegenstand (*Objekt*) zunächst ein reelles Zwischenbild *B*. Dieses wird vom Auge (lat. *oculus*) durch das Okular betrachtet.

in den Abstand $\delta = a - f_1$ vom Brennpunkt des Objektivs. Aus der Abbildungsgleichung (15.53) berechnen wir die Bildweite b für diese erste Linse:

$$\frac{1}{b} = \frac{1}{f_1} - \frac{1}{a} = \frac{a - f_1}{f_1\,a}$$
$$b = \frac{f_1\,a}{\delta} \tag{16.22}$$

Für kleine Abstände δ wird b groß. Die Vergrößerung des Objektivs ist damit ebenfalls groß:

$$\begin{aligned}\frac{B}{A} &= \frac{b}{a} \\ &= \frac{f_1}{\delta}\end{aligned} \tag{16.23}$$

Das Okular wirkt wie eine Lupe. Der Sehwinkel ist

$$\varepsilon = \frac{B}{f_2}\,. \tag{16.24}$$

Wir vergleichen diesen Sehwinkel wieder mit dem Sehwinkel des Auges ohne Hilfsmittel (16.17)

$$\varepsilon_\circ = \frac{A}{s_\circ}\,.$$

Die **Vergrößerung** ergibt sich aus dem Verhältnis der beiden Sehwinkel zu

$$\begin{aligned}V &= \frac{\varepsilon}{\varepsilon_\circ} \\ &= \frac{B}{f_2}\frac{s_\circ}{A} \\ &= \frac{b}{a}\frac{s_\circ}{f_2}\,.\end{aligned} \tag{16.25}$$

Das Objekt wird für ein möglichst großes Zwischenbild B mit $\delta \ll f_1$ nahe der Brennebene der ersten Linse beobachtet (16.23). Damit ist auch $b \gg f_2$. Mit der Näherung $a = f_1 + \delta \approx f_1$ und dem Abstand der Linsen (Tubuslänge) $d = b + f_2 \approx b$ erhalten wir

$$V \approx \frac{d\, s_\circ}{f_1\, f_2}\,. \tag{16.26}$$

Für eine gute Vergrößerung müssen also die beiden Brennweiten f_i klein und die Tubuslänge d groß sein.

Das **Auflösungsvermögen des Mikroskops** ist durch Beugungserscheinungen an der Eintrittsblende begrenzt und wird später in Abschnitt 19.1.2 genauer behandelt.

16.3.3 Fernrohr

Mit Fernrohren können bei der astronomischen Beobachtung entfernte Gegenstände vergrößert dargestellt werden, und es können Objekte sichtbar gemacht werden, die für das bloße Auge zu lichtschwach sind. Wesentliche Bestandteile des **Spiegelteleskops** (Reflektor) sind ein konkaver Hauptspiegel und ein Okular (Lupe). Zur bequemen Beobachtung lenkt z. B. beim »Newton-Teleskop« ein ebener Sekundärspiegel das Licht seitlich aus dem Strahlengang des Hauptspiegels zum Okular hinaus. Die Brennpunkte von Hauptspiegel und Okular fallen zusammen (►Abbildung 16.10).

Bei einem **Linsenteleskop** (Refraktor) wird anstelle des Hauptspiegels eine Linse (Objektiv) verwendet. Die Brennpunkte von Objektiv und Okular fallen zusammen (►Abbildung 16.11).

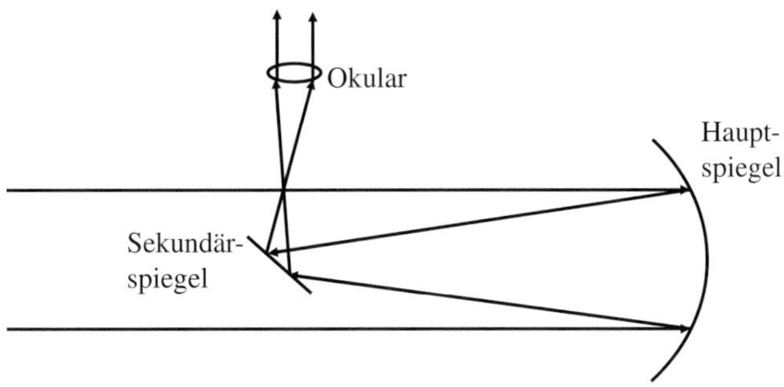

Abbildung 16.10 Beim Spiegelteleskop werden vom weit entfernten Gegenstand die Lichtstrahlen am Hauptspiegel reflektiert und über einen Sekundärspiegel zum Okular gelenkt.

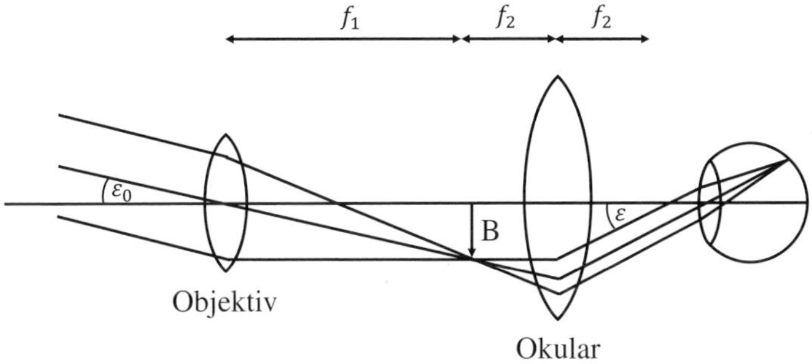

Abbildung 16.11 Beim Linsenteleskop passieren die Lichtstrahlen des weit entfernten Gegenstandes Objektiv und Okular.

Der Lichtgewinn des Fernrohrs bestimmt sich durch das Verhältnis von effektiver Sammelfläche des Hauptspiegels bzw. des Objektivs zur Fläche der Augenpupille. Es lassen sich somit auch lichtschwache Objekte beobachten, beispielsweise Sterne, die mit bloßem Auge nicht erkennbar sind.

Nun wollen wir die Vergrößerung bestimmen. Die Berechnung gilt für Spiegel- und Linsenteleskop gleichermaßen. Betrachten wir zunächst das erste optische Element (Hauptspiegel bzw. Objektiv) mit der Brennweite f_1. Da die Gegenstände sehr weit entfernt sind ($a_1 \to \infty$), folgt aus der Abbildungsgleichung (15.28) für die Bildweite $b_1 \simeq f_1$: Das Bild B parallel einfallender Lichtstrahlen entsteht beim Brennpunkt. Für den Abbildungsmaßstab ((15.30) für Spiegel bzw. (15.53) für Linsen) gilt somit mit der Gegenstandsgröße A_1

$$\frac{B}{A_1} = \frac{b_1}{a_1} = \frac{f_1}{a_1}, \tag{16.27}$$

womit für die Bildgröße B

$$B = \frac{A_1}{a_1} \cdot f_1 \tag{16.28}$$

folgt. Dieses Bild wird nun mit dem zweiten optischen Element betrachtet, dem Okular (Lupe der Brennweite f_2). Für den Sehwinkel ε des Okulars gilt gemäß (16.20)

$$\varepsilon = \frac{A_2}{f_2}. \tag{16.29}$$

Die Gegenstandsgröße A_2 für das Okular entspricht gerade der Bildgröße B des Hauptspiegels/des Objektivs, $A_2 = B$. Drückt man B nun noch durch (16.28) aus, so folgt für den Sehwinkel hinter dem Okular

$$\varepsilon = \frac{B}{f_2} = \frac{A_1}{a_1} \cdot \frac{f_1}{f_2} . \qquad (16.30)$$

Der Sehwinkel des in diesem Fall im Abstand a_1 befindlichen Gegenstandes bei Betrachtung mit bloßem Auge ist gegeben durch (16.16):

$$\varepsilon_{\text{Auge}} = \frac{A_1}{a_1} \qquad (16.31)$$

Damit folgt für die **Vergrößerung**

$$V = \frac{\varepsilon}{\varepsilon_{\text{Auge}}} = \frac{f_1}{f_2} . \qquad (16.32)$$

Die Vergrößerung entspricht also gerade dem Verhältnis der beiden Brennweiten.

Wie wir in Abschnitt 19.1.2 sehen werden, ist das **räumliche Auflösungsvermögen** durch die Beugung an der strahlbegrenzenden Struktur gegeben, im Fall des Fernrohrs ist das die Größe des Spiegels oder der Eintrittslinse mit Durchmesser D.

16.4 Abbildungssysteme mit zwei Linsen

Im Folgenden ist unser Ziel, ein System bestehend aus zwei Linsen durch eine einzige Brennweite f zu charakterisieren. Damit können wir dann dieselbe Abbildungsgleichung wie zuvor mit der Gegenstandsweite a und der Bildweite b verwenden:

$$\frac{1}{f} = \frac{1}{a} + \frac{1}{b} \qquad (16.33)$$

16.4.1 Gesamtbrennweite von zwei Linsen

Die Bedingung, dass ein achsenparalleler Lichtstrahl ($a = \infty$) durch den Brennpunkt f verläuft, impliziert, dass die Bildweite der zweiten Linse der Bildweite und der Brennweite des Gesamtsystems entspricht (►Abbildung 16.12):

$$f = b = b_2 \qquad (16.34)$$

Die beiden Linsen stehen im Abstand

$$d = f_1 + a_2 \qquad (16.35)$$

voneinander, wobei f_1 die Brennweite der ersten Linse und a_2 die Gegenstandsweite für die zweite Linse bezeichnen.

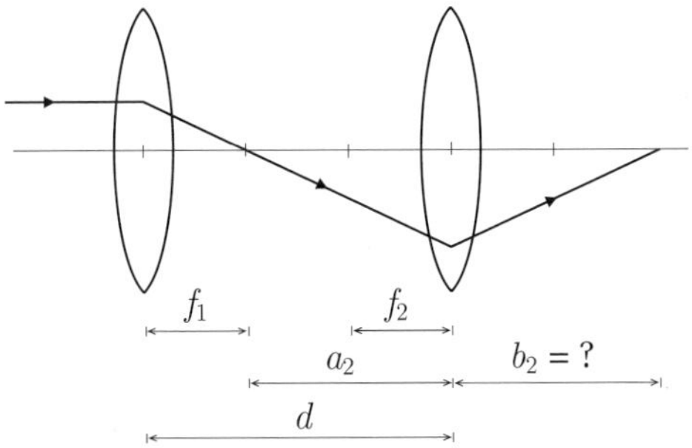

Abbildung 16.12 Bezeichnungen zur Kombination zweier Linsen zu einem Gesamtsystem

Die Abbildungsgleichung der zweiten Linse lautet unter Berücksichtigung der Gleichungen (16.34) und (16.35)

$$\begin{aligned} \frac{1}{f_2} &= \frac{1}{a_2} + \frac{1}{b_2} = \frac{1}{d - f_1} + \frac{1}{f}\,, \\ \Rightarrow \frac{1}{f} &= \frac{1}{f_1 - d} + \frac{1}{f_2} \\ &= \frac{f_2}{(f_1 - d)f_2} + \frac{f_1}{(f_1 - d)f_2} - \frac{d}{(f_1 - d)f_2}\,. \end{aligned} \tag{16.36}$$

Dies lässt sich für kleine Werte von d vereinfachen. Für $|d| \ll |f_1|$ folgt

$$\frac{1}{f} = \frac{1}{f_1} + \frac{1}{f_2} - \frac{d}{f_1 f_2}\,. \tag{16.37}$$

Gilt überdies $|d| \ll |f_1 + f_2|$, kann auch der letzte Term vernachlässigt werden, und wir erhalten

$$\frac{1}{f} = \frac{1}{f_1} + \frac{1}{f_2}\,. \tag{16.38}$$

Die Addition der einzelnen inversen Brennweiten ergibt die inverse Gesamtbrennweite.

Um die inversen Größen zu umgehen, wird häufig für die Berechnung von Linsensystemen die Brechkraft nach Gleichung (15.56) verwendet.

Beispiel: Linsenabstand kleiner als die Brennweiten

Der Abstand d der Linsen sei hier kleiner als die Brennweiten der beiden Linsen f_1 und f_2. Verfolgen wir einige ausgezeichnete Lichtstrahlen, z. B. achsenparallele Strahlen, die durch den Brennpunkt verlaufen, und Lichtstrahlen durch die Linsenmitte, erhalten wir Abbildung B für den Gegenstand A (►Abbildung 16.13).

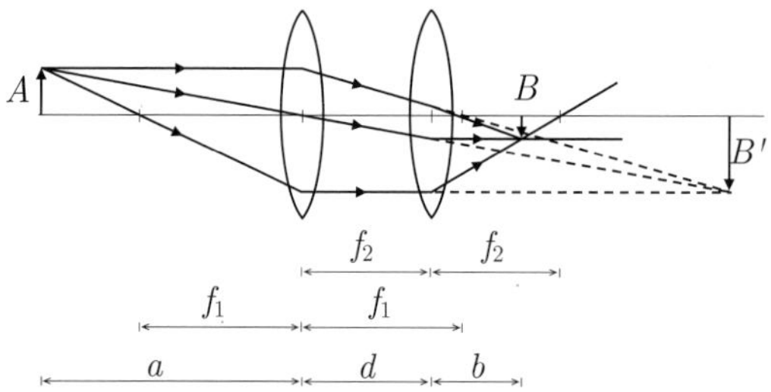

Abbildung 16.13 Beispiel des Strahlenverlaufs bei kleinem Linsenabstand. Man kann sich zunächst ein virtuelles Zwischenbild B' vorstellen, aus dem dann die zweite Linse das Bild B erzeugt.

Beispiel: Linsenabstand größer als die Summe der Brennweiten

In diesem Fall sei der Abstand d der Linsen größer als die Summe der beiden Brennweiten der beiden Linsen $f_1 + f_2$. Der Gegenstand A wird zunächst auf das Bild B_1 abgebildet und danach auf das Bild B, wie wir durch achsenparallele Strahlen, die durch den Brennpunkt verlaufen, und Lichtstrahlen durch die Linsenmitte sehen (►Abbildung 16.14).

Aus dieser Zeichnung können wir den geometrischen Zusammenhang

$$d = b_1 + a_2 \tag{16.39}$$

ablesen, den wir im Folgenden bei der Berechnung des Abbildungsmaßstabs benötigen.

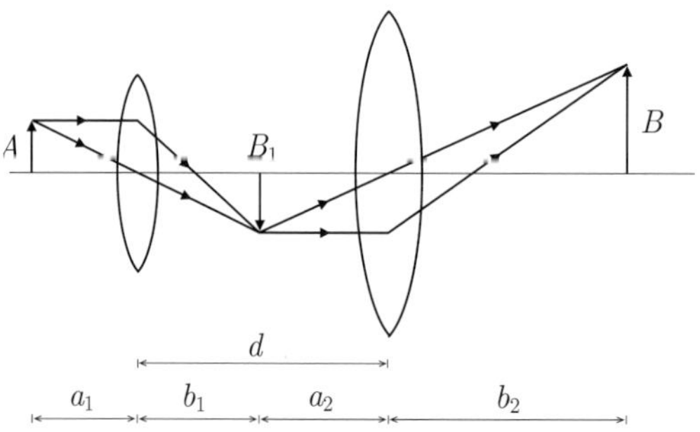

Abbildung 16.14 Beispiel des Strahlenverlaufs bei großem Linsenabstand

16.4.2 Abbildungsmaßstab bei zwei Linsen

Die Abbildungsmaßstäbe der beiden einzelnen Abbildungen lauten

$$\frac{B_1}{A} = \frac{b_1}{a_1},$$
$$\frac{B}{B_1} = \frac{b_2}{a_2}.$$

Der gesamte Abbildungsmaßstab ergibt sich aus dem Produkt der beiden Abbildungsmaßstäbe:

$$\begin{aligned} \frac{B}{A} &= \frac{B}{B_1} \cdot \frac{B_1}{A} \\ &= \frac{b_2}{a_2} \cdot \frac{b_1}{a_1} \end{aligned} \tag{16.40}$$

Im Folgenden wollen wir diese Größen auf Variablen zurückführen, die wir aus dem Linsensystem und der Gegenstandsweite berechnen können. Dafür starten wir mit der Abbildungsgleichung (15.53) und bestimmen die Bildweiten für beide Abbildungen ($i = 1, 2$):

$$\begin{aligned} \frac{1}{f_i} &= \frac{1}{a_i} + \frac{1}{b_i} \\ b_i &= \left[\frac{1}{f_i} - \frac{1}{a_i}\right]^{-1} \\ &= -\frac{f_i\, a_i}{f_i - a_i} \end{aligned} \tag{16.41}$$

Wir bilden zunächst das Verhältnis von Gegenstandsgröße A und Bildgröße B nach Gleichung (16.40) und setzen die Bildgrößen b_1 und b_2 nach (16.41) ein:

$$\frac{A}{B} = \frac{f_1 - a_1}{f_1} \cdot \frac{f_2 - a_2}{f_2}$$

Wir verwenden den geometrischen Zusammenhang (16.39) zusammen mit (16.41) und erhalten

$$\begin{aligned} \frac{A}{B} &= \frac{f_1 - a_1}{f_1} \cdot \frac{f_2 - (d - b_1)}{f_2} \\ &= \frac{f_1 - a_1}{f_1} \cdot \frac{1}{f_2} \cdot \left(f_2 - d - \frac{f_1}{f_1 - a_1}\, a_1\right) \\ &= \frac{(f_1 - a_1)(f_2 - d)}{f_1\, f_2} - \frac{a_1}{f_2} \\ &= \frac{f_1\, f_2 - f_1\, d - f_2\, a_1 + a_1\, d}{f_1\, f_2} - \frac{a_1}{f_2} \\ &= 1 - \frac{d}{f_2} - \frac{a_1}{f_1} + \frac{a_1 d}{f_1 f_2} - \frac{a_1}{f_2}\,. \end{aligned}$$

Den Abbildungsmaßstab können wir somit aus dem Abstand d der beiden Linsen, ihren Brennweiten f_1, f_2 und dem Abstand a_1 des Gegenstands von der ersten Linse berechnen:

$$\frac{B}{A} = \left[1 - \frac{d + a_1}{f_2} - \frac{a_1}{f_1} + \frac{a_1\, d}{f_1\, f_2}\right]^{-1} \tag{16.42}$$

Aufgabe 34: Linsensystem

Gegeben: ►Abbildung 16.15

$$f_1 = f_2 = 1\,\text{dm} \quad d = 0{,}4\,\text{dm} \quad a_1 = 1{,}5\,\text{dm} \quad A = 0{,}5\,\text{dm}$$

Gesucht:

1 Wie groß ist die Gesamtbrennweite des Systems?

2 Wie groß sind Abbildungsmaßstab und Bildgröße?

3 Zeichnen Sie den Strahlengang! (Beachten Sie, dass ►Abbildung 16.15 nicht maßstabsgetreu ist!)

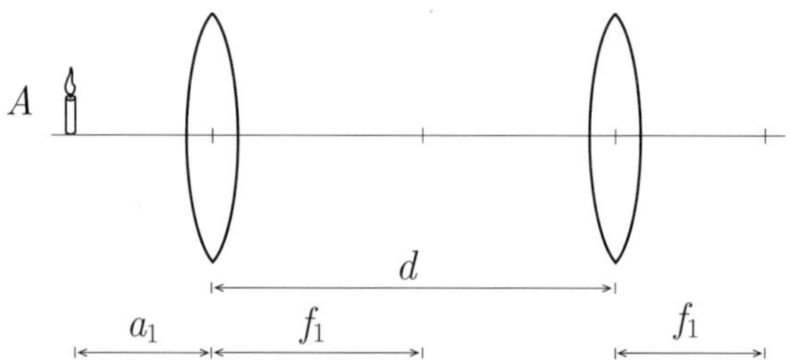

Abbildung 16.15 Prinzipskizze zum Versuchsaufbau

16.5 Systeme mit vielen optischen Elementen

Die Berechnung von Systemen mit vielen optischen Elementen ist aufwändig. Wünschenswert ist deswegen ein Algorithmus, der die Verwendung von Computern erlaubt. Im Folgenden führen wir die Abbildungen durch optische Elemente auf Matrixmultiplikationen zurück.

Ein Lichtstrahl wird durch einen zweidimensionalen Vektor beschrieben:

$$\begin{pmatrix} r \\ n\,\alpha \end{pmatrix} \tag{16.43}$$

Die erste Komponente des Vektors beschreibt den Abstand r des Lichtstrahls von der Symmetrieachse. Die zweite Komponente des Vektors enthält das Produkt aus dem Brechungsindex n und dem Winkel α des Lichtstrahls relativ zu der Symmetrieachse des optischen Systems.

Wir führen folgende **Winkelkonvention** ein. Für den nach rechts laufenden Lichtstrahl zählen wir den Winkel α in der Zeichenebene wie folgt:

$\alpha > 0$:	der Lichtstrahl zeigt »nach oben« (►Abbildung 16.16)
$\alpha < 0$:	der Lichtstrahl zeigt »nach unten« (►Abbildung 16.17)

Tabelle 16.1 Winkelkonvention für nach rechts laufende Lichtstrahlen

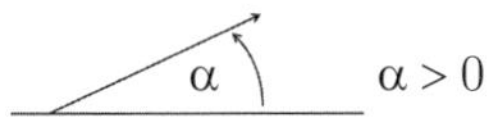

Abbildung 16.16 Zur Winkelkonvention von α für $\alpha > 0$

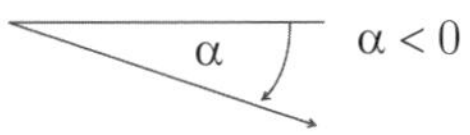

Abbildung 16.17 Zur Winkelkonvention von α für $\alpha < 0$

16.5.1 Translationsmatrix

Bei einer Translation im identischen Medium bleiben der Brechungsindex n und der Winkel α unverändert (►Abbildung 16.18):

$$n\,\alpha_\circ = n\,\alpha_1 \tag{16.44}$$

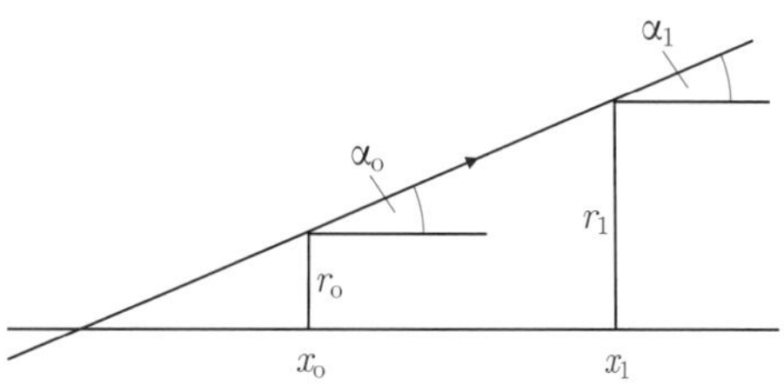

Abbildung 16.18 Translation eines Lichtstrahls bei gleichbleibendem n.

Der Abstand r des Lichtstrahls von der Symmetrieachse verändert sich bei der Translation. In der Näherung kleiner Winkel ist die Steigung

$$\frac{r_1 - r_\circ}{x_1 - x_\circ} = \tan\alpha_\circ \approx \alpha_\circ\,.$$

Die Geradenform der Translation ergibt den neuen Abstand r_1 aus dem ursprünglichen Abstand $r_\circ$:

$$r_1 = (x_1 - x_\circ)\, \alpha_\circ + r_\circ \tag{16.45}$$

Wir konstruieren die Translationsmatrix $\hat{T}$ durch

$$\hat{T} = \begin{pmatrix} 1 & \frac{x_1 - x_\circ}{n} \\ 0 & 1 \end{pmatrix} . \tag{16.46}$$

Als Test führen wir die Matrixmultiplikation mit dem Vektor durch,

$$\begin{pmatrix} r_1 \\ n\,\alpha_1 \end{pmatrix} = \begin{pmatrix} 1 & \frac{x_1 - x_\circ}{n} \\ 0 & 1 \end{pmatrix} \begin{pmatrix} r_\circ \\ n\,\alpha_\circ \end{pmatrix} , \tag{16.47}$$

und erhalten konsistent die Gleichungen (16.44) und (16.45).

16.5.2 Brechungsmatrix

Bei einem Brechungsvorgang ändert sich die Richtung des Lichtstrahls entsprechend des Brechungsgesetzes (14.7).

Der Abstand des Lichtstrahls in unserem Vektor (16.43) bleibt beim Brechungsvorgang konstant,

$$r_1 = r_2 , \tag{16.48}$$

aber das Winkelargument wird verändert (►Abbildung 16.19).

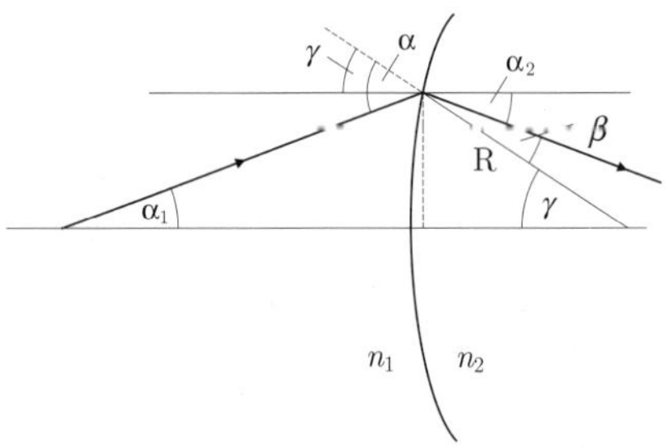

Abbildung 16.19 Richtungsänderung eines Lichtstrahls beim Brechungsvorgang

In Bezug auf den Krümmungsmittelpunkt der gekrümmten Oberfläche nennen wir γ den Winkel zwischen dem Auftreffpunkt bei r_1 und dem Mittelpunkt. In der Näherung kleiner Winkel können wir γ durch r_1 und den Krümmungsradius abschätzen:

$$\frac{r_2}{R} = \frac{r_1}{R} = \tan\gamma \approx \gamma \tag{16.49}$$

Ebenso steht γ mit dem Winkel des Lichtstrahls nach der Brechung α_2 und dem Brechungswinkel β in folgender Beziehung, wobei wir die Konvention beachten, dass α_2 hier negativ gezählt wird (►Tabelle 16.1):

$$\gamma = -\alpha_2 + \beta \tag{16.50}$$

$$\beta = \gamma + \alpha_2 \tag{16.51}$$

Genauso können wir eine Winkelbeziehung für γ mit dem Originalwinkel α_1 des Lichtstrahls und dem Einfallswinkel α aus der Zeichnung ablesen:

$$\alpha = \alpha_1 + \gamma \tag{16.52}$$

Einsetzen in das Brechungsgesetz $n_1 \sin\alpha = n_2 \sin\beta$ (14.7) in der Näherung für kleine Winkel ergibt

$$n_1\,\alpha \approx n_2\,\beta$$
$$n_1\,(\alpha_1 + \gamma) \approx n_2\,(\alpha_2 + \gamma)$$
$$n_1\left(\alpha_1 + \frac{r_1}{R}\right) = n_2\left(\alpha_2 + \frac{r_1}{R}\right).$$

Damit erhalten wir die zweite Komponente unseres Lichtstrahlvektors (16.43) durch Addition eines Terms, der von den Brechungsindizes n_1 und n_2, dem Krümmungsradius der Oberfläche und dem Abstand des Lichtstrahls r_1 von der Symmetrieachse abhängt,

$$n_2\,\alpha_2 = n_1\,\alpha_1 + (n_1 - n_2)\,\frac{r_1}{R}. \tag{16.53}$$

Wir konstruieren die Brechungsmatrix entsprechend dieser Gleichung und erhalten

$$\hat{B} = \begin{pmatrix} 1 & 0 \\ \frac{n_1 - n_2}{R} & 1 \end{pmatrix} \tag{16.54}$$

Für den Radius R der sphärischen Grenzfläche müssen wir die Vorzeichenkonvention (15.2.2) beachten.

Als Test führen wir wieder die Matrixmultiplikation

$$\begin{pmatrix} r_2 \\ n_2\,\alpha_2 \end{pmatrix} = \begin{pmatrix} 1 & 0 \\ \frac{n_1 - n_2}{R} & 1 \end{pmatrix} \begin{pmatrix} r_1 \\ n_1\,\alpha_1 \end{pmatrix}$$

durch und erhalten die ursprünglichen Gleichungen (16.48) und (16.53).

16.5.3 Matrix für Linsen

Durchquert ein Lichtstrahl eine Linse, können wir den Vorgang in drei Schritte aufteilen (►Abbildung 16.20): Brechung $\hat{B}_1$ an der ersten Grenzfläche, Translation $\hat{T}_{12}$ zwischen den beiden Grenzflächen und Brechung $\hat{B}_2$ an der zweiten Grenzfläche.

Die entsprechenden Matrizen lauten nach den Gleichungen (16.54) und (16.46)

$$\hat{B}_1 = \begin{pmatrix} 1 & 0 \\ \frac{n_1 - n_2}{R_1} & 1 \end{pmatrix}, \qquad \hat{T}_{12} = \begin{pmatrix} 1 & \frac{x_2 - x_1}{n_2} \\ 0 & 1 \end{pmatrix}, \qquad \hat{B}_2 = \begin{pmatrix} 1 & 0 \\ \frac{n_2 - n_3}{R_2} & 1 \end{pmatrix}. \tag{16.55}$$

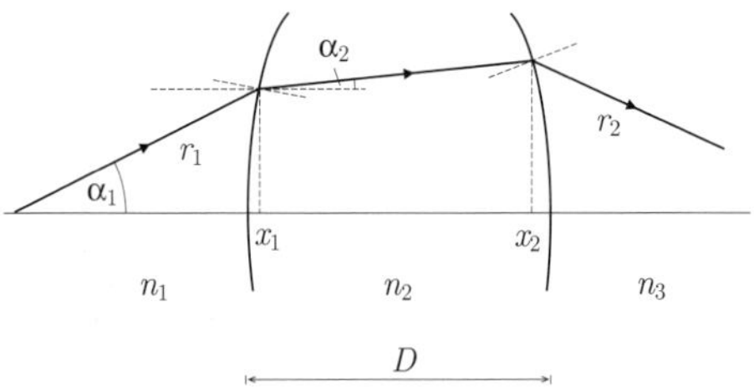

Abbildung 16.20 Bei der Linse kommt es zur ersten Brechung (bei x_1), zur Translation im Linsenmaterial und schließlich zur zweiten Brechung (bei x_2).

Dabei sind die Brechungsindizes zunächst allgemein n_1, n_2, n_3 und der Abstand der Grenzflächen beträgt $x_2 - x_1$.

Durch Matrixmultiplikation erhalten wir die Gesamtmatrix $\hat{M}_L$ der Linse

$$\begin{aligned}
\hat{M}_L &= \hat{B}_2\,\hat{T}_{12}\,\hat{B}_1 \\
&= \hat{B}_2 \begin{pmatrix} 1 & \frac{x_2-x_1}{n_2} \\ 0 & 1 \end{pmatrix} \begin{pmatrix} 1 & 0 \\ \frac{n_1-n_2}{R_1} & 1 \end{pmatrix} \\
&= \begin{pmatrix} 1 & 0 \\ \frac{n_2-n_3}{R_2} & 1 \end{pmatrix} \begin{pmatrix} 1+\frac{x_2-x_1}{n_2}\frac{n_1-n_2}{R_1} & \frac{x_2-x_1}{n_2} \\ \frac{n_1-n_2}{R_1} & 1 \end{pmatrix} \\
&= \begin{pmatrix} 1+\frac{n_1-n_2}{n_2}\frac{x_2-x_1}{R_1} & \frac{x_2-x_1}{n_2} \\ \frac{n_2-n_3}{R_2}\left(1+\frac{n_1-n_2}{n_2}\frac{x_2-x_1}{R_1}\right)+\frac{n_1-n_2}{R_1} & 1+\frac{n_2-n_3}{n_2}\frac{x_2-x_1}{R_2} \end{pmatrix} .
\end{aligned} \tag{16.56}$$

Für dünne Linsen können wir die Näherung $x_2 - x_1 \to 0$ durchführen. Ist außerdem $n_1 = n_3 = 1$ und $n_2 = n$, so lässt sich die Linsentransformationsmatrix stark vereinfachen:

$$\begin{aligned}
M_{11} &= 1 \\
M_{12} &= 0 \\
M_{21} &= \frac{(1-n)\,n\,R_2 + (n-1)\,R_1\,n}{n\,R_1\,R_2} \\
&= (n-1)\frac{R_1 - R_2}{R_1\,R_2} \\
&= -\frac{1}{f} \\
M_{22} &= 1
\end{aligned}$$

Die Matrix für dünne Linsen lautet damit

$$\hat{M}_L = \begin{pmatrix} 1 & 0 \\ -\frac{1}{f} & 1 \end{pmatrix} . \tag{16.57}$$

16.5.4 Abbildungsmatrix

Wir wollen hier die vollständige Abbildung eines Gegenstands im Abstand a durch eine Linse mit Brennweite f beschreiben und das Bild am Ort b erhalten.

Gegenstand und Bild sollen sich in Luft mit Brechungsindex $n = 1$ befinden. Wir können die Abbildung in drei Schritte aufteilen (►Abbildung 16.21): Zwei Translationsvorgänge und das Durchqueren der Linse.

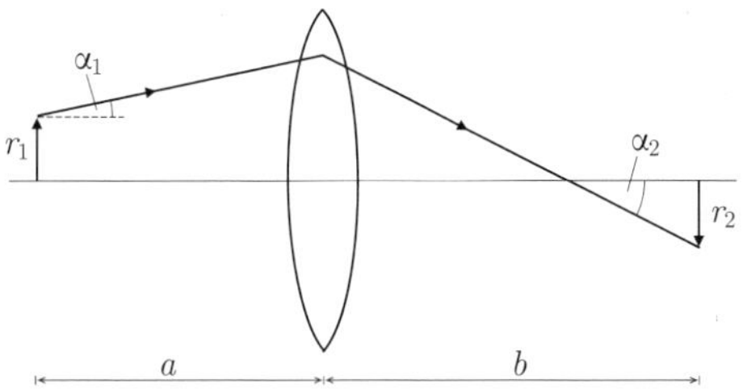

Abbildung 16.21 Nun werden auch die Translationsvorgänge vor und hinter der Linse einbezogen.

Die entsprechenden Matrizen lauten nach den Gleichungen (16.46) und (16.57)

$$\hat{T}_a = \begin{pmatrix} 1 & a \\ 0 & 1 \end{pmatrix}, \quad \hat{T}_b = \begin{pmatrix} 1 & b \\ 0 & 1 \end{pmatrix}, \quad \hat{M}_L = \begin{pmatrix} 1 & 0 \\ -\frac{1}{f} & 1 \end{pmatrix}. \tag{16.58}$$

Die Multiplikation der Matrizen ergibt die Abbildungsmatrix

$$\hat{M} = \hat{T}_b \, \hat{M}_L \, \hat{T}_a \tag{16.59}$$

$$\hat{M} = \begin{pmatrix} 1 - \frac{b}{f} & a + b - \frac{a\,b}{f} \\ -\frac{1}{f} & 1 - \frac{a}{f} \end{pmatrix}. \tag{16.60}$$

Die Anwendung dieser Abbildungsmatrix ergibt die Änderung des Lichtstrahls:

$$\begin{pmatrix} r_2 \\ n\,\alpha_2 \end{pmatrix} = \begin{pmatrix} 1 - \frac{b}{f} & a + b - \frac{a\,b}{f} \\ -\frac{1}{f} & 1 - \frac{a}{f} \end{pmatrix} \begin{pmatrix} r_1 \\ n\,\alpha_1 \end{pmatrix} \tag{16.61}$$

Mit $n = 1$ erhalten wir für r_2 und α_2

$$r_2 = \left(1 - \frac{b}{f}\right) r_1 + \left(a + b - \frac{a\,b}{f}\right) \alpha_1 \,,$$
$$\alpha_2 = -\frac{1}{f} r_1 + \left(1 - \frac{a}{f}\right) \alpha_1 \,.$$

Wir wählen damit nur die x-Komponente des elektrischen Feldvektors aus dem Jones-Vektor $\vec{J}_1$ aus und erhalten als Ergebnis den Jones-Vektor $\vec{J}_2$

$$\begin{aligned} \vec{J}_2 &= \hat{M}_p \, \vec{J}_1 && (16.68) \\ &= \frac{1}{|\vec{E}|} \begin{pmatrix} 1 & 0 \\ 0 & 0 \end{pmatrix} \begin{pmatrix} E_x \\ E_y \end{pmatrix} \\ &= \frac{1}{|\vec{E}|} \begin{pmatrix} E_x \\ 0 \end{pmatrix} . && (16.69) \end{aligned}$$

Ein in $45°$-Richtung polarisierter Lichtstrahl wird durch

$$\hat{M}_p = \frac{1}{2} \begin{pmatrix} 1 & 1 \\ 1 & 1 \end{pmatrix} \tag{16.70}$$

erzeugt.

Eine allgemeine Formulierung für die Drehung der Polarisation des Lichtstrahls lautet

$$\hat{M}_D = \begin{pmatrix} e^{\,i\,\Delta\varphi_x} & 0 \\ 0 & e^{\,i\,\Delta\varphi_y} \end{pmatrix} . \tag{16.71}$$

Der neue Jones-Vektor $\vec{J}_2$ nach dem optischen Element wird dann aus dem ursprünglichen Jones-Vektor $\vec{J}_1$ folgendermaßen berechnet:

$$\begin{aligned} \vec{J}_2 &= \hat{M}_D \, \vec{J}_1 && (16.72) \\ &= \frac{1}{|\vec{E}|} \begin{pmatrix} e^{\,i\,\Delta\varphi_x} & 0 \\ 0 & e^{\,i\,\Delta\varphi_y} \end{pmatrix} \begin{pmatrix} E_{\circ x}\, e^{\,i\varphi_x} \\ E_{\circ y}\, e^{\,i\varphi_y} \end{pmatrix} \\ &= \frac{1}{|\vec{E}|} \begin{pmatrix} E_{\circ x}\, e^{\,i(\varphi_x+\Delta\varphi_x)} \\ E_{\circ y}\, e^{\,i(\varphi_y+\Delta\varphi_y)} \end{pmatrix} && (16.73) \end{aligned}$$

Bei mehreren polarisationsändernden Elementen (►Abbildung 16.23) können wir ihren Einfluss auf den Lichtstrahl ebenfalls durch Matrixmultiplikation berechnen:

$$\vec{E}_3 = \hat{M}_3 \, \hat{M}_2 \, \hat{M}_1 \, \vec{E}_1 \tag{16.74}$$

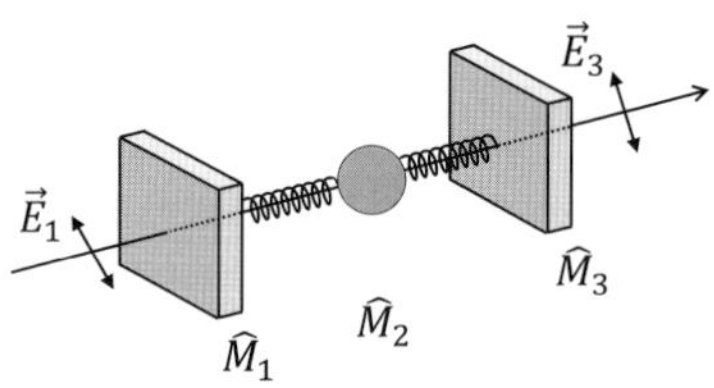

Abbildung 16.23 Polarisationsdrehungen durch mehrere Elemente

Beispiel: Matrix $\lambda/4$-Plättchen

Bei einem $\lambda/4$-Plättchen beträgt die Phasendifferenz $\Delta\varphi = \Delta\varphi_y - \Delta\varphi_x = \pi/2$ (Abschnitt 12.4.2). Wir wählen hier $\Delta\varphi_y = \pi/4$ und $\Delta\varphi_x = -\pi/4$. Damit lautet die Jones-Matrix

$$\hat{M} = \begin{pmatrix} e^{-i\frac{\pi}{4}} & 0 \\ 0 & e^{i\frac{\pi}{4}} \end{pmatrix} . \tag{16.75}$$

Wir wenden diese Matrix auf einen linear polarisierten Lichtstrahl mit folgendem Jones-Vektor an:

$$\vec{J}_1 = \frac{1}{\sqrt{2}} \begin{pmatrix} 1 \\ -1 \end{pmatrix} \tag{16.76}$$

Wir berechnen den neuen Jones-Vektor $\vec{J}_2$ unter Verwendung von $e^{i\frac{\pi}{2}} = i$:

$$\begin{aligned} \vec{J}_2 &= \begin{pmatrix} e^{-i\frac{\pi}{4}} & 0 \\ 0 & e^{i\frac{\pi}{4}} \end{pmatrix} \vec{J}_1 \\ &= \frac{e^{-i\frac{\pi}{4}}}{\sqrt{2}} \begin{pmatrix} 1 & 0 \\ 0 & i \end{pmatrix} \begin{pmatrix} 1 \\ -1 \end{pmatrix} = e^{-i\frac{\pi}{4}} \frac{1}{\sqrt{2}} \begin{pmatrix} 1 \\ -i \end{pmatrix} \\ &= e^{-i\frac{\pi}{4}} \vec{J}_{\sigma^-} \end{aligned}$$

Nach dem $\lambda/4$-Plättchen erhalten wir also σ^--Licht (16.66).

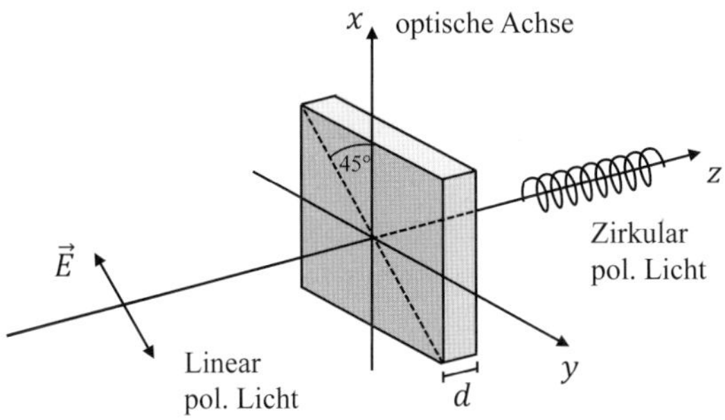

Abbildung 16.24 Änderung von linear polarisiertem in zirkular polarisiertes Licht im $\lambda/4$-Plättchen

Aufgabe 35: Abbildungsmatrix

Berechnen Sie die Linsen- und Abbildungsmatrix einer dünnen konvex-planen Linse mit dem Krümmungsradius R_1 und dem Brechungsindex n_2. Bestimmen Sie die Brennweite f. Überprüfen Sie das Ergebnis für den Fall, dass sich der Gegenstand – z. B. eine punktförmige Lichtquelle – im Brennpunkt der Linse befindet. Außerhalb der Linse nehmen wir den Brechungsindex $n_1 = 1$ an.

16.6 Abbildungsfehler und Korrekturen

Abbildungsfehler führen zu Bildunschärfen und Verzerrungen. Im Folgenden werden wir typische Linsenfehler diskutieren und für einige Fälle Korrekturmöglichkeiten vorstellen.

16.6.1 Sphärische Aberration

Bei sphärischen Grenzflächen ist die Brennweite vom Abstand der Lichtstrahlen zur Symmetrieachse abhängig (►Abbildung 16.25).

Dieses Problem ist uns schon beim Hohlspiegel begegnet (Abschnitt 15.2.1): Der Brennpunkt liegt für verschiedene Abstände der Strahlen zur Symmetrieachse nicht im gleichen Punkt.

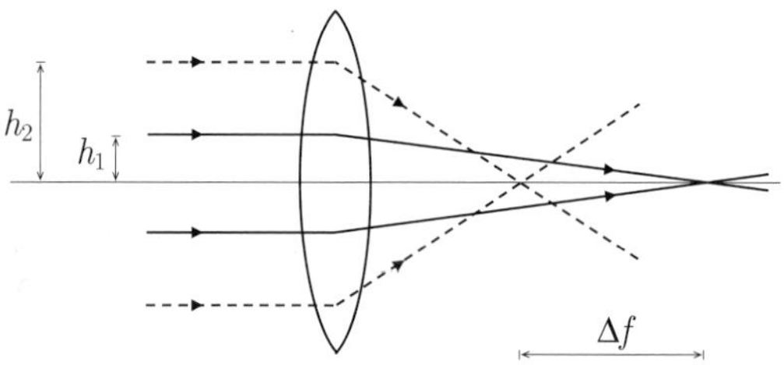

Abbildung 16.25 Sphärische Aberration: Der Schnittpunkt der Strahlen mit der Symmetrieachse hängt vom Abstand ab.

Als Korrekturmöglichkeit kann man eine plankonvexe Linse verwenden, deren gekrümmte Seite zum einfallenden Lichtstrahl steht. Damit verringert sich der Abstand der Brennpunkte zueinander (►Abbildung 16.26).

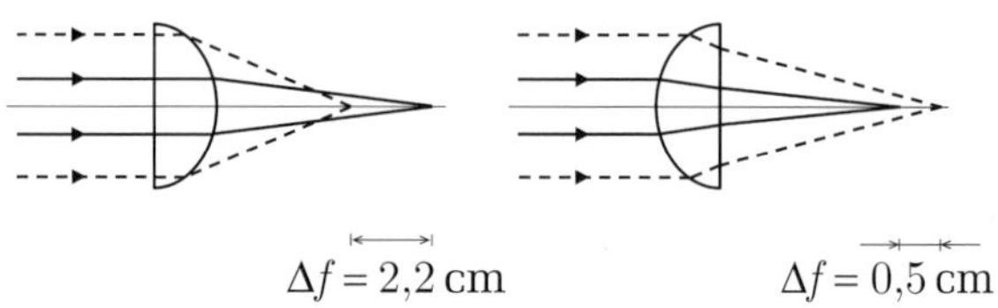

Abbildung 16.26 Mit einer plankonvexen Linse kann die sphärische Aberration reduziert werden.

16.6.2 Koma

Bei einer schief stehenden Linse liegen die Kreuzungspunkte benachbarter Lichtstrahlen nicht auf der Symmetrieachse (►Abbildung 16.27). Es entsteht ein Schweif (►Abbildung 16.28).

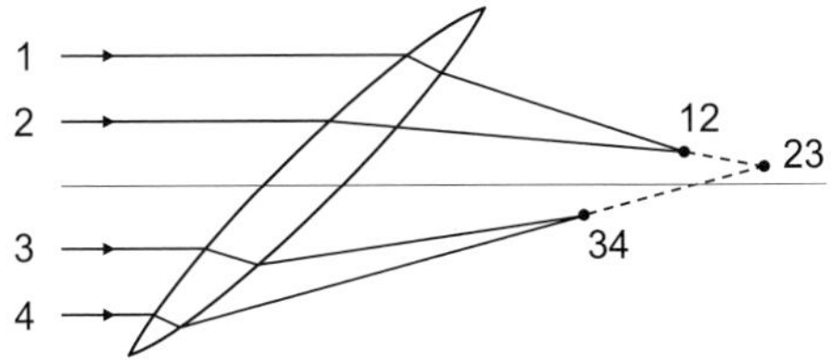

Abbildung 16.27 Bei einer Schiefstellung der Linse ergeben sich unterschiedliche Kreuzungspunkte der Lichtstrahlen.

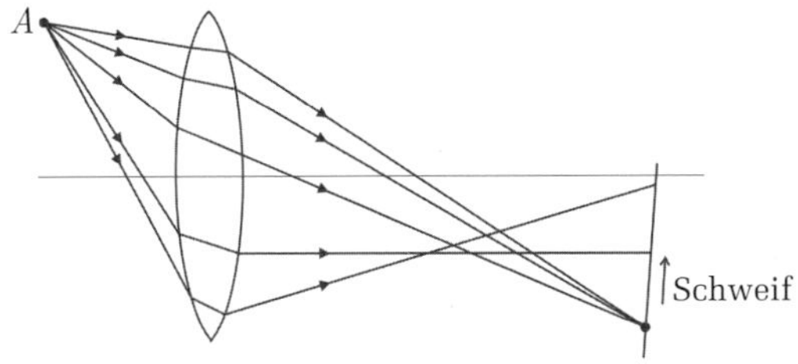

Abbildung 16.28 Die nicht zum Brennpunkt führenden Strahlen erzeugen eine Art »Schweif«: Koma (von lat. coma – Haar).

16.6.3 Astigmatismus

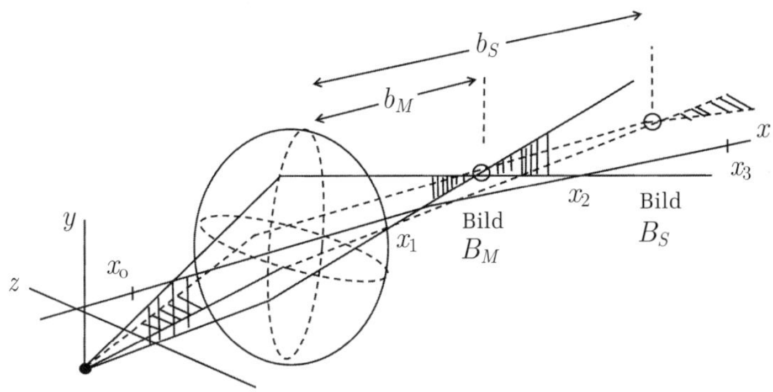

Abbildung 16.29 Astigmatismus: Es gibt unterschiedliche Bildweiten b_S und b_M für die horizontale Sagittal- und vertikale Meridionalebene.

Die Abbildung ist nicht rotationssymmetrisch, d. h. die Bildweite ist von der Ausrichtung des Gegenstands abhängig. Die horizontale x-z-Ebene wird **Sagittalebene**, die vertikale y-x-Ebene **Meridionalebene** genannt. Wenn jetzt die zugehörigen Bildweiten b_S und b_M wie in ►Abbildung 16.29 verschieden sind, sieht man bei einem Schnitt parallel zur y-z-Ebene für verschiedene x-Werte die Strukturen in ►Abbildung 16.30.

Astigmatismus entsteht auch bei einer Linse mit nachfolgender planparalleler Platte (►Abbildung 16.31): B_1 ist der Bildpunkt für die Situation ohne Platte und für die Abbil-

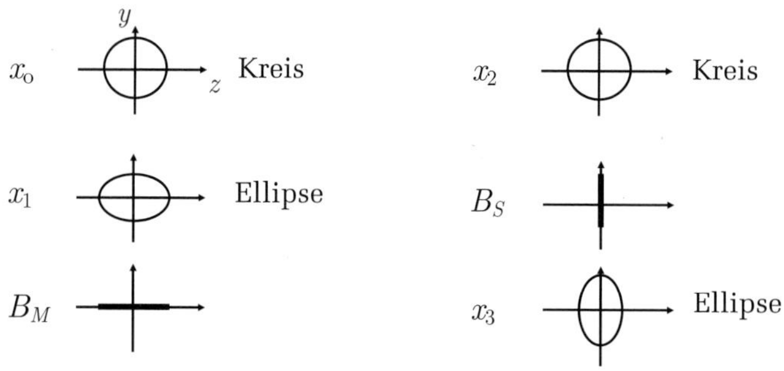

Abbildung 16.30 Das beobachtete Bild eines rotationssymmetrischen Strahlenbündels hängt von der Position des Beobachtungsschirms auf der x-Achse ab. Auf der Gegenstandsseite bei x_1 erscheint ein Kreis, bei den jeweiligen Bildweiten werden aus dem Gegenstandspunkt Striche B_M und B_S.

dungsebene senkrecht zur Papierebene. B_2 ist der Bildpunkt für die gezeichnete Ebene. $\Delta x = b_2 - b_1$ heißt **astigmatische Differenz**.

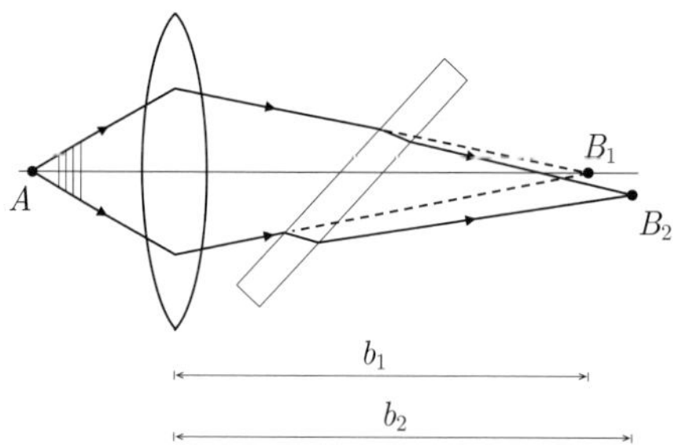

Abbildung 16.31 Der Einschub einer Platte verschiebt den Bildpunkt.

Experiment: Zylinderlinse

Ein Extremfall des Astigmatismus tritt bei einer Zylinderlinse auf.

Wir stellen eine Bogenlampe vor eine Zylinderlinse. Der Lichtpunkt der Bogenlampe wird dabei auf einen Strich abgebildet (►Abbildung 16.32).

16.6.4 Bildfeldwölbung und Verzeichnung

Lichtstrahlen, die unter verschiedenen Winkeln auf die Linse treffen, erfahren eine unterschiedliche Brechung. Auf einem flachen Schirm erscheint das Bild nach außen hin verschwommen (►Abbildung 16.33).

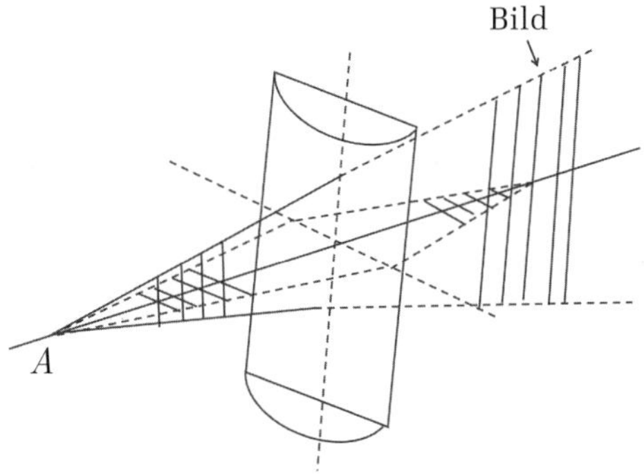

Abbildung 16.32 Beispiel für Astigmatismus: Bild einer Bogenlampe hinter einer Zylinderlinse

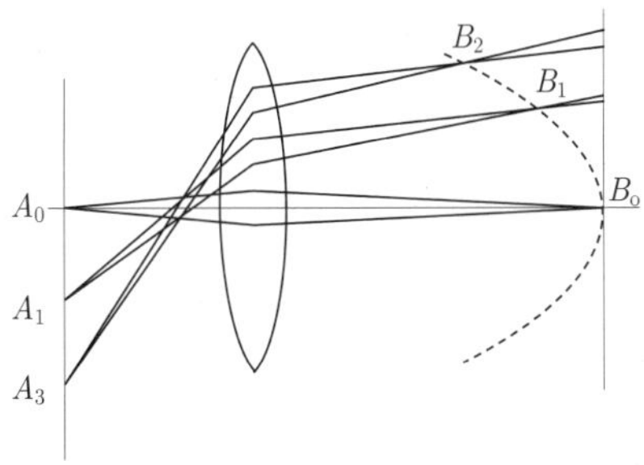

Abbildung 16.33 Das Bild ist nicht auf dem flachen Schirm scharf, sondern »gewölbt«.

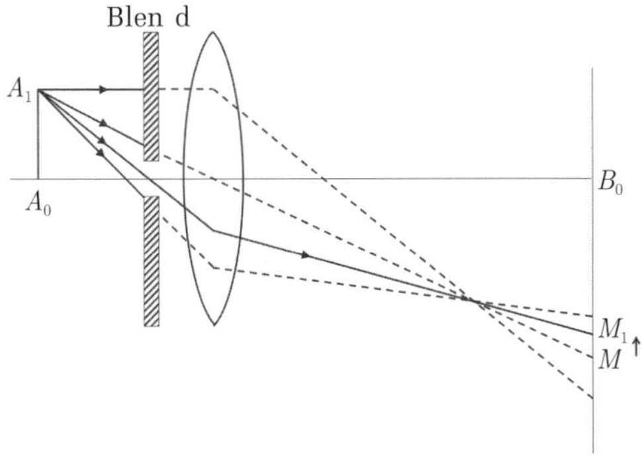

Abbildung 16.34 Das Bild wird am Rand gestaucht (tonnenförmige Verzeichnung).

Mit einer Blende lässt sich das Bild schärfen, aber die Verzeichnung (Verzerrung) wird jetzt sichtbar. In ►Abbildung 16.34 spricht man von einer **tonnenförmigen Verzeichnung**, in ►Abbildung 16.35 von einer **kissenförmigen Verzeichnung**.

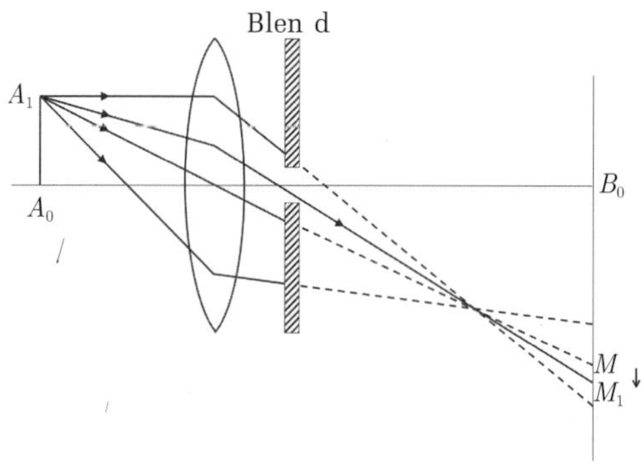

Abbildung 16.35 Das Bild wird am Rand gestreckt (kissenförmige Verzeichnung).

16.6.5 Augenfehler

Linsenfehler des Auges werden vielfach durch das Gehirn korrigiert. Externe Korrekturen sind natürlich durch geeignete Linsen in Brillen möglich.

Beispiel: Kurzsichtigkeit

Bei Kurzsichtigkeit ist die Streckungsmöglichkeit der Augenlinse begrenzt. Eine Zerstreuungslinse verschiebt die Bildweite nach hinten zur Netzhaut (►Abbildung 16.36).

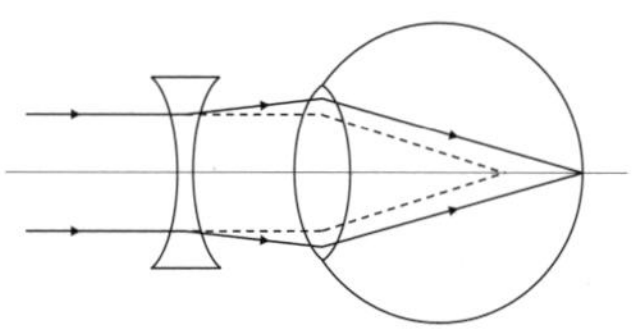

Abbildung 16.36 Eine Zerstreuungslinse hilft bei Kurzsichtigkeit.

Beispiel: Weitsichtigkeit

Bei Weitsichtigkeit ist die Linsenkrümmung begrenzt. Eine Sammellinse verschiebt die Bildweite nach vorne zur Netzhaut (►Abbildung 16.37).

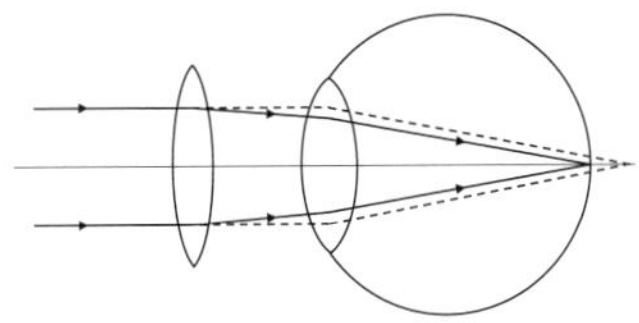

Abbildung 16.37 Eine Sammellinse hilft bei Weitsichtigkeit.

Typischerweise tritt als Zusatzeffekt zur Kurz- oder Weitsichtigkeit ein Astigmatismus auf (Abschnitt 16.6.3). Dieser Fehler der Augenlinse wird durch die Kombination von sphärischen und zylinderförmigen Linsen ausgeglichen.

16.6.6 Chromatische Aberration

Da der Brechungsindex n des Linsenmaterials von der Wellenlänge λ abhängt und daher Dispersionseffekte auftreten (Abschnitt 14.2), ist die Brennweite (15.54)

$$f(\lambda) = \frac{1}{n(\lambda) - 1} \frac{R_1 R_2}{R_2 - R_1} \tag{16.77}$$

ebenfalls von λ abhängig (►Abbildung 16.38).

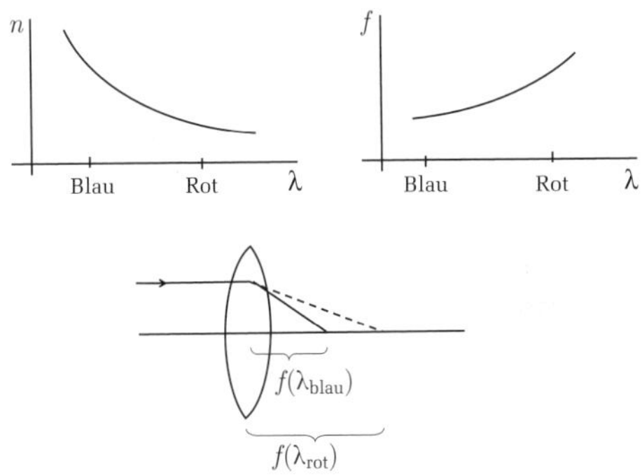

Abbildung 16.38 Bei blauem Licht ist der Brechungsindex n größer und damit die Brennweite f kleiner als bei rotem Licht.

Eine Korrektur können wir durch einen sogenannten **Achromat** erreichen. Ziel hierbei ist, durch das Linsensystem dieselbe Brennweite für rotes (λ_R) und blaues (λ_B) Licht zu erhalten (►Abbildung 16.39).

Für beide Linsen in der Linsenmachergleichung (16.77) müssen wir also die Krümmungsradien und die Materialien (Brechungsindizes n_1, n_2) so wählen, dass die Gesamtbrennweite

$$\frac{1}{f} = \frac{1}{f_1} + \frac{1}{f_2} \tag{16.78}$$

für rotes und blaues Licht unverändert bleibt.

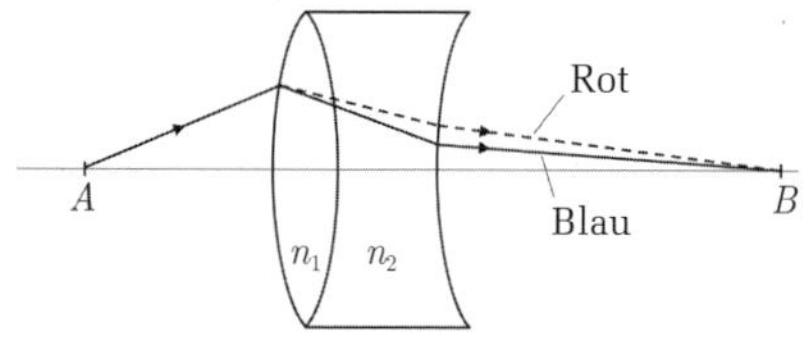

Abbildung 16.39 Die Kombination von Sammel- und Zerstreuungslinse aus unterschiedlichen Materialien kann die chromatische Aberration korrigieren.

Zur besseren Übersicht in den folgenden Überlegungen kürzen wir für jede Linse in der Linsenmachergleichung (16.77) die inverse Summe der Krümmungsradien durch ρ_i ab ($i = 1, 2$):

$$\frac{1}{f_i} = (n_i - 1) \cdot \underbrace{\left(\frac{1}{R_{1,i}} - \frac{1}{R_{2,i}} \right)}_{\equiv \rho_i} \tag{16.79}$$

Die Gesamtbrennweite

$$\frac{1}{f} = \rho_1 \cdot (n_1 - 1) + \rho_2 \cdot (n_2 - 1) \tag{16.80}$$

soll für die blaue Wellenlänge λ_B und die rote Wellenlänge λ_R gleich groß sein. Für das Verhältnis der inversen Krümmungsradiensumme ρ_i erhalten wir aus dieser Bedingung

$$\begin{aligned} \frac{1}{f} &= \rho_1 \cdot (n_1(\lambda_B) - 1) + \rho_2 \cdot (n_2(\lambda_B) - 1) \\ &= \rho_1 \cdot (n_1(\lambda_R) - 1) + \rho_2 \cdot (n_2(\lambda_R) - 1) , \\ \frac{\rho_1}{\rho_2} &= - \frac{n_2(\lambda_B) - n_2(\lambda_R)}{n_1(\lambda_B) - n_1(\lambda_R)} . \end{aligned} \tag{16.81}$$

Das Verhältnis der beiden Linsenbrennweiten f_1 und f_2 hängt daher nur von den beiden Linsenmaterialien ab, aber nicht von den Krümmungsradien:

$$\frac{f_2}{f_1} = \frac{\rho_1 (n_1 - 1)}{\rho_2 (n_2 - 1)} = - \frac{(n_2(\lambda_B) - n_2(\lambda_R)) (n_1 - 1)}{(n_1(\lambda_B) - n_1(\lambda_R)) (n_2 - 1)}$$

Eine solche Anordnung zur Korrektur der chromatischen Aberration funktioniert demnach nur fur ungleiches Material $n_1 \neq n_2$.

Das Verhältnis f_1/f_2 der beiden Brennweiten enthält außer der typischerweise kleinen Differenz $n_i(\lambda_B) - n_i(\lambda_R)$ durch die Dispersion auch den jeweiligen mittleren Wert der Brechungsindizes n_i. Die Brennweite einer Linse wird üblicherweise für das gelbe Licht der Natriumlinie $\lambda = 590\,\text{nm}$ angegeben, das ungefähr in der Mitte zwischen den Wellenlängen von rotem und blauem Licht liegt. Daher ist

$$n_i = n_i\ (\lambda_G = 590\,\text{nm})$$

für den mittleren Wert der Brechungsindizes eine gute Näherung, und wir erhalten

$$\begin{aligned} \frac{f_2}{f_1} &= - \underbrace{\frac{n_1(\lambda_G) - 1}{n_1(\lambda_B) - n_1(\lambda_R)}}_{\equiv \nu_1} \underbrace{\frac{n_2(\lambda_B) - n_2(\lambda_R)}{n_2(\lambda_G) - 1}}_{\equiv \nu_2^{-1}} \\ &= - \frac{\nu_1}{\nu_2} . \end{aligned} \tag{16.82}$$

Dabei haben wir die sogenannte **Abbe-Definition**

$$\nu \equiv \frac{n(\lambda_G) - 1}{n(\lambda_B) - n(\lambda_R)} \tag{16.83}$$

eingführt, mit der sich die jeweiligen Materialeigenschaften für Berechnungen gut zusammenfassen lassen.

Für eine vorgegebene gewünschte Gesamtbrennweite f (16.78) können wir mit dem Verhältnis (16.82) zunächst die Brennweite f_2 berechnen:

$$\frac{1}{f} = \frac{1}{f_2}\left(\frac{f_2}{f_1} + 1\right) = \frac{1}{f_2}\left(1 - \frac{\nu_1}{\nu_2}\right)$$

$$f_2 = f\left(1 - \frac{\nu_1}{\nu_2}\right), \tag{16.84}$$

und dann die Brennweite f_1:

$$f_1 = -f_2 \cdot \frac{\nu_2}{\nu_1} = -f\left(1 - \frac{\nu_1}{\nu_2}\right) \cdot \frac{\nu_2}{\nu_1} = f\left(1 - \frac{\nu_2}{\nu_1}\right) \tag{16.85}$$

Für zwei Materialien mit normaler Dispersion ($dn/d\lambda < 0$) ist $\nu_i > 0$ und damit das Verhältnis $\nu_1/\nu_2 > 0$. Nach Gleichung (16.82) müssen f_1 und f_2 dann verschiedene Vorzeichen haben; das heißt, eine Linse ist konvex, die andere ist konkav.

Beispiel: Achromat

Ein Achromat wird aus einer Sammellinse aus Bor-Kron-Glas $BK1$ und einer Zerstreuungslinse aus Flintglas zusammengesetzt. Aus den jeweiligen Brechungsindizes bei den verschiedenen Wellenlängen berechnen wir die Größen ν_1 und ν_2 aus der Abbe-Definition (16.83).

Für das Bor-Kron-Glas $BK1$ erhalten wir

$$n_1(\lambda_G) = 1{,}5100\,, \quad n_1(\lambda_B) = 1{,}5157\,, \quad n_1(\lambda_R) = 1{,}5076\,,$$
$$\Rightarrow \nu_1 = 63$$

und für das Flintglas

$$n_2(\lambda_G) = 1{,}6128\,, \quad n_2(\lambda_B) = 1{,}6246\,, \quad n_2(\lambda_R) = 1{,}6081\,,$$
$$\Rightarrow \nu_2 = 37\,.$$

Wählen wir eine Sammellinse mit der Brennweite $f_1 = 10\,\text{cm}$, dann ist die Brennweite der Zerstreuungslinse nach (16.82)

$$f_2 = -f_1\,\frac{\nu_1}{\nu_2} = -17\,\text{cm}\,.$$

Die Gesamtbrennweite (16.78) des Linsensystems ist damit $f = 24\,\text{cm}$.

Das Wichtigste zum Mitnehmen

Zum Mitnehmen: Optische Systeme 1

- Bei Gegenständen in unterschiedlichen Abständen lässt sich durch eine **kleinere Blende** ein **schärferes Bild** erzeugen.
- Das **Auge** ist selbst ein komplexes Abbildungssystem. Die »deutliche Sehweite« von $s_\circ = 25\,\text{cm}$ gibt einen Minimalabstand an, unter dem ein Gegenstand ohne Hilfsmittel noch betrachtet werden kann. Das Auflösungsvermögen ist durch den Abstand der Rezeptoren und durch die Pupillenöffnung auf etwa eine Bogenminute begrenzt. Damit können Strukturen von knapp 0,1 mm erkannt werden.
- Die **Lupe** ist eine Sammellinse kurzer Brennweite f, mit der Gegenstände innerhalb der deutlichen Sehweite betrachtet werden können. Die Vergrößerung beträgt

$$V = \frac{s_\circ}{f}\,. \tag{16.21}$$

- Ein **Mikroskop** kann mit zwei Linsen im Abstand d (Objektiv mit f_1 und Okular mit f_2) zur Betrachtung sehr naher Gegenstände dienen mit

$$V \approx \frac{d s_\circ}{f_1 f_2}\,. \tag{16.26}$$

  Das räumliche Auflösungsvermögen des Mikroskops wird im Abschnitt 19.1.2 über Beugung gezeigt.

- Mit dem **Fernrohr** werden weit entfernte Gegenstände vergrößert:

$$V = \frac{f_1}{f_2} \tag{16.32}$$

  Das räumliche Auflösungsvermögen des Fernrohrs wird im Abschnitt 19.1.2 über Beugung gezeigt.

  Das Okular wirkt jeweils als Lupe zur Betrachtung des Bildes, das vom Objektiv erzeugt wird.

- Bei der **Kombination zweier Linsen** im Abstand $d \ll f_1 + f_2$ ergibt die Addition der inversen Brennweiten die inverse **Gesamtbrennweite**

$$\frac{1}{f} = \frac{1}{f_1} + \frac{1}{f_2}\,. \tag{16.38}$$

- Die aufwändige Berechnung von Systemen mit vielen optischen Elementen kann durch **Matrixmultiplikation** erfolgen. Dabei lässt sich die Polarisation durch Jones-Vektoren beschreiben (16.63).
- **Abbildungsfehler** wie sphärische oder chromatische Aberration, Koma, Astigmatismus und Bildfeldwölbung und Verzeichnung führen, sofern sie nicht korrigiert werden, zu Bildunschärfen und Verzerrungen.

Gemeinsam verstehen

17

Wie gut können Sie bereits über die Themen sprechen? Führen Sie zu zweit ein wissenschaftliches Gespräch miteinander und beachten Sie dabei die Hinweise in Kapitel 8.

Aufgabe 36: Partnerarbeit: Linse

Erklären Sie die Bildentstehung bei einer Linse. Wie kann man aus zwei Linsen ein Mikroskop oder ein Fernrohr bauen?

Aufgabe 37: Partnerarbeit: Prisma

Wie kommt es zur Farbaufspaltung von weißem Licht am Prisma? Warum wird blaues Licht am stärksten gebrochen?

Interferenz

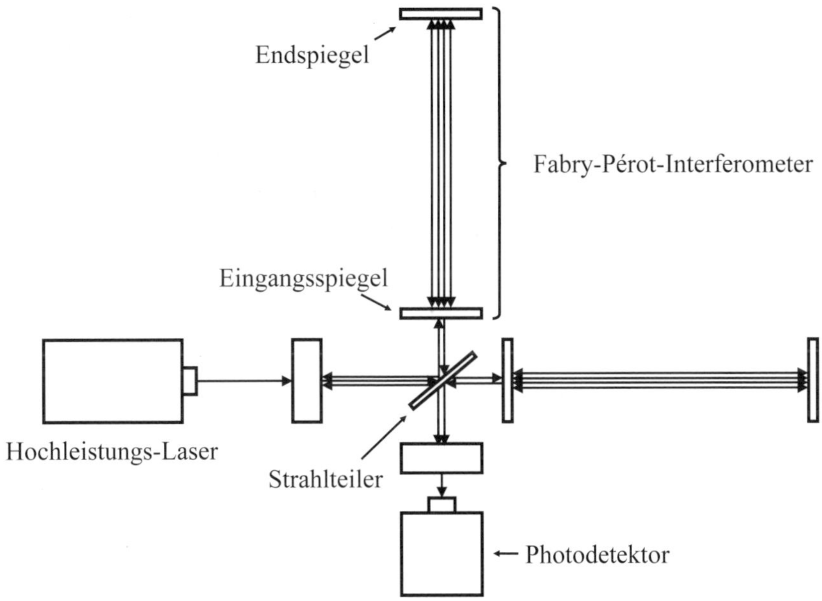

Teil IV

Interferenz

18

ÜBERBLICK

» Interferenzmuster entstehen durch die Überlagerung einzelner Wellen. Wir werden zunächst untersuchen, wie Interferenz bei der Beobachtung von zwei synchron schwingenden Punktquellen entsteht. Dann werden wir unsere Überlegungen auf viele, in einer Reihe stehende Quellen erweitern und die Interferenzmuster berechnen.

Im Allgemeinen sind Interferenzmuster bei der Überlagerung von Wellen nur dann beobachtbar, wenn diese Wellen kohärent sind. Wir werden dafür die Begriffe der zeitlichen und räumlichen Kohärenz vorstellen. «

Lichtmodell. In den vorherigen Kapiteln haben wir im Rahmen der geometrischen Optik ein vereinfachtes Lichtmodell verwendet und dabei die Welleneigenschaften des Lichts vernachlässigt. Da Interferenzeffekte gerade auf den Welleneigenschaften des Lichts beruhen, genügt das vereinfachte Modell für die nun folgenden Kapitel nicht. Wir verwenden also ab hier das Lichtmodell elektromagnetischer Wellen, das wir bereits in Kapitel 11 kennengelernt haben.

Unsere Wahrnehmung sichtbaren Lichts beruht auf der Energie, die von der elektromagnetischen Welle transportiert wird. Die Energie, die pro Zeiteinheit durch eine Fläche strömt, bezeichnen wir als Energiestromdichte oder einfach als Intensität.

Die Intensität I einer elektromagnetischen Welle ist proportional zum Quadrat der Amplitude des elektrischen Felds $\vec{E}$ (11.30)

$$I = \epsilon_\circ \, c \, |\vec{E}|^2 \,, \tag{18.1}$$

wobei $\epsilon_\circ$ die Dielektrizitätskonstante und c die Vakuumlichtgeschwindigkeit bezeichnen. In diesem Kapitel gehen wir von Luft als Ausbreitungsmedium der Wellen aus, verwenden aber näherungsweise den Brechungsindex $n = 1$ und die relative Dielektrizitätszahl $\epsilon_r = 1$.

Das elektrische Feld $\vec{E}$ der Welle erfüllt die Wellengleichung (11.13)

$$\triangle \vec{E} = \frac{1}{c^2} \, \frac{\partial^2 \vec{E}}{\partial t^2} \,. \tag{18.2}$$

Sie ist linear in $\vec{E}$ und erlaubt damit auch Linearkombinationen von Wellen (11.14) als Lösungen der Wellengleichung:

$$\vec{E}(\vec{r}, t) = \sum_m \underbrace{\vec{A}_m(\vec{r}, t)}_{\text{Amplitude}} \; \underbrace{e^{\,i\varphi_m}}_{\text{Phasenterm}} \tag{18.3}$$

Das resultierende elektrische Feld kann orts- und zeitabhängig durch die Überlagerung (Superposition) der Teilwellen besonders groß werden oder auch verschwinden. Diese Effekte bezeichnen wir als **Interferenz**. Sie werden in der Variation der Intensität sichtbar, die wir als **Interferenzmuster** wahrnehmen.

18.1 Interferenz zweier synchron schwingender Quellen

Wir betrachten zwei synchron schwingende Quellen S_i ($i = 1, 2$), die kreisförmige Wellen erzeugen. Zunächst berechnen wir die elektrischen Feldstärken, die sich an verschiedenen Beobachtungspunkten ergeben. Anschließend untersuchen wir die Intensitätsmuster der überlagerten Wellen.

18.1.1 Elektrische Feldstärke

Wir nehmen an, dass sich die Wellen in der x-y-Ebene kreisförmig ausbreiten. Die elektrischen Feldvektoren $\vec{E}_i$ der von den Quellen ausgesandten Wellen stehen daher immer senkrecht zu dieser Ebene (►Abbildung 18.1, links). Daher schreiben wir zur Vereinfachung mit diesem Verständnis die elektrischen Feldstärken als komplexe Größen E_i im Abstand r_i zur Zeit t

$$E_1(r_1, t) = A_1\, e^{\,i(kr_1 - \omega t)}\,, \tag{18.4}$$

$$E_2(r_2, t) = A_2\, e^{\,i(kr_2 - \omega t)}\,. \tag{18.5}$$

In den beiden als reell angenommenen Amplituden A_i sei eine mögliche Abnahme der elektrischen Feldstärke in der Entfernung r_i von der Quelle bereits enthalten. Wir bezeichnen mit k die Wellenzahl ($k = 2\pi/\lambda$ mit der Wellenlänge λ) und mit ω die Kreisfrequenz ($\omega = 2\pi\,\nu$ mit der Frequenz ν).

Unser Ziel ist, die Intensität im Beobachtungspunkt P zu berechnen.

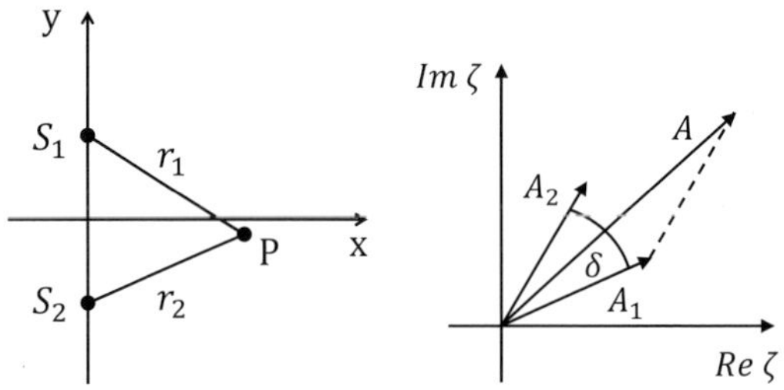

Abbildung 18.1 Die elektromagnetischen Wellen der beiden synchron schwingenden Quellen S_1 und S_2 überlagern sich im Beobachtungspunkt P (links). Durch die verschiedenen Abstände r_1 und r_2 von den Quellen sind die Phasen der elektrischen Feldstärken um den Winkel $\delta = k\,(r_2 - r_1)$ gegeneinander verschoben, dabei bezeichnet k den Betrag des Wellenvektors. Bei P seien die Amplituden A_1 und A_2 der elektrischen Feldstärken näherungsweise gleich groß. In der rechten Abbildung ist die Überlagerung der elektrischen Feldstärken durch Vektoren in der komplexen Zahlenebene gezeigt. Die Pfeile symbolisieren die komplexen Feldstärken E_i, ihre Beträge zeigen die (reellen) Amplituden A_1 und A_2, ihre Richtung die Phasen mit dem Unterschied δ, der bei der Überlagerung zur Gesamtamplitude A berücksichtigt wird.

Die Überlagerung der beiden Wellen ergibt

$$\begin{aligned} E_1 + E_2 &= A_1\, e^{\,i(kr_1 - \omega t)} + A_2\, e^{\,i(kr_2 - \omega t)} \\ &= e^{\,i(kr_1 - \omega t)} \left(A_1 + A_2\, e^{\,i\,k\,(r_2 - r_1)}\right) \\ &= e^{\,i(kr_1 - \omega t)} \left(A_1 + A_2\, e^{\,i\,\delta}\right)\,. \end{aligned} \tag{18.6}$$

Dabei bezeichnet

$$\delta \equiv k\,(r_2 - r_1) \tag{18.7}$$

die Phasendifferenz am Punkt P zwischen den beiden Wellen. Je nach Position von P kann δ positiv oder negativ sein.

Am Punkt P generieren die beiden Wellen die gesamte Feldstärke $E_1 + E_2$, die sich periodisch ändert.

In ►Abbildung 18.1, rechts ist die komplexe Zahlenebene gezeigt. Hier können wir die Schwingung der Feldstärke als Rotation von $E_1 + E_2$ um den Koordinatenursprung mit der Kreisfrequenz ω auffassen. Die Phasendifferenz δ können wir dabei als Winkel zwischen den beiden einzelnen Feldstärken ablesen.

An ausgezeichneten Punkten P ist die Amplitude A der gesamten Feldstärke maximal $A = A_1 + A_2$, an anderen ausgezeichneten Punkten P ist die Amplitude $A = 0$. An den übrigen Positionen liegen die Beträge der Amplituden A zwischen diesen beiden Extremwerten (►Abbildung 18.2).

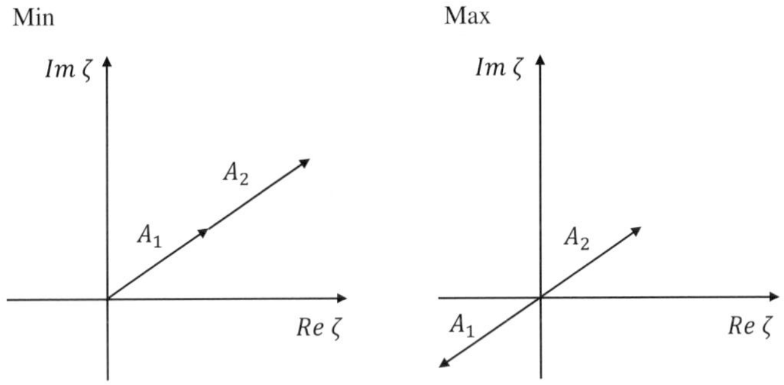

Abbildung 18.2 Mögliche Extremwerte für bestimmte Beobachtungspunkte P (►Abbildung 18.1): Maximale elektrische Feldstärke ergibt sich, wenn die Wellen bei P in Phase sind, d. h. der Phasenunterschied $\delta = m\,2\pi$ ein Vielfaches von 2π beträgt (links). Minimale Feldstärke ergibt sich an Punkten P, bei denen $\delta = (2m+1)\pi$ ein ungerades Vielfaches von π beträgt (rechts).

18.1.2 Intensität

Im Folgenden bestimmen wir die Intensität I am Beobachtungspunkt P aus dem Quadrat der gesamten Feldstärke (18.1):

$$I = \epsilon_\circ\, c\,(E_1 + E_2)^2 \qquad (18.8)$$

Informationen über das Intensitätsmuster erhalten wir demnach durch Quadrieren von (18.6), wobei der erste Term $|\exp[i\,(kr_1 - \omega t)]\,|^2 = 1$ ergibt.

Wir verwenden übliche trigonometrische Funktionen und erhalten

$$\begin{aligned}(E_1 + E_2)^2 &= (A_1 + A_2\,\cos\delta)^2 + (A_2\,\sin\delta)^2\\ &= A_1^2 + A_2^2\,\cos^2\delta + A_2^2\,\sin^2\delta + 2\,A_1\,A_2\,\cos\delta\\ &= A_1^2 + A_2^2 + 2\,A_1\,A_2\,\cos\delta\,. \end{aligned} \qquad (18.9)$$

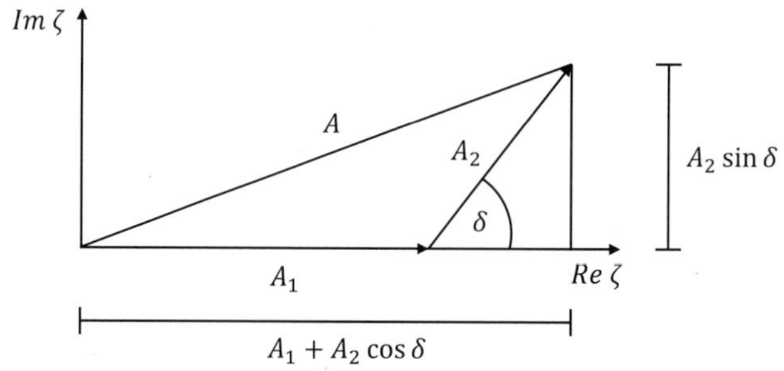

Abbildung 18.3 Momentaufnahme der elektrischen Feldstärken zur Berechnung der Gesamtfeldstärke A

Damit treten Maxima und Minima in der Gesamtamplitude A für folgende Phasendifferenzen δ auf:

$$\begin{aligned} &\text{Maxima:} \quad A = A_1 + A_2, \quad \delta = 0, 2\pi, \ldots = m\,2\pi, \quad m \in \mathbb{Z} \\ &\text{Minima:} \quad A = A_1 - A_2, \quad \delta = \pi, 3\pi, \ldots = (2\,m + 1)\,\pi \end{aligned} \tag{18.10}$$

Die Gesamtamplitude kann negativ werden. Im Experiment beobachten wir aber die Intensität I der Wellen, die wegen (18.8) immer positiv ist.

Schauen wir nicht nur auf einen Beobachtungspunkt P, sondern auf das gesamte resultierende Interferenzmuster, so werden die Phasendifferenzen der beiden Wellen nach den Bedingungen (18.10) durch Knotenlinien (Minima) und Bäuche (Maxima) angezeigt.

Die Abstände der Linien hängen von der Wellenlänge λ ab und entsprechen konstanten Differenzen der beiden Abstände r_1 und r_2. Für **Bauchlinien** (Maxima) erhalten wir durch Einsetzen von (18.10) in (18.7)

$$\begin{aligned} \delta &= k\,(r_1 - r_2) \\ m\,2\pi &= \frac{2\pi}{\lambda}\,(r_1 - r_2) \end{aligned}$$

$$r_1 - r_2 = m\,\lambda = const. \tag{18.11}$$

Für **Knotenlinien** (Minima) ergibt sich nach (18.10) entsprechend

$$(2\,m + 1)\,\pi = \frac{2\pi}{\lambda}(r_1 - r_2)$$

$$r_1 - r_2 = \frac{2\,m + 1}{2}\,\lambda = const. \tag{18.12}$$

Die Gleichungen (18.11) und (18.12) beschreiben Hyperbelfunktionen, sodass Knotenlinien und Bäuche entlang von Hyperbeln verlaufen.

Beispiel: Synchron schwingende Quellen

Wir stellen zwei Radioquellen im Abstand $d = 2\,\text{m}$ voneinander auf. Die Wellenlänge der kreisförmig abgestrahlten Wellen sei $\lambda = 2\,\text{m}$.

Zu einem festen Zeitpunkt zeichnen wir in der x-y-Ebene für jede der beiden Quellen die ersten zwei Amplitudenmaxima ein. An den Stellen, an denen sich die Amplitudenmaxima überschneiden, d. h. die Gesamtamplitude maximal $A_1 + A_2$ ist, bilden sich die Bäuche des Interferenzmusters. Dazwischen liegen die Knotenlinien des Interferenzmusters. Offensichtlich ergibt sich ein Interferenzmuster von Hyperbeln (►Abbildung 18.4).

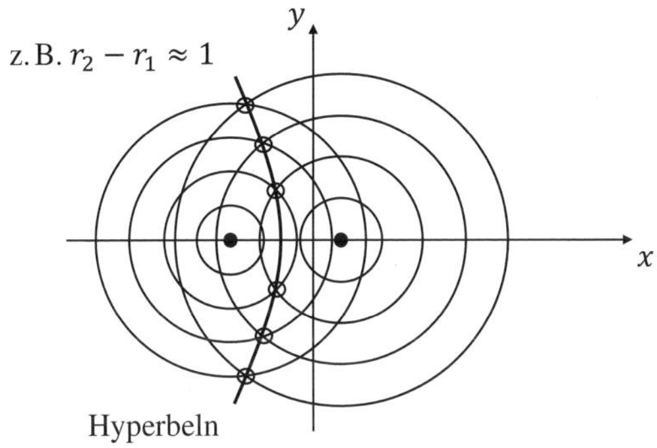

Abbildung 18.4 Interferenzmuster für zwei synchron schwingende Quellen, die Kreiswellen aussenden. Beobachtungspunkte P mit gleicher Phase $\delta = r_1 - r_2 = const.$ bilden Hyperbeln.

18.1.3 Fresnel'scher Spiegelversuch

Experiment: Fresnel'scher Spiegelversuch

A. J. Fresnel gelang es bereits 1816 erstmals mit einer natürlichen Quelle lichtstarke Interferenzen zu erzeugen, indem er virtuelle Bilder einer Lichtquelle zur Interferenz brachte. Der Fresnel'sche Spiegelversuch besteht aus einer Lichtquelle und zwei im Winkel ϵ zueinander geneigten Spiegeln (►Abbildung 18.5).

Im Folgenden werden wir das Interferenzmuster des Spiegelversuchs von Fresnel (►Abbildung 18.6) untersuchen und sehen, dass die beiden Wellen der virtuellen Lichtquellen miteinander interferieren.

Die Länge der optischen Wege von der realen Lichtquelle zum Beobachtungspunkt P entspricht den optischen Wegen von den virtuellen Quellen zu P:

$$\overline{L\,S_1\,P} = \overline{L_1\,P}$$
$$\overline{L\,S_2\,P} = \overline{L_2\,P}$$

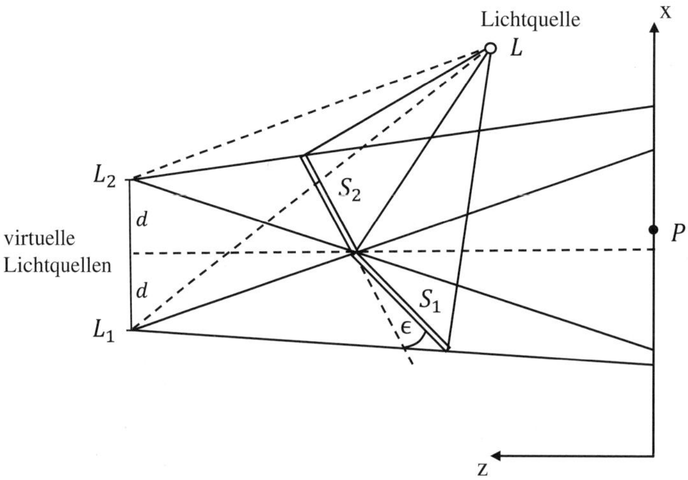

Abbildung 18.5 Im Spiegelversuch von Fresnel werden zwei synchron schwingende Quellen als virtuelle Lichtquellen aus einer einzigen Lichtquelle durch Anordnung zweier gegeneinander geneigter Spiegel erzeugt. Das Interferenzmuster wird auf dem Wandschirm, z. B. am Punkt P, beobachtet.

Die Koordinaten der virtuellen Lichtquellen sind

$$\begin{aligned} L_1 &: \quad (-d,\ 0,\ z_\circ)\,, \\ L_2 &: \quad (\ \ d,\ 0,\ z_\circ)\,. \end{aligned}$$

Die Koordinaten des Beobachtungspunkts P auf dem Schirm lauten

$$P: \quad (x,\ y,\ 0)\,.$$

Die Wegdifferenz der beiden Lichtstrahlen beträgt

$$\Delta s = \sqrt{(x+d)^2 + y^2 + z_\circ^2} - \sqrt{(x-d)^2 + y^2 + z_\circ^2}\,. \tag{18.13}$$

Für die konstante Wegdifferenz $\Delta s = const.$ beschreibt diese Gleichung eine Hyperbel. Intensitätsmaxima erhalten wir, falls die Wegdifferenz einem Vielfachen der Wellenlänge entspricht:

$$\Delta s = m \cdot \lambda\,, \qquad m = 0, 1, 2, \ldots \tag{18.14}$$

Entsprechend ergeben sich die Intensitätsminima für Wegdifferenzen von

$$\Delta s = \frac{2m+1}{2} \cdot \lambda\,, \qquad m = 0, 1, 2, \ldots \tag{18.15}$$

In ►Abbildung 18.6 ist die Aufsicht auf den Wandschirm (►Abbildung 18.5) mit dem Interferenzmuster von Hyperbeln gezeigt.

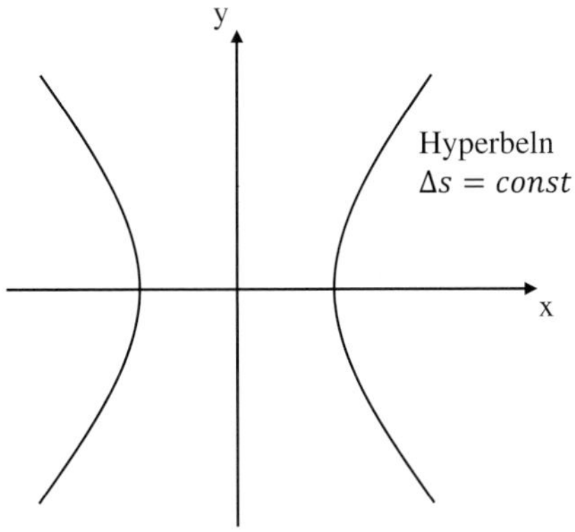

Abbildung 18.6 Beim Spiegelversuch von Fresnel bilden die Maxima und Minima des Interferenzmusters auf dem Wandschirm in ►Abbildung 18.5 Hyperbeln.

18.2 Intensitätsverteilung bei N Quellen

Wir verwenden nun insgesamt N synchron schwingende Quellen, die nebeneinander mit gleichen Abständen d aufgereiht sind, und interessieren uns für Interferenzeffekte in der sogenannten Fernzone (►Abbildung 18.7).

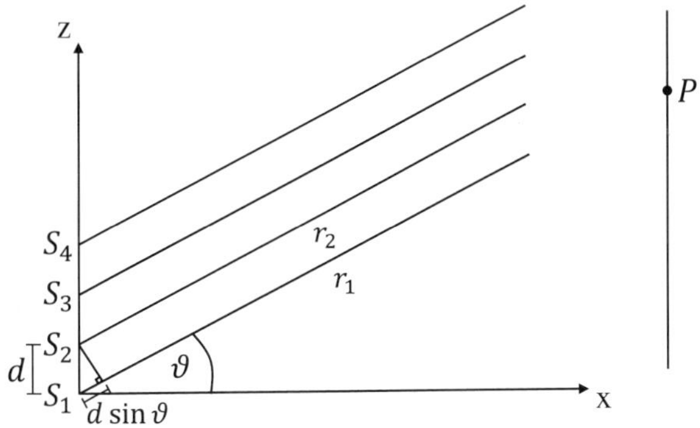

Abbildung 18.7 $N = 4$ synchron schwingende Quellen werden am Punkt P beobachtet. Seine Entfernung r_i von den Quellen sei so groß, dass die Verbindungslinien nahe der Quellen in guter Näherung als parallel angesehen werden können. Der Phasenunterschied zur jeweils nächsten Quelle ist dann gleich groß und hängt nur vom Abstand d der Quellen und vom Winkel ϑ zum Beobachtungspunkt P ab.

Mit der Fernzone meinen wir hier Abstände des Beobachtungspunkts P, die so groß sind, dass die Winkelunterschiede der Verbindungslinien $\overline{P\,S_i}$ zu den einzelnen Quellen S_i klein sind. Damit verlaufen alle Verbindungslinien näherungsweise parallel.

Am Beobachtungspunkt P ergibt sich die Phasendifferenz $\delta = k\,(r_i - r_{i+1})$ (18.7) der Wellen zweier benachbarter Quellen S_i und S_{i+1} aus der Differenz ihrer Abstände $r_i - r_{i+1}$ und der Wellenzahl k. Den Wegunterschied berechnen wir aus dem Abstand d der Quellen und dem Winkel ϑ zum Beobachtungspunkt:

$$r_i - r_{i+1} = d\,\sin\vartheta \tag{18.16}$$

Zusammen mit $k = 2\pi/\lambda$ erhalten wir für die Phasendifferenz zwischen benachbarten Quellen

$$\delta = k\,(r_i - r_{i+1})$$

$$\delta = \frac{2\pi}{\lambda}\,d\,\sin\vartheta\,. \tag{18.17}$$

Bei gegebenen Quellabständen d und vorgegebener Wellenlänge λ ist die Phasendifferenz δ der Wellen nur vom Beobachtungswinkel ϑ abhängig. Daher können wir ein beobachtetes Interferenzmuster als Funktion von ϑ charakterisieren.

Bevor wir die Intensitätsverteilung eines Interferenzmusters explizit berechnen, suchen wir solche Winkel ϑ, unter denen wir Intensitätsmaxima und -minima beobachten.

18.2.1 Hauptmaxima, Nebenmaxima und Minima der Intensität

Wir erweitern hier die Situation von zwei schwingenden Quellen, für die wir die elektrischen Feldstärken (18.4) aufsummiert haben (18.6), auf N Quellen.

Der Betrag der Gesamtfeldstärke E am Beobachtungspunkt P ergibt sich in der komplexen Zahlenebene durch die Summe aller Feldstärken der beitragenden Quellen, die relativ zueinander um δ phasenverschoben sind (►Abbildung 18.8).

Man kann sich mit diesem Bild gut vorstellen, dass unter bestimmten Bedingungen Maxima oder Minima auftreten, die wir im Folgenden berechnen.

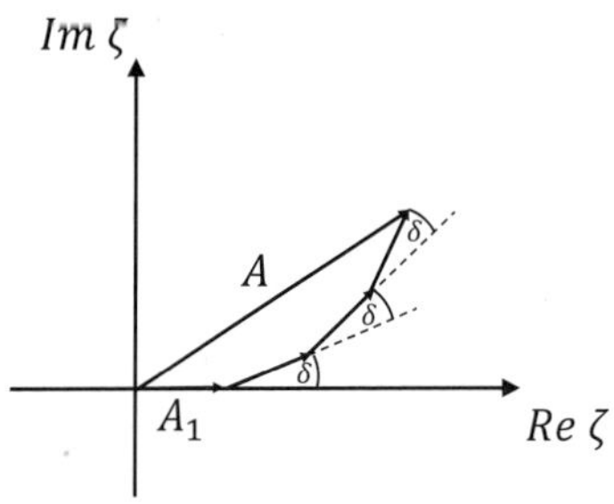

Abbildung 18.8 Überlagerung der elektrischen Feldstärken von vier synchron schwingenden Quellen, dargestellt als Vektoren in der komplexen Zahlenebene: Die Beträge zeigen die Amplituden A_i, ihre Richtungen geben den Phasenunterschied δ zur benachbarten Quelle wieder. Die Gesamtamplitude A ergibt sich durch Vektoraddition.

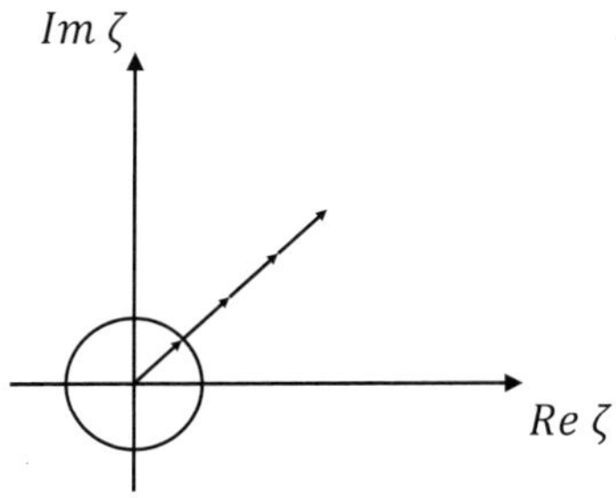

Abbildung 18.9 Hauptmaxima: Die maximale elektrische Feldstärke ergibt sich, wenn der Phasenunterschied $\delta = m\,2\pi$ zwischen den Wellen benachbarter Quellen ein Vielfaches m von 2π beträgt.

Hauptmaxima. Die Amplitude nimmt den größtmöglichen Wert an, wenn alle einzelnen Amplituden genau in Phase sind (►Abbildung 18.9).

Das heißt, *jede einzelne Phasendifferenz* δ zur Nachbarquelle beträgt entweder $\delta = 0$ oder ein ganzzahliges Vielfaches m von 2π:

$$\delta = m\,2\pi\,, \quad m \in \mathbb{Z} \tag{18.18}$$

Zusammen mit Gleichung (18.17)

$$\delta = \frac{2\pi}{\lambda}\,d\,\sin\vartheta = m\,2\pi$$

erhalten wir unter dem Beobachtungswinkel ϑ dann ein Hauptmaximum, wenn die Abstände r_i und r_{i+1} zu benachbarten Quellen sich um ein ganzzahliges Vielfaches m der Wellenlänge λ unterscheiden:

$$m\,\lambda = d\,\sin\vartheta\,, \quad |m| = 0, 1, 2, \ldots, m_{max} \tag{18.19}$$

Ist $\vartheta = \pi/2$ der maximal mögliche Winkel zum Beobachtungspunkt P, so ist hier $\sin\vartheta = 1$. Damit ist m auf das größte ganzzahlige Vielfache der Wellenlänge λ beschränkt, das in den Abstand d zwischen zwei Quellen passt:

$$m_{max} \cdot \lambda \leq d$$

Im Fall eines Hauptmaximums ist die Gesamtamplitude der Feldstärke das N-fache der einzelnen Amplitude:

$$A = N\,A_1 \tag{18.20}$$

Die maximale Intensität I_1 der einzelnen Welle ist proportional zum Betragsquadrat ihrer Amplitude (18.1). Der entsprechende Zusammenhang gilt für die Intensität im Hauptmaximum:

$$\begin{aligned} I_1 &= \epsilon_\circ\,c\,|A_1|^2 \\ I_{max} &= \epsilon_\circ\,c\,|A|^2 \end{aligned} \tag{18.21}$$

Im allgemeinen Fall von N Quellen erhalten wir $N-1$ Minima zwischen zwei Hauptmaxima (►Abbildung 18.13):

$$1 \leq m' \leq N-1 \tag{18.24}$$

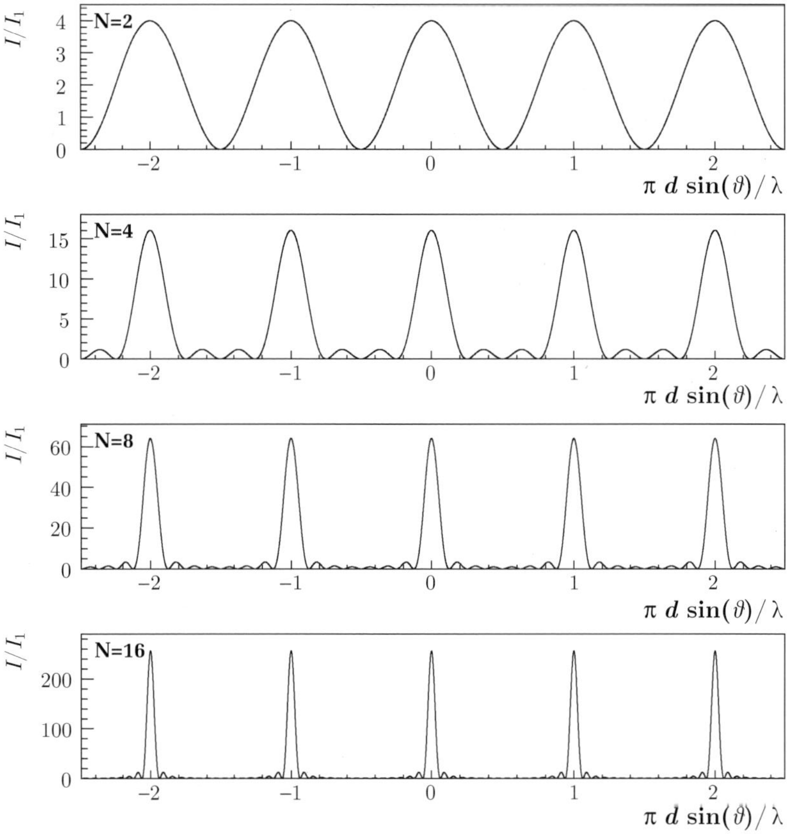

Abbildung 18.13 Bei einem Quellabstand d liegen die Hauptmaxima bei ganzzahligen Vielfachen $m = d \sin\vartheta/\lambda$ (18.19), wobei ϑ den Beobachtungswinkel und λ die Wellenlänge bezeichnet. Die Anzahl der Nebenminima zwischen zwei Hauptmaxima steigt mit der Anzahl N der synchron schwingenden Quellen mit $N-1$ (18.24) und so auch die Anzahl der Nebenmaxima mit $N-2$. Mit steigender Anzahl N der Quellen nimmt auch die Breite der Hauptmaxima ab.

Im Folgenden stellen wir die Bedingung für Nebenmaxima für die jeweilige experimentelle Situation mit N Quellen und Licht der Wellenlänge λ auf. Dafür setzen wir die Phasendifferenz $\delta = (2\pi/\lambda)\, d \sin\vartheta$ (18.17) in Gleichung (18.23) ein

$$\begin{aligned} m'\, 2\pi &= N\,\delta \\ &= N\,\frac{2\pi}{\lambda}\, d \sin\vartheta \end{aligned}$$

und erhalten als Bedingung für Minima am Beobachtungspunkt P bei N Quellen:

$$m'\,\lambda = N\,d\,\sin\vartheta\,, \quad 1 \le m' \le N-1 \tag{18.25}$$

Für große Quellanzahl N können wir diesen Ausdruck folgendermaßen verstehen: Der Abstand zwischen der ersten und der letzten Quelle beträgt $(N-1)d$. Die Wegdifferenz Δs_{max} der beiden Wellen am Beobachtungspunkt P beträgt demnach

$$\begin{aligned}\Delta s_{max} &= r_1 - r_N \\ &= (N-1)\,d\cdot\sin\vartheta \\ &\approx N\,d\cdot\sin\vartheta\end{aligned} \tag{18.26}$$

Dabei haben wir für große N den Abstand durch $(N-1)\,d \approx N\,d$ genähert. Um bei vielen Quellen ein Minimum zu erhalten, muss die Wegdifferenz zwischen der ersten und letzten Welle nach (18.25) ein Vielfaches m' der Wellenlänge λ ergeben.

Nebenmaxima. Zwischen zwei Hauptmaxima gibt es $N-1$ Minima (18.25). Dementsprechend gibt es $N-2$ Nebenmaxima zwischen zwei Hauptmaxima.

18.2.2 Intensitätsverteilung

Nachdem wir die Beobachtungswinkel ϑ der Maxima und Minima für N synchron schwingende Quellen kennen, interessieren wir uns nun für die gesamte Intensitätsverteilung als Funktion von ϑ.

Vom Beobachtungspunkt P aus gesehen liegt die Quelle S_j in der Entfernung $r_j = const.$ Bei P schwingt der Betrag ihrer elektrischen Feldstärke E_j mit der Kreisfrequenz ω und hat bezüglich der Schwingung die Phasenverschiebung $kr_j = const.$:

$$\begin{aligned}E_j &= A_j\,e^{\,i(kr_j-\omega t)} \\ &= A_j \underbrace{e^{-i\omega t}}_{\text{Schwingungsterm}} \cdot \underbrace{e^{ikr_j}}_{\text{Schwingungsphase}}\end{aligned}$$

Wie groß die gesamte elektrische Feldstärke E am Punkt P ist, wird durch die Phasenunterschiede aller Wellen der N Quellen bestimmt.

Wir wählen die Phasenbeziehung kr_1 der ersten Welle als Referenz und bestimmen alle anderen Phasenbeziehungen relativ zu dieser ersten Welle. Die Phasendifferenz zweier benachbarter Wellen beträgt $\delta = k(r_{j+1} - r_j)$ (18.7). Die Phasendifferenz δ_j der Welle j relativ zur ersten Welle ist dementsprechend

$$\begin{aligned}\delta_j &= k\,(r_j - r_1) \\ &= (j-1)\,\delta\,.\end{aligned} \tag{18.27}$$

Das gesamte elektrische Feld der N Wellen mit den Amplituden $A_j = A_1$ am Punkt P beträgt damit

$$E = \sum_{j=1}^{N} A_j \, e^{\,i(kr_j - \omega t)} \tag{18.28}$$

$$= A_1 \cdot c^{\,i(kr_1 - \omega t)} \cdot \sum_{j=1}^{N} e^{\,ik(r_j - r_1)}$$

$$= A_1 \cdot e^{-i\omega t} \cdot e^{\,ikr_1} \cdot \sum_{j=1}^{N} e^{\,i(j-1)\,\delta} \,. \tag{18.29}$$

Entscheidend für Intensitätsvariationen ($I = \epsilon_\circ \, c \, |E|^2$ (18.1)) und damit für das Interferenzmuster ist der Summenterm auf der rechten Seite, den wir mithilfe einer geometrischen Reihe berechnen können.

Mathematischer Einschub: Geometrische Reihe

Bei der geometrischen Reihe ist der Quotient aufeinanderfolgender Glieder konstant:

$$\frac{a_{i+1}}{a_i} = q \,, \quad i = 1, \ldots, N-1 \tag{18.30}$$

Mit $a_i = a_1 \cdot q^{i-1}$ lässt sich die Reihe über N Elemente analytisch berechnen:

$$\sum_{i=1}^{N} a_i = a_1 \, (1 + q + \ldots + q^{N-1}) = a_1 \, \frac{q^N - 1}{q - 1} \tag{18.31}$$

In unserem Fall sind im Summenterm der Gleichung (18.29) die entsprechenden Elemente der geometrischen Reihe

$$\sum_{j=1}^{N} e^{\,i(j-1)\,\delta} = \underbrace{e^0}_{\equiv a_0} + \underbrace{e^{\,i\,\delta}}_{\equiv a_1} + \underbrace{e^{\,2\,i\,\delta}}_{\equiv a_2} + \ldots \,.$$

Die Elemente a_j erfüllen die Bedingung des konstanten Quotienten q benachbarter Terme (18.30):

$$q = \frac{a_{j+1}}{a_j} = e^{\,i\,\delta}$$

Damit lässt sich der Summenterm in (18.29) über die geometrische Reihe (18.31) mit $a_0 = \exp{(0)} = 1$ berechnen und dann in einen Term zur Amplitudenmodulation und einen Phasenterm zerlegen:

$$\sum_{j=1}^{N} e^{\,i\,(j-1)\,\delta} = \frac{e^{\,i\,\delta \cdot N} - 1}{e^{\,i\,\delta} - 1}$$

$$= \frac{e^{\,i\,\frac{N\,\delta}{2}} - e^{-i\,\frac{N\,\delta}{2}}}{e^{\,i\,\frac{\delta}{2}} - e^{-i\,\frac{\delta}{2}}} \cdot \frac{e^{\,i\,\frac{N\,\delta}{2}}}{e^{\,i\,\frac{\delta}{2}}}$$

$$= \frac{\sin\left(\frac{N}{2}\,\delta\right)}{\sin\left(\frac{1}{2}\,\delta\right)} \cdot e^{\,i\,\delta\,\frac{(N-1)}{2}}$$

Im letzten Schritt haben wir die Euler-Formel $\exp(\pm ix) = \cos x \pm i \sin x$ verwendet.

Die gesamte elektrische Feldstärke E (18.29) am Beobachtungspunkt P setzt sich damit aus drei Anteilen zusammen:

$$E = \underbrace{A_1 \cdot \frac{\sin\left(\frac{N}{2}\,\delta\right)}{\sin\left(\frac{1}{2}\,\delta\right)}}_{\text{Amplitudenterm}} \cdot \underbrace{e^{-i\,\omega\,t}}_{\text{Schwingungsterm}} \cdot \underbrace{e^{i\,\left(k\,r_1 + \delta\,\frac{(N-1)}{2}\right)}}_{\text{Schwingungsphase}} \qquad (18.32)$$

Die Gesamtamplitude wird demnach durch die Phasendifferenz δ moduliert. Weiterhin gibt es zwei Terme, einen Schwingungsterm mit der Kreisfrequenz ω und einen Term für die Phasenverschiebung in der Schwingung.

Die Intensität I aller Wellen, die wir am Punkt P beobachten, erhalten wir aus dem Quadrat der Feldstärke:

$$I = \epsilon_\circ\, c\, |E|^2 = \epsilon_\circ\, c \left| A_1\, \frac{\sin\left(\frac{N}{2}\,\delta\right)}{\sin\left(\frac{1}{2}\,\delta\right)} \right|^2$$

Dabei trägt nur der Amplitudenterm aus (18.32) bei, da das Betragsquadrat der beiden anderen Terme 1 ergibt ($|\exp(ix)|^2 = 1$).

Die maximale Intensität einer einzelnen Quelle beschreiben wir durch $I_1 = \epsilon_\circ\, c\, |A_1|^2$ (18.21). Damit ergibt sich die Intensitätsverteilung aller Quellen in Abhängigkeit der Phasenverschiebung δ benachbarter Quellen zu

$$I(\delta) = I_1\, \frac{\sin^2\left(\frac{N}{2}\,\delta\right)}{\sin^2\left(\frac{1}{2}\,\delta\right)}. \qquad (18.33)$$

Unser Ziel ist, das Interferenzmuster als Funktion des Beobachtungswinkels ϑ zu formulieren. Dazu verwenden wir (18.17)

$$\delta = \frac{2\pi}{\lambda}\, d\, \sin\vartheta$$

und erhalten die Intensitätsverteilung $I(\vartheta)$ aller Quellen

$$I(\vartheta) = I_1 \cdot \frac{\sin^2\left(N \cdot \pi\, \frac{d}{\lambda}\, \sin\vartheta\right)}{\sin^2\left(\pi\, \frac{d}{\lambda}\, \sin\vartheta\right)}. \qquad (18.34)$$

Die Intensität einer einzelnen Quelle I_1 wird durch den Quotienten der beiden quadrierten Sinusfunktionen modifiziert. Bei Variation des Winkels ϑ ändert sich die Zählerfunktion um den Faktor N (Anzahl Quellen) schneller als die Nennerfunktion.

Experiment: Interferenzmuster

In diesem Gedankenexperiment beleuchten wir mit rotem Licht eines Helium-Neon-Lasers ($\lambda = 632{,}8\,\text{nm}$) $N = 4$ sehr schmale Spalte als Quellen, die sich im Abstand $d = 1{,}5\,\mu\text{m}$ voneinander befinden (►Abbildung 18.14).

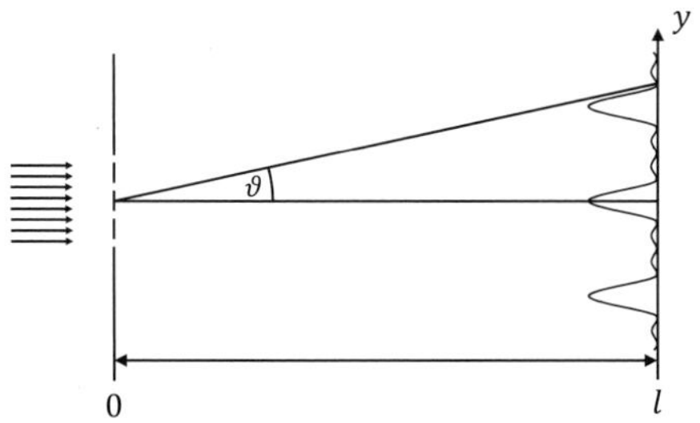

Abbildung 18.14 Aufbau des Experiments zum Interferenzmuster durch vier Spalte

Zur Beobachtung des Interferenzmusters stellen wir einen Schirm in der Entfernung $l = 1\,\text{m}$ auf. Die Koordinate entlang des Schirms bezeichnen wir mit y und ersetzen den Beobachtungswinkel ϑ durch den Zusammenhang $\vartheta = \arctan(y/l)$.

In ►Abbildung 18.15, links sind die quadrierten Sinusfunktionen von Zähler (gestrichelte Kurve) und Nenner (durchgezogene Kurve) in (18.34) separat gezeichnet. Der Zähler enthält die Anzahl N der Quellen und variiert deswegen N-mal schneller mit der x-Koordinate als der Nenner.

►Abbildung 18.15, rechts zeigt das Interferenzmuster. An den Stellen, an denen die Zähler- und Nennerfunktionen Nullstellen aufweisen, ergeben sich die Hauptmaxima hier mit $I_{max}/I_1 = N^2 = 16$ (18.22).

Die Nebenmaxima entstehen bei den übrigen Maxima der Zählerfunktion von (18.34). Da der Zähler im Nebenmaximum 1 ergibt, wird die Höhe I/I_1 von der Nennerfunktion bestimmt.

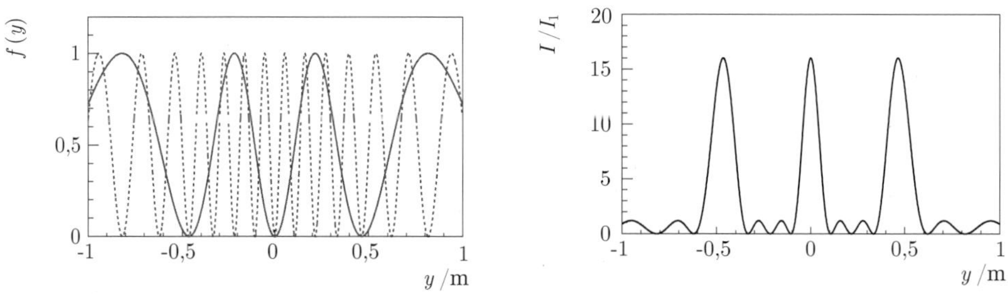

Abbildung 18.15 Links: Die beiden Beiträge zur Intensitätsverteilung bei $N = 4$ synchron schwingenden Quellen (18.34) projiziert auf den Wandschirm in ►Abbildung 18.14: Der Zähler (gestrichelte Kurve) schwingt $N = 4$-mal schneller als der Nenner (durchgezogene Kurve). Rechts: Das resultierende Interferenzmuster zeigt die Hauptmaxima, zwischen 2 Hauptmaxima die $N - 1 = 3$ Nebenminima und entsprechend $N - 2 = 2$ Nebenmaxima. Die Ausgangsintensität wird um $N^2 = 16$ verstärkt.

18.2.3 Optische Wegdifferenzen der ersten und der N-ten Welle

Wir fassen hier die Kriterien für Intensitätsmaxima und -minima über die optischen Wegunterschiede Δs_{max} zwischen der ersten und N-ten Welle zum Beobachtungspunkt zusammen. Dabei verwenden wir große Quellenanzahlen N, sodass wir nach (18.26) nähern können:

$$\Delta s_{max} = N d \sin\vartheta \tag{18.35}$$

Intensitätsminima entstehen bei den Nullstellen des Zählers (18.34)

$$\sin\left(N \cdot \pi \,(d/\lambda)\, \sin\vartheta\right)\,, \tag{18.36}$$

die nicht gleichzeitig Nullstellen des Nenners sind. Das Argument der Sinusfunktion muss dafür ein ganzzahliges Vielfaches von π ergeben:

$$N\pi \frac{d}{\lambda} \sin\vartheta = m' \cdot \pi\,, \qquad m' = 1, \ldots, N-1,\ N+1, \ldots, 2N-1, \ldots$$

$$\Delta s_{max} = m' \cdot \lambda \tag{18.37}$$

Die Minima entsprechen natürlich den Intensitätsminima aus (18.25).

Nebenmaxima der Intensität entstehen bei Maxima des Zählers (18.36), d. h. das Argument erfüllt

$$N\pi \frac{d}{\lambda} \sin\vartheta = \frac{2m'-1}{2} \cdot \pi\,, \qquad m' \in \mathbb{Z}\,,$$

$$\Delta s_{max} = \frac{2m'-1}{2} \cdot \lambda\,. \tag{18.38}$$

Die Minima und Nebenmaxima unterscheiden sich in der Wegdifferenz Δs_{max} wie erwartet um eine halbe Wellenlänge $\lambda/2$.

Hauptmaxima entstehen bei gleichzeitigen Nullstellen des Zählers und des Nenners in (18.34):

$$\begin{gathered}\sin\left(N \cdot \pi \,(d/\lambda)\, \sin\vartheta\right)\\ \sin\left(\ \pi \,(d/\lambda)\, \sin\vartheta\right)\end{gathered}$$

Dafür müssen nun beide Argumente Vielfache von π ergeben:

$$N\pi \frac{d}{\lambda} \sin\vartheta = m N \cdot \pi\,, \qquad \pi \frac{d}{\lambda} \sin\vartheta = m \cdot \pi\,, \qquad m \in \mathbb{Z}$$

$$\Delta s_{max} = m N \cdot \lambda \tag{18.39}$$

Dabei entspricht m der m-ten Ordnung des Interferenzmusters (18.19). Die Hauptmaxima haben somit Wegdifferenzen Δs_{max}, die Vielfachen der Wellenlänge entsprechen, und sind im Vergleich zu den Nebenmaxima um eine halbe Wellenlänge $\lambda/2$ verschoben.

18.2.4 Breite der Hauptmaxima

Die Breite der Hauptmaxima nimmt mit steigender Anzahl N der Quellen ab (►Abbildung 18.13). Daher werden kleine Änderungen im Argument der Intensitätsverteilung (18.34) mit steigendem N einfacher messbar. Als typische Anwendung möchte man zwei sehr nah beieinander liegende Wellenlängen λ_1 und λ_2 auf einem Schirm getrennt sichtbar machen.

Wir variieren hier die Anzahl N der Quellen und bestimmen numerisch die Breite der Hauptmaxima an den Stellen, an denen die Intensität auf die Hälfte gesunken ist. Diese Breite ist das Full-Width-Half-Maximum *FWHM*. Da der Zähler von (18.34) sich N-mal schneller vom Maximum entfernt als der Nenner (siehe obiges Experiment zum Interferenzmuster), sinkt die Breite mit steigendem N.

Wir zeigen in ►Abbildung 18.16 das Verhältnis von der Breite der Hauptmaxima (*FWHM*) zu ihrem Abstand 2π (18.20) als Funktion der Quellanzahl N. Dieses Verhältnis folgt einer $1/N$-Abhängigkeit, die als Kurve eingezeichnet ist:

$$\frac{FWHM}{2\pi} \simeq \frac{1}{N} \tag{18.40}$$

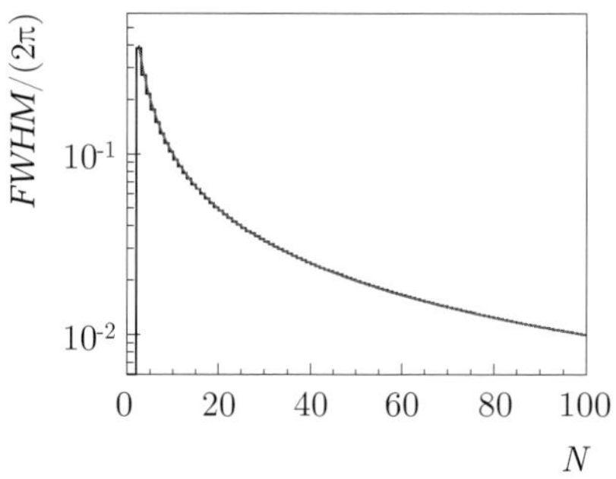

Abbildung 18.16 Die Breite der Hauptmaxima, hier gemessen mit dem Full-Width-Half-Maximum dividiert durch 2π, sinkt mit steigender Anzahl N synchron schwingender Quellen (vgl. auch ►Abbildung 18.13).

18.2.5 Intensitätsverteilung bei großen Wellenlängen

Wenn die Wellenlänge λ sehr viel größer als der Abstand d zwischen den Quellen ist,

$$\lambda \gg d\,, \tag{18.41}$$

dann ist das Argument der Sinusfunktion im Nenner der Intensitätsverteilung (18.34) klein:

$$\pi \frac{d}{\lambda} \sin\vartheta \ll 1$$

Für kleine Winkelargumente im Nenner können wir daher nähern:

$$\sin\left(\pi \frac{d}{\lambda} \sin\vartheta\right) \approx \underbrace{\pi \frac{d}{\lambda} \sin\vartheta}_{\equiv x/N}$$

Wir führen hier zur besseren Übersicht eine Abkürzung für das Argument der Sinusfunktion im Zähler ein:

$$x \equiv N \pi \frac{d}{\lambda} \sin\vartheta \tag{18.42}$$

Als Näherung der Intensitätsverteilung (18.34) bei großen Wellenlängen $\lambda \gg d$ im Vergleich zum Quellabstand erhalten wir unter Berücksichtigung der Intensität im Hauptmaximum $I_{max} = N^2\, I_1$ (18.22)

$$I \approx I_1 \frac{\sin^2 x}{(x/N)^2},$$

$$I \approx I_{max} \frac{\sin^2 x}{x^2}. \tag{18.43}$$

Die Funktion $f(x) = \sin^2(x)/x^2$ hat ihr Maximum bei $x = 0$. Sie weist Minima auf, die bei Vielfachen von $|x| = \pi$ lokalisiert sind. Nebenmaxima befinden sich zwischen den Minima.

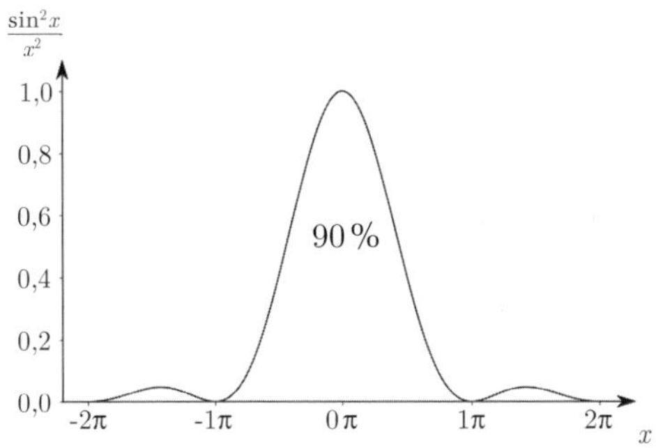

Abbildung 18.17 Die Funktion $\sin^2/x^2$ hat 90 % ihrer Fläche im Zentralbereich.

18.2.6 Intensitätsverteilung für sehr kleine Wellenlängen

Die Wellenlänge λ sei hier sehr klein im Vergleich zu der Ausdehnung $N \cdot d$ des Quellensystems:

$$\lambda \ll N \cdot d \tag{18.44}$$

Das Argument der Sinusfunktion

$$\sin\left(\pi \underbrace{\frac{N\,d}{\lambda}}_{\gg 1} \sin\vartheta\right), \tag{18.45}$$

im Zähler der Intensitätsverteilung (18.34) wird schon bei kleinen Winkeln ϑ rasch groß, sodass diese Sinusfunktion ihr erstes Minimum $\sin\pi = 0$ bereits für kleine Werte von ϑ erreicht:

$$\begin{aligned} \pi \frac{N\,d}{\lambda} \cdot \sin\vartheta &= \pi \\ \underbrace{\frac{\lambda}{N\,d}}_{\ll 1} &= \sin\vartheta \approx \vartheta \end{aligned} \tag{18.46}$$

Daneben ergeben sich für größer werdende Winkel ϑ im schnellen Wechsel Intensitätsmaxima und -minima, sodass im Fall sehr kleiner Wellenlängen λ im Vergleich zur Größe des Quellsystems eine insgesamt hohe Intensität bei kleinen Winkeln $\vartheta \approx 0$ zu finden ist.

Beispiel: Intensitätsverteilung

Ein Quellsystem hat die Ausdehnung $N \cdot d = 1\,\text{cm}$ und wird mit grünem Licht der Wellenlänge $\lambda = 500\,\text{nm}$ betrieben. Nach (18.46) berechnen wir den Winkel für das erste Minimum des Interferenzmusters zu

$$\vartheta \approx \frac{\lambda}{N\,d} = \frac{5 \cdot 10^{-7}\,\text{m}}{10^{-2}\,\text{m}} = 5 \cdot 10^{-5}\,\text{rad}\,.$$

18.3 Kohärenz

In den vorangegangenen Abschnitten haben wir Interferenzeffekte bei synchron schwingenden Quellen besprochen. Die Wellen hatten dabei an ihren Quellorten zu jedem Zeitpunkt dieselbe Kreisfrequenz ω und auch dieselbe Schwingungsphase.

Interferenzeffekte können aber auch unter weniger idealen Bedingungen auftreten. Mit dem nun vorgestellten Kohärenzbegriff können wir formulieren, unter welchen Bedingungen Interferenzmuster entstehen können.

18.3.1 Zeitliche Kohärenz

Zeitlich stationäre Interferenzmuster sind nur dann möglich, wenn die Phasendifferenz

$$\Delta\varphi = \varphi_j - \varphi_k$$

zwischen den Teilwellen $\vec{E}_j$ und $\vec{E}_k$ sich am Beobachtungspunkt P um weniger als

$$\Delta\varphi < 2\pi \tag{18.47}$$

ändert.

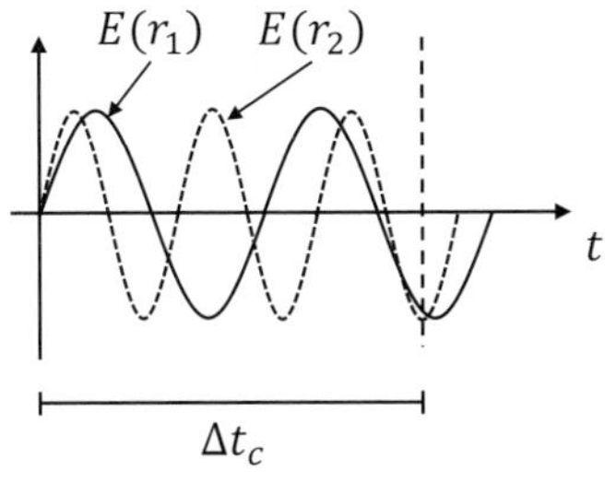

Abbildung 18.18 Beispiel zweier elektromagnetischer Wellen mit leicht verschiedenen Wellenlängen λ_1 und λ_2. Als Kohärenzzeit wird das Zeitintervall bezeichnet, innerhalb dessen zwischen den beiden Wellen eine Phasendifferenz $\Delta\varphi$ von weniger als $\Delta\varphi < 2\pi$ entsteht.

Die **Kohärenzzeit** Δt_c ist die Zeit, während der sich die Phasendifferenzen zwischen allen sich im Punkt P überlagernden Wellen um maximal 2π ändern (►Abbildung 18.18).

Mit der Vakuumlichtgeschwindigkeit c als Ausbreitungsgeschwindigkeit der Wellen definieren wir dazu die **Kohärenzlänge** durch

$$\Delta s_c = c \cdot \Delta t_c \,. \tag{18.48}$$

Beispiel: Zeitliche Inkohärenz

Es gibt verschiedene Ursachen dafür, dass zeitliche Kohärenz nicht zustande kommt. Beispiele dafür sind:

1. Die Lichtquelle produziert nur kurze Wellenzüge, deren Phasen zufällig verteilt sind.
2. Die Frequenz ν eines Wellenzuges ändert sich mit der Zeit.
3. Der Brechungsindex im Medium zwischen Quelle und Beobachter verändert sich.

Beispiel: Kohärenzlänge

Wie sichtbares Licht durch Elektronenübergänge im Atom entstehen kann, hatten wir bereits in Abschnitt 10.5.4 angesprochen. Beim Elektronenübergang wird Licht im Bereich eines schmalen Frequenzspektrums ausgesandt (Linienspektrum) (►Abbildung 18.19 und Gleichung (10.120)).

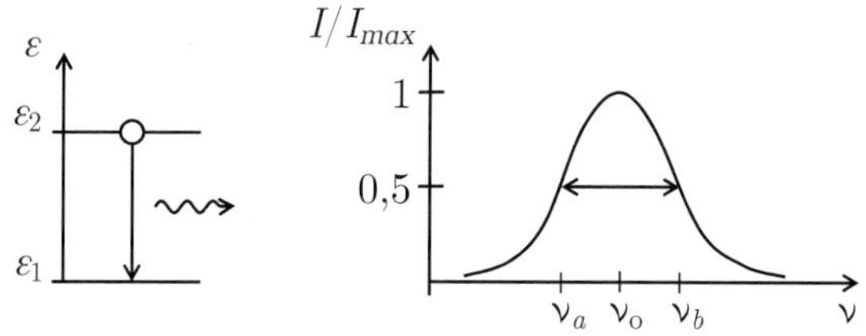

Abbildung 18.19 In der Atomhülle wird beim Übergang eines Elektrons von einem höher liegenden Energieniveau ε_2 in ein niedrigeres ε_1 die Differenzenergie als elektromagnetische Welle abgestrahlt. Die Wellen haben ein Frequenzspektrum mit der Linienbreite $\Delta\nu = \nu_b - \nu_a$.

Eine typische Linienbreite des Frequenzspektrums beträgt $\Delta\nu = 2 \cdot 10^9$ Hz. Eine Welle mit der Frequenz ν_a am unteren Ende des Frequenzspektrums hat die elektrische Feldstärke

$$\begin{aligned} E_1 &= A_1 \, e^{-i(\omega t - kr)} \\ &= A_1 \, e^{-i\,2\pi\,\nu_a (t - r/c)} \,. \end{aligned}$$

Dabei haben wir die Frequenzbeziehung $\omega = 2\pi\,\nu$, die Wellenlängenbeziehung $k = 2\pi/\lambda$ und den Zusammenhang $c = \lambda\,\nu$ verwendet. Entsprechend hat eine zweite Welle mit der Frequenz ν_b am oberen Ende des Frequenzspektrums die Feldstärke

$$E_2 = A_2 \, e^{-i\,2\pi\,\nu_b (t - r/c)} \,.$$

Mit r bezeichnen wir den Ort, an dem die beiden Wellen in Phase waren, bzw. mit $t_\circ \equiv r/c$ die Zeit, die seitdem vergangen ist. Die Phasendifferenz zwischen den zwei Teilwellen mit ν_1 und ν_2 beträgt

$$\Delta\varphi(t) = 2\pi \, \underbrace{(\nu_b - \nu_a)}_{= \Delta\nu} \, \underbrace{(t - t_\circ)}_{= \Delta t_c} \,.$$

Um das Kohärenzkriterium $\Delta\varphi < 2\pi$ (18.47) zu erfüllen, kann hier das Produkt aus Frequenzunterschied und Zeitdifferenz maximal den Wert $\Delta\nu \cdot \Delta t_c < 1$ ergeben. Demnach berechnen wir die Kohärenzzeit über die typische Linienbreite zu

$$\Delta t_c = \frac{1}{\Delta\nu} = \frac{1}{2 \cdot 10^9\,\text{Hz}} = 5 \cdot 10^{-10}\,\text{s} \,.$$

Entlang der Lichtausbreitung entspricht dieser Wert einer Kohärenzlänge (18.48) von

$$\Delta s_c = c \cdot \Delta t_c = \frac{c}{\Delta\nu} \tag{18.49}$$

$$= 3 \cdot 10^8 \cdot 5 \cdot 10^{-10}\,\text{m} = 15\,\text{cm} \,. \tag{18.50}$$

18.3.2 Räumliche Kohärenz

Zusätzlich zur Kohärenz entlang der Ausbreitungsrichtung der Wellen betrachten wir nun auch die Kohärenz senkrecht zur Ausbreitungsrichtung: In ►Abbildung 18.20 ist die Phasendifferenz zwischen den Beobachtungspunkten P_1 und P_2 von den optischen Wegen zwischen der Quelle und den Punkten P_1, P_2 abhängig.

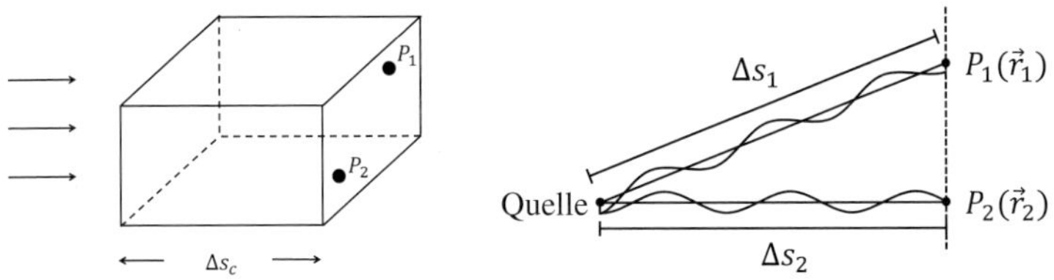

Abbildung 18.20 Räumliche Kohärenz senkrecht zur Ausbreitungsrichtung der Welle: Die Phasendifferenz $\Delta\varphi$ zwischen den Wellen an den Beobachtungspunkten P_1 und P_2 soll sich dafür um weniger als $\Delta\varphi = 2\pi$ unterscheiden.

An den beiden Punkten betragen die Phasen für die Teilwelle $\vec{E}_i$

$$P_1(\vec{r}_1): \ \varphi_i(\vec{r}_1) = \varphi_\circ + 2\pi\,\frac{\Delta s_1}{\lambda_i}\,,$$
$$P_2(\vec{r}_2): \ \varphi_i(\vec{r}_2) = \varphi_\circ + 2\pi\,\frac{\Delta s_2}{\lambda_i}\,.$$

Wir bezeichnen das Wellenfeld als *räumlich kohärent*, falls

$$\Delta\varphi_i = \varphi_i(\vec{r}_1) - \varphi_i(\vec{r}_2) < 2\pi \tag{18.51}$$

sich in der Beobachtungszeit um weniger als 2π ändert. Dadurch können wir eine Flächengröße F_c senkrecht zur Ausbreitungsrichtung der Welle bestimmen, in der die Welle kohärent ist.

Zusammen mit der Kohärenzlänge Δs_c (18.48) erhalten wir mit der räumlichen Kohärenz (18.51) dann ein **Kohärenzvolumen** (►Abbildung 18.21)

$$\Delta V_c = F_c \cdot \Delta s_c\,. \tag{18.52}$$

Interferenzmuster können nur innerhalb des Kohärenzvolumens beobachtet werden.

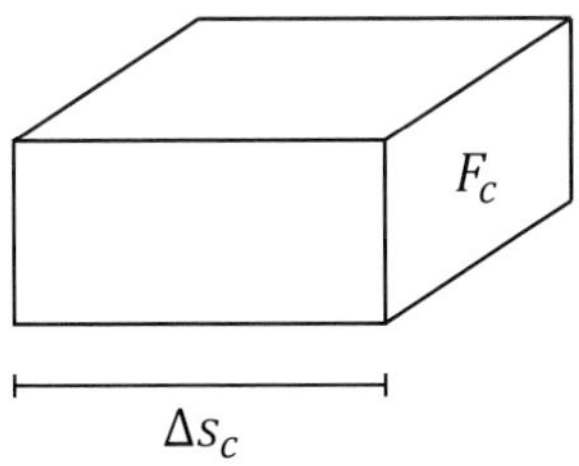

Abbildung 18.21 Zeitliche und räumliche Kohärenz bilden zusammen ein Kohärenzvolumen.

Beispiel: Kohärenz bei ebenen Wellen

Das elektrische Feld einer ebenen Welle beschreiben wir mithilfe der Gleichung $\vec{E} = \vec{A} \exp(i(\omega t - \vec{k} \cdot \vec{r}))$. Diese Welle ist räumlich kohärent in der Ebene senkrecht zur Ausbreitungsrichtung $\vec{k}$.

Falls die Strahlung monochromatisch ($\Delta\nu = 0$) ist, so ist sie auch entlang der Ausbreitungsrichtung kohärent (►Abbildung 18.22).

Besitzt die Welle eine Frequenzbreite $\Delta\nu$, so hat sie eine Kohärenzlänge von (18.49)

$$\Delta s_c = c \cdot \Delta t_c = \frac{c}{\Delta\nu}\,.$$

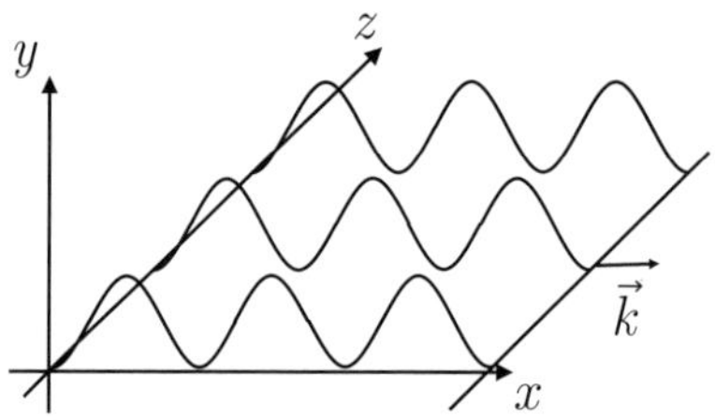

Abbildung 18.22 Monochromatische ebene Wellen besitzen nur eine Wellenlänge und sind im ganzen Raum (räumlich und zeitlich) kohärent.

Beispiel: Kohärenz bei Kugelwellen

Das elektrische Feld einer Kugelwelle beschreiben wir über $\vec{E} = \vec{A} \exp(i(kr - \omega t))/r$. Die Kugelwelle ist auf Kugelschalen räumlich kohärent.

Wenn sie monochromatisch ist, dann ist die Welle im gesamten Raum kohärent (►Abbildung 18.23).

Hat die Welle eine Frequenzbreite $\Delta\nu$, so hat sie eine Kohärenzlänge von (18.49)

$$\Delta s_c = \Delta r = \frac{c}{\Delta\nu}\,.$$

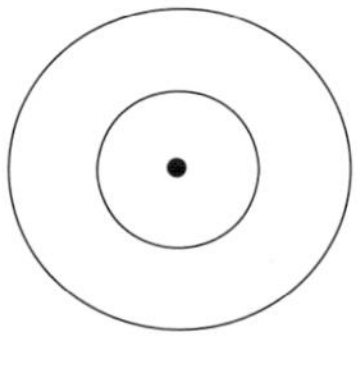

Abbildung 18.23 Monochromatische Kugelwellen besitzen nur eine Wellenlänge und sind im ganzen Raum (räumlich und zeitlich) kohärent.

Experiment: Räumliche Kohärenz

Aus dem Lichtkegel einer Quecksilberlampe in der linken ►Abbildung 18.24 wird zunächst ein Lichtspot durch einen horizontalen und einen vertikalen Spalt selektiert. Der Lichtspot trifft auf einen vertikal ausgerichteten Doppelspalt mit Spaltbreite $b = 0{,}1$ mm und Spaltabstand $d = 0{,}5$ mm. Die Intensitätsverteilung wird mit einer Zeilen-CCD-Kamera aufgenommen, die nicht wie sonst üblich Pixel, sondern 2048 Streifen besitzt, und damit ausschließlich in horizontaler Richtung die ankommende Intensität misst.

Zunächst wird der vertikale Spalt auf 1 mm geöffnet, sodass ein heller Lichtspot auf dem Doppelspalt erscheint. Die Intensitätsverteilung in der Kamera ist in ►Abbildung 18.24, rechts als gestrichelte Kurve gezeigt. Die Überlagerung vieler Wellenzüge der Quecksilberlampe, die als Gesamtheit nicht kohärent abgestrahlt werden, ergibt keinen Interferenzeffekt.

Dann wird der vertikale Spalt so weit geschlossen (ca. 0,1 mm), dass Interferenzeffekte sichtbar werden (durchgezogene Kurve). Dabei wird die Intensität auf der Kamera deutlich kleiner; zu beachten ist aber, dass beide Intensitätsmessungen auf die jeweils maximale Intensität normiert wurden. Die Interferenzeffekte liegen auf einer Untergrundverteilung ähnlich der gestrichelten Kurve. Wir zeigen mit diesem Experiment, dass ein Teil des Lichts der Quecksilberlampe kohärent abgestrahlt wird und eine räumliche Kohärenz von mindestens der Größe des Doppelspaltabstands $d = 0{,}5$ mm besitzt.

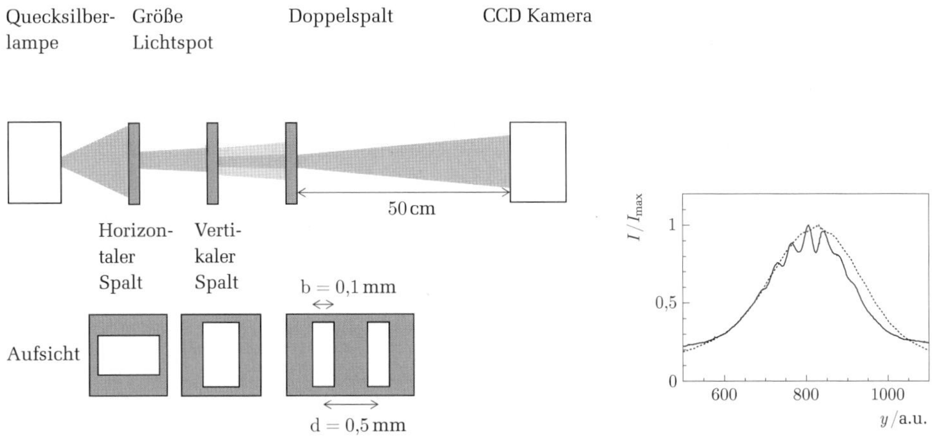

Abbildung 18.24 Quecksilberlicht besitzt einen kleinen Anteil von kohärent abgestrahltem Licht: Beleuchten wir einen Doppelspalt mit einem breiten Lichtspot, ergibt sich eine breite Intensitätsverteilung (gestrichelte Kurve). Verkleinern wir den Lichtspot, wird das Interferenzmuster des Doppelspalts sichtbar (durchgezogene Kurve).

Das Wichtigste zum Mitnehmen

Zum Mitnehmen: Interferenz 1

- **Interferenz** entsteht durch Überlagerung mehrerer Wellen. Entscheidend für das Zustandekommen von Interferenzeffekten ist die *Phasendifferenz* δ zwischen den elektrischen Feldvektoren der Wellen am Beobachtungspunkt P.

- Bei N **synchron schwingenden Quellen** i in der Entfernung r_i vom Beobachtungspunkt P ergeben sich **Hauptmaxima** der Interferenz bei P dann, wenn die Phasendifferenzen $\delta = k(r_i - r_{i+1})$ der Wellen mit Wellenzahl k ein Vielfaches m von 2π betragen:

$$\delta = m\,2\pi\,,\ m \in \mathbb{Z} \tag{18.18}$$

Minima der Interferenz ergeben sich, wenn sich die Phasendifferenzen δ der N Wellen zu 2π ergänzen, ohne dabei ein Hauptmaximum zu treffen:

$$N\,\delta = m'\,2\pi\,,\ m' \in \mathbb{Z} \text{ und } \frac{m'}{N} \neq m$$

Zwischen den $N-1$ Minima befinden sich $N-2$ **Nebenmaxima**:

$$N\,\delta = \frac{2m'-1}{2}\,2\pi$$

- Die Phasendifferenz $\delta = k(r_i - r_{i+1})$ mit $k = 2\pi/\lambda$ der Maxima- und Minima-Bedingungen können bei vorgegebener Wellenlänge λ der überlagerten Wellen und bekannter Geometrie der Anordnung der synchron schwingenden Quellen direkt berechnet werden.

Liegen N Punktquellen für Kreiswellen im nahen, gleichmäßigen Abstand d voneinander auf einer Linie und wird das Ergebnis der überlagerten Wellen an einem entfernten Punkt P unter dem Winkel ϑ zur Normalen der Linie beobachtet ($r_i - r_{i+1} = d\,\sin\vartheta$), so ergeben sich folgende Bedingungen alternativ zur obigen Formulierung mit der Phasendifferenz δ:

Hauptmaxima	$m\,\lambda = d\,\sin\vartheta$	$\Delta s_{max} = m\,N\,\lambda$
Minima	$m'\,\lambda = N\,d\,\sin\vartheta$	$\Delta s_{max} = m'\,\lambda$
Nebenmaxima	$\frac{1}{2}(2m'-1)\,\lambda = N\,d\,\sin\vartheta$	$\Delta s_{max} = \frac{1}{2}(2m'-1)\,\lambda$

Dabei sind $m, m' \in \mathbb{Z}$ ganze Zahlen mit der Bedingung $m' \neq m\,N$, und es gibt eine maximale Interferenzordnung

$$m_{max}\,\lambda \leq d$$

Δs_{max} beschreibt den **optischen Wegunterschied** zwischen der ersten und N-ten Quelle zum Beobachtungspunkt P.

Zum Mitnehmen: Interferenz 2

- Die gesamte **Intensitätsverteilung** von N auf einer Linie angeordneter, synchron schwingender Quellen mit gleichem Abstand d voneinander ergibt sich als Funktion des Beobachtungswinkels ϑ wie folgt:

$$I(\vartheta) = I_1 \cdot \frac{\sin^2\left(N \cdot \pi \frac{d}{\lambda} \sin\vartheta\right)}{\sin^2\left(\pi \frac{d}{\lambda} \sin\vartheta\right)} \tag{18.34}$$

Hier bezeichnen I_1 die Intensität der Welle von einer einzelnen Quelle und λ die Wellenlänge.

- Die **Intensität im Hauptmaximum** beträgt bei der Überlagerung der elektrischen Feldstärken von N synchron schwingenden Quellen

$$I = N^2 I_1 \,. \tag{18.22}$$

Dabei ist I_1 die Intensität der einzelnen Welle, die sich aus dem Quadrat A^2 der elektrischen Feldstärkeamplitude berechnet.

Die **Breite** *FWHM* der **Haupmaxima** sinkt invers mit steigender Anzahl der Quellen N:

$$\frac{FWHM}{2\pi} = \frac{1}{N} \tag{18.40}$$

- **Kohärenz** beschreibt die Stabilität der Phasenbeziehungen zwischen den elektromagnetischen Wellen am Beobachtungsort. Sie ist Voraussetzung für die Entstehung von Interferenzphänomenen.

Entlang der Ausbreitungsrichtung der Wellen wird die **Kohärenzzeit** Δt_c als das Zeitintervall definiert, innerhalb dessen sich die Phasendifferenz zweier Wellen um weniger als 2π ändert. Senkrecht zur Ausbreitungsrichtung wird die **räumliche Kohärenz** als der Abstand definiert, in dem die Phasendifferenz einer Welle sich um weniger als 2π ändert. Bei einer Ausbreitungsgeschwindigkeit der Wellen c ergeben die Kohärenzlänge $l = c\,\Delta t_c$ und räumliche Kohärenz zusammen das Kohärenzvolumen, in dem Interferenzphänomene beobachtet werden können.

Beugung

19

ÜBERBLICK

» Die Änderung der ursprünglichen Ausbreitungsrichtung des Lichts bei einem Hindernis beruht auf Interferenz von Wellen und wird als Beugung bezeichnet.

Wir werden in diesem Kapitel zunächst die mathematisch einfachere als **Fraunhofer-Beugung** bezeichnete Lichtbeugung von parallelem Licht einführen und die Interferenzmuster für den Einzelspalt, die Lochblende und das Gitter berechnen. Weiterhin werden wir die sogenannte **Fresnel-Beugung** mit divergierenden Lichtstrahlen zeigen und in ihrem Rahmen eine auf Interferenz basierende Linse für Abbildungen vorstellen. Schließlich werden wir den Begriff der Holografie erläutern. «

Beugung als Interferenzphänomen. Licht wird beim Durchgang durch begrenzende Öffnungen teilweise aus seiner ursprünglichen Richtung abgelenkt. Auch an Kanten von gar nicht oder nur gering transmittierenden Medien kommt es zur Lichtablenkung.

Diese Richtungsänderungen von Licht an »Hindernissen« wird als Beugung bezeichnet und beruht auf der Interferenz von Wellen.

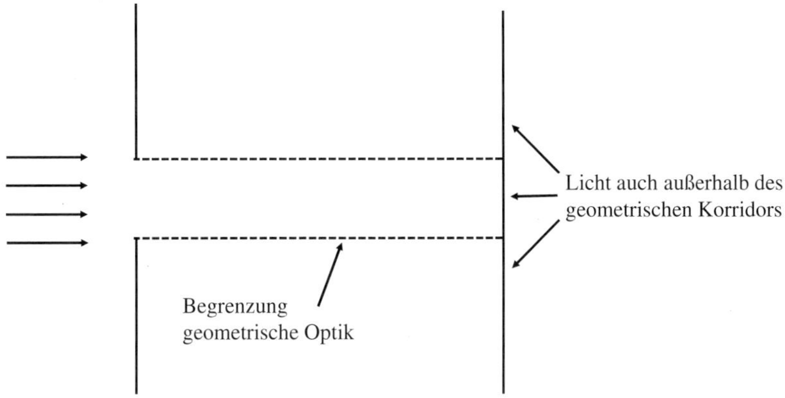

Abbildung 19.1 Rein geometrisch würden keine Lichtstrahlen außerhalb des gestrichelten Bereichs erwartet. Durch Beugung ist dies möglich.

Wir unterscheiden zwei Bereiche, die Nah- und die Fernzone, in denen sich die resultierenden Beugungsmuster relativ einfach berechnen lassen (►Abbildung 19.2). Wir beginnen mit dem Fernbereich, da wir hier auf Ergebnisse des vorherigen Kapitels 18 zurückgreifen können.

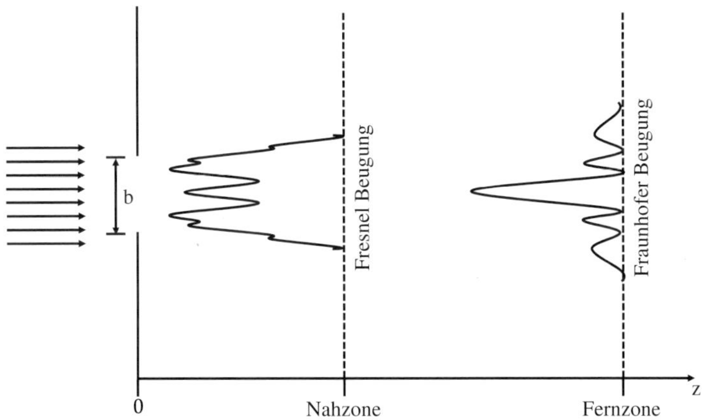

Abbildung 19.2 Nahzone und Fernzone haben unterschiedliche Beugungsmuster.

19.1 Interferenzmuster der Fernzone

Bei der Berechnung von Beugungsmustern in großer Entfernung vom optischen System oder Hindernis können wir die Näherung verwenden, dass die optischen Wege von jedem Punkt des Systems zum Beobachter parallel zueinander verlaufen. Wegdifferenzen und damit auch Phasendifferenzen zwischen einzelnen Wellen lassen sich so relativ einfach berechnen.

Für unsere Experimente soll das einfallende Licht parallel verlaufen, was wir mithilfe von Linsen oder mit einem Laser erreichen. Das parallele Licht nach der Beugung wird zur Beobachtung durch Linsen abgebildet.

Als Kurzbezeichnung dieser Näherung nennt man Beugungsuntersuchungen im Fernbereich auch Fraunhofer-Beugung.

19.1.1 Beugung am Spalt

Wir untersuchen in diesem Abschnitt den Einfluss eines schmalen Spalts auf die Ausbreitung von Licht.

Wir folgen der Modellvorstellung des Huygens'schen Prinzips, bei der jeder Raumpunkt im Spaltbereich Ausgangspunkt einer Kugelwelle der Wellenänge λ ist.

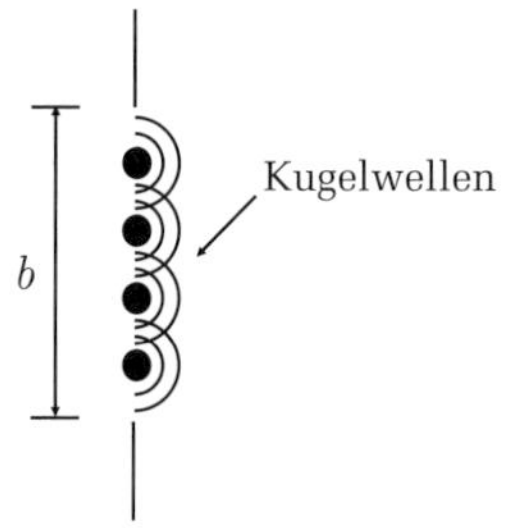

Abbildung 19.3 Modellvorstellung: Ein Spalt der Breite b ist Ausgangspunkt vieler Kugelwellen.

Zunächst stellen wir uns eine begrenzte Anzahl N dieser Quellpunkte vor und verallgemeinern dann auf die Vorstellung einer sehr großen Anzahl von Quellen.

Die Spaltbreite bezeichnen wir mit b. Der Abstand der N Quellen beträgt dann

$$d = \frac{b}{N}. \tag{19.1}$$

Bei sehr vielen Quellen im Spalt ($N \to \infty$) wird der Abstand d der Quellen klein im Vergleich zur Wellenlänge λ:

$$d \ll \lambda$$

Für diesen Fall von N synchron schwingenden Quellen hatten wir die Intensitätsverteilung bereits berechnet (18.43):

$$I = I_{max} \frac{\sin^2 x}{x^2} \tag{19.2}$$

Dabei bezeichnet I_{max} die Intensität für geradeaus laufendes Licht und das in (18.42) definierte Argument x ist unter Berücksichtigung von (19.1)

$$\begin{aligned} x &= \pi \frac{N d}{\lambda} \sin \vartheta \\ &= \pi \frac{b}{\lambda} \sin \vartheta \,. \end{aligned}$$

Die Beugung von Licht der Wellenlänge λ an einem Spalt der Breite b ergibt somit folgende Intensitätsverteilung $I(\vartheta)$ als Funktion des Beobachtungswinkels ϑ:

$$I(\vartheta) = I_{max} \frac{\sin^2 [\pi (b/\lambda) \sin \vartheta]}{[\pi (b/\lambda) \sin \vartheta]^2} \tag{19.3}$$

Die Bedingung für Intensitätsminima lautet

$$m \lambda = b \sin \vartheta \,, \quad m \in \mathbb{Z} \,. \tag{19.4}$$

Die Breite des Interferenzmusters hängt stark von dem Größenverhältnis von Spaltbreite b und Wellenlänge λ ab. Sind Spaltbreite und Wellenlänge von ähnlicher Größenordnung $b \approx \lambda$, so werden Beugungsmuster gut sichtbar. Ist dagegen die Breite des Spalts viel größer als die Wellenlänge $b \gg \lambda$, sehen wir den Lichtstrahl der geometrischen Optik.

Beispiel: Beugung am Spalt

Wir berechnen hier den Intensitätsverlauf bei der Beugung am Spalt für die Spaltbreiten

$$b = \begin{cases} \lambda \cdot 2 \,, \\ \lambda \cdot \sqrt{2} \,. \end{cases}$$

Da die Nullstellen der Funktion $\sin^2(x)/x^2$ bei $|x| = m\pi$ liegen, lassen sie sich zum Teil relativ einfach berechnen:

b	ϑ	$x = \pi \cdot (b/\lambda) \cdot \sin \vartheta$	$I/I_{\mathrm{max}} = \sin^2(x)/x^2$
$\lambda \cdot 2$	0	0	1
	$\frac{\pi}{6}$	$\pi \cdot 2 \cdot \frac{1}{2} = \pi$	0
	$\frac{\pi}{2}$	$\pi \cdot 2$	0
$\lambda \cdot \sqrt{2}$	0	0	1
	$\frac{\pi}{4}$	$\pi \cdot \sqrt{2} \cdot \frac{\sqrt{2}}{2} = \pi$	0
	$\frac{\pi}{2}$	$\pi \cdot \sqrt{2}$	> 0

Je *schmaler* der *Spalt* ist, desto *breiter* wird das *Beugungsmuster* (►Abbildung 19.4).

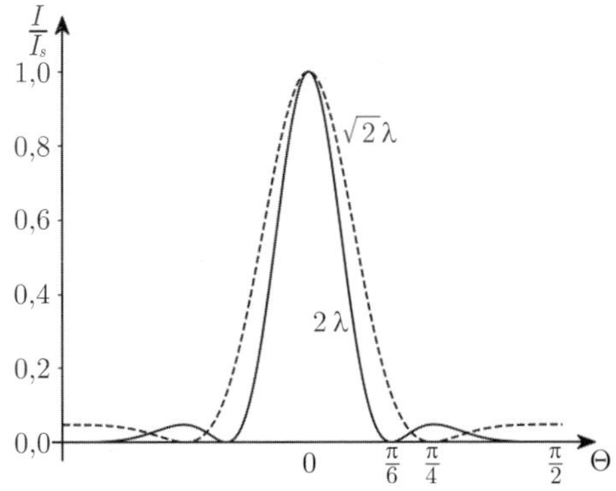

Abbildung 19.4 Verkleinern des Spalts (hier: von 2λ auf $\sqrt{2}\lambda$) bewirkt ein Verbreitern des Beugungsmusters.

Um das **räumliche Auflösungsvermögen am Spalt** zu verstehen, benutzen wir das **Rayleigh-Kriterium**, welches besagt, dass zwei benachbarte Punkte sich noch trennen (auflösen) lassen, wenn das Hauptmaximum des einen in das erste Minimum des anderen fällt (vgl. auch Kapitel 19.1.5). Diese Bedingung können wir aus dem ersten Minimum (19.4) der Intensitätsverteilung (19.3) am Spalt ablesen:

$$\sin \vartheta_{min} = \frac{\lambda}{b} \tag{19.5}$$

Dabei ist ϑ_{min} der kleinste noch auflösbare Winkel bei gegebener Spaltbreite b und Wellenlänge λ. In ►Abbildung 19.4 lässt sich direkt ablesen, dass die größere Spaltbreite b kleinere Winkelabstände ermöglicht.

19.1.2 Beugung an einer Lochblende

In der Anwendung spielt die Beugung an einer Lochblende eine sehr große Rolle. Die detaillierte Beschreibung ist recht aufwändig, obwohl das Phänomen der Beugung am Spalt sehr ähnlich ist. Wir verzichten daher auf eine genaue Herleitung und skizzieren hier nur den Lösungsweg.

Analog zu der Herleitung im Abschnitt 19.1.1 ergibt sich eine Intensitätsverteilung von der gleichen Struktur wie (19.2):

$$I = I_{max} \left(\frac{2J_1(x)}{x} \right)^2 \tag{19.6}$$

mit

$$x = \pi \frac{D}{\lambda} \sin \vartheta$$

Dabei bezeichnet I_{max} wieder die Intensität für geradeaus laufendes Licht, das Argument x enthält den Durchmesser D der Blende anstelle der Spaltbreite b und statt der

Sinusfunktion sin erscheint die Besselfunktion J_1. Der Verlauf von (19.6) ähnelt dem von ►Abbildung 19.4, jedoch liegt die hier allein interessierende erste Nullstelle bei

$$\vartheta_{min} \approx 1{,}22 \cdot \frac{\lambda}{D} . \qquad (19.7)$$

Diese Formel (19.7) enthält den Durchmesser der Lochblende D statt der Spaltbreite b und unterscheidet sich sonst von (19.5) nur durch den Faktor 1,22. Die Argumente aus Abschnitt 19.1.1 können auf die Lochblende übernommen werden, insbesondere führt das **Rayleigh-Kriterium** dazu, dass wir (19.7) als Grenze der **räumlichen Auflösung an einer Lochblende** interpretieren können.

19.1.3 Räumliches Auflösungsvermögen bei optischen Abbildungen

Wir betrachten Abbildungssysteme wie Auge oder Fernrohr. Hier wirkt die Fassung der Eingangslinse oder des Hauptspiegels als Lochblende.

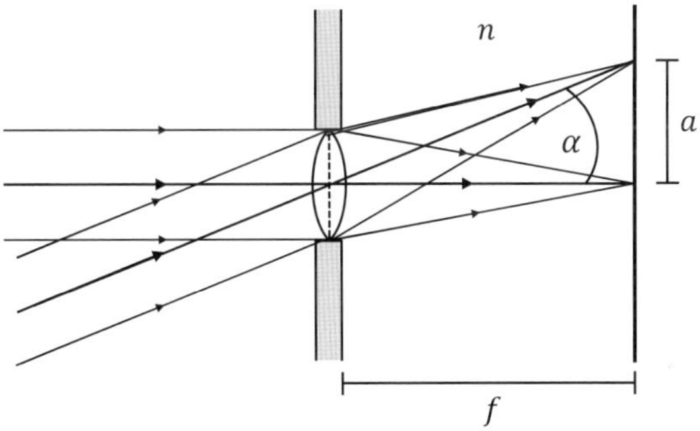

Abbildung 19.5 Zur Bestimmung des Auflösungsvermögens bei einer optischen Abbildung mit der Blendenöffnung D, der Brennweite f und dem Brechungsindex n.

Wir untersuchen zwei Lichtbündel paralleler Lichtstrahlen, deren Beugungsbilder in der Brennebene abgebildet werden. Die Mittelpunktsstrahlen schließen den Winkel α ein (►Abbildung 19.5). Damit die beiden Beugungsfiguren nach dem Rayleigh-Kriterium noch getrennt sind, muss für α nach (19.7) gelten:

$$\sin\alpha \approx 1{,}22 \cdot \frac{\lambda}{D} \qquad (19.7)$$

Fernrohr

Das Fernrohr hatten wir in Abschnitt 16.3.3 vorgestellt. Sein **räumliches Auflösungsvermögen** ist durch die Beugung an der strahlbegrenzenden Struktur gegeben, das heißt die Größe des Spiegels oder der Eintrittslinse mit Durchmesser D. Zwei unendlich weit entfernte Objekte (z. B. Sterne) können wir bei der Licht-Wellenlänge λ gerade noch getrennt erkennen, wenn sie um den Winkel ϑ_{min} voneinander entfernt sind (19.7):

$$\sin\vartheta_{min} \approx 1{,}22 \cdot \frac{\lambda}{D} \qquad (19.7)$$

Für eine gute Auflösung braucht man also große Linsen oder Spiegel. Das hilft natürlich auch bei der gesammelten Lichtmenge.

Beispiel: Fernrohr

Für Brennweiten des Hauptspiegels (oder Objektivs) und des Okulars von

$$f_1 = 1\,\mathrm{m}, \quad f_2 = 10\,\mathrm{mm}$$

ergibt sich eine Vergrößerung von

$$V = 100\,.$$

Bei einem Durchmesser des Hauptspiegels von 25 cm berechnet sich die Auflösung nach (19.7) für eine mittlere Wellenlänge von 550 nm zu

$$\vartheta_{min} \approx 0{,}55\,(\text{Bogensekunden})\,,$$

das entspricht etwas weniger als 1 km auf der Mondoberfläche. Ab einem Wert von etwa $1''$ wird die Auflösung für die Himmelsbeobachtung erdgebundener Teleskope jedoch durch Luftbewegungen in der Atmosphäre begrenzt, und es ist größerer Aufwand erforderlich, um bessere Werte zu erreichen.

Auflösungsvermögen einer optischen Abbildung

Für das Auge oder Mikroskop brauchen wir den Abstand der Bilder a, die gerade noch getrennt werden. Aus ►Abbildung 19.5 lesen wir den Zusammenhang $\tan\alpha = a/f$ von Abstand a, Brennweite f und Winkel α zwischen den Lichtbündeln ab. Um die Auflösung (19.7) nutzen zu können, nähern wir $\tan\alpha \approx \sin\alpha$ und erhalten

$$a \approx f\,\sin\alpha \approx 1{,}22 \cdot \frac{f\,\lambda}{D}\,. \qquad (19.8)$$

Die Auflösung können wir durch ein Medium zwischen Linse und Schirm mit Brechungsindex n verbessern. Dabei müssen wir die Wellenlänge durch $\lambda' = \lambda/n$ ersetzen und erhalten das **Auflösungsvermögen einer optischen Abbildung**:

$$a \approx 1{,}22 \cdot \frac{f\,\lambda}{n\,D} = 0{,}61 \cdot \frac{f\,\lambda}{n\,r} = 0{,}61 \cdot \frac{\lambda}{A} \qquad (19.9)$$

Hierbei definieren wir die sogenannte **numerische Apertur** A, bei der häufig der Radius r der strahlbegrenzenden Struktur anstelle ihres Durchmessers $D = 2\,r$ verwendet wird:

$$A \equiv \frac{n\,D}{2\,f} = \frac{n\,r}{f} \qquad (19.10)$$

(Manchmal wird auch der Kehrwert von a als Auflösungsvermögen definiert.)

Auflösungsvermögen des Mikroskops

Wir wenden die obigen Überlegungen jetzt auf das Mikroskop an. Im Unterschied zum Auge oder Fernrohr liegt jetzt der Gegenstand ungefähr im Brennpunkt der ersten Linse und wird mit entspanntem Auge als paralleles Lichtbündel betrachtet. Der Strahlengang ist also umgekehrt, auch das Medium mit dem höheren Brechungsindex wird jetzt zwischen Objekt und erste Linse gebracht (►Abbildung 19.6).

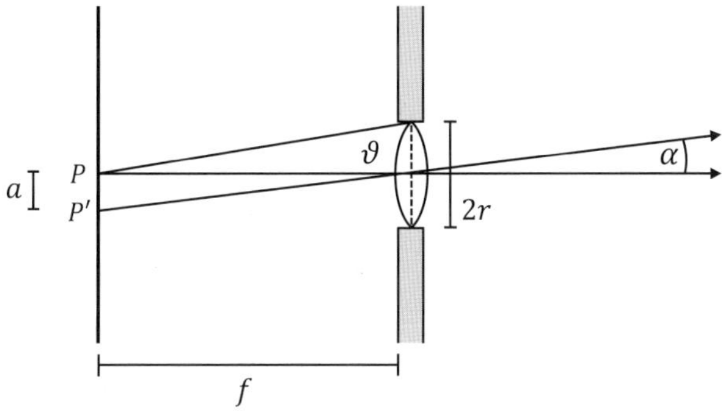

Abbildung 19.6 Zum Auflösungsvermögen des Mikroskops

Damit können wir (19.9) für das Auflösungsvermögen übernehmen. Die numerische Apertur (19.10) hat jetzt mit dem halben Öffnungswinkel ϑ zwischen Objekt und Blendenöffnung eine sehr anschauliche Bedeutung:

$$A = \frac{n\,D}{2\,f} = \frac{n\,r}{f} = n\,\sin\vartheta \tag{19.11}$$

Für die Beobachtung sehr kleiner beleuchteter Strukturen wie am Mikroskop hat E. Abbe (1873) folgendes **Abbe'sches Theorem** postuliert, das wir hier neben dem Rayleigh-Kriterium erwähnen wollen:

> **Für die Erzeugung eines getreuen (scharfen) Bildes sind alle Ordnungen einer Beugungsfigur erforderlich. Damit überhaupt ein Bild entsteht, muss mindestens die erste Ordnung beitragen.**

Dieses Theorem können wir in folgender Weise auf das Mikroskop anwenden. Wir beleuchten eine Struktur mit der charakteristischen Größe a (z. B. Gitter oder Doppelspalt) in der Beobachtungsebene nahe der Brennebene der Objektivlinse mit parallelem Licht. Damit die erste Ordnung der Beugungs- und Interferenzfigur von a noch erfasst wird, muss mit (18.19)

$$\sin\delta = \frac{\lambda}{a} \tag{19.12}$$

gelten. Falls zwischen Objekt und Linse eine Emulsion mit $\lambda' = \lambda/n$ benutzt wird, gilt dann für das **Auflösungsvermögen des Mikroskops**

$$a = \frac{\lambda}{n\,\sin\delta} = \frac{\lambda}{A}\,. \tag{19.13}$$

Diese Formel (19.13) unterscheidet sich von (19.9) nur durch den Faktor 0,61.

Beispiel: Lichtmikroskop

Mit der Objektivbrennweite $f_1 = 0{,}5\,\text{cm}$, der Brennweite des Okulars von $f_2 = 2\,\text{cm}$, dem Abstand der beiden Linsen $d = 10\,\text{cm}$ und der deutlichen Sehweite $s_\circ = 25\,\text{cm}$ ergibt sich mit (16.26) eine Vergrößerung von

$$V = 200\,.$$

Mit einer Blendenöffnung von $r = 1\,\text{mm}$ und $n = 1$ erhalten wir eine numerische Apertur von $A = 0{,}2$. Gute Mikroskope haben eine numerische Apertur von $A \approx 1$. Für eine mittlere Wellenlänge von 550 nm ergibt das ein Auflösungsvermögen von

$$a \approx \lambda \approx 0{,}5\,\mu\text{m}\,.$$

19.1.4 Beugung am Gitter

Bei der Lichtbeugung am Gitter werden zwei Interferenzphänomene überlagert: Beugung am Einzelspalt und Beugung am Gitter (►Abbildung 19.7).

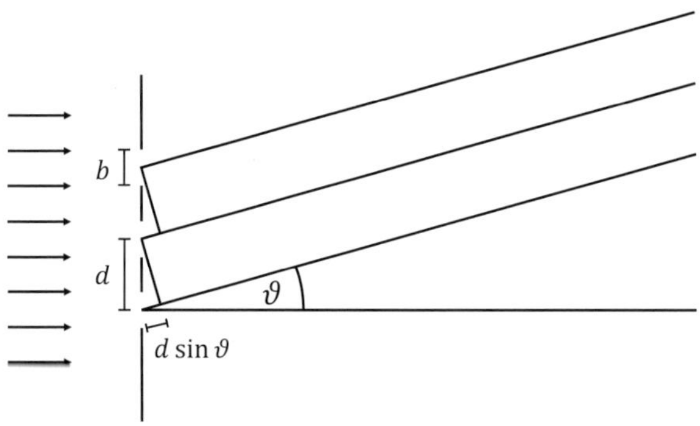

Abbildung 19.7 Das Gitter bestehe aus Spalten der Breite b im Abstand d voneinander. Der Phasenunterschied zweier Lichtstrahlen, die in benachbarten Spalten z. B. von den Spaltmittelpunkten ausgehen, beträgt $\Delta s = d \cdot \sin\vartheta$.

Interferenz der Gitterspalte. Die N Gitterspalte fassen wir als Quellen von N Wellen mit der Wellenlänge λ auf. Der Gitterabstand d entspricht dem Abstand der Quellen. Die Form der Intensitätsverteilung $I(\vartheta)/I_1$ als Funktion des Beobachtungswinkels ϑ hatten wir bereits in (18.34) berechnet:

$$G(\vartheta) \equiv \frac{I_g(\vartheta)}{I_1} = \frac{\sin^2\left[N\,\pi\,(d/\lambda)\,\sin\vartheta\right]}{\sin^2\left[\pi\,(d/\lambda)\,\sin\vartheta\right]} \tag{19.14}$$

Dabei ist I_1 die Intensität der von einem Gitterspalt ausgehenden Welle. An den Stellen der Hauptmaxima, z. B. bei $\vartheta = 0$, ist nach (18.22)

$$G_{max} = \frac{I_{g,max}}{I_1} = N^2 \,. \tag{19.15}$$

Beugung am Einzelspalt. Die Beugung an einem einzelnen Spalt der Breite b verursacht folgende Form der Intensitätsverteilung (19.3):

$$S(\vartheta) \equiv \frac{I_s(\vartheta)}{I_1} = \frac{\sin^2\left[\pi\,(b/\lambda)\,\sin\vartheta\right]}{\left[\pi\,(b/\lambda)\,\sin\vartheta\right]^2} \tag{19.16}$$

Die Intensität $I_s(\vartheta)$ ist maximal für $\vartheta = 0$. Unter diesem Beobachtungswinkel besteht keine Phasenverschiebung zwischen den Teilwellen innerhalb des Spalts. Deshalb entspricht dort die Intensität $I_s(0) = I_1$ der von einem Gitterspalt ausgehenden Welle und somit ist $S(0) = 1$.

Beugung am Gitter. Beide Anteile zur Beugung (19.14) und (19.16) modulieren die Intensität I_1 als Funktion des Beobachtungswinkels ϑ. Die gesamte Intensitätsverteilung am Gitter lässt sich damit folgendermaßen schreiben:

$$I(\vartheta) = I_1 \quad\cdot\quad G(\vartheta) \quad\cdot\quad S(\vartheta)$$

$$I(\vartheta) = I_1 \cdot \underbrace{\frac{\sin^2\left[N\,\pi\,(d/\lambda)\,\sin\vartheta\right]}{\sin^2\left[\pi\,(d/\lambda)\,\sin\vartheta\right]}}_{(1)} \cdot \underbrace{\frac{\sin^2\left[\pi\,(b/\lambda)\,\sin\vartheta\right]}{\left[\pi\,(b/\lambda)\,\sin\vartheta\right]^2}}_{(2)} \tag{19.17}$$

Die gesamte Intensität $I(\vartheta)$ unter dem Beobachtungswinkel $\vartheta = 0$ ergibt sich konsistent mit (19.15) zu

$$\begin{aligned} I(0) &= I_1 \cdot G(0) \cdot S(0) \\ &= I_1 \cdot N^2 \cdot 1 \\ &= I_{max} \,. \end{aligned}$$

Im Anteil (1) erhalten wir Hauptmaxima für Wegdifferenzen Δs zwischen den Spalten des Gitters bei Vielfachen m der Wellenlänge λ (18.19):

$$\Delta s = d \cdot \sin\vartheta = m \cdot \lambda \tag{19.18}$$

Zwischen den Hauptmaxima gibt es $N - 1$ Minima und $N - 2$ Nebenmaxima, wie in Abschnitt 18.2 beschrieben ist.

Da $\sin\vartheta$ maximal 1 werden kann, gibt es eine obere Grenze für m: (18.20)

$$m_{max} \cdot \lambda \leq d \tag{19.19}$$

Beispiel: Anzahl Hauptmaxima

Die obere Grenze für die Anzahl der beobachtbaren Interferenzordnungen m hängt von der Wellenlänge ab (►Abbildung 19.8).

Für ein Gitter mit 300 Strichen pro 1 mm kann man bei rotem Licht $\lambda = 700\,\text{nm}$ insgesamt fünf Hauptmaxima beobachten, für grünes Licht $\lambda = 500\,\text{nm}$ sind es schon sieben Hauptmaxima.

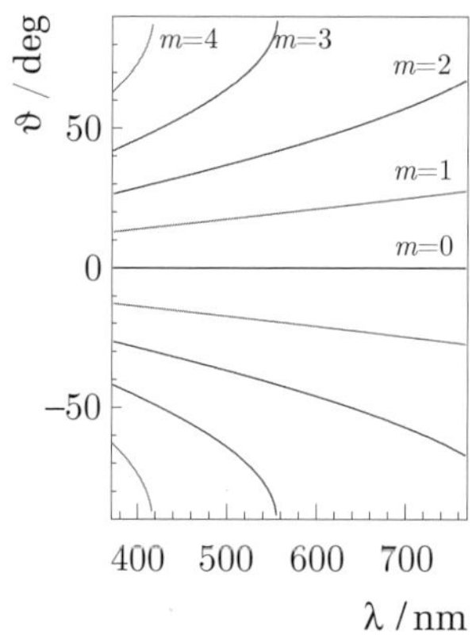

Abbildung 19.8 Der Winkel zum Hauptmaximum der Ordnung m hängt von der Wellenlänge ab. Bei kleineren Wellenlängen sind mehr Hauptmaxima beobachtbar.

Anteil (2) der Intensitätsverteilung am Gitter (19.17) moduliert die Intensitäten der Haupt- und Nebenmaxima anhand der Beugung am Einzelspalt. Im Folgenden zeigen wir diese Modulation am Beispiel des Doppelspalts.

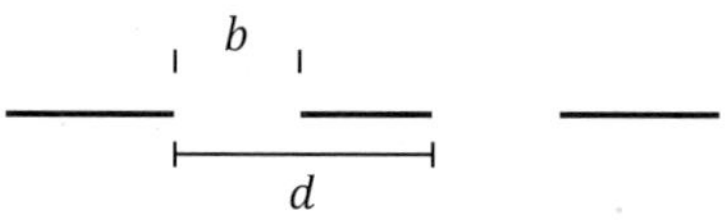

Abbildung 19.9 Doppelspalt mit $d = 2b$

Beispiel: Beugung am Doppelspalt

Das Beugungsmuster eines Doppelspalts ($N = 2$) können wir uns in wesentlichen Aspekten ohne numerische Hilfe verdeutlichen.

Als Spaltbreite b wählen wir die zweifache Wellenlänge: $b = 2\lambda$. Als Abstand d zwischen den Spalten wählen wir die zweifache Spaltbreite: $d = 2b$ (►Abbildung 19.9).

Interferenz der $N = 2$ Spalte. Die Anzahl der Intensitätsmaxima ist nach (19.19) beschränkt. Ohne das Maximum bei $\vartheta = 0$ erhalten wir

$$m_{max} \leq \frac{d}{\lambda} = \frac{2b}{b/2} = 4$$

Maxima auf jeder Seite, also insgesamt $2m_{max} + 1 = 9$ Hauptmaxima. Nebenmaxima gibt es im Fall von $N = 2$ nicht.

Verwenden wir wieder $x = \pi(d/\lambda) \sin\vartheta$ in (19.17), können wir den Gitteranteil (1) wegen $\sin(2x) = 2\cos x \sin x$ vereinfachen:

$$G = \frac{\sin^2(2\,x)}{\sin^2(x)} = \frac{4\,\sin^2 x\,\cos^2 x}{\sin^2 x} = 4\,\cos^2 x$$

Messen wir x in Einheiten von π, d. h. $y \equiv x/\pi = (d/\lambda)\sin\vartheta$, erhalten wir die 9 Maxima an den Stellen $y_{G,max} = -4, -3, -2, -1, 0, 1, 2, 3, 4$.

Beugung am Einzelspalt. Für den Spaltanteil (2) in Gleichung (19.17) kennen wir bereits die Stellen der Minima aus der Diskussion des Einzelspalts mit $b = 2\lambda$: $\vartheta = \pm\pi/6, \pm\pi/2$. Für unsere Größe $y = x/\pi = (d/\lambda)\sin\vartheta$ liegen diese Minima der Beugung am Spalt bei

$$y_{S,min}\left(\pm\frac{\pi}{6}\right) = \pm\frac{d}{\lambda}\sin\frac{\pi}{6} = \pm 4 \cdot \frac{1}{2} = \pm 2\,,$$
$$y_{S,min}\left(\pm\frac{\pi}{2}\right) = \pm\frac{d}{\lambda}\sin\frac{\pi}{2} = \pm 4\,.$$

Überlagerung: Die Überlagerung der Gitter- und Spaltbeugungen ist ►Abbildung 19.10 skizziert. Die Hauptmaxima des Gitteranteils werden als Beugungsmaxima m-ter Ordnung ($m = 0, 1, 2, \ldots$) bezeichnet.

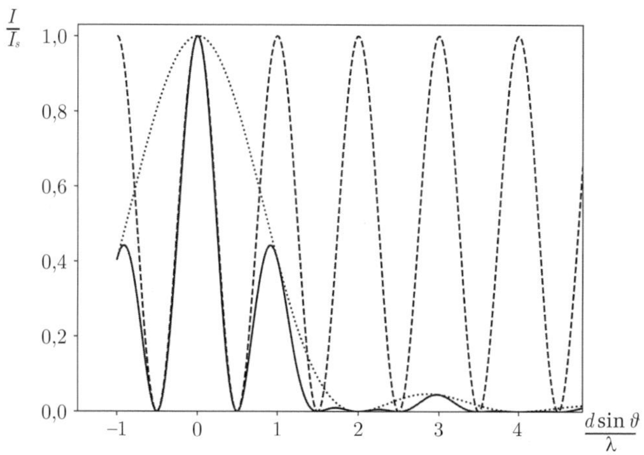

Abbildung 19.10 Das resultierende Beugungsmuster des Doppelspalts (durchgezogene Linie) ergibt sich als Überlagerung des Interferenzmusters des »Gitters« (gestrichelt) mit dem Beugungsmuster des Einzelspalts (gepunktet).

19.1.5 Spektrales Auflösungsvermögen

Für sichtbares Licht konnten wir bereits über die Dispersion in einem Prisma die Wellenlängen der verschiedenen Farben unterscheiden (Abschnitt 14.2). Mithilfe der Beugung am Gitter werden nun sehr viel genauere Messungen von Wellenlängen möglich.

Experiment: Wellenlängenmessung am Gitter

Wir empfangen ein grünes Lichtsignal und möchten die Wellenlänge λ des Lichts bestimmen. Dafür stellen wir hinter einem Gitter mit 600 Strichen pro 1 mm einen breiten Schirm im Abstand von $l = 10\,\text{cm}$ auf (►Abbildung 19.11).

Wir bezeichnen die Koordinate entlang des Schirms mit y. Der Beobachtungswinkel ϑ in (19.17) steht mit y in Zusammenhang über

$$\vartheta = \arctan(y/l)\,. \tag{19.20}$$

Durch Messung der y-Position eines Hauptmaximums können wir nach (19.18) die Wellenlänge λ des Lichts auf dem Schirm ablesen:

$$\lambda = \frac{1}{m} \cdot d \cdot \sin\vartheta \tag{19.21}$$

In ►Abbildung 19.12 ist für die Interferenzordnung $m = 2$ die Position des Hauptmaximums bei verschiedenen Wellenlängen gezeigt.

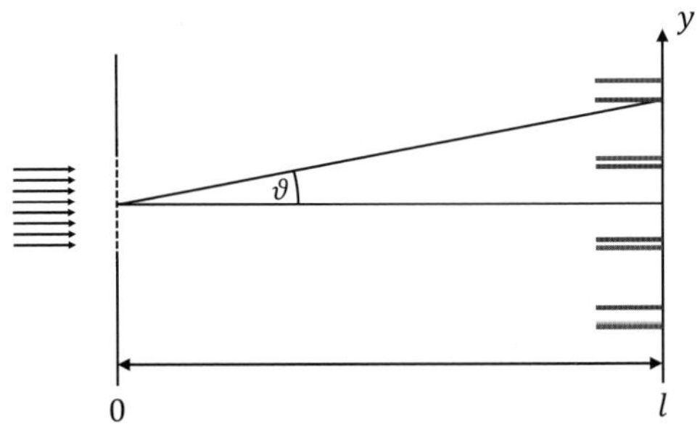

Abbildung 19.11 Versuchsanordnung für die Messung der Wellenlänge

Auch wenn wir die Positionen der Intensitätsmaxima auf dem Schirm mit hoher Genauigkeit abtasten können, ist die Genauigkeit der Wellenlängenmessung durch das Interferenzmuster prinzipiell begrenzt.

Um die Messgenauigkeit eines Gitters quantitativ zu erfassen, verwenden wir zwei Lichtwellen mit etwas unterschiedlicher Wellenlänge λ_1, λ_2 und untersuchen, welche Wellenlängenunterschiede $\Delta\lambda = \lambda_2 - \lambda_1$ gerade noch gemessen werden können.

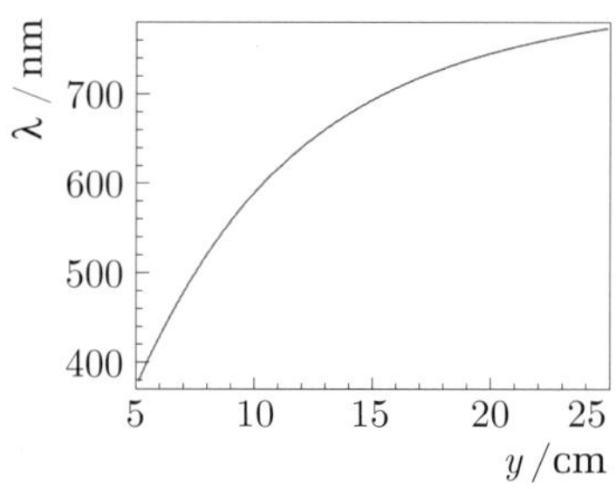

Abbildung 19.12 Anhand der Position des zweiten Hauptmaximums lässt sich die Lichtwellenlänge bestimmen

Experiment: Spektrale Auflösung

Mit einer Natriumlampe beleuchten wir ein Strichgitter mit 600 Strichen pro 1 mm. Das Gitter ist so gebaut, dass die Abstände der Spalte gerade vierfach größer sind als die Spaltbreiten $d = 4b$.

Zwischen Lampe und Gitter stellen wir eine Sammellinse und fokussieren das Licht auf den Durchmesser 1 mm am Gitter, d. h. die Anzahl der beleuchteten und damit interferierenden Gitterlinien beträgt $N = 600$.

Im Abstand von $l = 10\,\text{cm}$ stellen wir einen 30 cm breiten Schirm auf und bezeichnen die Koordinate entlang des Schirms mit y. In der Intensitätsverteilung (19.17) ersetzen wir den Beobachtungswinkel ϑ durch $\vartheta = \arctan(y/l)$ (19.20).

Wir beobachten das Beugungsmuster des Gitters auf dem Schirm mit dem Hauptmaximum bei $y = 0$ und jeweils zwei weiteren Hauptmaxima nach links und rechts (►Abbildung 19.13).

Schauen wir beim zweiten Hauptmaximum sehr viel genauer hin, so finden wir zwei nebeneinanderliegende Interferenzmuster (►Abbildung 19.14). Das orangefarbige Licht der Natriumlampe enthält tatsächlich Licht von *zwei nahe beieinander liegenden Wellenlängen* $\lambda_1 = 588{,}9950\,\text{nm}$ und $\lambda_2 = 589{,}5924\,\text{nm}$. Das Maximum des einen Beugungsmusters (gestrichelte Kurve) liegt beim ersten Minimum rechts vom Maximum des anderen Beugungsmusters (durchgezogene Kurve).

Die Intensitätsmaxima der Gitterbeugung in (19.17) entstehen an Nullstellen der Zähler- und Nennerfunktion (Abschnitt 18.2) bei den Werten

$$x_{max} \equiv \pi\,(d/\lambda)\,\sin\vartheta = const.\,,$$

sodass wir bei baugleichem Gitter für *größere Wellenlängen größere Beugungswinkel* erwarten:

$$\vartheta_{max} \propto \lambda \tag{19.22}$$

Die größere Wellenlänge $\lambda_2 > \lambda_1$ produziert demnach die gestrichelte Kurve in der Abbildung. Dieses Ablenkungsverhalten ist gerade umgekehrt zur Dispersion im Prisma (14.29).

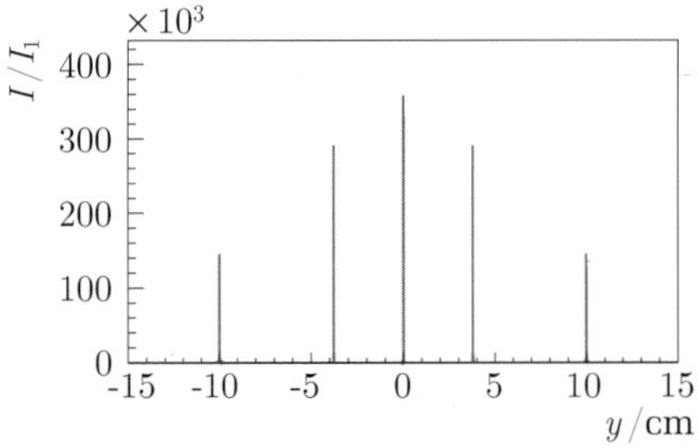

Abbildung 19.13 Beugungsmuster des Gitters bei grober Betrachtung

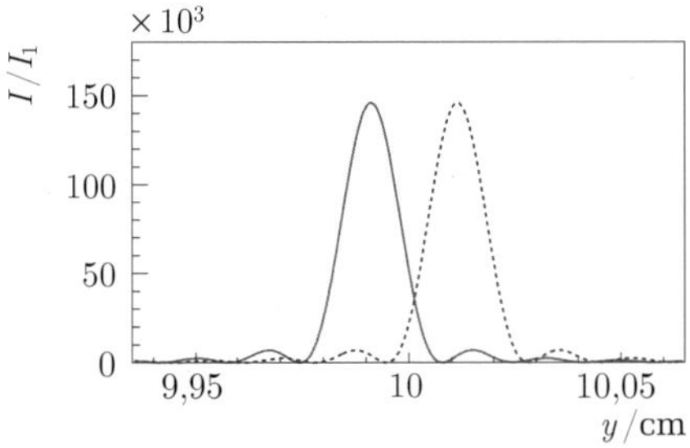

Abbildung 19.14 Bei genauer Betrachtung spaltet sich das zweite Hauptmaximum des Natriumlichts in zwei Interferenzmuster auf, was auf die Doppellinie des Natriumlichts zurückgeht.

Wir verwenden erneut das **Rayleigh-Kriterium**, dieses Mal für das *spektrale Auflösungsvermögen* im Unterschied zur Diskussion des *räumlichen Auflösungsvermögens* in Abschnitt 19.1.1. Seine Bedingung ist, dass das Intensitätsmaximum $I(\lambda_2)$ gerade im ersten Intensitätsminimum $I(\lambda_1)$ zu liegen kommt.

Die maximale Weglängendifferenz Δs_{max} zwischen der ersten und der N-ten Teilwelle unseres Gitters können wir aus $\Delta s_{max} = N\,d\,\sin\vartheta$ (18.35) bestimmen. Im Folgenden werden wir die Interferenzbedingungen (18.37) und (18.39) nutzen, um mit Δs_{max} die kleinstmögliche messbare Wellenlängendifferenz

$$\Delta\lambda_{min} = \lambda_2 - \lambda_1 \tag{19.23}$$

im Vergleich zur Wellenlänge

$$\lambda \equiv \lambda_1 \approx \lambda_2 \tag{19.24}$$

zu berechnen.

Für die Wellenlänge λ_1 ist das erste Minimum neben dem Hauptmaximum der Interferenzordnung m bei der Weglängendifferenz Δs_{max} (18.37):

$$\Delta s_{max} = (m \cdot N + 1) \cdot \lambda_1 \tag{19.25}$$

Für die Wellenlänge λ_2 liegt das Hauptmaximum bei derselben Wegdifferenz (18.39):

$$\Delta s_{max} = m \cdot N \cdot \lambda_2 \tag{19.26}$$

Ersetzen wir m in (19.25) durch (19.26), so erhalten wir einen Zusammenhang zwischen der maximalen Weglängendifferenz Δs_{max} und der minimalen Wellenlängendifferenz $\Delta\lambda_{min}$:

$$\begin{aligned}
\Delta s_{max} &= \left(\frac{\Delta s_{max}}{N \cdot \lambda_2} \cdot N + 1\right) \cdot \lambda_1 \\
\Delta s_{max} \cdot \lambda_2 &= \Delta s_{max}\, \lambda_1 + \lambda_2 \cdot \lambda_1 \\
\Delta s_{max} \underbrace{(\lambda_2 - \lambda_1)}_{= \Delta\lambda_{min}} &= \underbrace{\lambda_2\, \lambda_1}_{\approx \lambda^2}
\end{aligned}$$

Wir nutzen in der letzten Zeile (19.23) und (19.24).

Das Verhältnis aus Wellenlänge und Wellenlängendifferenz wird als **spektrales Auflösungsvermögen** bezeichnet:

$$\frac{\lambda}{\Delta\lambda_{min}} = \frac{\Delta s_{max}}{\lambda} \tag{19.27}$$

Wir setzen für $\Delta s_{max} = m\, N\, \lambda$ (18.39) ein und erhalten

$$\frac{\lambda}{\Delta\lambda_{min}} = m\, N\,. \tag{19.28}$$

Das spektrale Auflösungsvermögen des Gitters steigt mit der Interferenzordnung m und der Anzahl N der beleuchteten Gitterelemente.

In unserem obigen Experiment mit der Natriumlampe erwarten wir bei der Wellenlänge $\lambda = 590\,\text{nm}$, der Interferenzordnung $m = 2$ und $N = 600$ beitragenden Wellen für das spektrale Auflösungsvermögen

$$\frac{\lambda}{\Delta\lambda_{min}} = m\, N = 1200 \tag{19.29}$$

und damit für den kleinsten Unterschied in der Wellenlänge

$$\Delta\lambda_{min} = \frac{\lambda}{m \cdot N} = 0{,}5\,\text{nm}$$

Das orangefarbige Licht der dicht nebeneinanderliegenden Wellenlängen $\lambda_1 = 588{,}9950\,\text{nm}$ und $\lambda_2 = 589{,}5924\,\text{nm}$ können wir demnach mit diesem Gitter auflösen.

Solche Gitter werden wir später (im folgenden Lehrbuch) bei den Untersuchungen atomarer Spektren verwenden, die wir im Rahmen der Atomphysik durchführen werden.

19.2 Interferenzmuster der Nahzone

Bisher haben wir Beugungsvorgänge (Fraunhofer-Beugung) betrachtet, bei der alle Teilwellen denselben Beugungswinkel ϑ relativ zur Richtung des gerade einfallenden Lichts hatten. Erreicht hatten wir das z. B. dadurch, dass der Abstand z zwischen dem Spalt und dem Beobachter (Schirm) groß ist.

Nun untersuchen wir Beugungsvorgänge vom Typ der Fresnel-Beugung. Damit können wir z. B. Phänomene im Nahbereich eines Spalts oder einer Blende untersuchen. Das einfallende Licht ist nicht notwendig parallel und kann in einem Beobachtungspunkt unter verschiedenen Winkeln ankommen.

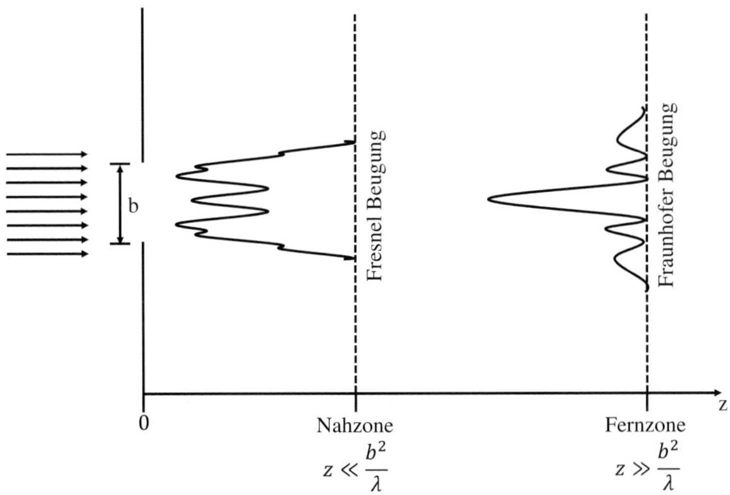

Abbildung 19.15 Fresnel-Beugung (Nahzone) und Fraunhofer-Beugung (Fernzone)

19.2.1 Beugung an einer Blende

Experiment: Blende als Lichtverstärker

In diesem Gedankenexperiment messen wir mithilfe einer Fotodiode die Lichtintensität eines Helium-Neon-Laserstrahls ($\lambda = 632{,}8\,\text{nm}$), den wir mit einer geeigneten Optik aufweiten (►Abbildung 19.16).

Zwischen Laseroptik und Fotodiode stellen wir eine Blende mit variablem Durchmesser im Bereich $D = 0{,}5\,\text{mm} \ldots 1\,\text{cm}$. Der Durchmesser des Laserstrahls an der Blende sei gerade 1 cm. Die Fotodiode stellen wir in der Entfernung $r_\circ = 10\,\text{cm}$ von der Blende auf.

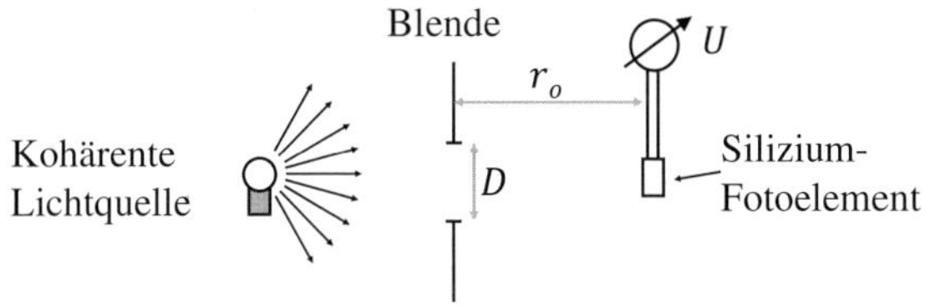

Abbildung 19.16 Versuchsaufbau mit Blende und Fotoelement

Wir öffnen zunächst die Blende vollständig und messen die Intensität $I_\circ$. Dann schließen wir die Blende auf den Durchmesser

$$D = 2\sqrt{r_\circ\,\lambda} = 2\sqrt{0{,}1 \cdot 6{,}3\,10^{-7}\text{m}} = 0{,}5\,\text{mm}\,.$$

Bei diesem Durchmesser der Blende messen wir die vierfache Intensität gegenüber der geöffneten Blende!

Variieren wir die Blendenöffnung, so wechseln sich Minima und Maxima in der Intensität ab. Offenbar kommt es durch die Blende zu Interferenzeffekten (►Abbildung 19.17).

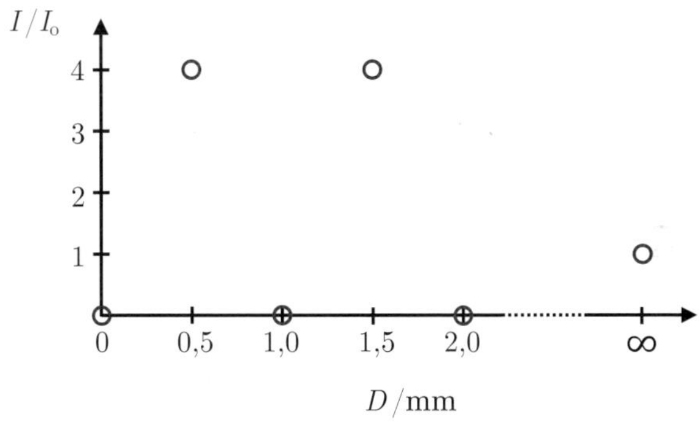

Abbildung 19.17 Intensitätsverteilung für bestimmte Blendenöffnungen

Um dieses zunächst überraschende Ergebnis zu verstehen, werden wir im Folgenden den Raumbereich zwischen der Lichtquelle und dem Beobachtungspunkt untersuchen. Wir werden dabei auf die Modellvorstellung des Huygens'schen Prinzips zurückgreifen und die Interferenzeffekte von Sekundärwellen berechnen.

Von der Lichtquelle bei L geht eine Kugelwelle mit der elektrischen Feldstärke

$$E(R) = E_\circ\,\frac{e^{\,i(\omega t - kR)}}{R} \tag{19.30}$$

aus. Sie erreicht den Raumpunkt S im Abstand R zwischen der Quelle L und dem Beobachtungspunkt am Ort P (►Abbildung 19.18).

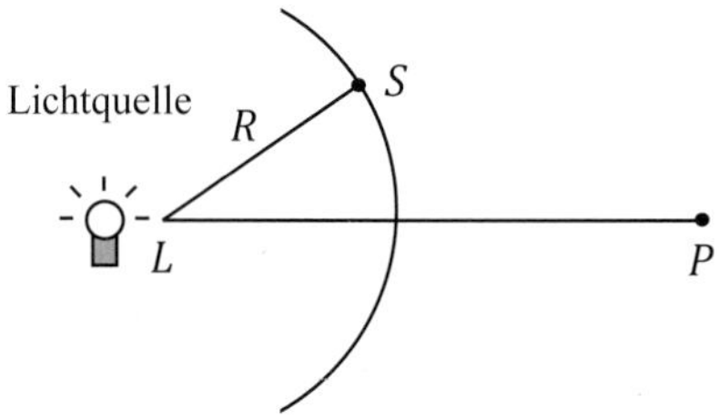

Abbildung 19.18 Gegeben sei ein Raumpunkt S, der sich zwischen Lichtquelle L und Beobachtungspunkt P befindet.

Nach dem Huygens'schen Prinzip können wir uns am Punkt S eine Quelle vorstellen, die eine sekundäre Kugelwelle in den Halbraum außerhalb der Kugeloberfläche mit Radius R sendet. Alle solche Quellpunkte S, deren Halbräume von P aus sichtbar sind, tragen zur Intensität im Beobachtungspunkt P bei (►Abbildung 19.19).

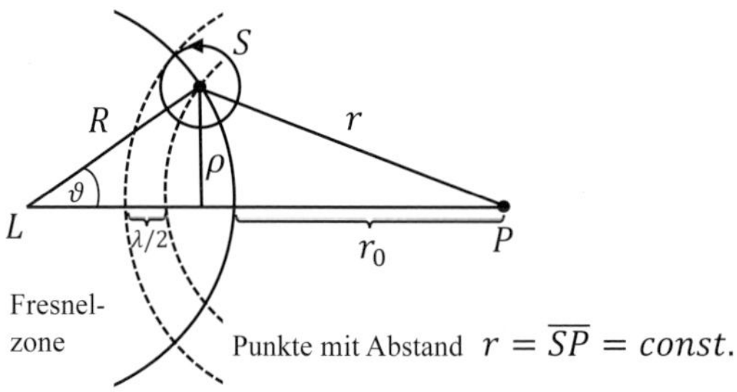

Abbildung 19.19 So wie S tragen alle Raumpunkte im Abstand r zum Beobachtungspunkt P bei.

Durch den gleichen Abstand R von der Lichtquelle L schwingen alle Sekundärquellen S synchron, d. h. sie haben dieselbe Phase.

Wir wechseln die Blickrichtung und schauen vom Beobachtungspunkt P auf diese Quellpunkte S. Deren Sekundärwellen haben im Punkt P dann annähernd dieselbe Phase, wenn sie auf dem Flächenring einer Kugeloberfläche mit Mittelpunkt P und Radius r liegen (►Abbildung 19.20).

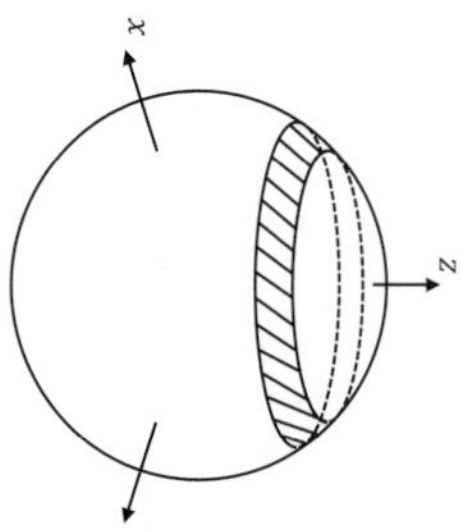

Abbildung 19.20 Die zum Beobachtungspunkt beitragenden Quellpunkte liegen auf einem Flächenring einer Kugeloberfläche.

Wir können deshalb vom Beobachtungspunkt P aus über die Wellenlänge λ Bereiche zwischen Lichtquelle und Beobachter definieren, in denen die Feldstärke zu einem festen Zeitpunkt z. B. positiv ist. Nachbarbereiche, die relativ dazu um $\lambda/2$ verschoben sind, haben zur selben Zeit eine negative Feldstärke.

Solche Bereiche mit gleichen Phasen der Wellen heißen **Fresnel-Zonen**. Die Berandungen der Zonen kann man sich über den Abstand r vom Beobachtungspunkt P verdeutlichen: Ändert sich r um eine halbe Wellenlänge, beginnt die nächste Zone. Die erste Zone beginnt beim kleinsten Abstand $r_\circ$ und endet bei $r_1 = r_\circ + \lambda/2$:

$$r_m \equiv r_\circ + m\,\frac{\lambda}{2} = \begin{cases} r_\circ + \frac{1}{2}\,\lambda\,, \\ r_\circ + \lambda\,, \\ r_\circ + \frac{3}{2}\,\lambda\,, \\ \ldots\,, \end{cases} \qquad m = 1, 2, \ldots\,. \tag{19.31}$$

Hier finden wir bereits die Ursache für Interferenzeffekte an der Blende: Benachbarte Fresnel-Zonen erzeugen elektrische Felder mit umgekehrten Vorzeichen, sodass es zur Auslöschung der Felder kommt. *Gelingt es, Fresnel-Zonen mit dieser destruktiven Interferenz »auszuschalten«, so erhalten wir an bestimmten Raumpunkten Intensitätsmaxima.*

Im Folgenden berechnen wir die elektrische Feldstärke, die von den einzelnen Fresnel-Zonen am Beobachtungspunkt P erzeugt wird, und fassen schließlich alle Beiträge zur Gesamtfeldstärke bei P zusammen.

Elektrisches Feld der m-ten Fresnel-Zone am Beobachtungspunkt

Der Beitrag der m-ten Zone zur elektrischen Feldstärke dE_m im Punkt P ergibt sich aus der primären Kugelwelle von der Lichtquelle L bis S, aus der sekundären Kugelwelle von S bis P, der Quellfläche dS_m, die dem Beobachtungspunkt P zugewandt ist, und einem Normierungsfaktor K:

$$dE_m = \underbrace{K}_{\text{Normierung}} \cdot \underbrace{\frac{E_\circ}{R}\,e^{\,i(\omega t - kR)}}_{\text{Welle }\overline{LS}} \cdot \underbrace{\frac{e^{-ikr}}{r}}_{\text{Welle }\overline{SP}} \cdot \underbrace{dS_m}_{\text{Quellfläche}} \tag{19.32}$$

Wir erarbeiten nun die einzelnen Komponenten dieses Beitrags.

Quellfläche. Das Flächenstück dS_m der m-ten Fresnel-Zone benötigen wir als Funktion der Variablen r, die die Phase der sekundären Kugelwellen aus der Fresnel-Zone bestimmt. Dabei berechnen wir zunächst die Größe des Kugelflächenstücks und berücksichtigen dann die Projektion dieser Fläche, die wir am Beobachtungspunkt P davon sehen können.

In den üblichen Kugelkoordinaten lautet das Flächenelement auf der Kugelschale um L (►Abbildung 19.21)

$$dA = R^2\,\sin\vartheta\;d\vartheta\;d\varphi\,.$$

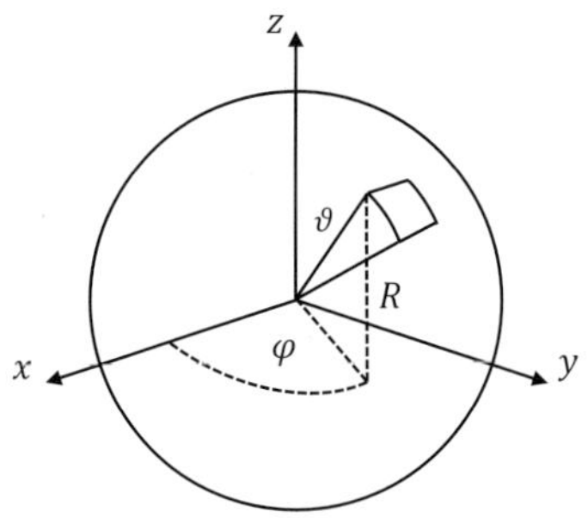

Abbildung 19.21 Zur Definition des Flächenelements

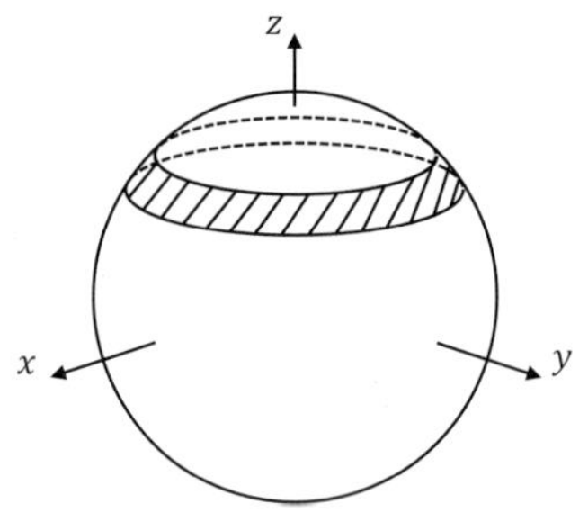

Abbildung 19.22 In die Betrachtung geht die Fläche des Rings ein.

Die Fläche eines Rings auf der Kugeloberfläche beträgt (►Abbildung 19.22)

$$dS = 2\pi\, R^2\, \sin\vartheta\, d\vartheta\,.$$

Wir ersetzen nun den Winkel ϑ durch den Abstand r vom Beobachtungspunkt P. Aus den ►Abbildung 19.19 und 19.23 lesen wir die Länge der Grundlinie ab:

$$\begin{aligned} R + r_\circ &= R\, \cos\vartheta + \sqrt{r^2 - \rho^2} \\ &= R\, \cos\vartheta + \sqrt{r^2 - R^2\, \sin^2\vartheta} \end{aligned}$$

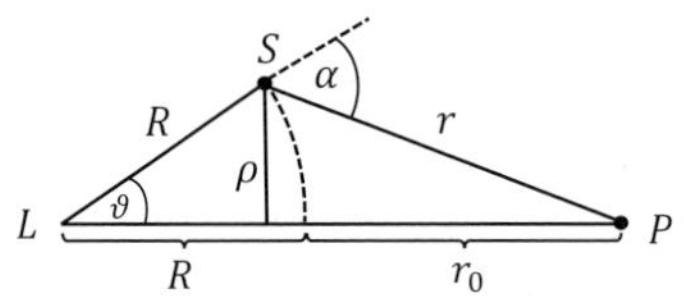

Abbildung 19.23 Anstelle des Winkels wird der Abstand r zwischen S und P verwendet.

Durch Quadrieren der Gleichung lässt sich r isolieren:

$$\begin{aligned} r^2 - R^2\, \sin^2\vartheta &= (R + r_\circ - R\, \cos\vartheta)^2 \\ r^2 &= (R + r_\circ)^2 - 2(R + r_\circ)R\, \cos\vartheta + R^2\, \cos^2\vartheta + R^2\, \sin^2\vartheta \\ r^2 &= (R + r_\circ)^2 - 2\,(R + r_\circ)R\, \cos\vartheta + R^2 \end{aligned}$$

Die differentielle Änderung dr lässt sich damit durch $d\vartheta$ ausdrücken:

$$2\,r\,dr = -2(R + r_\circ)R\,(-\sin\vartheta)\;d\vartheta$$

Damit beträgt das Kugelflächenstück einer Fresnel-Zone

$$\begin{aligned} dS &= 2\,\pi\,R^2\,\frac{2\,r\,dr}{2\,(R + r_\circ)\,R} \\ &= 2\,\pi\,\frac{R}{R + r_\circ}\,r\,dr\,. \end{aligned} \tag{19.33}$$

Zu berücksichtigen ist hier jedoch nur die Projektion der Fläche, die vom Beobachtungspunkt P aus gesehen wird. Dazu betrachten wir den Winkel α zwischen den Richtungen $\vec{LS}$ und $\vec{SP}$ in ►Abbildung 19.23 und 19.24.

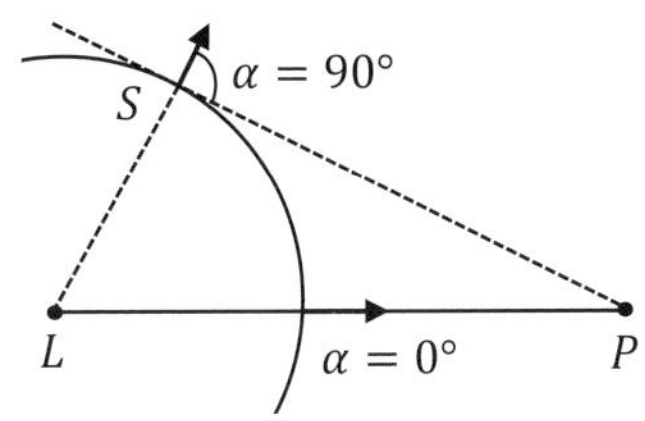

Abbildung 19.24 Die dem Beobachtungspunkt zugewandte Flächengröße hängt vom Winkel α ab.

Die Projektion hängt vom Winkel α ab und ergibt den maximalen Beitrag für $\alpha = 0$, d. h. für die Fresnel-Zone mit $m = 0$. Bei $\alpha = 90^\circ$ verläuft die Blickrichtung von P aus tangential, dort verschwindet der Beitrag.

Die Projektion können wir demnach über $\cos\alpha$ beschreiben. Wir gehen im Folgenden davon aus, dass sich $\cos\alpha$ innerhalb einer Fresnel-Zone in guter Näherung konstant verhält, d. h. innerhalb der Zone unabhängig von einer Integration über dr ist:

$$\cos\alpha_m \approx const. \tag{19.34}$$

Insgesamt ergibt sich als Beitragsgröße der Quellfläche für die m-te Fresnel-Zone (19.33, 19.34):

$$dS_m = \cos\alpha_m \cdot 2\,\pi\,\frac{R}{R + r_\circ}\,r\,dr\,. \tag{19.35}$$

Beitrag zum elektrischen Feld. Wir berechnen den Beitrag der m-ten Fresnel-Zone zum elektrischen Feld am Beobachtungspunkt P (19.32). Dabei integrieren wir über die Quellfläche (19.35) im Intervall der Abstände $[r_{m-1}, r_m]$:

$$\begin{aligned}
E_m &= \int_{r_{m-1}}^{r_m} K \cdot \frac{E_\circ}{R}\, e^{i(\omega t - kR)} \cdot \frac{e^{-ikr}}{r} \cdot dS_m \\
&= K \cdot \frac{E_\circ}{R}\, e^{i(\omega t - kR)} \cdot \cos\alpha_m\, 2\pi\, \frac{R}{R + r_\circ} \int_{r_{m-1}}^{r_m} \frac{e^{-ikr}}{r}\, r\, dr \\
&= \frac{2\pi\, K\, \cos\alpha_m\, E_\circ}{R + r_\circ}\, e^{i(\omega t - kR)}\, \frac{-1}{i\,k}\, e^{-ikr}\Big|_{r_{m-1}}^{r_m} \\
&= -\frac{\lambda\, K\, \cos\alpha_m\, E_\circ}{i\,(R + r_\circ)}\, e^{i(\omega t - kR)} \left[e^{-ikr_m} - e^{-ikr_{m-1}}\right]
\end{aligned} \tag{19.36}$$

Dabei haben wir den Zusammenhang zwischen Wellenzahl und Wellenlänge $k = 2\pi/\lambda$ eingesetzt. Wir verwenden nun die Abstände zu den Fresnel-Zonen (19.31)

$$r_m = r_\circ + m\,\frac{\lambda}{2} = r_\circ + m\,\frac{\pi}{k}$$

und vereinfachen den letzten Term auf der rechten Seite in eckigen Klammern:

$$\begin{aligned}
&\left[e^{-ikr_m} - e^{-ikr_{m-1}}\right] \\
&= e^{-ik(r_\circ + m\,\pi/k)} - e^{-ik(r_\circ + (m-1)\,\pi/k)} \\
&= e^{-ikr_\circ}\left[e^{-im\pi} - e^{-i(m-1)\pi}\right] \\
&= e^{-ikr_\circ}\,[\underbrace{\cos(m\,\pi) - \cos((m-1)\,\pi)}_{\substack{= -2 \quad \text{für } m = 1 \\ = 2 \quad \text{für } m = 2 \\ \vdots \\ = (-1)^m \cdot 2 \quad \text{für } m = 1, 2, \ldots}} \; + \underbrace{i\,\sin(m\,\pi) - i\,\sin((m-1)\,\pi)}_{= 0}]
\end{aligned}$$

Damit ist der Beitrag der m-ten Fresnel-Zone zum elektrischen Feld (19.36)

$$E_m = (-1)^{m+1} \cdot \frac{2\,\lambda\, K\, \cos\alpha_m\, E_\circ}{i\,(R + r_\circ)} \cdot e^{i(\omega t - k(R + r_\circ))}\,. \tag{19.37}$$

Gesamte elektrische Feldstärke am Beobachtungspunkt

Der Vorzeichenwechsel in der elektrischen Feldstärke zur Nachbarzone in Gleichung (19.36) entspricht gerade dem Wegunterschied von einer halben Wellenlänge $\lambda/2$ zum Beobachtungspunkt P.

Die Gesamtfeldstärke im Punkt P entspricht der Summe über alle Einzelbeiträge der Fresnel-Zonen:

$$\begin{aligned}
E &= \sum_{m=1}^{N} E_m \\
|E| &= |E_1| - |E_2| + |E_3| - \cdots \pm |E_N|
\end{aligned} \tag{19.38}$$

Verglichen mit der Nachbarzone ändert sich der Betrag $|E_m|$ wegen $\cos\alpha_m$ (19.34) nur langsam. Deshalb nähern wir $|E_m|$ nun mithilfe des Mittelwerts der Nachbarzonen:

$$|E_m| \approx \frac{1}{2}(|E_{m-1}| + |E_{m+1}|)$$

Wir sortieren die Summenterme der elektrischen Feldbeiträge (19.38) dafür günstig um und sehen, dass nur die erste und die letzte Fresnel-Zone wesentliche Beiträge liefern:

$$\begin{aligned} |E| &= \left(\frac{1}{2}|E_1| + \underbrace{\frac{1}{2}|E_1|\right) - |E_2| + \left(\frac{1}{2}|E_3|}_{\approx 0} + \underbrace{\frac{1}{2}|E_3|\right) - |E_4| + \frac{1}{2}|E_5|}_{\approx 0} + \dots + \frac{1}{2}|E_N| \\ &\approx \frac{1}{2}(|E_1| + |E_N|) \end{aligned} \tag{19.39}$$

Allerdings ist nach ►Abbildung 19.24 in der N-ten Fresnel-Zone $\cos\alpha_m = 0$ (19.34). Damit gibt es keine Abstrahlung in der Richtung des Beobachtungspunkts P. Dadurch bestimmt allein die erste Fresnel-Zone das elektrische Feld bei P, und zwar mit der Hälfte ihrer Feldamplitude:

$$\begin{aligned} E &= \frac{1}{2}\,E_1 \\ &= \frac{\lambda\, K\, E_\circ}{i\,(R + r_\circ)} \cdot e^{i(\omega,t - k(R + r_\circ))} \end{aligned} \tag{19.40}$$

Unser Modell mit den Huygens'schen Sekundärwellen muss dasselbe Resultat ergeben, das sich mit der Primärwelle bei der Distanz $R + r_\circ$ ergibt:

$$E = \frac{E_\circ}{R + r_\circ}\, e^{i(\omega t - k(R + r_\circ))}$$

Aus dem Vergleich der beiden Resultate können wir die Normierungskonstante K bestimmen:

$$K = \frac{i}{\lambda}$$

Damit können wir nun den Beitrag der m-ten Fresnel-Zone zur elektrischen Feldstärke aufschreiben (19.37):

$$E_m = (-1)^{m+1} \cdot \frac{2\,\cos\alpha_m\, E_\circ}{R + r_\circ} \cdot e^{i(\omega t - k(R + r_\circ))} \tag{19.41}$$

Axialer Abstand der Fresnel-Zonen

In Bezug auf die Symmetrieachse zwischen der Lichtquelle L und dem Beobachtungspunkt P können wir auch einen radialen Abstand ϱ für die Fresnel-Zonen definieren.

Dieser radiale Abstand kann dann z. B. direkt mit einer Blendenöffnung verglichen werden (►Abbildung 19.25).

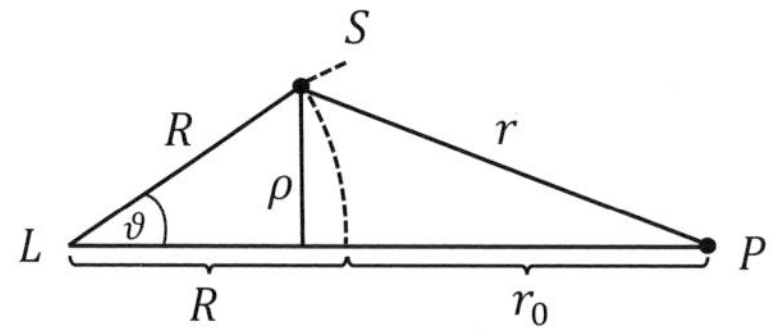

Abbildung 19.25 Erinnerung an die Geometrie, diesmal mit Blick auf den radialen Abstand ρ und damit auf die Blendenöffnung.

Den Radius ϱ_m der m-ten Fresnel-Zone können wir folgendermaßen abschätzen:

$$\begin{aligned}\varrho_m &\approx \sqrt{r^2 - r_\circ^2}\\ &= \sqrt{(r_\circ + m\,\frac{\lambda}{2})^2 - r_\circ^2}\\ &= \sqrt{r_\circ^2 + 2\,r_\circ\,m\,\frac{\lambda}{2} + m^2\left(\frac{\lambda}{2}\right)^2 - r_\circ^2}\\ &= \sqrt{r_\circ\,m\,\lambda + m^2\left(\frac{\lambda}{2}\right)^2}\end{aligned}$$

Für den typischen Anwendungsfall ist die Wellenlänge λ sehr viel kleiner als der Abstand $r_\circ$ zwischen der Blende und dem Beobachtungspunkt $\lambda \ll r_\circ$, sodass wir für den Radius der m-ten Fresnel-Zone erhalten:

$$\varrho_m \approx \sqrt{r_\circ\,m\,\lambda} \tag{19.42}$$

Beispiel: Radius Fresnel-Zone

Für $r_\circ = 10\,\text{cm}$ und $\lambda = 632{,}8\,\text{nm}$ hat die erste Fresnel-Zone die Größe

$$\varrho_1 = \sqrt{0{,}1 \cdot 6{,}328 \cdot 10^{-7}}\,\text{m} = \sqrt{6{,}328} \cdot 10^{-4}\,\text{m} \simeq 0{,}25\,\text{mm}\,.$$

Blendenöffnung, Intensität am Beobachtungspunkt

In unserem Experiment hatten wir die Blende zunächst vollständig geöffnet. Hier erhalten wir die Intensität (19.40)

$$I_\circ = \epsilon_\circ\,c\,|E|^2 = \epsilon_\circ\,c\left(\frac{1}{2}\right)^2 |E_1|^2\,.$$

Schließen wir nun die Blendenöffnung so weit, dass nur das elektrische Feld E_1 der ersten Fresnel-Zone beiträgt, so erhalten wir wegen der fehlenden Feldbeiträge der anderen Fresnel-Zonen in (19.38) den vollen Beitrag der ersten Zone

$$I = \epsilon_\circ\,c\,|E|^2 = \epsilon_\circ\,c\,|E_1|^2 = 4\,I_\circ$$

und damit eine vierfach höhere Intensität.

Die Größe der erforderlichen Blendenöffnung ergibt sich aus dem Radius der ersten Fresnel-Zone $\varrho_1 = \sqrt{r_\circ \lambda}$ (19.42). Für die Wellenlänge $\lambda = 632{,}8\,\mathrm{nm}$ des Helium-Neon-Lasers und den Abstand $r_\circ = 10\,\mathrm{cm}$ der Fotodiode ergibt sich als Blendendurchmesser $D = 2\,\varrho_1 = 0{,}5\,\mathrm{mm}$.

19.2.2 Fresnel-Zonenplatte

Auf eine Glasplatte werden undurchlässige Kreisringe aufgedampft, sodass sie beispielsweise den ungeradzahligen Fresnel-Zonen entsprechen. Alle Glieder der geradzahligen Zonen werden durchgelassen. Die Fresnel'sche Zonenplatte wirkt dabei wie eine Linse (►Abbildung 19.26).

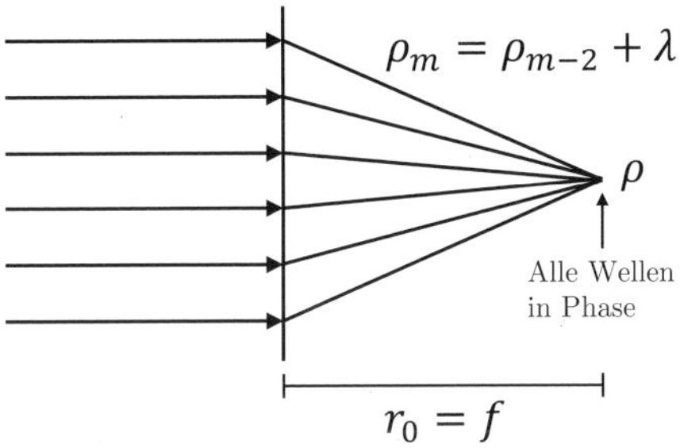

Abbildung 19.26 Zur Erstellung einer Fresnel-Zonenplatte

Die Breite der m-ten Zone nimmt mit wachsendem m ab:

$$\begin{aligned}\Delta\varrho_m &= \varrho_{m+1} - \varrho_m \\ &= \sqrt{r_\circ \lambda}\left(\sqrt{m+1} - \sqrt{m}\right)\end{aligned}$$

Die Fläche der Ringe ist für alle Zonen gleich groß (►Abbildung 19.27):

$$\begin{aligned}F_m &= \pi(\varrho_{m+1}^2 - \varrho_m^2) \\ &= \pi\, r_\circ \lambda\,((m+1) - m) \\ &= \pi\, r_\circ \lambda\end{aligned}$$

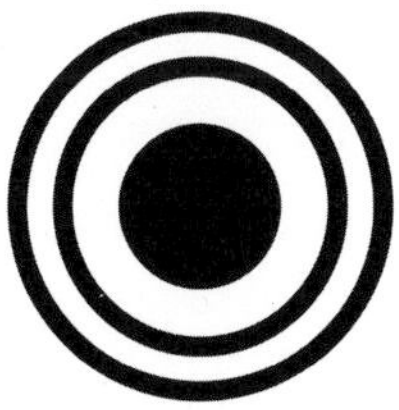

Abbildung 19.27 Beispiel für die aufgedampften, undurchlässigen Kreisringe. Die Breiten der Kreisringe nehmen ab, ihre Flächen bleiben gleich.

Gemäß der Konstruktion der Zonenplatte kommt Licht aus benachbarten durchlässigen Zonen $2m - 1$ und $2m + 1$, $m = 1, 2, 3, \ldots$ am Punkt P gerade mit der Wegdifferenz λ an. Für parallel einfallendes Licht (►Abbildung 19.26) wirkt die Zonenplatte also ähnlich wie eine Linse mit der »Brennweite« f.

Mit ►Abbildung 19.28 bestätigen wir $f = r_\circ$:

$$f^2 + \varrho_{2m+1}^2 = (f + (2m+1)\,\lambda/2)^2$$
$$f^2 + r_\circ\,(2m+1)\lambda = f^2 + 2\,f\,(2m+1)\,\lambda/2) + \ldots$$
$$f \approx r_\circ = \rho_m^2/(m\lambda) = \rho_1^2/\lambda$$

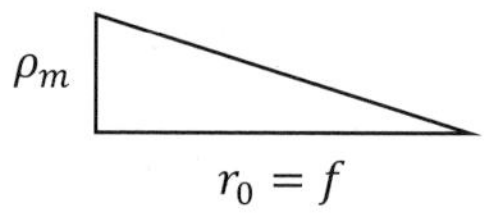

Abbildung 19.28 Zur resultierenden Brennweite f

Damit können wir die Brennweite f der Fresnel'schen Zonenplatte aus dem Radius ϱ_1 der ersten Fresnel-Zone und der Wellenlänge λ des Lichts berechnen:

$$f = \frac{\varrho_1^2}{\lambda} \qquad (19.43)$$

Ähnlich der obigen Überlegung kann man zeigen, dass es weitere »Brennweiten« einer Zonenplatte gibt (Aufgabe 38).

Die Brennweite ist stark von der Wellenlänge des Lichts abhängig. Für blaues Licht ist sie ungefähr doppelt so groß wie für rotes Licht.

Fresnel-Zonenplatten werden z. B. zur Fokussierung von Röntgenstrahlen genutzt, da Glaslinsen in diesem Wellenlängenbereich nicht funktionieren.

Aufgabe 38: Fresnel-Zonenplatte

Im Unterschied zu einer Linse hat die Fresnel'sche Zonenplatte außer der Hauptbrennweite f (19.43) noch weitere Brennweiten f_n. Geben Sie eine Begründung und bestimmen Sie den Zusammenhang zwischen f_n und f.

19.3 Holografie

Mittels Holografie [5, 4] (holos - vollständig, graphein - schreiben) kann ein dreidimensionales Bild eines Objektes erzeugt werden, indem nicht nur die Amplitude, sondern auch die Phaseninformation der Objektlichtwellen gespeichert wird. Hierzu macht man sich sowohl die Interferenz als auch die Beugung von Lichtwellen zunutze.

Der erste Schritt ist die Speicherung dieser »vollständigen« Information mittels *Interferenz* einer ebenen Referenzlichtwelle mit den Objektlichtwellen.

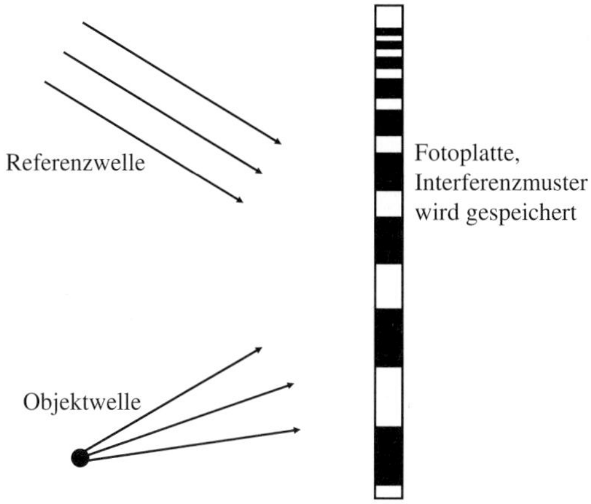

Abbildung 19.29 Aufnahme eines Hologramms: Das Interferenzmuster von ebener Referenzlichtwelle und Objektlichtwellen wird gespeichert.

Die resultierende Intensitätsverteilung $I = I(x, y)$ des Interferenzmusters, die auf einem geeigneten Medium wie z. B. einer Fotoplatte als Hologramm gespeichert werden kann, ist dann

$$I \propto |E_{ref} + E_{obj}|^2 = (E_{ref} + E_{obj})(E_{ref} + E_{obj})^* \tag{19.44}$$

$$= |E_{ref}|^2 + |E_{obj}|^2 + E_{ref}E^*_{obj} + E^*_{ref}E_{obj} \,. \tag{19.45}$$

Dabei ist $E_{ref} = E_{ref}(x, y)$ die komplexe Amplitude der Referenzlichtwelle. $E_{obj} = E_{obj}(x, y)$ ist die Summe der komplexen Amplituden aller Objektlichtwellen, die im Punkt (x, y) eintreffen.

Nehmen wir beispielsweise an, die lokale Schwärzung der Fotoplatte an der Position (x, y) sei proportional zur Intensität $I(x, y)$. Entsprechend ist dann die Transmission $T(x, y)$ gegeben durch

$$T = T_0 - a_I \cdot |E_{ref} + E_{obj}|^2 \,, \tag{19.46}$$

wobei die Parameter T_0 und a_I die Fotoplatte charakterisieren.

Der zweite Schritt ist die Rekonstruktion des Objektbilds und somit die Betrachtung des Objektes mittels *Beugung* der Referenzlichtwelle am Interferenzmuster $I(x, y)$, das auf der Fotoplatte gespeichert ist.

Die transmittierte, gebeugte Lichtwelle $E_{ref} \cdot T$ ist gegeben durch

$$E_{ref} \cdot T = E_{ref} \cdot (T_0 - a_1 \cdot |E_{ref} + E_{obj}|^2) \tag{19.47}$$

$$= E_{ref} \cdot (T_0 - a_1 \cdot (|E_{ref}|^2 + |E_{obj}|^2 + E_{ref}E^*_{obj} + E^*_{ref}E_{obj})) \,. \tag{19.48}$$

Wichtig ist der Faktor $E_{ref} \cdot E^*_{ref}E_{obj} = |E_{ref}|^2 \cdot E_{obj}$. Abgesehen von dem konstanten Faktor $|E_{ref}|^2$ wird die ursprüngliche Objektlichtwelle E_{obj} regeneriert (Amplitude und Phase).

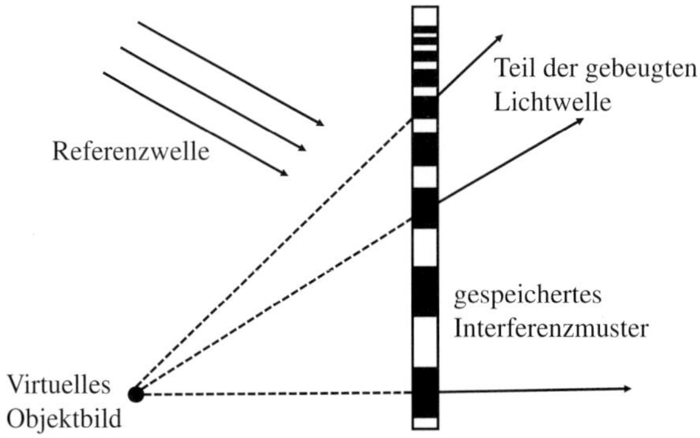

Abbildung 19.30 Wiedergabe eines Hologramms: Durch Beugung der Referenzlichtwelle am gespeicherten Interferenzmuster wird das virtuelle Objektbild sichtbar.

Durch Bestrahlung des Hologramms mit der Referenzlichtwelle wird also die Objektlichtwelle reproduziert. Dies erlaubt insbesondere eine realistische Wiedergabe von dreidimensionalen Objektbildern.

Jeder Punkt des Objektes, von dem aus Lichtwellen auf die Fotoplatte fallen, trägt zum Gesamtinterferenzmuster $I(x, y)$ bei. Umgekehrt empfängt jeder Punkt (x, y) der Fotoplatte Lichtwellen von allen von diesem Punkt aus sichtbaren Objektpunkten. Daher beinhalten auch kleine Teile der Fotoplatte schon Informationen über das Gesamtobjekt, und auch Bruchstücke des Hologramms können ein Objektbild liefern. Verschiedene Teile der Fotoplatte entsprechen unterschiedlichen Blickwinkeln auf das Objekt, sodass das holografische Bild durch Kopfbewegung erlaubt, das Objekt von verschiedenen Seiten zu betrachten.

Zur Erstellung des Hologramms ist kohärentes Licht nötig, mit Kohärenzlängen größer als die räumlichen Abmessungen des Systems (Objektgröße, Abstand zwischen Objekt und Fotoplatte). Daher eignet sich Laserlicht sehr gut. Die Anordnung muss während der Aufnahme des Hologramms stabil sein.

Eine alternative Möglichkeit zur Erstellung eines Hologramms, bei der auf Objekt und Lichtstrahlen verzichtet werden kann, besteht in der *Berechnung* des Interferenzmusters $I(x, y)$, die ein bestimmtes Objekt bei Interferenz mit einem Referenzstrahl erzeugen *würde*, und der anschließenden Präparation dieses Interferenzmusters mit nicht-optischen Mitteln.

Holografie dient nicht nur zur Erstellung schöner Bilder, sondern findet auch in verschiedenen Bereichen von Wissenschaft und Technik Anwendung [4].

Aufgabe 39: Hologrammmuster

Wo liegen die Maxima der Intensitätsverteilung I_{max} (d. h. die Stellen stärkster Schwärzung des Hologramms) einer winzigen Kugel, deren Abstand von der Fotoplatte $d = 1\,\text{m}$ beträgt? Die Referenzlichtwelle sei eine ebene Welle mit $\lambda = 500\,\text{nm}$. Die reflektierte Objektlichtwelle nehme man genähert als Kugelwelle an.

Das Wichtigste zum Mitnehmen

Zum Mitnehmen: Beugung 1

- **Beugung** beschreibt die Ablenkung von Licht an räumlich begrenzten Öffnungen, die zu Interferenzphänomenen führt. Bei der Beobachtung der Interferenz hinter einem Hindernis werden **Fresnel-Beugung** in der Nahzone und **Fraunhofer-Beugung** in der Fernzone unterschieden.
- Beugung von Licht am **Spalt** wird durch $N \to \infty$ synchron schwingende Quellen innerhalb des Spalts beschrieben und ergibt ein Interferenzmuster in der Fernzone (Fraunhofer-Beugung) mit der relativen **Intensitätsverteilung**

$$\frac{I}{I_{max}} = \frac{\sin^2(x)}{x^2}, \quad x = \pi \frac{b}{\lambda} \sin\vartheta . \tag{19.3}$$

Dabei ist das Argument x von der Spaltbreite b, vom Winkel ϑ der Beobachtung und invers von der Wellenlänge λ des Lichts abhängig.

- Aus der Bedingung für das erste Minimum (19.4) der Intensitätsverteilung (19.3) am Spalt lässt sich das **räumliche Auflösungsvermögen am Spalt** herleiten. Wir benutzen dazu das **Rayleigh-Kriterium**, das besagt, dass zwei benachbarte Punkte sich noch trennen (auflösen) lassen, wenn das Hauptmaximum des einen in das erste Minimum des anderen fällt:

$$\sin\vartheta_{min} = \frac{\lambda}{b} \tag{19.5}$$

Dabei ist ϑ_{min} der kleinste noch auflösbare Winkel bei gegebener Spaltbreite b und Wellenlänge λ.

- In der Anwendung spielt die Beugung an einer Lochblende eine sehr große Rolle. Der Verlauf der Intensitätsverteilung ähnelt der am Spalt (19.3), und mit den gleichen Argumenten ergibt sich für den kleinsten noch auflösbaren Winkel ϑ_{min}

$$\sin\vartheta_{min} \approx 1{,}22 \cdot \frac{\lambda}{D} . \tag{19.7}$$

Diese Formel für das **räumliche Auflösungsvermögen an einer Lochblende** unterscheidet sich von (19.5) durch den Faktor 1,22 und den Blendendurchmesser D statt der Spaltbreite b.

Zum Mitnehmen: Beugung 2

- Das **räumliche Auflösungsvermögen des Fernrohrs** ist durch die Beugung der Wellen mit Wellenlänge λ an der strahlbegrenzenden Struktur gegeben, im Fall des Fernrohrs ist das die Größe des Spiegels oder der Eintrittslinse mit Durchmesser D

$$\sin\vartheta_{min} \approx 1{,}22 \cdot \frac{\lambda}{D} . \tag{19.7}$$

- Das **räumliche Auflösungsvermögen des Mikroskops** ist durch Beugungserscheinungen an der Eintrittsblende begrenzt. Für die kleinste auflösbare Struktur a gilt

$$a = \frac{\lambda}{n\,\sin\delta} = \frac{\lambda}{A} . \tag{19.13}$$

  Die numerische Apertur A hat mit dem halben Öffnungswinkel ϑ zwischen Objekt und Blendenöffnung eine anschauliche Bedeutung:

$$A = \frac{n\,D}{2\,f} = \frac{n\,r}{f} = n\,\sin\vartheta \tag{19.11}$$

- Beugung von Licht am **Gitter** wird in der Fernzone (Fraunhofer-Beugung) durch die Überlagerung von N synchron schwingenden Quellen (N Spalte mit Abstand d) beschrieben, deren Interferenzmuster durch die Beugung an den Spaltbreiten b moduliert wird. Die **Intensitätsverteilung** besteht daher aus drei Termen:

$$I = I_1\,\frac{\sin^2(N\,x')}{\sin^2 x'}\,\frac{\sin^2 x}{x^2} , \quad x' = \pi\,\frac{d}{\lambda}\,\sin\vartheta , \quad x = \pi\,\frac{b}{\lambda}\,\sin\vartheta \tag{19.17}$$

  Dabei ist I_1 die Intensität der von einem Gitterspalt ausgehenden Welle.

- Folgende Eigenschaften des Gitters entsprechen den N synchron schwingenden Quellen (siehe Zusammenfassung von Kapitel 18): Die **maximale Intensität** ergibt sich unter $\vartheta = 0$ und hängt quadratisch mit der Anzahl der Gitterspalte N zusammen: $I(0) = N^2\,I_1$. Es gibt **Hauptmaxima**, **Nebenmaxima** und **Minima**. Die Hauptmaxima der Interferenz am Gitter liegen unter Beobachtungswinkeln ϑ, bei denen die Lichtwegdifferenz Δs von zwei Spalten ein Vielfaches m (Interferenzordnung) der Wellenlänge λ beträgt: $\Delta s = d\sin\vartheta = m\,\lambda$. Da $\sin\vartheta \leq 1$, ist die Anzahl m der Interferenzordnungen begrenzt und abhängig vom Spaltabstand d und von der Wellenlänge: $m_{max} \leq d/\lambda$.

Zum Mitnehmen: Beugung 3

- Mit einem Gitter lässt sich die Wellenlänge λ des Lichts anhand des Winkels ϑ der Hauptmaxima bestimmen, wobei blaues Licht eine geringere Ablenkung erfährt als rotes Licht. Das **spektrale Auflösungsvermögen** des Gitters beschreibt die kleinste noch auflösbare Wellenlängendifferenz $\Delta\lambda_{min} = \lambda_2 - \lambda_1$, wobei die beiden Wellenlängen fast gleich sind: $\lambda \equiv (\lambda_2 + \lambda_1)/2 \approx \lambda_1$. Nach dem Rayleigh-Kriterium liegt dabei das Intensitätsmaximum der Wellenlänge λ_2 im ersten Minimum der Wellenlänge λ_1. Das Auflösungsvermögen steigt mit der Interferenzordnung m und der Anzahl N der Gitterspalte:

$$\frac{\lambda}{\Delta\lambda} = m\,N \tag{19.28}$$

  Bei Beugungserscheinungen im Nahbereich (Fresnel-Beugung) nach einem Hindernis werden die von Oberflächenbereichen ausgehenden Lichtwellen an einem Beobachtungspunkt P überlagert. Oberflächenbereiche mit gleicher Phase der Wellen werden als **Fresnel-Zonen** bezeichnet. Fresnel-Zonen mit gleicher Phase und gegensätzlicher Phase wechseln einander ab. Durch Auswahl von Fresnel-Zonen mit gleichphasig schwingenden Wellen können Interferenzmaxima erzeugt werden.

- Die **Fresnel-Linse** besteht aus einer ringförmigen Anordnung abwechselnd absorbierender und transmittierender Bereiche. Durch die Ringradien ρ_m werden Fresnel-Zonen ausgewählt, damit Transmission von gleichphasig schwingenden Wellen und Absorption der dazu gegenphasig schwingenden Wellen erzielt wird. Um im Beobachtungsabstand $r_\circ$ von der Linse bei einer Lichtwellenlänge λ ein Interferenzmaximum zu erzeugen, steigen die Radien ρ_m der Transmissionsbereiche der m-ten Fresnel-Zone mit $\rho_m \approx \sqrt{r_\circ\, m\, \lambda}$. Der Beobachtungsabstand $r_\circ$ entspricht der Brennweite der Fresnel-Linse, die invers von der Wellenlänge abhängt:

$$f = \frac{\rho_1^2}{\lambda} \tag{19.43}$$

- Bei einer **holografischen Aufnahme** wird zusätzlich zu den Lichtwellen eines Objekts auch das Interferenzmuster der Objektwellen und einer Referenzwelle gespeichert. Bei der Rekonstruktion des Objektbilds aus der gespeicherten Aufnahme wird die Beugung einer Referenzwelle an dem Interferenzmuster als virtuelles Bild beobachtet. Durch Bewegung des Bildbetrachters entsteht der Eindruck eines dreidimensionalen Bildobjekts.

Interferometrie

ÜBERBLICK

20

» In diesem Kapitel stellen wir optische Systeme vor, in denen Wellen gezielt zur Interferenz gebracht werden. Mit sogenannten Interferometern können wir die Wellenlänge von Licht bestimmen oder alternativ Präzisionsmessungen von Abständen und Abstandsänderungen mit Licht bekannter Wellenlänge durchführen.

Zunächst erläutern wir die Funktionsweise von Zweistrahlsystemen am Beispiel eines Michelson-Interferometers. Dann berechnen wir Vielstrahl-Interferenz an zwei parallel ausgerichteten Grenzflächen. Als Anwendung stellen wir das Fabry-Pérot-Interferometer als hochempfindliches Spektrometer vor, mit dem sich sehr kleine Unterschiede zwischen Lichtwellenlängen bestimmen lassen. «

20.1 Michelson-Interferometer

Im Michelson-Interferometer werden zwei Lichtstrahlen zur Interferenz gebracht. Ein primärer Laserstrahl erreicht zuerst einen Strahlteiler C, bei dem der Strahl durch Reflexion auf den Spiegel M_1 und durch Transmission auf den Spiegel M_2 gelenkt wird. Von beiden Spiegeln wird das Licht auf den Strahlteiler zurückreflektiert (►Abbildung 20.1).

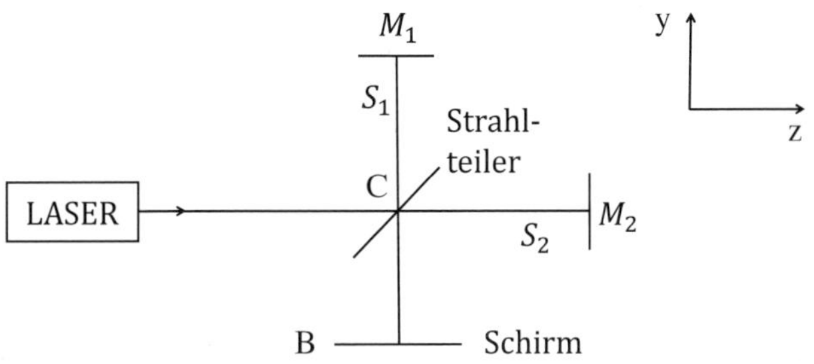

Abbildung 20.1 Michelson-Interferometer

Der Strahl von M_1 erreicht den Schirm B durch Transmission am Strahlteiler C. Der Strahl von M_2 erreicht B durch Reflexion an C. Jeder der beiden Lichtstrahlen erfährt demnach eine Reflexion und eine Transmission am Strahlteiler.

Entscheidend für die Intensitätsverteilung auf dem Schirm B ist der Unterschied der Lichtwege $\overline{CM_1} + \overline{M_1C}$ und $\overline{CM_2} + \overline{M_2C}$ zwischen dem Strahlteiler und den jeweiligen Spiegeln. Wir bezeichnen diese optische Weglängendifferenz mit Δs, sie hängt von den Abständen $s_1 = \overline{CM_1}$ und $s_2 = \overline{CM_2}$ ab:

$$\Delta s = 2\,(s_1 - s_2) \tag{20.1}$$

Das elektrische Feld der einfallenden Welle beschreiben wir durch

$$\vec{E}_\circ = \vec{A}_\circ \, e^{\,i(\omega t - kz)} \, .$$

Wir wählen eine in x-Richtung polarisierte Welle mit der Amplitude

$$\vec{A}_\circ = \begin{pmatrix} A_x \\ 0 \\ 0 \end{pmatrix} . \tag{20.2}$$

Die Welle ist damit in ►Abbildung 20.1 senkrecht zur Zeichenebene und ebenso senkrecht zur Einfallsebene polarisiert.

Die zuerst reflektierte Teilwelle erfährt einen Phasensprung um π bei der Reflexion am optisch dichteren Medium. Bei der Brechung und Transmission tritt kein Phasensprung auf. Beide Teilwellen durchlaufen insgesamt dieselbe Art und Anzahl der Reflexions- und Transmissionsvorgänge, sodass die Phasensprünge für die Intensitätsverteilung auf dem Schirm B keine Unterschiede verursachen.

Das Reflexionsvermögen R und das Transmissionsvermögen T des Strahlteilers beziehen sich auf die Intensität des Lichts. Da beide Wellen am Strahlteiler einmal reflektiert und einmal transmittiert werden, lautet der Betrag des elektrischen Feldvektors der ersten Teilwelle für den Weg $\overline{CM_1} + \overline{M_1C} + \overline{CB}$

$$|\vec{E}_1| = A_\circ \sqrt{RT} \cos(\omega t + \varphi_1) . \tag{20.3}$$

Zum Zeitpunkt t wird die Feldamplitude am Ort des Schirms B durch die Phase φ_1 bestimmt.

Der Betrag des elektrischen Feldvektors der zweiten Teilwelle ist für den Weg $\overline{CM_2} + \overline{M_2C} + \overline{CB}$

$$|\vec{E}_2| = A_\circ \sqrt{RT} \cos(\omega t + \varphi_2) . \tag{20.4}$$

Die Intensitätsverteilung I auf dem Schirm resultiert aus der Phasendifferenz

$$\Delta\varphi = \varphi_1 - \varphi_2 \tag{20.5}$$

der beiden Phasenterme, die wir über die Weglängendifferenz Δs (20.1) steuern können. Wir berechnen hier erst die Intensitätsverteilung $I(\Delta\varphi)$ und geben sie dann als Funktion der Weglängendifferenz $I(\Delta s)$ an.

Die Intensität am Schirm B beträgt mit (20.3) und (20.4)

$$\begin{aligned} I &= \epsilon_\circ c (E_1 + E_2)^2 \\ &= \epsilon_\circ c R T A_\circ^2 \, (\cos(\omega t + \varphi_1) + \cos(\omega t + \varphi_2))^2 \\ &= \epsilon_\circ c R T A_\circ^2 \, [\cos^2(\omega t + \varphi_1) + \cos^2(\omega t + \varphi_2) + 2\cos(\omega t + \varphi_1) \cdot \cos(\omega t + \varphi_2)] . \end{aligned} \tag{20.6}$$

Da unser Auge im Vergleich zur Frequenz des Lichts langsam reagiert und die beobachtete Intensität über ein Zeitintervall integriert, bestimmen wir hier die zeitlich gemittelte Intensität auf dem Schirm. Die Kosinus-Terme ergeben wegen $\int_0^{2\pi} \sin^2 x \, dx = 1/2$ und $2\cos(x)\cos(y) = \cos(x-y) + \cos(x+y)$

$$\begin{aligned} &\langle \cos^2(\omega t + \varphi_1) \rangle = \frac{1}{2} , \qquad \langle \cos^2(\omega t + \varphi_2) \rangle = \frac{1}{2} \\ &\langle 2\cos(\omega t + \varphi_1) \cdot \cos(\omega t + \varphi_2) \rangle = \langle \cos(\varphi_1 - \varphi_2) \rangle + \underbrace{\langle \cos(2\omega t + \varphi_1 + \varphi_2) \rangle}_{=0} . \end{aligned}$$

Der letzte Term auf der rechten Seite ergibt wegen $\int_0^{2\pi} \cos x \, dx = 0$ mit $x \equiv 2\omega t$ keinen Beitrag. Die zeitliche Mittlung der Intensitätsverteilung (20.6) ergibt damit

$$\begin{aligned} \langle I \rangle &= \underbrace{\epsilon_\circ c R T A_\circ^2}_{\equiv I_\circ/2} (2 \, \frac{1}{2} + \cos(\varphi_1 - \varphi_2)) \\ &= \frac{I_\circ}{2} \, (1 + \cos \Delta\varphi) . \end{aligned} \tag{20.7}$$

Dabei bezeichnet $I_\circ$ die mittlere Intensität, wenn keine Phasenverschiebung vorliegt: $\langle I(\Delta\varphi = 0) \rangle = I_\circ$.

Zur Anwendung im Michelson-Interferometer wollen wir anstelle der Phasendifferenz $\Delta\varphi$ die optische Weglängendifferenz Δs (20.1) verwenden.

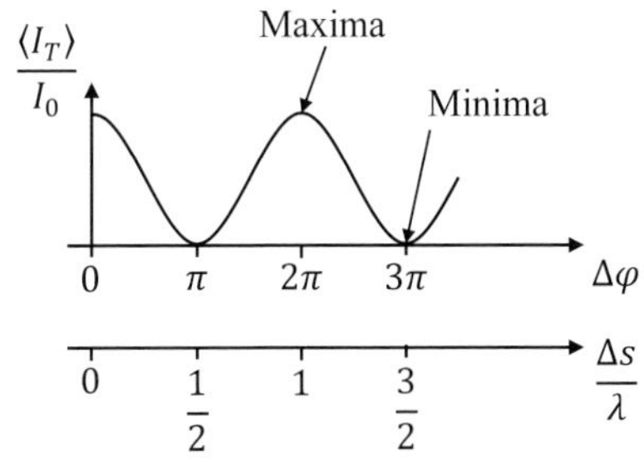

Abbildung 20.2 Zum Michelson-Interferometer: Abstandsabhängigkeit

Dafür vergleichen wir die Phasendifferenz $\Delta\varphi$ in Einheiten von 2π mit der Weglängendifferenz Δs in den Einheiten der Lichtwellenlänge λ (►Abbildung 20.2)

$$\frac{\Delta\varphi}{2\pi} = \frac{\Delta s}{\lambda} \tag{20.8}$$

und erhalten für die gemittelte Intensitätsverteilung (20.7) als Funktion der Weglängendifferenz Δs

$$\langle I \rangle = \frac{I_\circ}{2}\left(1 + \cos\left(\frac{2\pi\,\Delta s}{\lambda}\right)\right) . \tag{20.9}$$

Über die Intensitätsverteilung können wir also sehr genaue Weglängenmessungen oder alternativ sehr genaue Wellenlängenmessungen durchführen.

Im Michelson-Interferometer verläuft das Licht nicht exakt parallel (►Abbildung 20.3). Auf dem Schirm werden die auftretenden Wegdifferenzen deswegen als Interferenzringe sichtbar.

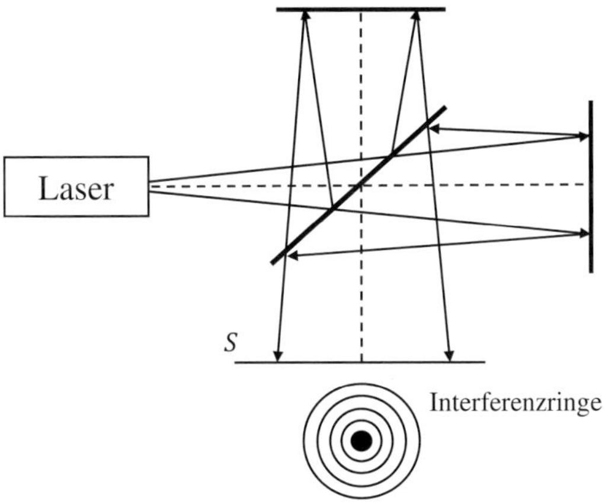

Abbildung 20.3 Interferenzringe am Michelson-Interferometer

Experiment: Michelson-Morley-Experiment

Albert A. **Michelson** (Nobelpreis 1907) führte 1881 in Potsdam und in verbesserter Form zusammen mit Edward W. **Morley** 1887 in Cleveland (USA) das berühmte Michelson-Morley-Experiment zur genauen Messung der Lichtgeschwindigkeit durch.

Das Michelson-Morley-Experiment hatte zum Ziel, die Hypothese zu prüfen, dass Licht sich mit der konstanten Geschwindigkeit c bezüglich eines feststehenden »Äthers« bewegt, sodass für einen relativ zum Äther bewegten Beobachter eine von c verschiedene Lichtgeschwindigkeit erwartet würde. Es wurde eines der folgenreichsten »Null-Experimente« (da die Abwesenheit eines Effekts festgestellt wurde) der Physikgeschichte, das Albert **Einstein** zum Postulat der allgemeinen Konstanz der Lichtgeschwindigkeit und damit zur **Speziellen Relativitätstheorie** anregte.

Die Idee des Experimentes war, dass die Geschwindigkeit der Erdbewegung um die Sonne von $v = 30\,\mathrm{km/s}$ durch den hypothetischen, feststehenden Äther zu einem Gangunterschied der Lichtstrahlen entlang der beiden Arme der gleichen Länge l des Michelson-Interferometers führt, da sich unter der Annahme der Galilei-Transformation die Geschwindigkeiten $\vec{c}$ und $\vec{v}$ vektoriell addieren müssten. Wir beziehen uns auf ►Abbildung 20.1 und nehmen die y-Achse als Richtung der Erdbewegung an. Für die Laufzeit im Arm S_1 entlang der Erdbewegung mit Spiegel M_1 gilt dann

$$t_1 = \frac{l}{c+v} + \frac{l}{c-v} = \frac{2\,l}{c} \cdot \frac{1}{(1 - v^2/c^2)}$$

und in der Näherung $(v^2/c^2) \ll 1)$

$$t_1 \approx \frac{2\,l}{c} \cdot (1 + \frac{v^2}{c^2})\,. \qquad (20.10)$$

Für die Lichtwege entlang der z-Achse senkrecht zur Bewegungsrichtung der Erde gilt nach ►Abbildung 20.4

$$l^2 + v^2 \cdot t_2^2 = c^2 \cdot t_2^2\,,$$

$$t_2^2 = l^2/(c^2 - v^2) = \frac{l^2}{c^2} \cdot \frac{1}{1 - v^2/c^2}\,,$$

$$t_2 = \frac{l}{c} \cdot \frac{1}{\sqrt{1 - v^2/c^2}} \approx \frac{l}{c} \cdot (1 + \frac{1}{2} \cdot \frac{v^2}{c^2})\,.$$

Für Hin- und Rückweg gilt dann

$$2\ t_2 \approx \frac{2\,l}{c} \cdot (1 + \frac{1}{2} \cdot \frac{v^2}{c^2})\,. \qquad (20.11)$$

Für die Differenz der Laufzeiten erhalten wir schließlich

$$t_1 - 2\,t_2 = \Delta t \approx \frac{l}{c} \cdot \frac{v^2}{c^2}\,. \qquad (20.12)$$

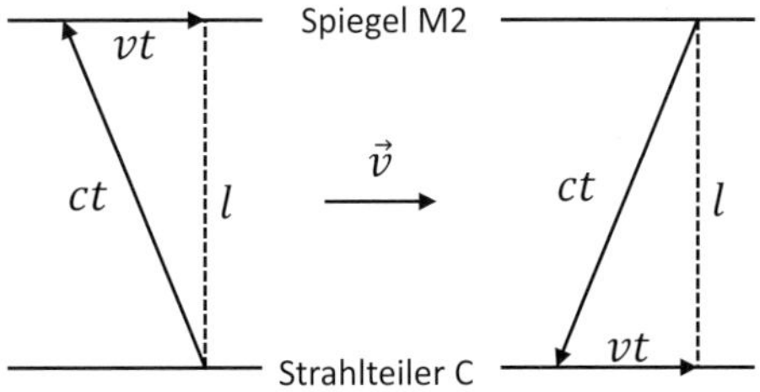

Abbildung 20.4 Zur Illustration der hypothetischen Lichtwege von C nach M_2 und zurück senkrecht zur Erdbewegung stelle man sich eine Flussüberquerung mit der Geschwindigkeit $\vec{c}$ senkrecht zur Strömungsgeschwindigkeit $\vec{v}$ vor.

Durch zwei zusätzliche Spiegel konnten Michelson und Morley einen Laufweg von 10 m erreichen und durch Drehen der Apparatur um 90° die Empfindlichkeit verdoppeln.

Der erwartete Wert von $\Delta t \cdot c = 2 \cdot 10^{-7}$ m wäre bei der Messung mit einer Quecksilber-Linie von $\lambda = 5{,}46 \cdot 10^{-7}$ m messbar gewesen. Das negative Ergebnis wurde mit neueren Messungen mit einer Genauigkeit von $\Delta t \cdot c = 10^{-10}\,\lambda$ bestätigt.

Das Prinzip des Michelson-Interferometers hat in den letzten Jahrzehnten für die Suche nach **Gravitationswellen** eine wichtige neue Anwendung gefunden. Im Gegensatz zum Michelson-Morley-Experiment wird jetzt gerade die Konstanz der Lichtgeschwindigkeit ausgenutzt, um kleinste Dehnungen und Stauchungen der Lichtwege nachzuweisen, die von Gravitationswellen hervorgerufen werden. Dazu musste die Genauigkeit der Messung um viele Größenordnungen verbessert werden.

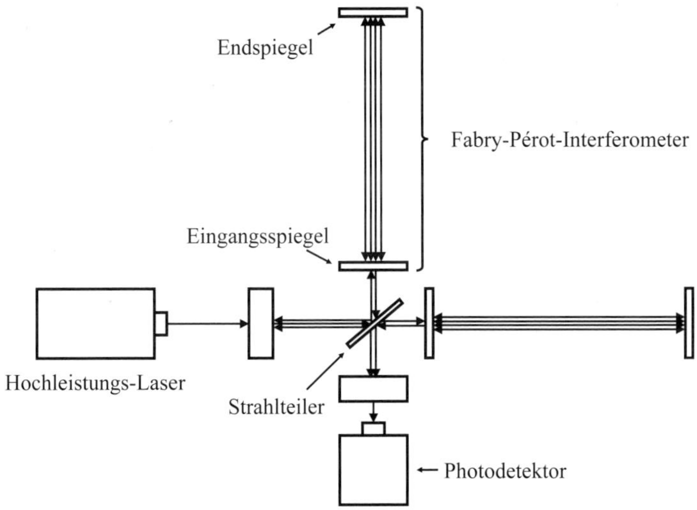

Abbildung 20.5 Eine Skizze des LIGO-Experiments zeigt den wesentlichen Aufbau aus Laser, Spiegeln, den beiden Fabry-Pérot-Interferometern und dem Photodetektor.

Wie schon beim Michelson-Morley-Versuch kann das zunächst durch eine Vergrößerung der Lichtwege erreicht werden. Dazu verlängert man nicht nur die Armlänge l auf mehrere km, sondern lässt sehr intensives Laserlicht die Strecke l in Form eines Fabry-Pérot-Interferometers (Abschnitt 20.2.4) mehrere hundert Mal durchlaufen.

Außerdem müssen die Spiegel gegen kleinste Erschütterungen geschützt sein. Hierbei wird inzwischen durch Kühlung, Vakuum und aufwändige Aufhängung eine unglaubliche Stabilität erreicht, die die Messung von Weglängendifferenzen eines Bruchteils des Protondurchmessers erlauben.

Experiment: Entdeckung von Gravitationswellen

Das aktuell größte und empfindlichste Gerät dieser Art ist **LIGO** (►Abbildung 20.5).

Es besteht aus zwei Observatorien, die in Hanford (Washington) und in Livingston (Louisiana) etwa 3000 km voneinander entfernt sind. Durch Laufzeitunterschiede zwischen den beiden Standorten und ggf. weiteren Observatorien kann grob auf die Position der Quelle der Gravitationswellen geschlossen werden.

Mit der Empfindlichkeit der Geräte auf relative Längenänderungen der Größenordnung $\sim 10^{-22}$ konnten 2015 zum ersten Mal Gravitationswellen von der Verschmelzung zweier schwarzer Löcher nachgewiesen werden. Dafür wurde 2017 der Nobelpreis verliehen.

Mit dem **Einstein-Teleskop** ist eine weitere Steigerung der Sensitivität um eine Größenordnung geplant. Einer der möglichen Standorte ist das Limburger Land nahe Aachen.

Experiment: Wellenlängenmessung

Geräte vom Typ des Michelson-Interferometers können zur Wellenlängenmessung benutzt werden. Als Beispiel wollen wir eine solche Messung an orangefarbigem Licht betrachten.

Um die Wellenlänge λ des Lichts zu bestimmen, variiert man im Michelson-Interferometer den Abstand s_1 zwischen dem Strahlteiler und dem Spiegel M_1 und verändert damit nach (20.1) die Weglängendifferenz $\Delta s = 2(s_1 - s_2)$. Wegen der begrenzten Kohärenzlänge Δs_c erwartet man Interferenzeffekte bis zur Weglängendifferenz

$$\Delta s = \Delta s_c \, .$$

Δs_c kann man dadurch bestimmen, dass man den Spiegel soweit verschiebt, bis gerade noch deutliche Interferenzeffekte auftreten. Wir nehmen hier wie in (18.50) eine Kohärenzlänge des Lichts von $\Delta s_c = 15$ cm an. Man kann jetzt den Abstand s_1 im Intervall $[s_1^0, s_1^{max} = s_1^0 + s_c/2 = 7{,}5\,\text{cm}]$ langsam verändern. Dabei beobachtet man einen Wechsel von Hell und Dunkel im Zentrum der Beugungsfigur und zählt insgesamt N Maxima.

Auf die Weglängendifferenz Δs passen also N Wellenlängen λ. Wir erhalten damit die Wellenlänge

$$\lambda = \frac{\Delta s}{N} = \frac{\Delta s_c}{N} \,. \tag{20.13}$$

Wir nehmen an, wir können mit der Genauigkeit von $\Delta N = \pm 1$ zählen, und erhalten den relativen Fehler für die Wellenlängenmessung

$$\frac{\Delta\lambda}{\lambda} = \frac{\Delta N}{N} = \pm\frac{1}{N} \,. \tag{20.14}$$

Für kleine N ist das realistisch (Aufgabe 40). Für unseren Fall würde sich bei einer Wellenlänge von $\lambda = 600\,\text{nm}$ aus (20.13) $N = 250\,000$ ergeben. Hier kann nur eine elektronische Messung helfen. Dazu wird der Spiegel mit konstanter Geschwindigkeit $v = \Delta s_1/\Delta t$ bewegt und das Interferenzbild mit einem Photodetektor beobachtet. Wir erweitern (20.13) mit der Messzeit Δt und erhalten

$$\lambda = 2\,\frac{\Delta s_1/\Delta t}{N/\Delta t} = 2\,\frac{v}{\nu} \,. \tag{20.15}$$

Aufgabe 40: Wellenlängenmessung

Wir wollen nun die Wellenlänge eines He-Ne-Lasers bestimmen (Literaturwert $\lambda = 632{,}8\,\text{nm}$). Wir gehen von einer hinreichend großen Kohärenzlänge des Lichts aus.

Wir variieren in einem Michelson-Interferometer den Abstand s zwischen dem Strahlteiler und einem der Spiegel und verändern damit die Weglängendifferenz $\Delta s = 2(s_1 - s_2)$.

Wir nehmen jetzt an, wir könnten mit einer Mikrometerschraube mit Feinstellgetriebe die Position des Spiegels langsam und sehr genau um $|s_1 - s_2|$ verändern. Dabei beobachten wir einen Wechsel von Hell und Dunkel im Zentrum der Beugungsfigur und zählen insgesamt N Maxima. Die Genauigkeit schätzen wir mit $\Delta N = \pm 1$ ab.

Um wieviel müssen wir den Spiegel M_1 verschieben (den Abstand s_1 ändern), um eine Genauigkeit von $4\,\text{nm}$ zu erreichen?

20.2 Interferenz bei parallelen Grenzflächen

Ein Lichtstrahl der Wellenlänge λ, der auf eine transparente Platte trifft, wird sowohl an der oberen Grenzschicht als auch an der unteren Grenzschicht reflektiert und transmittiert. Dadurch entstehen viele weitere Lichtstrahlen, die verschieden lange optische Wege zurücklegen. Durch ihre Überlagerung entstehen Interferenzeffekte.

Wir gehen in den folgenden Abschnitten davon aus, dass die Ober- und Unterseiten der Platte planparallel sind, d. h. Variationen im Abstand d der beiden Grenzflächen sind im

Bereich des Lichtsstrahls klein im Vergleich zur Wellenlänge λ. Außerdem kommt der primäre Lichtstrahl aus der Luft mit Brechungsindex $n \simeq 1$ und dringt in das Medium mit dem Brechungsindex $n > 1$ ein.

20.2.1 Zweistrahl-Interferenz

Eine transparente Platte mit Brechungsindex n wird mit einem Lichtstrahl unter dem Winkel α beleuchtet.

Wir untersuchen hier exemplarisch die zwei Lichtstrahlen, die durch Reflexion an der oberen bzw. der unteren Grenzschicht zustande kommen. Für diese beiden sekundären Lichtstrahlen berechnen wir Interferenzmaxima und -minima in Abhängigkeit des Einfallswinkels α (►Abbildung 20.6).

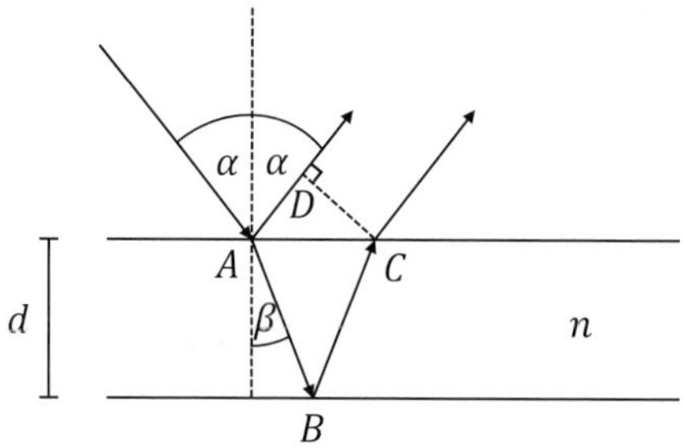

Abbildung 20.6 Optische Weglänge ABC in einer Glasplatte und Weglänge AD bei Reflexion an der Glasoberfläche

Der erste sekundäre Lichtstrahl stammt von der Reflexion an der oberen Grenzschicht bei dem Punkt A und verläuft laut Reflexionsgesetz (14.6) unter dem Winkel α zur Flächennormalen.

Der zweite sekundäre Lichtstrahl dringt nach dem Snellius-Brechungsgesetz (14.7) unter dem Winkel β zur Flächennormalen in das Plattenmedium mit Brechungsindex n ein. An der unteren Grenzschicht am Punkt B wird er unter dem Winkel β reflektiert, um dann am Punkt C das Medium unter demselben Winkel α wie der erste Lichtstrahl zu verlassen.

Interferenz der reflektierten Strahlen

Beobachten wir die Intensität der beiden reflektierten Lichtstrahlen unter dem Reflexionswinkel α, so resultieren die unterschiedlichen optischen Weglängen aus den Strecken $\overline{AD}$ und $(\overline{AB} + \overline{BC})$. Die Differenz der optischen Weglängen beträgt gemäß (14.3)

$$\begin{aligned}\Delta s &= n\,(\overline{AB} + \overline{BC}) - \overline{AD} \\ &= n\left(\frac{d}{\cos\beta} + \frac{d}{\cos\beta}\right) - \zeta \cdot \sin\alpha = \frac{2\,n\,d}{\cos\beta} - 2\,d\,\tan\beta \cdot \sin\alpha\,.\end{aligned}$$

Nach dem Brechungsgesetz $\sin\alpha = n \cdot \sin\beta$ (14.7) erhalten wir

$$\begin{aligned} \Delta s &= 2\,n\,d\,\frac{1-\sin^2\beta}{\cos\beta} \\ &= 2\,n\,d\,\cos\beta \\ &= 2\,n\,d\,\sqrt{1-\sin^2\beta}\,, \end{aligned} \tag{20.16}$$

$$\Delta s = 2\,d\,\sqrt{n^2 - \sin^2\alpha}\,. \tag{20.17}$$

Wir gehen hier von einem primären Lichtstrahl aus, der senkrecht zur Zeichenebene polarisiert ist. Bei seiner *Reflexion am optisch dichteren Medium* ergibt sich für den ersten Lichtstrahl ein *Phasensprung* um $\delta\varphi = \pi$. Der zweite Lichtstrahl erfährt keinen Phasensprung, weder bei den Transmissionsvorgängen noch bei der Reflexion am optisch dünneren Medium.

Die Phasendifferenz $\Delta\varphi$ der beiden Lichtstrahlen resultiert demnach aus der optischen Wegdifferenz Δs und dem Phasensprung um π. Wie zuvor in (20.8) bestimmen wir $\Delta\varphi$ in Einheiten von 2π und Δs in den Einheiten der Wellenlänge λ

$$\frac{\Delta\varphi + \pi}{2\pi} = \frac{\Delta s}{\lambda}$$

und berücksichtigen hier den Phasensprung um π auf der linken Seite der Gleichung. Der Phasenunterschied $\Delta\varphi$ der Lichtstrahlen beträgt demnach

$$\Delta\varphi = 2\pi\,\frac{\Delta s}{\lambda} - \pi\,. \tag{20.18}$$

Interferenzmaxima treten auf, wenn der Phasenunterschied ein Vielfaches m von 2π beträgt:

$$\Delta\varphi = m \cdot 2\pi\,, \quad m = 0, 1, 2, \ldots \tag{20.19}$$

Wir setzen diese Bedingung für die Phasendifferenz $\Delta\varphi$ in (20.18) ein und verwenden die optische Weglängendifferenz $\Delta s = 2\,d\,\sqrt{n^2 - \sin^2\alpha}$ (20.17):

$$\begin{aligned} m \cdot 2\pi &= 2\pi\,\frac{\Delta s}{\lambda} - \pi \\ m &= \frac{\Delta s}{\lambda} - \frac{1}{2} \end{aligned}$$

$$\left(m + \frac{1}{2}\right)\lambda = 2\,d\,\sqrt{n^2 - \sin^2\alpha} \tag{20.20}$$

Wegen des Phasensprungs erhalten wir Interferenzmaxima bei halbzahligen Vielfachen der Wellenlänge λ.

Interferenzminima treten auf bei der Phasendifferenz

$$\Delta\varphi = (2\,m + 1) \cdot \pi\,, \quad m = 0, 1, 2, \ldots\,.$$

Sie entstehen bei Wegunterschieden (20.17), die ganzzahligen Vielfachen der Wellenlänge entsprechen, wie wir durch Einsetzen in (20.18) sehen:

$$m \cdot 2\pi + \pi = 2\pi \frac{\Delta s}{\lambda} - \pi$$
$$m + 1 = \frac{\Delta s}{\lambda}$$

$$(m+1)\,\lambda = 2\,d\,\sqrt{n^2 - \sin^2\alpha} \qquad (20.21)$$

Bei gegebener Wellenlänge λ sowie einer Glasplatte mit Brechungsindex n und Dicke d hängen die Interferenzmaxima und -minima also nur vom Einfallswinkel α des primären Lichtstrahls ab.

Interferenz der transmittierten Strahlen

Beobachten wir die beiden Strahlen, die die Platte durchdringen, so gibt es auch hier Interferenzmaxima und -minima. Bei den Reflexionen am *optisch dünneren Medium* gibt es *keinen Phasensprung* (►Abbildung 20.7).

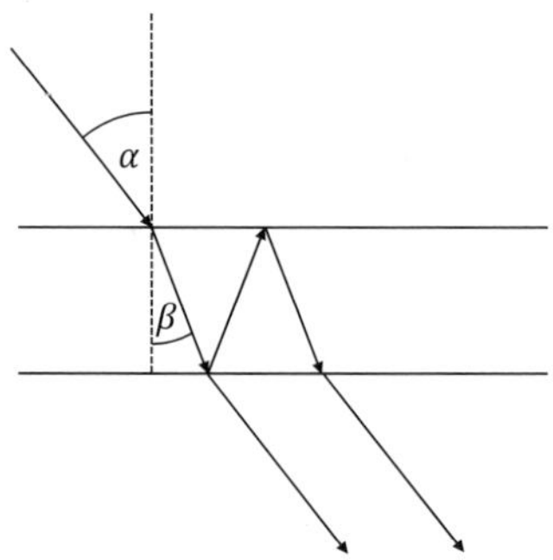

Abbildung 20.7 Optische Wege in der Glasplatte bei Transmission

Der Phasenunterschied $\Delta\varphi$ zwischen den beiden transmittierten Lichtstrahlen entspricht gemäß (20.8) optischen Weglängendifferenzen Δs von

$$\Delta\varphi = 2\pi \frac{\Delta s}{\lambda}\,.$$

Die Differenz Δs der optischen Weglängen ist dieselbe wie im Fall der reflektierten Strahlen (20.17).

Interferenzmaxima liegen bei Weglängendifferenzen Δs vor, die ganzzahligen Vielfachen der Wellenlänge λ entsprechen:

$$m \cdot \lambda = 2\,d\,\sqrt{n^2 - \sin^2\alpha}\,, \quad m = 0, 1, 2, \ldots \qquad (20.22)$$

Interferenzminima gibt es entsprechend bei den halbzahligen Vielfachen der Wellenlänge

$$\frac{2m+1}{2} \cdot \lambda = 2\,d\,\sqrt{n^2 - \sin^2\alpha}\,, \quad m = 0, 1, 2, \ldots\,. \tag{20.23}$$

Auch für die transmittierten Strahlen hängen die Interferenzeffekte bei der Lichtwellenlänge λ und bei vorgegebenen Platteneigenschaften (n, d) nur vom Einfallswinkel α des Primärstrahls ab. Durch den Phasensprung bei der Reflexion entstehen die Minima und Maxima unter verschiedenen Bedingungen.

20.2.2 Intensitätsverteilung bei Vielstrahlinterferenz

In diesem Abschnitt untersuchen wir die Intensitätsverteilung, die bei der Überlagerung vieler sekundärer Lichtstrahlen an einer transparenten, planparallelen Platte entsteht. Die Platte habe den Brechungsindex n und die Dicke d (►Abbildung 20.8).

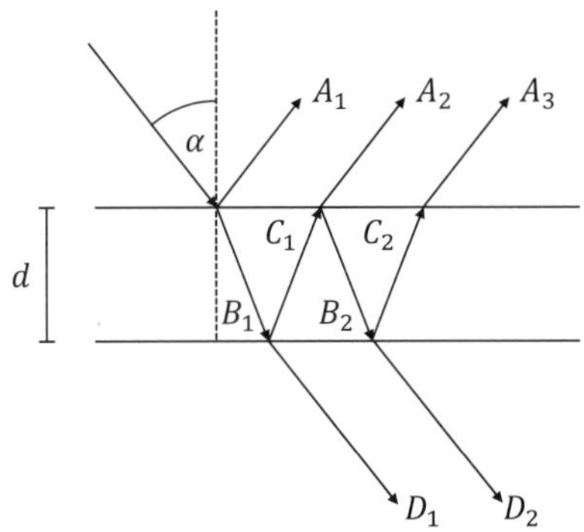

Abbildung 20.8 Vielstrahlinterferenz bei Reflexion und Transmission an einer Glasplatte

Amplituden der Teilwellen

Der primäre Lichtstrahl trifft unter dem Winkel α zur Flächennormalen ein. Das elektrische Feld dieser elektromagnetischen Wellen beschreiben wir durch

$$\vec{E} = \vec{A}_\circ\, e^{\,i(\omega t - \vec{k}\,\vec{r})}\,. \tag{20.24}$$

Ein Teil der Lichtintensität wird am Eintreffpunkt entsprechend des Reflexionsvermögens R an der oberen Grenzschicht reflektiert. Diese Teilwelle hat die elektrische Feldamplitude

$$|A_1| = \sqrt{R}\,|A_\circ|\,. \tag{20.25}$$

Die verbleibende Intensität (Transmissionsvermögen $T = 1 - R$) dringt nach dem Brechungsgesetz (14.7) unter dem Winkel β zur Flächennormalen in das Plattenmedium ein. Diese transmittierte Teilwelle hat die Amplitude

$$|B_1| = \sqrt{1 - R}\,|A_\circ|\,. \tag{20.26}$$

An der unteren Grenzschicht wird die Teilwelle B_1 wieder aufgespalten und ergibt die beiden weiteren Teilwellen

$$|C_1| = \sqrt{R} \quad |B_1| = \sqrt{R(1-R)}\,|A_\circ|,$$
$$|D_1| = \sqrt{1-R}\,|B_1| = (1-R) \quad |A_\circ|.$$

Bei den weiteren Aufspaltungen ergeben sich die Teilwellen

$$|A_2| = \sqrt{1-R}\,|C_1| = (1-R)\sqrt{R}\,|A_\circ|,$$
$$|B_2| = \sqrt{R} \quad |C_1| = R\sqrt{1-R} \quad |A_\circ|,$$
$$|C_2| = \sqrt{R} \quad |B_2| = R^{\frac{3}{2}}\sqrt{1-R}\,|A_\circ|,$$
$$|A_3| = \sqrt{1-R}\,|C_2| = R^{\frac{3}{2}}(1-R)\,|A_\circ|,$$
$$|D_2| = \sqrt{1-R}\,|B_2| = R(1-R) \quad |A_\circ|.$$

Aus diesen Zusammenstellungen sehen wir, dass sich die Amplituden benachbarter Teilwellen um konstante Faktoren unterscheiden. Für die reflektierten Teilwellen A_j gilt also

$$|A_1| = \sqrt{R}\,|A_\circ|\,. \tag{20.27}$$

Ab $j \geq 2$ multiplizieren wir die vorherige Amplitude mit dem Reflexionsvermögen R:

$$|A_j| = R^{j-2}\sqrt{R}(1-R)\,|A_\circ| \tag{20.28}$$

Für benachbarte transmittierte Teilstrahlen D_j gilt dieser Zusammenhang schon ab $j \geq 1$:

$$|D_j| = R^{j-1}(1-R)\,|A_\circ| \tag{20.29}$$

Phasendifferenzen der Teilwellen

Die Phasendifferenzen zwischen den Teilwellen ergeben sich zum einen aus ihrer optischen Wegdifferenz Δs, zum anderen aus Phasensprüngen $\delta\varphi$, die abhängig von der Polarisationsrichtung des elektrischen Felds bei der Reflexion an den Grenzflächen entstehen.

Im Folgenden untersuchen wir die Phasensprünge bei der Reflexion. Bei den Transmissionsvorgängen treten keine Phasensprünge auf.

Im Prinzip müssten wir bei der Reflexion zwischen einer Polarisation des elektrischen Felds senkrecht (E_s) und parallel (E_p) zur Einfallsebene (im Bild ist das die Zeichenebene) unterscheiden (►Abbildung 20.9).

Wir werden hier nur den Fall der senkrechten Polarisation des elektrischen Felds der einfallenden Welle berechnen. Die Berechnung für Wellen mit paralleler Polarisation verläuft analog und ergibt dieselben Resultate.

Bei der senkrechten Polarisation des Felds entsteht bei der Reflexion am optisch dichteren Medium ein Phasensprung um π

$$\delta\varphi = \pi\,, \tag{20.30}$$

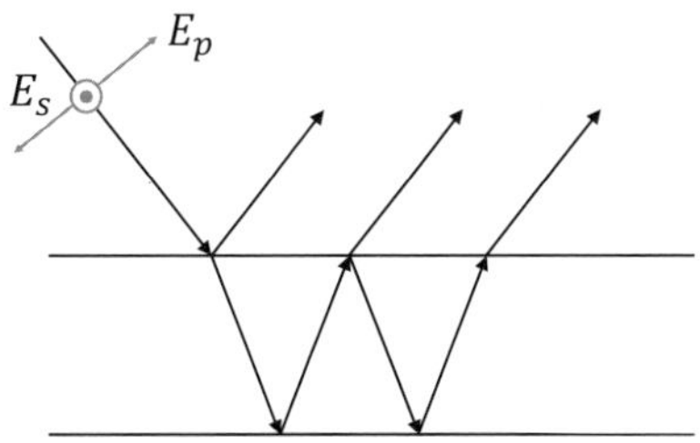

Abbildung 20.9 Polarisation des elektrischen Feldvektors relativ zur Einfallsebene bei der Vielstrahlinterferenz an einer Glasplatte

während es bei der Reflexion am optisch dünneren Medium keinen Phasensprung gibt ($\delta\varphi = 0$). Ein Phasensprung entsteht also nur bei der ersten Reflexion:

$$A_\circ \rightarrow A_1 \; : \; \delta\varphi = \pi \tag{20.31}$$

Die Phasenverschiebung $\delta\varphi$ beschreiben wir in der Welle durch einen weiteren Term in der Exponentialfunktion $\exp\left(i(\omega t - \vec{k}\,\vec{r} + \delta\varphi)\right)$ (20.24), den wir hier der Amplitude zuordnen (20.27):

$$\begin{aligned} A_1 &= \sqrt{R}\, A_\circ \, e^{\,i\,\delta\varphi} \\ &= \sqrt{R}\, A_\circ (\underbrace{\cos\pi}_{=-1} + i \underbrace{\sin\pi}_{=0}) \\ &= -\sqrt{R}\, A_\circ \end{aligned} \tag{20.32}$$

Wir beschreiben damit für die erste Amplitude A_1 den Phasensprung durch den Vorzeichenwechsel. Für $j \geq 2$ gibt es zwischen den Teilwellen A_j keinen Phasensprung, sodass die Amplitudenbeschreibungen (20.27) und (20.28) unverändert gelten.

Die verbleibende Phasendifferenz $\Delta\varphi$ zweier benachbarter Wellen enthält also nur die optische Wegdifferenz Δs (20.8):

$$\Delta\varphi = 2\pi \, \frac{\Delta s}{\lambda} \tag{20.33}$$

Wir hatten Δs bereits in Abschnitt 20.2.1 berechnet (Gleichung (20.17)).

Gesamtamplitude der reflektierten Welle

Die reflektierte Welle

$$\vec{E}' = \vec{A}\, e^{\,i(\omega t - \vec{k}'\,\vec{r})} \tag{20.34}$$

berechnen wir nun über die Summe der Einzelamplituden:

$$A = \sum_{j=1}^{N} A_j \; e^{\,i\,(j-1)\,\Delta\varphi} \tag{20.35}$$

Dabei ordnen wir auch hier wieder die Phasenverschiebungen den Einzelamplituden zu. Die gesamte Phasenverschiebung der Teilwelle j beträgt dabei das Vielfache der Phasenverschiebung $\Delta\varphi$ benachbarter Wellen: $(j-1)\,\Delta\varphi$.

Durch schrittweises Einsetzen der Amplitudenbeziehungen (20.27) und (20.28) und Zusammenfassen der Terme finden wir eine geometrische Reihe (Gleichung (18.31)):

$$\begin{aligned}
A &= \sum_{j=1}^{N} A_j\, e^{\,i\,(j-1)\,\Delta\varphi} \\
&= A_1 + \sum_{j=2}^{N} A_j\, e^{\,i\,(j-1)\,\Delta\varphi} \\
&= -\sqrt{R}\,A_\circ + \sum_{j=2}^{N} R^{j-2}\,\sqrt{R}\,(1-R)\,A_\circ\, e^{\,i\,(j-1)\,\Delta\varphi} \\
&= -\sqrt{R}\,A_\circ \left(1-(1-R)\sum_{j=2}^{N} R^{j-2}\, e^{\,i\,(j-1)\,\Delta\varphi}\right) \\
&= -\sqrt{R}\,A_\circ \left(1-(1-R)\,e^{\,i\,\Delta\varphi}\sum_{j=1}^{N-1} R^{j-1}\, e^{\,i\,(j-1)\,\Delta\varphi}\right) \\
&= -\sqrt{R}\,A_\circ \left(1-(1-R)\,e^{\,i\,\Delta\varphi}\underbrace{\sum_{j=1}^{N-1} (R\,e^{\,i\,\Delta\varphi})^{j-1}}_{\equiv \sum_{j=1}^{N-1} q^{j-1}}\right)
\end{aligned} \tag{20.36}$$

Das Ergebnis der geometrischen Reihe in (20.36) ist nach (18.31) mit $q = R\,e^{\,i\,\Delta\varphi}$

$$\begin{aligned}
\sum_{j=1}^{N-1} q^{j-1} &= 1+q+\ldots+q^{N-1} = \frac{q^{N-1}-1}{q-1} \\
&= \frac{\left(R\,e^{\,i\,\Delta\varphi}\right)^{N-1}-1}{R\,e^{\,i\,\Delta\varphi}-1}\,.
\end{aligned}$$

Wir setzen dieses Ergebnis in die Gesamtamplitude des reflektierten Strahls (20.36) ein und erhalten

$$A = -\sqrt{R}\,A_\circ \left(1-(1-R)\,e^{\,i\,\Delta\varphi}\,\frac{\left(R\,e^{\,i\,\Delta\varphi}\right)^{N-1}-1}{R\,e^{\,i\,\Delta\varphi}-1}\right).$$

Für sehr viele Teilwellen $N \to \infty$ und $R < 1$ können wir diesen Ausdruck für die Amplitude wegen $R^{N-1} \to 0$ vereinfachen:

$$\begin{aligned}
A &= -\sqrt{R}\,A_\circ \left(1-(1-R)\,e^{\,i\,\Delta\varphi}\,\frac{-1}{R\,e^{\,i\,\Delta\varphi}-1}\right) \\
&= -\sqrt{R}\,A_\circ \left(1-\frac{(1-R)\,e^{\,i\,\Delta\varphi}}{1-R\,e^{\,i\,\Delta\varphi}}\right) \\
&= -\sqrt{R}\,A_\circ\,\frac{1-R\,e^{\,i\,\Delta\varphi}-e^{\,i\,\Delta\varphi}+R\,e^{\,i\,\Delta\varphi}}{1-R\,e^{\,i\,\Delta\varphi}} \\
&= -\sqrt{R}\,A_\circ\,\frac{1-e^{\,i\,\Delta\varphi}}{1-R\,e^{\,i\,\Delta\varphi}}
\end{aligned} \tag{20.37}$$

Intensität der reflektierten und transmittierten Wellen

Mit dem Betragsquadrat der Amplitude (20.37) erhalten wir die Intensität (18.1) der reflektierten Welle

$$\begin{aligned} I_R &= \epsilon_\circ\, c\, A \cdot A^* \\ &= \underbrace{\epsilon_\circ\, c\, A_\circ^2}_{\equiv I_\circ}\, R\, \frac{1 - e^{i\,\Delta\varphi}}{1 - R\, e^{i\,\Delta\varphi}} \cdot \frac{1 - e^{-i\,\Delta\varphi}}{1 - R\, e^{-i\,\Delta\varphi}}\,. \end{aligned} \tag{20.38}$$

Die beiden Terme auf der rechten Seite können wir weiter zusammenfassen. Zähler und Nenner können wir mit der Abkürzung $a = 1$ bzw. $a = R$ und der trigonometrischen Formel $2\sin(x/2) = \sqrt{1 - \cos x}$ vereinfachen:

$$\begin{aligned} \left(1 - a\, e^{i\,\Delta\varphi}\right)\left(1 - a\, e^{-i\,\Delta\varphi}\right) &= 1 - a\, e^{-i\,\Delta\varphi} - a\, e^{i\,\Delta\varphi} + a^2 \\ &= 1 + a^2 - a\,(\cos\Delta\varphi - i\sin\Delta\varphi + \cos\Delta\varphi + i\sin\Delta\varphi) \\ &= 1 + a^2 - 2\,a\,\cos\Delta\varphi \\ &= 1 + a^2 + 2\,a\,(1 - \cos\Delta\varphi) - 2\,a \\ &= 1 - 2\,a + a^2 + 4\,a\,\sin^2\frac{\Delta\varphi}{2} \\ &= (1 - a)^2 + 4\,a\,\sin^2\frac{\Delta\varphi}{2} \end{aligned}$$

Wir setzen diesen Ausdruck in die reflektierte Intensität der Welle ein (20.38)

$$\begin{aligned} I_R &= I_\circ\, \frac{4\,R\,\sin^2\frac{\Delta\varphi}{2}}{(1-R)^2 + 4\,R\,\sin^2\frac{\Delta\varphi}{2}} \\ &= I_\circ\, \frac{\frac{4R}{(1-R)^2}\,\sin^2\frac{\Delta\varphi}{2}}{1 + \underbrace{\frac{4R}{(1-R)^2}}_{\equiv F}\,\sin^2\frac{\Delta\varphi}{2}}\,, \end{aligned}$$

wobei wir im letzten Schritt noch die Terme mit dem Reflexionsvermögen in dem Parameter F zusammengefasst haben:

$$F \equiv \frac{4\,R}{(1-R)^2} \tag{20.39}$$

Da die Intensität der einfallenden Primärwelle sich auf die reflektierte und die transmittierte Intensität I_T aufteilt, d. h.

$$I_\circ = I_R + I_T\,, \tag{20.40}$$

können wir auch die transmittierte Intensität sofort berechnen.

Insgesamt ergeben sich damit die sogenannten **Airy-Formeln**:

$$\begin{aligned} I_R &= I_\circ\, \frac{F\,\sin^2\frac{\Delta\varphi}{2}}{1 + F\,\sin^2\frac{\Delta\varphi}{2}} \\ I_T &= I_\circ\, \frac{1}{1 + F\,\sin^2\frac{\Delta\varphi}{2}} \end{aligned} \tag{20.41}$$

Sie enthalten die Interferenzmuster der reflektierten und transmittierten Intensitäten. Beide hängen von der Phasendifferenz benachbarter Teilwellen $\Delta\varphi$ ab (20.33) und von dem Reflexionsvermögen der Grenzschichten, die im Parameter F (20.39) enthalten sind.

Anhand der Airy-Formeln (20.41) können wir nun verschiedene Fälle unterscheiden.

Transmission. Bei verschwindender Reflexion $R = 0$ ist auch $F = 0$ (20.39). In diesem Fall erhalten wir ausschließlich transmittierte Intensität. Reine Transmission ergibt sich ebenso für Phasendifferenzen benachbarter Teilwellen, die Vielfache von 2π ergeben:

$$\Delta\varphi = m \cdot 2\pi\,, \quad m = 0, 1, \ldots \tag{20.42}$$

Reflexion. Falls es an den Grenzflächen ein nicht verschwindendes Reflexionsvermögen $R > 0$ gibt und gleichzeitig die Phasendifferenz $\Delta\varphi$ kein Vielfaches von 2π beträgt, wird ein Teil der Intensität reflektiert.

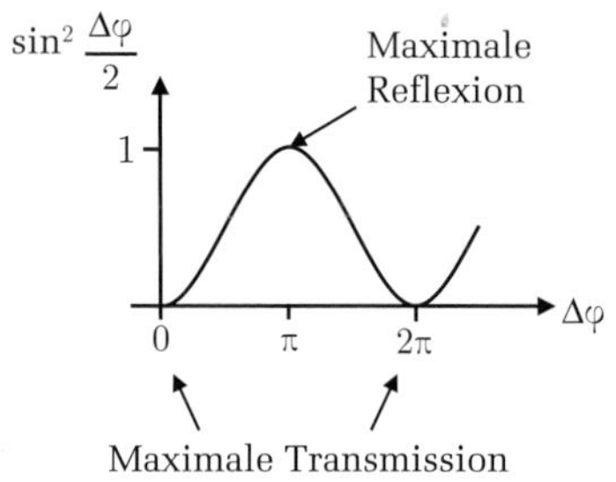

Abbildung 20.10 Verlauf des $\sin^2$-Terms als Funktion der Phasendifferenz $\Delta\varphi$ in den Airy-Formeln (20.41)

Ist das Reflexionsvermögen sehr groß ($R \to 1$), so wird auch der Parameter F sehr groß ($F \to \infty$). In diesem Fall wird die einfallende Intensität überwiegend reflektiert, während die Transmission verschwindet. Maximale Reflexion tritt bei ungeradzahligen Vielfachen von π auf:

$$\Delta\varphi = (2m + 1)\,\pi\,, \quad m = 0, 1, \ldots \tag{20.43}$$

20.2.3 Spektrales Auflösungsvermögen

In diesem Abschnitt wollen wir das spektrale Auflösungsvermögen bei der Vielstrahl-Interferenz an einer Platte bestimmen. Damit können wir die Frage beantworten, wie klein der Wellenlängenabstand zweier Wellen sein darf, sodass wir beide Wellen voneinander getrennt nachweisen können.

Bei der Behandlung des Gitters hatten wir gesehen, dass das spektrale Auflösungsvermögen von der Anzahl N der miteinander interferierenden Teilwellen abhängt (19.27).

Eine entsprechende direkte Messung von N an einer Platte ist nicht so einfach möglich. Allerdings hatten wir bei der Interferenz von N Quellen (Abschnitt 18.2) gesehen, dass mit steigender Anzahl der interferierenden Teilwellen N die Halbwertsbreite der Interferenzmaxima sinkt (18.40).

Um ein Maß für die Anzahl der interferierenden Teilwellen N zu erhalten, verwenden wir daher die transmittierte Intensitätsverteilung I_T als Funktion der Phasendifferenz $\Delta\varphi$.

Wir bestimmen wieder die Breite auf halber Höhe (Full-Width-Half-Maximum $FWHM_{\Delta\varphi}$) um ein Intensitätsmaximum und vergleichen die Breite mit dem Abstand 2π zum nächsten Maximum (20.42).

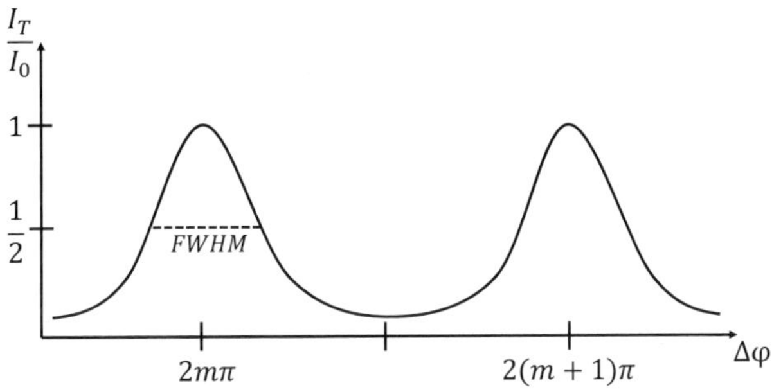

Abbildung 20.11 Transmittierte Intensität aus den Airy-Formeln (20.41)

Der Funktionswert auf halber Höhe um das Maximum ist $I_T = I_\circ/2$. Die zugehörigen Phasendifferenzen $\Delta\varphi_{\pm 1/2}$ erhalten wir aus

$$\frac{I_T}{I_\circ} = \frac{1}{2} = \frac{1}{1 + F\ \sin^2(\Delta\varphi_{\pm 1/2}/2)}\,,$$

$$2 = 1 + F\ \sin^2 \frac{\Delta\varphi_{\pm 1/2}}{2}\,,$$

$$\sin \frac{\Delta\varphi_{\pm 1/2}}{2} = \pm\frac{1}{\sqrt{F}}\,,$$

$$\Delta\varphi_{\pm 1/2} = \pm 2\ \arcsin \frac{1}{\sqrt{F}}\,.$$

Die Breite $FWHM_{\Delta\varphi}$ entspricht dann der Differenz dieser beiden Argumente. Für große Werte von F (20.39), d. h. hohes Reflexionsvermögen R der Grenzflächen, können wir dann noch $(\arcsin F^{-1/2}) \approx F^{-1/2}$ nähern:

$$\begin{aligned} FWHM_{\Delta\varphi} &= \Delta\varphi_{(+1/2)} - \Delta\varphi_{(-1/2)} \\ &= 4\ \arcsin \frac{1}{\sqrt{F}} \approx 4\sqrt{\frac{1}{F}} \\ &= 4\sqrt{\frac{(1-R)^2}{4R}} \\ &= 2\frac{1-R}{\sqrt{R}} \end{aligned} \tag{20.44}$$

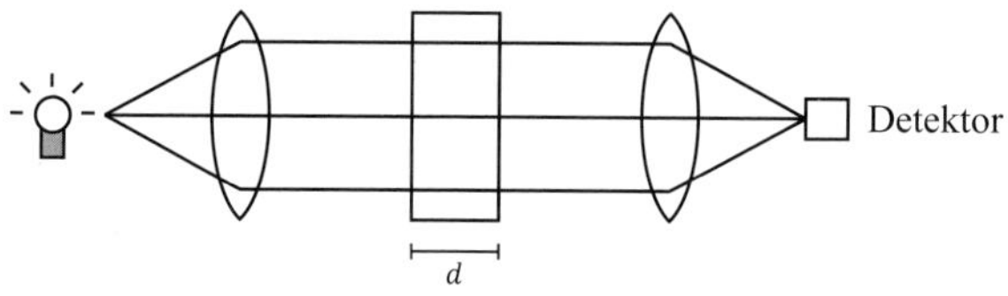

Abbildung 20.13 Messaufbau mit Natriumlampe, Fabry-Pérot-Interferometer und Lichtsensor

Durch leichtes Verkippen der Platte erhalten wir Intensitätsmaxima in der Transmission unter der Bedingung (20.42)

$$\Delta s = m \cdot \lambda .$$

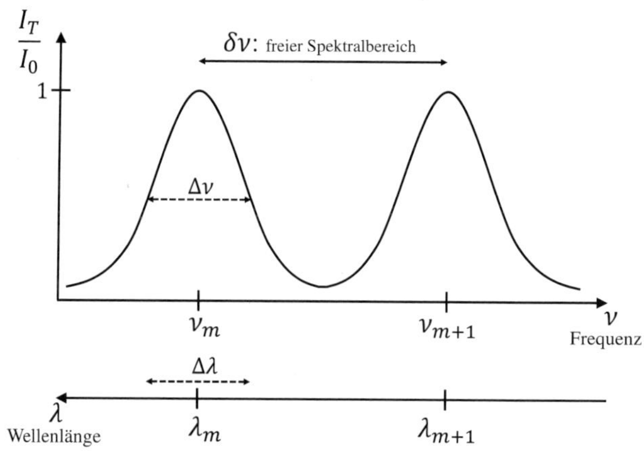

Abbildung 20.14 Zwischen den Interferenzmaxima liegt der freie Spektralbereich, alternativ beschrieben durch die Frequenz oder Wellenlänge.

Die maximale Weglängendifferenz Δs_{max} zwischen der ersten und der N-ten Teilwelle bestimmen wir für dieses Experiment mit (20.50) und mit der Finesse $F^* \simeq N$ (20.46) des Interferometers:

$$\Delta s_{max} = F^* \, \Delta s = F^* \, 2 \, n \, d \, . \tag{20.51}$$

Als spektrales Auflösungsvermögen des Fabry-Pérot-Interferometers erhalten wir mit (20.49)

$$\frac{\lambda}{\Delta\lambda_{min}} = \frac{\Delta s_{max}}{\lambda} = \frac{F^* \, 2 \, n \, d}{\lambda} \, . \tag{20.52}$$

Das herausragende Auflösungsvermögen durch die Vielstrahlinterferenz im Fabry-Pérot-Interferometer wird unter anderem bei der Messung der Gravitationswellen genutzt (►Abbildung 20.5).

Beispiel: Spektrale Auflösung Fabry-Pérot-Interferometer

Das orangefarbige Licht der Natriumlampe enthält zwei nahe beieinander liegende Wellenlängen von $\lambda_1 = 588{,}9950\,\text{nm}$ und $\lambda_2 = 589{,}5924\,\text{nm}$.

Das Fabry-Pérot-Interferometer habe die Dicke $d = 4\,\text{mm}$ und den Brechungsindex $n = 1{,}457$. Das Reflexionsvermögen für orangefarbiges Licht betrage $R = 80\,\%$. Die Finesse ist dann

$$F^* = \frac{\pi\sqrt{R}}{1-R} = \frac{\pi\sqrt{0,8}}{1-0,8} \approx 14\,,$$

d. h., 14 Teilwellen interferieren miteinander. Das spektrale Auflösungsvermögen ist groß:

$$\begin{aligned} S_{FP} \equiv \frac{\lambda}{\Delta\lambda_{min}} &= \frac{F^*\,2\,n\,d}{\lambda} \\ &= \frac{14\cdot 2\cdot 1{,}457\cdot 4\,10^{-3}}{589\,10^{-9}} \approx 2{,}8\,10^5 \end{aligned}$$

Im Vergleich zum Auflösungsvermögen des Gitters (19.29), das wir in unserem Experiment in Abschnitt 19.1.4 verwendet hatten, ist das Auflösungsvermögen dieses Fabry-Pérot-Interferometers ca. drei Größenordnungen besser.

Die Separation der beiden Natriumwellenlängen mit der Wellenlängendifferenz von $\Delta\lambda = \lambda_2 - \lambda_1 = (589{,}5924 - 588{,}9950)\,\text{nm} \approx 600\,\text{pm}$ ist damit problemlos möglich:

$$\Delta\lambda_{min} = \frac{\lambda}{S_{FP}} = \frac{589\,\text{nm}}{2{,}8\,10^5} \approx 2\,\text{pm}$$

Damit eignet sich das Fabry-Pérot-Interferometer sehr gut für die präzisen Wellenlängenmessungen, die wir an Atomen in Magnetfeldern im Rahmen der Atomphysik durchführen werden.

Beispiel: Interferenzringe am Fabry-Pérot-Interferometer

Die auf das Fabry-Pérot-Interferometer einfallenden Lichtstrahlen verlaufen oft nicht exakt parallel, sondern sind leicht divergent. Die kleinen Winkelunterschiede bewirken, dass mehrere Interferenzordnungen in der Form von Interferenzringen zu sehen sind.

Der Wegunterschied Δs zwischen zwei Teilwellen im Interferometer mit der Dicke d und dem Brechungsindex n muss für ein Maximum ein Vielfaches m der Wellenlänge λ ergeben mit (20.16)

$$\Delta s = 2\,n\,d\,\cos\beta = m\,\lambda\,. \tag{20.53}$$

Dabei ist β der Winkel des Lichtstrahls innerhalb des Glases. Da $\cos\beta \leq 1$ nicht größer als 1 werden kann, gibt es einen maximalen Wert m_{max}. Dazu gehört dann der kleinstmögliche Winkel β_{min}, der den innersten Interferenzring ergibt:

$$m_{max} = \frac{2\,n\,d\,\cos\beta_{min}}{\lambda} \tag{20.54}$$

In ►Abbildung 20.15 sind Interferenzringe gezeigt, der innerste Ring entspricht $m = m_{max}$.

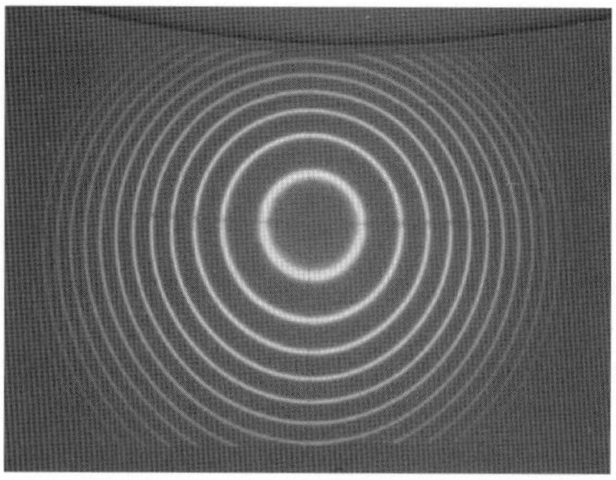

Abbildung 20.15 Interferenzringe hinter dem Fabry-Pérot-Interferometer ergeben sich durch leicht divergent einfallende Lichtstrahlen.

Beispiel: Frequenzkalibration des Fabry-Pérot-Interferometers

Wir kalibrieren das Fabry-Pérot-Interferometer für Frequenzmessungen, indem wir zunächst die Ringpositionen $R_\circ$ von Licht eines Helium-Neon-Lasers auf einem Beobachtungsschirm bestimmen. Durch Messen der Ringgrößen R von Licht anderer Quellen können wir deren Wellenlänge bzw. Frequenz ermitteln.

Um die funktionale Abhängigkeit der Frequenzkalibration zu erhalten, nehmen wir den innersten Ring nach (20.54)

$$m_{max}\,\lambda = m_{max}\,\frac{c}{\nu} = 2\,n\,d\,\cos\beta_{min}$$

$$\nu = \underbrace{\frac{m_{max}\,c}{2\,n\,d}}_{\equiv\kappa}\,\frac{1}{\cos\beta_{min}}$$

und führen eine Taylor-Entwicklung für die Frequenz als Funktion der Winkeländerung $\Delta\beta$ durch:

$$\begin{aligned}\nu(\Delta\beta) &\approx \kappa\left[1 + \left.\frac{\sin\beta}{\cos^2\beta}\right|_{\beta_{min}} \cdot \Delta\beta + \frac{1}{2}\left(\frac{-2\sin\beta}{\cos^3\beta} + \frac{\cos\beta}{\cos^2\beta}\right)\Big|_{\beta_{min}} \cdot \Delta\beta^2\right] \\ &\approx \kappa\left[1 + \frac{1}{2}\,\Delta\beta^2\right]\end{aligned}$$

Wir erwarten also eine Frequenzabhängigkeit, die näherungsweise vom Quadrat des Winkels β abhängt.

Im Experiment wollen wir anstelle der Winkelabhängigkeit von β innerhalb des Interferometers den Ringradius R auf dem Beobachtungsschirm verwenden. Mit dem Snellius-Brechungsgesetz $\sin\alpha = n \cdot \sin\beta$ (14.7) erhalten wir den Winkel α außerhalb des Interferometers. Bei einem Schirmabstand l und für kleine Winkel ergibt sich $R/l = \tan\alpha \approx \alpha \approx n\beta$.

Um eine Kalibrationskurve $\nu(R)$ für die Messung von Licht unbekannter Frequenz zu erhalten, ist daher nach Messung der Helium-Neon-Laserringe $R_\circ$ eine quadratische Anpassung an diese $R_\circ$-Ringgrößen sinnvoll:

$$\nu(R) = a + b\,R^2 \qquad (20.55)$$

Beispiel: Freier Spektralbereich am Fabry-Pérot-Interferometer

In diesem Beispiel bestimmen wir den freien Spektralbereich für das Fabry-Pérot-Interferometer. Zur Vereinfachung wählen wir die Größen n, d, λ gerade so aus, dass das innerste Maximum unter $\beta_{min} = 0$ liegt (20.54):

$$m_{max} = \frac{2\,n\,d}{\lambda}\,, \qquad m_{max} \in \mathbb{N} \qquad (20.56)$$

Die ersten beiden Ringe mit den Winkeln β_1 und β_2 erfüllen dann die Bedingungen

$$(m_{max} - 1)\,\lambda = 2\,n\,d\,\cos\beta_1\,, \qquad (20.57)$$

$$(m_{max} - 2)\,\lambda = 2\,n\,d\,\cos\beta_2\,. \qquad (20.58)$$

Um welche Wellenlänge $\delta\lambda$ können wir die ursprüngliche Wellenlänge λ verringern, bis der Ring mit dem Winkel β_1 auf den zweiten Ring mit β_2 verschoben ist? Im Interferenzmuster der neuen Wellenlänge $\lambda' \equiv \lambda - \delta\lambda$ entspricht der Winkel β_2 dem Interferenzring $m_{max} - 1$:

$$(m_{max} - 1)\,(\lambda - \delta\lambda) = 2\,n\,d\,\cos\beta_2 \qquad (20.59)$$

Durch Vergleich mit (20.58) erhalten wir den Zusammenhang

$$\begin{aligned}(m_{max} - 1)\,(\lambda - \delta\lambda) &= (m_{max} - 2)\,\lambda\\ m_{max}\,\lambda - \lambda - \delta\lambda \cdot (m_{max} - 1) &= m_{max}\,\lambda - 2\,,\lambda\\ \delta\lambda &= \frac{\lambda}{m_{max} - 1}\,.\end{aligned}$$

Da die Wellenlänge $\lambda \ll d$ klein im Vergleich zur Ausdehnung des Interferometers ist, ist nach (20.56) $m_{max} \gg 1$ eine gute Näherung. Durch Einsetzen erhalten wir

$$\delta\lambda \approx \frac{\lambda^2}{2\,n\,d}\,. \qquad (20.60)$$

Wir wollen hier auch die entsprechende Frequenzverschiebung $\delta\nu$ aus der Wellenlängenverschiebung $\delta\lambda$ berechnen. Dafür nutzen wir $c = \lambda \cdot \nu$ und die geringe Frequenzverschiebung $\nu' \approx \nu$:

$$\delta\lambda = \lambda - \lambda' = \frac{c}{\nu} - \frac{c}{\nu'} = c\,\frac{\nu' - \nu}{\nu\nu'} \approx c\,\frac{\delta\nu}{\nu^2}$$

Durch Einsetzen in (20.60) sehen wir, dass der freie Spektralbereich $\delta\nu$ nur von den Eigenschaften des Interferometers abhängt:

$$\begin{aligned} c\,\frac{\delta\nu}{\nu^2} &\approx \left(\frac{c}{\nu}\right)^2 \frac{1}{2\,n\,d} \\ \delta\nu &= \frac{c}{2\,n\,d} \end{aligned} \tag{20.61}$$

Das Wichtigste zum Mitnehmen

Zum Mitnehmen: Interferometrie 1

- **Interferometer** sind optische Anordnungen, in denen zwei oder mehr Lichtstrahlen gezielt zur Interferenz gebracht werden. Verwendet werden Interferometer aktuell für sehr präzise optische Weglängenmessungen und sehr genaue Wellenlängenmessungen.

- Beim **Michelson-Interferometer** werden zwei Teilstrahlen einer Lichtquelle über zwei senkrecht zueinander stehende optische Wege geführt und anschließend zur Interferenz gebracht.

  Das Michelson-Morley-Experiment gab den Anlass zu Einsteins Postulat der Konstanz der Lichtgeschwindigkeit und damit der **Relativitätstheorie**. Heute wird die Technik zum Nachweis und zur Untersuchung von **Gravitationswellen** benutzt.

- Wird ein Lichtstrahl an einer **Glasplatte** mit Dicke d und Brechungsindex n in **zwei Teilstrahlen** aufgeteilt, so beträgt die optische Wegdifferenz Δs der Strahlen

$$\Delta s = 2\,d\,\sqrt{n^2 - \sin^2\alpha}\,. \qquad (20.17)$$

  Dabei bezeichnet α den Auftreffwinkel des Lichtstrahls (senkrechter Einfall: $\alpha = 0$). Interferenzmaxima zwischen den beiden durch die Glasplatte transmittierten Teilstrahlen treten bei Vielfachen der Wellenlänge auf: $\Delta s = m\,\lambda$ mit $m = 1, 2, \ldots$. Für die Berechnung der Maxima bei reflektierten Strahlen muss der Phasensprung am optisch dichteren Medium beachtet werden.

- Bei der Verallgemeinerung auf **Vielstrahlinterferenz** an der **Glasplatte** ergeben sich für die transmittierte Intensität I_T und für die reflektierte Intensität I_R die **Airy-Formeln:**

$$I_T = I_\circ\,\frac{1}{1 + F\,\sin^2\frac{\Delta\varphi}{2}}$$
$$I_R = I_\circ\,\frac{F\,\sin^2\frac{\Delta\varphi}{2}}{1 + F\,\sin^2\frac{\Delta\varphi}{2}} = I_\circ - I_T \qquad (20.41)$$

  Hier bezeichnet $\Delta\varphi = 2\pi\,\Delta s/\lambda$ die Phasendifferenz zwischen zwei benachbarten Teilstrahlen. Totale Transmission des einfallenden Lichtstrahls wird bei $\Delta\varphi = m\,2\pi$ mit $m = 1, 2, \ldots$ erzielt. Die maximal mögliche Reflexion wird durch den Parameter F beschränkt. F enthält das Reflexionsvermögen R der Glasplatte $F = 4\,R/(1-R)^2$ und steigt steil mit $R \to 1$. Daher zeigt die Transmissionsintensität $I_T(\Delta\varphi)$ mit steigendem F schmalere Maxima mit Full-Width-Half-Maximum $FWHM_{\Delta\varphi} = 4/\sqrt{F}$.

Zum Mitnehmen: Interferometrie 2

- Beim senkrechten Einfall von Laserlicht auf eine Glasplatte werden die **Interferenzordnungen** der transmittierten Strahlen durch **konzentrische Ringe** auf einem Schirm sichtbar. Die Ringe entstehen durch leicht divergente Lichtstrahlen.
- Der Abstand $\delta\varphi = 2\pi$ zur nächsten Interferenzordnung (nächster Ring) wird als **freier Spektralbereich** bezeichnet. Ausgedrückt als Frequenzabstand ergibt er sich aus der Spezifikation der Glasplatte (Dicke d, Brechungsindex n) und der Vakuum-Lichtgeschwindigkeit c zu

$$\delta\nu = \frac{c}{2\,n\,d}.$$

  Licht mit einer benachbarten Frequenz im Abstand kleiner als $\delta\nu$ kann durch eine veränderte Ringgröße vermessen werden. Die Messung wird genauer, wenn die Breite des Interferenzmaximums geringer ist.
- Besonders sorgfältig gearbeitete planparallele Platten werden als **Fabry-Pérot-Interferometer** bezeichnet. Als ihr Gütekriterium wird der Abstand zum nächsten Maximum (freier Spektralbereich $\delta\varphi = 2\pi$) ins Verhältnis zur Breite $FWHM_{\Delta\varphi}$ der Airy-Transmissionsmaxima gesetzt. Es wird **Finesse** F^* genannt und entspricht der Anzahl N der interferierenden Teilwellen:

$$F^* = \frac{\delta\varphi}{\mathrm{FWHM}_{\Delta\varphi}} = \frac{\pi\sqrt{R}}{1-R} \simeq N \tag{20.46}$$

  Das Verhältnis aus dem Abstand der Interferenzordnungen und der Breite der Interferenzmaxima kann gleichermaßen durch die Phasendifferenz, die Frequenz oder die Wellenlänge berechnet werden: $\delta\varphi/FWHM_{\Delta\varphi} = \delta\nu/FWHM_\nu = \delta\lambda/FWHM_\lambda$
- Das **spektrale Auflösungsvermögen** eines Fabry-Pérot Interferometers ergibt sich aus der maximalen Weglängendifferenz $\Delta s_{max} = N\,\Delta s$ mit N interferierenden Teilwellen (oder Finesse F^*) und Δs als Wegunterschied zur nächstliegenden Teilwelle zu

$$\frac{\lambda}{\Delta\lambda_{min}} = \frac{\Delta s_{max}}{\lambda} = \frac{F^*\cdot\Delta s}{\lambda}. \tag{20.49}$$

  Im Vergleich z. B. zur Lichtbeugung am Gitter haben Interferometer ein wesentlich höheres Auflösungsvermögen.

Gemeinsam verstehen

21

Wie gut können Sie bereits über die Themen sprechen? Führen Sie zu zweit ein wissenschaftliches Gespräch miteinander und beachten Sie dabei die Hinweise in Kapitel 8.

Aufgabe 41: Partnerarbeit: Gitter

Wie kommt es zur Farbaufspaltung von weißem Licht am Gitter? Warum wird rotes Licht am stärksten gebrochen?

Aufgabe 42: Partnerarbeit: Michelson-Interferometer

Wie funktioniert ein Michelson-Interferometer?

Aufgabe 43: Partnerarbeit: Vielstrahlinterferenz

Was ist Vielstrahlinterferenz? Geben Sie Anwendungsbeispiele.

Index

Literaturverzeichnis

[1] Balestra, S., et al., Magnetic Monopole Bibliography-II, arXiv:1105.5587v1 [hepex], (2011)

[2] Bronstein, I., Semendjajev, K.: Taschenbuch der Mathematik, 19. Auflage. Verlag Harri Deutsch, Thun und Frankfurt (1981)

[3] BIPM, Le Système international d'unitś / The International System of Units (The SI Brochure). Bureau international des poids et mesures, 9. Auflage (2019), ISBN 978-92-822-2272-0, www.bipm.org

[4] Buse, K., Soergel, E., Holographie in Wissenschaft und Technik, Phys. Journ. 2, 37–43 (2003)

[5] Collier, R.J., Burckhardt, C.B., Lin, L.H.: Optical Holography. Academic Press, New York (1980)

[6] Demtröder, W.: Experimentalphysik 2, Elektrizität und Optik, 3. Auflage. Springer Verlag, Berlin (2004)

[7] Feynman, R., Leighton, R. und Sands, M., The Feynman Lectures on Physics. 3 Bände 1964, 1966. Library of Congress Catalog Card No. 63–20717

[8] Jackson, J.D., Klassische Elektrodynamik, 4. Auflage. Walter de Gruyter (2006)

[9] Krause, C., Drung, D., Scherer, H., Measurement of sub-picoampere direct currents with uncertainties below ten attoamperes, Review of Scientific Instruments 88, 2 (2017) 024711, doi 10.1063/1.4975826

[10] Mohr, P.J., Newell, D.B., Taylor, B.N., CODATA Recommended Values of the Fundamental Physical Constants: 2014, arxiv 1507.07956 [physics.atom-ph] (2015); Newell, D. B. et al., The CODATA 2017 values of h, e, k, and N_A for the revision of the SI, Metrologia 55, L13–L16 (2018); Mohr, P.J., Newell, D.B., Taylor, B.N., Tiesinga, E., Data and analysis for the CODATA 2017 special fundamental constants adjustment, Metrologia 55, 125–146 (2018); *NIST:* physics.nist.gov/constants (7-Sep-2020)

[11] Morris, D.J.P., et al., Dirac Strings and Magnetic Monopoles in Spin Ice Dy2Ti2O7, Science 326, 411 (2009)

[12] Stöcker, H.: Taschenbuch der Physik, 4. Auflage. Verlag Harri Deutsch, Frankfurt (2000)